대한수학교육학회 2015 연보(Yearbook)

수학교육에서 공학적 도구

고상숙 · 고호경 · 구나영 · 김남희 · 김리나 · 김향숙 · 김화경 · 류희찬
박만구 · 손홍찬 · 송민호 · 윤인준 · 이경화 · 이상구 · 이종학 · 이중권
임해미 · 장경윤 · 전영국 · 조정수 · 채정림 · 최경식 · 한세호 공저

KM 경문사

대한수학교육학회 연보

서문

80년대 학교현장에 소형 개인용 컴퓨터와 휴대용 계산기가 보급되면서 수학수업을 포함한 수학교육의 실제에서 이런 기술공학 도구의 활용에 대한 연구가 시작되었다.

전미수학교사협의회(NCTM)은 1984년 연보로서 《수학교육에서 컴퓨터(Computers in Mathematics Education)》를 출간하였고, 1992년에는 《수학교육에서 계산기(Calculators in Mathematics Education)》를 출간하였다. 이 사이에 그들은 1989년 《학교수학에서 교육과정과 평가의 새로운 방향》이라는 규준집을 발간하면서 그 발간의 배경의 하나로서 공학적 도구로 인한 학습현장 변화와 수학의 변화를 명시하였고, 수학교육에서 테크놀로지에 대한 방향을 규준에 포함하여 제시하였다. 우리나라는 제6차 수학과 교육과정에서 비로소 기초계산 능력이 습득된 이후 계산기를 포함한 공학적 도구를 사용할 것을 제안하였다. 이것은 최초 우리 학교현장에서 기술공학에 대한 허용범위를 제시한 것으로 그 이후에도 이는 늘 우리의 관심거리가 되어왔다.

2015년 초에 우리나라는 제2차 수학교육종합계획을 발표하였는데 여기에 공학적 도구 활용이 중요쟁점에 포함되었다. 본 연보, 《수학교육에서 공학적 도구》는 이런 시대적 흐름 속에 우리 수학교육에서 기술공학의 사용에 대한 현주소를 파악하고 미래 방향제시의 필요성에 의해 대한수학교육학회 연보의 주제로 채택되었다. 연보 주제설정에 따라 우리나라 수학교육에서 기술공학과 관련하여 자신의 연구 분야로써 대학에서 연구를 활발히 하고 있는 분들과 학위과정 후 현장에서 이를 활발하게 사용하고 있는 전문가들을 섭외하여 본 연보의 저자로 초대하였다.

본서 발간의 용어사용 일관성에 있어서 테크놀로지(technology)는 기술공학, 또는 공학적 도구로 혼용되어 사용되고 있는데 각 저자가 의도한 의미가 다양할 수 있어서 2015 수학과 교육과정에서 명시한 공학적 도구로 가급적 사용하되 특히 서론부분이나 여러 문헌을 기술함에 있어 제한을 두지 않았음을 알린다.

본 연보는 수학영역별로 사용하는 소프트웨어나 하드웨어의 차별성이 있으므로 수학영역별로 묶어 각 파트를 구성하였다. Part 1에서는 수학교육에서 공학적 도구 활용의 과거, 현재, 미래를 논한다. Part 2부터 Part 5에서는 대수, 함수, 기하, 통계, 확률 및 미적분 등의 수학영역에서 공학적 도구 활용의 실제를 보여준다. Part 6과 Part 7에서는 평가를 포함한 여러 방면에서 테크놀로지와 관련된 주제들을 다룬다.

기술공학의 강국으로서 지금껏 이런 연보가 없었다는 사실에 비추어 우리의 현실을 뒤돌아보고, 학교현장에서 학생들의 수학적 사고력 신장을 위해 여러 선진국과 나란히 공학적 도구의 활용이 활발히 이루어지길 바라는 마음에서, 앞으로 우리 수학교육이 나아가는 길 위에 이 연보가 안내자, 또는 촉매자로서 역할을 잘 감당할 수 있길 기대한다.

편집자 고상숙

대한수학교육학회 연보

차례

part 1
역사, 이슈, 방향

1장 수학교육에서 테크놀로지의 역사
동국대학교 이중권 ······ 3

2장 수학교육과 테크놀로지: 연구의 추세와 쟁점
건국대학교 장경윤 ······ 24

3장 공학적 도구 활용에서 통합적 관점
영남대학교 조정수 ······ 40

part 2
대수

4장 수와 연산
서울교육대학교 박만구 ······ 55

5장 생각의 표현 도구로서의 컴퓨터 대수 시스템(CAS) 활용
순천대학교 전영국 ······ 77

6장 스프레드시트를 활용한 수학적 모델링
전북대학교 손홍찬 ······ 96

part 3
함수

7장 수학교육에서 테크놀로지 활용의 새로운 모델: 디지털 교과서
한국교원대학교 류희찬/한국교원대학교대학원 최경식 ······ 125

8장 합성함수의 탐구활동에서 충실도의 이해
단국대학교 고상숙 ······154

9장 기호 조작을 통한 일차함수 규칙성 탐구 활동
한국교육과정평가원 송민호 ······171

10장 CAS의 도구발생 -고등학교 문제해결 함수단원을 중심으로
수원외국어고등학교 한세호 ······189

part 4
기하

11장 문제 해결 관점에서의 동적 기하 프로그램 활용
전주대학교 김남희 ······205

12장 공학적 도구를 활용한 협동적 문제해결
서울목운초등학교 김리나 ······225

13장 GSP를 활용한 기하 탐구
인제대학교 김향숙 ······238

14장 탐구형 소프트웨어 기반 학습부진학생을 위한 탐구활동
경민고등학교 윤인준 ······259

part 5
통계, 확률 및 미적분

15장 확률과 통계 영역에서 공학의 활용
서울대학교 이경화/서울대학교대학원 구나영 ······285

16장 통계적 사고 및 태도의 향상을 위한 스프레드시트 활용 통계 수업
대구교육대학교 이종학 ······314

17장 미적분 최적화 문제에서의 CAS의 도구화
수원외국어고등학교 한세호 ······337

part 6
컴퓨팅 사고력

18장 거북 마이크로월드와 컴퓨팅 사고력
상명대학교 김화경 ······355

19장 수학과 컴퓨팅 사고력(CT)
성균관대학교 이상구 ······368

part 7
평가 및 교사교육

20장 대규모 평가에서의 컴퓨터 기반 수학 평가
한국교육과정평가원 임해미 ······387

21장 기술공학 기반 평가의 실제
단국대학교 고상숙 ······409

22장 수학 예비교사교육에서의 공학적 도구 활용
아주대학교 고호경/노스캐롤라이나대학교 채정림 ······429

part 1

역사, 이슈, 방향

제1장에서는 기술공학의 탄생과 발전 그리고 기술공학 관련 수학교육의 다양한 영역에서 그간의 이루어진 발자취를 요약하였다. 제2장에서는 수학교육에서 테크놀로지 관련연구가 NCTM(2000) Standards로 전환기를 맞은 이후 이루어진 최근의 연구에 관하여 추세와 쟁점을 논의하였다. 제3장에서는 최근 이론들과 CAS 공학 도구에 의한 수학 활동과 그 효과, 그리고 공학 통합적 관점에서 수학교육에 방향을 제공하였다.

1장

수학교육에서 테크놀로지의 역사

동국대학교 이중권
(joonglee@dongguk.edu)

1 서론

기술공학의 탄생은 인류역사에서 오래되었으나 이를 교육의 목적으로 사용하기 시작한 그 여정은 그리 오래되지 않았다. 수학교육에서 기술공학을 활용하기 시작하여 지금까지의 역사는 대략 사십년 정도라고 볼 수 있다. 이렇듯 수학교육에서 기술공학을 사용해온 역사는 너무 짧은 기간이어서 역사를 연대기적으로 기술하는 것은 큰 의미가 없는 것 같다. 따라서 수학교육에서 교육 매체 도구로 사용되는 기술공학의 발전사, 수학교육에서 기술공학 활용의 시대적 변화에 따른 흐름, 나아가 수학교육에서 기술공학 활용의 다양한 형태에 대한 선행연구들을 기술하는 것으로 수학교육에서 기술공학의 역사를 갈음하려고 한다.

2 수학교육에서 테크놀로지의 탄생과 발전

세계 최초의 기계식 계산기는 1642년 프랑스 수학자이자 철학자인 B. 파스칼이 톱니바퀴를 이용하여 덧셈과 뺄셈을 할 수 있는 기어로 연결된 바퀴판들로 이루어진 장치였다. 1671

년 무렵 독일의 G. W. 라이프니츠가 이를 개량하여 이진법을 사용하여 곱셈과 나눗셈도 가능한 계산기를 발명하였다.

수학자 찰스 배비지는 1883년에 방정식을 순차적으로 풀 수 있도록 고안된 기계식 계산기 해석기관(analytical engine)을 설계하였다. 이 자동 계산기는 ① 수를 저장하는 장치(기억) ② 저장된 수치간의 계산을 하는 장치(연산) ③ 기계의 동작을 제어하는 장치(제어) ④ 입출력 장치로 이루어져 오늘날 사용하는 자동 컴퓨터의 모든 기본 요소를 갖춘 것이었다. 그러나 당시 기계부품 제작 기술의 한계로 인해 실물을 제작하지는 못했다.

현대적인 의미의 컴퓨터는 제2차 세계대전 직전과 대전 기간 중에 급격히 발전하였다. 이 과정에서 전자회로가 기계식 연산장치를 대체하고 디지털 회로가 아날로그 회로를 대체하는 변화가 있었다. 이러한 변화는 연대에 따라 조금씩 이루어졌기 때문에 '최초의 컴퓨터'가 무엇인지 정하는 것은 쉽지 않다.

2차 대전과 그 전후의 기간 동안 초기 컴퓨터의 발전은 크게 두 가지 흐름으로 나눌 수 있다. 첫 번째 흐름은 독일의 공학자 콘라트 추제의 연구이다. 두 번째 흐름은 영국의 콜로서스 컴퓨터이나, 군사적인 이유로 수십 년간 기밀에 붙여져 있었다.

독일에서 독립적으로 연구를 진행한 공학자 콘라트 추제는 1936년 제한적인 프로그래밍 기능과 메모리를 갖춘 계산기 Z 시리즈의 개발을 시작했다. Z 시리즈의 첫 작품인 Z1은 1938년에 완성되었는데, 이진수로 동작하였지만 기계식이었고, 부품의 정밀도의 문제로 정확히 작동하지 않았다.

후속작인 Z3는 1941년에 전화 교환기 부품을 사용해 완성되었다. Z3는 최초의 프로그래밍 가능한 범용 디지털 컴퓨터가 되었다. Z3는 현대의 컴퓨터와 많은 부분에서 유사했으며, 부동소수점 연산 등에 있어 많은 발전을 이룩했다. 또한 구현하기 어려운 십진법 연산을 버리고 이진법 연산을 사용하여 보다 단순하고 신뢰성이 높도록 설계되었다. 2차 세계대전 기간 동안, 블레칠리 파크(영국 육군 암호국의 별명)에서는 독일의 군사 암호 시스템을 해독하는데 성공하였다. 독일의 암호화 타자기인 에니그마는 전자기계식 계산기인 '봄베'(bombe)의 도움으로 해독되었다. 폴란드 수학자인 마리안 르쥐스키가 설계하고 앨런 튜링과 고든 웰치먼이 전자적으로 개선한 봄베는 1941년부터 암호 해독에 사용되었다.

독일의 또 다른 암호화 타자기 시리즈인 로렌츠 SZ 40/42 시리즈는 에니그마와 많은 부분에서 달랐다. 이 암호 시스템을 해독하기 위해 막스 뉴먼 교수와 동료 연구자들은 콜로서스 컴퓨터를 설계하였다. 토미 플라워스가 1943년 3월에서 12월에 걸쳐 콜로서스 1호를 제작하였고, 1944년 1월에 블레칠리 파크에 설치했다.

엄청난 숫자의 진공관 부품을 가진 콜로서스는 세계 최초의 프로그래밍 가능한 완전 전자식 컴퓨터였다. 종이테이프로 입력을 받아 다양한 종류의 논리 연산을 할 수 있었지만, 튜링 기계는 아니었다. 한대의 콜로서스 1호기와, 9대의 콜로서스 2호기가 제작되었으나, 1970년대까지 모두 군사 기밀로 붙여져 있었다. 또한 영국 수상 윈스턴 처칠은 냉전 중에 로렌츠 암호를 해독할 수 있다는 사실을 외부에 알리지 않기 위해 수명이 다한 콜로서스 컴퓨터를 완전히 파괴할 것을 명령했다. 때문에 콜로서스 컴퓨터의 존재는 한동안 컴퓨터의 역사에 수록되지 않았다.

1944년 아이비엠(IBM)사와 하버드대학 하워드 에이킨은 계전기를 사용하여 1초에 덧셈을 3번 할 수 있는 전자디지털 컴퓨터 마크-원(MARK-I)을 만들었다. 마크-원은 배비지의 해석기관 설계개념을 계전기와 스위치·전동기 등으로 구현한 것인데, 3,000여 개의 계전기와 기어로 만들어 천공된 종이테이프로 제어되는 자동순차적 제어방식이 특징이었다. 그러나 기계적 제약 때문에 연산처리 속도는 늦었다.

1946년 미국 펜실베이니아대학 에거트와 J. W. 모클리는 에니악(Electronic Numerical Integrator And Computer, ENIAC)이라는 다용도 디지털 컴퓨터를 개발했다. 이것은 18,000여 개의 진공관과 1,500개의 계전기를 사용하였고, 무게가 30t이나 되는 거대한 기계였다. 150kw의 전력을 소비하였고, 프로그램을 배선판에 일일이 배선하는 외부 프로그램 방식이었으므로, 에니악에서는 작업에 따라 배선판을 교체해야만 하였다. 그 뒤 에니악의 단점을 보완하기 위해 1945년 존 폰노이만이 기억장치에 컴퓨터의 명령이나 데이터를 모두 기억시키는 프로그램 내장방식을 제안하였다.

1949년 영국 케임브리지대학에서 세계 최초로 이 프로그램 내장방식을 채택하여 에드삭(EDSAC)을 개발하였고, 미국에서는 1952년 노이만이 자신이 제안한 전자식 프로그램 내장방식인 에드박(EDVAC)을 만들었다. 또한 1951년에는 유니박－원(UNIVAC－I)을 만들어 상품화하는 데 성공하였는데, 이것이 최초의 상업용 컴퓨터이다. 에드삭은 소프트웨어 면에서도 크게 이바지하였다. 그 뒤 프린스턴고등연구소에서 노이만의 지도 아래 제작된 이아스(IAS) 컴퓨터를 비롯하여 차례로 매사추세츠공대의 월윈드(Whirlwind), 에커르트와 모클리의 바이낙(BINAC), 일리노이대학의 일리악(ILLIAC), 랜드회사의 조니악(JOHNIAC) 등이 제작되었다.

또한 컴퓨터의 크기는 반도체 기술과 전자기술의 발달로 점점 작아지고 연산속도도 피코

초(ps) 단위로 빨라졌으며, 이용범위도 확대되어 가정은 물론 산업사회의 여러 분야에서 다양하게 이용되고 있다. 컴퓨터는 제1세대인 진공관, 제2세대인 트랜지스터, 제3세대인 IC, 제4세대인 초 LSI(Large Scale Integration)와 같이 대략 10년마다 집적도를 높여 고속화, 대용량화하였고, 슈퍼컴퓨터가 출현하였다.

최초 LSI의 출현에 의한 하드웨어의 대폭적인 원가 절감은 필요한 하드웨어를 손쉽게 사용할 수 있는 환경을 만들어 내어 1980년대 IBM이 개인용 컴퓨터를 내놓았다. 그 이후 개인용 컴퓨터는 급속도로 사용자에게 보급되기 시작하여, 8086/8088 - 80286 - 80386 - 80486 - 펜티엄으로 CPU가 발전하여 현재의 컴퓨터에 이르게 되었다. 수학교육에서 테크놀로지 활용을 본격적으로 활발하게 할 수 있었던 것은 개인용 컴퓨터가 급속도로 보급되기 시작한 이때부터 라고 볼 수 있다.

3 수학교육에서 테크놀로지 사용의 시대적 변화

최근 약 사십년 동안 수학 교수·학습에서 컴퓨터의 영향은 수학교육 연구가들 사이에 많은 관심의 대상이 되어왔다. 학생의 학습에서 테크놀로지의 영향을 이해하기 위해 다양한 연구가 이루어져 왔다. 또한 수학 교수·학습에서 수학을 알고 행한다는 것이 무엇을 뜻하는지 등과 같은 학습자에 대한 관점에 영향을 주는 변화에 테크놀로지를 활용하는 것을 접목시키기 위해 많은 연구가 진행되었다. 다음은 신동선과 류희찬(1998), 고상숙(2005) 이외 여러 선행연구를 바탕으로 테크놀로지가 수학교육에서 어떻게 사용되어야 하는지 그리고 그에 대한 연구는 어떤 것이 있었는지 살펴보고자 한다.

3.1 훈련과 개인지도

수학교육에서 테크놀로지를 활용하는 데 있어, 초기에 주로 컴퓨터가 많이 사용되었고 대부분 일반 강의를 강화하고 전통적 교수를 지지하기 위한 목적으로 활용되었다(Olive, 1992). 동시에 다른 개인지도용 소프트웨어가 개발되고 사용되었다. 이러한 개인지도용 소프트웨어를 반복적으로 사용해봄으로써 학생들이 어떠한 기능을 획득하는지에 대해 여러 학자들이 관심을 갖기 시작하였다. 예를 들면 단순히 정답을 제공하거나 틀렸을 때 반복할 수 있는 단순 교육용 소프트웨어들이 비싸지 않은 가격에 시중에 선보였다.

특히 Williams와 Brown(1989)은 Kulik(1987), Niemiec과 Walberg(1987), Becker (1988)의 연구를 종합하여 결과를 제시하였는데, 그들에 따르면, 개인지도용 소프트웨어의 반복적인 사용이 학습자의 태도나 수행능력을 향상시키는 데에 큰 영향을 미치지 못하는 것으로 나타났다. 이때 당시만 하더라도 교수·학습 과정에서 교사나 학생들에게 컴퓨터의 사용이 익숙하지 않아 이러한 결과를 초래한 것으로 사료된다. 더욱이 이 연구는 학습자의 인지에 대한 정보는 거의 제공하지 않았다.

3.2 컴퓨터 보조 교수

CAI(Computer-Assisted Instruction)라고 불리는 컴퓨터 보조 교수 소프트웨어는 미리 개발된 프로그램에 학습자가 입력하는 정도를 제한하는 컴퓨터화한 학습 환경을 제공했다. 컴퓨터 보조교수는 다양한 교육적 요구를 가진 학생들에게 효율적으로 개별화된 교수를 제공할 수 있고, 즉각적이고 다양한 유형의 피드백을 제공할 수 있다. 또한 학습에 대한 동기를 부여하여 주의집중과 학업동기를 높여 줄 수 있을 뿐만 아니라, 학생의 자아 존중감을 증진시킬 수 있다. 또한 교사의 교수와 학습을 위한 준비 시간을 줄일 수 있으며, 학생의 학업수행에 관한 데이터를 저장함으로써 진단적 평가와 교수를 가능하게 하여 준다(이길선, 박은혜, 2007; 김애화, 2004; 이정은, 1992; Bahr & Rieth, 1989; Ford, Poe, &, Cox, 1993; Schery & O'Conner, 1992)

컴퓨터 보조교수에 관한 선행연구를 살펴보면, 초등학생을 대상으로 컴퓨터를 반복학습에 활용한 10개의 연구를 분석한 결과 전통적인 수업을 받은 학생보다 컴퓨터 보조수업으로 보충수업을 받은 학생들은 수업을 받은 만큼 성적이 향상되었다(Vinsonhaler & Bass, 1972). 컴퓨터 보조학습이 전통적인 수업방식보다 높은 수업 수행을 달성하게 하였으며, 학습 시간을 줄일 수 있도록 보조할 수 있도록 보고되었다(Edwards, 1975). 또한 수학 학습에 컴퓨터 보조학습을 적용한 결과 컴퓨터 보조학습을 적용한 그룹이 전통적인 수업 방식을 적용한 그룹보다 학습효과가 더 높았으며, 학생들은 다양한 피드백 기능을 가지고 있는 컴퓨터 보조학습을 선호하는 경향을 보였으며, 컴퓨터 보조학습이 학습에 대한 흥미유발에 효과가 있다는 결과가 나타났다(손병오, 2000; 장종욱, 김화선, 2004). 초등학교 수준에서 컴퓨터 보조학습을 일반수업에 대한 보충수업으로 활용할 경우 특히 학습부진학생들의 학업 수행을 높이는 데 효과적이었으며, 학생들의 학업시간을 줄일 수 있는데 도움이 되었다(Jamison, Suppes, & Wells, 1974).

수학교과에서의 CAI 활용수업에 대한 연구 결과는 학업 성취도와 컴퓨터에 관한 태도, 학과에 관한 태도, 수업에 관한 태도, 학습시간 등에서 컴퓨터를 활용한 수업을 받은 학생들이 그렇지 않은 학생들보다 높은 성취도와 긍정적인 태도를 보여주고 있다는 연구 결과가 있다(김학기, 1999; 성기섭, 1993; 이화진, 2001; 임진택, 1994; 정기수, 2000). 특히 CAI 활용수업은 학습자 측면에서 보면 개별화 수업의 기회를 의미하며 학생 개개인의 학습 능력과 속도에 알맞은 프로그램을 선택하여 학습하고 즉각적으로 개인적인 피드백을 받을 수 있다. 그리고 추상적인 학문인 수학을 컴퓨터의 시각적 조작적 기능으로 학생들에게 추상과 구체의 만남을 통해서 수학을 보다 쉽게 접근할 수 있도록 도와주고 있기 때문에 학력신장과 더불어 수학 학습 태도에 좋은 효과를 나타내고 있는 것으로 조사되고 있다(최택영, 박용길, 조원종, 2005)

3.3 프로그래밍

컴퓨터의 발달은 수학을 실험하고 추측하고, 모의실험하는 수학적 활동에 변화를 가져왔고, 학생들은 수학적인 실험방법을 배워야 한다(장경윤, 1996). 컴퓨터 프로그래밍 활동은 학생이 가지고 있는 수학 지식을 절차적 지식 형태로 변환하는 과정으로서, 학생 자신의 수학적 아이디어를 구체적으로 적용하여 어떤 결과를 산출하기 위해 실험하고 추측하는 의미 있는 활동이다. Papert(1980)가 개발한 LOGO 환경에서는 학생들의 사고가 '가자'와 '돌자'라는 명령어를 사용하여 프로그램이라는 형태로 저장되고 그 프로그램에 따라 거북이 움직이게 되는데, 학생들은 거북의 움직임을 통해 학생 자신의 사고와 행동을 명확하게 인식할 수 있다. 또한 MATLAB으로는 프로그래밍에 의한 데이터로 자신의 문제에 대한 수치해석적 정당화를 꾀할 수 있다. 이런 과정 속에 학생은 컴퓨터가 문제를 해결할 수 있도록 컴퓨터를 어떻게 프로그램할지를 탐구하게 된다(고상숙, 2005).

여기서 컴퓨터 프로그램에서의 오류수정 활동은 수학적 사고력 향상을 위한 기회로 활용될 수 있다. 오류는 예상하지 못한 곳에서 일어나고 그 오류를 제거하기 위해 반드시 프로그램에 수정을 해야 하므로, 학생 자신의 수학적 사고와 그것을 절차적 형태의 프로그램으로 변환하는 과정을 다시 한 번 반성하는 기회를 제공한다. 결국, 이는 자신의 사고와 행동을 다시 한 번 반성해 봄으로써 더 높은 사고 수준으로의 발달을 모색하는 반영적 추상화 활동에 기여하고 수학적 사고력을 향상시킨다고 할 수 있다(신동선, 류희찬, 1998, pp. 5-6).

프로그래밍에 관심을 가지게 되면서 학습자의 인지적 발달과 문제해결력을 위한 컴퓨터 언어, Basic을 활용하는 방법이 개발되었다. 하지만 기대했던 것에 비해 어떤 연구결과는 많은 실망감을 안겨주기도 하였다. Salomon과 Perkins(1987)도 "생각을 확장하고 사고력을 자극하는 프로그래밍의 정의하기 어렵고 체계적인 결과를 가져오지 못했다"고 밝혔다. 또 다른 연구는 어떤 한 방식으로 컴퓨터의 지나친 사용은 학습자를 프로그래밍 할 뿐만 아니라 컴퓨터 프로그래밍 작업의 결과로 학습자는 기계적인 사고를 개발할 수 있다(Wachsmuth, & Becker, 1986)고 하였다. 이런 부정적인 시각은 오히려 컴퓨터를 학생에 의한 반성적 사고, 나아가 의사소통에 대한 가능성을 지닌 상호작용적인 환경으로서 개발되도록 유도하였다.

3.4 역동적 상호작용 환경

테크놀로지는 탐구활동을 가능하게 하고 학생에게 능력을 실어주는 사고의 조력자와 지적인 도구로 보는 관점이 수학교육 공동체에서 이 도구의 사용에 대해서 팽배하였다(Wachsmuth, & Becker, 1986). 이런 인식은 수학적 도구 세트와 촉매의 역할을 하는 소프트웨어 등이 다양하게 개발되는 계기가 되었고 탐구 중심적인 마이크로 월드가 쏟아져 나오게 되었다. 이런 컴퓨터화한 학습 환경의 목적은 탐구학습을 가능하게 하고 학생에게 추측하고 문제해결을 위한 기회를 제공하는 것이었다. 이런 생각은 Hillel(1992)에 의해 더욱 명백해졌다. 컴퓨터는 구체적은 전략적 사고와 자동화된 정형적인 과정에 수단이 되는 매우 지능적인 도구이다. 대안적으로 세부적인 지식을 개발하는데 세심하게 설계된 마이크로 월드를 구성하는 기초로써 볼 수 있다(Hillel, 1992). 이후로는 수학의 특정 영역에 따라 의도된 수많은 마이크로 월드가 제작되어 수학적 사고력을 위한 활동들을 인터넷 상에서도 쉽게 찾아볼 수 있다.

4 수학교육에서 테크놀로지 활용의 역사

4.1 문제해결

테크놀로지는 수학을 지도하는 보조 도구일 뿐만 아니라 수학을 가르치는 방법과 지도하는 내용에도 영향을 준다고 이 영역을 연구하는 수학교육학자들은 꾸준히 주장하였다(NCTM, 2000; Cornu, 1987; Lehning, 1987; Eisenberg, & Dreyfus, 1991). 이것은 수학적 활동에 대한 실험적 태도를 발전시켰고, 수학교육에 새로운 장을 열어주었다. 테크놀로지는 실험, 관찰, 탐구, 예측, 추론, 시험, 조절 그리고 실제와 비슷한 상태를 수식 등으로 만들어 모의적(模擬的)으로 연산(演算)을 되풀이하여 그 특성을 파악하는 일을 가능하게 하는 도구가 되었다. 그러한 실험적 태도는 수학적 활동의 색다른 국면을 보여주었다. 예를 들어, 수학문제에 직면하면 특별한 예나 사례들의 연구를 시도해보고, 다른 문제들과 연결을 하고, 추론해보고, 증명을 찾아보고, 합성해보고, 공식화하고, 일반화하고 그리고 적용한다(Cornu, 1987).

테크놀로지에 의해 일반화된 시각화를 사용함으로써 아주 복잡한 문제의 세밀한 부분과 특별한 요소들에 집중할 수 있는 능력이 발전되었다. 이것은 순차적으로 역동적 시스템과 과정을 보여주었고, 수학문제와 풀이과정에 대한 이해와 직관을 높여주었다(Lehning, 1987). 수학문제해결의 보조자와 탐구의 도구로서 테크놀로지에 대한 견해는 직관과 실험적 수학을 강조한 Davis와 Anderson(1979)의 주장에서도 나타난다. 이러한 목적으로 많은 컴퓨터 소프트웨어들의 잠재성이 탐구되었다(Thompson, 1989; Dreyfus, 1990; Schwartz, & Yerushalmy, 1988).

Dreyfus(1990)는 고등학생들의 수학문제해결 행동에 대한 컴퓨터의 효과를 연구하기 위해 정육면체와 피라미드 그리고 프리즘과 TRM(Triple Representation Model) 같은 기본적인 도형의 공간 기하학습에 대한 환경과 함수에 대한 환경을 컴퓨터화 하는데 Sterometrix software를 사용하였다. Dreyfus는 계획하고(조절), 추론하고(발견 체험), 그리고 유연성(조절과 발견 체험)의 문제해결 기술들에서 학생들에게 도움을 주는 학습 환경의 특징들을 관찰하였다.

또한 Hillel(1992)와 Thompson(1985) 그리고 Wheatly와 Wheatly(1982) 등은 문제해결의 보조자로서 테크놀로지의 연구는 문제해결과정에 포함된 정서적인 생각들을 고려하였다. 고상숙(2005)에서는 Excel에 의한 다양한 교수·학습 자료를 선보였는데 함수, 통계영역에서 단순한 엑셀 식뿐만 아니라 수식의 연결성을 활용한 프로그램 구성으로 수학적 성질 간의 역동적 관계성을 파악할 수 있고, 나아가 윷놀이, 카드놀이와 같은 게임을 만들어 실생활문제를 해결하는 흥미로운 활동을 통한 수학의 유용성과 심미성을 경험할 수 있게 구성하였다.

4.2 시각화

테크놀로지를 이용한 교육에서 가장 중요한 위치를 차지하는 것 중의 하나가 그래픽과 애니메이션에 의한 시각화이다(Galindo, 1994; Fischbein, 1987; Schwartz, 1989; Yershalmy, & Chazan, 1990; Laborde, 1993). 시각적인 자료는 전체적이며 경우에 따라서는 많은 내용을 연결된 상태로 담을 수 있고, 따라서 보다 의미 있는 형태로 여러 지식을 한 번에 파악하기 쉽다. 낱낱으로 떨어진 지식을 외우기보다는 시각적인 정보형태로 기억하는 경우 학습효과를 높일 수 있다. 인간이 정보를 받아들이기 위하여 눈으로 보는 작용은 매우 중요한 일이며, 특히 컴퓨터로부터 정보를 얻으려 할 때에는 청각보다 시각에 의존하게 된다. 이러한 관점에서 컴퓨터 그래픽은 매우 중요한 역할을 한다.

그래픽과 애니메이션은 학습내용의 전달이나 피드백을 강화하기 위하여 사용되는 매우 중요한 기능이며, 학습자들이 학습내용을 인지적으로 구조화하는 데 도움을 준다. 그러나 컴퓨터 그래픽과 애니메이션이 수학학습에서 항상 긍정적인 효과만 가져오는 것은 아니다. 잘못 사용된 그래픽과 애니메이션은 학생들을 엉뚱한 곳에 집중하게 하거나 부정적인 효과를 수반할 수 있다. 그러므로 그래픽과 애니메이션을 수학교육에 활용하기 위해서는 이에 대한 충분한 고찰과 주의 깊은 적용이 필요하다. Alessi와 Trollip(1985)는 컴퓨터를 이용한 학습에서 그래픽의 세 가지 근본적인 기능은 다음과 같다고 주장하였다.

① 중요한 정보의 표현기능을 한다.

그래픽은 언어나 숫자를 대신해서 학습자에서 정보를 전달할 수 있는 좋은 방법이고, 중요한 정보를 쉽게 전달하는 수단이 된다.

② 유추에 의한 설명과 기억보조로서의 기능을 한다.

컴퓨터 그래픽과 애니메이션은 수학학습에서 유추에 의해 설명함으로써 학생들이 어떤 개념을 확실히 파악할 수 있게 해주고, 또한 잘 기억할 수 있도록 도와줄 수 있다. 또한, 그림을 곁들인 컴퓨터 그래픽에 의한 학습은 학생들의 주의를 쉽게 끌 수 있으므로 유추에 의해 가르칠 때 교사들이 가르치는 것보다 더 큰 효과를 얻을 수 있다.

③ 암시로서의 기능을 한다.

그래픽은 중요한 교과서 내용에 대한 암시로서 사용된다. 즉, 학생들에게 학습시키고자 하는 내용을 요약해 보여주거나 암시함으로써, 학생들의 호기심을 자극하고, 목표에 집중하도록 한다.

테크놀로지는 학생들의 이해력을 높일 수 있는 시각적인 표현을 이용해 대다수의 통계개념들과 방법들의 이해를 높이는 도구가 될 수 있다. 통계의 전반에 걸쳐 있는 중요한 개념은 무작위성(randomness)이다. 이것은 소수의 학생들만이 이해할 수 있는 어려운 주제이지만 선거결과 예측, 여론조사, 물가지수 등 우리의 일상생활과도 깊은 관련이 있다. 일부 교사들은 칠판에 그림을 그리거나 주사위, 동전 등을 이용하지만 학생들은 잘 이해하지 못하는 경우도 있다. 컴퓨터 그래픽을 잘 활용하면, 학생들에게 시각적으로 지도할 수 있다. 컴퓨터를 이용한 그래픽 애니메이션은 학생들의 무작위성에 관한 이해를 신장시키는 데 있어서의 시각화의 효과를 보여준다(Fisch, Gravner, & Griffeath, 1991).

테크놀로지는 수학적 대상과 수학적 관계를 구체화함으로써 그것들을 보다 직접적으로 다룰 수 있는 교수·학습 환경을 제공하는 바, Balacheff와 Kaput(1996)는 이를 '새로운 경험적 수학 현실주의'라고 명명하였다. 컴퓨터 기반 교수·학습 환경은 수학적 대상과 관계의 형식적 표현을 다룰 수 있다는 점에서 다른 유형의 학습 자료와 구별된다. 또한 컴퓨터 기반 학습 환경에서 학습자와 컴퓨터의 상호 작용은 학습자의 컴퓨터 조작(입력)과 그에 따른 수학적인 즉, 기호적이거나 상징적인 해석에 바탕을 두고 있으며, 컴퓨터 기반 환경에서의 피드백은 해석 가능한 하나의 수학적 현상으로서 적절한 기록으로 제공된다.

이와 유사한 맥락에서 테크놀로지 탐구 학습 환경의 가장 큰 특징 중의 하나는 '구체적-추상적 대상'이라고 부를 수 있는 오직 테크놀로지에서만 구현할 수 있는 새로운 대상이다. 여기에서 구체적-추상적 대상은 컴퓨터 화면에서 실제로 존재하는 것처럼 볼 수 있고 다룰 수 있다는 의미에서 구체적이라고 할 수 있으며, 컴퓨터 구현에 따른 산출물 내지 결과가 수학적 구성물이라는 의미에서 추상적이라고 할 수 있다.

컴퓨터 기반 교수·학습 환경에서 표현 체계 A와 표현 체계 B가 연결되어 있다는 것은, 표현 체계 A에서 취해진 행동이 표현 체계 B에 반영되며 역으로 표현 체계 B에서 취해진 행동이 표현 체계 A에 반영되는 것을 의미한다. 여기에서 컴퓨터는 역동적이고 상호 작용적인 매개물을 만드는 특징을 갖는다(Kaput, 1992, p. 530). 컴퓨터 그래픽을 사용하면 학생들에게 수학적 개념을 보다 근본적으로 이해시킬 수 있다(Tall, 1986). 컴퓨터의 그래픽 기능을 잘 활용하면 추정하거나 탐구하는 활동에 초점을 맞출 수 있다. 지식의 생성배경을 이해시킬 수 있음으로써 훨씬 설득력 있는 수업이 가능하다(Schwartz & Yerushalmy, 1988).

컴퓨터의 그래픽 기능을 활용하면 기하개념을 지도하는 데 좀 더 직관적인 방법을 택할 수 있으며, 도형과 도형의 변환과 관련된 학습내용을 전체적인 시각을 통해 파악하도록 하는 데 도움이 된다. 도형을 마음대로 조작할 수 있기 때문에 학생들의 시각적 직관력이나 공간추론 능력을 키우는 데 도움이 된다.

학생들에게 동적인 시각화를 제시하면 수학에 대해 훨씬 좋은 태도를 갖게 될 것이다. 학생들에게 수학이 지루하고 의미 없는 수식의 학문이라는 느낌 대신 수학의 아름다움을 실감시킬 수 있다. 수학이 지니는 미적인 측면을 느끼게 하는 것은 그 동안 소홀히 다루어진 수학교육의 중요한 목표 중의 하나이다. 수학의 아름다움은 모델링과 시각화에 있다. 복잡한 사회적·자연적 현상을 우리는 간단한 방정식이나 기하학적 모델로 나타내고 이것을 탐구함으로써 그 현상을 해석하고 예측할 수 있다. 모델링은 시각화와도 깊은 관련이 있다. 많은 모델링 과정은 시각적으로 표현된다. 이 때, 학생들은 눈에 보이지 않는 자연과 사회의 내적 질서를 한눈에 볼 수 있게 되고, 수학이 이러한 질서의 패턴과 규칙을 찾아내는 데 도움이 됨을 느끼게 된다. 예를 들어, 프랙탈(fractal)의 형상화와 여러 가지 자연현상을 관련시킬 수 있다면 수학의 힘과 아름다움을 실감할 수 있을 것이다(Frame & Mandelbrot, 2002).

4.3 사고력

테크놀로지가 전문 수학에 미친 가장 큰 영향은 연구 성격의 변화를 들 수 있는데, 그것은 수학자들이 '계산(computing)'을 통해 수학을 연구하는 경향을 말한다. 테크놀로지는 이론과 실험이라는 전통적인 학문의 두 패러다임에 계산이라는 새로운 패러다임을 추가하였는데, 이는 수학자가 수학적 모델을 이용한 시뮬레이션을 통해서 세계를 수학적으로 해석하는 관점을 얻는 방식을 의미한다(Ralston & Wilf, 1965).

쉽게 이용할 수 있도록 만들어진 함수 그래픽 소프트웨어는 대수수업을 보다 설득력 있게 강화시킬 것이다. 그래프를 그릴 때, (x,y)의 위치를 표시하고 연결하는 것 대신 컴퓨터를 사용하면 곡선의 절편, 점근선, 기울기나 오목한 상태를 역동적으로 관찰할 수 있으므로 종래의 지필방법으로는 힘들었던 함수에 대한 직관력을 기를 수 있다. 역동적인 그래프로 양적인 관계를 산출해 내는 컴퓨터의 기능은 대수 학습을 의미 있게 해준다. 또, 정비례와 반비례, 일반 다항식, 근호, 단계(step), 지수, 로그와 같은 여러 유형의 함수의 행동을 관찰하는 것을 가능하게 한다. 이중권(1999)은 Algebraic Expresser를 사용하여 함수학습의 역동성을 보여주는 연구를 보여주었다.

수학적 대상과 그들의 관계성에 대해 추정하거나 탐구하는 활동에 초점을 맞출 수 있다(Schwartz & Yerushalmy, 1988). 현재 기하교육은 공리나 정의로부터 주어진 기하학적 원리나 정리를 연역적으로 증명하는 과정에 주안점을 두고 있다. 적절한 정리를 발견하고 형식화하며 가설을 설정하는 능력은 증명하는 능력만큼 중요하다. 컴퓨터의 그래픽 기능과 계산처리 능력을 도형의 관계를 탐구하고 추정하는 실험의 기회를 제공한다.

Proofcheker와 같은 기하학적 증명에 대한 인공지능(artifical intelligence) 프로그램이 개발됨에 따라 학생들이 컴퓨터와 대화를 해 나가면서 주어진 기하 증명문제에 대해 증명을 할 수 있고, 자신의 증명과정을 스스로 수정할 수 있다(Ball, 1992). 또한, 컴퓨터 언어를 이용한 프로그래밍 자체가 논리적 추론과정이므로 프로그래밍 활동을 논리적 추론능력을 향상시킨다. 컴퓨터 프로그래밍 활동은 오류수정의 기회를 통해 사고력 향상을 위한 기회로 사용될 수 있다. 오류는 예상하지 못한 곳에서 일어나기 때문에 학생들의 흥미를 끌 수 있으며 그 오류를 제거하기 위해 반드시 무엇을 할 수밖에 없기 때문에 자신의 행동에 대한 새로운 통찰로 이끌 수 있다(류희찬, 배은희, 2000).

4.4 ICT(Information and Communications Technologies)

2000년대에 들어서면서부터 ICT를 활용한 수학교육 연구가 활발하게 진행되었다. 초기에는 기하교육에서 컴퓨터의 그래픽 기능과 논리 연산 능력을 이용한 탐구형 동적 기하 소프트웨어(Dynamic Geometry software)들이 주목을 받아 왔다. Mathematica와 Cabri, GSP(Geometer's Sketch Pad) 등으로 대표되는 동적 기하 소프트웨어들이 선을 보이다가 그 후에는 웹 기능과 자동 정리 증명 기능을 일부 갖춘 Cinderella가 등장하면서, 단순히 컴퓨터상에 쉽고 정확하게 작도하는 능력뿐만 아니라 사이버 공간에서 학생과 교사가 토론하고 학습할 수 있는 가능성도 열어주었다(한동승 외 4인, 2003). 응용프로그램 중에서 수학을 지도하는 데 비교적 여러 상황에서 범용적으로 사용할 수 있는 것은 엑셀이며, 작도 프로그램인 GSP나 Cabri, 신데렐라, 또는 작도하는 데 사용할 수 있으면서도 알고리즘을 구상하고 수정할 수 있는 LOGO 등도 여러 학습 주제에 사용될 수 있었다. GrafEq, 그래프 마법사, Equation Grapher 등과 같이 그래프를 그리는 프로그램은 중고등학교에서의 함수 영역에서 유용하게 사용되었다. Fathom과 같은 통계 프로그램도 통계 학습에 유용하게 활용되었고, 테셀레이션을 만드는 테셀매니아나 전자 지오보드 등도 매우 재미있는 프로그램이며 교육적 효용성이 있었다. 기하와 대수를 동시에 할 수 있는 지오지브라는 좀 더 다양한 프로그램 응용성을 가지고 있었다.

테크놀로지를 활용한 기하 교육에서는 탐구형 동적기하 소프트웨어의 개발 가능성을 모색한 전자 자와 컴퍼스로 불리는 DRC(Digital Ruler and Compass)의 베타버전이 출시되기에 이르렀다(http://www.drc.or.kr). 함수교육에서는 그래프를 표현할 수 있는 그래핑 계산기(TI-92, TI-92 플러스)와 CBR(Calculator-based Ranger)를 이용한 실험학습이 가능한 HGT(Handheld Graphing Technology)를 활용한 연구가 대부분이다. 대수교육에서도 컴퓨터대수체계(CAS)의 출현으로 학교대수 교육 과정은 기호조작 이상의 것이 되고 있다. 기술공학의 발달로 인해 행렬대수와 같은 이산수학, 변수조작과 추세분석 등의 대수 개념과 절차는 새롭게 주목받는 영역이 되고 있다. 컴퓨터와 그래핑 계산기의 도입이 학교대수에서 그래프 그리기를 중추적인 위치에 있도록 변화시키고 있으며, 함수와 변수 개념과 관련하여 몇 가지 대수개념이 대수 교육 과정에 새롭게 첨가되어야 함을 강조하였다.

이외에도 Poly, Eureka, WinPlot, Maple, Mathlab, Mathmatica 등과 같은 수학교육용 소프트웨어나 워드프로세서, 스프레드시트, 파워포인트, 그래프소프트웨어(포토샵, 페인트

샵), 사운드소프트웨어 등과 같은 일반용 소프트웨어나 웹 저작도구(나모, 애드라웹, 드림위버), 애니메이션(디렉터, 플래쉬), 교수.학습개발용 저작도구(PASS2000, 툴북), 프로그래밍 언어(비쥬얼 베이직, C++, VRML) 등의 저작 도구들이 수학 분야에서 폭넓게 사용되었다.

사고력 향상을 위해 테크놀로지를 활용한 수학교육의 영역이 날로 넓어져서 컴퓨터 시뮬레이션과 게임을 활용한 수학교육도 새로운 수학교육 연구 분야로 자리를 잡았다. Explorelearning(www.explorelearning.com)과 같은 곳에서는 각종 시뮬레이션 프로그램을 개발하여 보급하고 있으며, 영국의 National Grid for Learning(www.ngfl.gov.uk)에서는 수학교육을 위한 게임과 지도안 등의 자료를 개발하여 보급하였다.

웹을 기반으로 한, 모의실험을 할 수 있는 프로그램을 활용하는 전략은 주로 자바애플릿을 이용하게 되며, 경우에 따라서는 이미 개발된 소프트웨어 예를 들면 GSP나 Mathview 등의 프로그램을 웹에서 사용할 수 있도록 하는 것도 이 전략의 예가 될 수 있다. 예를 들어, 함수의 그래프를 그릴 수 있는 시뮬레이션 프로그램에서는 주어진 함수(예를 들어 이차함수)의 계수를 변화시킬 때의 변화를 확인할 수 있어서 계수에 따른 그래프의 특징을 파악하는 데 도움이 된다. 시뮬레이션 프로그램은 Exploremath.com이나 www.mathink.org 등에서 사용 되었고, 자바 애플릿은 (math.kongju.ac.kr/math/enter.html)이나 IES홈페이지(www.ies.co.jp/math/java/index.html) 등에서 사용되었다.

최근 들어서는 e-learning과 e-book 그리고 어디서나 어떤 기기로든 자유롭게 통신망에 접속하여 갖은 자료들을 주고받을 수 있는 유비쿼터스(ubiquitous)개념을 활용한 수학교육에 대한 연구가 새로운 분야로 수학교육학자들의 많은 관심을 받고 있다.

5 결론

계산을 위한 도구의 필요성이 대두되면서 19세기 후반에 영국의 수학자 찰스 바배지에 의해 최초 자동 디지털 계산기인 해석기관을 창안되었지만 제작기술이 뒤따르지 못해 활성화되지 못하다가 20세기 중반에 제 2차 세계대전을 치르면서 제 1세대 컴퓨터가 출현하게 되었고, 이로써 인류역사에 기념비적 문명의 진보가 가능한 문이 열린 셈이 되었다. 1980년대 개인용 컴퓨터와 휴대용 계산기가 우리의 손안에 들어오면서 복잡한 계산으로부터 우리를 자유롭게 해주었는데, 이로부터 수학교육에서 기술공학의 필요성과 가능성, 효과 등이 논해지고 연구되기 시작하였다. 최근에는 컴퓨팅 사고력(computational thinking)의 역할이 강조되면서 빅데이터와 실데이터마저도 우리의 필요에 따라 다루기가 쉬운 세상이 되어가고 있다. 그럴수록 수학적 사고력은 이들의 현상을 규명하고 문제를 해결해나가는데 더욱 필요하게 될 것으로 예측된다.

또한 3D Printer의 등장으로 인한 교육현장의 변화이다. 교육부에서는 2016년까지 전국 초·중·고교 및 시도 과학관 등에 3D Printer를 설치할 계획이며 2018년 교육과정부터는 3D Printing 내용을 교육 과정에 포함시킬 계획을 갖고 있다고 발표하였다. 앞으로 개인용 3D Printer의 출현으로 교사 스스로 필요한 교구를 아주 저렴한 가격으로 쉽고 편리하게 직접 제작할 수 있게 될 것이다. 일선의 수학교사들이 수업에 필요한 교구들을 설계하고 3D Printer로 출력하여 교실 수업에 다양하게 활용할 수 있는 방법을 살펴보고 활용하게 된다면 테크놀로지 기반 수학교실이 더욱 역동적으로 변화할 것이다.

그동안 수학의 각 영역의 특성에 맞는 적절한 소프트웨어가 다양하게 개발되었고 이제 이들을 수학교실에서 활발하게 사용해서 학생들이 미성취 영역에 대한 학습의 기회를 가질 수 있을 뿐만 아니라 수학의 새로운 성질을 찾아내는 일들이 환경적으로 구축되어야 한다. 최근 제 2차 수학교육 종합계획이 발표되면서 학교현장의 수학교육에 이런 변화가 가속적으로 이루어지길 기대한다. 따라서 이런 학습 환경의 변화에 따른 교육과정과 학습자료 개발, 그리고 그에 따른 교수법에 대한 연구가 활발히 이루어져야 한다. 물론 여기에는 기술공학에 대한 최신 정보로 변화된 교사교육 프로그램의 다양화가 뒤따라야 함은 두말할 나위가 없다.

Reference 참고문헌

고상숙 (2005). 수학을 하려면 엑셀을 밟아라. 서울: 경문사.

김애화(2004). 학습장애 학생을 위한 읽기이해 중심의 컴퓨터 보조 교수의 효과. 한국학습장애연구. 1(1), 95-114.

김학기(1999). 컴퓨터 보조수업 활용 실태 분석 및 효과에 관한 연구. 미간행 석사학위 청구논문. 서울: 숭실대학교 교육대학원.

류희찬, 배은희(2000). LOGO 프로그래밍을 활용한 대수 학습자료 개발 연구.

성기섭(1993). 컴퓨터 보조수업의 효과에 대한 실증적인 연구. 미간행 석사학위 청구논문. 관동대학교 교육대학원.

손병오(2000). 수학적 능력 신장을 위한 CAI 코스웨어 설계 및 구현. 미간행 석사학위 청구논문. 순천향대학교 교육대학원.

신동선, 류희찬(1998). 수학교육과 컴퓨터. 서울: 경문사.

이길선(2007). 컴퓨터 보조학습(CAI)이 청각장애 중·고등학생의 수학 문장제 해결 능력에 미치는 효과. 미간행 석사학위 청구논문. 이화여자대학교.

이정은(1992). 경도 정신지체아를 대상으로 한 컴퓨터 보조학습(CAI)효과에 대한 연구. 미간행 석사학위 청구논문. 서울: 이화여자대학교.

이중권(1999). Research on mathematics teachers' knowledge. 학교수학, 9(1), 311-320.

이화진(2001). 컴퓨터 보조수업을 이용한 수학 보충 학습지도 효과에 관한 연구. 미간행 석사학위 청구논문. 이화여자대학교 교육대학원.

임진택(1994). 컴퓨터 보조수업을 통한 수학학습 효과에 관한 연구. 미간행 석사학위 청구논문. 동국대학교 교육대학원.

장경윤 (1996). 컴퓨터와 수학, 수학 교육. 수학교육학연구, 6(1), 33-44.

장종욱, 김화선(2004). CAI를 활용한 수업의 효과성에 관한 연구. 정보통신연구지, 5, 85-93.

정기수(2000). 수학교과에서 컴퓨터 보조수업이 학습태도 및 학업성취에 미치는 영향. 미간행 석사학위 청구논문. 고려대학교 교육대학원.

최택영, 박용길, 조원종(2005). 컴퓨터 보조수업의 활용수업에 대한 실태. 한국학교수학회 논문집, 8(2), 117-149.

Alessi, S. M., & Trollip, S. R. (1991). Computer-based instruction: Methods and development. *Prentice Hall Professional Technical Reference.*

Bahr, C., & Rieth, H. (1989). The effects of instructional computer games and drill and practice software in learning disabled students' mathematics achievement. *Computers in the schools*, 6, 87-101.

Balacheff, N., & Kaput, J. J. (1996) Computer-based learning environments in mathematics. *In International handbook of mathematics education* (pp. 469-501). Springer Netherlands.

Ball, A. (1992). Problem Solving, Mathematical Activity and Learning: The Place of Reflection and Cognitive Conflict. *In Mathematical Problem Solving and New Information Technologies* (pp. 137-154). Springer Berlin Heidelberg.

Becker, H. J. (1988). *The impact of computer use on children's learning: What the research has shown and what it has not.* Center for Research on Elementary and Middle Schools, John Hopkins University, Baltimore, MD.

Cornu, B. (1987). The computer and didactics: Two tools for teaching of mathematics. In R. Lewis & E. D. Tagg (Eds.), *A computer for each student* (pp. 141-150). North Holland: Elsevier Science Publishers.

Davis, P. J., & Anderson, J. A. (1979). Nonanalytic aspects of mathematics and their implications for research and education. *Siam Review*, 21(1), 112-127.

Dreyfus, T. (1990). Advanced mathematical thinking. In P. Nesher and J. Kilpatrik (Eds.), *Mathematics and cognition: A research synthesis by the International Group for the Psychology of Mathematics Education* (pp. 113-134). New York: Cambridge University Press.

Edwards. J., Norton. S., Talor. S., Weiss. M., & Pusseldrop. R. (1975). How effective is CAI? *Educational Leadership*, 33. 147-153.

Fisch, R., Gravner, J., & Griffeath, D. (1991). "Threshold-Range Scaling of

Excitable Cellular Automata". *Statistics and Computing*, 1(1), 23-39.

Fischbein, E. (1987). *Intuition in science and mathematics.* Dordrecht: Reidel.

Fischer, J. (1984). Visual influences of figure orientation on concept formation in geometry. Recent Research Concerning the Development of Spatial and Geometric Concepts, ERIC, 307-321.

Ford, M. M., Chinn. K. M., & Moulton. R. D. (2002). Effectiveness of multimedia reading materials when used with children who are deaf. *American Annals of the Deaf*, 149(5), 394-403.

Frame, M., & Mandelbrot, B. (2002). *Fractals, graphics, and mathematics education.* Cambridge University Press.

Galindo, E. (1994). *Visualization in the calculus class: The role of students' cognitive style in their use of a computer algebra system.* Unpublished manuscript, Indiana University, Bloomington, IN.

Hillel, J. (1992). The computer as a problem solving tool; it gets a job done, but is it always appropriate? In J. P. Ponte, J. F. Matos, J. M. Matos, & D. Fernandes (Eds.), *Mathematical Problem Solving and New Information Technologies: Research in Context of Practice* (pp. 205-218). Berlin: Springer Verlag.

Jamison, D., Suppes, P., & Wells, S. (1974). The effectiveness of alternative instructional media, Review of Educational Research, 44. 1-61.

Joice, B., Weil, M., & Showers, Beverly. (1992). *Models of Teaching*, Allyn and Bacon.

Kaput, J. J. (1992). Technology and mathematics education. In D. A. Grouws (Ed.), *Handbook of Research on Mathematics Teaching and Learning* (pp. 515-556). New York: Macmillan.

Kulik, J. A., & Kulik, C. L. C. (1987). Review of recent research literature on computer-based instruction. *Contemporary Educational Psychology*, 12(3), 222-230.

Laborde, C. (1993). The computer as a part of the learning environment. In C.

Keitel & K. Ruthevern (Eds.), *NATO Advanced Workshop on Mathematics Education and Technology* (pp. 110-135). Berlin: Springer Verlag.

Lehning, H. (1987). Computers as mathematical problem solving assistants. In R. Lewis & E. D. Tagg (Eds.), *A Computer for Each Student* (pp. 135-140). North Holland: Elsevier Science Publishers.

National Council of Teachers of Mathematics. (2000). *Principles and Standards for School Mathematics.* Reston, VA: The Author.

Niemiec, R., & Wallberg, H. J. (1987). Comparative effects of computer assisted instruction: A synthesis of reviews. *Journal of Educational Computing Research,* 3(1), 19-37.

Olive, J. (1992). Technology and school mathematics. In W. Secada (Ed.), Reform of School Mathematics in the U.S. *A special issue of the International Journal for Educational Research,* (pp. 503-516).

Papert, S. (1980). *Mindstorms: Children, computer, and powerful ideas.* New York: Basic Books Inc.

Ralston, A., & Wilf, H. S. (1965). *Mathematical Methods for digital computers.* John Wiley & Sons, New York.

Salomon, G., & Perkins, D. N. (1987). Transfer of cognitive skills from programming: When and How? *Journal of Educational Computing Research,* 3(2), 149-169.

Schery, T., & O'Conner, L. (1992). The effectiveness of school-based computer language intervention with severely handicapped children. *Language, Speech, Hearing Services in Schools,* 23(1), 43-47.

Schwartz, J. L. (1989). Intellectual mirrors: A step in the direction of making schools into knowledge making places. *Harvard Educational Review,* 59(1), 51-62.

Schwartz, J. L., & Yerushalmy, M. (1988). *The Geometric Supposer.* Pleasantville, NY: Sunbrust.

Tall, D. O. (1986). Building and testing a cognitive approach to the calculus using graphics. Unpublished doctoral dissertation, Warwick University, Coventry.

Thompson, P. W. (1985). Computer research in mathematical problem solving. In E. A. Silver (Ed.), *Teaching and learning mathematical problem solving: Multiple research perspectives* (pp. 417-438). Hillsdale, NJ: Erlbaum.

________________ (1989). Artificial intelligence, advenced technology, and learning and teaching algebra. In S Wagner & C. Kieren (Eds.), *Research issues in the learning and teaching of algebra* (pp. 135-161). Reston, VA: National Council of Teachers of Mathematics.

Vinsonhaler, J. E., & Bass. R. K.(1972). A summary of ten major studies in CAI drill and practice, *Educational Technology*, 10(I). 29-32.

Wachsmuth, I., & Becker, J. P. (1986). The role of technology in the cognitive development of mathematics learners. *The Journal of Mathematical Behavior*, 5(2), 209-232.

Wheatly, G., & Wheatly, C. (1982). *Calculator use and problem solving strategies of grade six pupils* (Final Report). National Science Foundation. (ERIC Document Reproduction Service No. ED 219 250).

Williams, C., & Brown, S. (1989). A review of research issues in the use of computer-related technologies for instruction: An agenda for research. *Paper presented at the Annual Meeting of the American Educational Research Association*, San Francisco.

Yershalmy, M., & Chazan, D. (1990). Overcoming visual obstacles with the aid of the Supposer. *Educational Studies in Mathematics*, 21(3), 199-219.

〈http://www.mathink.org/〉 Think math, 고바기수학.

〈http://www.math2000.co.kr/〉 교육소프트연구소, 교육소프트 홈페이지.

〈http://www.ksesm.org/〉 대한수학교육학회, 대한수학교육학회 홈페이지.

〈http://www.mathlove.com/〉 수학사랑, 수학사랑 홈페이지.

〈http://mi.edunet4u.net/mullib/〉 한국교육학술정보원, "에듀넷 멀티미디어 자료실", 에듀넷.

〈http://classroom.kice.re.kr/kice/content07/index.jsp?MENU˙NO2=4〉 한국교육과정

평가원, "중등수학", 한국교육과정평가원 교수학습센터.
〈http://www.drc.or.kr〉 Digital Ruler and Compass, DRC 홈페이지.
〈http://www.keris.or.kr〉 (한국교육학술정보원) 한태명, 강문봉 외 - How TO ICT 수학과 ICT활용 교수·학습 방법 및 자료개발연구.

2장

수학교육과 테크놀로지 : 연구의 추세와 쟁점

건국대학교 장경윤
(kchang@konkuk.ac.kr)

1 서론

새로운 테크놀로지가 수학 연구와 교육공동체에 자리를 잡기까지 긴 과정을 거친다. Cabri의 경우 1989년 출시, 이후 워크숍이나 세미나를 통해 문제제시와 문제해결에 활용, 효과검증 연구, 보급의 확대 및 수학수업에 단계를 거쳐, 2000년 프랑스 중등 수학교육과정에 통합되기까지 10여년이 소요되었다(Laborde & Laborde, 2008). 수학교육에서 새로운 요소의 도입을 보는 시각은 대체로 회의론에서 시작되기 때문이다. 우리나라 학교수학에서 테크놀로지의 사용을 교육과정이 명시적으로 허용한 지 20여년이 지났지만 아직 의미있는 활용 단계에 이르지 못하고 있다. 수학교육에서 테크놀로지 연구와 교육의 방향 설정이 필요한 시점이다.

테크놀로지 관련 수학교육의 초기 연구는 새로운 테크놀로지의 역량을 기존 교육과정에 맞춰 활용하는 방안을 제안하고, 개별, 소그룹 또는 집단으로 수업에 적용한 후 비교효과를 검증한 연구들이 많다. 다른 한편에서는 비교 보다는 학생들의 개념 이해에 초점을 맞추었거나, 또는 프로그래밍의 효과를 연구하였으며, LOGO와 같이 마이크로 환경을 제공하여 학생들의 개념 형성을 탐색하는 연구가 이루어지기도 하였다(Heid & Blume, 2008; Hoyles, 2010). 그러나 초기 연구에서 수학교육자들은 학교수학에서 새 테크놀로지의 역할을 찾아내지 못했으며, 그들이 갖고 있는 교육과정과 교육학적 아이디어를 테크놀로지를 이용하여 시도하지도, 테크놀로지 관련하여 새로운 연구 이슈도 이끌어내지 못하였다(Kaput & Thompson, 1994, p. 683). 그 이후 NCTM(2000)은 잘 만들어진 수학프로그램 맥락에서, 테크놀로지가 수학 내용의 범위와 학생들이 해결할 수 있는 문제 상황의 범위를 확장시킨다고 선언하기에 이르렀다.

본 장에서는 수학교육 연구에서 테크놀로지 관련한 최근의 연구에 관하여 추세와 쟁점을 논의하고자 한다.

2 수학교육과 테크놀로지

컴퓨터는 1960년대 중반, CAI 형태로 연습과 훈련, 개인교수를 목적으로 학교수학에 사용되기 시작하였다[1]. 이후 1980년대에는 Basic이나 LOGO 등 프로그래밍과 스프레드시트 등 일반 소프트웨어와 계산기를 활용한 수학교육이 점차 자리를 잡게 되었다. 1980년대 후반 컴퓨터대수체계(CAS)와 특정 수학 영역에서의 활용을 위한 소프트웨어들이 잇달아 개발되면서 컴퓨터와 계산기가 수학교육에 폭넓게 사용되었으며, 인터넷과 웹퀘스트, 애플릿, 가상교구(virtual manipulatives), 자료의 수집과 분석을 위한 도구(CBR), 증강현실(augmented reality) 등 테크놀로지 범위가 확장되었고, 계산기 또한 그래픽이나 분석 기능뿐 아니라 CAS를 내장하는 등 뛰어난 성능으로 hand-held technology라고 불릴 만큼 테크놀로지 환경이 크게 변화하였다[2].

공학도구는 컴퓨터대수체계(CAS) 소프트웨어나 기타 CAS를 장착한 계산기, 동적 기하 시스템(DGS), 웹환경에서 구동되는 상호작용 애플릿 등 수학내용과 직접적으로 관련된 것, 그리고 전자칠판이나 웹기반 미디어 등 정보나 아이디어의 접근과 소통, 협력을 가능하게

---

1) Stanford Univ.(1968). Brief History of Computer-Assisted Instruction at the Institute for Mathematical Studies in the Social Sciences.(ED034420) http://files.eric.ed.gov/fulltext/ED034420.pdf, CA. Inst. for Mathematical Studies in Social Science.

2) 정보통신기술(ICT) 또는 디지털 기술공학(Digital Technology)이라는 용어로 테크놀로지의 범위를 확장하여 지칭하기도 한다. 본 고에서 테크놀로지는 주로 컴퓨터와 계산기를 일컫는 것으로 사용하기로 한다.

하며 수학적 사고의 핵심인 이해와 의미 형성을 돕는 내용-중립적인 것으로 분류할 수 있다. 이들 도구는 사용자의 수학적 탐구의 범위와 질을 확장하며, 학생들로 하여금 보다 실질적인 상황에서 수학적 아이디어를 만날 수 있게 된다. 공학도구의 전략적인 사용은 수학 절차와 기능뿐 아니라 문제해결, 추론 등 고차적인 수학 능력을 개발하는 데 유용하다.

수학교육에 활용할 수 있는 테크놀로지 종류가 크게 증가한 것에 비례하여 수학교육 분야에서 테크놀로지 사용에 관한 최근 연구는 양적으로도 매우 풍부하며, 실제 적용 관련한 연구뿐 아니라 교육적, 철학적 관점에서 테크놀로지 역할에 관한 탐색 등 새로운 관점으로 연구가 확장되고 있다. 수학교육과 테크놀로지 관련 연구의 주요 이슈를 살펴보기로 한다.

3 연구의 이슈

3.1 수학교육에서 테크놀로지를 어떻게 이해해야 하는가?

인간 정신의 한계를 넘어 지필 환경에서는 불가능한 활동을 가능하게 한다는 관점에서, 테크놀로지는 '인지적 도구'이다(Blume & Heid, 2008, p. viii). 예를 들어 계산, 작도, 시각적 표현을 제공하는 도구들은 그것이 아니면 학생들이 탐색하기에 너무 복잡한 수학 내용과 맥락을 학생들에게 제공한다. 그리고 이를 통하여 학생들은 반성, 추론, 문제제기, 문제해결, 의사결정 등 차원높은 성취에 도전할 수 있다(Gadanidis & Geiger, 2010; Kastberg & Leatham, 2005; Nelson, et al., 2009). 테크놀로지를 인지적 도구로 사용하는 수학 활동은 지필 환경을 전제로 한 전통적인 수학 활동과는 근본적인 차이가 있다. 인지적 도구로서의 테크놀로지는 교육 방법뿐 아니라 교육 내용에도 변화를 요구하기 때문이다.

그러면 테크놀로지가 무엇인가? 테크놀로지를 어떻게 이해할까? 수학교육에서 테크놀로지 활용을 고려해야 하는 이유가 무엇인가? 테크놀로지가 어떻게 수학의 교수·학습을 위한 도구가 될 수 있는가? 테크놀로지를 어떻게 볼 것인가? 테크놀로지에 대한 개념적 기초와 적절한 이해가 필요한가? 이 같은 질문은 교육과정 내용과 교수·학습 장면의 구성방법을 결정하고, 테크놀로지를 사용하는 동안 예기치 못한 상황에 대처하는 데 필요한 개념적 기초가 된다.

최근 연구의 주요 흐름 중 하나는 '테크놀로지'와 '교육에 유용한 도구'가 동의어가 아니라는 점에 주목하여 테크놀로지가 어떻게 교육에 유용한 도구가 되어가는가를 설명하려는 것이다. 그래서 전자를 인공물(artifacts), 후자를 도구(instrument)로 구분하고, 학습 과정에서 인공물에 스킴을 더해 도구로 생각하는 '도구발생'의 메커니즘을 탐색한다. 이론적으로 테크놀로지의 존재와 테크놀로지에 관한 인식을 철학적 관점에서 해석하려는 시도라 할 수 있다(Guin, Ruthven, & Trouche, 2006; Drijvers & Trouche, 2008; De Vries, 2005). 도구발생 과정에서 교사의 역할을 '도구 오케스트레이션' 은유로 설명하기도 한다.

3.2 테크놀로지는 수학교육과정에 어떻게 영향을 미치는가?

최근 수학교육과정 변화의 배경에는 예외 없이 테크놀로지의 발달이 변화의 주요 요인으로 지목된다. 테크놀로지의 뛰어난 시각화와 표현 능력, 표현 사이의 번안 능력, 탁월한 계산능력, 자료처리 능력이 수학학습의 방해 요소가 아니라, 수학 학습을 위한 동력이 될 수 있으며 수학 수업에서 테크놀로지는 학생 참여를 권장하며 속도와 다양성을 증가시키도록 사용할 수 있다(Passey, 2011). 컴퓨터의 방대한 자료 처리 능력은 4색 문제를 모든 사례를 검토하는 새로운 증명 방식을 탄생시켰다. 테크놀로지는 수학 교수와 학습의 방법에 영향을 줄 뿐 아니라 수학의 방식과 가르칠 수학의 본질에도 영향을 미친다(Dick & Hollebrands, 2011; NCTM, 2000).

테크놀로지가 환경에서 수학교육과정의 방향을 새롭게 설정하는 것은 중요한 연구 이슈이다. 새롭게 중요하게 되는 개념은 무엇인가? 강조점에서 변화되는 개념은 무엇인가? 더 중요해지는 내용과 덜 중요해지는 내용은 무엇인가? 테크놀로지 환경에서 초등학교, 중학교 대수, 고등학교 대수 교육과정은 어떤 방향으로 나가야 하는가? 새롭게 강조되어야 하는 개념은 무엇인가? 덜 중요해진 개념은 무엇인가? 기하 교육과정에서 중요하게 강조해야 하는 내용과 방식은 무엇인가? 지필환경에서 중요하게 다루어졌던 내용 요소와 방식을 그대로 유지해야 한다면 근거가 무엇인가? 테크놀로지 환경에서 내용과 방식을 변경한다면 어떠한 가치 때문인가? 변화의 방향은 무엇인가? 테크놀로지가 지원되는 환경에서의 통계교육은 과거와 어떤 점에서 차이가 있는가? 새롭게 강조되어야 하는 개념은 무엇인가? 새로운 변화의 방향은 어떠한가? 과거 지필환경에서의 어떤 내용요소와 접근방식을 유지해야 한다면 어떤 근거에서 그런가? 최근 교육과정에서 대수에서 함수적 접근이 강조되는 것, 그리고 최근 2015 수학과 교육과정에서 통계 영역의 변화가 크게 나타나게 된 배경에는 테크놀로지 환경이 전제되어있다.

테크놀로지 환경에서의 수학교육과정에 관한 연구는 내용 변화 뿐 아니라 지도계열의 변화 가능성도 탐색하게 한다. 한 예로 대수교육에서 '선개념-후응용'이라는 전통적인 수학교육 패러다임이 테크놀로지 환경에서는 바뀔 수 있다고 보는 것이다(Heid, 1995). 테크놀로지 환경에서 연역추론과 귀납추론의 역할과 관계를 어떻게 설정할 것인가? 그래프나 계산능력을 계산기나 컴퓨터가 추론을 향상시킬 수 있는가? 수학 교육과정의 모든 영역에서 지속적인 연구가 필요한 부분이다.

3.3 컴퓨터대수체계(CAS)와 중등학교 수학교육의 관계를 어떻게 설정할 수 있는가?

컴퓨터대수체계(CAS)는 전통적인 지필연산을 '키(key)' 조작이나 명령어 입력으로 대체할 수 있게 한다. *Maple*이나 *Mathematica* 같은 컴퓨터대수체계의 출현은 대학 수준에서 미적분학 교재와 강의에 변화를 가져왔다(Ganter, 2000). CAS가 내장된 계산기나 컴퓨터 소프트웨어는 고등학교 대수의 핵심인 인수분해나 식을 간단히 하기 등 식의 조작을 대신 해준다. 그러면 CAS 도입은 계산기법의 학습을 키의 조작으로 대체하는 것을 의미하는가? 지필조작이 중요한 중등학교 대수 교육에서 CAS를 도입한다는 것은 어떤 의미인가? CAS의 도입은 기존의 수학적 활동의 가치를 달리 해석할 여지를 제공한다. 예를 들면, 분모의 유리화 기법이 지필 환경에서는 실용적 가치를 갖지만, CAS 환경에서는 대수확장체 $Q[\sqrt{2}]$로 이끄는 인식론적 가치를 갖게 된다는 해석이 가능하다(Lagrange, 2005).

수학교육 이론이 CAS의 역할을 어떻게 지지하는가? 수학 교수·학습에서 CAS의 활용이 다른 종류의 테크놀로지 활용과 어떻게 다른가? 중등학교 수학교실에서 CAS 활동의 개발 연구, CAS를 활용한 수학 수업에서 학생들이 보인 인지적 과정과 성취, 태도의 특징은 무엇인가?

CAS 사용이 학생들의 인지적 능력을 향상시키는가? 예를 들어, CAS를 사용한 학생들과 그렇지 않은 학생들 사이에 개념이해와 응용, 또는 성취도에 차이가 있는가? CAS를 사용하는 학생들의 수학에 대한 태도는 어떠한가? CAS가 수학적 개념 학습에 어떻게 기여할 수 있는가? CAS 도입으로 인하여 예측되는 절차적 지식의 결핍을 보완할 방도는 없는가?

CAS 환경에서 평가의 방식과 교사교육 관련 연구가 매우 중요하다. 수학 평가에 CAS를 어떻게 사용할 것인가? CAS를 사용하는 평가에서 문항 개발의 방향은 설정해야 하는가? CAS 도입은 교사 교육에 어떤 변화를 예고하는가? 학교 수학에 CAS의 도입은 기존 교육에 대한 큰 도전이다(Guin, et al., 2006; Kieran & Drijvers, 2006).

3.4 테크놀로지-통합 수학교육을 위한 여건과 환경은 어떠한가?

수학수업에 테크놀로지를 사용할 때, 어느 정도 허용할 수 있을까? 최근의 동향은 테크놀로지를 기존 수업에 보조도구로 사용을 허용하는 정도가 아니라, 수업목표에 맞추어 테크놀로지를 수업에 통합하는 것이다. 성공적인 테크놀로지-지원(technology-supported), 또는 테크놀로지-통합(technology-integrated) 수학 수업환경은 어떤 요건을 갖추어야 하는가? 통합을 위해 어떤 과정을 거쳐야 하는가? 수학 수업에 테크놀로지를 통합하는 과정에 필요한 지원 요소는 어떤 것들이 있는가? 이들 지원이 제공되지 않을 때, 이 요소들은 수업의 진행이나 목표성취를 어렵게 하는 장애 요소로 나타나게 된다. 그러므로 교육과정, 학습자, 교사, 학교, 국가적 차원에서 어떤 지원이 필요한가?

NCTM은 2005년 연보 《기술공학이 지원하는 수학 학습 환경》에서 테크놀로지의 관련 연구, 모든 학년 수준에서 계산기와 컴퓨터 소프트웨어 뿐 아니라 인터넷 웹사이트, 가상교구 등 다양한 테크놀로지의 활용 방법과 자원을 소개하며 수학교육에서 테크놀로지의 미래를 점검하고 있다. 학년 수준별, 내용 영역별로 테크놀로지 통합 수학교육의 사례의 개발 그 효과 검증도 주요 연구 과제이다. 테크놀로지를 사용하는 수학 수업에 적합한 교실 조직과 수업 방법을 결정하는 근거에 대한 탐색도 연구가 필요한 부분이다(Gadanidis & Geiger, 2010).

테크놀로지를 활용한 수업을 어떻게 평가할 것인가도 연구의 주요 이슈의 하나이다. 테크놀로지의 복잡하고 다양한 사용 측면에서 어떤 관찰을 선택할 것인가, 적절한 사용 여부를 어떻게 평가할 것인가? 간단하지 않은 과정임에도 불구하고 통합의 정도와 수업의 본질에 관한 중요한 정보를 얻기 위하여 수업 관찰을 통해 질적 평가가 이루어지고 있다.

3.5 테크놀로지는 수학 영역별 교수·학습에 어떻게 영향을 미치는가?

주로 수학적 사용을 위한 소프트웨어의 개발로, 수학의 전 영역에 걸쳐 테크놀로지 환경에서의 교수·학습을 다룬 연구가 이루어지고 있다(Heid & Blume, 2008; King-Sears, 2009; Lagrange et al., 2003). 국내 연구의 대부분이 이 범주에 속한다. 수개념, 대수적 사고, 대수, 함수, 기하, 미적분, 확률, 통계, 수학적 모델링 등 특정 영역에서 수학의 교수·학습에 테크놀로지가 미치는 영향, 테크놀로지 도입으로 인한 수학적 강조점과 내용 변화, 효율적인 활용 방법 등이 교육과정 관련 연구로 다루어지고 있다.

1980년대 미국 대학 학부 교육에서 시작되어 세계 여러 나라로 확산된 미적분개혁운동(calculus renewal movement)의 주요 특징의 하나는 미적분 학습에 컴퓨터를 사용하는 것이다(George, 2000; Tall, Smith, & Piez, 2008). 형식적 기호조작기법 개발에 초점을 맞춘 전통적인 미적분 연구와 교육에 컴퓨터의 프로그래밍, 그래프 시각화, 즉각적 상호작용, 컴퓨터대수체계(CAS)가 어떻게 영향을 미치는지 폭넓게 연구되고 있다. 프로셉트(procept)라는 새로운 용어도 미적분 개념 학습에 테크놀로지 환경이 미친 영향을 분석하여 새롭게 등장한 개념이다.

Cabri, GSP, Geogebra 같은 동적 기하 시스템(Dynamic Geometry System: DGS)은 마우스 끌기('드래깅')로 작도와 그리기(drawing)를 쉽게 구분하게 한다. DGS가 기하적 관계의 이해나 문제해결을 돕는가? 만일 그렇다면 어떤 방식으로 돕는가? DGS는 도형과 관련한 수학적 발견과 문제해결에 귀납추론의 여지를 제공함으로써 연역추론이 핵심인 전통적인 기하 교육에 큰 변화를 가져오고 있으며, 관련 연구도 풍부하다. 연역적 증명의 발견과의 관련성도 연구되고 있다(Osta, Laborde, Hoyles, Jones, Graf, & Hodgson, 1998).

컴퓨터나 계산기 등 그래핑 도구와 CAS, 엑셀 등 소프트웨어가 대수와 함수, 또는 통계와 기타 수학영역 교육에 미치는 영향과 변화의 방향, 활용 방법과 효과에 관한 연구도 또 하나의 주류를 이루고 있다.

3.6 계산기는 수학교육에 어떻게 영향을 미치는가?

계산기의 발달과 접근의 용이성은 지필계산 중심의 수학교육에 큰 도전이 되었다 (Ellington, 2006). 수학교육에서 계산기의 도입은 수학과 수학 학습의 본질에 관한 관점의 변화를 요구한다. 수학적 문제해결에서 계산기법보다 개념의 이해와 적용이 중요하다는 인식의 변화가 없이는 계산기 도입을 수용하기 힘들기 때문이다. 간단한 사칙계산기, 공학용 계산기, 식-표-그래프 등 다양한 표현을 지원하는 그래픽 계산기, CAS를 탑재한 계산기, 자료수집장치(CBR)를 연결하여 자료를 즉시 수집하여 분석할 수 있게 하는 기능은 초·중등 학교 모든 수준에서 수학활동의 변화를 가져왔다(Ruthven, 1996).

계산기의 도입은 먼저 수학의 본질에 관한 이해를 재고하도록 만들었고, 수학 교육과정의 새로운 방향을 모색하도록 하였다. 사칙계산기 사용이 초등학교 수학에 어떻게 영향을 미치는가? 계산기 사용이 기초 연산능력을 저하시키지는 않는가? 계산기로 수학적 사고를 하게 할 수 있을까? 그래픽계산기가 중등학교 수학교육에 미치는 영향은 어떠한가? 교실상황에서 그래픽계산기의 역량과 가능성이 연구결과로 보고되면서(Brown, 2010) 그래픽계산기 활용 수학활동의 개발과 그 효과 검증 연구가 이어졌다. 계산기 도입으로 인한 수학 교육과정의 변화의 방향과 가능성 탐색, 학습 계열의 재정비, 새로 중요하게 등장한 개념, 덜 중요해진 개념이나 기법 규명, 수학적 개념이나 문제해결에 새로운 접근 방식 탐색, 계산기 사용 과정에서 나타난 교사나 학생들이 사고과정의 분석 등이 이 분야의 주요 연구 주제이다.

계산기를 평가에 허용하는 경우, 단순한 키조작이 성취도로 나타나지 않도록 평가문항의 본질을 규명하고, 적절한 문항을 개발하는 것 또한 주요 이슈가 되고 있다. 수업에서 수학평가뿐 아니라 SAT, 덴마크, 호주(Victoria), 유럽의 국제평가(IB) 등 표준화검사에서 그래픽 계산기를 허용하는 사례가 늘면서, 표준화검사에서의 계산기 사용이 수학교육에 미치는 영향도 연구 주제가 되고 있다.

3.7 테크놀로지 사용과 교사교육

테크놀로지를 사용하는 수학교육 개혁에 필요한 핵심적 변화는 기술공학 도구가 아니라 수학교사이다. 교사 변인은 테크놀로지 사용 수업효과에 크게 영향을 미치는 것으로 알려져 있다(Wachira, Keengwe & Onchwari, 2008). 예비수학교사 또는 현장교사들이 테크놀로지를 어떻게 이해하고 있는가? 테크놀로지를 계산 도구 정도로 인식하는가? 아니면 수학학습을 돕는 도구로 이해하고 인식하는가? 테크놀로지 사용에 익숙한가? 테크놀로지 통합 수업에 관심을 가지는가? 테크놀로지 사용에 관한 교사의 관심은 테크놀로지에 대해 익숙한 정도와 관련이 있는가? 교사 변인의 어떤 특성이 수업효과와 관련이 되는가에 관한 연구도 점차 주목을 받고 있다(Goos, et al., 2010; Kastberg & Leatham, 2005).

테크놀로지 환경에서 효율적인 수학 학습지도를 위해 교사들을 준비시키는 교사교육 프로그램의 개발과 평가, 교사의 전문성개발의 본질을 이해하는 것도 이 분야 연구의 주요 주제이다(Grugeon, et al. 2010).

테크놀로지 환경에서 교사의 전문성개발 프로그램, 예비교사교육에 어떤 종류의 지식을 포함시켜야 할까? 교사들은 학생들에게 적절한 테크놀로지를 선택하여 그 사용법을 가르칠 뿐 아니라, 수업에서 언제, 어떻게 도구를 효과적으로 사용할 것인가를 결정할 수 있어야 한다(NCTM, 2000). 교사교육프로그램 개발을 위한 이론적 틀로 PCK를 확장한 기술공학-교육-내용 지식(TPCK, 또는 TPACK)[3] 모델이 [그림 2-1]과 같이 제안되었다(Kelly, 2010). 이와 관련하여 TCK, TPK, TPCK 등 TPACK 각 요소의 내용 규명과 TPACK 향상을 위한 프로그램 개발과 평가가 주요 연구 이슈가 되고 있다(Nelson, et al., 2009; Niess, 2005, 2008). 그리고 전문성개발 교육프로그램에서 교사들이 어떻게 TPACK를 형성해 가는가? TPACK 개발을 위한 교사교육에 장애요소는 무엇인가?

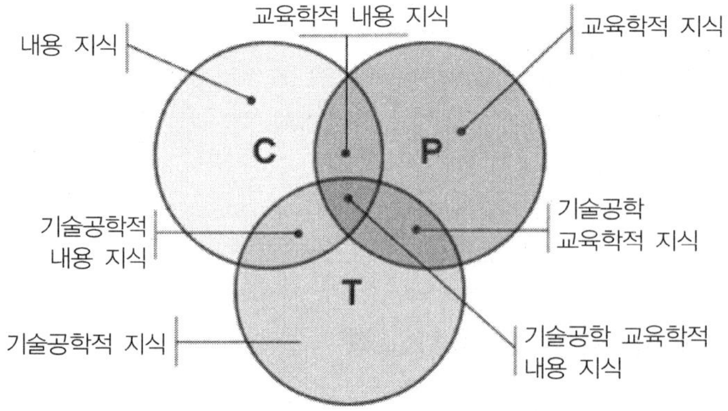

[그림 2-1] 기술공학 교육학적 내용 지식(Mishra & Koehler, 2006)

3) **TPACK**(TPCK)는 'technology, pedagogy, and content knowledge'의 첫 글자이다.

3.8 테크놀로지를 수학평가에 어떻게 활용할 수 있는가?

테크놀로지를 교육과정이 허용하고 수업에서도 사용하는 경우, 평가에서도 테크놀로지를 사용하도록 하는 것이 교육적으로 타당하다. 그러나 언제 무엇을 어떻게 평가할 것인가가 주요 과제가 된다(Stacey & Wiliam, 2013).

테크놀로지는 학생들이 수업에 참여할 수 있는 환경을 조성하므로 교사들이 학생 활동을 관찰하여 사고 과정에 관한 질적 평가가 가능하다. 평가를 위한 시간적 여유와 테크놀로지 활용 환경조성 등 외적 요건 갖춰져야 한다. 뿐만 아니라 교사가 무엇을 어떻게 평가할 것인가에 관한 이해, 평가의 틀, 학생행동 범주화, 평가요소 추출 등 구체적인 평가방식에 관한 정보제공 및 실제 훈련을 위한 이론적 경험적 연구가 지속적으로 수행될 필요가 있다.

테크놀로지를 평가에 활용하는 것은 '수학교육에서 중요한 것은 공식의 암기나 지필조작 능력보다 문제해결력과 추론 능력'이라는 가정에 기반을 둔다. 지필과 테크놀로지 활용이 허용된 상황에서 평가는 제시되는 과제나 평가문항의 성격이 중요하다. 테크놀로지 사용 수학평가에서 평가문항이나 과제의 성격을 포괄적으로 규명하는 연구가 필요하며, 특정 테크놀로지(예: CAS, DGS, Excel 등) 환경에서 학년수준이나 능력별로 샘플 평가문항의 제작과 활용, 검증 연구 또한 지속적으로 수행될 필요가 있다.

3.9 테크놀로지와 평등의 문제

모든 학생에게 테크놀로지 환경이 평등(equity)하게 주어지는가? 평등의 의미는 무엇인가? 모든 학생이 그들의 잠재력을 충분히 성취해낼 수 있도록 공정하고. 공평하게, 동일하게 테크놀로지에 접근할 수 있는 환경인가? 적절한 자원에 대한 지원이 이루어지는가? 평등은 소프트웨어나 계산기, 인터넷 등 테크놀로지 종류나 수업에 따라 달리 구현될 수 있다. 정책적 차원에서 수업이나 교육과정에서 테크놀로지를 채택하는 절차가 관주도(top-down)형식인가, 아니면 교사 또는 학교의 자발적(down-top) 채택 형식인가? 교사와 학생 쪽에서 어렵게 테크놀로지에 접근하는 환경인가? 아니면 충분한 테크놀로지와 자원에 지원이 이루어지는가?

기기와 환경 구비와 소프트웨어 지원 관련하여 학교의 재정적 요인 뿐 아니라 교사나 학생의 태도, 교실 집단의 편성과 특성, 사회심리적 요인, 학생의 성별, 문화, 교육과정에서의 테크놀로지 허용 정도, 평가 과정 등 다양한 요인이 테크놀로지의 접근성과 지원, 학생 행동뿐 아니라 활용 효과에 영향을 미칠 수 있다(Dunham, & Hennessy, 2008). 이러한 조사 연구에서 얻는 시사점은 무엇인가?

웹사이트에 가상교수를 위하여 다양한 공간에 다양한 자료가 탑재되어 있다. 모든 학생이 잠재력과 가능성을 충분히 발휘할 수 있도록, 공정하고. 공평하게, 동일하게 테크놀로지에 접근할 수 있는 환경인가?

4 결론

좁고 굴곡이 심한 산길에서는 최신 고급차량이 무용지물이다. 길이 잘 닦여진 고속도로에 속도제한으로 시속 30km 이상 달릴 수 없다면 성능이 뛰어난 차량이 그 역량을 발휘할 수 없다. 기기와 환경은 결코 별개로 생각할 수 없다. 좁은 산길을 걸을 때 중요한 것은 새소리를 들으며 발 밑에 돌부리를 조심하는 것이지만, 고속도로에 들어선 차량은 빠른 속도로 지나가는 전체 시야를 한 눈에 보며 행선지에 이르는 출구를 놓치지 않도록 주의하여야 한다. 테크놀로지를 수학교육에 수용한다는 의미는 교육 방법의 변화만을 의미하는 것이 아니다. 수학의 본질과 수학교육의 본질에 대한 이해에도 변화가 있을 수 있으며, 그 방향 설정에 따라서 교육과정과 평가의 내용에도 영향을 미친다.

테크놀로지의 역량은 빠른 속도로 진화해나가고 있다. '새 테크놀로지'는 새 부대가 필요한 '새 술'이다. 이 장에서 기술한 이슈들은 주로 국외 동향을 반영한 것이다. 우리나라 수학교육에서 테크놀로지의 활용은 교육방법에 치중하고 있으며 교육의 내용 변화까지 영향을 미치지 못하고 있다.

최근 국내 수학교육에 변화를 줄 것으로 예상되는 새로운 움직임이 있다. 하나는 융합교육 STEM(과학-기술공학-공학-수학)의 흐름이다. 이는 수학적 아이디어나 지식을 실질적인 문제에 적용하여 해를 구하는 방향으로 컴퓨터의 활용 범위를 확장해 나갈 것으로 예상된다. 다른 하나는 최근 국내외에서 크게 주목을 받고 있는 '컴퓨팅 사고력(computational thinking)'[4]의 등장이다. 컴퓨터과학 전공교수 Wing(2006)이 3R만큼 모든 사람들에게 필요한 기능으로 지목한 컴퓨팅 사고력, 추상화와 분해 능력은 수학적 능력이기도 하다. 컴퓨터과학에서 시작된 이 새로운 용어가 수학교육의 연구의 방향에도 영향을 미칠 것으로 기대된다. 수학교육에서 G. Polya를 그 기원으로 생각하는 '문제해결'도, 실은 컴퓨터과학과 AI(인공지능) 분야에서 프로그래밍을 위하여 사용한 용어와 깊은 관련이 있다. 두 분야의 문제해결 전략이 유사하며 과거 AI의 발달과 함께 문제해결이 수학교육에서 크게 주목을 받게 된 사실이 이를 뒷받침한다.

테크놀로지의 발달은 속도와 다양성에서 급변하고 있다. 새로운 테크놀로지는 끊임없이 수학교육에 영향을 미치게 될 것이다. 수학교육에서 새로운 테크놀로지의 역할을 찾고 새로운 연구 이슈의 발견하는 것 또한 중요한 연구과제이다.

4) 컴퓨팅 사고력이란, 컴퓨터과학의 기본 개념을 끌어들임으로써, 문제 해결하기, 조직 설계하기, 인간행위 이해하기를 의미한다(Wing, 2006, p. 33).

참고문헌

Brown, R. G. (2010). Does the introduction of the graphics calculator into system-wide examinations lead to change in the types of mathematical skills tested?. *Educational Studies in Mathematics*, 73(2), 181-203.

De Vries, M. (2005). Teaching about technology: An introduction to the philosophy of technology for non-philosophers (Vol. 27). Springer Science & Business Media.

Dick, T. P., & Hollebrands, K. F. (2011). *Focus in high school mathematics: Technology to support reasoning and sense making.* Reston, VA: NCTM.

Drijvers, P., & Trouche, L. (2008). From artifacts to instruments: A theoretical framework behind the orchestra metaphor. *Research on technology and the teaching and learning of mathematics, 2*, 363-392.

Dunham, P., & Hennessy, S. (2008). Equity and use of educational technology in mathematics. *Research on technology and the teaching and learning of mathematics*, 1, 345-418.

Ellington, A. J. (2006). The Effects of Non-CAS Graphing Calculators on Student Achievement and Attitude Levels in Mathematics: A Meta-Analysis. *School Science and Mathematics, 106(1)*, 16-26.

Gadanidis, G., & Geiger, V. (2010). A social perspective on technology enhanced mathematical learning—from collaboration to performance. *ZDM, 42(1)*, 91-104.

George, M. D. (2000). *Calculus Renewal in the Context of Undergraduate SMET Education.* In Calculus Renewal (pp. 1-10). Springer US.

Goos, M., Soury-Lavergne, S., Assude, T., Brown, J., Kong, C. M., Glover, D., ... & Sinclair, M. (2010). *Teachers and teaching: Theoretical perspectives and issues concerning classroom implementation.* In Mathematics education and technology-rethinking the terrain (pp. 311-328). Springer US.

Grugeon, B., Lagrange, J. B., Jarvis, D., Alagic, M., Das, M., & Hunscheidt, D. (2010). *Teacher education courses in mathematics and technology: Analyzing views and options.* In Mathematics Education and Technology-Rethinking the Terrain (pp. 329-345). Springer US.

Guin, D., Ruthven, K., & Trouche, L. (Eds.). (2006). *The didactical challenge of symbolic calculators: turning a computational device into a mathematical instrument (Vol. 36).* Springer Science & Business Media.

Heid, M. K. (1995). *Algebra in a Technological World.* Curriculum and Evaluation Standards for School Mathematics Addenda Series, Grades 9-12. National Council of Teachers of Mathematics, Inc., 1906 Association Drive, Reston, VA 22091-1593.

Heid, M. K., & Blume, G. W. (2008). *Research on Technology and the Teaching and Learning of Mathematics: Research syntheses. Volume 1* (Vol. 1). IAP.

Hoyles, C. (2010). *Mathematics education and technology: rethinking the terrain.* Springer.

International Society for Technology in Education. (2008). *National educational technology standards for teachers.* Retrieved from http://www.iste.org/standards/nets-for-teachers.aspx

Kaput, J. J., & Thompson, P. W. (1994). Technology in mathematics education research: The first 25 years in the JRME. *Journal for research in mathematics education,* 676-684.

Kastberg, S., & Leatham, K. (2005). Research on graphing calculators at the secondary level: Implications for mathematics teacher education. *Contemporary Issues in Technology and Teacher Education, 5*(1), 25–37.

Kelly, M. (2010). Technological Pedagogical Content Knowledge (TPACK): A Content Analysis of 2006-2009 Print Journal Articles. In D. Gibson &B. Dod4ge (Eds.), *Proceedings of Society fo Information Technology &Teacher Education International Conference 2010* (pp. 3880-3888). Chesapeake, VA:

Association for the Advancement of Computing in Education (AACE).

Kieran, C., & Drijvers, P. (2006). The co-emergence of machine techniques, paper-and-pencil techniques, and theoretical reflection: A study of CAS use in secondary school algebra. *International journal of computers for mathematical learning, 11(2)*, 205-263.

King-Sears, M. (2009). Universal design for learning: Technology and pedagogy. *Learning Disability Quarterly, 32*(4), 199–201.

Koehler, M., & Mishra, P. (2009). What is technological pedagogical content knowledge (TPACK)?. *Contemporary issues in technology and teacher education, 9*(1), 60-70.

Laborde, C. & Laborde, J. M. (2008). The development of a dynamical geometry environment. *Research on Technology and the Learning and Teaching of Mathematics, 2*, 31-52.

Lagrange, J. B. (2005). *Using symbolic calculators to study mathematics.* In The didactical challenge of symbolic calculators (pp. 113-135). Springer US.

Lagrange, J. B., Artigue, M., Laborde, C., & Trouche, L. (2003). Technology and mathematics education: A multidimensional study of the evolution of research and innovation. In *Second international handbook of mathematics education* (pp. 237-269). Springer Netherlands.

Mishra, P., & Koehler, M.J. (2006). Technological pedagogical content knowledge: A framework for teacher knowledge. *Teachers College Record, 108(6)*, 1017-1054.

National Council of Teachers of Mathematics (2000). *Principles and standards for school mathematics (Vol. 1).* National Council of Teachers of.

Nelson, J., Christopher, A., & Mims, C. (2009). TPACK and web 2.0: Transformation of teaching and learning. *Tech Trends, 53*(5), 80–85.

Niess, M. (2008). Mathematics Teachers Developing Technology, Pedagogy and Content Knowledge (TPCK). In K. McFerrin et al. (Eds.), *Proceedings of Society for Information Technology & Teacher Education International*

Conference 2008 (pp. 5297-5304). Chesapeake, VA: Association for the Advancement of Computing in Education (AACE).

Niess, M. L. (2005). Preparing teachers to teach science and mathematics with technology: Developing a technology pedagogical content knowledge. *Teaching and teacher education*, 21(5), 509-523.

Oldknow, A. (2011). *Mathematics education with digital technology.* Bloomsbury Publishing.

Osta, I., Laborde, C., Hoyles, C., Jones, K., Graf, K. D., & Hodgson, B. (1998). *Computer technology and the teaching of geometry.* In Perspectives on the teaching of geometry for the 21st century (pp. 109-158). Springer Netherlands.

Passey, D. (2011). Learning Mathematics Using Digital Resources: Impacts on Learning and Teaching for 11-to 14-year-old Pupils. *Mathematics Education with Digital Technology, 46.*

Ruthven, K. (1996). *Calculators in the mathematics curriculum: The scope of personal computational technology.* In International handbook of mathematics education (pp. 435-468). Springer Netherlands.

Stacey, K., & Wiliam, D. (2013). *Technology and assessment in mathematics.* In Third international handbook of mathematics education (pp. 721-751). Springer New York.

Stanford Univ.(19068). Brief History of Computer-Assisted Instruction at the Institute for Mathematical Studies in the Social Sciences.(ED034420) http://files.eric.ed.gov/fulltext/ED034420.pdf, CA. Inst. for Mathematical Studies in Social Science.

Tall, D., Smith, D., & Piez, C. (2008). Technology and calculus. *Research on Technology and the Teaching and Learning of Mathematics, 1*, 207-258.

Wachira, P., Keengwe, J. & Onchwari, G. (2008). Mathematics Preservice Teachers' Beliefs and Conceptions of Appropriate Technology Use. *AACE Journal, 16(3)*, 293-306. Chesapeake, VA: Association for the Advancement of Computing in Education (AACE).

Wing, J. (2006). Computational thinking. *Communications of the ACM*, 49:33–35.

3장

공학적 도구 활용에서 통합적 관점

영남대학교 조정수
(chocs@ynu.ac.kr)

1 서론

1966년 Jerome S. Bruner는 그의 〈교육론, Toward a Theory of Instruction〉에서 인간의 발달 과정에서 도구의 역할을 강조하면서, 인간의 정신 활동은 육체적, 정신적 능력을 끌어올리고 확장시켜 주는 '연장', '도구', 또는 '공학'을 사용하는 능력에 좌우된다고 하였다(Rivera, 2005). 산업 사회와 문명 사회의 발달을 이룩한 원동력은 호모 사피엔스의 대용량 뇌가 아니라 도구 사용의 능력에 있다. 현재의 관점에서 볼 때, 인간 정신의 진화는 단순한 뇌 크기의 발달에 의한 것이 아니라 인간의 잠재 능력을 발휘할 수 있게 해 준 정신 외부에 존재하는 물리적 도구에 의한 것이라는 주장은 새롭지 않다.

지난 30여 년 동안, 학교수학은 수학의 교수와 학습 및 문제해결을 향상시키는 계산기와 여러 가지 컴퓨터 도구의 영향을 상당히 받아왔다. 외국의 경우 수치 계산과 그래핑 도구가 초중고 교사들에 의해 수학 교과교실에서 폭넓게 사용되고 있으며, 이러한 공학 도구의 사용으로 학생들의 수학 성취도는 높아졌고 교육과정의 범위와 계열을 확장하고 재정의하려는 시도들이 있다는 연구 결과들이 계속 발표되고 있다. 더욱이, 문자와 기호로 된 대수식의 형식적 조작이 가능함과 동시에 수치 계산과 그래핑 그리기 조작의 효율적 수행이 가능한 소프트웨어를 통칭하는 컴퓨터 대수시스템(computer algebra systems, CAS)은 학교수학의 교수와 학습 방법을 시작 단계부터 재고해 보게 할 정도로 그 파급력이 크다. 따라서 이 글에서는 CAS 기능이 탑재된 CAS 계산기라는 공학 도구를 중심으로 이와 관련된 최근 이론들과 CAS 공학 도구에 의한 수학 활동과 그 효과, 그리고 공학 통합적 관점에서 수학의 교수와 학습에 대해 살펴보고자 한다.

도구의 발생

연장(tools)이나 인공물(artifacts)은 어떤 특정한 행위를 좀 더 쉽고 빠르게 수행하려고 인간이 고안하였거나 사용하는 물리적 실체를 말하는데, 인간과 자연 사이의 관계를 중재하는 매개물이다(Hollebrands, Laborde, & SträBer, 2008). 한편 Rabarder과 Verillon에 의하면, 수학 과제와 같은 특정한 과제를 해결하려는 사용자와 물리적인 인공물 사이의 의미 있는 관계가 형성될 때 이 인공물은 더 이상 단순한 물건이 아니다. 여기서 의미 있는 관계란 당면한 과제를 해결하려고 사용자가 어떤 인공물을 어떻게 사용하면 되겠다는 생각이나 의도가 나타날 때를 말하는데, 이럴 때의 인공물을 특히 도구(instrument)라고 한다(Drijvers, & Gravemeijer, 2005). 주어지는 과제에 적합하고 효율적으로 도구를 지속적으로 사용하는 도구 전용의 과정을 거치면서 사용자의 행위는 도구에 의해 매개된 행위로 된다. 이 과정 동안 사용자는 그 도구 사용의 기술적인 면뿐만 아니라 도구에 의한 해결 전략과 그 전략의 배경이 되는 이론적인 면도 발달하게 된다. 이처럼 어떤 행위의 기술적인 면과 이론적인 면의 조직적 결합체를 정신 스킴, 줄여서 스킴(schemes)이라고 한다.

수학은 정신 작용에 의해서만 수행되는 것이 아니라는 사실은 그리스 시대의 기하를 보더라도 쉽게 알 수 있다. 기하는 직선과 원을 작도하는 도구인 자와 컴퍼스가 사용되는 최적의 환경이었다. 그래서 이러한 도구들은 유클리드 〈원론〉을 구성하는데 있어 필수적인 도구였다. 이들 도구들은 이중적 기능을 수행하는 것으로 볼 수 있는데, 기하의 이론적 대상들(예: 직선과 원)에 대한 거의 완벽한 시각 공간적 표상을 만들어 주는 기능을 한다. 이와 동시에 기하의 이론적 지식을 실세계에 존재하는 모양이나 형상의 모델링과 결합시키는 기능을 한다. 이렇게 볼 때 이들 도구들은 이론과 실제 사이의 변증법적 관계에 있음을 알 수 있다. 비고츠키도 기술적 도구(technical tools)와 심리적 도구(psychological tools, 기호나 기호학적 매개 도구들) 사이의 이러한 이중적 기능을 주장하였다(Drijvers, Mariotti, Olive, & Sacristan, 2010). 도구 작용은 인간의 외부 지향적 작용인데 반해 기호 작용은 정신 활동의 수단으로 인간의 내부 지향적이다. 비고츠키에 따르면, 기술적 도구는 내면화의 과정을 거치면서 새로운 의미 형성을 가능하게 하는 심리적 도구로 변환된다. 이렇게 될 때 도구는 기호학적 매개체(semiotic mediator)의 기능을 한다. 이러한 도구의 변환 과정에 대한 예를 들면, 수판을 사용하는 실제 행위를 그림으로 그려진 수판 위에서 그 행위를 연필로 그리거나 기호를 사용하는 유발행위, 즉 수판을 실제로 사용하는 행위로부터 유발되어진 행위들로 나타날 때 볼 수 있다. 학습자가 실제 수판을 사용하는 활동을 점차 줄여나가면서 이 그림 수판 체계를 점진적으로 사용함에 따라 실제 수판을 언급하지 않더라도 동일한 조작을 그림 수판에서 할 수 있게 된다. 마찬가지로 새로운 공학 도구들과 수학 사이의 연결의 경우를 생각해보면, 역동기하 소프트웨어(DGS, dynamic geometry softwares)나 CAS와 같은 기술적 도구에는 이들 소프트웨어가 의도하는 방식으로 수학적 활동이나 지식이 설계되어 내재되어 있다. 이 수학적 활동이나 지식은 학습자에게 겉으로 보이지는 않지만 이들 도구에 적합하거나 관련된 수학 문제를 해결하는 도구로 지속적으로 사용함으로써 내면화 과정이 일어나고 이를 거치면서 이들 공학 도구는 심리적 도구가 된다. 이렇게 심리적 도구로 형성되고 나면 앞의 수판 예처럼 이 공학 도구와는 분리된 그렇지만 이 공학 도구에 의해 유발된 행위를 통해 새로운 수학적 의미의 구성이 일어나게 된다.

도구의 역할에 대한 인류학적 관점

수학적 사고와 이해에 관한 현재의 수학교육 연구는 학습자의 지식 구성 방법에 대한 중요한 정보를 제공해주고 있다. 하지만 인간의 모든 경험은 물질적, 기호학적, 공학적 체계를 통해 매개되고 구조화 된다는 인류학적 기본 사실에도 불구하고, 심리학적 경향에 치중한 이들 많은 연구들은 Bruner의 말처럼 인간 정신의 사용에 영향을 주는 도구의 역할에 대해서는 주목하지 않고 있다. 심리학적 견해에서는 학습자를 사고 과정을 돕는 도구와 무관하게 수학적 대상들의 속성이나 이들 사이의 관계성을 발견하고 이로부터 지식을 형성하는 존재이지만, 인류학적 관점에서는 학습자를 다른 존재로 규정하고 있다. 그래서 인류학적 관점의 연구는 수학적 지식은 개인적(정신적) 행위와 사회적(협력적) 행위를 결정하는 도구에 의해 매개되어 성장하는 것으로 보고 있다(Rivera, 2005). 예를 들어, 증명의 필요성뿐만 아니라 증명과 관련된 수학적 과정(예: 역동기하 프로그램에 의한 역동적 시각화)의 출현에 공학 도구가 어떤 영향을 주는지를 알아보는 연구는 인류학적 관점을 반영한 것으로 볼 수 있다. 공학 환경에 기반을 둔 수학적 과정(mathematical processes)이란 주어진 맥락이나 과제에서 일어나는 구체적인 수학적 조작과 행위를 말하는데, 학습자에 의해 표출되는 이 조작과 행위는 학습자의 능력을 확장하고 증대시킬 의도 하에 만들어진 공학 도구들의 여러 기능들을 사용하는 동안 학습자한테서 발달되어 나타나는 것이다.

인류학적 관점은 도구발생(instrumental genesis)이라는 미시발생학적 상호작용에 초점을 두고 있는데, 이 도구발생은 학습자와 도구를 사용해서 주어진 과제를 해결하는 가운데 학습자의 지식 획득을 돕는 도구 사이에서 일어난다(Rivera, 2005). 예를 들어, 전형적인 구성주의에 기반을 둔 연구의 경우 개인의 인지 과정이나 소그룹 활동이나 학급 토론과 같은 과정들에 의해 중학생이 삼각형의 세 내각의 합은 180도라는 성질을 찾아내는 방법을 탐구한다. 그러나 인류학적 기반의 연구는 이 학습 활동을 수행하기 위해 사용하는 도구의 조작 방식을 탐구하고 삼각형의 세 내각의 합에 관한 성질을 습득하는데 도움 준 도구유발 과정(tool-induced process)의 파악에 초점을 둔다. 따라서 인류학적 관점에서 볼 때, 수학적 활동에서 도구의 교수학적 기능은 단순한 인공물적 도구, 즉 관례적으로 늘 하는 정형화된 활동이나 기계적인 계산을 할 수 있게 해 주는 외적 대상물에서 벗어나 (지속적이고 안정적인) 수학적 과정의 발달에 중요한 매개 역할을 하는 매개물로 옮겨가고 있다. 교육 분에 있어 도구에 관한 최근의 인류학적 연구는 공학 도구를 사용하는 학습자한테서 도구유발 스킴(instrumented schemes)의 생성이 명백하게 나타남을 밝히고 있는데, 이 스킴은 의도하는 지식이 구성되는 방식에 상당한 영향을 준다. 공학 환경에서 공학 도구의 사용에 의해 발생하는 행위에 대한 스킴인 도구유발 스킴과 이와 관련된 내용은 아래에서 좀 더 자세하게 살펴보고자 한다.

정형화된 기능과 개념 습득에 대한 공학의 영향

학교수학의 교수와 학습의 측면에서 공학 사용의 핵심적 논쟁은 정형화된 수학 절차의 습득과 수학 개념의 발달에 공학이 어떤 영향을 미치는가에 있다. 여기서는 기호조작에 관한 기능과 이에 대한 개념적 이해의 발달을 공학 사용 측면에서 살펴보고자 한다. 기호조작에 관한 기능과 이 조작에 관한 이해는 무엇으로 이루어져 있는가? 학교수학에서 대수를 지도할 때의 중심은 주어진 대수식이나 방정식을 동치식으로 바꾸어 표현하는 식의 조작 활동에 있다. 식의 조작만으로 동치식을 변형하는 방법에 대해 공학을 사용하는 경우 손쉽게 그래프나 수치 계산이 가능함으로써 기호식 조작에 대한 대안적 방법을 제안하고 기호조작의 의미를 풍부하게 할 수 있다. 예를 들어, 방정식 $x^2+2x=5-2x$를 등식의 성질을 이용한 지필에 의한 풀이와 CAS 계산기를 도구로 이용한 함수 그래프에 의한 풀이를 비교해보자. 주어진 방정식의 동치식 변환을 위해 등식의 성질을 이용한 지필 풀이에서는 양변에 -5를 더하는데, 그 결과는 $x^2+2x-5=5-2x-5$이다. 이때 이 식의 조작은 어떤 의미를 가지는가? 이 식의 조작을 대수식의 조작 측면에서 보면, 양변에 동일한 양을 더하거나 빼더라도 등호 관계는 그대로 성립한다는 등식의 성질 또는 실수의 성질을 기계적으로 적용한 정형화된 한 가지 기능에 불과하다. 그런데 이를 그래프로 살펴보면, 방정식의 양변에 -5를 더하는 식의 조작은 두 그래프 $f1(x)=x^2+2x$와 $f2(x)=5-2x$의 두 교점은 그대로 유지되면서 단지 아래로 -5만큼 평행이동됨을 보여준다. 이 예를 보면, 공학을 사용하는 경우 학생들은 동치식 변환을 위한 기계적인 정형화된 식의 기호조작에 의한 풀이의 대안으로 그래프의 교점에 의한 풀이를 생각할 수 있고 더 나아가 기호조작의 의미를 시각적으로 더 풍부하게 만들 수 있다.

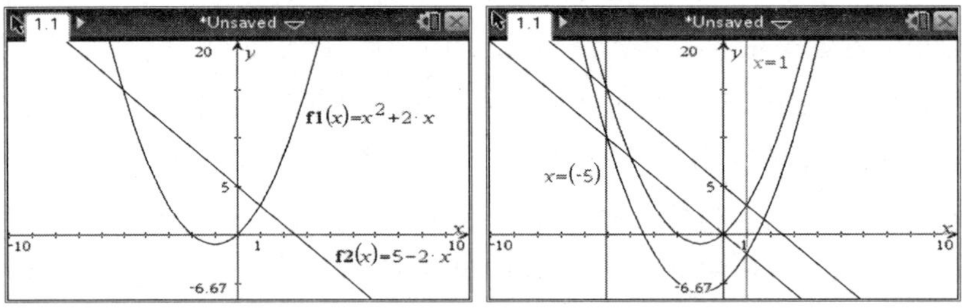

[그림 3-1] 방정식의 동치식 변환에 대한 그래프 해석

이렇게 공학 도구를 사용하는 경우 학생들의 기계적인 정형화된 기호조작의 실행 능력이 떨어지거나 발달하지 못할 수도 있고 또 설령 발달하더라도 오류를 품은 기형적인 형태의 기호조작이 될 수 있다는 불안감을 주장하는 사람들이 많이 있다. 하지만 정형화된 기호조작의 실행 능력의 습득은 기호 사용의 대수 학습에 있어서는 작은 부분에 불과한 능력이다. 기호조작에 대한 이러한 협소한 관점에 대해 프랑스 연구자인 Lagrange와 Artigue는 좀 더 넓은 관점의 중요성을 부각시키기 위해 "테크닉(technique)"이란 용어를 도입하였다(Heid & Blume, 2008). 이들에 의하면, 테크닉이란 기계적인 정형화된 조작의 실행 능력과 그 조작의 사용 근거에 관한 합리성의 복합체이다. 즉 테크닉은 문제해결에 필요한 정형화된 조작을 실행하는 능력뿐만 아니라 그런 조작을 하는 절차의 사용 근거에 대한 주변적 이해의 결합으로 구성된다. 기호조작에 대한 테크닉의 관점은 미국 연구자들이 주장하는 절차적 이해나 지식의 수준을 넘어서서 도구 스킴과 지필 스킴의 발달을 돕고, 기호조작에 대한 그래프와 수치 방법의 보완으로 수학교실에서 일반적으로 무의미하게 가르치고 배웠던 기호조작에 대한 수학적 의미를 풍부하게 해 준다. 특히 CAS 공학 환경의 경우 테크닉은 기호조

작 활동과 이 기호조작의 개념적 측면 사이의 관계성 부여를 위한 공학 사용과 연관된다. 테크닉은 기호조작이라는 수학 활동의 개념적 부분과 절차적 부분을 양극단의 서로 반대의 관계로 설정하기 보다는 이 둘 사이의 긍정적 관계성에 주목하는 용어로 볼 수 있다.

일반적으로 도구를 사용하는 행위와 도구를 사용하지 않는 행위는 서로 본질적으로 다를 수밖에 없다. 위의 방정식 풀이 예에서도 쉽게 볼 수 있듯이 도구를 사용하는 풀이 행위는 지필 풀이 행위와 그 구성 성분이 다르다. 이처럼 도구 사용에 의해 발생하는/유발하는 행위를 도구유발 행위(instrumented action)라 한다(Rivera, 2005). 어떤 특정한 행위를 하려면 그 행위에 대한 스킴이 발달되어야 하는데, 특히 공학 도구에 의한 도구유발 행위가 일어나기 위해 필요한 스킴을 도구유발 행위 스킴(instrumented action scheme)이라고 한다(Drijvers & Gravemeijer, 2005). 스킴의 발달은 반복적이고 지속적이고 신뢰성 있는 행위를 가능하게 하는데 이때 그 스킴이 조작적 불변성(operational invariants)이 있다고 한다. 스킴은 행위자의 밖으로 관찰 가능하게 절차적 행동으로 나타나는 행위적 부분과 직접 관찰이 불가능하여 추론할 수밖에 없는 개념적, 정신적 부분으로 구성된다. 그렇기 때문에 도구유발 행위 스킴이 학습자에게서 발달했는지는 조작적 불변성의 유무에 따라 판단할 수 있다. 또한 이 조작적 불변성은 작은 절차적 행위들의 결합에 의해 생긴다. Lagrange는 이 작은 절차적 행위들을 특히 공학 환경을 강조하는 뜻으로 도구유발 테크닉(instrumented technique)이라 한다. 따라서 공학이 통합된 수학교실에서 교수와 학습의 경로를 파악하거나 공학기반 수업을 설계하고자 할 때 도구유발 행위 스킴(예: 매개변수가 있는 이차방정식 $x^2+bx+1=0$의 풀이를 CAS 계산기를 사용하여 푸는데 관한 스킴)을 도구유발 테크닉과 개념적 부분으로 구분하는 것은 도구에 의한 테크닉과 지필 테크닉과의 차이를 규명할 수 있게 하고 공학이 수학 교수와 학습에 미치는 영향을 정확하고 세밀하게 분석하는데 중요한 요소라고 본다.

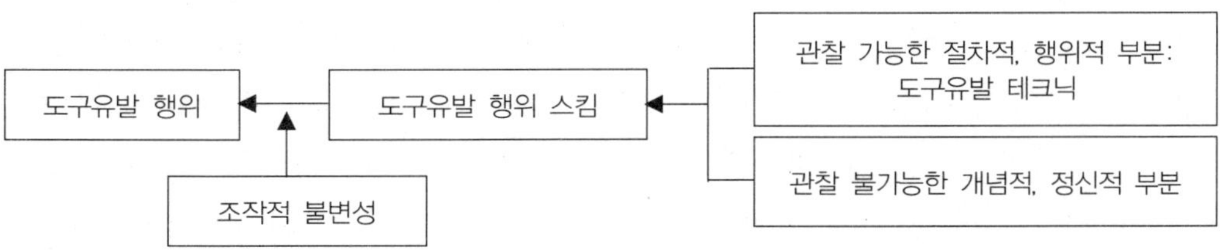

[그림 3-2] 도구유발 행위와 도구유발 행위 스킴 사이의 관계

개념의 과정-대상 관점과 CAS 공학 도구의 역할

지필 환경이나 다른 여러 공학 환경(예: 스프레드시트나 역동기하 프로그램)에서 수학을 배우는 과정과 CAS 환경에서 수학을 학습하는 과정은 어떻게 다른가? 수학의 교수와 학습에 있어 CAS의 역할은 무엇인가? CAS는 사고와 학습, 그리고 문제해결 활동에서 인간 정신의 한계를 극복할 수 있도록 도와주는 매개체이므로 인지공학(cognitive technology)이라고 할 수 있다. CAS가 인지공학의 기능을 하는 이유는 다음 세 가지로 설명할 수 있다(Heid, 2003). 첫째, CAS의 사용을 통해 학생들은 정형화된 기호조작 절차를 반복적으로 수행해야 할 때 지필로 이를 반복적으로 수행함으로써 발생하는 따분함이나 계산 실수 없이도 빠르고 정확하게 행할 수 있다. 둘째, 정형화된 기계적인 기호조작 과제는 CAS로 대신함으로써 학생들은 기호조작의 실행에 대한 결정에 좀 더 집중할 수 있다. 셋째, 정형화된 기호조작 알고리즘을 다소 복잡한 대수식에 적용하는 경우 CAS를 통해 복잡함으로 인해 생기는 계산상의 어려움이나 혼동을 줄일 수 있다. 이들 세 가지 CAS의 기능은 학생들의 인지적 한계를 극복할 수 있게 해 준다는 측면에서 인지공학의 성격에 해당한다고 할 수 있다.

수학 개념을 과정으로 이해(process understanding) 것과 대상으로 이해(object understanding)하는 것 사이의 구별과 이들 사이의 상호작용을 포함해서, 특정한 수학 개념에 대한 이해의 본질을 밝히는 것은 수학적 사고를 설명하는데 있어 핵심 사항이다(Heid, 2003). 어떤 수학 개념을 “과정으로 이해”하는 학생은 그 개념을 수행해야 할 절차로만 생각한다. 예를 들어, 함수를 과정으로 이해하는 학생은 함수의 대응규칙에 따라 함수값을 구하는 절차의 수행을 함수라고 생각한다. 이런 학생은 주어진 함수의 직선성이나 연속성을 보지 못하거나 관심을 두지 않게 되어 두 함수의 합의 직선성이나 연속성을 생각하지 못하게 된다. 이와 달리, 함수를 “대상으로 이해”하는 것은 좀 더 높은 수준의 이해로 과정에 의해 조작되는 대상으로 함수를 이해하는 것이다. 이 수준의 학생은 함수를 실체가 있는 대상으로 다룬다. 그래서 두 함수의 합성을 생각할 수 있고 합성의 결과로 생기는 새로운 함수를 생각할 수 있다. 또 다른 예(Drijvers, 2003)를 보면, $3+5$에서 $+$ 기호는 세거나(어린 유아의 경우) 더하는 과정의 수행을 의미하지만, 또 다르게는 $3+5$는 더한 결과를 나타내는 대상일 수도 있다. 마찬가지로 $(3+5)^2$을 계산할 때 제곱되어지는 $3+5$는 하나의 대상이다. 대수에서는 일반적으로 $a+b$를 계산할 수 없기 때문에 $+$ 기호는 “a와 b의 합”인 대상을 나타내는 기호이다. 수학적 상황에서 과정이냐 대상이냐를 나타내는 기호의 규명은 특히 대수에서 중요한 문제이다.

수학적 이해의 규명에서 과정과 대상의 논의는 중요한 주제인데, 대부분의 수학교육 연구의 경우 이 두 이해 유형이 분리될 수 없으므로 이 두 가지 이해 사이의 관계를 밝히는데 초점을 두고 있다(Heid, 2003). 수학 개념을 성공적으로 습득했다는 것은 수학 문제나 과제 해결에서 과정으로 이해와 대상으로 이해가 상호작용한 결과라 할 수 있다. Dubinsky와 동료 연구자는 행동으로부터 과정, 그리고 대상 수준의 이해로의 진보를 설명하기 위해 APOS(Action-Process-Object-Schema) 이론을 제안하였다. 그렇다면 수학 개념에 대한 이 두 가지 수학적 이해에 대해 공학 도구는 어떤 역할을 하는가? 수학 개념에 대한 이러한 이해 수준의 성장을 촉진하는 이상적인 공학 도구가 CAS라 할 수 있다. CAS를 사용해서, 학생들은 손으로 절차를 실행하지 않고서도 수학적 실체에 기호를 부여하고 행동을 실행할 수 있다. 예를 들어, CAS의 경우 한 개의 변수에 대해 함수를 $Define\ f(x)=$으로 정의하고 명령어를 사용하여 $\frac{d}{dx}f(x)$, $solve(f(x)=0,x)$를 구하고 x값에 대한 함숫값을 원하는 만큼의 정밀도로 구할 수 있다. 이 일련의 CAS 명령어 사용은 함수가 어떻게 정의되든 상관없이 동일하다. 지필에서는 계산의 복잡성이나 계산 능력의 부족 등으로 어려웠던 것을 이러한 과정을 통해 과정을 대상으로 발달시킬 수 있다. 그 이유는 과정을 하나의 명령어로 압축시키는 편리하고 정확한 CAS라는 도구의 활용을 통해 과정으로 이해와 대상으로 이해 사이의 중간 매개체의 역할을 CAS가 하기 때문이다. 과정에 해당하는 함수의 대응규칙을 하나의 함수로 정의할 수 있다면, 그 다음 단계는 이 함수를 조작을 위한 하나의 실체로 생각할 가능성이 커지게 된다. 추상적 개념인 함수의 과정과 대상의 이중성(process-object duality)은 CAS 공학 도구의 매개로 학생들에게 좀 더 쉽게 대상화가 되어 결국 함수의 물화(物化, reification) 단계(Sfard, 1991)에 이르게 된다.

공학 통합 수학 교실 환경에서 공학 도구의 사용에 대한 고려 사항

1. 어떤 이론적 틀과 방법론이 공학 통합 환경에서 학생의 수학 학습을 조명하는 도움이 되는가? 공학 통합 환경을 설명하는 이러한 이론들 사이의 관계는 무엇이며 수학 학습을 설명하는 다른 이론들과는 어떤 차이가 있는가?
2. 서로 다른 공학의 사용(예: CAS 계산기, 스프레드시트, 역동기하 프로그램 등)은 서로 다른 수학 개념들의 학습에 어떤 영향을 주는가 그리고 이들 개념에 대한 학습 경로는

어떻게 다른가? 공학 통합 수학 교실에서 수학 개념의 획득 방식이나 과정, 내용은 기존의 수학 교실에서와 어떤 차이를 보이며 그 특징은 무엇인가?

3. 의도하는 수학교육의 목표를 달성하기 위해서는 공학 통합 환경에서 수학 수업은 어떻게 설계되어야 하고 교실은 어떻게 조직되어야 하는가? 공학이 통합된 수학 수업에서 교실 담화나 의사소통의 유형이나 패턴은 기존 수학 교실과 어떻게 다르며 어떤 특징을 나타내는가?
4. 공학이 통합된 수학 교실에서 학생들의 수학 학습에 대한 평가는 어떻게 이루어져야 하며 그 과정에서 공학은 평가에 어떤 역할을 해야 하는가?
5. 공학 통합 수학 교실에서 교사와 학생의 역할은 어떻게 서로 다르게 규정되어야 하는가? 공학 통합 환경에서 교사와 학생의 역할은 기존의 교사와 학생 역할과 어떻게 다른가?
6. 공학을 수학 교실로 통합할 때 수학의 교수와 학습 측면에서 향상 가능한 부분과 저해 가능한 부분은 무엇인가?
7. 공학 통합 환경에서 제공하는 수학 활동을 학생들에게 경험하게 하려면 수학 교육과정은 어떻게 설계되어야 하는가?
8. 공학 통합 수학 교실에서 교사들의 공학 사용을 가능하게 하려면 예비 교사 교육과 현직 교사의 연수 프로그램은 어떤 내용으로 어떻게 구성, 조직되어야 교사의 지속적인 공학 사용을 보장할 수 있는가?
9. 공학 사용을 통해 형성되는 교사의 신념, 태도 및 수학교과의 교수학적 내용 지식은 공학을 사용하지 않은 경우와 어떻게 다른가?

2 결론

공학 도구는 수학교육자에게 전통적인 수학의 내용과 기술을 재고해 볼 수 있는 기회를, 그리고 새로운 생각과 접근을 시도하기 위해서는 수학의 전통적인 어떤 부분을 삭제하고 버려야 할 것인지에 대한 고민의 기회를 주고 있다. 과거에는 그렇게 중요하고 없어서는 안 될 것으로 생각되었던 수학이더라도 공학 도구가 상존하는 지금도 그런지 생각해 볼 문제이다. 어떤 상황에서 이차방정식의 해를 구하는 여러 가지 방법과 표현(예: 인수분해 방법과 표현, 완전제곱식 방법과 표현, 일반형 방법과 표현, 근의 공식 방법과 표현)이 필요한지도 모르면서 기계적으로만 그 풀이와 표현 방법을 학습하는 것은 무의미한 시간 낭비일 것이다. 그리고 표현 방법은 그렇다하더라도 이들 풀이 방법을 모른다고 해서 수학 시간과 시험에서 낭패를 당하고 그래서 수학을 포기하고 싶은 마음이 학생들에게 생긴다면 과연 학교에서 수학을 가르치는 목적은 무엇일까? 유아기 때부터 스마트폰과 패드 사용을 통해 정보를 습득하는데 익숙한 미래의 학생들을 위해 현재의 수학교육이 미리 공학 환경에 적합한 학교수학의 교수와 학습 및 교육의 과정을 고민해보는 것이 지금 우리들의 책임일 것이다.

참고문헌

Drijvers, P.(2003). Algebra on screen, on paper, and in the mind. In J. T. Fey, A. Cuoco, C. Kieran, L. McMullin, & R. M. Zbiek(Eds.), *Computer algebra systems in secondary school mathematics education*(pp. 241-267). Reston, VA: National Council of Teachers of Mathematics.

Drijvers, P., & Gravemeijer, K.(2005). Computer algebra as an instrument: Examples of algebraic schemes. In D. Guin, K. Ruthven, & L. Trouche(Eds.), *The didactical challgnge of symbolic calculators: Turning a computational device into a mathematical instrument*(pp. 163-196). New York: Springer.

Drijvers, P., Mariotti, M-A., Olive, J., & Sacristan, A. I.(2010). Introduction to section 2. In C. Hoyles & J.-B. Lagrange(Eds.), *Mathematics education and technology-rethinking the terrain: The 17th ICMI Study*(pp. 81-87). New York: Springer.

Heid, M. K.(2003). Theories for thinking about the use of CAS in teaching and learning mathematics. In J. T. Fey, A. Cuoco, C. Kieran, L. McMullin, & R. M. Zbiek(Eds.), *Computer algebra systems in secondary school mathematics education*(pp. 33-52). Reston, VA: National Council of Teachers of Mathematics.

Heid, M. K., & Blume, G. W.(2008). Algebra and function development. In M. K. Heid & W. Blume(Eds.), *Research on technology and the teaching and learning of mathematics: Volume 1* (pp. 55-108). Information Age Publishing.

Hollebrands, K., Laborde, C., & SträBer, R.(2008). Technology and the learning of geometry at the secondary level. In M. K. Heid & W. Blume(Eds.), *Research on technology and the teaching and learning of mathematics: Volume 1* (pp. 155-205). Information Age Publishing.

Rivera, F. D.(2005). An anthropological account of the emergence of mathematical proof and related processes in technology-based environments. In W. J. Masalski & P. C. Elliott(Eds.), *Technology-supported mathematics learning environments: Sixty-seventh yearbook*(pp. 125-136). Reston, VA: National Council of Teachers of Mathematics.

Sfard, A.(1991). on the dual nature of mathematical conceptions: Reflections on processes and objects as different sides of the same coin. *Educational Studies in Mathematics, 22*, 1-36.

part 2

대수

제4장에서는 수와 연산 영역에서 수학과 교육과정에서의 강조점과 초·중·고등학교 교수·학습에서 실제 활용 사례를 살펴보았다. 제5장에서는 이산수학에서 컴퓨터 대수 시스템(CAS)의 활용의 이론과 수학 학습에서 탐구해 볼 수 있는 몇 가지 실제적인 활용 사례에 대하여 알아보았다. 제6장에서는 수학적 모델링에서 컴퓨터 프로그램인 스프레드시트를 활용함으로써 부담을 줄이면서 쉽게 적용할 수 있는 방안을 제시하였다.

4장

수와 연산

서울교육대학교 박만구
(mpark29@snue.ac.kr)

1 서론

수학은 추상적인 사고를 대상으로 하는 교과로, 교사는 학생들이 수학을 배울 때 수학적으로 풍부하고 깊은 의미를 생각해 볼 수 있는 기회를 많이 제공할 필요가 있다. 수학교육에서 공학 도구의 활용은 수학적 개념의 의미를 이해하거나 더 나아가 수학적 개념의 깊이를 더하고 확장해 가는 데 도움이 되도록 할 필요가 있다. 수와 연산 영역은 수학 학습에서 가장 기본이 되는 영역으로 전통적으로 종이와 연필을 사용하여 반복적으로 익혀야만 하는 것으로 생각하였다. 그런데 최근의 수학과 교육과정에서는 일관되게 공학 도구의 활용을 강조하여 오고 있다.

비교적 최근의 미국 수학과 교육과정 관련 문서인《Principles and Standards for School Mathematics》(National Council of Teachers of Mathematics, NCTM; 2000)나 《The State Common Core Standards for Mathematics》(The Common Core State Standards Initiative, CCSSI; 2010)에서 공학은 수학 교수·학습에서 필수적이고 교사의 교수나 학생의 학습에 영향을 주게 된다고 주장한다(NCTM, 2010, p. 24). 특히, 공학 도구는 학생들로 하여금 문제의 결과를 시각적으로 탐색하면서 결과를 예측하도록 하고, 수학적 개념을 자발적으로 탐구하도록 하고 이해를 보다 깊게 할 수 있도록 한다(CCSSI, 2010, p. 7).

우리나라 수학과 교육과정에서도 수학교육에서 공학 도구의 활용을 지속적으로 강조해 오고 있다. 2009 개정 수학과 교육과정에서와 같이 2015년 9월에 공포된 2015 개정 수학과 교육과정(교육부, 2015)에서도 이전의 수학과 교육과정에서와 같이 수학과 교수·학습의 유의사항에서 '공학적 도구나 다양한 교구'의 활용을 강조하고 있다. 그리고 수학을 학습하는 과정에서 학생들이 정보처리를 위하여 다양한 자료와 정보를 수집, 분석, 활용하면서 적절한 공학적 도구를 선택하여 원하는 자료와 정보를 효과적으로 처리하는 하도록 하고 있다. 그러나 교육과정에서 제시하고 있는 공학 도구의 사용에 대한 진술이 교사들이 알아서 '적절하게' 사용하도록 권고하는 정도로 되어 있고, 교과서에서 공학 도구 사용에 대한 구체적인 사용 예시 부족 그리고 학교현장의 공학 도구의 구비여건의 부족 등으로 학교 수학 시간에 교사들은 공학 도구의 사용을 꺼려오고 있는 것이 현실이다(고상숙, 박만구, 한혜숙, 2013).

본 장에서는 수학교육에서 교육공학의 활용에 대한 교육과정에서의 권고와 특히 수와 연산 영역에서의 공학 도구의 활용과 관련하여 수학과 교수·학습 과정에서 어떻게 활용하고 있는지에 대한 사례와 앞으로의 수학교육에서 공학 도구의 활용 방향에 대하여 제시하였다.

2 수학과 교육과정에서 공학 도구의 활용

2.1 수학과 교육과정의 성격, 목표, 성취기준에서 공학 도구의 활용

수학교육의 큰 흐름을 주도해 오고 있는 NCTM에서는 수학교육에서 공학 도구 활용의 중요성에 대하여 인지하고 수학과 규준에서 공학 도구의 활용을 강조해 왔다. NCTM(2000)은 공학의 원리를 제시하면서 공학 도구의 활용은 수학 교수·학습에서 수학 교수·학습의 방법에 중요하게 영향을 준다고 주장한다(p. 24). NCTM(1991)에서는 계산기의 활용으로 수 패턴, 계산, 대수적 성질과 함수, 추정, 그래프, 데이터 분석, 문제해결, 수학적 사고의 확장을 들고 있다. CCSSI(2010)는 미국 주별 수학과 공통교육과정을 제시하면서 공학 도구가 특히 통계나 확률 영역에서 학생들로 하여금 그래프 개형을 그리면서 함수의 수렴, 상관관계 등을 확인하고 짧은 시간에 결과를 예측하도록 하는 역할을 한다고 주장한다. 그리고 모델링의 과정에서 웹자료에 있는 수학 이외의 외부의 관련 자료들을 문제를 해결하는 데 활용할 수 있다고 본다. 이와 같은 활용으로 학생들은 수학적 개념에 대하여 탐구하고 이해를 보다 깊게 하는 도구로 활용할 수 있다고 주장한다(p. 7).

CCSSI(2010)에서 제시하고 있는 몇 가지 예를 보면 다음과 같다. 함수의 해를 구하는 과정에서 공학 도구를 활용하여 대강의 해를 추정하도록 하도록 할 수 있다. 그리고 함수 $f(x)$ 또는 $g(x)$의 일차함수, 이차함수, 절대함수, 지수함수, 로그함수 등을 포함한 다양한 함수의 값에 대해서도 특성에 맞게 종이와 연필로는 해 보기 쉽지 않은 다양한 탐구를 해 보면서 함수의 의미를 이해하도록 할 수 있다(p. 66).

공학 도구는 또한 수학 내의 연결성을 쉽게 연계하여 생각하도록 할 수 있다. 예를 들면, 수식, 방정식, 표, 그래프 간에 특정한 값이 변하면서 다른 표현에는 어떻게 영향을 주게 되는지 관찰해 가면서 서로간의 연계성을 파악하도록 할 수 있다. 컴퓨터 프로그램인 스프레드시트와 같은 공학 도구는 실시간으로 수식의 계수 등이 변함에 따라서 그래프가 어떻게 변하는지를 관찰하면서 수학적인 의미를 이해하도록 할 수 있다. 즉, 공학 도구는 학생들의 수학적 사고를 제한하기 보다는 보다 확장적으로 생각하도록 유도할 수 있는 도구로 활용할 수 있다(CCSSI, 2010, p. 72).

우리나라 수학과 교육과정에서도 수학교육에서 공학 도구의 활용을 지속적으로 권장해오고 있다. 2009 개정 수학과 교육과정에서는 교수·학습상의 유의점으로 "공학적 도구를 활용하여, 함수의 그래프를 그리고 다양한 상황을 해석할 수 있게 한다"(p. 30). 도형의 성질 추론(p. 33)과 계산 능력 배양을 목표로 하지 않는 경우의 복잡한 계산 수행, 수학의 개념, 원리, 법칙의 이해, 문제 해결력 향상 등을 위하여 계산기, 컴퓨터, 교육용 소프트웨어 등의 공학적 도구와 다양한 교구를 활용하도록 권고하고 있다(p. 36, p. 95).

구체적인 활용의 예를 보면, 초등학교의 수준에서 덧셈, 뺄셈, 곱셈, 나눗셈을 하기 전에 계산 결과를 어림해 보고, 어림한 값을 계산기를 사용하여 확인할 수 있다(p. 16). 여기에서 중요한 것은 학생들이 직접 계산하기 전에 어림을 하여 어느 정도의 계산 결과가 나올지에 대하여 예측해 보도록 하는 것이 중요하다. 당연히 소수의 곱셈과 나눗셈에서 복잡한 계산이나 측정에 관련된 활동이나 원의 넓이, 겉넓이, 부피 등을 구할 때와 같은 복잡한 계산의 경우 계산기를 사용하게 할 수 있다(p. 22, p. 24). 그리고 계산기와 같은 공학 도구는 직접적인 계산 결과의 확인뿐만 아니라 패턴 탐구에도 활용할 수 있다. 예를 들면, 규칙적인 계산식의 배열에서 계산 결과의 규칙을 찾는 활동을 할 때 계산기를 활용하여 계산의 시간을 줄이면서 패턴의 발견에 집중하도록 할 수 있다.

2015 개정 수학과 교육과정에서도 수학교육에서 공학 도구를 활용하도록 권고하고 있다. 즉, 정보처리를 하는 과정에서 다양한 자료와 정보를 수집·분석·활용하고 적절한 공학적 도구나 교구를 선택·이용하여 자료와 정보를 효과적으로 처리하는 능력을 기르도록 한다(p. 3). 최근에 수학교육에서 강조하고 있는 정보처리나 코딩과 관련하여 자료 수집 및 분석의 과정도 중요한데 특히 실생활의 데이터를 활용하기 위해서는 공학 도구의 활용이 필수적이라고 할 수 있다.

2015 개정 수학과 교육과정에서 언급하고 있는 사례를 보면, 대부분 이전의 교육과정에서 강조하였던 내용으로 그 구체적인 내용은 다음과 같다. 즉, 자연수의 사칙계산에서 계산 원리를 이해하거나 계산 기능을 숙달하는 것이 목적이 아닌 경우의 계산기 사용(p. 15)과 규칙적인 계산식의 배열에서 계산 결과의 규칙을 찾는 활동을 할 때 계산기를 사용도록(p. 19) 하는 경우이다. 또, 소수의 곱셈과 나눗셈은 계산 원리를 이해하는 수준에서 간단히 다루고, 복잡한 계산은 계산기를 사용하게 하고(p. 22), 원주율, 원주, 원의 넓이, 입체도형의 겉넓이와 부피 등을 구할 때와 복잡한 자료의 평균이나 백분율을 구할 때 복잡한 계산은 계산기를 사용하게 하도록 하고 있다(p. 25, p. 27).

[표 4-1] 공학 도구 사용에 대한 수학과 교육과정에서의 진술 내용

7차 수학과 교육과정	계산 능력 배양을 목표로 하지 않는 경우의 복잡한 계산 수행, 수학적 개념·원리·법칙의 이해, 문제해결력 향상 등을 위하여 계산기, 컴퓨터, 교육용 소프트웨어 등의 공학적 도구와 다양한 교구를 확보하여 활용할 수 있다(p. 38).
2007개정 수학과 교육과정	계산 능력 배양을 목표로 하지 않는 경우의 복잡한 계산 수행, 수학적 개념·원리·법칙의 이해, 문제해결력 향상 등을 위하여 계산기, 컴퓨터, 교육용 소프트웨어 등의 공학적 도구와 다양한 교구를 확보하여 활용할 수 있다(p. 156).
2009개정 수학과 교육과정	계산 능력 배양을 목표로 하지 않는 경우의 복잡한 계산 수행, 수학의 개념, 원리, 법칙의 이해, 문제 해결력 향상 등을 하여 계산기, 컴퓨터, 교육용 소프트웨어 등의 공학 도구와 다양한 교구를 활용한다(p. 36).
2015개정 수학과 교육과정	계산 능력 배양을 목표로 하지 않는 교수·학습 상황에서의 복잡한 계산 수행, 수학의 개념, 원리, 법칙의 이해, 문제 해결력 향상 등을 위하여 계산기, 컴퓨터, 교육용 소프트웨어 등의 공학적 도구를 이용할 수 있게 한다(p. 38).

최근 우리나라 최근 수학과 교육과정에서 공학 도구의 활용에 대한 진술을 보면, [표 4-1]

에서 나타난 바와 같이 거의 유사하게 진술하고 있다. 즉, 공학 도구는 '계산 능력 배양을 목표로 하지 않는 … 복잡한 계산 수행' 상황에서 사용하도록 하고 있다. 또한 '수학적 개념·원리·법칙의 이해, 문제 해결력 향상' 등을 위하여 공학 도구의 활용을 활용하도록 하고 있다. 이들 진술을 보면 수학과 교육과정에서 공학 도구의 활용에 대하여 매우 포괄적으로 진술하고 있음을 알 수 있다. 그리고 공학적 도구는 계산기, 컴퓨터, 교육용 소프트웨어를 들고 있다. 이는 최근에 보편적으로 많이 사용하고 있는 태블릿 PC나 스마트폰 등도 포함하는 것으로 보아야 할 것이다. 문제는 이런 공학 도구를 수학교육에 어떻게 사용할 것인지에 대한 현장 수학 수업에 기반을 둔 양질의 자료들을 개발하여 교사나 학생들이 적절하게 사용하도록 하는 것이다.

2.2 교수·학습 및 평가에서 공학 도구의 활용

수학 교수·학습 과정에서는 공학 도구의 활용에 대하여 수학 시간에 다음과 같이 활용하도록 권고하고 있다.

1) 교수·학습의 과정을 통하여 하고 다양한 교육 기자재를 활용하여 수학 학습의 효과를 높이도록 한다. 2) 계산 능력 배양을 목표로 하지 않는 경우의 복잡한 계산 수행, 수학의 개념, 원리, 법칙의 이해, 문제 해결력 향상 등을 하여 계산기, 컴퓨터, 교육용 소프트웨어 등의 공학 도구와 다양한 교구를 활용한다(교육부, 2011, p. 36).

2015 개정 교육과정에서도 교수·학습의 과정에서 학생들의 흥미를 유발하고 학습의 효율성과 다양성을 위하여 학생의 수준과 학습 내용에 적합한 매체와 도구를 활용을 권장하고 있다. 그 도구로는 시청각 자료, 멀티미디어나 인터넷 등의 컴퓨터 활용 매체와 교구, 계산기, 교육용 소프트웨어 등의 도구를 이용하도록 하고 있다(p. 37). 2015 개정 교육과정에서는 공학 도구로 시청각 자료, 멀티미디어나 인터넷을 명기하고 있다.

교수·학습 유의사항으로 구체적으로 다음과 같이 제시하고 있다(교육부, 2015). 즉, 함수의 그래프를 그리고 여러 가지 성질을 탐구할 때(p. 32, p. 49), 도형을 그리거나 만들어보는 활동을 통해 도형의 성질을 추론하고 토론할 때(p. 34), 생활과 관련된 자료를 수집하고 표나 그래프로 정리하고 해석할 때(p. 35), 그리고 표와 그래프를 그리고 대푯값과 산포도를 구할 때(p. 36), 지수와 로그 및 지수함수와 로그함수의 이해와 활용(p. 58)에서 공학 도구를 활용할 수 있다고 예로 들고 있다.

또한 정보처리에 대한 부분을 새롭게 추가하여 정보처리 능력을 신장시키기 위한 교수·학습에서 다음과 같이 공학 도구의 사용에 대한 사항을 강조하였다. 즉, 계산 능력 배양을 목표로 하지 않는 교수·학습 상황에서의 복잡한 계산 수행, 수학의 개념, 원리, 법칙의 이해, 문제 해결력 향상 등을 위하여 계산기, 컴퓨터, 교육용 소프트웨어 등의 공학적 도구를 이용할 수 있도록 하고 있다(p. 38).

2009 개정 수학과 교육과정에서는 교수·학습에서뿐만 아니라 평가에서도 공학 도구의 활용을 권고하고 있다. 즉, 수학 학습의 평가에서는 평가하는 학습 내용과 방법에 따라 학생에게 계산기, 컴퓨터, 교육용 소프트웨어 등의 공학적 도구와 다양한 교구를 이용할 수 있는 기회를 제공하여(p. 37) 다양한 평가를 실시하도록 권고하고 있다. 2015 개정 수학과 교육과정에서도 평가하는 학습 내용과 방법에 따라 학생에게 계산기, 컴퓨터, 교육용 소프트웨어 등의 공학 도구와 다양한 교구를 이용할 수 있는 기회를 제공하도록 하고 있다(p. 37, p. 40, p. 47, p. 57, p. 67, p. 77, p. 87, p. 97, p. 117, p. 127).

위에서 살펴본 바와 같이 수학교육에서 공학 도구의 활용을 권장하고 있지만, 학생들을 지도한 교사의 입장에서 공학 도구의 활용에 대하여 너무 포괄적으로 제시하고 있음을 알 수 있다. 예를 들면, 교사는 수학과 교수·학습에서 공학 도구를 '적절히' 활용해야 한다고 권고하고 있다. 이는 상황 속에서 공학 도구를 사용해야 하고 의미 있는 수학을 배우는 데 도움이 되도록 하는 것을 말한다고 할 수 있다.

수학교육에서 공학 도구의 활용은 학생들에게 흥미를 줄 수 있다는 것 이외에 수학 교수·학습을 변화시킬 수 있고, 학생들로 하여금 수학에 이해를 깊게 하고, 수학적 개념을 일반화하고 추상화를 하는 데 도움을 줄 수 있다. 특히, 공학 도구는 수학 시간에 종이책으로는 구현하지 못하는 시각적, 청각적, 그리고 촉각적인 감각을 활용할 수 있도록 하여 신체적으로 부자유한 학생들의 수학 학습을 도울 수 있도록 할 수 있는 부분에 대한 연구가 필요하다.

3 수학과 교수·학습에서 공학 도구 활용

3.1 수학과 교수·학습에서 공학 도구의 활용에 대한 연구

수학교육에서 계산기나 컴퓨터와 같은 공학 도구의 활용이 학생들의 연산 능력이나 수학 성취도에 부정적인 영향을 주거나 긍정적인 영향을 주게 된다는 연구들이 있다. 강경은(2015)의 조사에 의하면, 현장에 있는 교사들을 대상으로 조사한 결과 교사들은 수학 수업에서 계산기의 활용에 부정적인 우려를 가지고 있다. 교사들은 기본적인 계산능력 및 암산능력 발달의 저해, 학생들이 생각하지 않고 계산기에 의지하려는 성향으로 사고능력의 발달을 저해, 그리고 현실적인 문제로 학교에 모든 학생을 위한 계산기를 비치하는 비용이 많이 든다는 것 등의 부정적인 견해를 가지고 있다.

그런데 이런 우려와는 달리 계산기의 사용이 계산 능력을 떨어뜨리지 않는다는 연구들이 있다(예를 들면, Brolin & Bjor, 1992; Groves & Stacey, 1998; Shuard, 1992; 고상숙 외, 2013; 방정숙, 2009). 계산기는 암산을 대신하는 도구가 아닌 오히려 수학적인 계산을 활성화하고 돕기 위한 도구로 활용이 가능하다. 즉, 싱가포르의 경우를 예를 들면서 공학 도구를 사용해야 하는지 사용하지 말아야 하는지 단순히 가부간 답을 하기보다는 Lee(2006)의 주장처럼 계산기를 어떻게 활용하느냐가 문제인 것이다. 이에 대한 연구는 보다 장기적이고 심층적으로 해 갈 필요가 있다.

그리고 공학 도구 중 컴퓨터를 활용한 소프트웨어를 사용하는 수학 교사들의 비중은 높지 않았다(방정숙, 2009; 전소라, 2008). 전소라(2008)의 연구에 의하면 수학 교사들이 수업에서 수학과 소프트웨어를 활용하는 비중은 수와 연산 영역은 중학교 교사 60.5%, 고등학교 교사 78.2%가 활용을 하지 않는다고 답했다. 수학 수업에서 소프트웨어를 사용하지 않는 이유에 대해 수업 내용에 맞게 구성하기 힘들고(48.3%), 응용 소프트웨어들이 갖추어져 있지 않고(31%), 필요성을 느끼지 못하고(27.6%), 조작이 어렵고 불편하다(20.7%)고 답하였다. 그리고 GeoGebra, Cabri, Mathematica, Tess 등 수학과 관련 소프트웨어에 대해 65% 이상의 교사들이 이미 제작되어 있는 프로그램도 사용하지 못하는 것으로 나타났다. 이를 보면, 양질의 공학 도구 활용 수학 수업을 위한 질 높은 자료를 개발하여 현장에 보급할 필요가 있다. 더불어 교사들에게 공학 활용 수학 수업에 대한 연수를 지속적으로 해 갈 필요가 있다.

계산기나 컴퓨터의 사용과 함께 시공간의 제약을 벗어나 모든 학생들에게 양질의 교육을 제공하는 데 도움을 줄 수 있는 인터넷을 기반으로 한 e-러닝, u-러닝을 활용한 수학교육에 대한 가능성에 대한 다양한 연구를 해 갈 필요가 있다. 학생들은 인터넷을 이용하여 정보를 수집, 생산, 가공, 보존, 전달, 활용할 수 있다(한국교육학술정보원, 2001). 수학교육에서도 단순히 수업 시간에 공학 도구를 하나의 도구로써만 이용하는 것에서 알아낸 정보를 공유하고 활용할 수 있는 방안에 대한 연구를 보다 심층적으로 할 필요가 있다.

3.2 수와 연산 영역에서 공학 도구의 활용

수와 연산 영역의 교수·학습에서 공학 도구의 활용은 계산기와 컴퓨터의 활용 및 웹 자료의 활용을 들 수 있다. 그런데 수와 연산 영역은 전통적으로 연필과 종이를 사용하여 계산을 하여야만 하는 영역이라고 생각하기 때문에, 이 영역에서 계산기나 컴퓨터를 어떤 내용에 대하여 어떻게 사용해야 하는지 학교 수준별로 2009 개정 수학과 교육과정과 2015 개정 수학과 교육과정에서 제시하고 있는 내용을 알아보면 다음과 같다.

[공통 강조 항목]

○ 계산 능력 배양을 목표로 하지 않는 경우의 복잡한 계산 수행, 수학의 개념, 원리, 법칙의 이해, 문제 해결력 향상 등을 위하여 계산기, 컴퓨터, 교육용 소프트웨어 등의 공학적 도구와 다양한 교구를 활용한다.

○ 수학 학습의 평가에서는 평가하는 학습 내용과 방법에 따라 학생에게 계산기, 컴퓨터, 교육용 소프트웨어 등의 공학적 도구와 다양한 교구를 이용할 수 있는 기회를 제공한다.

[초등학교]

○ 덧셈, 뺄셈, 곱셈, 나눗셈을 하기 전에 계산 결과를 어림해 보고, 어림한 값을 계산기를 사용하여 확인할 수 있게 한다.

○ 소수의 곱셈과 나눗셈은 계산 원리를 이해하는 수준에서 간단히 다루고, 복잡한 계산

은 계산기를 사용하게 할 수 있다.

○ 자연수의 사칙계산에서 계산 원리를 이해하거나 계산 기능을 숙달하는 것이 목적이 아닌 경우에는 계산기를 사용하게 할 수 있다.

○ 원주율, 원주, 원의 넓이, 입체도형의 겉넓이와 부피 등을 구할 때 복잡한 계산은 계산기를 사용하게 할 수 있다.

○ 복잡한 자료의 평균이나 백분율을 구할 때 계산기를 사용하게 할 수 있다.

[중학교]

○ 매체 및 도구 활용 학습은 학생의 수준과 학습 내용에 적합한 매체와 도구를 활용하여 흥미를 유발하고 학습의 효율성과 다양성을 도모하는 교수·학습 방법으로, 시청각 자료, 멀티미디어나 인터넷 등의 컴퓨터 활용 매체와 교구, 계산기, 교육용 소프트웨어 등의 도구를 이용한다.

[고등학교]

○ 함수의 그래프를 그릴 때, 공학적 도구를 이용할 수 있다.

○ 지수나 로그에 관련된 문제를 다룰 때 공학적 도구를 활용할 수 있게 한다.

○ 환율과 세금은 계산이 간단한 문제를 다루되, 필요한 경우 공학적 도구를 활용할 수 있다.

○ 금융상품과 관련된 복잡한 계산은 공학적 도구를 활용할 수 있다.

계산기나 컴퓨터 활용에 대한 가장 자주 언급되는 문장이 “계산 능력 배양을 목표로 하지 않는 경우”라는 것이다. 그런데 대부분 수와 연산 영역의 가장 큰 목표 중의 하나가 ‘계산 능력 배양’이라고 할 수 있다. 따라서 언뜻 보기에는 서로 상치되는 성격을 가지는 것으로 볼 수 있다. 그렇다면 수와 연산 영역에서는 종이와 연필로 계산하는 것을 계산기나 컴퓨터 프로그램으로 단순히 대치하는 것은 오히려 계산 능력의 배양에 대치된다고 할 수 있다. 따라서 수와 연산 영역의 경우, 패턴을 활용한 수의 성질 탐구, 미리 어림셈을 하거나 연산의 결과를 예측해 보고 계산기 등을 활용하여 확인하는 활동을 통하여 수와 연산에 대한 감각을 기르도록 해야 할 것이다. 2015 수학과 교육과정의 고등학교 수학에서는 “적절한 공학적 도구나 교구를 선택·이용하여 자료와 정보를 효과적으로 처리하는 능력”(p. 173)을 수학교육에서 강조하고 있다.

수와 연산 영역과 관련하여 Hembree와 Dessart(1992)는 79편의 보고서를 분석하여 계산기를 활용한 학습 활동의 영역을 크게 7가지로 구분하여 제시하였다. 즉, 어림 및 지필 계산 결과의 검산, 암산 기능 개발, 문제 해결, 자릿값 개념의 정착, 수 개념 학습, 게임, 그리고 큰 수를 포함하는 문제를 계산기를 활용할 수 있는 영역으로 보았다. 그리고 대수 환경을 기반으로 한 프로그램으로 GeoGebra나 Geometer's Skechpad나 엑셀과 같은 프로그램은 수와 연산 그리고 기하 영역을 서로 연계하여 이해하도록 하는 데 좋은 공학 도구가 될 수 있다. 이런 공학 도구와 함께 더 나아가 웹을 기반으로 하는 공학 도구의 활용을 생각해 볼 수 있는데 예를 들면, 교과서와 다양한 수학 학습 자료를 제공하고 있는 사이언스 올(Science All; www.scienceall.com), 자기주도적 수학 학습을 돕는 EBSmath(www.ebsmath.co.kr), 동영상 및 다양한 수업 자료를 제공하는 사이버 가정학습(www.edunet4u.net)에서도 여러 형태의 수와 연산 관련 자료를 볼 수 있다.

그리고 고상숙 외(2013)가 시도한 것처럼 수학의 과정에 대한 평가에 공학 도구를 활용하여 수학 수업을 진행하면서 자연스럽게 평가도 병행할 수 있는 시도도 할 필요가 있다. 더 나아가 웹상에서 각 학생들이 수학 학습을 하는 내용을 데이터베이스화하여 분석하고 처방하는 종합적인 시스템을 구축하는 것도 의미 있는 일일 것이다.

4 수와 연산 영역에서 공학 도구 활용의 실제

이 절에서는 수와 연산 영영을 중심으로 교육공학을 활용할 수 있는 유치원과 초등수준에서 고등수준까지 몇 가지 사례에 대하여 주로 다양한 프로그램을 소개하고 있는 NCTM의 Illuminations의 내용을 중심으로 소개하고자 한다.

4.1 유치원 및 초등 수준의 수와 연산 영역 활용 사례

유치원 수준에서 수와 연산은 가장 중요하면서도 빈번하게 나오는 영역이다. 특히, 유치원 수준에서 공학 도구의 활용은 게임 등을 활용하여 자연스럽게 수 감각이나 계산 능력을 기를 수 있도록 할 수 있다. [그림 4-1]은 유치원과 초등학교 저학년 수준의 수 세기에 대한 컴퓨터 프로그램이다. 어린 학생들의 정서에 적합하게 바다 속 배경으로 파도 소리가 나면서 주어진 물고기의 마리수를 주어진 시간 안에 세도록 하는 프로그램이다. 학생들은 자신이 수준을 1, 2 또는 3으로 택하여 난도를 조절하도록 되어 있다.

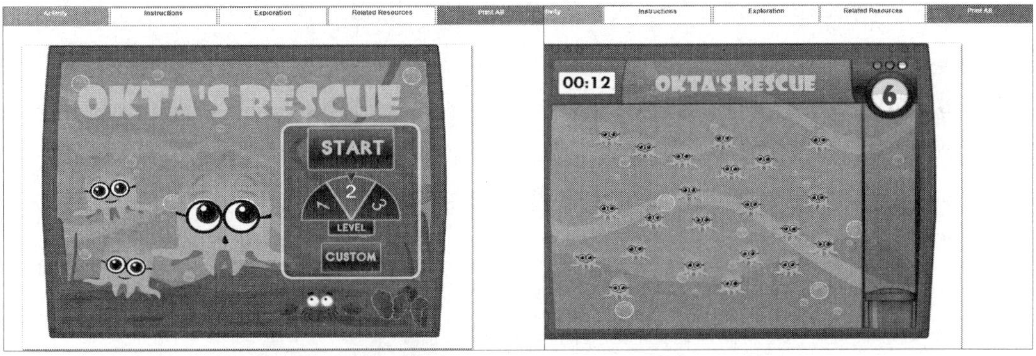

[그림 4-1] 유치원과 초등 저학년 수준에서 주어진 시간에 부여된 수만큼 세기
(https://illuminations.nctm.org/Activity.aspx?id=3528)

[그림 4-2]는 유치원과 초등학교 저학년에 사용이 가능한 것으로 귀여운 소의 모양을 5씩, 10씩 등으로 묶어서 탤리를 표시하면서 세도록 하는 컴퓨터 게임이다.

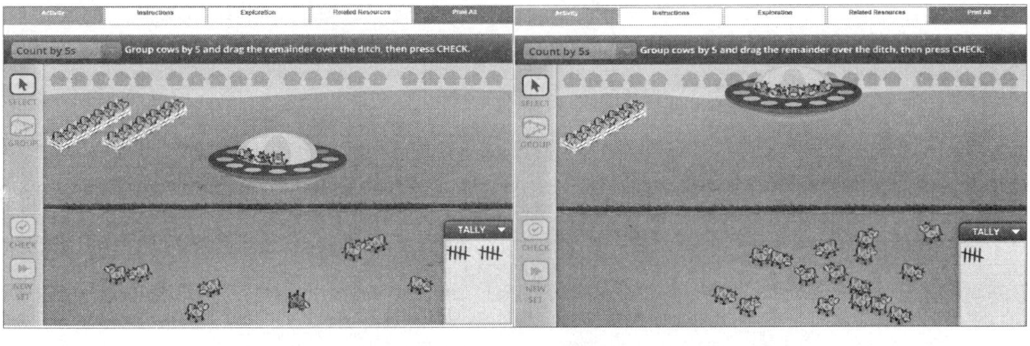

[그림 4-2] 유치원과 초등 수준의 수와 연산 게임
(https://illuminations.nctm.org/Activity.aspx?id=3526)

특히 이 컴퓨터 프로그램은 어린 학생들에게 자연스럽게 외계인이 소를 우주선으로 이동하려고 한다는 스토리의 설정으로 흥미를 가지고 게임에 임하면서 묶기, 탤리 표시 이해하기, 기본적인 더하기와 빼기, 자리값 이해하기 등을 할 수 있도록 하고 있다. 이는 이후의 덧셈과 뺄셈을 배우는 데 기초가 되도록 한다.

[그림 4-3]은 계산기를 사용하여 연산 기능을 기르는 데 활용한 예(강경은, 2015)이다. 다음은 '세 자리의 덧셈'에서 할 수 있는 활동으로 계산기가 없어도 되는 활동이기는 하다. 그러나 학생들로 하여금 '어림을 확인하기 위해 계산을 해야 한다'는 부담을 줄여줄 수 있고 자신의 어림활동에 대해 스스로 확인하는 과정에서 수 감각을 기를 수 있다. 나눗셈의 경우에도 이런 어림활동 후에 계산기를 활용할 수 있는데, 이 경우에는 '어림-계산기 확인-다시 어림-몫의 발견'이라는 과정을 거치면서 연산에서 계산기를 효과적으로 활용할 수 있다. 계산기를 사용하여 이와 같이 활용하면 어림 능력뿐만 아니라 연산 능력을 기르는 데 효과적이다. 수학과 교육과정에서 이는 대부분 수와 연산 영역에 해당하여 자연수, 분수, 소수의 사칙연산을 학습할 때 계산기를 적절하게 활용 하도록 권고한다.

◎ 다음 세 수의 합이 어느 정도의 값을 가지는지 어림해보고 알맞은 답에 O표 해 보시오.
(단, 어림 시간은 1분, 어림이 끝나면 계산기로 확인해본다.)

1	196 + 184 + 209	500보다 적다 600정도 600보다 크다
2	95 + 142 + 209	400보다 적다 500정도 500보다 크다
3	352 + 367 + 348	1200보다 적다 1250정도 1300보다 크다
4	37 + 156 + 308	500보다 적다 550정도 600보다 크다

[그림 4-3] 초등학교에서 계산기를 연산 학습에 활용한 예

[그림 4-4]의 야구게임에서 학습자는 연산의 종류를 사칙연산과 혼합산을 선택할 수 있고,

난도에 따라서 선택을 할 수 있으며 계산의 표기 형식도 대수적으로 할지를 선택하도록 하고 있다.

[그림 4-4] 초등학교 수준에서 연산 연습을 하도록 하는 야구게임
(http://www.funbrain.com/math/)

학생들은 이 야구게임을 통하여 자연스럽게 야구게임을 하면서 다양한 연산을 익히도록 하고 있다. 이 게임에서는 가끔은 같은 문제가 등장하기도 하여 학생들이 지속적으로 긴장하도록 한다. 학생들은 자신의 수준에 따라서 적절한 난도의 문제를 선택하여 익히도록 하고 있다. 이런 게임을 활용하는 장점은 학생들로 하여금 연산 학습하는 것을 공부가 아니라 놀이로 생각하도록 함으로써 보다 흥미를 가지고 이 게임에 임하도록 한다는 것이다.

특히, 수학교육에서 컴퓨터 공학 도구의 활용은 학습자들로 하여금 자연스럽게 경쟁적인 분위기에 몰입하게 함으로써 자연스럽게 연산활동에 참여하도록 한다. 경쟁자는 컴퓨터가 될 수도 있고 다른 곳에 있는 동료 학습자가 될 수도 있다. 이는 긍정적인 방향으로 이끌 수 있도록 할 때, 강력한 동기유발이 될 수 있다. 이런 공학 도구의 활용은 학습자의 능력을 파악하여 그에 맞게 문제를 적절하게 제시할 수도 있고, 자신이 직접 선택하여 자신에게 도전적인 문제를 해결할 수도 있다. 더 나아가 이 컴퓨터 프로그램은 학습자의 반응에 대하여 적절한 피드백을 해 줄 수도 있다. 그리고 프로그램을 어떻게 구성하느냐에 따라서 몇 명이 하나의 팀이 되어 협동하면서 문제를 해결하도록 할 수 있다.

수나 연산 영역의 특징은 가능한 많은 유사한 문제를 많이 풀어가면서 수에 대한 감각이나 연산의 능력을 길러야 한다는 것이다. 적절한 피드백을 하면서 의미있는 반복을 효과적으로 하도록 함으로써 이런 공학적인 도구의 기능은 학습자의 수와 연산에 대한 이해 높이고 기능을 높이도록 할 수 있다. 그리고 수와 연산의 학습에서 공학 도구의 활용이 주는 가장 큰 장점의 하나는 학습자에게 적절한 수준별 학습을 할 수 있도록 한다는 것이다. 이는 자연스런 개별화 학습으로 일반 교실의 학습에서는 실현하기 거의 불가능한 측면이라고 할 수 있다.

요즈음은 접근성이 뛰어난 모발일 도구인 휴대폰(스마트폰)에서 기능을 수행하도록 하면 보다 편리하게 사용이 가능할 것이다.

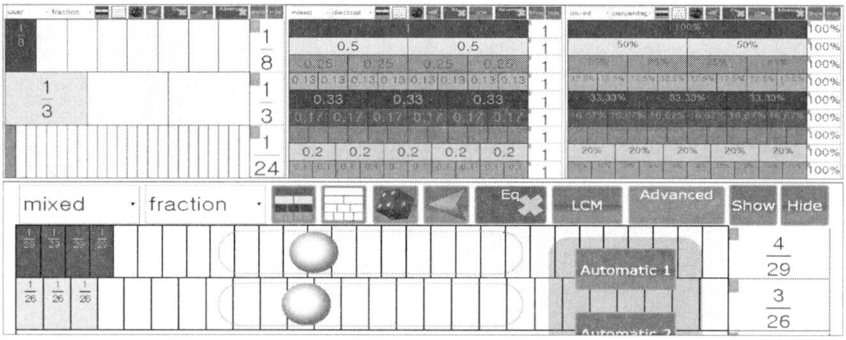

[그림 4-5] 초등학교 수준에서 분수, 소수, 백분율을 이해하도록 하는 프로그램
(http://www.visnos.com/app)

최근에는 휴대폰의 기능이 좋아져서 일반 컴퓨터에서 실행할 수 있는 기능들을 대부분 휴대폰에서 실행이 가능하다. [그림 4-5]는 휴대폰에 설치하여 실행할 수 있는 프로그램으로 초등학교 중학년이나 고학년에서 적절하게 사용할 수 있는 것으로, 학생들에게 분수, 소수, 백분율 등에 대하여 조작해 가면서 이해할 수 있도록 하는 프로그램이다. 이 프로그램에서는 분수, 소수, 백분율의 크기를 시각적으로 탐구하면서 개념적인 이해를 깊게 하도록 하고 있다. 이 프로그램에서 수의 크기를 막대의 길이로 나타내어 크기 비교, 수들과의 관계를 시각적으로 파악하는데 효과적이고, 분수 막대를 다양한 방법으로 등분할 수 있도록 하여 분수의 크기 비교 학습에 활용이 가능하도록 하고 있다. 그리고 그림의 밑에 있는 공 모양을 좌우로 움직이면서 시각적으로 분수의 크기를 이해할 수 있도록 하고 있다.

[그림 4-6]은 손 글씨로 필기를 하듯 수식을 써 넣으면 자동으로 식을 완성시켜 계산을 해주는 계산기능이 있는 애플리케이션 프로그램으로, 이 공학 도구는 학년의 수준과 관계없이 응용해 볼 수 있도록 한다.

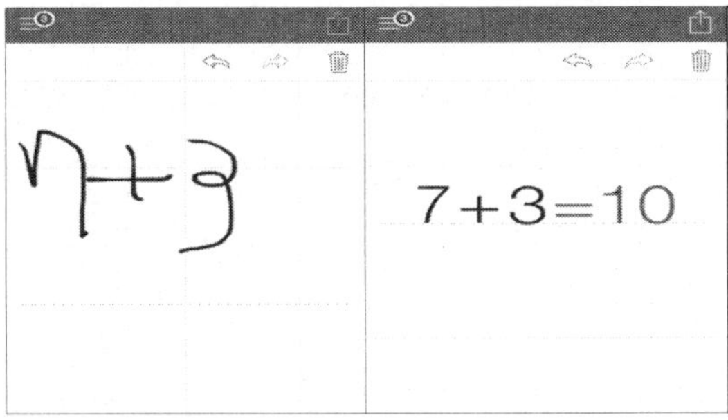

[제공하는 연산]
- 사칙연산: +, −, ×, ÷, /
- 기타 연산: %, −5−, 3!
- 제곱/지수: 7ffl, √‾, ∛, eı
- 괄호: ( )
- 삼각함수: cos, sin, tan, cot, cosh, sinh, tanh
- 역삼각함수: acos, asin, atan
- 로그: ln , log
- 상수: π , e.

[그림 4-6] 초등학교 수준에서 분수, 소수, 백분율을 이해하도록 하는 프로그램
(https://itunes.apple.com/kr/app/id578979413)

이 프로그램에서는 필기를 하듯 수식을 쓰면 자동으로 식을 완성시켜 계산을 해주는 계산 기능을 가지고 있어서 키보드 없이 손으로 직접 수식을 작성하고 기호 및 숫자를 간단히 지울 수도 있다. 그리고 기본 연산부터 복잡한 수식까지 정확히 인식하도록 하여 학생들이 흥미를 가지고 활용할 수 있도록 한다. 기본 연산으로 사칙연산(+, −, ×, ÷, /)을 포함하여 다양한 연산을 포함한다.

4.2 중등 수준의 수와 연산 영역 활용 사례

중등 수준의 공학 도구도 수학적인 내용의 수준이 높아진다는 것을 제외하면 초등 분야의 공학 도구의 사용은 목적이나 방법은 유사하다고 할 수 있다.

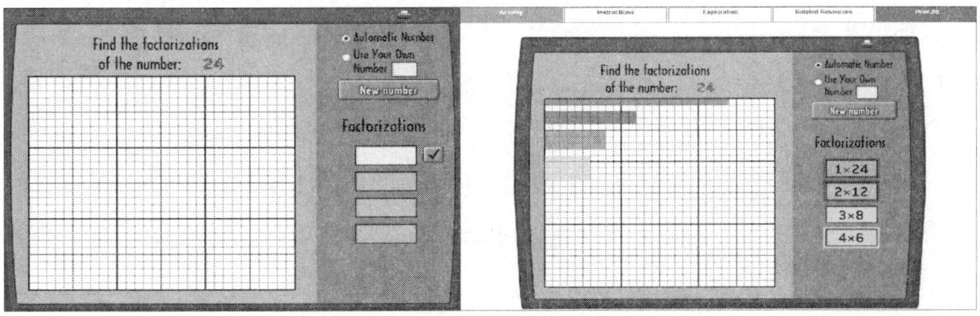

[그림 4-7] 중학교 수준에서 소인수분해를 시각적 표현과 연계하여 이해하도록 한 프로그램
(http://illuminations.nctm.org/Activity.aspx?id=3511)

수학교육에서 공학 도구의 활용은 단순히 컴퓨터를 통하여 손으로 구현할 수 있는 구체적인 조작물을 계산기나 컴퓨터상에서 구현하도록 하는 것 이상이다. 물론 프로그램을 어떻게 구성하는가에 따라서 달라지겠지만 오프라인 상에서는 실행이 어렵거나 불가능한 것을 컴퓨터의 프로그램에서 해 볼 수 있다. 예를 들면, 구체적 조작물을 가지고 구현할 수 없는 확률에서 아주 큰 시행의 횟수를 시뮬레이션 해 보면서 확률의 의미를 이해할 수 있다.

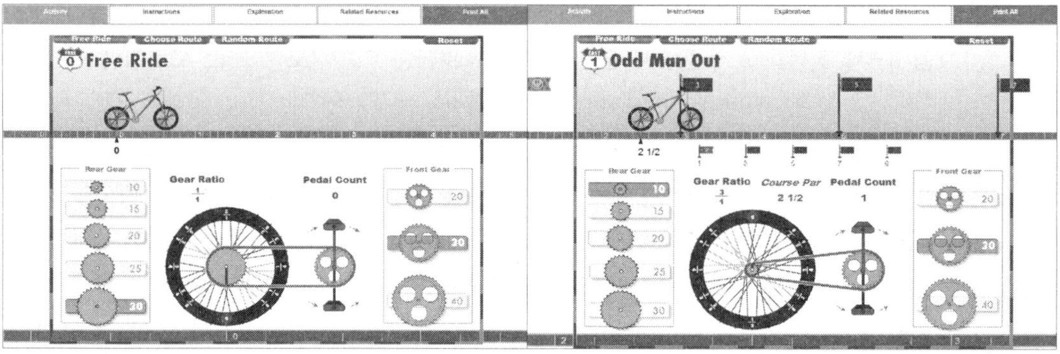

[그림 4-8] 중고등학교 수준에서 비의 개념을 자전거 톱니바퀴의 변화를 통하여 이해하도록 한 프로그램

(https://illuminations.nctm.org/Activity.aspx?id=3549)

[그림 4-8]은 중고등학교 수준에서 비(ratio) 개념을 효과적으로 이해할 수 있도록 하는 컴퓨터 프로그램이다. 이 프로그램에 학생들이 자전거의 앞바퀴와 뒷바퀴의 사이즈(톱니바퀴)를 달리하여 실행하면서 비의 개념을 이해할 수 있도록 하고 있다. 그리고 자전거의 패달을 돌리면서 진행하는 거리도 확인해 볼 수 있도록 하고 있다. 이 프로그램에서는 앞바퀴와 뒷바퀴의 기어를 자신이 선택할 수 있도록 하고 있다. 그리고 행로를 랜덤하게 선택하거나 행로를 본인이 선택할 수도 있고 각 지점마다 깃발이 나타나서 거리를 확인하도록 한다. 패달도 위에 부분을 클릭하면 앞으로, 밑에 부분을 클릭하면 뒤로 이동하도록 하고 있다. 학생들은 기어를 선택하는 데 몇 가지 조합이 있을 수 있는지 생각해 볼 수 있다. 그리고 기어를 다르게 선택했을 때, 각각 얼마만큼의 거리를 갈 수 있는지 예측하고 확인할 수 있도록 한다. 이 활동은 자전거 타길 활동을 통하여 자연스럽게 비의 수학적인 개념을 이해할 수 있도록 하고 있다.

또 하나 공학 도구의 활용에서 스토리텔링의 기법을 보다 많이 포함하여 주어진 미션을 수행하면서 수학 문제 상황에서 수학문제를 해결하도록 하기도 한다.

[그림 4-9] 스토리텔링 방식으로 만들어진 사칙 연산 기능을 향상시키기 위한 프로그램

예를 들면, [그림 4-9]는 서울시교육정보원에서 지원하여 개발한 연산 부분에 부진한 학생들을 위한 사칙계산 향상 프로그램(박만구, 김은혜, 황성환, 이동희, 2013)이다. 이 프로그램에서는 학습자가 수상한 마을에서 주어진 미션을 수행하도록 하면서 자연스럽게 연산을 하도록 하는 방식이다. 스토리텔링 방식의 프로그램의 활용은 학생들로 하여금 자연스럽게 이야기 상황 속에서 학습을 하도록 하면서 흥미를 줄 수 있다는 장점이 있다.

수학교육에서 공학 도구의 활용은 학생들과 교수·학습의 과정을 위해서만 쓰이는 것뿐만 아니라 평가에서도 적절하게 활용이 가능하다. 고상숙 외(2013)는 교구 및 공학 도구를 활용한 수학수업의 과정에서 자연스럽게 학생들의 수학적인 활동 과정을 평가하는 것이 필요하다고 주장하였다. 그들은 수학적 과정중심 평가에 교구나 공학 도구의 활용을 허용할 경우 교사들은 연구보고서, 프로젝트, 토론법, 심층면담 등의 다양한 대안 평가 방법을 보다 적극적으로 활용한다고 주장했다. 또한 교구나 공학 도구를 활용한 수학적 과정중심 평가 방법은 학생들의 학습상태를 보다 정확하고 종합적으로 파악하는 데 기여할 수 있고, 동시에 수학적 과정을 강조한 교사의 수업 방법과 교수 활동의 개선을 위한 다양한 자료를 제공할 수 있다는 면에서 현장에서 대안적 평가 방법이라고 주장하였다. 그러나 교구나 공학 도구를 이용한 평가 수행에서 양질의 평가문항과 평가기준의 개발 그리고 평가 문항에 대한 객관성 확보의 문제가 있다. 따라서 학교 현장에 공학 도구의 제공과 더불어 교사 연수와 같은 평가에 대한 교사들의 전문성 신장에 직접적인 변화를 가져올 교육의 기회가 선행적으로 이루어질 필요가 있다(고상숙 외, 2013).

그리고 대규모 인원에 대한 평가에서 학생 개개인의 답변에 대한 채점이나 피드백을 주는 것이 어려운데, 이를 컴퓨터라는 공학 도구를 활용하여 보다 쉽고 효과적으로 해결할 수 있다.

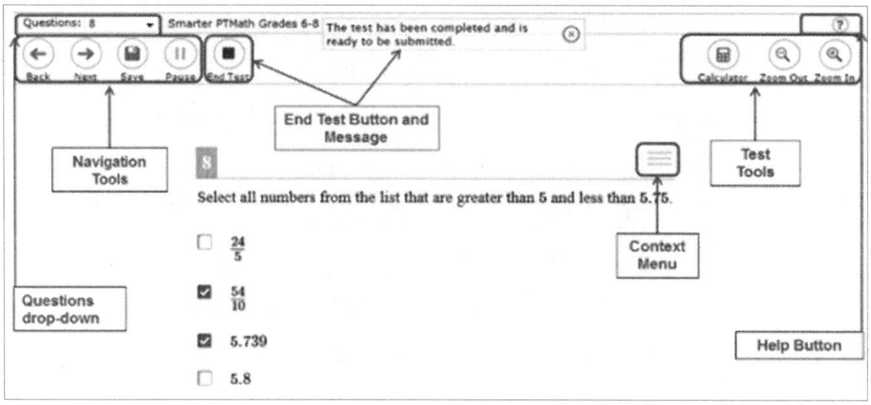

[그림 4-10] SBAC 컴퓨터 기반 평가의 사용자 화면 구성
(http://www.smarterbalanced.org/)

물론 아직은 발전이 필요한 부분이기도 하지만 SBAC(Smarter Balanced Assessment Consortium, American Institutes for Research, 2013)와 같은 평가가 온라인에서 시행이 되고 있다. [그림 4-10]은 SBAC 컴퓨터 기반 평가의 사용자 구성 화면의 예이다. SBAC에서는 평가 전에 몇 가지 옵션을 설정할 수 있다. 영어/스페인어/점자 중 한 가지 언어를 선택할 수 있도록 하여 영어가 모국어가 아닌 학생들의 수학 평가 주는 영향을 최소화하려고 하였다. 그리고 화면 크기 설정, 글자 색, 글자 크기, 강조 표시, 다시보기 표시, 음성 보조, 수화 시청 등을 선택한 후에 평가를 진행할 수 있도록 하고 있다.

이상에서 살펴 본 것과 같이 수와 연산 영역에서 계산기나 컴퓨터 프로그램의 활용은 주로 게임과 같은 형식을 사용하여 학생들이 자연스럽게 학습에 참여하여 수 개념의 이해나 연산 기능을 높이도록 하고 있음을 알 수 있다. 수학교육에서 공학 도구의 사용은 언제 어떻게 사용하느냐가 중요하다고 할 수 있다. 그리고 우리나라의 교육과정에서 일관되게 강조하듯이 '계산 능력 배양을 목표로 하지 않는' 경우에 계산기나 공학 도구를 사용하도록 해야 할 것이다. 그리고 수학이라고 하는 것은 궁극적으로 학생들의 머릿속에 수학적인 사고를 보다 활발하게 일어 날 수 있도록 도와야 한다. 따라서 교사는 공학 도구의 사용이 이를 돕는 방향으로 쓰이는지 또는 그와 반대로 쓰이는지 확인하면서 이런 도구가 학생들의 사고 과정을 방해하지 않도록 유의해야 한다. 또한 학생들의 보다 자연스런 학습을 위하여 보다 세련된 스토리텔링을 가미한 상황을 제시를 어떻게 할 것인가에 대한 지속적인 연구도 필요하다. 그리고 수학적 과정에 대한 평가를 위하여 공학 도구를 활용하는 방안도 고려할 필요가 있고, 대규모의 평가도 공학 도구를 활용하여 효과적으로 채점하고 피드백을 줄 수 있다.

5 결론

수학교육에서 계산기나 컴퓨터와 같은 공학 도구의 사용은 단순히 학생들의 흥미를 높이는 것 이외에 수학 교수·학습의 내용에 영향을 주게 될 것이다. 단순한 계산보다는 연산의 이해를 바탕으로 한 계산에 집중하도록 하고, 실생활 문제를 소재로 하여 계산 자체에서 오는 부담에서 자유로워질 수 있을 것이다. 더 나아가 공학 도구의 사용은 학교의 수학 평가 문항뿐만 아니라 대학 입시 문항에서 단순히 공식에 대입하여 계산하는 문제가 아니라 수학 개념에 대한 심도 깊은 이해를 바탕으로 문제를 해결할 수 있는 평가 문항을 학생들에게 제시하게 될 것이다.

그런데 수와 연산은 우리나라 수학과 교육과정에서 일관되게 제안하고 있듯이, 많은 부분 '계산 능력 배양을 목표로 하는 경우'에 해당되는 경우가 있으므로 이 영역에서의 무분별한 공학 도구의 사용은 오히려 학생들의 수 감각과 연산 영역의 능력의 저하를 가져올 가능성이 있음에 유의할 필요가 있다. 수와 연산 영역은 수학의 영역 중에서 가장 기본이지만 많은 교사들은 주로 숙달과 연습(Drill and Practice)을 위주로 학생들에게 단순한 반복을 요구하기 때문에 가장 지루해 할 수 있는 영역이다. 따라서 수와 연산 영역에서의 공학 도구의 사용은 앞의 예시들에서 보여 준 것처럼, 계산 자체를 대신하게 하기보다는 학생들이 흥미를 가지고 학습 활동이 참여하면서 수 감감과 연산 능력을 높이는 데 도움이 되는 방향으로 사용하도록 할 필요가 있다.

우리나라 수학과 교육과정에서는 일관되게 공학 도구의 활용을 권장하고 있지만 현장에서 이를 적극 반영하기 위해서는 외국의 경우(Greenes, Larson, Leiva, Shaw, Stiff, Vogeli, & Yeatts, 2008)처럼 수학교과서에 적극적으로 공학 도구의 활용할 수 있는 내용을 포함하여 교사와 학생들이 사용할 수 있도록 할 필요가 있다. 그리고 교사용지도서에 다양한 활용 방법에 대한 자료를 포함하여 교사들이 수업에서 적절히 사용하도록 할 필요가 있다. 그리고 학교에 공학 도구를 비치하여 교사와 학생들이 필요할 때 언제든지 사용이 가능하도록 해야 할 것이다. 그리고 많은 수학교사들은 수학 교수·학습에서 공학 도구의 활용에 대하여 부정적인 인식(조은애, 2008)을 가지는 경우가 있으므로 공학 도구의 사용에 대한 교사의 인식을 제고할 필요가 있다. 그리고 수학 교구·학습에서 보다 양질의 프로그램 개발을 개발하여 보급할 필요가 있다.

우리 수학교육자들에게 중요한 것은 수학교육에서 공학 도구의 활용이 표면적인 변화보다는 수학적으로 보다 풍부하고 깊은 의미 있게 사용할 수 있도록 하는 것이라고 할 수 있다. 특별히, 수학에 대한 부정적인 태도를 가지고 있는 학생들이 많은 우리나라에서 수학교육에서 공학 도구의 활용은 매우 의미 있는 일이라고 할 수 있다. 효과적인 공학 도구의 이를 위해서는 발달하는 공학기술의 조류에 맞추어 이를 수학교육에서 어떻게 활용할 수 있을지에 대한 연구와 다양한 환경에서 여러 가지 공학 도구를 활용한 수업을 통하여 효과성을 검증해 가야 할 것이다.

앞으로 빠른 공학의 발달로 인하여 그 동안 수학교육에서 구현하지 못했던 입체의 홀로그램 영상, 가상현실 등을 포함한 많은 기능들이 가까운 시일 내에 가능해질 것이다. 수학교육에서 교육공학의 활용은 단순히 수학의 교수·학습에서 이해를 증진하고 흥미를 북돋을 수 있는 것뿐만 아니라 수학 교육의 내용 자체의 재구조화, 교육방법, 평가의 성격 및 내용의 변화를 가져올 수 있다. 그리고 수학교육에서도 단순히 계산기나 컴퓨터의 활용뿐만 아니라 보다 폭넓게 스마트교육(SMART Education: Self-directed, Motivated, Adaptive, Resource free, and Technology embedded Education)까지를 포함하여 다양한 활용 방안을 찾아야 할 것이다. 이런 공학 기술의 발달과 함께 이들을 활용한 수학 수업의 성패는 Drijvers (2012)나 Lee(2006)도 지적한 것처럼 이런 도구들을 수학 시간에 어떻게 사용하도록 디자인할 것인가와 교육적 상황을 어떻게 제공할 것인가 그리고 교사의 역할은 어떻게 규정해야 하는가 등을 포함하여 수학교육에서 공학 도구의 활용 문제에 대한 심도 있는 연구가 뒷받침되어야 할 것이다.

참고문헌

강경은(2015). 초등수학 학습에서 계산기 활용 방안. 서울시교육청 2015 파견교사연수결과 보고서 자료집.

고상숙, 박만구, 한혜숙(2013). 교구 및 공학 도구를 활용한 수학적 과정중심 평가에 관한 교사들의 인식. 한국학교수학회논문집, 16(4), 675-694.

고상숙 외(2013). 교구 및 공학 도구를 활용한 평가 기반 조성. 연구보고서 2013-6. 서울: 한국과학창의재단.

교육부(2011). 2009 개정 수학과 교육과정. 교육부.

교육부(2015). 2015 개정 수학과 교육과정. 교육부.

박만구, 김은혜, 황성환, 이동희(2013). 기초셈하기 G-러닝 콘텐츠의 효과성 분석. 한국초등수학교육학회지, 17(2), 225-243.

방정숙(2012). 예비 초등 교사의 좋은 수학 수업에 대한 인식. 수학교육, 51(2), 145-160.

이화영, 장경윤(2015). 인지적 도구로서의 사칙계산기 활용. 학교수학, 17(2), 157-178.

전소라(2008). ICT 활용 수학 교수·학습에 대한 교사와 학생들의 인식 및 현황 조사. 대구대학교 교육대학원 석사학위 논문.

조은애(2008). 학교 수학 교육에서 공학적 도구의 활용 실태와 활성화 방안. 고려대학교 교육대학원 석사학위논문.

American Institutes for Research (2013). *Smarter balanced assessment consortium: Practice test user guide.* American Institutes for Research.

Brolin, H., & Bjork, L. E. (1992). Introducing calculators in Swedish schools. In J. T. Fey & C. R. Hirsch (Eds.), *Calculators in mathematics education* (pp. 226-232). 1992 Yearbook of the National Council of Teachers of Mathematics. Reston, VA: National Council of Teachers of Mathematics.

Drijvers, P. (2012). *Digital technology in mathematics education: Why it works (or doesn't).* 12th International Congress on Mathematical Education, 8 July-15 July, 2012, COEX, Seoul, Korea.

Greenes, C., Larson, M., Leiva, M., Shaw, J., Stiff, L., Vogeli, B., & Yeatts, K. (2008). *Houghton Mifflin Math, Level 5 student textbook.* Boston: Houghton Mifflin.

Groves, S. and Stacey K. (1998). Calculators in primary mathematics: Exploring number before teaching algorithms. In L. J. Morrow (Ed.), *The teaching and learning of algorithms in school mathematics*(pp. 120-129). Reston, VA: National Council of Teachers of Mathematics.

Hembree, R. & Dessart, D. J. (1992). Research on calculators in mathematics education. In J. T. Fey (Ed.), *Calculators in mathematics education: 1992 Yearbook of the National Council of Teachers of Mathematics* (pp. 22-31). Reston, VA: NCTM.

Lee, K. P. (2006). Calculator use in primary school mathematics: A Singapore perspective. *The Mathematics Educator, 9*(2), 97-111.

National Council of Teachers of Mathematics. (1991). *Professional standards for teaching mathematics.* Reston, VA: Author.

National Council of Teachers of Mathematics. (2000). *Principles and standards for school mathematics.* Reston, VA: Author.

Shuard, H. (1992). CAN: Calculator use in the primary grades in England and Wales. In J. T. Fey (Ed.), *Calculators in mathematics education*(pp. 33-45). Reston, VA: National Council of Teachers of Mathematics.

The Common Core State Standards Initiative (2010). *Common core state standards for mathematics.* Retrieved on May 5, 2015 from http://www.corestandards.org/

5장

생각의 표현 도구로서의 컴퓨터 대수 시스템(CAS) 활용

순천대학교 전영국
(ycjun@sunchon.ac.kr)

1 서론

수학을 공부해야 하는 이유는 뭘까? 이유는 많겠지만 나는 다음과 같이 말했던 오스트리아의 수학자이면서 컴퓨터 프로그래머였던 Bruno Buchberger교수의 말을 회상하곤 한다. Bruno 교수는 수학 특히 대수 분야에서 다항식 이론을 컴퓨터와 연계하여 다항식 환을 처리하는 그뢰브너 기저 찾기에 관한 알고리즘을 정립한 국제적인 수학자이다.[1] 그는 "수학이란 수에 관련된 복잡하고 어려운 내용을 일상적인 평범한 언어로 간단하고 쉽게 풀어내는 기술(예술)이다."라고 말하였다. 2001년에 오스트리아의 RISC 연구소를 1년간 방문하면서 연구년을 지냈을 때 그로부터 들었던 말이었다.

그의 말을 내 나름대로 풀어서 해석해 보았다. 수학을 하게 되면 "수를 사용함으로써 복잡하고 어려운 현상을 쉽게 풀어낼 수 있는 힘을 기를 수 있으므로 여러 모로 일상생활에서 부딪치는 문제를 해결하는 데 도움을 받을 수 있을 것이다." 또한 어려운 내용을 쉽게 풀어낼 수 있으므로 자연스럽게 재미를 느낄 수 있을 것이고, 배움을 통하여 어떤 즐거움도 맛볼 수 있을 것이다. 만약 이것이 사실이라면, 학생은 수학을 배움으로써 점차 내적인 즐거움과

1) 1970년에 디오판틴 방정식의 결정불가능성에 대한 증명이 발표된 후에 유리계수의 다항식에 대한 canonical simplifier가 존재하지 않을 것이라는 추측(conjecture)에 대해 Bruno 교수는 Groebner basis 알고리즘을 만듦으로써 그것의 존재를 입증하였다.

외적인 이득을 취하게 될 것이다.

그러나 내가 수학을 배웠을 때는 어떠했는가? 그리고 우리 주위의 학생들이 수학을 배우는 모습을 살펴보면 어떠한가? 수학은 어렵고 재미없고 고통을 주는 더 나아가 억지로 배워야 하는 골치 아픈 과목으로 등장하기 일쑤다. 이 장의 목적은 CAS를 사용하여 이산수학을 다룰 때 수학에 대하여 좀 더 재미있고 더 나아가 수학적 활동을 하면서 배우는 즐거움을 느낄 수 있도록 해 주는 방향성을 찾는 것이다. 이를 위해 저자는 컴퓨터대수시스템(CAS)을 이용하여 이산수학을 탐구하는 사례를 몇 가지 소개하고자 한다.

2 CAS 도구의 장점: Mathematica 중심으로

2.1 CAS(컴퓨터대수시스템)의 장점

CAS(컴퓨터대수시스템, Computer Algebra System, 이하 CAS로 통칭)란 단순히 수치적 계산을 수행하거나 그래프를 출력하는 정도를 넘어서 컴퓨터가 문자를 인식하여 수학 관련 문제를 기호로 처리하고 연산을 수행하는 시스템(최재룡, 전영국, 추인선, 2007; Heck, 1993; Wester, 1999)을 일컫는다. 간단히 말하면 컴퓨터 대수 시스템은 일종의 고급 계산기로 간주할 수 있다. 학생들은 CAS를 사용함으로써 자유롭게 자신의 수학적 아이디어를 쉽게 탐색할 수 있으며 더 나아가 자신의 아이디어와 관련된 수학에 관한 다양한 콘텐츠를 마치 백과사전처럼 쉽게 검색함으로써 다양한 아이디어의 조합을 꾀할 수 있다.

또한 CAS에 내장된 콘텐츠와 웹 기반 위키 사이트 등에서 제공하는 수학 관련 콘텐츠를 쉽게 검색하여 조회함으로써 수학을 마치 레크리에이션 하듯이 즐길 수 있으며 더 나아가 미해결 문제에 도전할 수 있는 발판을 쉽게 마련할 수 있는 효과를 거둘 수 있다. 자신이 생각한 바를 생각해보고 그것을 여러 가지 형태로 말로 표현해 보면서 필요한 경우에 글쓰기를 하다보면 계산과 문제해결에 관한 실마리를 포착하게 되며 그것을 절차형태로 계산을 해보고 문제해결에 관한 알고리즘을 발견하게 되며, 더 나아가 검증과 증명까지 할 수 있다.

CAS를 사용하는 최대 장점은 무엇일까? 헬스장에서 마치 근육을 단련하듯이 학생들은 생각의 힘을 단련시킬 수 있다는 점이다. 자신이 생각한 바를 명료하게 수학적으로 표현할 수 있으며 체계적으로 노트 정리를 하면서 CAS로 구현해 보는 과정에서 수학 실력을 쌓을 수 있게 된다. 또한 그런 작업 결과물을 웹상에서 쉽게 공유할 수 있으며 더 나아가 여러 사람들이 함께 수학 지식을 공유하고 더 발전시키는 커뮤니티(예, 조합론 위키 사이트 등)를 구성하는 역량을 발휘하게 된다.

2.2 CAS와 관련된 다양한 학습 자원을 활용하기

CAS를 활용한 수학학습의 활동은 오프라인뿐만 아니라 온라인 상에서 활발하게 이루어지고 있다. 인터넷과 월드와이드웹의 발전은 수학 공부를 하는 방법에 상당한 영향을 끼칠 정도로 영향력이 막강하다. CAS 사용에 대한 유용한 정보와 무료로 제공되는 학습 콘텐츠가 넘쳐 나고 있다. 특히, 웹상에서 CAS가 작동되면서 사용자의 요구와 기호에 맞는 콘텐츠가 즉각적으로 제공됨으로써 수학을 공부하는 학습자는 살아있는 백과사전식 자료를 제공받는 혜택을 받는다.

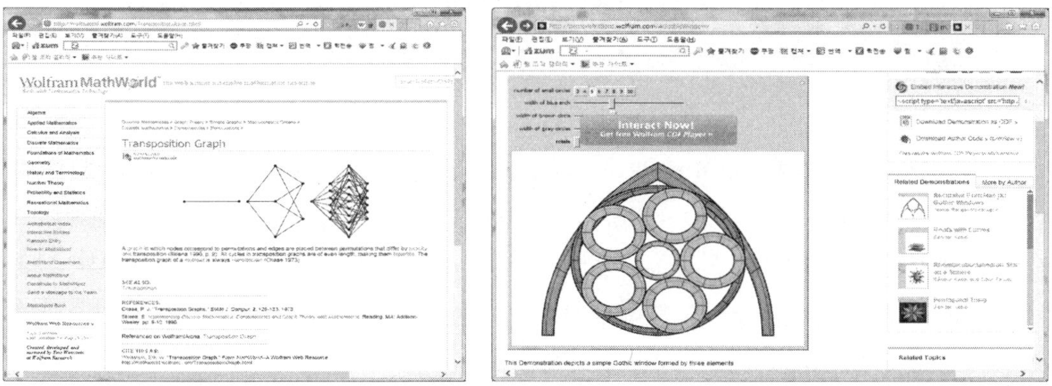

[그림 5-1] MathWorld 정보제공 사이트(좌)와 Mathematica 상호작용적 콘텐츠 시연 사이트(우)

이처럼 다양한 수학 콘텐츠에 대한 검색 서비스가 제공되므로 이러한 학습 자원을 충분히 활용할 수 있는 방안을 찾아보는 것이 매우 유익하다. 즉, 수업을 하는 교사뿐만 아니라 수학을 즐겁고 재미있게 배우고자 하는 학생들은 이러한 CAS를 접목한 콘텐츠를 사용함으로써 수학 내용에 대한 입체적인 접근과 다양한 방식에 따라 수학 내용을 음미하고 감상할 수 있으며 수학적 이해를 높이는 부수 효과를 누릴 수 있다(전영국, 강윤수, 김선홍, 정인철, 2010; 전영국, 김진영, 권순걸, 허희옥, 2007). 예를 들어, Mathematica를 사용한 다양한 수학 콘텐츠를 제공하는 mathworld 사이트(http://mathworld.wolfram.com/)에 들어가면 수학 레크리에이션에 관한 내용뿐만 아니라 다양한 영역에서의 수학에 대한 소개와 관련 자료를 제공받을 수 있다.

이러한 웹 기반 콘텐츠 사이트는 수학을 하는 학습자들이 자신이 다루어 보고 싶거나 배우고 싶은 토픽(주제)을 정한 후에 웹상에서 즉각적으로 사용해 보면서 수학적 아이디어를 탐구해 볼 수 있다는 측면에서 매우 유용하다. 어려운 수식처리 단계를 따라가면서 수학을 이해해야 하는 어려움과 번거움에서 어느 정도 벗어나서 수학적 대상에 대하여 생각해 보고 느껴보는 학습환경을 제공한다는 측면에서 CAS의 사용이 창의적 수학활동으로 연계되는 도구가 될 수 있음을 시사한다.

3 이산 수학에서 Mathematica 활용하기

이 장에서는 이산수학 영역에서 Mathematica를 활용하는 예제를 소개하고자 한다. Mathematica는 패턴 방식의 코딩을 하는 도구로 설계되었기 때문에 수학적 아이디어를 패턴 처리 방식으로 사용하는 데 매우 유용한 것으로 알려져 있다. 이산수학은 그 특성상 수학과 이산구조(예, 그래프, 트리 등)와 관련성이 높으므로 컴퓨터에서 수학적 알고리즘을 처리하고자 할 때 CAS 사용이 매우 적합하다(김남희, 2005). 예를 들어, 대학의 선형대수학 강의에 활용될 수 있는 양방향 콘텐츠에 관한 연구를 보면 CAS를 사용하여 행렬 연산의 다양한 분해 알고리즘을 구현하고 동영상 강의와 함께 실습할 수 있는 상호작용적 콘텐츠를 개발하였다(김덕선, 이상구, 정경훈, 설한국, 2008). 그 외에도 Mathematica를 사용하여 이공계 대학생들을 위한 콘텐츠 개발과 형성평가를 다룬 연구가 있다(박홍준, 전영국, 2008).

특별히 이 장에서는 이산수학 영역에서 Mathematica를 사용하여 수학적 탐구를 할 수 있는 사례를 제시하고자 한다. 이러한 사례는 단편적인 형태를 띠고 있으나, 대학수학 강좌에서 개인 또는 팀별로 수학적 아이디어를 포착하고 진전시키면서 Mathematica로 구현한 내용을 담고 있다. 지면의 제약상 각각의 명령어에 대한 소개를 생략하고 코드 실행에 관하여 대략적인 설명을 덧붙이고자 한다.

3.1 피보나치 수 가지고 놀기

먼저 피보나치 수를 구하는 Mathematica 코드를 작성해 보자. 어떤 수의 앞에 등장하는 두 수를 합하는 연산을 재귀적으로 표현하면 다음과 같다. 여기서 재귀적이라 함은 부분에서 전체 프로그램을 다시 호출하여 사용하는 방식을 일컫는다. 다음 fib[n_]은 n을 변수로 입력받아서 처리하는 프로그램의 이름이 fib임을 알려준다. 프로그램 실행에 관계없이 부가적 설명을 위한 주석문 처리는 (* *) 기호로 표시한다.

fib[n_]:=fib[n-1]+fib[n-2]; (* n의 피보나치 수는 바로 이전 수(n-1)에 대한 피보나치 수와 그 이전 수(n-2)에 대한 피보나치 수를 더한 값과 같다고 정의(:= 기호로 표시)한다. *)
fib[0]=fib[1]=1 (* 그리고 특별한 경우의 수를 정의한다. 즉, 0번째 피보나치 수는 1이고 1번째 피보나치 수도 1임을 지정한다 *)

```
Do[Print["Fibo(",x,") = ",fib[x]],{x,0,6}]
(* 0부터 6까지의 피보나치 수를 반복적으로 출력하면 다음과 같다. *)
 Fibo( 0 ) =  1
 Fibo( 1 ) =  1
 Fibo( 2 ) =  2
 Fibo( 3 ) =  3
 Fibo( 4 ) =  5
 Fibo( 5 ) =  8
 Fibo( 6 ) =  13
```

앞에서 살펴본 피보나치수를 사용하여 더 탐구해 들어갈 수 있다. 즉, 연속하여 나타나는 두 개의 피보나치 수에 대한 관계를 살펴보면 그 비율이 황금비율인 1.618에 가까이 감을 살펴볼 수 있다.

```
Show[ListPlot[Table[Fibonacci[x+1]/Fibonacci[x],{x,0,10}],PlotStyle->PointSize[0.02]]]
```

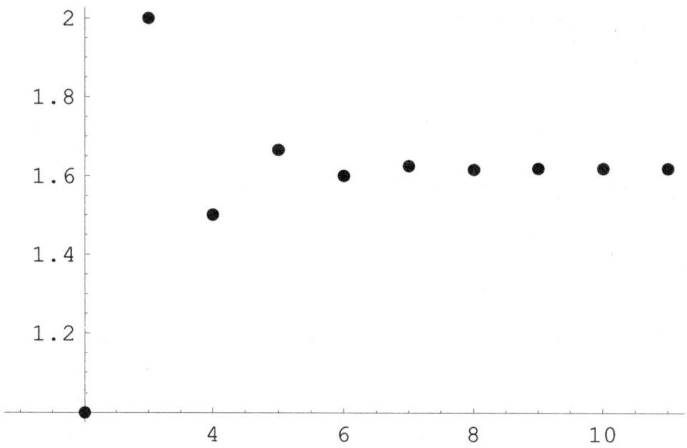

[그림 5-2] 연속한 피보나치 수의 비율을 표시한 그래프

이러한 피보나치 수에 대한 탐구를 이산적 구조로 연결시킬 수 있다. 예를 들면, 집합의 개수가 피보나치 수열처럼 나타나는 이산구조를 고안할 수 있는데, 다음과 같은 이산구조를 살펴보자. n의 길이를 가지는 0과 1로 구성된 관계 순서쌍의 모든 조합에서 0이 중복하여 나타나는 원소를 제거한 후에 남는 원소의 개수를 세어보자. 이것을 Mathematica로 코딩하면 다음과 같다. 여기서 Tuples[{0,1}, 3]는 n=3의 길이를 가지는 0과 1로 구성된 관계 순서쌍의 모든 조합을 출력한다.

```
ZZfree[n_] := DeleteCases[Tuples[{0,1}, n], {___,0,0,___}];

ZZfree[0]
[출력] {{}}
ZZfree[1]
[출력] {{0},{1}}
ZZfree[2]
[출력] {{0,1},{1,0},{1,1}}
ZZfree[3]
[출력] {{0,1,0},{0,1,1},{1,0,1},{1,1,0},{1,1,1}}
```

ZZfree[3]을 실행하면 {{0,1,0},{0,1,1},{1,0,1},{1,1,0},{1,1,1}}이다. 이것의 길이는 5이며 피보나치 수 3에 해당된다.

```
Do[Print["ZZfree(",x,") = ",Length[ZZfree[x]]],{x,0,6}]
[출력]
 ZZfree( 0 ) =  1
 ZZfree( 1 ) =  2
 ZZfree( 2 ) =  3
 ZZfree( 3 ) =  5
 ZZfree( 4 ) =  8
 ZZfree( 5 ) =  13
```

이렇게 함으로써 프로그래밍 출력의 결과가 피보나치 수와 일치되는지를 살펴보고 이에 대한 증명을 귀납적으로 시도할 수 있다(Sutner, 2005). 이러한 방식은 이산수학에 등장하는 이산구조가 수학적 구조와 어떻게 연관되어 추론하게 되는지에 관한 수학적 사고력을 확장시켜주며, 이러한 수학적 활동 과정에서 CAS를 사용하면 프로그래밍을 해 보면서 그 결과를 확인할 수 있다. 이렇게 함으로써 수학적 이해를 구체적으로 해 나가는 장점을 취할 수 있다.

3.2 그래프의 정점과 간선을 서로 다른 색깔로 칠하기

그래프는 G=(V, E)에서 V는 공집합이 아닌 정점들의 집합이고, E는 간선으로서 방향성이 없는 떨어진 정점들의 순서쌍의 집합으로 정의할 수 있다. 그래프를 만들기 위하여 하나의 정점과 다른 정점 사이의 관계를 순서쌍으로 표현하는 자료를 사용한다. 이미 Mathematica에 내장된 그래프를 불러올 수도 있다. 예를 들어 10개의 정점을 가진 수레바퀴 모양의 그래프를 만들고자 할 때 Wheel[10]이라는 명령어를 사용한다. 실제 그래프를 만들기 위하여 먼저 《DiscreteMath'Combinatorica' 명령어를 사용하여 Combinatorica(조합론) 패키지를 불러온 후에 다음과 같이 내장된 그래프 만들기 명령어를 사용한다.

```
<<DiscreteMath`Combinatorica`
```

```
g=Wheel[10] (* 10개의 정점과 18개의 간선으로 이루어진 무방향 그래프 구조가 생성 *)
```

위 명령어를 실행하면 10개의 정점과 18개의 간선으로 이루어진 그래프 구조가 생성됨을 알 수 있다. VertexColoring[g] 명령어를 사용하여 정점 순서대로 칠할 수 있는 색깔 번호를 출력한다. 이 집합을 다시 끼리끼리 분할시킨 다음에 Highlight[g, p] 명령어를 사용하여 정점을 서로 다른 색깔로 칠한 결과를 출력한다.

```
c =VertexColoring[g] (* 그래프 g에 대하여 정점을 서로 다른 색깔로 칠하기 *)
{1,2,1,2,1,2,1,2,4,3} (* 정점 1은 색깔 1, 정점 2는 색깔 2, 정점 3은 색깔 1로 ... 칠한다 *)
p = Table[Flatten[Position[c, i],1], {i, Max[c]}] (* 같은 색깔별로 정점을 분류한다 *)
{{1,3,5,7},{2,4,6,8},{10},{9}} (* {1,3,5,7}은 색깔 1에 해당된다... *)
```

```
ShowGraph[Highlight[g, p], VertexNumber->On] (* 정점을 색깔별로 출력한다 *)
```

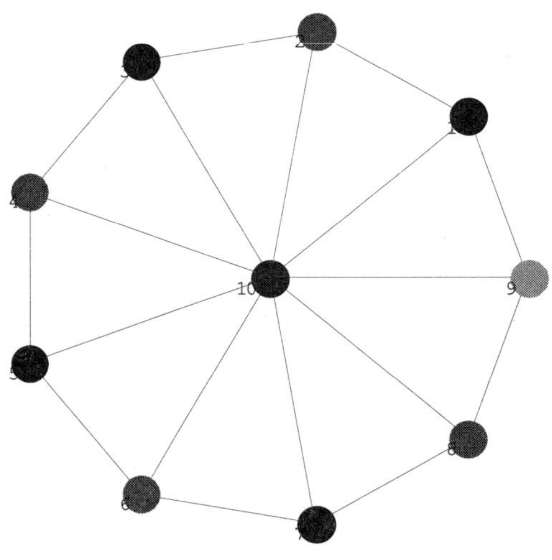

[그림 5-3] Wheel 그래프의 정점을 서로 다른 색으로 칠하기

이번에는 격자 형태의 그래프 모양을 살펴보자. 다음에서 보듯이 5 * 5 격자 형태의 그래프를 생성하면 25의 정점과 40개의 간선을 가진 무방향 그래프가 출력된다.

```
g = GridGraph[5, 5]
c = EdgeColoring[g] (* 간선을 서로 다른 색깔로 칠하기 *)
p = Table[Flatten[Position[c, i],1], {i, Max[c]}] (* 같은 색깔별로 간선을 분류한다 *)
ep = Map[Edges[g=GridGraph[5, 5]][[#]]&, p] (* 분류 정보에 따라 간선을 명시한다 *)
```

{{{1,2},{6,7},{11,12},{13,14},{16,17},{18,19},{21,22},{23,24},{3,8},{4,9},{5,10},{15,20}},{{2,3},{4,5},{7,8},{9,10},{12,13},{14,15},{17,18},{19,20},{22,23},{24,25},{1,6},{11,16}},{{3,4},{8,9},{2,7},{6,11},{10,15},{12,17},{13,18},{14,19},{16,21},{20,25}},{{7,12},{8,13},{9,14},{17,22},{18,23},{19,24}}}

ep의 출력 결과는 위와 같다. {1,2}는 정점 1과 정점 2를 잇는 간선을 표시한다. 네모 상자의 맨 아래 왼쪽부터 오른쪽으로 다시 위로 정점에 대한 번호가 붙어 있음을 참고하여 보면 {{1,2},{6,7},{11,12},{13,14},{16,17},{18,19},{21,22},{23,24},{3,8},{4,9},{5,10},{15,20}}는 검은색으로 표시되어 있음을 확인할 수 있다.

```
ShowGraph[Highlight[g, ep]] (* 간선을 색깔별로 출력한다 *)
```

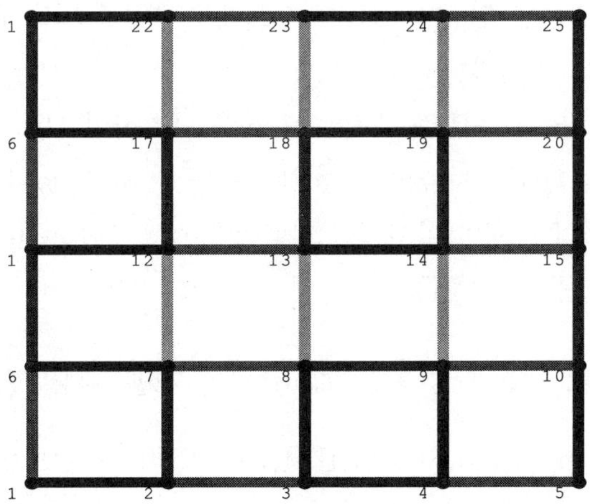

[그림 5-4] 5*5 격자 그래프의 간선을 서로 다른 색으로 칠하기

3.3 부울 대수와 하세 다이어그램 만들기

0과 1로 표현하는 자료구조는 논리식과 관련이 깊다. 퀴즈를 내고 응답한 사람에 대하여 실력을 가늠하고자 할 때 보통 정답은 1, 오답은 0으로 처리한다. 이런 방식으로 데이터를 처리하면 그 사람의 실력뿐만 아니라 퀴즈 문제에 관련된 하위 속성에 대한 부분까지 분석할 수 있다. 보통 시험문제를 낼 때 각각의 문제에 대하여 이항분류표를 사용하는데, 이 과정에서 속성에 따라 문항과의 관계가 있으면 1 없으면 0으로 표현한다. 이렇게 만든 데이터를 서로 비교할 수 있는데, 이것은 부분순서 구조의 관점에서 바라볼 때 가능하다. 즉, 0과 1로 표현된 문항 사이의 관계를 크기 또는 순서로 비교하고 그러한 관계성에 대하여 반대칭성과 추이성을 만족하면 문항사이의 위계구조를 나타낼 수 있다. 이러한 도표를 하세도표라고 부른다.

실제 교육현장에서 시험문제를 만들어야 하는 교사들은 문항과 속성 사이의 관계에 대한 이항분류표를 만들고 그 이후에 문항사이의 관계성을 살펴보면 흥미로운 것을 발견할 수 있다. 이러한 작업은 다음과 같이 진행한다.

[단계 1] 대부분의 경우 퀴즈 제작에 따른 이원분류표를 0과 1로 만들고 행렬 형태로 작성한다. 이때 문항에 관련된 입력 데이터는 부울대수라는 수학적 구조를 가지게 되고, 이것은 부분 순서 구조를 가진다.

[단계 2] 부분순서 구조의 첫 번째 속성인 반사성을 제거하여 그래프(하세도표)를 만든다. 다시 말하면, 반사성을 만족하지 않아도 하세도표를 만들 수 있다.

[단계 3] Mathematica의 하세 다이어그램 명령어를 사용하여 item tree를 만든다. 이것은 문항 사이의 위계 구조를 보여준다.

Mathematica로 실습을 다음과 같이 해 본다. 먼저 Qmatrix를 만든다.

Qmatrix={{1,1,0,1,1},{0,0,1,1,1},{0,0,0,1,1},{1,1,1,1,1},{0,1,1,1,1},{0,0,1,0,1},{0,0,0,0,1},{1,1,1,0,1},{0,1,0,0,1}};

1과 0으로 구성된 두 집합 사이의 부분 순서 관계를 다음과 같이 포함관계처럼 정의한다. {1,1,1,1,1}는 {0,1,1,1,1}를 포함한다. 이러한 순서관계를 {1,1,1,1,1} 〉 {0,1,1,1,1}와 같이 기호로 표시한다. 이러한 부분관계성을 확인하기 위하여 두 집합에 있는 각각의 원소끼리 빼면 {1,1,1,1,1} - {0,1,1,1,1} = {1,0,0,0,0}가 되는 것처럼 -1이 나타나지 않아야 되며, 또한 두 집합은 서로 달라야 한다. 이러한 논리적 관계성을 사용하여 Qmatrix 각각의 원소에 대한 부분순서의 관련성이 있는 것끼리 간선으로 이어서 그래프로 나타내면 다음과 같다. Qmatrix에 대하여 MakeGraph 명령어를 사용하여 두 정점의 차이가 -1이 되지 않고 두 정점이 같지 않은 것끼리 간선을 연결하여 그래프로 만든다.

g = MakeGraph[Qmatrix, (! MemberQ[#1 - #2, -1]&& #1=!=#2)&]

gLabel=Map[StringJoin@@Map[ToString,#]&, Qmatrix] (* {1,1,0,1,1}를 "11011" 문자열로 변환하듯이 모든 Qmatrix의 원소에 대하여 문자열로 바꾼다 *)

g=SetVertexLabels[g, gLabel] (* 새로이 만들어진 문자열을 정점의 이름으로 대치 *)
ShowGraph[g,VertexLabelColor->Green, VertexLabelPosition->Center] (* 그래프 출력 *)

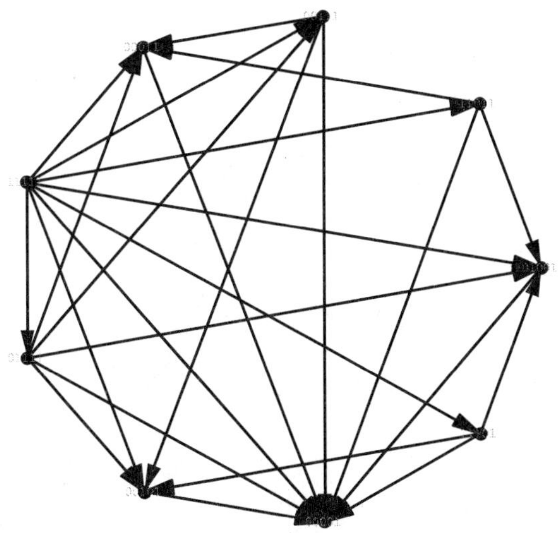

[그림 5-5] Qmatrix의 부분순서로 만들어진 그래프

생성된 그래프 g에 대하여 부분순서관계가 성립됨을 알아보기 위하여 먼저 인접행렬로 바꾸어준다. 그런 다음, 반사성, 반대칭성, 추이성이 성립되는지 확인하다. 단, 여기서 반사성이 성립되지 않더라도, 부분순서 사이의 위계 구조를 보여주는 하세 다이어그램을 만드는

데 지장이 없음을 감안하여야 한다.

ToAdjacencyMatrix[g]
(*반사성*)
ReflexiveQ[g] (* False *)
(*반대칭성*)
AntiSymmetricQ[g] (* True *)
(*추이성*)
TransitiveQ[g] (* True *)

반대칭성, 추이성이 만족함을 확인하였으므로 HasseDiagram[g] 명령어를 사용하여 하세 다이어그램을 출력해 보고 부울집합 사이의 부분순서구조에 따른 위계 관계를 눈으로 확인할 수 있다.

ShowLabeledGraph[HasseDiagram[g],VertexLabelPosition->Center, VertexLabelColor ->Blue,VertexColor->White]

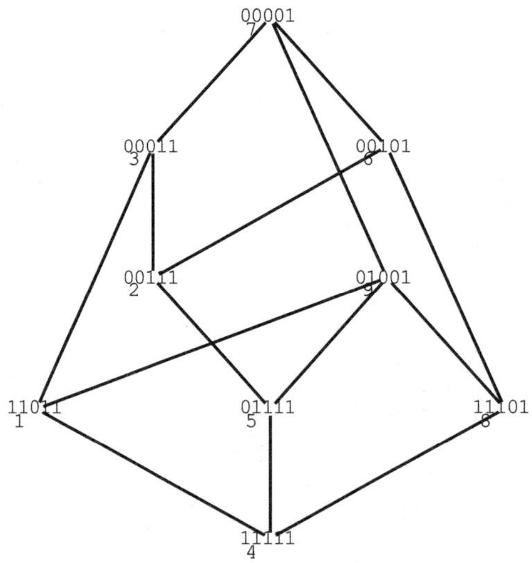

[그림 5-6] Qmatrix 그래프에 대한 하세도표

Qmatrix 그래프에 대한 하세도표는 위의 그림과 같다. 즉, 이 도표를 통하여 우리는 문항

11111이 11011, 01111, 11101 문항을 포함하고 있음을 확인할 수 있고, 또 다른 하위 문항과의 위계 관계를 한눈에 파악할 수 있다. 이처럼 CAS 사용은 논리적 추론을 수와 그래프로 표현하게 해 주고 부분순서 구조와 같이 특정 구조를 탐구하여 시각적으로 표현하게 해 주는 혜택을 제공한다.

3.4 순회판매원 문제 다루기

순회판매원 문제란 방문하여야 할 도시들과 이들 사이의 거리가 주어졌을 경우, 순회판매원이 여러 도시를 방문하는데 어떤 특정한 도시를 출발하여, 어떠한 도시도 두 번 방문함이 없이 모든 도시들을 거쳐 처음 출발한 도시로 되돌아오는데, 총 여행 거리가 최소가 되는 경로의 순서를 정하는 문제이다.

```
<<DiscreteMath`Combinatorica`
```

```
a:={{0,1,1,0,1,0,1,0},{1,0,0,1,0,1,1,0},{1,1,0,1,0,0,1,0},{0,1,1,0,1,1,0,1},{1,0,0,0,0,0,1,1},{0,1
,0,0,0,0,0,1},{0,0,1,1,1,0,0,1},{0,1,0,1,0,1,0,0}}
```

다음은 방문하여야 할 도시들을 다음과 같이 행렬 모양으로 나타낸 것이다.

```
TableForm[a]
0    1    1    0    1    0    1    0
1    0    0    1    0    1    1    0
1    1    0    1    0    0    1    0
0    1    1    0    1    1    0    1
1    0    0    0    0    0    1    1
0    1    0    0    0    0    0    1
0    0    1    1    1    0    0    1
0    1    0    1    0    1    0    0
```

순회판매원 문제에 관련된 조건은 다음과 같다. 1) 각 도시를 꼭 한번 씩만 방문해야 한다. 2) 동시에 두 도시를 방문할 수 없다. 3) 정해진 도시들만 방문해야 한다. 4) 순회거리의 총합이 최소가 되어야 한다.

각 도시를 한 번씩만 방문해야 하는 조건을 만족시키는지 해밀턴회로로 탐구 *)
HamiltonianQ[g] (* 출력: True *)
HamiltonianCycle[g] (* 해밀턴 회로 중 한 개를 확인 *)
{1,2,4,6,8,5,7,3,1}

hcycle=HamiltonianCycle[g] (* 해밀턴 회로 중 한 개를 확인 *)
{1,2,4,6,8,5,7,3,1}

(* 앞에서 찾은 해밀턴 회로를 파란색으로 제시할 수 있다*)
ShowLabeledGraph[Highlight[g,List[Partition[hcycle,2,1]],
HighlightedEdgeColors->{Blue}]]

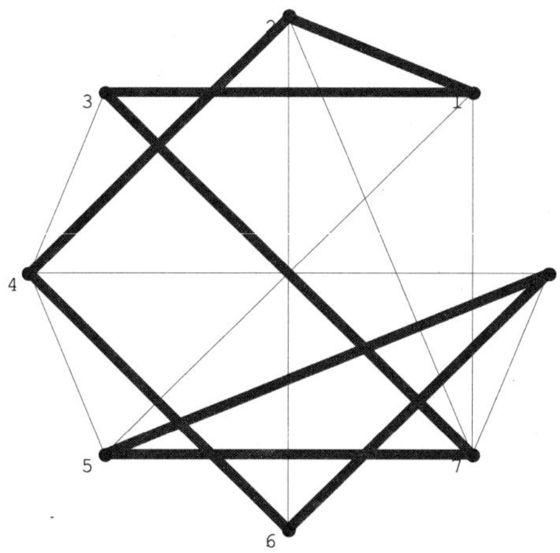

g:=FromAdjacencyMatrix[a] (*행렬 a로부터 방향성이 있는 그래프를 생성한다 *)

(* 간선 사이의 가중치 값은 1과 7 사이의 임의의 수로 할당 *)
g1 = SetEdgeWeights[g, WeightingFunction -> RandomInteger, WeightRange->{1,7}]

GetEdgeWeights[g1] (* 그래프 g1의 간선 가중치를 출력 *)
출력: {6,4,4,2,5,6,1,3,3,5,6,6,4,7,6,5}

(* 간선의 가중치를 나타내는 그래프는 다음과 같다.*)
ShowLabeledGraph[g2=SetEdgeLabels[g1, GetEdgeWeights[g1]]]

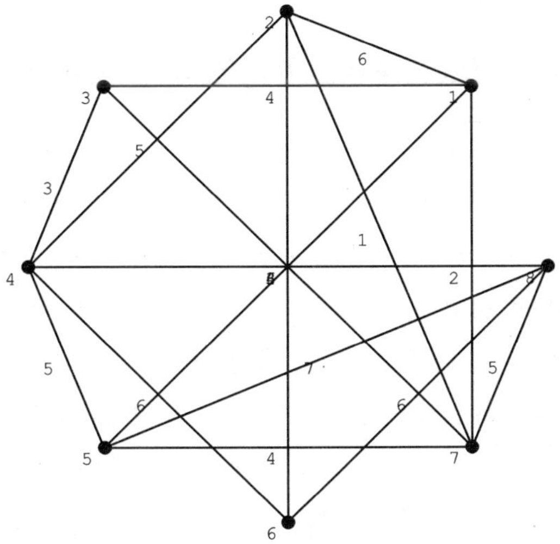

[그림 5-7] 여러 도시 사이의 가중치를 표시한 그래프

tour=TravelingSalesman[g1] (* 그래프 g1에 대하여 순회판매원 경로를 출력 *)
출력: {1,3,4,5,8,6,2,7,1}

(* 위에서 찾은 순회판매원에 관한 최적의 경로를 핑크색으로 제시할 수 있다*)
ShowLabeledGraph[Highlight[g2,List[Partition[tour,2,1]],
HighlightedEdgeColors->{Pink}]]

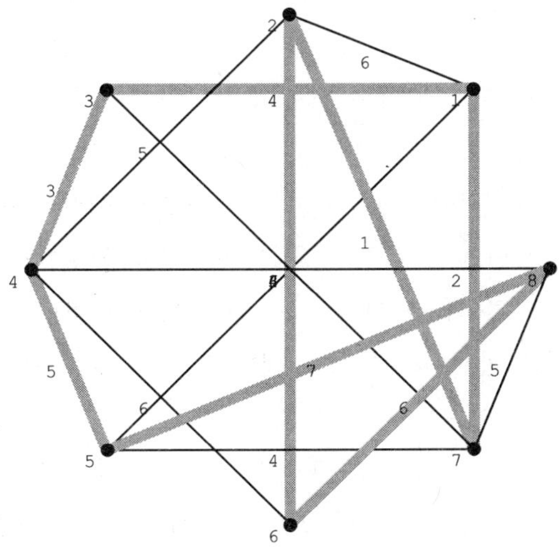

[그림 5-8] 순회판매원 문제의 경로를 시각적으로 제시

4 결론: Black Box 관점에서 살펴본 CAS 사용

이 장에서 살펴본 Mathematica의 사용에 관한 예시는 수학적 아이디어를 포착하고 진전시키는 과정에서 알고리즘적 사고를 구현하는 구체적인 방법을 제시하였다. CAS를 사용하여 수학 학습에 도움을 받고자 하는 사용자는 먼저 자신이 다루고자 하는 문제에 대하여 관련되는 CAS 명령어가 어떤 것이 있는지 살펴볼 필요가 있다. 다루고자 하는 문제에 대하여 접근하는 방식이 여러 갈래가 있으므로 초기 단계에서 문제해결에 대한 설계를 하는 것이 매우 중요하다. 즉, 어떤 방식으로 이 문제를 다룰 것인가에 대한 초기 아이디어가 그 이후의 CAS 사용 및 문제해결의 단계에 영향을 미친다. 초기 아이디어를 발전시켜 나가면 그 구체화 단계에 접어들게 되고, 어떤 규칙 또는 절차를 고안하게 된다. 이러한 절차의 집합을 알고리즘이라 하며 이것을 CAS로 적용하여 구현함으로써 문제를 해결할 수 있다. 이렇게 하나의 문제 또는 예시를 다루고 나면 다른 문제 또는 예시에 적용할 수 있는 힘을 축적할 수 있다.

CAS를 사용하는 과정에서 주의해야 할 점은 대부분의 명령어가 연산의 결과를 즉각 출력해 주는 Black Box 형태로 알고리즘이 짜여 있다는 점이다. 그러므로, 사용자는 계산을 수행하는 명령어를 단순히 실행하여 그 결과를 얻는다고 해서 수학의 원리, 개념, 이해를 증진시킨다고 보기는 어렵다(Bundy, 1983). 그러나 사용자가 어떤 수학 문제를 해결하기 위하여 필요한 명령어를 선택하여 조합하는 것은 수학적인 추론을 하는 것과 관련이 있다. 문제해결에 관련되는 함수 또는 모듈을 찾아내고 그 함수 또는 모듈에 대응되는 Mathematica 명령어를 선택하여 조합하는 일련의 절차는 수학적 사고에 대한 스크립트를 작성하는 것과 같다. 다시 말하면, Mathematica의 내장된 기본 명령어를 합성함으로써 수학 문제를 해결하는 것은 궁극적으로 수학 지식을 쌓아나갈 수 있는 토대를 마련해 준다. 단, 여기서 사용자는 수학 개념과 그 개념에 관련된 절차적 이해를 하고 난 후에 Mathematica 명령어를 사용하는 것이 바람직하다는 점에 주목할 필요가 있다.

앞에서 소개한 예시에서 피보나치 수에 대한 탐구와 이산구조에서 반복되는 자료를 제거한 나머지 원소들의 개수를 세는 활동과의 연관성을 살펴보았다. 이러한 수학적 활동을 하는데 Mathematica 명령어의 조합으로 프로시저를 만들어서 이웃한 두 피보나치 수의 비율을 탐구하는 활동으로 나아갈 수 있음을 보았다. 또한 피보나치 수열을 생성하는 데 재귀적 프로그래밍 외에 ZZfree[n]이라는 이산구조에 관한 자료처리 방식을 알고리즘적으로 정의하고 그 결과가 피보나치 수열을 생성하는 것과 일치함을 관찰할 수 있었다.

이러한 일련의 활동은 CAS를 사용함으로써 수학적 사고력을 한 단계 더 나아가도록 해준다. 학습자는 ZZfree[n]라는 프로시저를 하나의 Black Box에서 출발하여 현재 관심있는 데이터에 적용해보고 관찰한 후에 이것이 피보나치 수열과 일치하는지에 대하여 논리적으로 추론하는 단계에 접어들 수 있다. 이런 추측을 해 봄으로써 학생은 수학적 추론 활동에 더 관여하게 되며 증명을 시도하거나 반례를 제시하는 활동을 펼치게 된다(Tall, 1991).

이러한 단계에서 학생들은 특정 패턴을 찾아내거나 절차적 단계를 밟아나가게 되는데 CAS의 사용은 수학적 사고력을 구체화시키는 데 매우 유용하게 사용된다. 그래프 구조에서 정점 또는 간선의 집합을 서로 다른 색깔로 칠하는 문제는 Mathematica의 명령어를 사용하여 어렵지 않게 구현할 수 있다. 이 활동에서 사용된 VertexColoring과 EdgeColoring 명령어는 핵심적인 부분에 해당되는데 모두 Black Box로 처리되고 있다. 따라서 사용자는 이런 명령어에 대한 알고리즘적 이해를 할 수 없다. 하지만 이러한 기본적인 기능을 사용함으로써 학생들은 좀 더 알고리즘적 사고를 진작시키는 활동에 집중할 수 있다(Buchberger, 1990).[2)]

부울 대수에서 0과 1로 이루어진 데이터 집합을 MakeGraph 명령어를 사용하여 그래프 구조로 변화하였고 부분순서구조가 됨을 판별한 후에 HasseDiagram 명령어를 사용하여 부분순서구조의 위계구조에 대한 다이어그램을 생성하였다. 순회판매원 문제에서도 From-AdjacencyMatrix 명령어를 사용하여 행렬 자료에서 그래프 구조를 만든 후에 TravelingSalesman 명령어를 사용하여 순회판매원 문제를 해결하였다. 이 역시 Black Box 형태의 학습 활동에 해당되지만 이를 토대로 학생들은 다음 단계의 수학적 추론 활동에 들어가거나 아니면 직접 핵심 알고리즘을 Mathematica로 구현해 보는 활동을 할 수 있다.

정리하면, 수학 문제를 해결하거나 수학적 탐구를 하고자 하는 학생들에게 CAS의 사용은 다양한 수학적 아이디어를 절차적으로 구현하고, 수학에 대한 친근감을 높이면서 알고리즘적으로 수학을 이해하도록 해 주는 유용한 도구임이 틀림없다(최재룡, 전영국, 추인선, 2007;

2) CAS를 사용하여 Black Box 형태가 아닌 문제해결 절차의 과정을 제시하는 White Box 형태의 콘텐츠를 만들 수 있다. Mathematica를 사용하여 적분 문제를 단계별로 제시하는 방법과 예시에 관하여 전영국(2015)의 연구를 참고하길 바란다.

Heck, 1993). 저자는 매 학기 가을에 대학 수준의 이산수학을 강의하면서 Mathematica의 사용을 병행하였고 이산수학 프로젝트를 수행하는 팀별 활동을 진행하였다. 수강생들은 Mathematica 초보자들인 경우가 대부분이었지만 간단한 명령어의 조합만으로도 이산수학 또는 이산구조에 대한 탐구를 하는 사례를 보았다. 그들은 팀별로 프로젝트를 수행함으로써 시각적으로 수학내용을 이해하기도 하였고 알고리즘적으로 추론하는 과정을 거치면서 수학적으로 생각한 바를 팀원끼리 의논하고 중간 과정을 발표하면서 피드백을 받아서 Mathematica로 구현하는 활동을 전개하였다. 수학에 대하여 어려워하고 부담스러워하는 학생일지라도 수학적으로 생각하고 말하고 쓰기 활동을 하는 데 간단한 CAS 명령어의 조합으로 수학적 탐구를 할 수 있다는 점에서 CAS 사용은 매력적이다.

참고문헌

김남희(2005). 제7차 교육과정의 이산수학 교수·학습에 관한 연구. 학교수학, 7(1), 77-101.

김덕선, 이상구, 정경훈, 설한국(2008). 선형대수학 교육에 적용되는 양방향 콘텐츠 기반의 MathML과 JAVA 도구에 관한 연구. 수학교육, 47(1), 75-89.

박홍준, 전영국(2008). 컴퓨터 대수와 베이지언 추론망을 이용한 이공계 수학용 적응적 e-러닝 시스템 개발. 한국콘텐츠학회. 한국콘텐츠학회논문지, 8(5), 276-286.

전영국(2015). 이공계 대학생을 위한 Mathematica 기반의 화이트박스 이러닝 콘텐츠 설계 및 개발. 한국학교수학회논문집, 18(2), 223-240.

전영국, 강윤수, 김선홍, 정인철(2010). 개인 적응형 이산 수학 학습을 위한 CAS 기반의 가상 학습 시스템 개발, 한국학교수학회논문집, 13(1), 125-141.

전영국, 김진영; 권순걸, 허희옥(2007). 컴퓨터대수시스템 기반의 이공계 수학용 웹 콘텐츠 개발과 형성 평가, 한국학교수학회논문집, 10(1), 27-43.

최재룡, 전영국, 추인선(2007). 이공계 학생을 위한 메이플 길잡이. 서울: 교우사.

Buchberger, B. (1990). Should students learn integration rules? *ACM SIGSAM Bull.* 24, 10-17.

Bundy, A. (1983). *The computer modeling of mathematical reasoning.* Academic Press, London.

Heck, A. (1993). Introduction to Maple, Springer-Verlag.

Kajler, N. (Ed.) (1998). Computer-human interaction in symbolic computation. Springer-Verlag/Wien.

Sutner, K. (2005). CDM: Teaching discrete mathematics to computer Science majors. *ACM Journal of Educational Resources in Computing*, 5(2), 1-11.

Tall, D. (Ed.) (1991). *Advanced mathematical thinking.* Kluwer Academic Pub.

Wester, M. J. (Ed.) (1999). *Computer algebra systems.* John Wiley.

6장

스프레드시트를 활용한 수학적 모델링

전북대학교 손홍찬
(hcson@jbnu.ac.kr)

1 서론

수학적 모델링활동이 중등 수학교육과정에 영향을 미치기 시작한 것은 새수학 운동에 대한 반성으로 1970년대에 전 세계적으로 수학의 응용과 현실 세계와의 연결성을 강조하는 운동이 일어나고, 고등학교와 대학의 수준에서의 수학교육에서 수학과 현실 세계 사이의 역동적인 상호작용을 중요시하게 되면서부터이다(Blum, 1989).

Freudenthal(1973)은 어린이를 위한 수학교육이 일상적인 현실의 수학화로부터 시작되어야 하고 수학자들이 수세기에 걸쳐 발명한 수학을 학생들이 단축된 형태로 재발명하는 과정을 경험할 수 있는 기회를 제공할 수 있어야 하며 이를 위해 교수학적 활동들을 개발할 필요가 있다고 하였다. 미국의 NCTM(2000)도 모든 수준의 학생은 그들 수준에 맞게 다양한 현상을 모델링할 수 있는 기회를 가져야만 한다고 보고 있다.

수학 교수·학습에서 수학적 모델링 활동은 학생들에게 수학 지식을 발견하고 구성해 나가는 경험을 줄 수 있다는 점에서, 그리고 수학이 가지는 응용성과 필요성을 느낄 수 있게 할 수 있다는 점에서 수학 교육에서 중요한 의미를 가진다.

그러나 학생이 모델링 활동을 할 때는 다음과 같은 몇 가지 점에서 인지적 부담을 느낄 수 있다. 모델링 활동이 일반적으로 현실 상황에서 출발하는 것이므로 실제 문제 상황은 복잡한 경우가 많고 또한 복잡한 계산이 수반된다. 모델링 활동을 통한 학습에서는 실생활의 문제 상황을 이해하고 해석하고 예측하는 것을 중요하게 여기므로 문제 상황 속에 내재한 패턴이나 규칙성을 찾아야만 한다.

이와 같은 부담은 모델링 활동에 스프레드시트를 도입함으로써 상당 부분 극복될 수 있다. 오늘날의 스프레드시트는 기본적인 사칙 연산 및 다양한 함수 계산과 함께 자동계산 기능, 차트 기능 등을 제공하고 논리 함수와 반복되는 계산식의 복사의 기능 등도 제공한다. 이러한 기능들은 다양한 수학적 표현을 가능하게 하고 이들 사이를 연결하고 역동적으로 고찰할 수 있도록 함으로 수학적 모델링 활동에서 중요하게 사용될 수 있다. 이 장에서는 수학적 모델링 활동을 하는데 있어서 스프레드시트의 활용이 갖는 수학교수학적 의미를 펴보고자 한다.

2 스프레드시트를 활용한 수학적 모델링

이 절에서는 먼저 수학적 모델링의 개념과 스프레드시트의 특징을 살펴보고, 스프레드시트를 활용하여 잘 알려진 포식자-먹이 문제를 모델링함으로써 자연 현상을 모델링하는 데 스프레드시트가 어떤 역할을 할 수 있는지를 살펴본다. 그리고 실제 수업에서 수영장의 염소 문제를 스프레드시트를 활용하여 학생이 수행한 모델링활동을 분석하여 그 특징을 살펴본다. 마지막으로 스프레드시트를 활용한 모델링 활동을 위한 과제 구성과 변화되는 교사의 역할에 대해 살펴본다.

2.1 수학적 모델링과 스프레드시트

(1) 수학적 모델링

수학적 모델링은 일반적으로 현실 세계 문제 상황에서 수학적 모델을 도출하여 문제의 답을 얻어내는 과정으로 현실세계 문제를 이해하고 해석하는 데 중요한 역할을 한다. 수학적 모델링은 대략 다음과 같은 네 단계를 갖는다(류희찬, 2003; Dossey et al., 2002). 첫 번째 단계는 주어진 실세계 상황을 모델로 나타내는 모델 형성 단계, 두 번째 단계는 모델을 분석하고 결론에 이르는 단계, 세 번째 단계는 결과를 해석하고 예측하고 설명하는 단계, 네 번째 단계는 결론이 주어진 실세계 상황에 맞는지 여부를 검증해보는 단계로 이루어진다.

모델링의 구성 과정은 다음과 같은 하위의 과정으로 나누어질 수 있다.

첫 번째 단계는, 문제 확인 단계로 관찰을 통하여 문제 상황에 주어진 실세계 문제 상황에 내포된 중요한 변수가 무엇인지를 파악하는 단계이다. 이 때 중요한 것은 상황을 수학적인 모델로 바꾸기 위해서는 문제 확인의 과정이 엄밀해야 한다는 것이다.

두 번째 단계는, 가설 설정 단계로 주어진 상황에 맞는 수학적 모델을 찾기 위해 조건의 일부를 축소하거나 독립변수와 종속변수를 구분하고 이들 변수 사이의 관계를 잠정적으로 결정하는 단계이다.

세 번째 단계는, 모델 해석 단계로 앞에서 얻어진 모델이 문제 상황을 만족하는 것인지를 해석하는 과정이다. 모델이 주어진 조건을 만족하는지를 알아보고 만약 맞지 않으면 위의 두 번째 단계로 돌아가서 다시 변수 사이의 관계를 점검한다.

네 번째 단계는, 모델 검증 단계로 일단 적합한 모델이라고 판단되면 이 모델을 사용하기 전에 검증해보는 단계이다. 구체적인 데이터를 이용하거나 데이터에 나와 있지 않는 자료를 이용하여 모델의 적합성을 점검하는 과정이다.

다섯 번째 단계는, 모델 실행 여부의 판단 단계로, 만들어진 모델이 사용자들이 편리하게 사용할 수 있는지의 여부를 판단하는 단계이다.

여섯 번째 단계는, 모델 수정 단계로 위의 검증 단계와 실행 여부를 판단한 다음 모델을 수정하여 수정된 모델이 문제 조건에 맞는지를 최종 확인하는 단계이다. 기존의 변인만으로는 문제 상황을 제대로 해석하기 어렵거나 다른 변인을 고려했을 때 문제 상황을 보다 잘 해석하고 예측할 수 있을 때 추가로 변인을 고려하여 모델을 정교하게 수정할 수 있다.

실생활 문제 상황을 모델링하는 데에는 매우 많은 변인들이 있어서 모든 변인들을 고려하여 수학적 모델을 만들기는 어렵다. 따라서 문제 상황에 큰 영향을 미치는 변인을 구별하여 모델을 단순화할 수 있어야 한다. 이 때 상황 속에 숨어 있는 여러 변인에 대해 그 중요성을 고려해야 한다.

(2) 스프레드시트

스프레드시트는 본래 자료 정리나 회계 일을 돕기 위해 고안된 것이었지만 점차 다양한 기능을 갖게 되면서 1980년대 초반부터는 그것이 가지는 교수학적 잠재력이 많은 사람에게 알려지기 시작하였고 교수·학습과 관련한 여러 논문에서 그 응용 가능성이 폭넓게 논의되어왔다(Baker & Sugden, 2003).

스프레드시트를 수학 교수·학습의 목적으로 사용할 수 있는 중요한 이유 중의 한 가지는 사용의 용이성이다. 어떤 작업을 컴퓨터로 수행하고자 할 때 컴퓨터 언어를 배워 프로그래밍을 할 수 있기까지는 시간이 많이 소요되므로 제한된 시간 안에 적절한 결과를 얻는 것이 어렵지만, 스프레드시트에 사용하는 식은 프로그래밍 언어보다 더 시각적이며 쉽게 사용할 수 있고 즉시적으로 수치해석적 시뮬레이션이 가능하다(Steward, 1994; Morishita, Iwata, Yoshida & Yoshida, 2001). 사용의 용이성 외에 스프레드시트는 반복적, 재귀적인 계산을 요하는 문제에 적합하고 문제 해결 과정에서 부딪히는 "만일 ~이라면(what if)" 유형의 질문을 쉽게 탐구하도록 도와주고, 수학적 문제 해결을 위해 알고리즘과 모델을 개발하고 사용하는데 있어서 사용자의 직관을 향상시킨다. 또 스프레드시트는 화면상에 학생이 생성한 계산 결과의 과정을 보여줌으로써 변수의 변화가 전체적 계산 결과의 패턴에 어떤 변화를 가져오는지 알 수 있도록 한다(Masalski, 1990).

스프레드시트가 가지는 또 다른 특징은 학생이 문제 상황을 스프레드시트 모델로 만들어 스스로 조작해볼 수 있는 환경을 제공하며, 학생 상호 간 또는 학생과 교사 사이의 상호작용을 촉진하는 매개체의 역할을 한다는 점이다. 선행 연구에서 스프레드시트 사용의 특징을 정리하면 다음과 같다.

첫째, 많은 멀티미디어 교육매체가 교수중심이어서 학생이 수동적 역할을 하는 것에 반해 스프레드시트는 학생 중심 또는 발견 중심의 학습 유형을 촉진하고 구성주의적 학습 환경을 구성한다(Beare, 1993; Beare & Hewitson, 1996; Baker & Sugden, 2003). 둘째, 스프레드시트를 사용하는 동안 학생 상호간, 교사와 학생, 컴퓨터와 학생의 상호작용이 활발해지고, 문제해결 도구로서 학생에게 산술이나 초기 대수의 영역의 강력한 사고와 전략을 제시한다(Hershkowitz, Dreyfus, Ben-Zvi, Friedlander, Hadas, Resnick & Tabach, 2002). 셋째, 스프레드시트 환경에서 학생은 좀 더 상호작용적이고 시각적인 스프레드시트 모델을 만들 수 있고, 이것을 조작할 수 있어서 현상의 다양한 측면을 탐구할 수 있다(Molyneux Hodgson, Rojano, Sutherland & Ursini, 1999; Neuwirth & Arganbright, 2004).

스프레드시트가 가지는 위와 같은 특징은 학생이 소집단으로 모델링 활동을 할 때 중요한 요소로 작용한다. 특히 스프레드시트가 가지는 행 삽입 기능과 셀 참조 기능은 문제 상황 속에 내재된 규칙을 찾는 데 유용하게 사용될 수 있다. 스프레드시트에서는 수많은 셀마다 수식 입력 기능이 있고 행과 행 사이에 다른 행들을 삽입하여 새로 생긴 행에 기존의 행에 있는 식을 쉽게 자동복사 할 수 있는 기능이 있다. 또한 특정한 셀이 다른 셀을 참조하는 기능이 있다. 참조되는 셀에 입력된 값을 변화시키면 참조한 셀의 값이 변하게 되고, 참조한 셀을 자동 복사하여 만든 표나 그래프가 동시에 변하게 된다. 이 때 스크롤바를 이용하면 참조된 셀의 값을 쉽게 변화시킬 수 있다.

스프레드시트의 이러한 기능은 문제 상황에서의 변화를 스프레드시트에서의 수식과 표 그리고 그래프로 반영하여 여러 현상의 특징을 역동적으로 파악하고 문제를 해결할 수 있도록 도우며, 나아가 문제 현상을 보다 일반적인 상황으로 바꾸어 문제 현상을 지배하는 규칙을 파악하는 데 도움을 줄 수 있다.

2.2 포식자-먹이(Predator-Prey) 모델링의 예

포식자-먹이(Predator-Prey) 모델은 1925년도에 Lotka에 의해서 그리고 1931년에 Volterra에 의해 각기 발표되어 Lotka-Volterra 모델로 불리기도 한다. 스프레드시트를 활용하여 포식자-먹이 문제를 다루면 모델링활동의 의미와 스프레드시트 활용이 갖는 장점을 잘 살펴볼 수 있다. Neuwirth와 Arganbright(2004)는 포식자-먹이 문제를 포함하여 다양한 자연현상을 엑셀을 이용하여 모델링할 수 있음을 보여주었다.

(1) 문제 상황

같은 지역에 살쾡이와 산토끼가 살고 있다. 살쾡이는 산토끼를 주먹이로 하는 포식자이다. 시간이 지남에 따라 살쾡이와 산토끼의 수가 어떻게 변하는가?

(2) 수학적 모델링

산토끼의 수의 증감이 살쾡이 수에 어떤 영향을 미치는지를 수식으로 세우기 위해 상황을 단순화한다. 살쾡이와 산토끼가 일정 영역 안에서 공존해야 한다는 것과 다른 포식자가 산토끼를 먹지는 않는 것 등을 가정한다. 먼저 살쾡이와 산토끼의 증감의 변화를 파악하는 것이 중요하므로 이를 식으로 세워보도록 한다.

[그림 6-1] 산토끼를 사냥하는 살쾡이

살쾡이가 없다면 산토끼는 일반적으로 한 개 종의 개체군의 증가 모델을 따라 증가할 것이다. 포식자인 살쾡이는 산토끼가 없으면 사라지게 될 것이다. 산토끼의 수는 살쾡이의 수가 커지면 작아지고, 살쾡이의 수가 작아지면 커지게 될 것이다. 살쾡이는 산토끼를 먹이로 하기 때문에 생존하는 산토끼가 많을수록 살쾡이의 수는 증가하게 될 것이다.

이것을 형식화하면 다음과 같이 나타난다. 산토끼의 수를 H, 살쾡이의 수를 L, 일정기간 내의 산토끼 변화수를 $\triangle H$, 살쾡이 변화수를 $\triangle L$라고 하면, 이들 사이의 관계는 다음과 같이 나타난다.

$$\triangle H = aH - bHL$$
$$\triangle L = -cL + dHL$$

여기에서 a, b, c, d는 양의 상수로, a는 산토끼수의 증가율, b는 산토끼의 희생율(prey factor), c는 살쾡이의 감소율, d는 살쾡이의 출산율(feeding factor)을 나타내는 것으로 $-bHL$는 산토끼수와 살쾡이수가 커질수록 서로 마주치는 기회가 늘어나므로 전체 희생되는 산토끼는 많아짐을 의미하고, dHL는 산토끼수와 살쾡이수가 커질수록 살쾡이의 포식기회가 늘어남으로 보다 많은 새끼를 낳아 기를 수 있게 되는 것을 의미한다.

(3) 스프레드시트 모델 만들기와 해석

문제 1 산토끼수를 1000마리, 살쾡이 수를 100마리, 그리고 $a=0.04$, $b=0.0004$, $c=0.08$, $d=0.0001$로 놓았을 때, 이 두 종의 변화 양상은 어떻게 되겠는가?

풀이 스프레드시트에 주어진 식을 입력하여 표를 그려보면 그리면 다음과 같다.

	A	B	C	D	E
1	산토끼증가율	0.04			
2	산토끼희생율	0.0004			
3	살쾡이감소율	0.08			
4	살쾡이출산율	0.0001			
5					
6	기간	산토끼수	살쾡이수	산토끼변화수	살쾡이변화수
7	1	1000	100	0	2
8	2	1000	102	-0.8	2.04
9	3	999.2	104.04	-1.6147072	2.0724768
10	4	997.5853	106.1125	-2.439086783	2.09662648

[그림 6-2] 필요한 식을 스프레드시트에 입력함

이 결과를 얻기 위해서는 다음과 같이 입력하면 된다.

	A	B	C	D	E
1	산토끼증가율	0.04			
2	산토끼희생율	0.0004			
3	살쾡이감소율	0.08			
4	살쾡이출산율	0.0001			
5					
6	기간	산토끼수	살쾡이수	산토끼변화수	살쾡이변화수
7	1	1000	100	=$B$1*B7-$B$2*B7*C7	=-$B$3*C7+$B$4*B7*C7
8	2	=B7+D7	=C7+E7	=$B$1*B8-$B$2*B8*C8	=-$B$3*C8+$B$4*B8*C8
9	3	=B8+D8	=C8+E8	=$B$1*B9-$B$2*B9*C9	=-$B$3*C9+$B$4*B9*C9
10	4	=B9+D9	=C9+E9	=$B$1*B10-$B$2*B10*C10	=-$B$3*C10+$B$4*B10*C10

[그림 6-3] 입력된 스프레드시트 식

여기에서 주의할 점은 B1, B2, B3, B4셀은 절대참조가 되어야 한다는 점이다. 9행부터는 아래로 복사하면 된다. 그리고 B열과 C열을 참조하여 시간의 흐름에 따른 토끼의 수와 살쾡이의 수를 그래프를 그려 보면 다음과 같다.

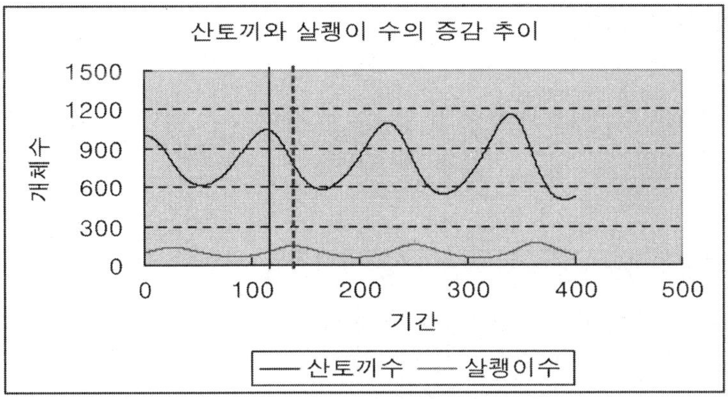

[그림 6-4] 산토끼와 살쾡이의 각각의 변화 추이

위 그림을 보면 산토끼 수와 살쾡이 수는 일정한 주기를 가지며 단계적으로 이동하는 것을 알 수 있고, 산토끼 수와 살쾡이 수는 동시에 최댓값을 갖지 않으며 산토끼 수가 최대가 된 후 일정한 시간이 되어서야 살쾡이의 수가 최대가 됨을 알 수 있다.

x축을 산토끼의 수, y축을 살쾡이의 수로 놓았을 때의 그래프를 그려보면 [그림 6-5]와 같다. 그림 안의 네모 점은 특정 단위 기간 120이 지났을 때의 (산토끼의 수, 살쾡이의 수)를 표시한 것이다.

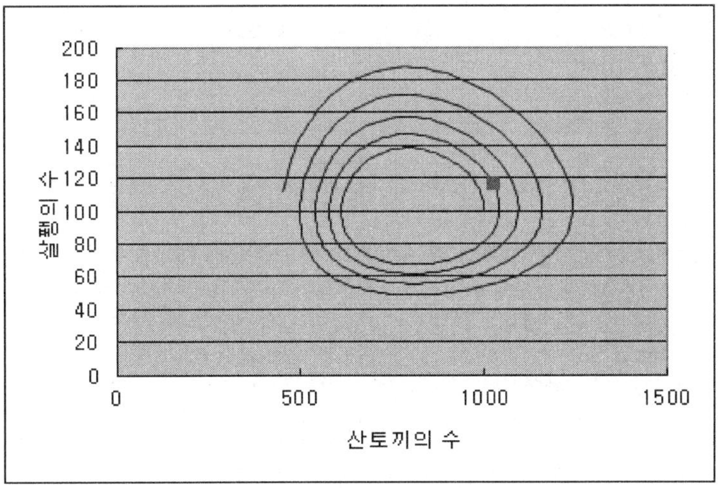

[그림 6-5] 평면에 나타낸 산토끼와 살쾡이의 변화 추이

(4) 다양한 실험과 예측

문제 1 만일 적당한 시점, 예를 들어 140 단위 기간 후에 살쾡이 사냥을 하여 그 수가 갑자기 50마리로 줄면 어떻게 되는가?

풀이 이를 스프레드시트에 표와 같이 입력하면 그림과 같은 그림을 얻는다.

6	기간	산토끼수	살쾡이수	산토끼변화수	살쾡이변화수
143	137	809.7343	146.7082	-15.1284851	0.142810313
144	138	794.6058	146.851	-14.89122669	-0.079213967
145	139	779.7146	146.7718	-14.58745351	-0.297732411
146	140	765.1271	50	15.30254293	-0.174364267
147	141	780.4297	49.82564	15.66302541	-0.097510316
148	142	796.0927	49.72813	16.00842925	-0.019430197
149	143	812.1011	49.7087	16.33665046	0.060153208
150	144	828.4378	49.76885	16.64535377	0.141531629
151	145	845.0831	49.91038	16.93195749	0.225011707
152	146	862.0151	50.13539	17.19361822	0.310915163

[그림 6-6] 140단위 기간에 살쾡이 수 50을 입력함

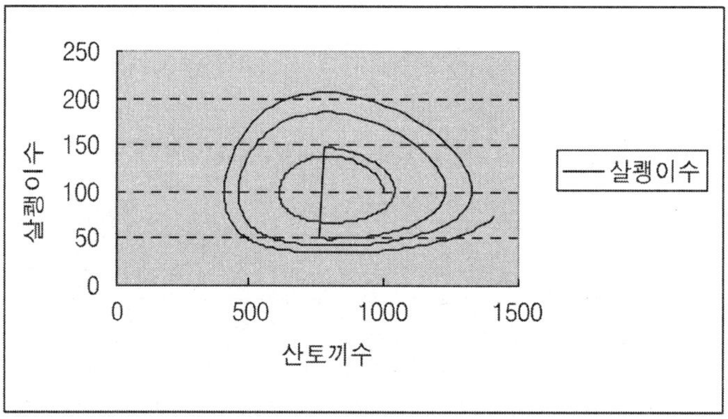

[그림 6-7] 살쾡이 수가 50으로 떨어졌을 때의 모습

위 그림으로부터 갑자기 살쾡이의 수가 감소하더라도 시일이 지나면서 이전과 같이 유사한 궤도를 따라 순환하는 것을 알 수 있다. 그리고 아래의 그림은 살쾡이의 수가 50으로 떨어졌을 때 산토끼의 수는 바로 증가하기 시작함을 보여준다.

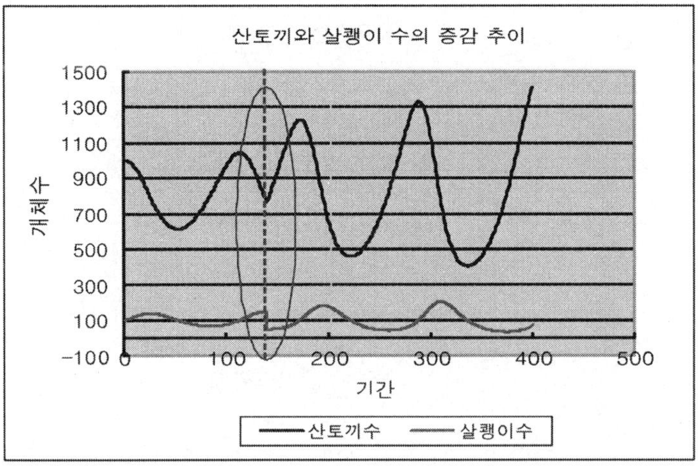

[그림 6-8] 살쾡이 수 급감에 따른 두 종의 개체수 변화

문제 2 만일 처음 산토끼의 수가 900일 때는 어떠하겠는가?

마찬가지 방법으로 스프레드시트에 입력하여 그래프를 그리면 다음과 같다. 산토끼 수가 1000일 때와 900일 때의 두 궤도는 중심은 대략 같으며 같은 종류의 순환하는 궤도로 사이클 내의 최솟값과 최댓값이 이전보다 작음을 알 수 있다. 이것으로 변화의 폭이 작음을 알 수 있다.

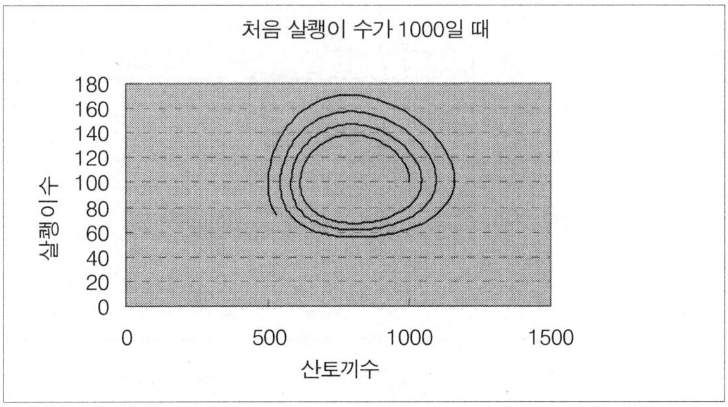

[그림 6-9] 처음 산토끼 수가 1000일 때 두 종의 변화 추이

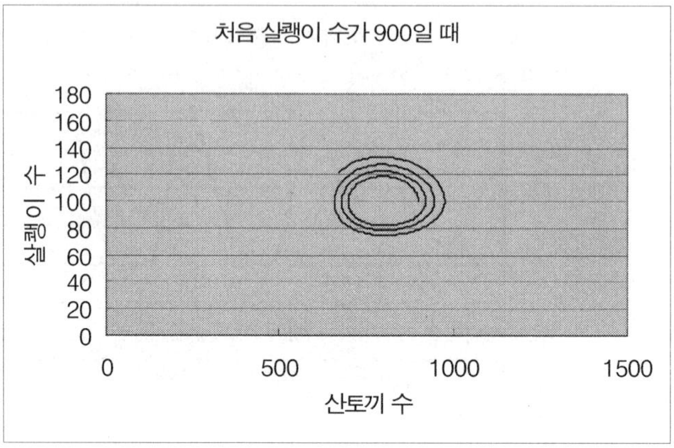

[그림 6-10] 처음 산토끼 수 900일 때의 변화 추이

문제 3 만일 처음의 산토끼 수가 800이고 살쾡이 수가 100일 때는 어떠하겠는가?

스프레드시트에 처음 산토끼 수를 800, 살쾡이 수를 100으로 입력하고 그래프를 그리면 다음과 같은 단 하나의 점으로 된 궤도 그래프를 얻는다. 이것은 시간이 흘러도 살쾡이와 산토끼의 수가 같음을 의미한다.

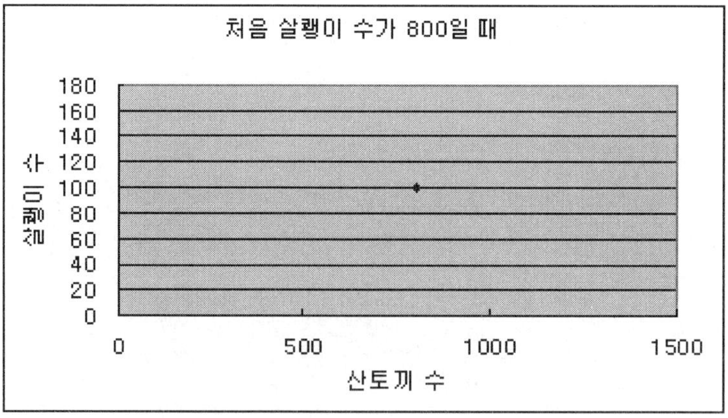

[그림 6-11] 살쾡이와 산토끼의 평형점

이것은 동물들 중 일부를 사냥하는 것과 같은 외적 영향에 의해 시스템을 변화시킨다면 무슨 일이 발생할지 예측할 수 있음을 뜻한다. 예를 들어 정부가 살쾡이만을 사냥하여 시스

템을 안정화하고자 한다면, 산토끼가 800마리가 되고 살쾡이가 100마리 이상이 될 때까지 기다려서, 단지 100마리의 살쾡이를 제외한 나머지 살쾡이들을 사냥하면 됨을 알 수 있다. 만일 평형점을 찾고자 한다면 식

$$\triangle H = aH - bHL$$
$$\triangle L = -cL + dHL$$

에서, $\triangle H = 0$, $\triangle L = 0$으로 놓고 두 식을 각각 H과 L로 나누면 방정식 $a - bL = 0$과 $-c + dH = 0$을 얻는다. 이것으로부터 $L = \frac{a}{b} = \frac{0.004}{0.0004} = 100$과 $H = \frac{c}{d} = \frac{0.08}{0.0001} = 800$을 얻는다.

(5) 모델의 정교화

일반적으로 어떤 지역의 한 종의 개체군 성장 모델은 그 지역의 개체군 부양능력에 영향을 받기 때문에 무한히 증가하지는 않는다. 앞서의 모델은 개체군의 부양능력을 고려하지 않은 것이었다. 이것을 반영하여 좀 더 정교한 모델을 만들어보자.

문제 어떤 지역의 산토끼의 부양 능력을 K라고 하면 일정한 기간 내의 산토끼의 변화수는 어떻게 나타나겠는가?

풀이 어떤 지역의 토끼의 부양 능력을 K라고 하면 일정한 기간 내의 토끼의 변화수는 다음과 같이 나타난다.

$$\triangle H = aH\left(1 - \frac{H}{K}\right)$$

만일 어떤 지역이 5000마리까지의 토끼를 부양할 수 있는 능력 즉, $K = 5000$이라고 한다면 토끼 한 종류만 있을 때 그 변화는 다음과 같다.

	A	B	C
1	산토끼증가율	0.04	
2	산토끼 부양능력	5000	
3	처음 산토끼 수	1000	
4	산토끼 증가 수	=산토끼 증가율*(1-산토끼수/부양능력)	
5			
6	기간	산토끼수	산토끼 증가수
7	1	1000	32
8	2	1032	31.744
9	3	1063.744	31.49005
10	4	1095.234	31.23813
11	5	1126.472	30.98822
12	6	1157.46	30.74032
13	7	1188.201	30.49439
14	8	1218.695	30.25044
15	9	1248.946	30.00844
16	10	1278.954	29.76837
17	11	1308.722	29.53022
18	12	1338.253	29.29398
19	13	1367.547	29.05963
20	14	1396.606	28.82715
21	15	1425.433	28.59653
22	16	1454.03	28.36776

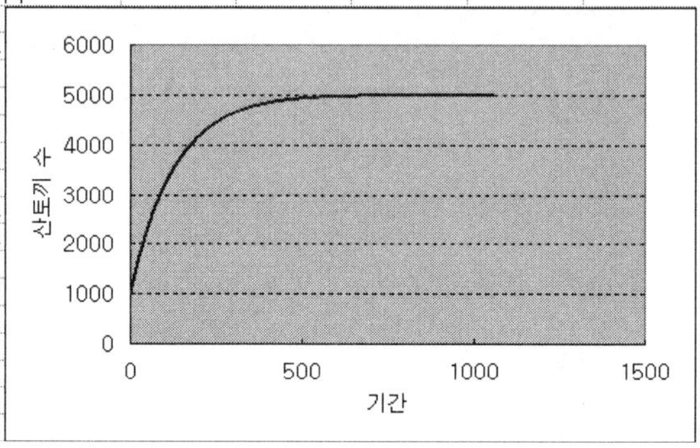

[그림 6-12] 부양능력을 고려했을 때 산토끼의 증가 추이

그러면 이 경우에 만일 다른 조건은 앞에서와 같다고 하면 Lotka-Volterra 모델은 다음과 같이 수정되어진다.

$$\triangle H = aH(1 - 0.0002H) - bHL$$
$$\triangle L = -cL + dHL$$

이것을 스프레드시트로 구현해보면 산토끼와 살쾡이 수의 변화는 다음과 같다.

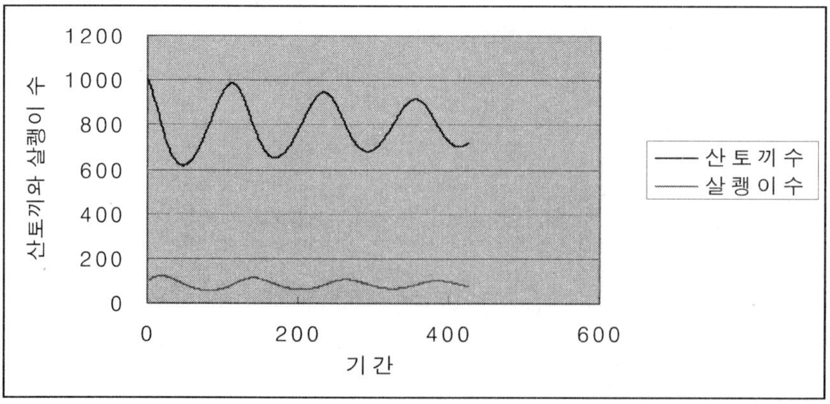

[그림 6-13] 부양능력을 고려했을 때 두 종의 변화 추이

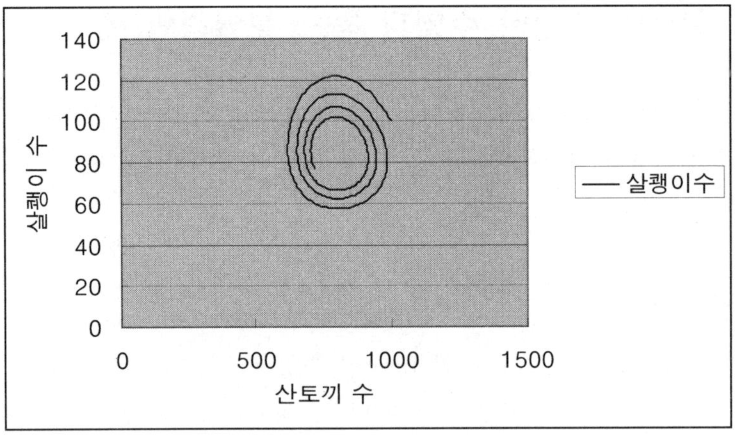

[그림 6-14] 두 종의 개체수가 평형점에 가까워짐

[그림 6-14]는 시간이 흐르면서 시작점이 바깥쪽으로부터 안쪽으로 수렴해 들어감으로써 평형점으로 가까워지는 것을 보여준다.

실제 캐나다에서 1670년대부터 모피를 팔아온 Hudson's bay 회사가 1840년대부터 1930년대까지 기록한 포식자 캐나다 살쾡이와 먹이 snowshoe 산토끼 사이의 변화기록은 Lotka-Volterra 모델과 흡사함을 보여준다(Stewart, 2004).

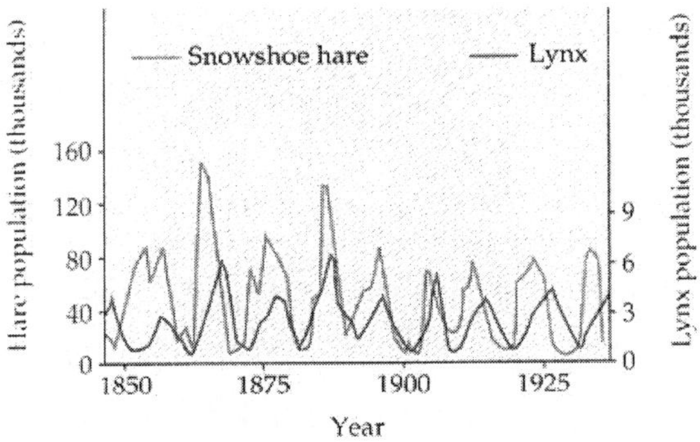

[그림 6-15] Hudson's bay 회사의 기록

2.3 학생이 수행한 수영장 농도 모델링의 예

학생이 수행한 수영장 염소농도 문제 모델링 활동을 분석하여 스프레드시트를 활용한 모델링 활동의 특징을 살펴보기로 하자. 다음의 문제 상황은 (Heid, 1997, p. 96)의 문제 상황을 각색한 것이다.

(1) 문제 상황

규격이 길이 50m, 폭 21m, 수심 1.8m인 수영장이 있다. 수영장에는 박테리아가 번식하고 있고 관리인은 그 수가 늘어나지 않도록 염소(chlorine)를 넣어야 한다. 그러나 잔류염소량이 너무 높으면 물에서 염소 냄새와 맛이 나고 피부를 자극할 수 있어서 적정한 농도인 0.4t~0.6ppm(mg/L)를 유지해야 한다. 단, 물에 넣은 염소는 매일 5%씩 없어진다.

문제 1 수영장 관리인이 처음에 1040g을 넣고 매일 52g의 염소를 넣는다면 그 농도는 얼마를 유지하는가? 만일 처음 넣는 염소의 양을 850g, 1100g, 1300g 등으로 변화시키면 시간이 흐르면서 농도의 변화 추이는 어떠한가?

문제 2 만일 처음에 넣는 염소의 양이 1040g일 때, 매일 넣는 염소의 양을 40g, 60g 등으로 하면 염소의 양과 농도는 어떻게 변하는가? 또한 처음 넣는 염소의 양을 달리할 때 변화 양상을 보고, 그 이유에 대해 토론해보아라.

(2) 학생의 모델링 활동 분석

지필환경에서 학생들은 문제 1에서 $(1040 \times 0.95) + 52 = x_1$, $(x_1 \times 0.95) + 52 = x_2$ $\cdots$ 와 같이 각각의 식을 세울 수 있었지만 더 이상의 진전이 없었다. 교사가 스프레드시트를 활용해볼 것을 권유하자 학생은 식을 셀에 입력하여 표와 그래프를 그렸다. 곧 관찰을 통하여 수영장의 염소 농도는 처음에 넣는 양이 1040g이고 매일 52g의 염소를 넣는다면, 염소의 양은 항상 1040g이고 농도는 약 0.550ppm임을 알 수 있었다. 처음에 넣는 염소의 양이 1040g보다 적은 경우에는 시일이 지날수록 점점 늘어나면서 1040g에 가까워지고, 1040g보다 클 경우에는 점점 감소하면서 1040g에 가까이 감을 알 수 있었다.

학생들은 문제 2에서 표와 그래프를 그려서 매일의 투입량이 40g일 때는 염소의 양과 농도가 점차 감소하여 각각 800g과 0.423ppm에 가까이 가고, 그리고 60g일 때는 각각 1200g과 0.6349ppm에 가까이 감을 확인할 수 있었다.

아래의 [그림 6-16]과 [그림 6-17]은 매일 투입량이 60g일 때, 각각 초기투입량이 1040g일 때와 1300g일 때의 염소의 양과 농도 변화를 나타낸 것이다. A열에는 지난 날 수, B열에는 염소의 양, C열에는 염소의 농도가 나타나 있다. [그림 6-16]에 나타난 네 개의 그래프 중 왼쪽 위의 그래프의 가로축은 날짜를, 세로축은 염소의 농도를 나타내고, 아래쪽 그래프의 가로축은 날짜 그리고 세로축은 염소의 질량을 나타낸다.

[그림 6-16]의 위 두 개의 그래프는 처음 30일까지를 나타낸 것으로 학생은 염소변화의 추이를 명확히 알 수 없게 되자 [그림 6-16]의 아래 두 개의 그래프와 같이 날 수를 늘여 367일까지 조사하여 그래프를 그렸다. 이처럼 학생들은 표와 그래프를 통하여 염소의 양과 농도가 점차 증가하거나 감소하여 시간이 흐르면서 일정하게 유지되는 것을 확인하였다.

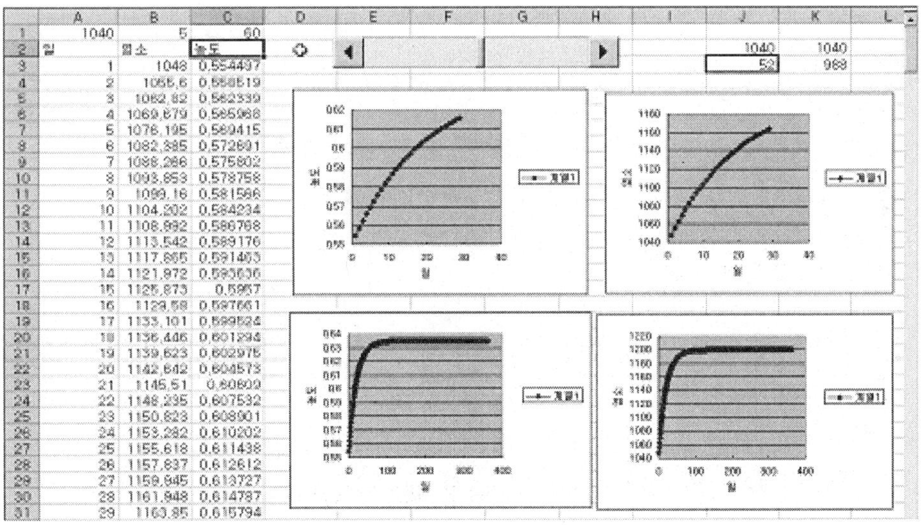

[그림 6-16] 처음 염소의 양이 1040g일 때 염소의 양과 농도의 변화 추이

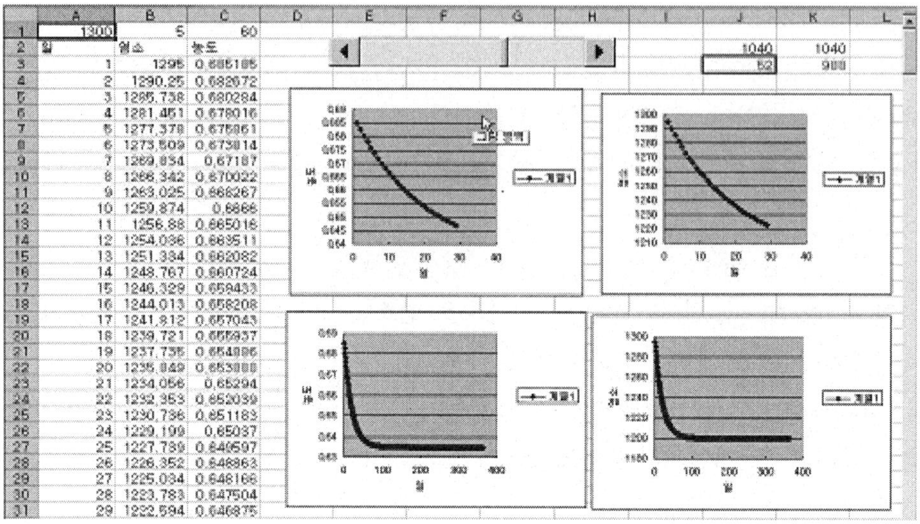

[그림 6-17] 처음 염소의 양이 1300g일 때 염소의 양과 농도의 변화 추이

다음 발췌문은 위 문제 2에서 매일 투입하는 염소의 질량이 60g인 경우를 탐구하다가, 매일 투입하는 염소의 양과 잔류하는 염소의 양 사이의 규칙을 발견하게 되는 과정을 보여준다.

(1) 원진: 60g씩 넣고 있잖아. 이게 중요한 거야. 이게 중요한 거야.

(2) 아영: 이게 중요한 거야. 무조건 60은, 60이 되면.

(3) ……

(4) 아영: 그니까 매일 매일 넣는 양이 얼마냐에 따라서, 염소가 그니까 고정되는 것 아냐? 그니까 짝이 있는 것 아니야? 짝이?

(5) 정윤: 그니까 이 거의.

(6) 아영: 이거의 짝은 52g이고.(처음 염소의 양 1040g을 가리킴)

(7) 정윤: 20 곱하면 돼. 이것 곱하기 20하면 돼.(60 곱하기 20이 1200이 됨을 가리킴)

(8) 원진: 어 이 거랑. 이 거.

(9) 아영: 와 와 와. 야. 와.

(10) 원진: 관계식을 발견했어. 신기한 걸 발견했어. 신기한 걸 발견했어. 워. 워. 워.

(11) ……

(12) 원진: 맞는 거예요. 으하하. 20 곱한 것이 유지가 돼요.

(13) 교사: 왜 20을? 20 얼마?

(14) 원진: 이 거의 0.5%가, 그니까 그 양의 0.5, 아니 그 양의 5%가 이 양이 되면 유지가 되요.(초기 투입량을 가리키며)

(15) 정윤: 그니까 40 곱하기 20은 800이잖아.(바로 앞에서 60대신 40일 때를 탐구했었음)

학생들은 (1)에서와 같이 잔류 염소의 양이나 농도를 결정하는 것은 매일 투입하는 염소의 양 60g임을 곧 알게 되었다. 나아가서 아영은 구체적으로 일정하게 유지되는 잔류 염소의 양과 매일 투입하는 양 사이의 관계를 어렴풋이 추측할 수 있었고(4), 정윤은 보다 구체적으로 매일 투입량에 20을 곱하면 나중에 일정하게 유지되는 염소의 양이 나온다는 것을 알게 되었다(7). 원진은 이것이 매일 사라지는 5%와 관련이 있음을 알게 되었다(14). 그리고 (15), (16)와 (17)은 학생들이 이 규칙을 발견하고 좋아하는 모습을 보여준다.

학생들은 문제를 해결하면서 시간이 지난 후의 잔류하는 염소의 양과 농도는 매일의 투입량에만 의존하는 것을 알게 되었고, 초기 투입량과 매일 투입량의 세 쌍인 1040g과 52g, 800g과 40g, 그리고 1200g과 60g의 관계에 주목하면서 이들 사이의 관계를 발견하게 된 것이다. 매일 투입량을 고정시키고 초기투입량을 쉽게 바꾸어가면서 염소 양의 변화를 쉽게 관찰할 수 있었던 것은 셀 참조 기능을 이용하여 그래프를 역동적으로 변화시킬 수 있었기 때문이다. 학생들은 마찬가지 방법으로 매일 투입하는 염소의 양이 40g과 60g 아닌 다른 경우에도 염소의 양과 농도가 시일이 흐르면서 매일 투입량의 20배에 가까이 가는 것을 확인할 수 있었다.

매일 투입하는 염소의 양의 20배에 해당하는 양으로 염소가 일정하게 유지되는지를 수학적으로 정당화하도록 하기 위해서 교사는 n일 후의 염소의 양을 x_n으로 놓고 n이 충분히 클 때의 x_n값을 구하도록 하였다. 아직 점화수열을 배우지 않은 학생들에게 있어서 이것을 구할 때 중요한 것은 n이 충분히 커지면 $x_n = x_{n+1}$이 됨을 깨닫는 것이다. 학생은 이것을 이미 비형식적으로 표와 그래프에서의 관찰을 통해서 알 수 있었다([그림 6-18] 참조). 원진은 n이 충분히 커질 때 일정해지는 염소의 양을 Y로 놓고, 60g의 경우에 있어서 $Y \times 0.95 + 60 = Y$로 놓고 $Y = 1200$을 구하였다. 이 증명은 점화식으로부터 일반항을 얻고 그 일반항이 수렴함을 증명한 후 극한을 Y로 놓았을 때와 같다.

	A	B	C	D
244	242	1199.999	0.63492	
245	243	1199.999	0.63492	
246	244	1199.999	0.63492	
247	245	1199.999	0.63492	
248	246	1199.999	0.63492	
249	247	1199.999	0.63492	
250	248	1200	0.63492	
251	249	1200	0.63492	
252	250	1200	0.63492	
253	251	1200	0.63492	

[그림 6-18] 염소의 양이 1200g에, 농도는 0.63492ppm에 가까워짐을 나타냄 (좌로부터 날 수, 염소의 양, 농도).

아래 [그림 6-19]는 염소의 매일 투입량이 각각 40g과 60g인 경우 각각에 대한 정윤의 풀이이다. 매일 투입량이 40g이고 n이 충분히 클 때 정윤은 $x_n = x_{n+1}$이 됨을 이용하여 $x_{n+1} = x_n = (x_n \times 0.95) + 40$로부터 $x_n = 800$을 얻을 수 있었다. 학생들의 증명은 관찰에 의한 것으로 엄밀하지는 않지만 문제 상황을 잘 설명하고 있고 그들의 추측을 뒷받침하기에 충분하였다.

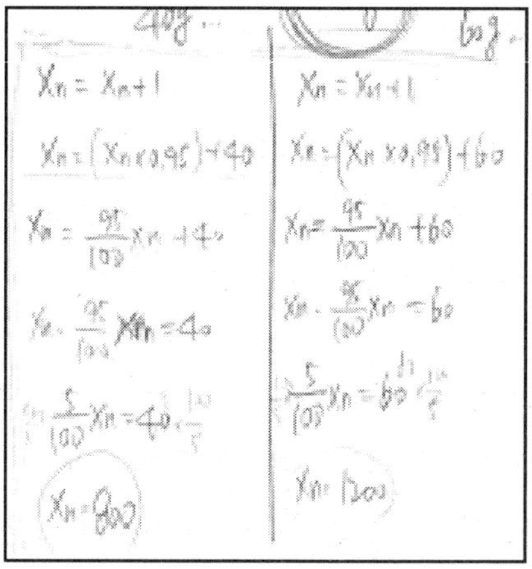

[그림 6-19] 남게 되는 염소의 양이 매일 투입량의 20배가 됨을 증명한 예

스프레드시트를 이용하여 모델링을 한 후의 소감에 대해 아영은 직접 계산하기 힘든 것을 스프레드시트를 통해서 쉽게 계산함으로써 규칙을 알아낼 수 있었으며, 특히 그래프의 모양이 염소의 초기 투입량에 따라서 증가하기도 하고 감소하기도 한다는 것을 알 수 있었다고 하였다. 원진은 그래프의 모양을 보고 여러 가지 값들에 대해 조사할 수 있었고 앞으로 컴퓨

터를 이용해서 수학시간을 보내면 진짜 재미있을 것이라고 하였다. 이들 학생의 반응으로부터 스프레드시트가 문제 상황 속의 규칙을 찾는 데 도움을 주며 수학 수업을 흥미 있게 만들 수 있음을 학생이 동의하고 있음을 알 수 있다.

모델링 활동을 통한 학습에서는 실생활의 사물의 내면에 있는 패턴과 규칙성을 찾고 해석하는 것이 중요하다. 학생들은 스프레드시트를 사용하여 시간에 따른 염소의 양과 농도는 초기 투입량에 의존하지 않고 매일 넣는 염소의 양에 의존한다는 성질을 밝히고 이들의 관계를 추측하고 수학적으로 정당화할 수 있었다.

모델링 활동에서 학생은 지필 환경에서 스프레드시트에 입력하기 전의 재귀적인 대수식을 얻었지만, 대수적 모델이 가지는 의미를 충분히 해석하기가 어려웠다. 스프레드시트 환경에서는 이 재귀적인 식을 쉽게 원하는 만큼 계산하여 표로 나타낼 수 있고, 그래프로 그려 대수식이 가지는 의미를 보다 명확히 이해할 수 있었다. 셀 참조를 이용하여 특정 셀에 있는 변수를 변화시키면 보다 복잡한 문제 상황에 대해서도 그 변수가 전체에 어떠한 영향을 미치는지에 대해 역동적으로 고찰할 수 있었다. 그리고 화면상에 학생이 생성한 표와 그래프는 학생이 추측한 수학적 규칙을 형성하는 구체적인 이미지로 남게 되며 규칙을 기호를 사용하여 형식적으로 설명하는데 도움을 주었다.

2.4 수학적 모델링 활동을 위한 과제 구성과 교사의 역할

(1) 과제 구성

모델링 활동에서 첫 번째로 교사가 준비해야 하는 것은 학생이 활동하기에 적절한 모델링 과제를 만드는 일이다. 전통적인 관점에서 문제해결이 보통 다른 사람에 의해 제기된 문제에 대해 대답하는 것이라면 모델링 관점에서의 문제해결은 주어진 것, 목적, 가능한 해답에 이르는 길, 사물의 내면에 존재하는 패턴과 규칙성의 성격을 해석하기 위한 유용한 방법을 개발하는 것을 중요하게 여긴다(Lesh & Doerr, 2003).

이러한 관점에 유의하면서 모델링 활동에 쓰이게 될 문제를 구성할 때 다음과 같은 점에 유의할 필요가 있다.

첫째, 수학에 대한 자연스런 동기를 부여할 수 있는 현실 상황과 관련된 문제를 발굴하고 일상적인 지식과 경험을 통하여 다양한 계층의 학생이 수행할 수 있는 구성적 과제를 개발한다.

둘째, 모델링 활동의 중요한 시발점이 되는 자료 생성이나 시각적 모델을 용이하게 만들 수 있는 문제를 개발한다.

셋째, 주로 대수식을 도출하여 모델링 활동을 할 수 있는 것으로 학생이 스프레드시트 모델을 만드는 데 어렵지 않은 것으로 한다. 스프레드시트에 관한 복잡한 지식을 사용하지 않고도 모델링 활동을 충분히 수행할 수 있는 것이 좋다.

넷째, 수학적 개념, 아이디어, 구조가 풍부하게 들어 있고 수평적 수직화와 수직적 수학화가 모두 일어날 수 있는 문제 상황을 구성한다. 즉 초기 모델 도출로부터 수학적 지식의 형식화를 꾀하고 형식화된 지식을 조작해볼 수 있는 기회가 있는 문제 상황을 개발한다.

다섯째, 단순한 절차적 지식만으로 해결되지 않으며 기존의 상황에 숨겨져 있는 수학적 법칙이나 사실을 귀납적으로 유추하고 경우에 따라서 증명도 할 수 있도록 일련의 작은 문제로 구성하는 것이 좋다.

교사는 한 번의 모델링 활동을 수행한 후에 문제 상황의 구성이나 모델링 활동의 진행 상황을 고찰하고 반성하여 문제점을 파악한 후 다음 모델링 활동에 반영할 수 있어야 한다. 주로 문제 상황의 난이도와 학생의 지식수준 그리고 모델링 활동에 영향을 줄 수 있는 외적인 환경을 고려하여 다음 모델링 활동에 반영할 필요가 있다.

(2) 교사의 역할

스프레드시트를 이용하여 모델링 활동을 하는 경우 학생간의 상호작용, 학생과 스프레드시트의 상호작용, 학생과 교사의 상호작용이 두드러지는 변화를 가져오고 특히 교사의 역할에 변화를 가져온다. 스프레드시트를 활용한 모델링 활동에서의 교사의 역할은 전통적인 수업에서 흔히 볼 수 있는 수업 주도자나 강의자의 역할과는 다르게 된다. 모델링활동에서 교사는 협력자, 공동 탐구자, 조언자 촉진자, 관찰자, 평가전문가로서의 역할을 하게 된다.

협력자 또는 공동 탐구자로서 교사는 실생활 문제와 수학과 인접한 타 과학 영역의 모델링 문제를 해결할 때 동료교사와 협력할 수 있어야 할 뿐만 아니라, 자연현상이나 사회현상에 대해서 학생과 공동으로 탐구하는 역할도 할 수 있어야 한다.

조언자 또는 촉진자(facilitator)로서 교사는 학생이 불안정한 초기 모델로부터 안정되고 세련된 모델을 구성할 수 있도록 안내하여야 한다. 모델링 활동에서는 모델이 구체적인 것에서 추상적이고 형식적인 것으로, 특별한 것에서 보다 범용성을 지니는 것으로 발달한다.

형성된 모델이 주어진 문제 상황을 충분히 해석하지 못할 때는 교사는 추가 변인을 파악하거나 얻어진 모델을 수정하여 보다 정교한 모델을 구성할 수 있도록 안내하여야 한다. 또한 학생이 초기 모델 도출에 실패했을 때 교사는 학생의 자율성을 제고하고 학습에 대한 학생의 책임감을 높이기 위해 초기에 부딪히는 어려운 문제 상황에 대해 직접적인 설명은 자제하고 작은 다른 문제 상황으로 구성하여 제시할 필요가 있다.

관찰자로서 교사는 특히 학생의 모델링 활동을 관찰하면서 학생이 스프레드시트를 이용한 계산의 결과를 과정에 관계없이 맹목적으로 믿는 경향이 있는지 살펴야 하고 스프레드시트를 활용하여 얻어진 결과의 의미가 무엇인지를 파악하도록 학생을 격려할 필요가 있다. Friedlander(1999)는 스프레드시트를 이용하는 수업에서 학생들이 불필요한 자료를 맹목적으로 대량으로 생성하는 경향을 지적한 바 있다. 또한 모델링 활동의 본질적 내용보다 스프레드시트 자체로 관심의 초점이 이동하는 메타인지적 이동에 대해서도 유의할 필요가 있다(이종영, 1999). 또한 교사는 학생이 특수하고 구체적인 상황을 해석할 수 있는 모델을 일반적인 상황을 해석할 수 있는 모델로 인정하거나, 기술공학을 활용하는 환경에서 흔히 나타날 수 있는 연속적인 문제 상황의 이산적인 탐구 결과를 연속적인 문제 상황에 일반화하여 그대로 적용하는 오류를 범할 수 있으므로 특히 이러한 점에 유의할 필요가 있다.

평가 전문가로서 교사는 학생의 모델링 활동의 단계별 계획과 이유, 그들이 사용한 정보 그리고 결과를 파악할 수 있어야 한다. 스프레드시트를 활용한 모델링 활동에서 이것을 파악하기 위해 교사는 관찰과 함께 학생에게 지필로 위에 열거한 내용을 적게 할 필요가 있으며 동영상 캡쳐 파일을 이용하여 모델링 활동의 과정을 저장할 필요가 있다. 이것은 추후 모델링 활동을 개선하고 더 나은 성취를 위해 피드백을 제공할 수 있는 평가 자료가 될 수 있다.

3 결론

수학 교수·학습에서 모델링 활동을 통하여 학생은 주어진 실세계 문제 상황을 이해하고 그 속에 내재한 규칙을 찾아내고 미래를 예측해보는 활동을 통하여 수학의 폭넓은 응용가능성을 이해하게 된다. 모델링 활동에서 스프레드시트의 기능을 활용하면 학생은 문제 상황에서 스스로 모델을 구성하고 정교화시켜 가는 과정을 통해서 문제 상황의 다양한 측면을 이해하고, 수학적 규칙을 발견하고 비형식적 지식을 형식적 지식으로 발전시켜 나가는 기회를 갖게 된다.

모델링 활동의 특정 문제 상황의 해결을 하는 동안 학생은 지필 환경에서 해결하지 못한 해를 스프레드시트를 활용하여 해결할 수도 있다. 학생이 지필 환경에서 문제 해결에 필요한 대수적 모델까지는 만들 수 있어도 이를 분석할 수 없는 경우에는 스프레드시트를 활용하여 이를 분석할 수가 있다. 학생은 추측과 확인 전략을 스프레드시트에서 쉽게 사용할 수 있으며, 지필환경에서는 찾기 어려운 규칙을 대량의 자료를 생성하여 표와 함께 그래프를 관찰하여 찾을 수 있다.

모델링 활동에서 학생은 자신이 찾은 규칙에 애착을 가지고 즉각적으로 그 이유를 탐구하는 경향이 있고, 이것은 학생이 규칙을 발견한 이후 자연스럽게 정당화로 이어지는 계기가 된다. 스프레드시트 환경에서는 다양한 예를 조사하여 규칙이 성립함을 확신하게 되는 귀납적 정당화가 매우 용이하고, 또 학생이 연역적 정당화로 이행하는 데 도움을 줄 수 있다(손홍찬 & 류희찬, 2005a).

이와 같이 스프레드시트를 활용한 수학적 모델링 활동에서 학생은 주어진 현실 세계 문제 상황을 해결할 수 있고 해의 의미를 보다 명료하게 이해할 수 있다. 나아가 그 배후에 있는 규칙을 발견하고 정당화할 수 있는 기회를 갖게 된다. 교사는 스프레드시트를 활용하는 수학적 모델링 활동을 설계할 때 관찰, 추측, 규칙의 발견, 증명의 구상 등을 수반하는 형성 과정에 있는 수학의 모습을 경험할 수 있도록 설계하는 것이 좋다. 한편 교사는 스프레드시트 수식에서 나타나는 뜻하지 않는 오류 가능성에 대해서 대비할 수 있어야 하고, 스프레드시트 환경이 형식적인 수학 표상이 제공하지 못하는 유익한 점을 제공할 수 있음에 유의하여 그 장점을 살릴 수 있어야 한다.

스프레드시트를 이용하여 수학적 모델링 활동을 하는 동안에는 학생간의 상호작용뿐만 아니라 학생과 스프레드시트의 상호작용과 학생과 교사의 상호작용이 활발해지고, 자연스럽게 교사는 전통적인 지식의 전달자 역할에서 협력자, 공동 탐구자, 조언자, 촉진자, 관찰자로서 역할이 바뀌게 됨을 인식할 필요가 있다

Reference 참고문헌

류희찬(2003). 수학교육에서 '모델링' 지도의 의미와 방안, 청람수학교육, 11, 1-19

손홍찬, 류희찬(2005a). 스프레드시트 환경에서 모델링 활동을 통한 수학적 발견과 정당화. 학교수학, 7(4), 427-444.

____________(2005b). 함수 지도와 수학적 모델링 활동에서 스프레드시트의 활용, 수학교육학연구, 15(4), 505-522

이종영(1999). 컴퓨터 환경에서의 수학—학습지도에 관한 교수학적 분석. 서울대학교 박사학위 논문.

Baker J. E. & Sugden S. J. (2003), Spreadsheets in education-the first 25 Years, *eJSiE, 1*(1), 18-43.

Beare, R. (1993). How spreadsheets can aid a variety of mathematical learning activities from primary to tertiary level. *Technology in mathematics teaching: A bridge between teaching and learning.* B. Jaworski. Birmingham, U.K.: 117-124.

Beare, R. & Hewitson, J. (1996). Asking and answering all sorts of scientific questions using spreadsheets. *School Science Review, 77*(281). 43-53.

Blum, W. (1989). *Applications and modelling in learning and teaching mathematics*, Ellis Horwood Limmited.

Dossey, J. A., McCrone, S., Ciordano, F. R., & Weir, M. D. (2002). *Mathematics methods and modeling for today's mathematics classroom: A contemporary approach to teaching grade* 7-12. CA: Brook/Cole.

Friedlander, A. (1999). Cognitive processes in a spreadsheet environment. In O. Zaslavsky (Ed.), *Proceedings of the 23rd Conference of the International Group for the Psychology of Mathematics Education, Vol 2.* 337-344.

Freudenthal, H. (1973). *Mathematics as an educational task.* Dordrecht, the Netherlands: Reidel.

Heid, M. K. (1997). *Algebra in a Technological World.* Reston, VA: National Council of Teachers of Mathematics.

Hershkowitz, R., Dreyfus, T., Ben-Zvi, D., Friedlander, A., Hadas, N., Resnick, T. & Tabach, M. (2002). Mathematics curriculum development for computerized environments: A designer-researcher-teacher-learner activity. In L. English (Ed.), *Handbook of International Research in Mathematics Education.* (pp. 657-694). Mahwah, NJ: Lawrence Erlbaum.

Lesh, R. & Doerr, H. M. (2003). Foundations of a models and modeling perspective on mathematics teaching, learning, and problem solving, In R. Lesh & H. M. Doerr(Eds.), *Beyond constructivism: model and modeling perspectives on mathematics problem solving, learning, and teaching.* pp. 3-33. Mawah, NJ: Lawrence Erlbaum Associates, Publishers.

Masalski, W. J. (1990). *How to use the spreadsheet as a tool in the secondary school mathematics classroom*, Reston, VA: National Council of Teachers of Mathe- matics.

Molyneux-Hodgson, S., Rojano, T., Sutherland, R., & Ursini, S. (1999). Mathematical modelling: The interaction of culture and practice. *Educational Studies in Mathematics*, 39, 167-183.

Morishita, E., Iwata, Y., Yoshida K. Y, & Yoshida H. (2001). Spreadsheet fluid dynamics for aeronautical course problems. *International Journal of Engineering Education, 17*(3), 294-311.

NCTM (2000). *Principles and standards for school mathematics.* Reston, VA: National Council of Teachers of Mathematics.

Neuwirth, E., & Arganbright, D. (2004). *The active modeler: Mathematical modeling with Microsoft Excel.* Belmont, California, Brooks Cole publishing company.

Steward, A. (1994). Spreadsheets in Mathematical Education. *International Journal of Mathematical Education in Science and Technology*, 25(2), 239-243.

Stewart, James (2004). *Calculus, early transcendentals.* Thomson Brooks/cole.

Sutherland, R. & Rojano, T. (1993). A spreadsheet approach to solving algebra problems. *Journal of Mathematical be-havior*, 12, 353-383.

part 3

함수

제7장에서는 공학적 도구 환경에서 디지털 교과서의 모델을 모색하였다. 제8장에서는 지필환경에선 쉽지 않은 비정형적 접근에 의한 합성함수 탐구활동을 구성해나갈 때 충실도(fidelity)의 의미를 조사하였다. 제9장에서는 양적 추론을 수에만 국한하지 않고 이 사고 과정을 훈련할 수 있는 환경을 만들어 일차함수를 기존의 방식과 다르게 도입하였다. 제10장에서는 고등학교 함수단원을 중심으로 CAS의 도구발생 과정을 조사하여 도구화된 CAS의 활용 사례를 소개하였다.

7장

수학교육에서 테크놀로지 활용의 새로운 모델 : 디지털 교과서

한국교원대학교 류희찬
(hclew@knue.ac.kr)
한국교원대학교대학원 최경식
(kyeong@knue.ac.kr)

1 서론

최근 우리나라의 학교 교수·학습 환경에 많은 변화가 일어나고 있다. 기존의 칠판 대신 전자칠판이 제공되고 다양한 스마트(SMART)[1] 장비가 도입되어 교사와 학생이 1:1 스마트 기기 환경 하에서 교수·학습이 이루어지도록 하는 연구학교 '스마트교육 모델학교'가 만들어져 이미 운영되고 있다(김혜숙, 계보경, 길혜지, 전종희, 2013). 특별히 세종특별자치시의 경우에는 스마트기기를 활용한 양질의 교육 자료와 스마트 교육에 대한 교수·학습 사례를 공유하고 교원 역량에 따른 다양한 연수 프로그램을 지원하고 있다(세종특별자치시교육청, 2015, p. 2)

교과 교수·학습에 있어 가장 중요하다고 볼 수 있는 교과서에서도 변화가 나타나고 있다. 학교 현장에 기존의 서책형 교과서 대신 디지털 교과서가 점진적으로 도입되고 있다. 초등학교 3,4학년과 중학교 1학년의 경우에는 일부 과목(사회, 과학, 영어)에서 디지털 교과서가

1) '스마트(SMART)'는 Self-directed(자기주도적), Motivated(흥미), Adaptive(수준과 적성), Resource free(풍부한 자료), Technology embeded(정보기술 활용)의 약자로, 스마트교육은 "정보통신 기술과 이를 기반으로 한 네트워크 자원을 학교 교육에 효과적으로 활용하여, 교육내용, 교육방법, 교육평가, 교육환경 등 교육체제를 혁신함으로써 모든 학생이 글로벌 리더가 될 수 있도록 재능을 발굴, 육성하는 21세기 교육 패러다임"을 지칭한다(교육과학기술부, 2011b; 세종특별자치시교육청, 2015).

도입되었고 수학 교과에 대해서는 이후에 확대 적용될 예정이다(교육부, 2013; 류난영, 2014). 이는 교육 현장에서 창의력, 문제 해결력, 글로벌 역량, 공동체 의식과 같은 21세기 학습자의 미래역량에 적합한 인재를 양성하고자 하는 노력의 일환이다(교육부, 2013).

이와 같은 교육 현장의 변화에 대하여 스마트 장비로 도입된 전자 칠판, 스마트 패드(태블릿)가 적절하게 교수·학습에 활용되지 못하고 있어 예산이 낭비되고 있다는 스마트 교육에 대한 부정적인 의견이 제기되는 경우도 있다(홍근진, 2014). 그러나 최근의 연구결과에서 디지털 교과서를 활용할 때에는 서책형 교과서를 사용할 때와 비교하여 학습자의 뇌 활성 영역에 변화가 있으며 다양한 정보와의 상호작용이 두뇌에서 광범위하게 일어나는 것이 관찰되었고(권용주 외, 2014), 교수·학습에 있어 스마트 장비를 도입한 '스마트교육 모델학교'의 경우에도 다양한 측면(수업태도, 수업분위기, 만족도, 교사의 학생지원활동, 학생의 문제해결활동 등)에서 기존의 학교 교육보다 긍정적이라고 생각할 수 있는 결과를 보여주었다(김혜숙 외, 2013). 따라서 스마트 교육 도입단계에서의 시행착오가 해소되면 스마트 장비나 디지털 교과서를 학교 현장에 도입하는 것은 학생들의 학습에 있어 긍정적인 영향을 미칠 것으로 생각된다.

수학 교과의 입장에서도 스마트 교육은 학교 수업에서의 교수·학습을 개선하는 데 도움이 될 수 있다. 현재 우리나라 학교 현장에서는 수학 내용을 교사가 강의식 수업으로 지도하는 경우가 많으나 이와 같은 교사 중심의 일방적인 지식 전달보다는 효과적인 수학 학습을 위해 학습자의 참여를 유발하는 방식으로 수학 교수·학습이 이루어지는 것이 필요하다.[2)]이러한 관점에서 다양한 매체를 포함하여 학습자의 활동을 중심으로 학습이 이루어지도록 교과 내용을 조직할 수 있는 수학 디지털 교과서는 수학 학습에 학습자의 참여를 유도하고 능동적인 학습이 이루어지도록 하는 좋은 방안이 될 수 있다(변호승, 김남균, 조완영, 허혜자, 2005).

우리나라의 경우 중등 수학을 위한 디지털 교과서는 아직 개발되지 않은 상태이지만 여러 연구자에 의해 이에 대한 연구가 이루어졌다(배미현, 2008; 전상균, 2015; 우아람, 2015; 허남구, 류희찬, 2015). 이 가운데 배미현(2008)은 Freudenthal의 RME 수학교육 이론을 적용한 MiC(Mathematics in Context) 교과서를 디지털화하는 시도를 하였으나 MiC 교과서의 원문과 사진을 디지털 화면에 옮기는데 그쳤고 내용 전개에서 서책형 교과서와 큰 차이를

2) 강의보다는 학습자의 참여가 능동적으로 이루어질 때 효과적으로 학습이 이루어지는 것이 알려져 있다(Poh, Swenson, & Picard, 2010; 이혜정, 2015).

보이지 못했다. 이에 반해 전상균(2015)은 수학 디지털 교과서 저작도구인 Cabri LM을 사용하여 중학교 기하 단원(원)을 선택하여 학생이 탐구활동을 통해 지식을 구성해 나가며 정당화와 문제해결을 익힐 수 있는 수학 디지털 교과서를 개발하였다. 우아람(2015) 역시 Cabri LM을 이용하여 산불의 성장 모양을 현 교육과정의 타원과 관련된 내용과 접목한 디지털 교과서 자료를 개발하였다. 개발된 디지털 교과서에서는 학습자가 스스로 모델링 해 볼 수 있도록 설계되었으며 이와 같은 모델링 활동을 통해 학생들이 수학 학습에 흥미를 갖고 수학의 유용성과 실용성 등의 가치를 함양하는 것을 발견하였다. 허남구, 류희찬(2015)은 Cabri LM을 활용하여 이차곡선에 대한 활동 중심 디지털 교과서를 개발하고 이를 소프트웨어 작도 경험이 없는 학습자에게 적용하여 학습자의 문제 해결에 있어 긍정적인 피드백을 얻었다.

또한 수학 디지털 교과서를 개발하는 과정에서 여러 연구자들은 공통적으로 학습자들이 수학 디지털 교과서에서 제공하는 탐구 활동을 통하여 학습할 수 있도록 하기 위해 활동을 중심으로 교육과정의 내용을 배열하여 조직하였다. 이는 학습자의 활동을 강조한 수학 디지털 교과서를 개발하면서 자연스럽게 나타나는 현상이라고 볼 수 있다. 특히 수학적 대상에 대한 다양한 표현과 이들을 서로 연결하여 변화시킬 수 있는 동적 요소가 수학 디지털 교과서에 포함되면 학습자의 수학적 대상에 대한 표현과 사고방식에 변화를 일으킬 수 있기 때문에(Yerushalmy, 2005, p. 218), 수학 디지털 교과서의 개발의 과정에서 교육과정의 내용을 따라 동적 수학 소프트웨어 환경을 활용한 활동을 수학교육 이론을 기반으로 하여 개발, 조직, 배열하는 과정이 필요하다고 할 수 있다.

본 장에서는 국내외 수학 디지털 교과서의 사례를 살펴보고 현행 교육과정의 중학교 3학년 이차함수 단원을 수학 디지털 교과서로 개발하는 과정을 제시하고자 한다. 우선 국내외 다양한 수학 디지털 교과서의 사례를 살펴보며 각각의 특징을 분석하고 시사점을 얻고 이후에 활동 중심적인 중학교 3학년 이차함수 디지털 교과서를 개발하기 위하여 이차함수 단원의 교육과정을 분석하고 활동을 배열한다. 중학교 3학년 이차함수 단원에 대한 분석에 따라 실제로 이차함수 단원을 디지털 교과서로 개발한 활동을 제시하며 그에 대하여 설명하게 된다. 본 연구는 이 과정에서 기존의 교육과정의 내용을 디지털 교과서로 개발하면서 중점적으로 고려해야 하는 점을 제시하고자 한다.

2 국내외 수학 디지털 교과서 분석

2.1 국내 수학 디지털 교과서

우리나라의 수학 교과서를 출판하는 여러 출판사는 개별적으로 수학 교수·학습을 위한 디지털 교과서를 제공하고 있다. 본 연구에서는 동아출판의 두클래스(http://www.douclass.com/)에서 제공하고 있는 디지털 교과서를 대표적으로 살펴보고자 한다(그림 7-1). 이는 우리나라의 여러 수학 교과서의 내용과 디지털 교과서 양식이 대동소이하기 때문이다.

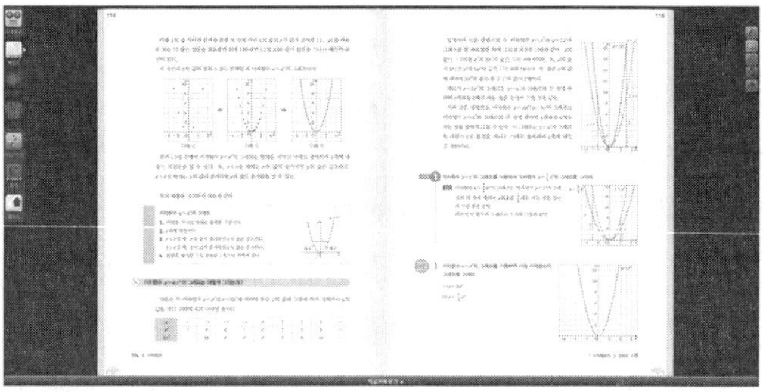

[그림 7-1] 두클래스 디지털 교과서(http://www.douclass.com/)

[그림 7-1]에서 볼 수 있는 것과 같이 출판사에서 제공하는 디지털 교과서는 서책형 교과서를 디지털 포맷으로 옮겨놓은 형태이다. 이와 함께 교사가 수업에 활용할 수 있는 다양한 자료와 전자칠판에서 판서를 할 수 있는 도구를 제공하고 있다. 디지털 교과서에서는 마우스로 책장을 넘길 때 실제 서책의 느낌을 살려 책장이 넘어가도록 하였으며 교과서의 각 부분이 쉽게 확대, 축소될 수 있도록 하였다. 교과서의 생각열기, 본문, 문제 등은 별도의 양식으로 확대되어 제공되기도 하며 필요한 경우 동영상, 플래시 애니메이션 등을 제공하는 등 교사의 강의식 수업 지원에 최적화되어 있다.

그러나 이와 같은 형태의 디지털 교과서는 일방적인 내용 전달 위주로 구성되어 있어 설명 동영상이나 버튼을 누르면 답안이 제시되는 환경이 대부분이다. 또한 그림은 대부분 정적인(static) 그림을 사용하였으며 동적인 요소가 필요한 경우 동영상을 통하여 확인하도록 하여 학습자는 디지털 교과서를 통해서 수학적 대상을 탐구하는 등의 활동을 거의 할 수 없다고 볼 수 있다. 따라서 우리나라 수학 디지털 교과서는 다음과 같은 면에서 학습자의 학습을 지원하도록 개선되어야 할 것으로 생각된다.

첫째, 수학 디지털 교과서에 인과적 추론을 학습하는 데 적절한 매체를 포함하는 것이 필요하다. 예를 들어 동적 수학 소프트웨어 요소를 수학 디지털 교과서에 포함시켜 학습자가 스스로 추상적인 수학적 대상을 조작하고 그 피드백을 토대로 추론하여 수학적 대상에 대하여 이해하고 탐구할 수 있도록 해야 한다.

둘째, 교사의 강의식 수업 이외의 교수·학습 형태에 적용이 가능한 디지털 교과서를 개발하는 것이 필요하다. 수학적 대상을 탐구하고 추론하는 방식의 활동을 진행하게 되는 경우 기존의 강의식 수업을 위주로 구성해 놓은 교육과정과 이를 토대로 쓰여진 교과서는 교수·학습에 적절하지 않게 된다. 따라서 학습자의 탐구 활동을 지원하는 수업에 적절한 교육과정과 자료를 개발하여 포함시키는 것이 필요하다.

2.2 미국 수학 디지털 교과서

김광진(2013)은 Apple의 아이패드(iPad)에서 구현된 McGraw-Hill의 Algebra2 디지털 교과서를 분석하였다. Algebra2 디지털 교과서 역시 우리나라의 교과서와 마찬가지로 기존 교과서를 아이패드용으로 옮겨놓았으며 몇 가지 부가기능이 추가되어 있었다. 특별히 상호작용적 그래프(Interactive Graph)가 제공되는데 이는 학습자의 조작에 따라 그래프의 변화를 관찰할 수 있는 환경이었다(그림 7-2). 그러나 이 때 제공되는 반응은 어느 정도 고정된 것이며 교과서 내용 설명 위주의 그래프로 탐구에는 적절하지 않았다.

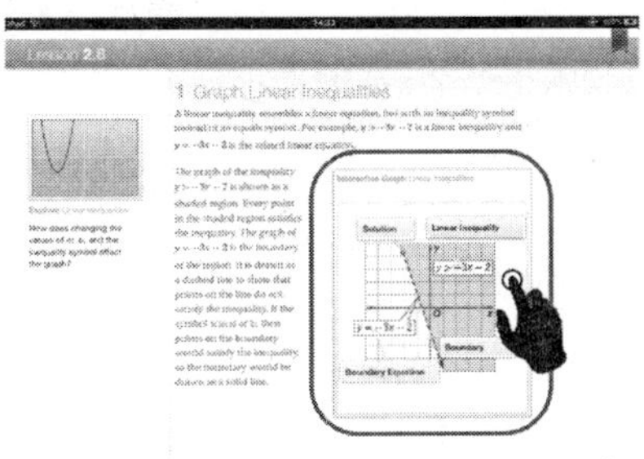

[그림 7-2] 아이패드에서 구현된 McGraw-Hill의 Algebra 2 디지털 교과서

미국 Algebra2 디지털 교과서는 기존의 교과서를 그대로 디지털화하여 교사나 학습자의 적응이 쉽다는 장점이 있으나 수학 디지털 교과서로서 학습자의 탐구활동을 지원하는 부분이 적다는 단점이 있다.

2.3 이스라엘 수학 디지털 교과서(Visual Math)

Visual Math는 일차함수, 이차함수 학습을 위해 이스라엘의 Haifa 대학에서 개발한 수학 디지털 교과서이다(Yerushalmy, Shternberg, & Katriel, 2015). 이 디지털 교과서의 교육과정은 1990년대부터 개발되어 왔으며(Yerushalmy, 2005), 현재는 일차함수(Linear Functions)와 연관된 6개의 주제와 이차함수(Quadratic Functions)와 연관된 10개의 주제로 구성되어 있다. Yerushalmy(2005)는 Visual Math 디지털 교과서를 개발하면서 학습자로 하여금 다양하면서도 표준적인 대수적 조작을 수행하는 능력을 향상시키고, 조작에 대한 그래프, 표의 의미를 학습하도록 도우며 그 유용성에 대한 의미를 얻을 수 있도록 하는 데 중점을 두었다. 또한 학습자가 상황적 문맥을 파악하고 이를 수학화하도록 디지털 교과서를 구성하였다.

Yerushalmy(2012)는 교사의 역할을 박물관에서의 큐레이터와 같이 주제를 선별하여 학습자에게 소개하는 것으로 설정하고 각각의 주제는 방사형으로 나열하여 교사의 필요에 따라 선택적으로 수업을 진행할 수 있도록 하였다. Visual Math 디지털 교과서의 메인화면에 제시된 여러 주제 가운데 하나를 선택하면 학습을 위한 본문 화면이 나타난다. 이 때 나타나는 화면(그림 7-3)은 2부분으로 나뉘어 있는데 하나는 주제를 설명하는 부분이며 다른 하나는 과제, 도구, 연습문제를 나타내는 부분이다. 각 주제를 설명하는 부분에는 텍스트 설명과 함께 상호작용적인 다이어그램(interactive diagram)이 제시되어 있다. 이때 삽입된 상호작용적 다이어그램은 학습자가 개인적인 재구성의 기회를 가질 수 있도록 구성되어 있다(Yerushalmy, 2005).

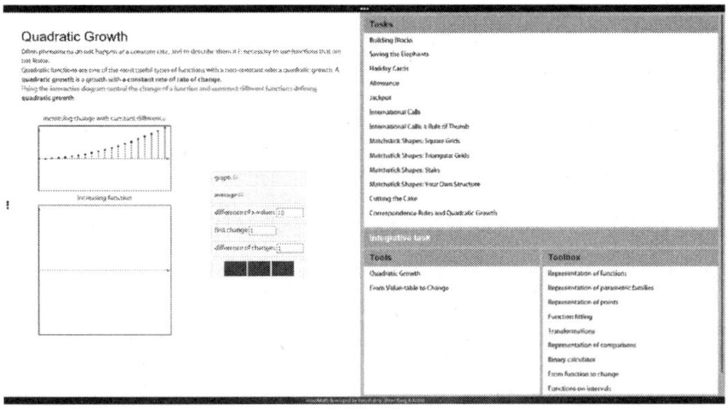

[그림 7-3] Quadratic Growth 주제를 클릭하면 나타나는 화면

Visual Math 디지털 교과서는 수학 디지털 교과서를 위한 새로운 교육과정을 개발하고 적용하여 기존의 지필환경과는 다른 동적 수학 소프트웨어와 같은 새로운 매체를 교수·학습의 적절한 문맥에 도입하여 학습자로 하여금 "수학을 하도록(doing mathematics)" 설계되었다(Yerushalmy, 2012). 또한 Visual Math 디지털 교과서는 교수·학습 상황에 필요한 다양한 도구(소프트웨어)를 학습자에게 제공하여 학습자가 스스로 함수를 다양한 관점에서 탐구하도록 한다(Yerushalmy, 2005; Yerushalmy, 2012). 이는 온라인에서 누구나 자유롭게 접속하여 이용할 수 있다. 그러나 Visual Math 디지털 교과서는 학교 교육과정과 동떨어진 교육과정을 갖고 있어 교사나 학생이 이질감을 가질 수 있으며 학생의 자율성을 강조하였으나 이로 인해 학생이 학습에 대한 방향성을 잃을 수 있다는 단점이 있다. 또한 함수에 관한 다양한 도구로 인해 교사나 학습자가 어떠한 도구를 사용해야 하는지 판단하는 능력이 요구되고 이로 인해 학습 부담을 가중시키는 효과가 있을 수도 있다(Pratt, 2005).

2.4 폴란드 수학 디지털 교과서(epodreczniki.pl)

현재 폴란드에서는 초등학교부터 고등학교에 걸쳐 다양한 과목에 대하여 웹 기반 디지털 교과서를 개발하고 있다(epodreczniki.pl, 2015). 폴란드의 epodreczniki.pl 디지털 교과서는 폴란드의 여러 수학 교사들이 참여하여 개발하고 있으며 웹기반 평가 시스템을 갖추고 동적 수학 소프트웨어인 지오지브라로 개발된 애플릿, 동영상 등을 삽입하여 다양한 장치(PC, 태블릿, 스마트폰 등)에서 접근할 수 있다.

epodreczniki.pl 디지털 교과서는 폴란드 기존의 교육과정을 그대로 유지하였으며 설명을 위해 그림이 필요한 부분에는 동영상이나 애니메이션으로 설명하거나 지오지브라로 개발된 애플릿을 제공하여 학습자가 조작을 통해서 수학 개념을 이해할 수 있도록 하였다. 이 때 사용되는 지오지브라 애플릿은 디지털 교과서의 '텍스트에 대한 설명을 보완'(Yerushalmy, 2005)하는 성격을 가진다고 할 수 있다. 또한 연습문제에서는 답안을 선택하면 그에 대하여 즉각적인 피드백을 제공하여 학습자의 학습에 도움을 주고 있다. [그림 7-4]는 epodreczniki.pl 디지털 교과서 고등학교 과정에서 이차함수 $y=x^2$의 대응표와 그에 따른 좌표평면의 점이 찍히는 모습을 보여주는 지오지브라 애플릿이다.

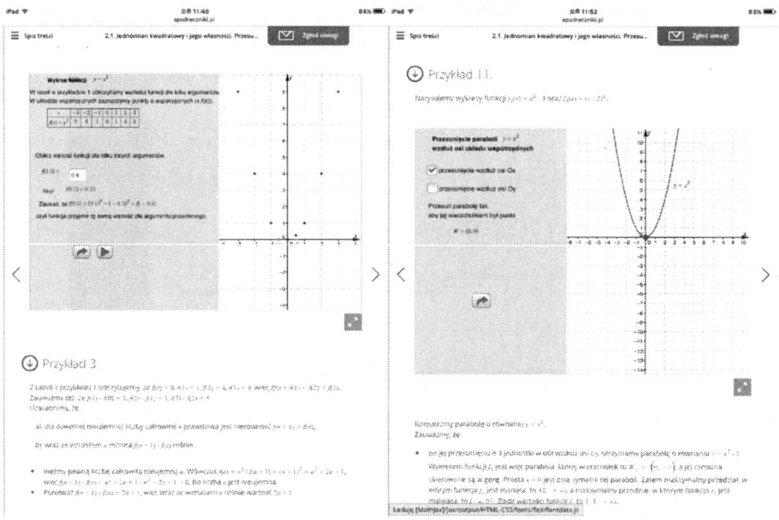

[그림 7-4] 이차함수 관련 조작 환경

epodreczniki.pl 디지털 교과서는 기존의 서책형 수학 교과서의 교육과정을 그대로 가져왔기 때문에 학교 현장에서 교사가 바로 수업에 적용할 수 있고 교사와 학습자는 디지털 교과서 사용에 쉽게 적응할 수 있다. 또한 정적인(static) 그림으로는 이해가 쉽지 않았던 부분에 대하여 동영상, 애니메이션이나 조작이 가능한 지오지브라 애플릿을 삽입하여 학습자가 쉽게 이해할 수 있으며 지오지브라 애플릿과 웹기반 평가 시스템을 사용하여 학습자에게 즉각적인 피드백을 제공하여 학습자가 자신이 알고 있는 개념이 올바른지 스스로 점검할 수 있다. 이 디지털 교과서도 온라인으로 제공되며 누구나 무상으로 사용할 수 있다.

그러나 epodreczniki.pl 디지털 교과서는 일방적인 내용 전달 방식의 애플릿을 주로 제공하여 학습자가 탐구를 통해서 수학적 대상의 성질을 발견하는 등의 수학적 사고를 촉진하는 면에서는 효과적이지 못할 수 있다. 따라서 이와 같은 점을 보완하기 위해서는 학습자가 동적 수학 소프트웨어 환경에서 수학적 대상을 조작하면서 탐구하고 가설을 설정하며 추론하는 등의 활동을 할 수 있는 부분이 디지털 교과서 안에 포함되어야 하며 이와 같은 활동을 교육과정 안에 적절히 포함시키는 것이 필요하다.

3 활동 중심의 이차함수 교육과정 구성

3.1 Freudenthal 수학화 이론

Freudenthal의 수학화 교수·학습 이론에 따르면 수학적 사고 활동의 본질은 '수학화'라고 제시하고 있다. Freudenthal의 수학화란 수학적 수단에 의해 현상을 정리하고 조직하는 활동을 의미하는 것이다(우정호, 2000, p. 379). Freudenthal은 수학적 활동에 대하여 수학화 활동과 그 의식성의 현재화 활동으로 제시하면서 '현상 → (정리수단인) 본질 → 현상 → (보다 높은 차원의) 본질'과 같은 인식수준의 교대적 상승이라고 보고 있다(우정호, 2000, p. 380). 이 과정에서 Freudenthal은 Treffers(1987, p. 249)의 '수평적 수학화'와 '수직적 수학화'를 인용하여 수학화를 설명하고 있다. 즉 수학화는 관찰, 실험, 귀납, 유추 등으로 현실을 수학적 수단으로 조직(수평적 수학화)하여 축적된 수학적 경험으로 수학 자체의 수학화(수직적 수학화)의 과정이 교대로 나타나는 과정을 거치며 이와 같은 과정은 참이라고 생각되는 부분에서 시작되는 국소적인 조직화의 경험을 의미하게 된다(김연식, 정영옥, 1997, p. 5; 우정호, 2000, p. 380).

본 절에서는 Freudenthal의 수학화 교수·학습 이론을 기반으로 중학교 3학년 이차함수 단원을 재구성하고자 한다. 즉 이차함수를 현상으로 보고 학습자로 하여금 조직해 나가도록 하는 수학화 과정을 거치도록 기존의 교육과정에 활동을 추가하고자 한다.

3.2 활동 중심의 이차함수 교육과정 구성

(1) 기존 교육과정 분석

현재 우리나라의 중학교 수학에서 '이차함수와 그래프'에 대한 교육과정 내용 및 핵심 성취기준은 [표 7-1]과 같다.

[표 7-1] 이차함수와 그래프 관련 성취기준(교육부, 2011)

교육과정 내용	성취기준
① 이차함수의 의미를 이해하고, 그 그래프를 그릴 수 있다.	수93041-1. 이차함수의 의미를 이해한다.
	수93041-2. 이차함수 $y=ax^2$의 그래프를 그릴 수 있다.
② 이차함수의 그래프의 성질을 이해한다.	수93042. 이차함수의 그래프의 성질을 이해한다.

중학교 3학년에서 학습하게 되는 '이차함수와 그래프' 단원은 이차함수의 의미 이해와 그래프 그리기, 이차함수의 그래프의 성질의 2가지 내용으로 구성되어 있다(교육과학기술부, 2011a; 교육부, 2015). 교육과정에 따르면 학습자는 먼저 간단한 사례를 통하여 이차함수의 정의를 이해(수93041-1)하며, 이차함수의 제일 기본적인 형태인 $y=x^2$의 그래프와 그 성질에 대하여 학습하게 된다. 그 다음 학습자는 이차항의 계수가 다양화된 형태인 $y=ax^2$과 그 그래프의 성질에 대해서 학습(수93041-2)하게 된다. 또한 모든 이차함수를 $y=ax^2$의 x축, y축 평행이동으로 이해하고 이차함수와 그래프의 성질을 학습(수93042)하게 된다(교육과학기술부, 2011a; 교육부, 2011). 이와 같은 순서로 학습자가 일반적인 이차함수의 그래프를 완전제곱식을 이용하여 $y=ax^2$의 평행이동으로 이해하고 그 성질을 알아갈 것이라고 생각되고 있다.

그러나 이와 같이 구성된 이차함수 단원은 이차함수의 정의 다음에 $y=ax^2+bx+c$와 같은 일반형의 함수가 아닌 $y=x^2$, $y=ax^2$과 같은 함수가 학습내용으로 제시된 이유에 대하여 학습자에게 충분히 설명되고 있지 않으며, 학습자 스스로 이차함수의 성질에 대하여 발견하는 기회를 제공하는 부분이 거의 없다. 또한 학습자가 이차함수 $y=ax^2$에서 a값이 변화할 때 함수의 그래프가 어떻게 변화하는지, x축, y축 방향으로의 평행이동이 되었을 때 함수의 식과 그래프가 어떻게 변화하는지 관찰하여 학습자가 다양한 이차함수의 성질을 발견해 볼 수 있다. 특히 현행 교과서에서는 이차함수를 '대응표'로 나타낸 후 '좌표평면에 점 찍기 활동'을 제시하여 학습자로 하여금 내삽, 외삽을 통하여 그래프의 개형을 예측하도록 하는 함수의 다양한 표현 간의 번역활동을 수행하도록 하고 있는데(김남희 외, 2011) 이와 같은 활동은 일차함수와 같은 단순한 함수의 그래프의 경우에 내삽, 외삽이 쉽게 이루어지지만, 이차함수의 경우에는 개형이 곡선이기 때문에 내삽, 외삽만으로는 그래프의 모양을 파악하는 것이 쉽지 않다고 할 수 있다. 따라서 학습자가 이차함수의 그래프 개형을 예측하기 위해서는 상당히 많은 수의 점을 찍어보는 활동이 필요해진다. 또한 이와 같은 활동을 종이와 연필만으로 수행하는 것은 학습자로 하여금 지루하게 하고 수학 학습에 부담을 주는 것이 된다. 만일 동적 수학 소프트웨어를 사용하여 학습자가 쉽게 여러 점을 찍어보도록 하면 학습자는 흥미를 유지하면서 이차함수의 그래프 개형을 쉽게 파악할 수 있을 것으로 생각된다.

(2) 활동 중심의 이차함수 교육과정 구성

현재 이차함수 교육과정의 학습 요소를 모두 포함하면서 디지털 교과서에서 학습자가 관찰, 귀납, 추론 등을 통해 수학을 학습하도록 하기 위해서는 기존의 논리적인 위계로 구성되었던 교육과정을 학습자가 실험, 관찰을 통해 수학적 대상을 파악할 수 있도록 내용을 구성해야 한다. 우선 중학교 3학년 학습자에게 이차함수는 '현상 또는 현실 세계'라고 볼 수 있다. 학습자는 사전에 이차식과 함수를 학습하였으므로 이에 대한 인식을 갖고 있다고 볼 수 있다. 현행 교과서에서는 도입부(들어가기 등)를 통해 이차함수가 도출되는 상황을 제시하고 함수의 식을 구하는 활동을 제시한다.

현재 교육과정에서 먼저 $y=ax^2$을 다루는 이유는 이후에 일반적인 이차함수의 식 $y=ax^2+bx+c$를 $y=ax^2$의 x축, y축 방향의 평행이동으로 보려고 하기 때문이다(고은희, 2009).

이 때 학습자에게 적절한 설명없이 이차함수 $y=x^2$, $y=ax^2$을 먼저 제시하고 이를 평행이동하여 이차함수의 일반형인 $y=ax^2+bx+c$를 파악하는 방식으로 제시하는 것은 일종의 '반교수학적 전도'(우정호, 2000, p. 397)라고 볼 수 있다. 따라서 학습자에게 먼저 이차함수 $y=ax^2+bx+c$의 그래프를 파악할 수 있는 풍부한 문맥을 제공하여 이를 바탕으로 이차함수(현상)를 조직해 나갈 수 있도록 해야 한다. 예를 들어 $y=x^2$의 그래프와 $y=$

x^2+2x+3의 그래프를 그려놓고 이동시켜 포개어놓으면 서로 일치하게 된다. 즉 이차항의 계수가 동일한 이차함수에 대하여 두 함수의 그래프는 위치만 다를 뿐 겹쳐지는 것을 알 수 있다. 이를 통해 이차함수(현상)는 이차항의 계수와 평행이동(정리수단)으로 조직할 수 있음을 생각할 수 있다.

이 때 먼저 학습자로 하여금 실험적으로 두 이차함수의 그래프를 움직여 포개어지는 것을 관찰하고 이차항의 계수가 동일한 이차함수의 집합으로 조직하였으면 이는 수평적 수학화가 이루어진 것이며, 이를 기하적 평행이동에서 벗어나 대수적으로 표현하여 두 이차함수의 관계를 밝히는 것이 수직적 수학화라고 할 수 있다. 이러한 관점에서 이차함수 그래프의 x축, y축 방향 평행이동을 학습하는 것은 수직적 수학화를 위해 필요한 대수적 조작을 학습하는 것으로 볼 수 있다. 또한 이차함수를 이차항의 계수가 동일한 이차함수로 조직하게 되면 이차함수 $y=ax^2$의 성질을 파악하여 일반적인 이차함수에 평행이동을 매개로 적용할 수 있게 된다. 이러한 측면에서 이차함수 $y=ax^2$을 학습하는 것이 의미가 있다는 것을 학습자가 충분히 동의할 수 있도록 수평적 수학화 과정을 강조하여 이차함수 교육과정을 구성할 필요가 있다.

이차함수를 학습하는 과정에서 그래프는 중요한 역할을 담당하므로 함수의 그래프를 학습자에게 어떻게 제시하는가도 고려해야 한다. 중학교 3학년의 수학 교과서의 개념 도입을 위해서는 일반적으로 학습자에게 대응표, 좌표평면에 점찍기, 그래프의 개형 그리기 활동의 순서로 제시되는데 이 순서를 전환하여 그래프를 시각적으로 먼저 인식하는 가운데 이차함수의 그래프의 성질을 발견하고 좌표와 대응을 하거나 함수식과 연결하는 방식으로 구성하는 것이 의미가 있을 수 있다(Borba & Confrey, 1996). 이는 Freudenthal이 풍부한 문맥에서 정신적 상(mental object)을 구성하고 이를 토대로 개념 형성으로 나가야 한다는 것과 일맥상통한다고 볼 수 있다. 또한 이와 같은 과정은 이차함수의 그래프에 대하여 이차항의 계수가 같은 그래프로 조직하기 위한 수평적 수학화의 과정과 동일한 과정이며, 이 과정에서 적용될 수 있는 정당화의 방식은 '경험적 정당화'(조완영, 2000)라고 할 수 있다.

위에서 이차함수 교육과정을 재구성한 것에 대하여 다음과 같이 나타낼 수 있다(그림 7-5).

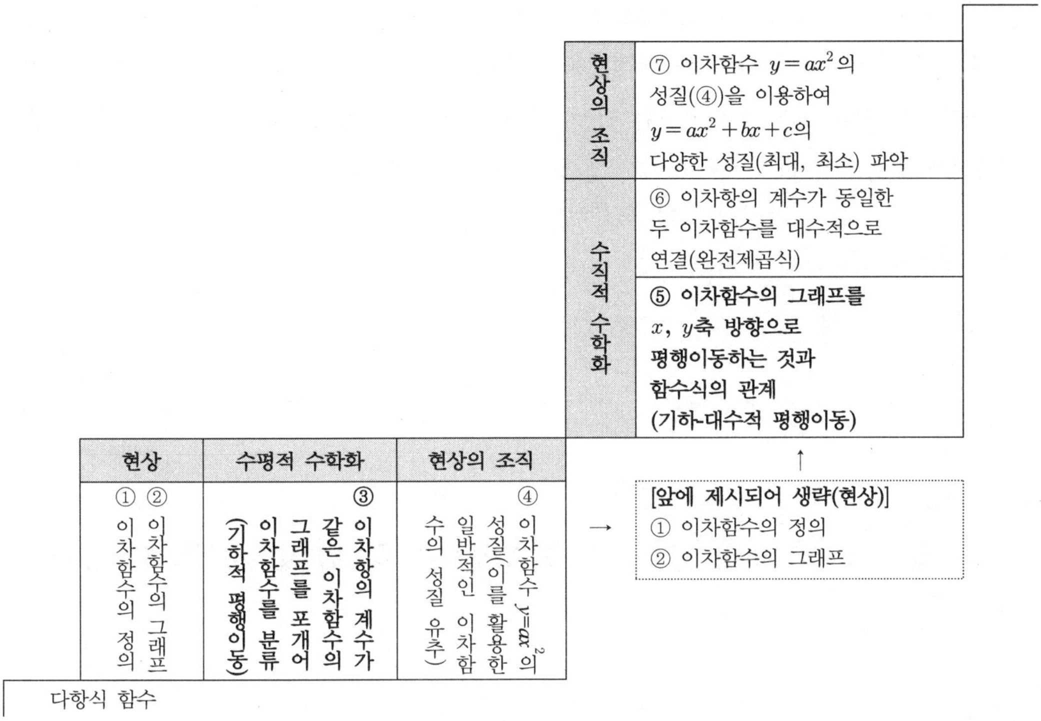

[그림 7-5] 수학화 교수·학습에 따른 활동 중심의 이차함수 교육과정 구성

이 교육과정에서 특징적인 부분은 ③번, ⑤번 항목이라고 할 수 있다. ③번 항목에서는 다양한 이차함수의 그래프를 학습자가 분류하는 과정에서 이차항의 계수가 동일한 경우 그래프의 모양이 동일하다는 것을 발견하게 되도록 하여 모든 이차함수는 이차항의 계수에 대한 동치류로 분류할 수 있음을 알 수 있도록 한다. ③번 항목을 통해 학습자는 이차항의 계수라는 조직 수단을 토대로 이차함수 전체를 조직하는 수평적 수학화 과정을 거치며 ④번 항목의 이차함수 $y=ax^2$의 그래프를 탐구하는 의미를 찾게 되기도 한다. 이와 같은 수평적 수학화의 과정을 거치고 학습자는 수직적 수학화에 대한 과정을 거치게 된다. 이를 위해서는 우선 함수의 평행이동과 함수식의 변화에 대한 관계를 파악해야 한다(⑤). 이차함수를 분류하는 수단은 '함수 그래프의 평행이동'으로 동일하지만 ③번 항목에서의 평행이동이 기하적 평행이동이었던 반면, ⑤, ⑥번 항목에서 필요한 평행이동은 대수적 표현으로 이루어진 평행이동이기 때문이다. 이는 ⑤번 항목에서 다양한 이차함수의 식과 그에 대한 그래프를 관찰하면서 학습자가 귀납적으로 대수식의 변화와 기하적 평행이동의 연결성을 추론하

게 된다. 이후 ⑥번 항목에서 이차함수의 완전제곱 형태를 만드는 방법을 이용하여 이차항의 계수가 동일한 두 이차함수를 평행이동의 관점에서 대수적으로 연결하게 된다. 즉 일반적인 이차함수인 $y = ax^2 + bx + c$를 완전제곱식 형태로 변형하여 $y = ax^2$의 평행이동으로 인식하면서 학습자는 함수 $y = ax^2$의 성질을 토대로 함수 $y = ax^2 + bx + c$의 성질을 추론할 수 있다. 이와 같은 수직적 수학화 과정을 통해 이차함수를 조직하게 되면 이후에 이차함수와 그래프를 사용하여 이차 함수의 최대와 최소를 구하여 응용적인 상황에 적용할 수 있게 된다(⑦).

4 중학교 3학년 이차함수 디지털 교과서 개발

4.1 이차함수 디지털 교과서의 전체 구성

본 단원에서는 수학 디지털 교과서 구성요소로 텍스트, 수식, (정적인) 그림, 동영상 등의 다양한 매체와 함께 동적 수학 소프트웨어 요소를 포함하도록 하여 중학교 3학년 이차함수 단원을 디지털 교과서 개발하였다. 이 때 교육과정의 구성은 수학화 이론에 따라 이차함수의 각 내용을 배열하였다.

(1) 동적 수학 소프트웨어와 저작도구

동적 수학 소프트웨어 요소로는 지오지브라(GeoGebra)를 선택하였는데 이는 지오지브라가 기하, 대수, 미적분, 통계, 이산수학, 3차원 기하에서의 수학적 대상에 대하여 대수적 표현과 기하적 표현을 적절히 연결하여 보여줄 수 있으며 기존의 동적 기하 소프트웨어(Dynamic Geometry Software, DGS)와 컴퓨터 대수 시스템(Computer Algebra System, CAS), 스프레드시트, 3차원 기하 소프트웨어 등의 기능을 통합적으로 보여줄 수 있어(Preiner, 2008, p. 35; 최경식, 2013, p. 3), 중등 수학을 위한 디지털 교과서 개발에 적합하다고 생각되었기 때문이었다. 또한 디지털 교과서의 다양한 구성 요소를 통합하기 위한 저작도구로 마이크로소프트(Microsoft)의 파워포인트 2013을 사용하였다. 파워포인트 2013은 텍스트, 수식, 그림, 동영상 등 다양한 매체와 함께 지오지브라 앱(GeoGebra for Powerpoint)을 포함할 수 있어(International GeoGebra Institute, 2015) 이차함수 디지털 교과서를 개발하기 위한 저작도구로 적절하다고 판단되었다.

(2) 레이아웃 구성

본 연구에서 개발하고자 하는 이차함수 디지털 교과서의 화면 레이아웃은 [그림 7-6], [그림 7-7]과 같다. [그림 7-6]의 전체 화면은 2개로 분할되어 왼쪽에는 텍스트가 제시되어 있으며 오른편은 동적 수학 소프트웨어가 배치되어 있다. 이때 제시된 텍스트는 동적 수학 소프트웨어를 활용한 활동에 대한 설명과 탐구문제를 제시하기 위한 것으로 이 화면에서는 동적 수학 소프트웨어의 활동이 교수·학습의 중심이 되고 텍스트는 그 활동의 보조적인 요소로 제시되고 있다.

이와 같은 구성은 본 디지털 교과서가 서책형 교과서와 구분되는 특징이다. 기존의 서책형 교과서에서 시각적 요소(예: 그림)는 텍스트의 보조적인 역할로 제시되는 보완적인 의미(Yerushalmy, 2005, p. 229)만 담고 있었으나 본 연구에서 개발한 디지털 교과서에서는 제시된 동적 수학 소프트웨어 활동이 서로 연결성을 갖도록 구성되어 학습자에게 교과 내용을 전달하는 주된 수단(Yerushalmy, 2005, p. 231)이 되도록 하였다. 이와 같은 구성은 현상(현실 상황, 수학적 상황) 가운데에서 그 정리수단인 본질을 찾는 활동인 수학화를 위한 교육과정의 입장에서도 적절하다고 생각된다. 즉 제시된 학습자 활동에서 학습자는 탐구문제를 토대로 이차함수의 특성을 탐구하고 이 가운데에서 본질을 찾아나가는 활동을 반복하도록 디지털 교과서가 구성되어 있는 것이다.

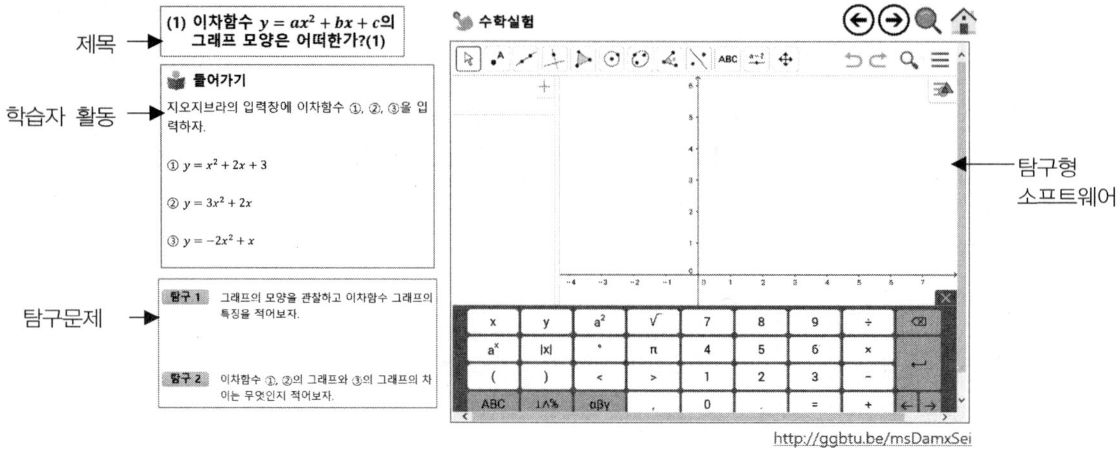

[그림 7-6] 이차함수 디지털 교과서의 화면 레이아웃(활동)

또한 다음 화면은 앞의 활동에서 발견된 점을 정리하는 설명으로 구성되어 있다(그림 7-7). 이 부분을 통해 학습자의 자율적이며 개방적인 탐구 활동을 유지하면서 동시에 교육과정이 의도하는 방향을 따라 학습자는 인도받게 된다.

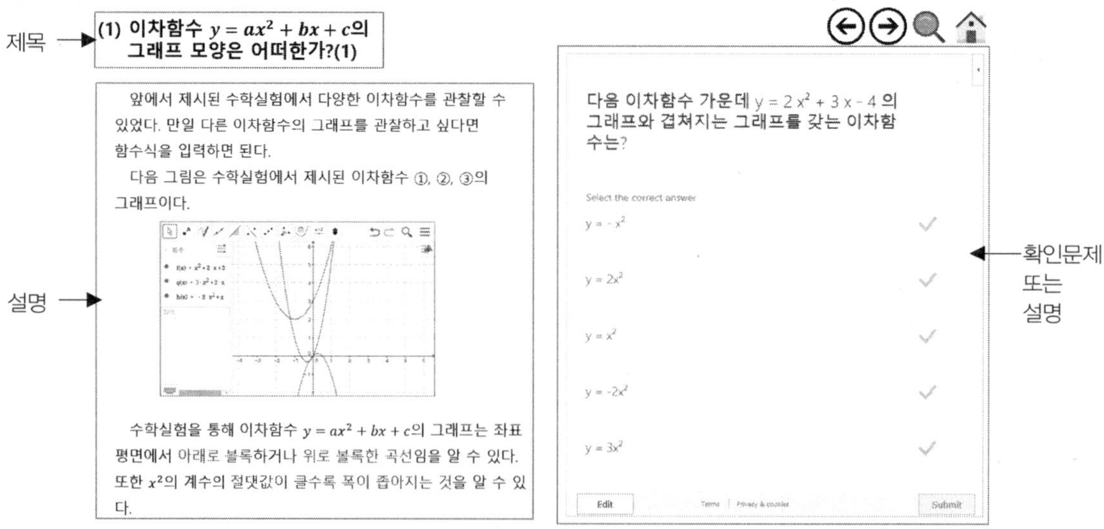

[그림 7-7] 이차함수 디지털 교과서의 화면 레이아웃(설명 및 확인문제)

4.2 이차함수 디지털 교과서의 활동 구성

본 단원에서는 이차함수 디지털 교과서 개발에 있어 수학화에 따른 이차함수 교육과정의 구성(그림 7-5)에 따라 다양한 활동을 개발하여 단원별로 구성하였다(표 7-2).

[표 7-2] 수학화 이론을 적용한 이차함수 교육과정과 이에 따른 디지털 교과서 단원 구성

수학화 과정	교육과정 구성	단원 구성
현상	① 이차함수의 정의	**1. 이차함수와 그래프** (1) 이차함수란 무엇인가?
	② 이차함수의 그래프	**2. 이차함수 $y=x^2$의 그래프** (1) 이차함수 $y=x^2$을 좌표평면에 어떻게 표현하는가? (2) 이차함수 $y=x^2$의 그래프 모양은 어떠한가?
수평적 수학화	③ 이차항의 계수가 같은 이차함수의 그래프를 포개어 이차함수를 분류 **(기하적 평행이동)**	**3. 이차함수 $y=ax^2+bx+c$의 그래프** (1) 이차함수 $y=ax^2+bx+c$의 그래프 모양은 어떠한가? (2) 두 이차함수의 그래프는 언제 겹쳐지는가?
현상의 조직	④ 이차함수 $y=ax^2$의 성질 (이를 활용한 일반적인 이차함수의 성질 유추)	**4. 이차함수 $y=ax^2$ 그래프의 성질** (1) 이차함수 $y=ax^2$ $(a>0)$의 특징은 무엇인가? (2) 이차함수 $y=ax^2$ $(a<0)$의 특징은 무엇인가? (3) 이차항의 계수와 이차함수의 그래프의 관계는 무엇인가?
수직적 수학화	⑤ 이차함수의 그래프를 x, y축 방향으로 평행이동하는 것과 함수식의 관계 **(기하-대수적 평행이동)**	**5. 이차함수 $y=ax^2$ 그래프의 평행이동** (1) 이차함수 그래프의 x축 방향 평행이동과 식의 변화의 관계는 무엇인가? (2) 이차함수 그래프의 y축 방향 평행이동과 식의 변화의 관계는 무엇인가? (3) 이차함수 그래프의 x축, y축 방향 평행이동과 식의 변화의 관계는 무엇인가?
	⑥ 이차항의 계수가 동일한 두 이차함수를 대수적으로 연결 (완전제곱식)	**6. 이차함수 $y=ax^2+bx+c$와 $y=ax^2$의 관계** (1) 이차함수 $y=ax^2+bx+c$의 그래프와 $y=ax^2$의 그래프의 관계는 무엇인가? (2) 이차함수 $y=ax^2+bx+c$를 완전제곱식으로 어떻게 변형하는가? (3) 이차함수 $y=ax^2+bx+c$를 $y=ax^2$의 평행이동으로 표현하는 방법은 무엇인가?
현상의 조직	⑦ 이차함수 $y=ax^2$의 성질(④)을 이용하여 $y=ax^2+bx+c$의 다양한 성질(최대, 최소) 파악	**7. 이차함수 $y=ax^2+bx+c$의 최댓값과 최솟값** (1) 이차함수 $y=ax^2+bx+c$에 대하여 y의 값이 언제 최대, 최소가 되는가?

본 절에서는 이차함수 디지털 교과서 내의 동적 수학 소프트웨어를 활용한 학습 활동에 대하여 간략히 설명하고자 한다.

(1) 이차함수의 정의

이차함수의 정의를 도입하기 위하여 여러 서책형 교과서에서 제시된 예 가운데 하나를 동적 수학 소프트웨어로 표현하였다(그림 7-8). 이 단계에서는 단지 이차함수가 어떤 현실 맥락에서 나타날 수 있는지를 확인하면 되는 것이기 때문에 서책형 교과서에 나온 예제를 시각적으로 구현하여 손가락 드래그(finger dragging)로 조작할 수 있도록 설계하였다.

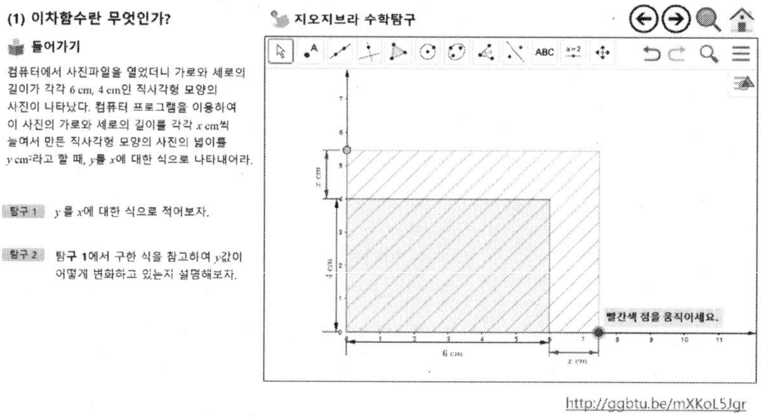

[그림 7-8] 이차함수의 정의에 대한 동적 수학 소프트웨어 활동

(2) 이차함수의 그래프

여기에서는 학습자가 이차함수의 그래프를 자연스럽게 인식할 수 있도록 화면을 구성하였다. 제시된 동적 수학 소프트웨어 환경은 표와 좌표평면을 연결하여 표에 순서쌍을 입력하면 자동으로 좌표평면에 나타나게 되며 다양한 순서쌍을 입력하면 화면에 점이 나타나 이차함수의 그래프의 개형을 알아볼 수 있도록 한 것이다(그림 7-9). 이 활동은 기존의 종이와 연필로 하던 대응표와 좌표평면에 점찍기 활동을 대체하기 위해 개발한 것이다.

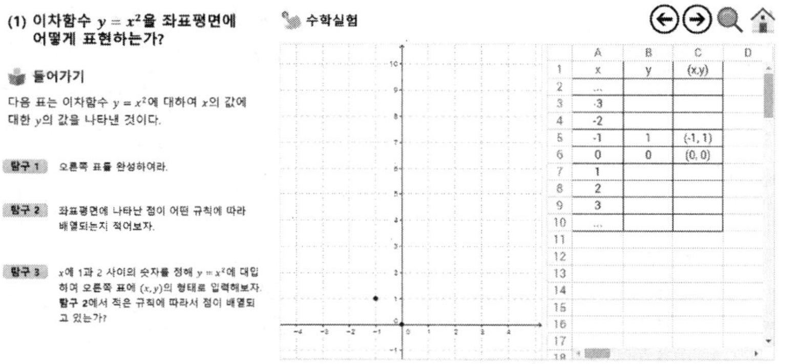

http://ggbtu.be/mYQHVba4t

[그림 7-9] 대응표에 숫자를 채우면서 점이 찍히는 것을 관찰하는 활동

그러나 [그림 7-9]에서 제시된 활동에서는 점을 많이 찍기가 쉽지 않다. 이를 보완하여 슬라이더 바를 손가락 드래그로 움직이면 점이 일정한 간격으로 위치를 변화하는 것을 관찰하는 활동을 제시하였다(그림 7-10).

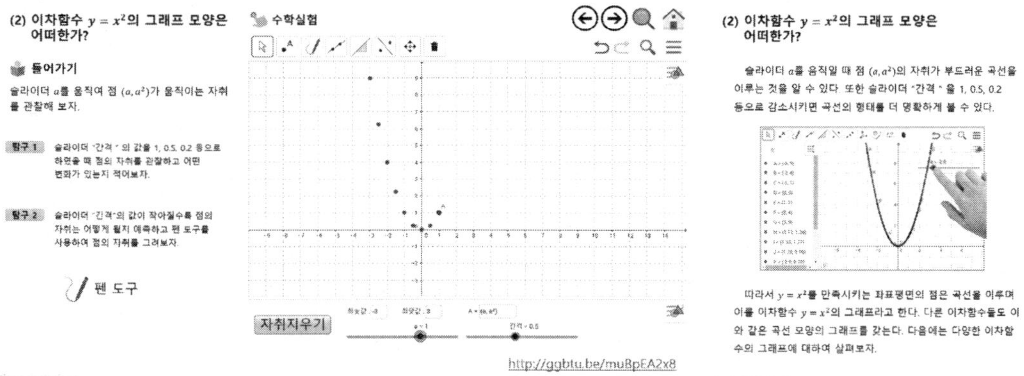

http://ggbtu.be/muBpEA2x8

[그림 7-10] 좌표평면에 (a, a^2)의 자취를 일정한 간격으로 표시하는 활동

그래프의 개형을 학습자가 인식하게 되면 그 다음으로 필요한 것은 다양한 이차함수의 그래프 개형을 관찰하는 것이다. 다음 활동에서는 다양한 이차함수의 그래프를 살펴보면서 일반적인 이차함수의 그래프가 가지는 공통적인 특징을 학습자로 하여금 스스로 찾아보도록 한다(그림 7-11).

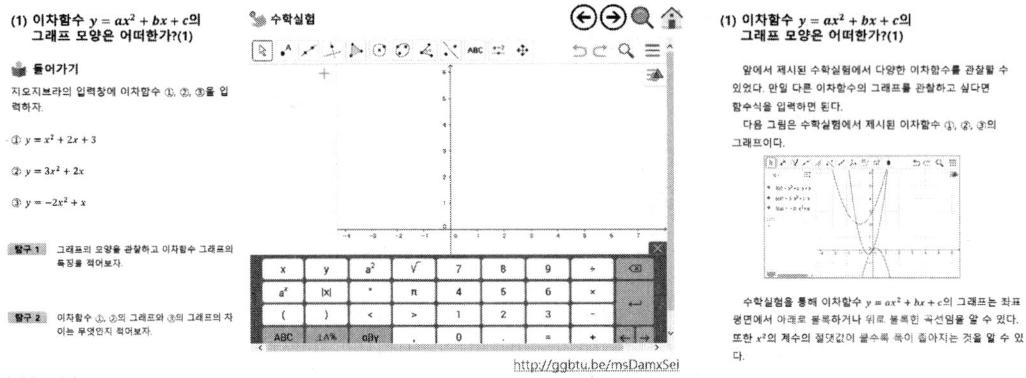

[그림 7-11] 이차함수의 식을 입력하여 그래프의 특징을 파악하는 활동

이차함수의 그래프는 축에 대하여 좌우 대칭이다. 다음 활동은 이차함수의 그래프가 자체적으로 선대칭임을 확인하는 활동이다(그림 7-12).

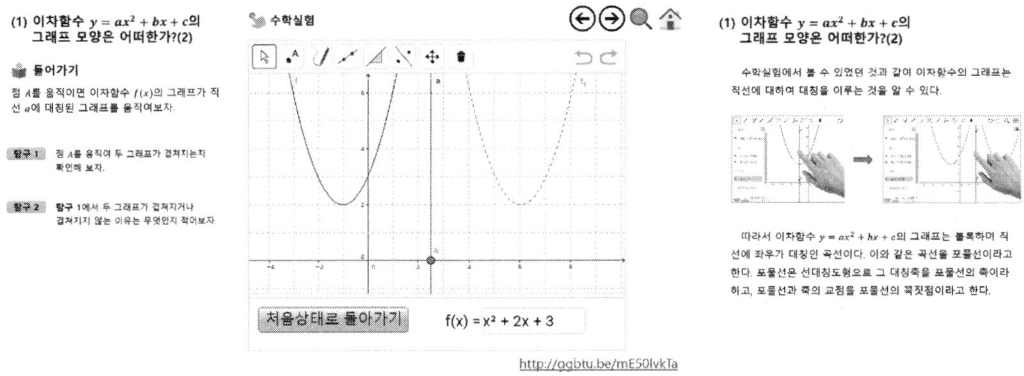

[그림 7-12] 직선에 대하여 대칭된 두 그래프를 겹쳐보는 활동

(3) 이차항의 계수가 같은 이차함수의 그래프를 포개어 이차함수를 분류

여기 제시된 활동에서 학습자는 두 이차함수의 그래프를 지오지브라 앱에서 그려본 후 손가락 드래그를 이용하여 서로 겹쳐보게 된다(그림 7-13). 이 때 학습자는 겹쳐지는 두 그래프의 공통점은 무엇인지 파악하게 되며 결국 이차항의 계수가 동일한 경우에는 두 그래프가 겹쳐진다는 것을 발견할 수 있다. 따라서 학습자는 이차함수에 대하여 이차항의 계수가 같은 경우 기하적 평행이동에 의해서 겹쳐질 수 있다는 사실을 발견하게 된다.

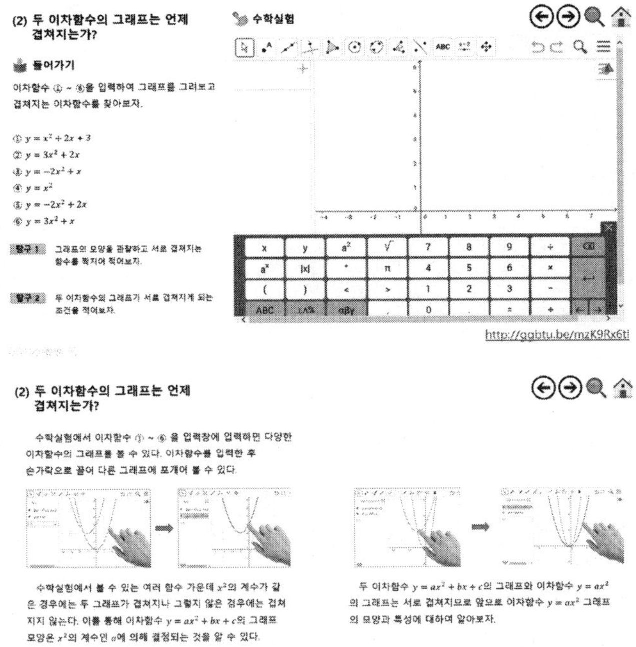

[그림 7-13] 여러 이차함수 그래프 가운데 손가락 드래그로 겹쳐지는 이차함수를 찾는 활동

(4) 이차함수 $y = ax^2$의 성질

이전의 활동을 통해서 이차함수는 이차항의 계수로 분류될 수 있다는 것을 학습자가 알 수 있었기 때문에 이차항의 계수가 a인 경우인 $y = ax^2$ 함수의 성질에 대하여 알아보는 것이 의미를 가질 수 있다. 학습자는 이 활동을 통해서 이차항의 계수가 양수, 음수인 경우에 대하여 그래프 모양의 변화를 관찰하게 된다(그림 7-14, 그림 7-15).

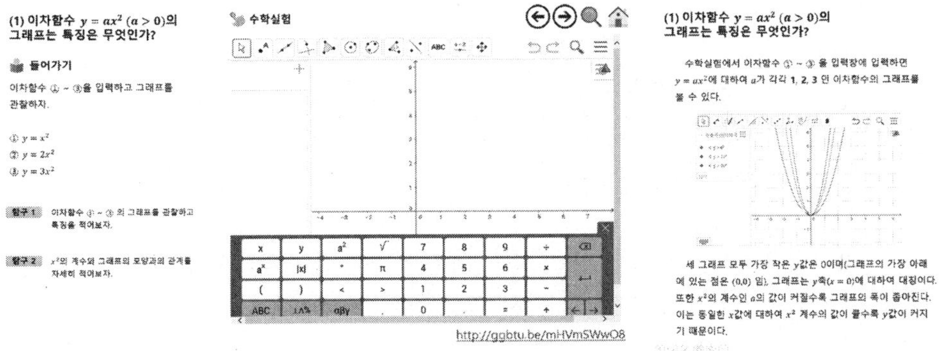

[그림 7-14] 이차함수 $y = ax^2\ (a > 0)$의 그래프를 직접 입력하여 특징을 파악하는 활동

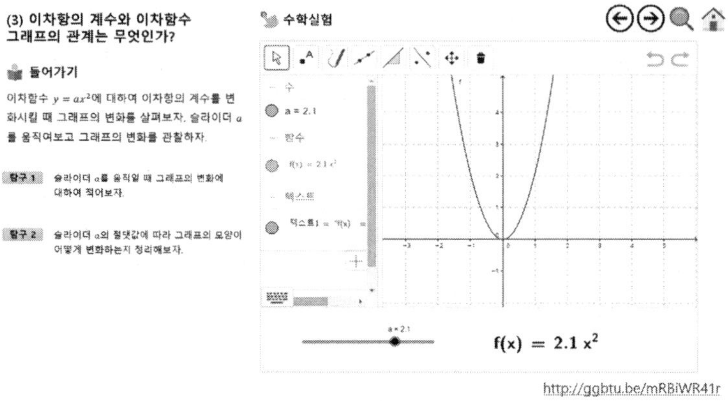

[그림 7-15] 이차함수 $y=ax^2$에 대하여 슬라이더로 a의 값을 변화시켜 그래프의 변화를 관찰하는 활동

(5) 이차함수의 그래프를 x, y축 방향으로 평행이동하는 것과 함수식의 관계

여기에 제시된 활동은 이차함수를 이차항의 계수로 조직하는 데 있어 수직적 수학화를 위한 준비를 위한 것이라고 할 수 있다. 이차함수를 이차항의 계수로 조직할 때 대수적인 관점에서의 평행이동을 적용할 것이기 때문에 이차함수의 그래프의 이동과 대수식의 변화를 연결하는 것이 필요하다. 학습자는 이 활동을 통해서 그래프를 손가락 드래그로 변화시키며 그에 따른 함수식의 변화를 관찰하게 된다(그림 7-16).

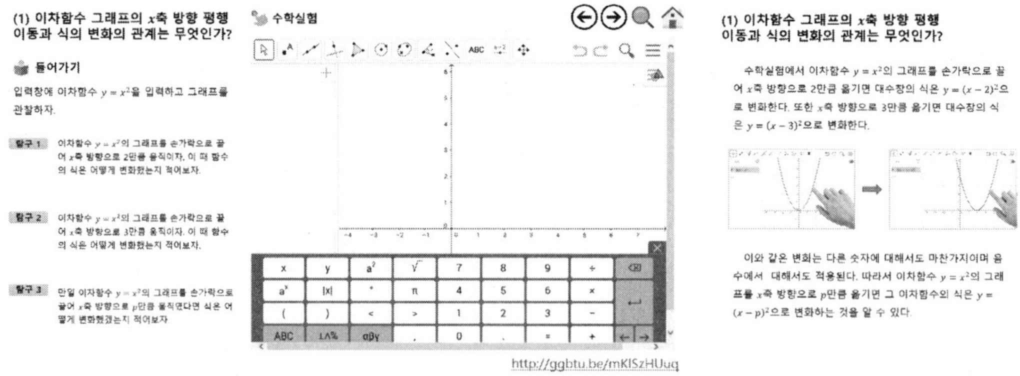

[그림 7-16] 이차함수 $y=x^2$의 그래프를 손가락 드래그를 사용하여 x축 방향으로 이동시키면서 함수식의 변화를 관찰하는 활동

또한 함수 그래프의 이동에 따른 함수식의 변화에 대한 규칙을 인식하게 되었을 때 반대로 학습자가 수식을 입력하여 그래프의 이동을 확인하도록 하는 활동을 수행하여 자신의 파악한 규칙이 적절한지 확인하도록 한다(그림 7-17).

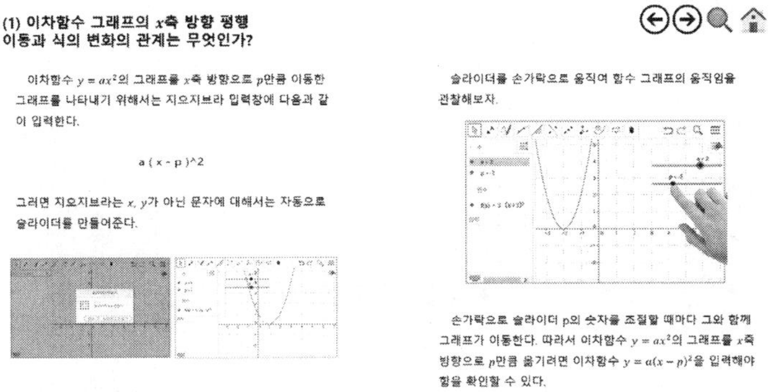

[그림 7-17] 이차함수 $y=ax^2$을 x축 방향으로 p만큼 평행이동한 $y=a(x-p)^2$의 그래프를 확인하는 활동

(6) 이차항의 계수가 동일한 두 이차함수를 대수적으로 연결

여기에 제시된 활동은 이차항의 계수가 동일한 두 이차함수 $y=ax^2+bx+c$와 $y=ax^2$에 대하여 기하적으로 얼마나 평행이동했는지를 파악하기 위해서 이차함수 그래프의 꼭짓점을 활용하는 방법에 대해서 발견하도록 한다(그림 7-18).

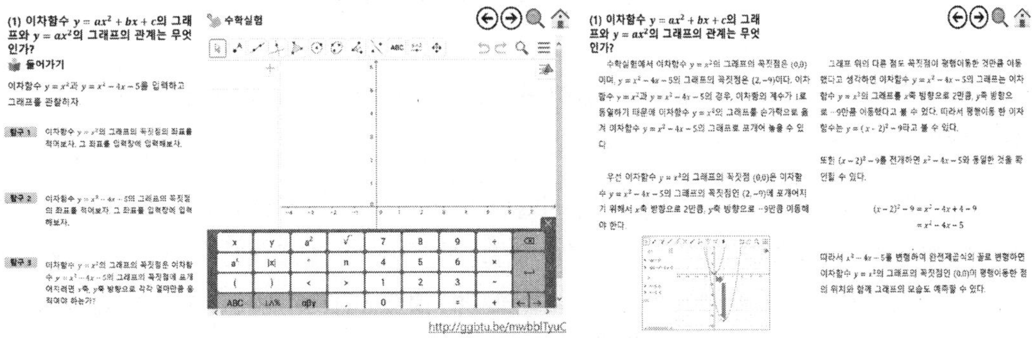

[그림 7-18] 이차함수 $y=ax^2$를 평행이동하여 $y=ax^2+bx+c$로 만들 수 있으며 이는 꼭짓점의 이동으로 파악할 수 있음을 인식하는 활동

다음으로는 이차함수를 완전제곱형태로 변형하여 함수식으로 이차함수의 그래프 개형을 예측하고 손가락으로 동적 수학 소프트웨어 위에 그려보는 활동을 제시하고 있다(그림 7-19).

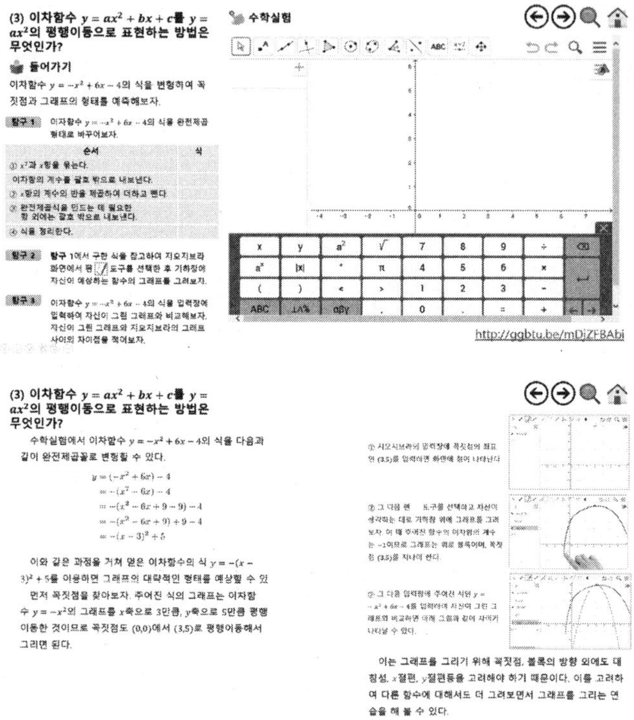

[그림 7-19] 주어진 이차함수의 식을 완전제곱 형태로 변형하여 그래프를 손가락으로 그려보는 활동

(7) 이차함수 $y=ax^2$의 성질을 이용하여 $y=ax^2+bx+c$의 다양한 성질(최대, 최소) 파악

여기에 제시된 활동은 학습자가 앞에서 학습한 것을 토대로 이차함수 $y=ax^2+bx+c$에 대하여 y의 최댓값, 최솟값을 구하는 활동이다(그림 7-20). 이 활동에서는 함수의 그래프를 그리고 그 값을 예측하기 위해 그래프 위를 움직이는 점을 만들어 손가락 드래그로 점을 가장 낮은 곳으로 위치시켜 최솟값을 읽어낸다. 또한 학습자는 이 값에 대해서 근삿값이 아닌 참값을 구하기 위해 이차함수를 완전제곱 형태로 변형하여 값을 구하게 된다.

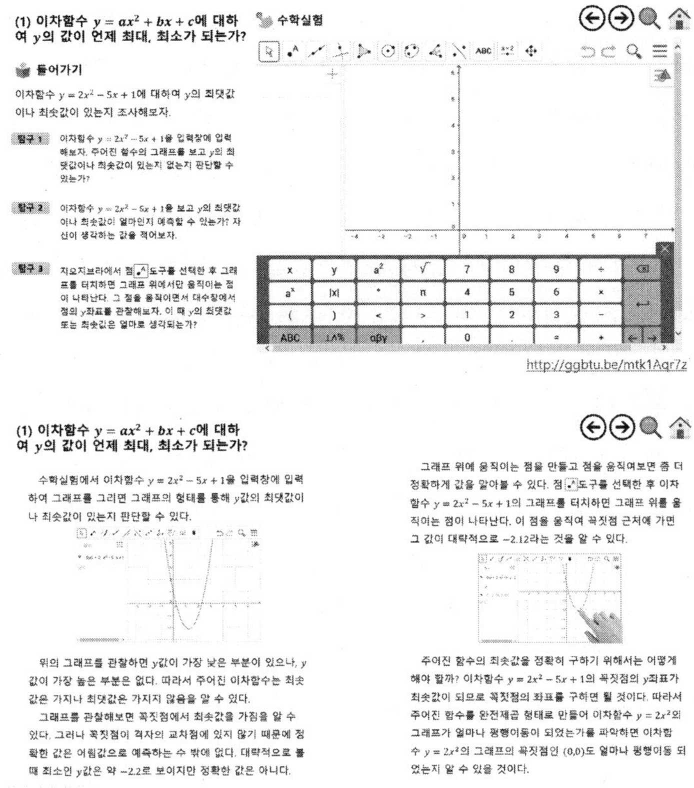

[그림 7-20] 이차함수의 그래프를 그리고 그래프 위의 점을 움직여 최솟값을 파악하는 활동

5 결론 및 제언

본 장에서는 Freudenthal의 수학화 이론을 적용한 중학교 이차함수 디지털 교과서 개발을 위한 교육과정을 재구성하고 이를 적용한 디지털 교과서 개발을 하고자 하였다. 이 과정에서 수학 디지털 교과서 개발에 관한 여러 선행연구와 개발 사례를 살펴보았으며 Freudenthal의 수학화 이론을 간략히 살펴보았다.

현재 우리나라의 중학교 3학년 이차함수 단원 구성을 살펴본 결과 연역적인 논리 구조에 따라서 잘 구성되어 있으나 학습자가 이차함수에 관련된 내용을 발견하거나 스스로 지식을 구성해 나가는 것과는 거리가 있는 교육과정이었다. Freudenthal의 수학화 이론에 비추어 볼 때 이차함수의 일반형인 $y=ax^2+bx+c$를 $y=ax^2$의 평행이동으로 이해하여 그 성질을 활용하는 것은 먼저 기하적인 측면에서 학습자가 그래프의 이동을 조작하는 과정에서 이차함수 전체를 이차항의 계수에 대한 동치류로 분류할 수 있으며 이와 같이 분류한 것은 기하적 조작에 의해서만 직관적으로 이루어진 것으로 수평적 수학화라고 할 수 있다.

한편 이차함수를 이차항의 계수에 대한 동치류로 분류할 수 있었던 것은 기하적 평행이동이었으나 대수적으로 분석하기 위해서는 기하적인 평행이동을 대수적 표현으로 전환할 필요가 있었다. 따라서 그래프를 조작하여 기하적 평행이동을 수행하고 함수식의 변화를 관찰하여 규칙을 유추하도록 한 후 이를 활용하여 대수적으로 이차함수를 이차항의 계수에 따라 조직한 것을 수직 수학화라고 할 수 있다. 이와 같은 수학화 이론을 따라 이차함수 단원의 교육과정을 재구성한 후 이에 따른 개별적인 활동을 동적 수학 소프트웨어인 지오지브라를 활용하여 개발하였다. 또한 개발된 활동과 함께 그에 따른 상황 제시, 탐구 문제를 함께 제시하였으며, 탐구를 수행한 학습자에게 제공할 설명을 준비하여 수학 디지털 교과서에 적용하였다.

본 장에서는 수학 디지털 교과서를 개발하기 위하여 중학교 이차함수 단원의 교육과정을 수학 디지털 교과서에 적합하도록 개발하고 이를 적용하여 실제 디지털 교과서를 구현하였다. 향후 본 연구에서 개발한 수학 디지털 교과서를 현장에 적용하여 나타나는 개선점을 찾아보고 그에 따라 개선해야 할 것이며 다른 단원에 대해서도 이와 같은 맥락의 디지털 교과서 개발에 대한 후속 연구가 진행되길 기대한다.

참고문헌

고은희(2009). 이차함수 그래프의 평행이동에 대한 중학교 3학년 학생들의 이해에 관한 사례연구. 석사학위논문. 한국교원대학교 대학원.

교육과학기술부(2011a). 교육과학기술부 고시 제 2011-361호 별책 8 수학과 교육과정. 서울: 교육과학기술부.

교육과학기술부(2011b). 인재대국으로 가는 길 『스마트교육 추진전략』 대통령 보고서. http://www.moe.go.kr/web/110501/ko/board/view.do?bbsId=348&boardSeq=23930

교육부(2011). 2009 개정 교육과정에 따른 중학교 핵심 성취기준의 이해 중학교 수학 서울: 교육부.

교육부(2013). '13년 디지털교과서 개발 및 적용 방안 발표. http://www.moe.go.kr/web/100026/ko/board/view.do?bbsId=294&pageSize=10&boardSeq=49892&currentPage=0&encodeYn=Y&mode=view

교육부(2015). 교육부 고시 제2015-74호 별책 3 중학교 교육과정. 서울: 교육부.

권용주, 양일호, 권석원, 이일선, 변정호, 계보경(2014). 디지털교과서 활용이 학습자의 뇌기능에 미치는 영향 No. 연구보고 KR 2014-3)한국교육학술정보원.

김광진(2013). 한국과 미국의 고등학교 수학 디지털교과서 비교 연구. 석사학위논문 성균관대학교 교육대학원.

김남희, 나귀수, 박경미, 이경화, 정영옥, 홍진곤(2011). 예비교사와 현직교사를 위한 수학교육과정과 교재연구. 서울: 경문사.

김연식, 정영옥(1997). Freudenthal의 수학화 학습-지도론 연구. 수학교육학연구, 7(2), 1-23. Retrieved from DBpia database.

김혜숙, 계보경, 길혜지, 전종희(2013). 스마트교육이 학교교육에 미치는 영향: 세종시 연구학교를 중심으로. 서울: 한국교육개발원.

류난영(2014). '디지털 교과서' 2018년에 본격 도입될 듯. http://www.newsis.com/ar˙detail/view.html?ar˙id=NISX20140526˙0012943467&cID=10201&pID=10200

배미현(2008). Freudenthal의 수학화 학습이론을 적용한 디지털 교과서 설계 및 구현. 석사학위논문, 연세대학교 교육대학원.

변호승, 김남균, 조완영, 허혜자(2005). 수학과 전자교과서 개발 방법론 연구 No. 한국교육학술정보원 CR 2005-23. 서울: 한국교육학술정보원.

세종특별자치시교육청(2015). 2015년 시도 교육청 주요정책보고서 '새로운 학교 새로운 수업 세종 스마트교육' No. 평가지표 7-1-1. 세종특별자치시교육청.

우아람(2015). 산불 모델링에 관한 수학 디지털 교재 개발 연구. 석사학위논문. 한국교원대학교 대학원.

우정호(2000). 수학 학습-지도 원리와 방법. 서울: 서울대학교 출판부.

이혜정(2015). TV는 바보상자? 그럼 강의는? http://news.joins.com/article/18702722

전상균(2015). 문제해결중심의 중학교 디지털교과서 자료 개발. 석사학위논문. 한국교원대학교 대학원.

조완영(2000). 탐구형 기하 소프트웨어를 활용한 중학교 2학년 학생의 증명활동에 관한 사례연구. 박사학위논문. 한국교원대학교.

최경식(2013). 지오지브라 바이블. 서울: 教友社.

허남구, 류희찬(2015). 활동 중심 수학과 디지털교과서의 개발 및 적용. 수학교육학연구, 25(2), 241-261. Retrieved from DBpia database.

홍근진(2014). 세종 스마트교육, 무엇이 문제인가? http://www.sjenews.com/news/articleView.html?idxno=6232

Borba, M. C., & Confrey, J. (1996). A student's construction of transformations of functions in a multiple representational environment. *Educational Studies in Mathematics, 31*(3), 319-337.

epodreczniki.pl. (2015). http://www.epodreczniki.pl/

International GeoGebra Institute. (2015). *GeoGebra for powerpoint.* https://store.office.com/geogebra-for-powerpoint-WA104363477.aspx?assetid=WA104363477

Poh, M., Swenson, N. C., & Picard, R. W. (2010). A wearable sensor for unobtrusive, long-term assessment of electrodermal activity. *Biomedical Engineering, IEEE Transactions on, 57*(5), 1243-1252.

Pratt, D. (2005). “Visual math: The function web book” by yerushalmy, M., katriel, H., and shternberg, B.(2002). published by CET, ramat aviv, israel. www. cet. ac. il/math/function/english. *International Journal of Computers for Mathematical Learning, 10*(3), 251-258.

Preiner, J. (2008). Introducing dynamic mathematics software to mathematics teachers: The case of GeoGebra. (Ph. D. diss., University of Salzburg).

Treffers, A. (1987). *Three dimensions.* Dordrecht: D. Reidel Pub. Co.

Yerushalmy, M. (2005). Functions of interactive visual representations in interactive mathematical textbooks. *International Journal of Computers for Mathematical Learning, 10*(3), 217-249.

Yerushalmy, M. (2012). *Visual math: 시각적 기술을 활용한 수학교육.* 온라인 강의, from http://www.kocw.net/home/search/kemView.do?kemId=419697#areavod

Yerushalmy, M., Shternberg, B. & Katriel, H. (2015). *VisualMath: Functions & algebra. interactive mathematics text.* http://visualmath.haifa.ac.il/

8장

합성함수의 탐구활동에서 충실도의 이해

단국대학교 고상숙
(sangch@dankook.ac.kr)

1 서론

2015년 2월에 발표된 제2차 수학교육 종합계획에서 8가지 수학교육변화추진내용(교육부, 2015)을 포함하였는데 그 중 두 번째인 '체험·탐구 중심의 수학교육'에는 '체험·탐구 중심의 수학수업을 위한 교구, SW 및 첨단IT 활용 지원'을 언급하고 있어 앞으로 수학수업에서 공학도구의 활용은 더욱 활발하게 이루어질 것이고 따라서 이를 안내하는 연구가 더욱 필요하다는 것은 두말할 나위 없다. 본 장은 이런 시대적 배경에 힘입어 평소 지필환경에서는 접하기 쉽지 않은 비정형적 접근을 통해 합성함수의 성질들을 조사해봄으로써 수학성질들의 연결성, 더 나아가 수학의 심미성을 느껴보고, 이런 탐구활동을 구성해 나갈 때 충실도의 의미는 어떻게 해석될 수 있는지 살펴보고자 한다.

1.1 함수적 사고

함수개념은 역사적으로 종속성으로부터 시작하여 그래프, 공식(함수식), 행동, 과정, 대응, 순서쌍, 대상과 같은 여러 측면을 포함하게 되었는데 이는 시간이 지남에 따라 논리적이며 집합론적인 함수로써 더욱 다듬어져서 엄밀해져왔음을 뜻한다. 수학교사나 수학자들은 이들

본 장의 학교수학에서 저자의 접근방식은 조지아대학 지도교수이신 Dr. James Wilson 교수님의 강의에서 얻은 통찰에 의한 것임을 밝힌다.

개념 간에 전환이 쉽게 이루어지겠지만 경험이 많지 않은 학생들은 이들 간에 전환이 쉽지 않고 한 개념에 고착되어 있을 수 있다. 하지만 비로소 함수이해의 마지막 단계라 할 수 있는 대상으로 이해하는 학생은 함수자체를 하나의 실체로 파악하게 되는데 함수를 집합의 한 원소로 볼 수도 있고, $f+g$, $f-g$, fg, f/g, cf, $f \circ g$와 같은 연산이 가능하며, $\phi(fg)=\phi(f)\phi(g)$와 같은 사상을 이해할 수 있게 된다(김남희 외, 2011). 여기서 합성함수를 이해하고 다양한 함수로 조작가능하다는 것은 그만큼 함수의 여러 측면을 이해하고 이들 간의 전환에서 개념적 설명이 가능해야 한다는 것이다. 따라서 고등학교에서 다루어지는 합성함수는 그렇게 간단하게 생각할 주제가 아닌 것이다.

우리나라에서 여러 차례 교육과정의 개정을 거쳐 오면서 함수를 도입할 때 종속성을 강조할 것인가 아니면 대응을 강조할 것인가라는 문제는 여전히 논란거리이다. 함수의 어떤 측면을 강조할 것인가는 학생 개개인의 이해수준에 달려있다. 특히 함수의 연산, 즉 합성과 역함수의 조작 가능성을 고려한다면 함수를 대응으로 도입하는 것은 학생들이 함수의 변화적 속성과 역동적인 측면을 파악하는데 적절하지 않다고 보는 관점이 있다(김남희 외, 2011). 이 때 공학도구를 활용하여 합성함수의 성질을 탐구하는 활동은 함수의 변화적 속성과 역동적 측면의 파악이 가능하여 기초적 개념을 시각화를 통해 더욱 견고히 할 수 있고 나아가 복잡한 심화내용으로 확장해나갈 수 있어 매우 바람직한 접근이라 생각된다.

[그림 8-1]에서 함수의 대표적 표상을 그래프, 식, 표로 분류할 수 있는데 본 장에서는 이들 함수 표상 간의 성질을 탐구해봄으로써 흔히 지필환경에서 놓칠 수 있는 함수적 특징을 조사하고자 한다. 어떤 소프트웨어를 다루는가에 따라 이 세 가지 표상 중에 어느 두 표상이 집중적으로 사용될 수 있다. 예를 들어 양함수와 음함수를 자유롭게 입력할 수 있는 그래프 이퀘이죤을 사용할 때는 식과 그래프 사이의 성질을 주로 다룰 수 있고, 스프레드시트에서 작업을 하게 되는 엑셀에서는 표, 식, 그래프를 동시에 다 다룰 수 있어서 이들 간의 특징을 조사하고 연결할 수 있는 탐구과제가 가능하다.

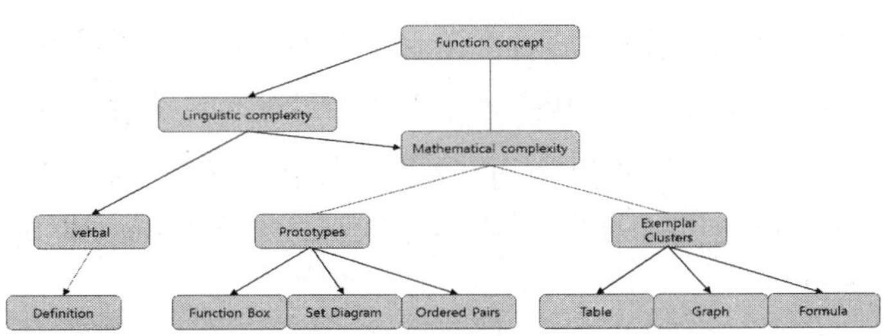

[그림 8-1] Akkoc와 Tall(2002)의 함수개념의 복잡성

1.2 탐구활동이란?

탐구란 정보나 자원의 발견을 목적으로 조사하는 행동이라 하였다. 수학교실에서 탐구활동이라는 것은 수학적 문제해결 및 학습을 위해서 교수자가 학생들의 능동적인 탐구를 촉진시키는 활동을 의미한다(고상숙, 2003). 수학적 탐구에서 Ponte와 Matos(1992)에 따르면 학습자는 수학자의 역할을 한다고 한다. 충분히 복잡한 상황, 대상, 현상, 기저가 주어졌을 때 학습자는 그것을 이해하려고 하고, 일반화가 가능한 패턴, 관계성, 유사성, 그리고 여러 다른 관계성을 찾으려 한다. 탐구활동과 문제해결활동의 차이점을 다음과 같이 피력하였다.

> 수학적 탐구는 문제해결 활동과 공통점을 지닌다. 그들은 복잡한 사고과정을 포함하고 학습자의 열의있고 창의적인 참여가 필요하다. 하지만 그들은 뚜렷한 차이가 있다. 수학적 문제해결은 문제가 잘 정의되어 주어지는 반면에 탐구는 그렇지 않다. 학습자에게 주어지는 우선적 과제는 탐구를 정확히 수행하는 것이고, 수학적 제시활동에 대해 공유할 수 있는 형태로 만들어가는 것이다(p. 239).

그들은 문제해결과 탐구에 대해 구별을 시도하였지만 개방형 문제를 다루는 문제해결에서 거의 구분하기가 어려워 보인다. 다만 탐구는 개방형문제를 주로 다루고 말 그대로 많은 접근방법이 있기 때문에 다양한 해결방법을 모색해나갈 수 있다. 수학적 탐구에는 내적으로 동기부여가 중요하다. 모든 일이 그렇듯이 자발적 동기부여가 된다면 게임을 하듯이 탐구자체를 즐기게 될 것이며 그 과정에서 수학적 이해가 내면화되기에는 충분해 보인다.

1.3 기술공학환경과 탐구활동

고상숙(2005, pp. 11-22)은 기술공학이 수학교육에 사용되기 시작하면서 '훈련과 개인지도', '컴퓨터보조교수', '프로그래밍', '역동적 상호작용 환경'으로써 활용된 각 특징들을 제시하였는데 이들 중 기술공학 활용의 미래 지향점은 역동적 상호작용 환경으로써 컴퓨터가 디딤돌(촉진제) 역할을 하여 탐구활동을 통해 수학적 사고를 개발하는 데 적극적으로 활용되어야 함을 강조하였다.

기술공학 환경은 수학교육의 사용자 입장에서 크게 두 가지로 사용될 수 있다. 그 하나는 단순히 자료를 측정하고 패턴을 찾고 자료를 만들어내는 데 사용하는 등의 경험적인 이슈(당면과제)를 확인하는 대상으로 쓸 수 있는 것과 다른 하나는 수학적 대상들과 그 대상들 사이의 관계성을 추측하며 사용하는 도구의 유용성을 적극 활용하여 그들(수학적 대상)의 타당성을 점검하는 것이다. 전자는 수학 학습에서 기술공학의 소극적 활용이라면 후자는 사용자의 반영적 사고를 요구하는 적극적 활용이라 할 수 있다. 기술공학의 바람직한 사용은 소극적 활용에 머무르지 않고 반영적 사고에 의한 진정한 탐구가 이루어지도록 적극적 활용으로 안내하는 것이다. 교사는 바로 이런 점에 유의하여 수학적 정당화를 학생이 표현하는 확신의 한 형태일 뿐만 아니라 다른 사람과 의사소통하는 하나의 방법이라는 것을 반복적으로 경험할 수 있도록 도와야 한다. 그러기 위해서는 교사가 다음 절에서 설명되고 있는 도구 발생과정을 잘 파악하고 수업내용을 구성할 수 있어야 한다.

1.4 수학교육에서 기술공학 환경

기술공학 환경에서는 공학도구의 도구화를 통해 시각화에 의한 표상간의 이동이 자유롭기 때문에 짧은 시간에 수학적 성질을 탐구해봄으로써 수학적 사고력을 함양시킬 수 있다(고상숙, 2003, 2005; Cunningham, 1991). 지필환경에서는 시간적 또는 공간적 제약 때문에 용이하지 않았던 부분이 기술공학 환경에서는 이런 제약이 해결되므로 수학적 성질을 이해하기 위해 여러 불가능했던 시도들을 해보고 추론해보는 과정이 가능하여 의미있는 결론을 이끌어낼 수 있는 탐구활동의 접근이 무한히 열린 셈이다. 따라서 기초적인 함수의 지식을 가지고서도 심화적인 내용으로 확장할 수 있는 기회를 가질 수 있다. 다음 그림은 Kaput(1992)이 사용자의 인지와 도구화의 과정을 도식화한 것이다. 본 장은 함수적 사고를 다루는 것이므로 그는 대수에서 수식을 다루는 주제를 다루었기 때문에 사용했던 '계산적 기여(computational contribution)'을 본 저자는 본 장의 주제에 맞게 '함수적 기여'로 대체하였다.

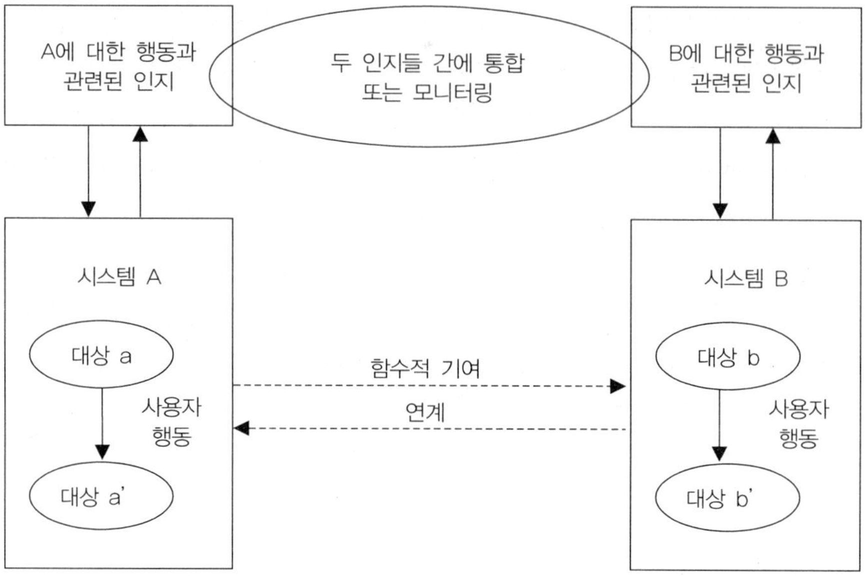

[그림 8-2] 표상 체제 간의 연결성과 인지와 관계(Kaput, 1992)

또한 고상숙(2005, p. 2)은 학습현장에 기술공학의 환경에 대해 다음과 같은 시사점의 중요성을 언급하였다. 아래 3가지 측면을 배경으로 본 장의 탐구활동을 시도하였다.

첫째, 사용자는 주어진 테크놀로지로 무엇을 해내길 원하는지, 그리고 어떻게 테크놀로지가 그들을 도울 수 있는지를 잘 알고 있어야 한다. 즉 테크놀로지가 지니고 있는 각 기능을 잘 숙지하여 그 목적에 맞게 사용하여야 한다.

둘째, 무엇보다 중요한 것은 모든 활동의 초점이 하드웨어나 소프트웨어에 관해서가 아니라 수학적 지식에 관한 것이어야 한다는 것이다. 이 점은 수학교육과 컴퓨터 교육의 차이점을 나타내는 것이기도 한다.

셋째, 테크놀로지 활용이 단순히 교육과정에 더해지는 것이 아니라 교육과정에 주의깊게 잘 통합되어야 한다. 즉 테크놀로지에 의한 새로운 교육과정의 접근이 가능하다.

기술공학 환경의 위 3가지 측면 중 첫째와 둘째 측면은 기술공학이 '학습의 도구'가 되었을 때 그 의미에 관한 것으로 '충실도 정도'를 논하는 것에 초점을 두어야함을 강조하여왔다. 충실도의 본질은 수학적 문제를 해결하는 과정에서 공학도구가 수학적 이해에 영향을 미치는 방법에 따라 고려된다(고상숙, 2014). 수학에 사용되는 공학도구는 수학적 충실도와

인지적 충실도, 그리고 교수적 충실도의 정도에 따라 다르게 구분된다. 주어진 문제를 수학적 표현으로 효과적으로 나타내기 위해서는 공학적 도구의 표현이 수학적 속성에 충실해야만 한다. Dick(2007)에 의하면 수학적 도구의 움직임에 의하여 나타나는 움직임은 수학적 원리에 대한 개념의 이해를 도울 수 있어야하므로 수학적 속성을 정확히 잘 표현할 수 있어야 한다.

따라서 “수학적 충실도란, 수학적 정확성에 대한 개체(도구)의 적합성을 의미한다”(Zbiek, 외, 2007, p. 1172). “인지적 충실도란, 도구를 작동시켰을 때 개념이해가 얼마나 잘 인식되는지에 대한 여부를 말한다”(Bos, 2009, p. 109). 이는 도구가 작동될 때 개념에 대한 이해와 깊이를 더해주는 정도에 대한 척도에 해당되므로 학습의도에 맞는 도구여야 하므로 인지적 충실도를 지닌 도구여야 한다. 또한 교수적 충실도란 “공학도구가 수학적 목표를 수립하는데 도움을 주는지, 그리고 그 수학적 목표를 해결할 근거를 제공하고 있는지에 대한 여부를 의미한다”(Dick, 2007, p. 336). 교수적 충실도가 높다는 것은 해당 공학도구가 수학적 지식을 적절히 제공하여 학습목표를 달성하는 데 근거가 되어주며, 이후 높아진 이해 수준으로 새로운 목표를 세우는 도구가 된다.

물론 위 3가지 측면의 충실도는 다음과 같은 탐구활동을 위한 과제를 구성할 때 우리가 고려해야하는 중요한 사안이다. 수학적 충실도로는 공학도구가 원하는 그래프(또는 표나 식) 잘 표현해내는지 그렇지 못하다면 도구자체의 한계인지 아님 입력한 수식에 의한 것인지를 분별할 수 있어야 한다. 인지적 충실도는 2차식에 대한 개념이해를 도구에 의한 도움으로 습득할 수 있는 건지를 고려해보는 것이다. 이 부분에서는 다음 절의 내용을 보면 도구가 담당하고 있는 매우 중요한 핵심임을 알 수 있다. 또한 교수적 충실도는 수학지식의 확장이나 다음 수업으로 나아가고자 할 때 또는 선수학습으로 전환하고자 할 때 도구의 역할이므로 과제를 구성해가는 교사에게 도움이 되어야 하는 부분이다.

2 합성함수에서 탐구활동

2.1 합성함수란?

두 함수 $f: X \rightarrow Y$, $g: Y \rightarrow Z$가 주어졌을 때, X의 임의의 원소 x에 함숫값 $f(x)$를 대응시키고, 다시 $f(x)$에 $g(f(x))$를 대응시키면 X를 정의역, Z를 공역으로 하는 새로운 함수가 만들어진다. 이 함수를 f와 g의 합성함수라 하고 $g \circ f: X \rightarrow Z$와 같이 나타낸다.

2.2 합성함수 탐구과제

1. $h = x - 2$, $g = x - 4$의 곱의 합성함수 $y_1 = x^2 - 6x + 8$의 응용

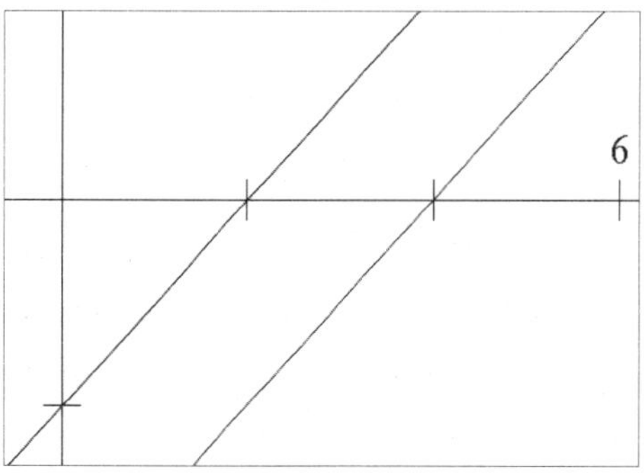

[그림 8-3] 두 일차함수

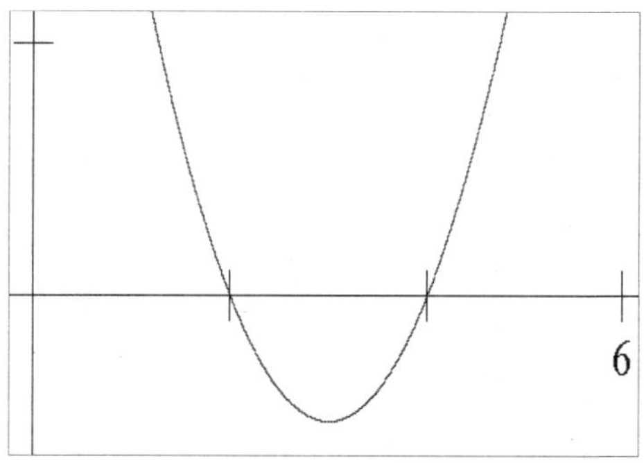

[그림 8-4] 두 일차함수의 합성함수

i) x 절편을 예측하고 $a^2 - b^2$를 인수분해 시도하여 위로 볼록한 그래프

$$y = (x-a)^2 - 6x + 8 + 2ax - a^2$$

$$y = (x-a)^2 - (\sqrt{6x - 8 - 2ax + a^2})^2$$

$$y = ((x-a) - \sqrt{(6x - 8 - 2ax + a^2)})((x-a) + \sqrt{(6x - 8 - 2ax + a^2)})$$

이를 두 식으로 나누면

$$y=((x-a)-\sqrt{(6x-8-2ax+a^2)}),\ \ y=((x-a)+\sqrt{(6x-8-2ax+a^2)})$$

위 둘을 하나로 묶어 x와 y에 대한 이차 다항식으로 바꾸면

$$(y-((x-a)+\sqrt{(6x-8-2ax+a^2)}))(y-((x-a)-\sqrt{(6x-8-2ax+a^2)}))=0,$$
$$y^2-2(x-a)y+x^2-6x+8=0$$

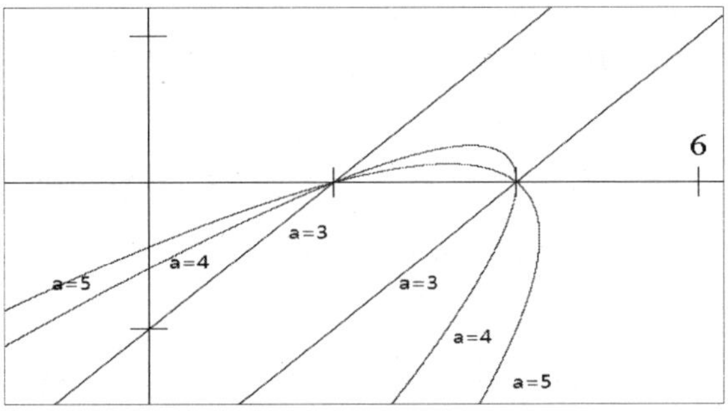

[그림 8-5] 이차다항식에서 a의 역할

위의 식에서 a=3(두 근의 중간 값) 대입하면

$y^2-2(x-3)y+x^2-6x+8=0$ --------- (1)은 처음 함수식으로 되돌아간다.
$(x-y)^2-6(x-y)+8=0,$
$(x-y-2)(x-y-4)=0,$

$y=x-2,\ y=x-4$라는 처음 식으로 돌아갈 수 있다. 즉 x항의 계수가 근의 합이므로 이들이 위의 과정에서 $(x-y)$으로 묶여져야 하므로 x항과 y항의 계수가 같아야 한다. 따라서 a=3일 때 $(x-y)$항이 6으로 묶어질 수 있고 이들의 곱의 합성함수는 직선으로 나타나게 된다.

ii) x 절편을 알고 a^2-b^2를 인수분해 시도하여 위로 오목한 그래프

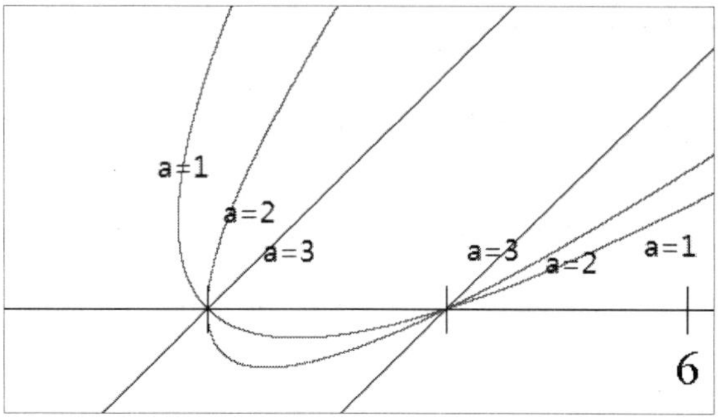

[그림 8-6] 이차다항식에서 a의 역할

[그림 8-6] 그래프의 기울기의 방향은 처음 일차함수의 기울기에 의해 결정되는 것을 알 수 있고 오목과 볼록의 성질은 바로 a 값이 $a<3$일 때는 위로 오목한 그래프, $a>3$일 때는 아래로 오목한 그래프로 변화됨을 알 수 있는데 특히 이는 우리가 접근한 기본 식 $y^2-2(x-a)y+x^2-6x+8=0$에서 xy항의 계수가 -2이고 y항의 계수가 2의 배수일 때 그래프가 이런 양상을 지닌다는 것을 알 수 있다.

2. $h=-x+2,\ g=-x+4$의 곱의 합성함수 $y_2=x^2-6x+8$의 응용

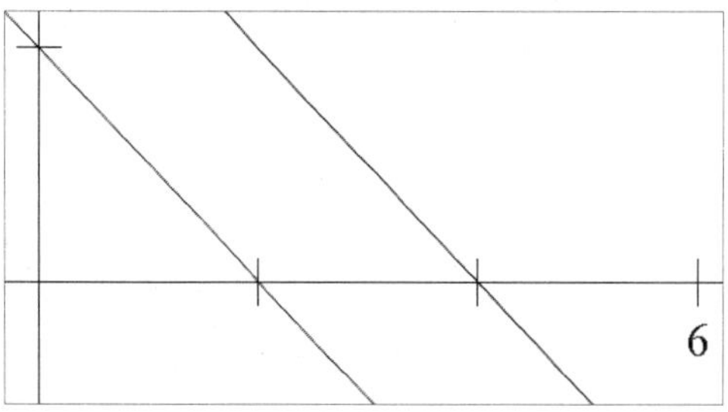

[그림 8-7] 일차함수

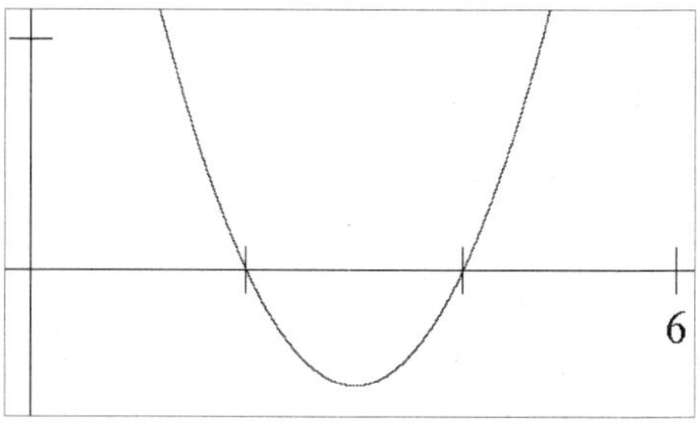

[그림 8-8] 일차함수의 합성함수

무한한 종류의 그래프 표상의 탐구가 가능한 기술공학 환경에서는 교과서에서 봐왔던 탐구활동보다는 좀 더 복잡한 그래프들로 접근이 가능하다. 따라서 이런 쉽게 해결되지 않는 과제들을 탐구해보는 것은 수학적 사고력을 기르는 데 유용한 기회를 제공할 것이다.

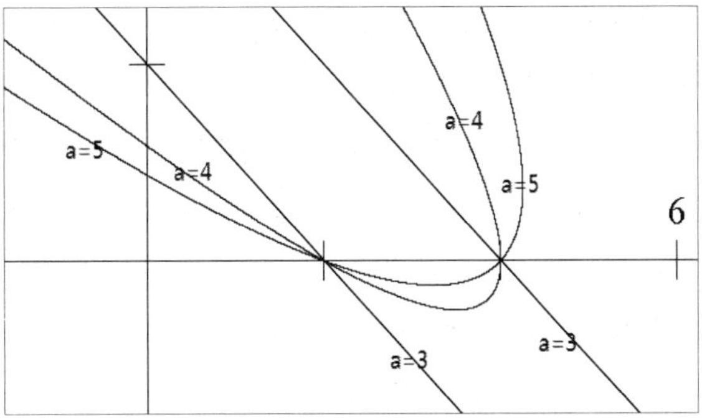

[그림 8-9] 이차다항식에서 a의 역할

$$y = (a-x)^2 - (\sqrt{6x-8-2ax+a^2})^2$$

인수분해하면

$$y = ((a-x) - \sqrt{(6x-8-2ax+a^2)})((a-x) + \sqrt{(6x-8-2ax+a^2)})$$

이를 두 식으로 나누면

$$y = ((a-x) - \sqrt{(6x-8-2ax+a^2)}),\ \ y = ((a-x) + \sqrt{(6x-8-2ax+a^2)})$$

위 두 방정식을 하나로 묶으면

$$(y + ((x-a) + \sqrt{(6x-8-2ax+a^2)}))(y + ((x-a) - \sqrt{(6x-8-2ax+a^2)})) = 0$$

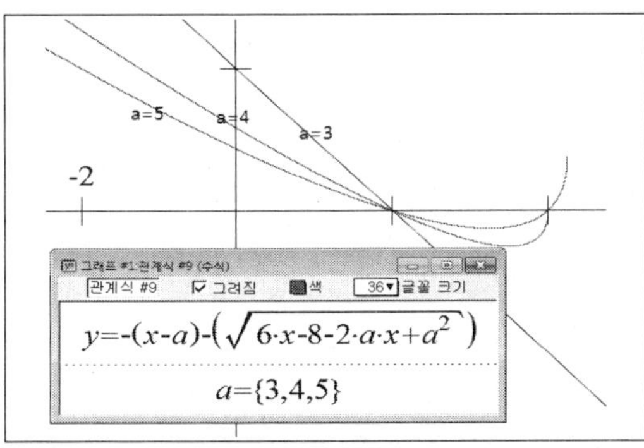

[그림 8-10]

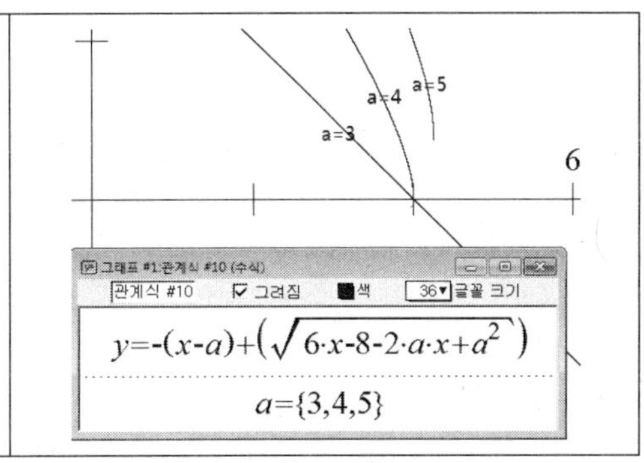

[그림 8-11]

[그림 8-10], [그림 8-11]에서 제곱근 안의 값은 0보다 커야 하므로 $a=5$일 때 $x<4.25$여야 한다. 여기서도 마찬가지로 오목과 볼록의 성질은 바로 a 값이 $a>3$일 때는 위로 오목한 그래프, $a<3$일 때는 아래로 오목한 그래프로 변화됨을 알 수 있고 특히 이는 우리가 접근한 기본 식 $y^2+2(x-a)y+x^2-6x+8=0$에서 xy항의 계수가 $+2$이고 y항의 계수가 2의 배수일 때 그래프가 이런 양상을 지닌다는 것과 $a=3$일 때는 제곱근 안이 1이 되므로 직선의 방정식이 된다는 것을 확인할 수 있다.

$$(y+x-2)(y+x-4)=0,$$
$$y^2+2xy-6y+x^2-6x+8=0,$$
$$y^2+2(x-3)y+x^2-6x+8=0. \qquad \text{-----------} \ (2)$$

(1)과 (2) 두 식을 비교하여보면 xy항의 계수, y항의 계수가 서로 부호만 다름을 알 수 있고 따라서 이로 인해 그래프가 위로 오목한 상태가 a 값이 서로 뒤바뀌어 방향이 달라짐을 알 수 있다.

3. 2와 4를 근으로 하는 다른 이차식으로 확장

(3-1) 원

$x^2-0xy-6x+y^2\pm 3y+8=0$에서 보듯이

xy항이 없으면 원이 됨을 알 수 있는데 역시 x항의 계수는 x축의 절편(근 2와 4)의 음의 합임을 알 수 있다.

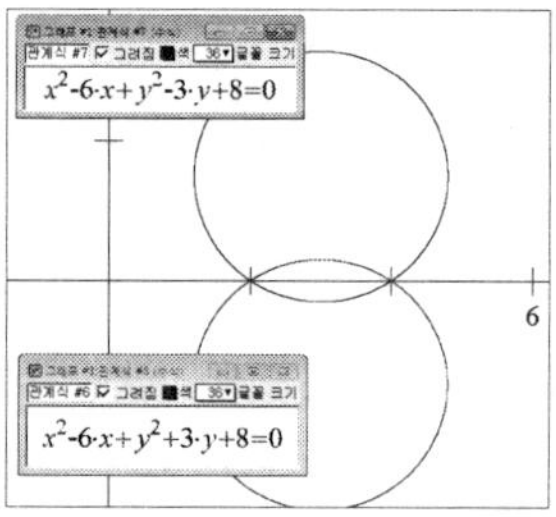

(3-2) 쌍곡선

$x^2-2xy-6x+0y^2+3y+8=0$(관계식 #6)에서 보듯이 $-2xy$항이 있고 y^2이 없으면 쌍곡선이 됨을 알 수 있는데 역시 x항의 계수는 x축의 절편(근)의 음의 합(-($\alpha+\beta$))을 나

타내고 있다.

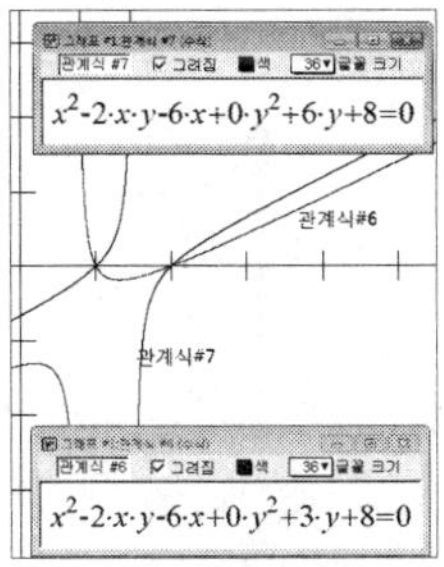

(3-3) 쌍곡선에서 직선

$x^2-2xy-6x+0y^2+4y+8=0$는

$x^2-2(x-2)y-6x+0y^2+8=0$으로 재구성하면 $-2xy$항이 있고 y^2이 없으며 y항의 계수가 x축의 절편인 2, 또는 4의 인수인 $(x-2)$ 또는 $(x-4)$로 위의 식이 인수분해가 가능할 때 두 일차함수로 분리가 가능해진다.

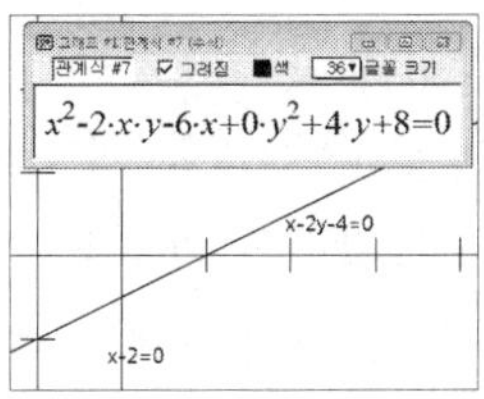

(3-4) 타원

$x^2+axy+y^2-6x-6y+8=0$는 xy항이 있고 (a의 범위가 중요 즉, $-2<a<2$), y^2이 있으며 x항의 계수가 x축의 절편인 2, 또는 4의 음의 합, y항의 계수 역시 y축의 절편인 2, 4의 음의 합이며 이들을 지남을 알 수 있다. 또한 $a=-2$일 때 앞서 1 활동에서 보았듯이 포물선이 되지만 $a=2$일 때는 평행한 두 일차함수가 된다.

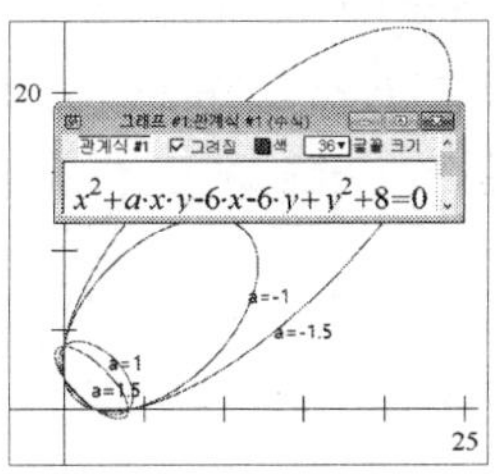

2.3 공학도구 활용에서 충실도의 의미

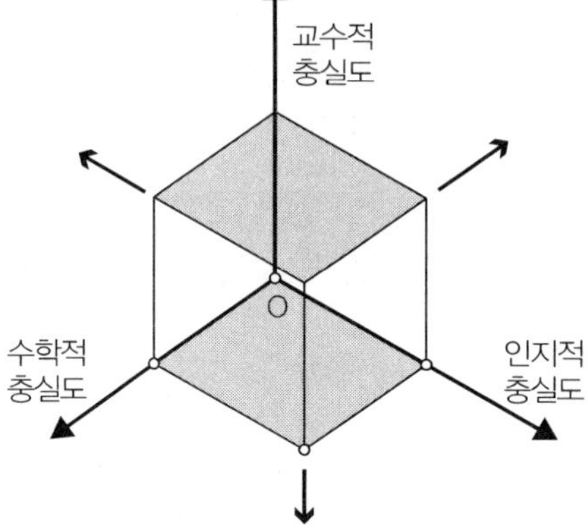

[그림 8-12] 공학도구 활용에서 충실도 관계

[그림 8-12]는 교사가 각 충실도를 미리 연구하고 고려한다면 학생의 탐구적 학습활동에서 서로 긍정적인 상승효과를 가져온다는 것을 나타낸 그림이다. 앞서 다룬 탐구활동을 포함한 이차다항식의 계수 간의 대수적 탐구에 대해서는 고상숙(2014, pp. 59-64)에서 다루고 있는 인지적 충실도를 참고하면 더욱 통합적인 개념적 아이디어를 구할 수 있다. 인지적 충실도에서 공학도구가 제시하는 시각화로 인해 한층 수학의 고차적 사고가 활성화될 수 있는데 이때 끊임없는 교사의 발문이 중요하다(또는 학생의 자기주도적 학습을 위한 과정중심으로 구성된 활동지가 제공되어야 한다). 수학적 충실도에서는 도형의 표현이 수학적 성질을 표현하는 데 어떤 오류나 과잉적인 표현이 없는지를 살펴보아야 한다. 예를 들어 각 축의 눈금의 비율이 일정한 지와 같은 그래프 화면의 사이즈를 염두에 두어야 하고 기기의 픽셀의 효과로 인해 도형의 형태에 변화를 주고 있는지 등을 고려하여야 한다. 때로는 타원도 원으로 보여질 수 있기 때문이다. 이는 기기자체의 문제보다는 조작에 필요한 안내로 해결할 수 있는 문제이다. 본 장에서 활용한 기기는 그래프이퀴이죤으로 화면의 사이즈 조정이 확대, 축소조작을 통해 손쉽게 다뤄질 수 있어 수학적 충실도를 벗어나는 일은 없었다. 교수적 충실도는 인지적 충실도를 얻기 위해 수학적 내용의 전개에 관련되는 부분이다. 이 또한 누구보다도 공학도구의 제한성과 가능성을 인지하고 있는 교사가 의미있게 구성한 교수적 학습 자료를 통해 성취하고자 하는 학습목표를 학생이 달성하도록 이끌어갈 수 있으리라 사료된다.

충실도의 상호 상승적 작용에 따라 공학도구를 사용한 탐구활동을 통해 수학적 사고력을 키우는 것은 이미 어느 정도 자기주도적 학습에서 학습의 성취를 맛본 경험을 바탕으로 한다면 그 과정이 그리 힘든 것이 아니다. 특히 공학도구에는 예상/확인과 같은 활동을 통해 자기 점검이 가능하므로 학습의 궁극적인 목적인 자기주도적 학습환경의 설정이 용이하다. 하지만 이런 경험이 부족한 학생에게는 격려와 안내를 통해 꾸준히 학습에서 성취감을 느낄 수 있도록 지도할 필요가 있다. 수학은 다른 교과와 달리 반영적 추상화인 이차개념을 바탕으로 하기 때문에 어느 정도 학습에 대한 끈기와 인내심이 필요하다. 그러기 때문에 사고하는 시간과 그 과정이 중요하다. 위에서 제시된 탐구과제들은 물론 대학과정에서 대수식의 접근으로 주로 해결되는 것이다. 그러나 그 과정에는 이런 각 계수들의 역할을 파악하고 음미해보는 시간을 제공하지 않는다.

기술공학 환경에서 수많은 시도(예상과 확인)을 거쳐서 얻어지는 통찰력은 그래프와 그래프, 그래프와 함수식, 그리고 함수식과 다른 함수식 간의 관계(성질)를 이해하는 데 도움이 되며 이들 관계를 이용한 자신만의 문제를 생성하는 데 기여한다. 이런 창의적인 문제생성은 동료학생들과 교류를 통해 더욱 의미있게 완성되어 나아갈 수 있다.

이처럼 교실문화를 탐구의 공동체로 가꾸어가는 것은 요즘 강조되는 수학적 의사소통 능력을 강화할 수 있다. 여기서 학생들은 문제의 질문을 이해하고, 발견하고 발명하며 그렇게 함으로써 명백한 메타인지 행위를 통하여 자기 교정적인 탐구에 집중하게 된다. 다른 사람과 관계에서 수학의 고차원적인 사고에 관여하게 되고 다른 사람과 비교하여 자신의 사고에 비판적이 되고, 주어진 형태를 항상 그대로 받아들이기보단 수용된 입장에 대하여 도전적이 되어갈 것이다(Resnick, 1987; 고상숙, 2003 재인용).

3 결론

미국은 1989년 발표한 학교수학의 규준집(NCTM, 1989)에 컴퓨터를 포함한 공학도구의 사용을 의무화하였고 그 후 새천년을 시작할 때 가장 큰 변화로 급속한 기술공학의 발전으로 인해 2000년 원리와 규준이라는 규준집(NCTM, 2000)을 다시 발행할 정도로 기술공학의 도입에 민감하게 반응하고 실천하고 있으며 그 현장 상황 또한 우리와 사뭇 다르다. 학교의 수학교실에 수학학습을 위한 계산기와 컴퓨터가 비치되어 있고 꾸준히 교사교육을 통해 교사들의 전문성을 안내하며 문제점을 개선해가고 있다. 우리나라는 1997년에 발표된 7차 교육과정에서도 공학도구의 사용을 언급하고는 있으나 여전히 계산기 등의 사용에 부정적이며, 소프트웨어 등 공학적 도구를 사용할 수 있는 학교의 시설은 열악하다. 그나마 교단선진화 정책에 힘입어 신설학교나 연구학교 중심으로 수학교실이 마련되고 있지만 공학도구 사용에 대한 추진능력은 매우 미약해보이며 앞으로도 그리 낙관적이지 않다.

여기에는 공학도구의 이용에 대한 교사교육의 미진함이 그 한 예로 꼽을 수 있다. 2014년 후반기에 대한수학교육학회를 중심으로 전국사범대학의 공학도구를 활용한 강좌 실태에 대해 조사가 이루어진 바가 있다. 이 때 전국 사범대학 수학교육과가 테크놀로지 강좌를 개설하고 있는 곳은 10%~15% 미만이었다. 공학도구 사용에 열의가 있어도 학교현장의 시설이 열악하여 활용할 수 없다는 문제점을 자주 듣지만 그 보다 더 큰 문제점은 수학교사들이 테크놀로지의 효과를 경험해본 적이 없기 때문에 학교현장에 시설이 갖추어진다고 해도 활성화되는데 이들을 재교육시켜야하는 시간이 필요하다. 모든 교육적 정책은 교사들의 선택에 의해 결정되기 때문에(NCTM, 1991) 교사들의 기술공학에 대한 신념의 변화를 이끌어줄 교사교육이 선행 또는 병행되지 않으면 거의 불가능하다고 봐야 하는 것이다. 따라서 다음과 같은 지향점이 우선적으로 실천되길 기대하면 본 장을 마치고자 한다.

첫째, 교사양성기관인 교육대학과 사범대학에서 테크놀로지 강좌가 수학교사들의 공학도구 활용에 대한 전문성 신장을 위해 의무화되어야 한다.

둘째, 교육부는 학교현장에 수학교실을 확충하고 기술공학 기기의 구비를 (외부기관의 도움을 통해서라도) 적극 지원하여야 한다.

셋째, 교육부는 수업에서 사용뿐만 아니라 평가에서도 공학도구 사용을 적극적으로 안내하고 추진하여야 한다.

넷째, 계산기의 도입 시기는 기초적 계산능력을 키우는 시기 이후인 초등학교 3학년을 전후로 하여 안내되어야 한다. 그 이전엔 수의 규칙성을 탐구하는 활동으로 그 이후엔 실데이터나 빅데이터를 다루어 문제해결과 같은 수학적 사고력신장을 위한 의도된 탐구 활동에서 공학도구 사용이 권장되어야 한다.

Reference 참고문헌

고상숙(2003). 수학적 탐구력 신장을 위한 테크놀로지 활용의 효과. 수학교육, 42(5), 647-672.

고상숙(2005). 수학을 하려면 엑셀을 밟아라. 서울: 경문사.

고상숙(2014). 그래핑 계산기를 활용한 이차곡선에서 예비교사들의 수학적, 인지적, 교수적 충실도에 관한 연구. 한국학교수학회논문집, 17(1), 45-71.

고상숙, 고호경, 박만구, 한혜숙, 홍예윤(2012). 수학교육평가론. 서울: 경문사.

교육부(2015). 제2차 수학교육 종합 계획 발표. http://www.moe.go.kr/web/100026/ko/board/view.do?bbsId=294&pageSize=10&currentPage=0&encodeYn=N&boardSeq=58701&mode=view.

김남희, 나귀수, 박경미, 이경화, 정영옥, 홍진곤(2011). 수학교육과정과 교재연구. 서울: 경문사.

김종화(2013). Geogebra를 활용한 유리함수와 무리함수에서 학생들의 수학화 과정에 관한 연구. 단국대학교 교육대학원 석사학위논문.

Akkoc, H., & Tall, D. (2002). The simplicity, complexity and complication of the function concept. *In the Proceedings of International Group for the Psychology of Mathematics Education 26th Conference (pp. 2-25).* Norwick, Uk.

Bos, B. (2009). Technology with Cognitive and Mathematical Fidelity: What It Means for the Math Classroom. *Computers in the Schools*, 26(2), 107-114.

Dick, T. (2007). Keeping the faith: Fidelity in technological tools for mathematics education. I G. W. Blume & M. K. Heid (Eds.), *Research on Technology and the Teaching and Learning of Mathematics: Syntheses, Cases, and Perspective.* Vol.2: Cases and Perspective (pp. 333-339). Greenwich, CT: Information Age.

Kaput, J. (1992). Technology and mahematics education. In D. A. Grouws(Ed.), *Handbook of Research on Mathematical Teaching and Learning(pp. 167-194).*

New York: Macmillan.

National Council of Teachers of Mathematics. (1989). *Curriculum and Evaluation Standards for School Mathematics.* Reston, VA: The Author. 구광조 외 2인 역(1994). 서울: 경문사.

National Council of Teachers of Mathematics. (1991). *Professional Standards for Teaching Mathematics.* Reston, VA: The Author.

____ (2000). *Principles and Standards for School Mathematics.* Reston, VA: The Author.

Ponte, J. P., & Matos, J. F. (1992). Cognitive processes and social interactions in mathematical investigations. In J. P. Ponte, J. F. Matos, J. M. Matos, & D. Fernandes (Eds.), *Mathematical Problem Solving and New Information Technologies: Research in Context of Practice(pp. 239-254).* Berlin: Springer Verlag.

Resnick, L. B. (1987). Constructing knowledge in school. In L. S. Liben(Ed.), *Developing and Learning: Conflict or Congruence?(pp. 19-50).* Hilsdale, NJ: Lawrence Erlbaum Associates.

Zbiek, R. M., Heid, M. K., Blume, G.W, Dick, T. P.(2007) *Research on technology in mathematics education: A perspective of constructs.* In F. K. Lester (Ed.), Second Handbook of Research on Mathematics Teaching and Learning (pp. 1169-1207). Charlotte, NC: Information Age.

9장

기호 조작을 통한 일차함수 규칙성 탐구 활동

한국교육과정평가원 송민호
(minos@kice.re.kr)

1 서론

대수와 관련된 내용은 주로 중등에서 다루어지고 있으나 최근에는 초기 대수(early algebra)의 관점에서 초등에서부터 대수 관련 내용이 다루어지고 있다. 이때 많이 다루어지는 개념이 양적 추론인데 양적 추론을 통한 훈련이 대수적 사고의 발달로 이어진다는 관점에 따른 것이다. 이러한 관점에서 초등학생의 양적 추론에 관한 연구가 많이 이루어졌으며, NCTM(2000)에서도 초등 대수의 관점에서 양적 추론 활동을 강조하고 있다. 그러나 이에 대한 비판도 존재하는데 기존의 양적 추론 교육이 수와 산술연산에 너무 집중해서 지도한 결과 학생들의 대수적 사고 발달을 돕지 못한다는 것이다. 또한 학생들에게 의미 있는 맥락을 제공하고 대상을 표현하며 조작할 수 있는 사고 도구의 부재로 인하여 의미 없는 기호 연습에 집중한다는 비판도 제기되었다.

본 글에서는 이러한 비판에 대한 대안으로 학생이 직접 표현하고 조작할 수 있는 사고 도구로 실행식(executable expression)을 제안한다. 실행식은 문제 상황을 표현할 수 있는 기호와 규칙, 기호의 의미를 재현할 수 있는 구성 기능, 사고 실험이 가능한 사고 도구의 역할을 모두 수행할 수 있는 기호 체계를 의미한다. 본 글에서는 양적 추론과 대수적 사고에 관한 내용을 살펴보고, 양적 추론을 수에만 국한되지 않는, 보다 다양한 표현 양식인 실행식을 이용하여 양적 추론의 사고 과정을 훈련할 수 있는 환경을 소개하고자 한다. 그리고 이 환경을 이용하여 일차함수를 기존의 방식과 다르게 도입하는 연구[1)]를 소개하고 그 시사점에 대하여 논하고자 한다.

학생에게 의미 있는 지식의 형성이라는 구성주의 관점에서 컴퓨터를 활용하려는 시도가 많이 이루어지고 있다. 이것은 인공지능과의 상호작용을 통하여 기존의 수동적 지식 습득을 탈피하고 보다 능동적인 자기주도 학습이 이루어지도록 하려는 시도로 이어지고 있다. 이러한 컴퓨터의 활용은 학생에게 의미 있는 학습 환경을 제공하려는 의도로 이루어지게 된다. 하지만 멀티미디어 매체의 사용법을 익히는 것이 또 다른 과제가 되어 학생이나 교사에게 부담이 되는 경우도 많이 발생한다. 이러한 현상은 테크놀로지에 종속되어 수학적 지식이 선택되거나 각색될 때 종종 목격된다. 수학적 지식을 의미 있게 학생이 받아들이도록 하려면 어떤 요소를 갖춰야 하는가에 대한 연구가 필요하다고 생각된다. 그리고 그러한 요소를 프로그램 내에 포함시켜 개발하려는 노력이 이어져야 할 것이다. 최근 일련의 마이크로월드의 설계에 관한 연구들은 그러한 관점을 반영하고 있다고 볼 수 있다. 특정 소프트웨어를 수학 교육에 활용하는 연구는 중요하다. 하지만 그것만큼이나 중요한 또 다른 분야는 수학 교육에서 의미 있는 학습 환경의 설계일 것이다. 본 글에서는 학습 환경을 공학적인 관점이 아닌 수학적인 관점에서 설계하는 것에 관한 이야기를 하고자 한다.

2 기호 조작과 마이크로월드

2.1 양적 추론과 대수적 사고

중등에서 대수적 사고의 시작으로 보이는 일차 함수와 관계된 추론으로는 비례 추론을 떠올릴 수 있다. 교과서에서 다루어지듯이 흔히 비례 추론을 두 변수 사이의 비례 관계, 특히 정비례와 같은 일차 함수와 관계된 것으로 생각할 수 있다. 하지만 정은실(2013)은 비례, 비, 비율, 비례식과 관계된 추론으로서, 공변과 다중비교의 의미를 포함한 양적 및 질적 추

1) 본 글에는 조한혁, 송민호(2014)에서 발췌하여 수정, 보완한 내용이 포함되어 있음.

론으로 비례 추론을 설명하고 있다. Thompson에 의해서 촉발되어 1990년대부터 많이 논의된 양적 추론의 연구 분야는 양적 추론이 대수적 사고 능력을 뒷받침한다는 것이다(이화영, 2014). 이후 대수적 사고와 관계되어 초등 단계부터 다루어지는 중요한 수학적 사고 중 하나로 받아들여지고 있다.

전형옥 외(2009)는 양적 추론과 대수적 추론, 산술적 추론을 구분하면서 특히 양적 추론이 대수적 추론과 달리 표준적인 패턴이나 기호적인 식에 의존하지 않고 유연하게 이루어진다는 점을 강조하였다. 또한 Smith, Thompson(2008)은 표현 및 조작을 위한 수학적 개념의 이해 없이 의미 없는 기호 연습이 올바른 대수적 추론의 형성에 악영향을 주고 있다고 비판하며, 학생들이 가지는 대수적 추론과 산술적 추론의 간극을 메울 수 있는 사고 방식으로 양적 추론을 제시하였다. 즉, 양과 양 사이의 관계에 대한 학생의 인식에 따라 다양한 방식의 추론과 문제 해결이 가능해진다는 것이다. 이것은 하나의 문제 상황을 해결하는 과정에서 발생하는 양적 추론이 학생이 인식하는 부분 또는 대상에 따라 다르게 이루어질 수 있음을 의미한다.

양적 추론은 그 용어 정의에서도 알 수 있듯이 양과 관련된 대상에 대한 사고 과정으로 받아들여지고 있으며 주로 양의 대상으로 수를 다루고 있다. 그리고 양에 관련된 변수, 양과 양 사이의 관계를 다루는 연산자 등의 기호를 다양하게 활용할 수 있어야 하며 그러한 기호의 의미를 내면화시키는 과정이 중요함을 알 수 있다. 본 글에서는 이러한 수에 관한 기호적 조작을 수가 아닌 대상에 대하여 적용하고 분석해서 문제를 해결해가는 과정에 주목하고자 한다. 즉, 양적 추론에서 수로 대변되는 대상들 사이의 관계 파악 및 표현 능력을 수가 아닌 대상에 대해서도 적용할 수 있을 것이며, 이 과정에서 일차함수를 단순히 계산식이 아닌 함수의 관점에서 볼 수 있는 기회를 제공할 수 있다고 생각한다. 즉, 기존의 양적 추론 연구에서 나타나는 학생의 양에 관한 사고 활동에서 사고 활동의 유형 자체에 집중한다고 볼 수 있다. 전형옥 외(2009)는 학생이 문제를 해결하면서 관찰된 양적 추론 내용으로 양 관계 파악하기, 새로운 양 만들기, 새로운 양과의 관계 파악하기 과정을 제시하였다. 여기에서 양을 제외한 사고 활동은 관계 파악하기, 만들기라고 볼 수 있다. 본 글에서는 수가 아닌 다른 형태의 대상에 대해서도 이러한 활동을 할 수 있는 환경이 의미를 갖는다고 보고 그러한 환경의 한 예로 실행식을 제시하고자 한다.

2.2 기호 조작과 실행식

수학 기호는 수학적 지식의 기호화, 표현, 의사소통, 생성을 위한 '도구'로 여겨진다 (Steinbring, 2006). 수학적 개념은 기호나 표상을 통하여 표현할 수 있으므로 수학적 기호는 외적 도구인 동시에 학습자의 사고 과정에 영향을 준다는 측면에서 내적 도구이기도 하다. 이와 관련하여 Vygotsky(1978)는 정신적 도구로서 문자의 사용을 강조하였는데, 일반적으로 수학적 기호는 학습자에게 외적 도구로 주어지며, 학습에 의해 내적 도구화되는 과정을 거친다. Vygotsky(1978)에 따르면, 외적 도구는 사회적 상호작용을 통한 내면화를 거쳐서 내적 도구로 변환될 수 있는데, 이때 상호작용은 기호 체계의 사용에 의한 기호적 절차로 이루어진다. 이때 발생하게 되는 복잡한 기호적 절차를 극복하고 수학적 기호가 가진 의미와 대상을 학습자가 내면화할 수 있을 때 비로소 그 수학적 기호는 학습자의 내적 도구가 될 수 있다. 이와 관련하여 Botzer와 Yerushalmy(2008)는 '기호적 중재 수단(means of semiotic mediation)'이라는 용어를 사용하였는데, 이것은 특정 과제를 수행하기 위해 도구를 사용하는 구체적 행위보다는, 그러한 행위 속에서 도구 사용과 관련하여 새롭게 의미가 생성되고 진화되는 것에 초점을 두고 있다. 또한 Dreyfus(1993)는 외재적 표상과 정신적 표상을 구분하면서, 외재적 표상이 정신적 표상의 형성에 영향을 미친다고 주장하였다. 즉, 복잡한 기호적 절차는 특별한 인공물을 매개로 인간의 감각이 지닌 의미를 분명히 할 수 있다. 그리고 이때 사용되는 특별한 인공물이 수학적 지식과 기호적 절차, 그리고 학습자의 내면 사이에서 어떻게 작용하는지를 이해하는 것이 중요하게 되었다. 이를 위해서 학습자의 내면에서 발생하는 현상을 학습자의 언어적, 비언어적 표현을 통해 유추하고, 다양한 기호적 표현을 통하여 학습자의 학습 현상을 유도하는 관점에서 기호적 접근이 이루어지고 있다. 기호적 접근의 핵심은 학생들이 주어진, 혹은 발생한 기호적 표현을 내면화하고 이를 외부 대상에 적용하여 그 대상을 이해하는 일련의 사고 과정을 기호라는 관점에서 해석하는 것이라 할 수 있다.

Piaget가 말하였듯이, 익숙하지 않은 외부의 자극에 대해서 쉽게 발생하는 개체의 반응은 기존의 체계 내에 그 자극을 포함시키려는 시도이며, 학습자에게 가장 익숙한 체계는 자신의 신체이다. 즉, 어떤 새로운 개념이 자신의 신체 또는 신체적 활동과 같은 매우 익숙한 도구와 연결될 수 있다면 좀더 손쉽게 내면화될 수 있음을 의미한다. 이런 관점에서 신체적 활동에 기반한 활동적 표현 양식의 중요성은 여러 학자들에 의해서 강조되었는데 Bruner의

EIS 이론, Duvinsky의 APOS 이론 등은 신체적 활동을 지식 형성의 기초 단계로 나타내고 있다. 인지과학이 발달함에 따라 이성을 신체와 환경 사이의 상호작용을 통한 능동적 발생이라는 관점으로 보는 변화가 일어나기 시작하였다(Lakoff & Núñez, 1997). 즉, 신체와 환경을 분리하고 뇌만 바라보아서는 마음에 대해 올바르게 이해할 수 없으므로 인간의 마음을 신체, 뇌, 환경의 상호작용 관계로 이해하게 되었는데, 이러한 인식이 바로 '체화된 인지(embodied cognition)' 관점으로 발전하게 되었다. 체화된 인지 이론에 따르면 행동, 감각 그리고 인식은 매우 밀접하게 관계되어 있으며, 수학교육 분야에서도 체화된 인지 이론이 가지는 의미에 관한 연구가 늘어나고 있다. Núñez(2007)는 수학은 우리가 생각할 수 있는 가장 추상화된 개념적 체계인데, 이조차도 본질적으로는 우리 신체, 언어 그리고 인식이라는 관점에서 근본적으로 체화된 것이라고 말하고 있다. 비슷한 관점에서 Radford 외(2005)는 인간의 사고는 기호, 인공물, 신체에 의해 중재될(mediated) 뿐 아니라 그 자체에 놓여있다고 주장한다.

Papert는 체화된 인지와 비슷한 관점에서 신체와 공간을 연결짓는 가상의 공간인 마이크로월드를 만들었고, 이러한 환경에 LOGO라는 이름을 붙였다. LOGO에서는 가상의 공간에 존재하는 거북 위에 학습자를 위치시키고 거북의 움직임을 제어하는 기호 체계(가자와 돌자 명령)를 통하여 공간 도형을 만들 수 있다. Papert(1980)는 거북 은유를 통한 학습을 분리 학습(dissociated learning)과 동조 학습(syntonic learning)으로 이름지었는데, 이때 동조 학습은 신체-동조성과 자아-동조성을 포함한다. 즉, 거북 위에 있는 학습자라는 은유를 통하여 거북을 학습자와 동일시 함으로써 신체적으로 체화하는데, 이러한 관점으로 신체-동조성 성질을 가지는 표현은 체화된 인지로 간주될 수 있다(Lakoff & Núñez, 2000).

신체적인 활동은 인간이 가지고 있는 가장 기본적인 경험이기 때문에, 신체적인 활동에 대한 비유를 통해서 어떤 개념을 설명하는 것은 학습자에게 매우 효과적일 수 있다. 쌓기나무 기반 스토리텔링에서도 신체활동을 기반으로 하는 행동문자를 사용하고 있는데, Ernest (2010)는 '모든 인간 활동은, 수학적 활동과 학습을 포함하여 신체적인 활동이다'라고 언급하며 수학적 활동의 기저에 신체동조적(Embodied)인 관점이 숨어 있음을 지적하였다. Ernest는 또한 수학적 지식은 신체동조적인 표현과 같은 많은 은유와 관계 속에서 지식 망과의 연계를 통하여 점차 증대하고 풍부해진다고 설명하며, 수학적 활동을 기호 조작의 관점에서 보고 수학을 언어에 비유하였다.

Papert의 Logo 마이크로월드 환경은 '흰 눈이 쌓인 벌판 위를 거북이가 가자, 돌자 명령에 따라 이동하면서 발자국으로 그림을 만든다'라는 스토리텔링 환경인데, Bruner는 스토리텔링을 우리 지식을 조직화하기 위한 구조물이자 생각하는 방법으로 간주한다(Bruner, 1996). Bruner는 특히 아동의 지능 발달을 활동적 표현(Enactive representation), 영상적 표현(Iconic representation), 상징적 표현(Symbolic representation)의 순서를 따르는 표현 수단의 증대와 그 사이의 조정능력의 증대로 보고 있으며, 이를 바탕으로 EIS라는 지식의 표현 체계를 제시하였다. Ernest(2010)는 Bruner가 그의 이론인 나선형 교육과정을 구상하면서 Peirce의 기호학을 교육적인 상황으로 재분류하여 EIS 이론을 만들고, Piaget의 아동에 대한 단계 이론을 그의 EIS 이론에 접목시키면서 Peirce와 Piaget의 연구를 조화시키려는 시도를 하였다고 설명하였다. Papert의 Logo에서는 거북이의 가자와 돌자 행동을 텍스트 형태로 표현하며 아바타인 거북을 통해 변과 각을 그려낸다. 테크놀로지를 활용한 교육 환경에서 Logo에서와 같은 문자 표현을 통한 의사소통을 강조하는 가장 큰 이유는 텍스트 형태의 표현을 통해 생각을 읽고 분석하고 반성할 수 있다는 것이다(Noss, 2001; Hoyles & Noss, 2003).

많은 연구자들은 학습자가 조작하는 기호(화면상의 아이콘 포함)에 대한 결과물을 보여주는 LOGO와 유사한 마이크로월드 학습 환경을 개발하고 이를 실제 수업에 적용하는 연구를 하고 있다. 이러한 연구들에서는 공통적으로 수학 학습에 대한 기호적 접근을 위해서 기호가 가지는 의미를 학습자에게 내면화시키는 과정에 주목하고 있다. 특히 기호나 아이콘을 통하여 패턴을 탐구하고 표현하고 생성하는 학습 환경에 관한 연구가 많이 진행되고 있다(Stacey, 1989; Duval, 1995; Radford, 2000; Lannin, 2005; Samson, 2008; Rivera & Becker, 2008). 이러한 연구에서는 기존의 수학적 기호가 가지는 추상성이 주는 어려움을 탈피하고, 초기 단계의 학습자라도 자신에게 의미 있는 형태로 기호를 받아들이고 사용할 수 있도록 표현 체계 및 학습 환경을 연구하였는데, 본 글에서는 이때 학습자가 만들어내는 일련의 기호 체계를 실행식이라 부른다. 앞에서 소개한 쌓기나무 기반의 실행식은 수학적 사고가 가능한 일련의 기호 체계로 표현된다는 점에서 기호적 접근의 측면을 가지며, 또한 학습자의 신체 활동과 관련된 일련의 기호열을 통해 구체적인 대상 또는 조작이 정의된다는 점에서 체화된 인지 관점을 반영하고 있다.

[활동] 쌓기나무 3, 4, 5, 6개로 여러 가지 모양을 만들어 보시오.

[놀이] 2명이 한 모둠이 됩니다.

1 한 사람이 가림판 뒤에서 쌓기나무 3개로 모양을 만듭니다.
2 모양을 만들고 나서, 다른 사람에게 쌓은 모양을 설명합니다.
3 설명을 듣고 쌓기나무로 같은 모양을 만듭니다.
4 가림판으로 가려진 모양과 똑같은 모양을 만든 사람이 이깁니다.

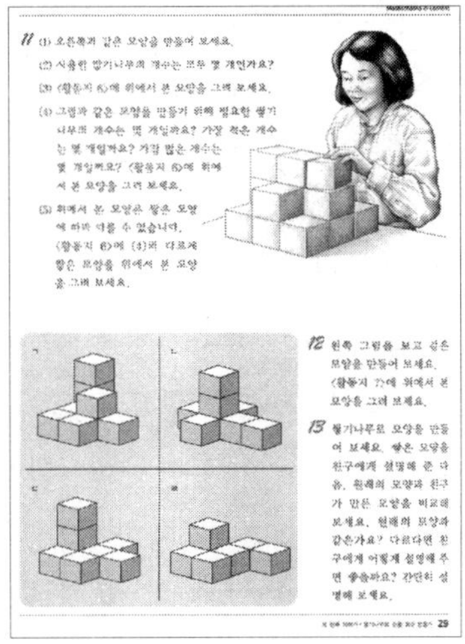

a. 6학년 수학 교과서　　　　b. MIC 교과서(번역본)

[그림 9-1] 쌓기나무 내용에 대한 수학교과서

초등학교 2학년 수학에 처음 도입되는 쌓기나무는 6학년 수학에 공간감각과 입체부피 그리고 수열의 규칙성 등과 관련하여 다시 도입되고 있다. [그림 9-1] a에 제시된 초등학교 교과서의 쌓기나무 문제는, 두 학생이 한 모둠이 되어 한 학생이 가림판 뒤에서 쌓기나무로 모양을 만든 후 다른 학생에게 그 모양을 설명하는 것이다. 앞에 제시된 문제에서는 다른 학생이 설명에 따라 쌓기나무 모양을 만든다면 그 학생이 이기는 것으로 되어 있는데, 쌓기나무 모양을 설명하는 방식이 수학의 방정식처럼 이미 정립되어 있다면 주어진 설명을 풀어 원래의 쌓기나무 모양을 만드는 학생이 모둠활동에서 이겼다고 보는 것은 타당하다. 그렇지만 연구자가 주목하는 점은 쌓기나무 모양을 설명하는 방식이 수학의 방정식처럼 정립되어 있지 않다는 것이다. 따라서 학생들이 3차원 쌓기나무 모양에 대해 각자의 방식으로 말하며 의사소통하는 과정에서, 오히려 상대방이 알아듣도록 쌓기나무 모양을 수학적으로 말하는 학생이 주인공이라 할 수 있다. 또한 [그림 9-1] b는 MiC 교과서에 제시된 쌓기나무 활동이다. 주어진 쌓기나무 모형을 친구에게 설명하고, 친구가 만든 모형과 원래 모형을 비교하는 활동을 하고 있다. 이 과정에서 어떻게 설명해야 좋은지 그 방법을 묻고 있다. 두 교과서 모두 주어진 대상을 다른 사람에게 설명하기 위한 수단을 생각하게 유도하고 있다. 이 과정에서 쌓기나무의 모양을 기호와 규칙을 통해서 말하게 된다면 수학적 의사소통 수단으로서, 그리고 학생의 조작 활동을 위한 도구로서 적절하게 작용하게 될 것이다.

실행식은 마이크로월드와 외적 도구에서 그 작용 과정을 통해 결과물을 생성할 뿐 아니라 학습자의 내면에서도 과정을 거쳐 결과물을 생성할 수 있기에 학습자의 내적 도구화, 즉 학습자가 기호와 그 작용 결과물에 의미를 부여하는 것이 가능하다. 정리하면, 실행식은 일반적으로 다음과 같은 특징을 갖는다. 첫 번째, 실행식에 사용되는 기호는 대상 또는 조작을 명시적으로 지칭하고 있다. 수학적 기호가 가지는 추상성은 때로는 학습자에게 의미가 불분명한 대상이 되어 학습자가 수학 기호를 내면화하는데 장애요인이 될 수 있다. 초기 단계의 학습자가 이를 극복하기 위한 한 방안으로 학습자가 충분히 인지할 수 있는 의미를 기호에 부여하고 이 기호를 통한 조작 활동을 제시할 수 있다. 실행식에서 사용하는 기호들은 이러한 관점에서 설계된 것이다. 두 번째, 실행식의 사용은 학습자의 내면에 실행(executable)할 수 있는 약속된 현상을 제시한다. 수학적 기호는 수학자들에 의해서 발전되어 온 것으로 고도로 정제된 형태이며 그 의미는 매우 추상화되어 있는 상태이다. 학습자는 수학적 기호에 어떤 의미를 가진다기보다는 주어진 기호와 관련된 정보들(수식, 그래프 등)을 연결해서 암기하는 방식을 많이 취하게 된다. 이는 수학적 기호를 내면화하여 내적 도구로 활용하기에 기존의 수학적 기호는 초기 단계의 학습자가 다루기에는 높은 수준에 있음을 의미한다. 이를 위해서 체화된 행동 양식에 기반하여 수학적 기호를 내적 도구화하는 초기 단계의 학습자를 위하여 실행식이 구성되었다. 세 번째, 실행식은 학습자의 내부뿐만 아니라 외부 환경에서도 기호 작용에 따른 결과물을 피드백으로 제시할 수 있다. 이는 적절한 매개물을 통한 실행식의 내적 도구화, 즉 외재적 표상을 통하여 내재적 표상을 형성하는 기능이라 할 수 있다. 이러한 특징은 학습 환경의 개발에 실행식과 같은 요소에 대한 피드백이 설계 원리로 작용할 수 있음을 의미한다. 네 번째, 실행식에서는 수학적 사고를 요하는 활동이 가능하다. 익숙한 신체 행동에 기반한 문자의 사용은 곧 반복적인 기호열의 나열을 야기하게 된다. 이때 치환기호 등의 도입을 통하여 압축화, 일반화, 변수화 등이 이루어지게 된다. 다섯 번째, 실행식의 사용은 교수자, 학습자, 매개물 사이의 의사소통을 가능하게 한다. 학습 구성원 사이에 공유된 실행식은 그 결과물에 대한 학습자의 내면화 및 매개물의 외재적 표상을 통하여 수학적 대상에 대한 의사소통이 가능하게 한다. 또한 실행식의 의사소통 가능성은 학습자의 활동에 대한 평가와 피드백도 가능케 한다.

이상의 내용을 정리하면 "실행식이란 수학적 기호가 가지는 추상성이 주는 어려움을 탈피하고, 초기 단계의 학습자라도 자신에게 의미있는 형태로 기호를 받아들이고 사용할 수 있도록 설계된 기호 체계"라고 정의할 수 있다. 즉, 실행식은 문제 상황을 표현할 수 있는 기호와 규칙, 기호의 의미를 재현할 수 있는 구성 기능, 사고 실험이 가능한 사고 도구의 역할을 모두 수행할 수 있는 기호 체계를 의미한다.

Noss 외(2009)는 주어진 일정한 패턴을 다양한 방법의 동적 분석을 통해서 일차함수에 대한 학생의 대수적 사고에 관한 연구를 하였다. [그림 9-2]와 같은 eXpresser라는 프로그램을 사용하였는데, 이 프로그램의 주요 기능은 주어진 패턴을 어떻게 구성할 것인지를 학생이 정하고 구성을 위해 필요한 부분 단위의 개수를 구해서 정비례 관계를 형성하는 것이다.

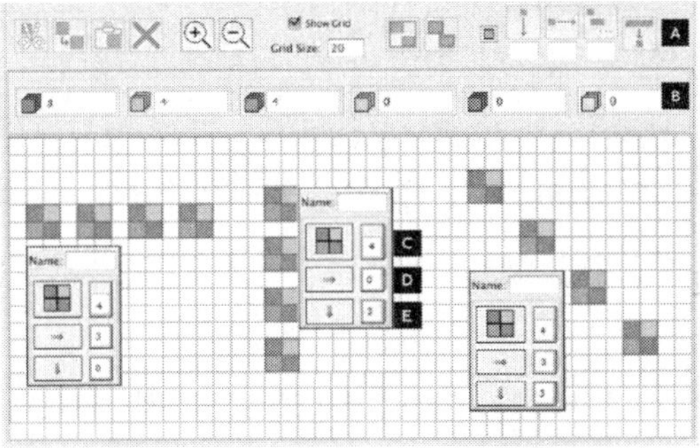

(a) In this construction the pattern is seen as a repeating group of 'backward-c' shapes each wrapped around a black tile.

(b) An alternative way is to see the pattern in terms of two sets of interleaved columns.

[그림 9-2] eXpresser 작동 화면

eXpresser에서는 모형을 구성하는 활동을 통하여 학생이 대수적 표현을 찾도록 하는 데 목적이 있다. 이 과정을 돕기 위한 다양한 장치들이 있지만 학생에게 모형을 구성하기 위한 기호적 조작 기회를 제공하지는 않는다. 다만 아이콘을 누르면서 발생하는 현상을 관찰하고, 정확하게 입력해야 하는 숫자를 수식 풀이를 통해서 찾아내도록 유도하고 있다. 이 경우, 모형을 다양한 구성 방법으로 접근한다는 측면과 함께 정확한 구성을 위해 대수적 수식을 통한 일반화를 추구하고 있다.

3 마이크로월드와 대수적 사고

3.1 환경 소개

Papert는 2차원 기하를 '길이'와 '각'이라는 수학적 대상의 결합물, 즉 벡터의 합으로 바라보았다. LOGO는 이 결합을 컴퓨터 화면 속의 거북에게 내리는 '가고', '도는' 명령의 결합으로 표현하고 있으며 Abelson과 DiSessa(1980)는 이를 거북 기하(turtle geometry)라고 정의하였다. 좌표기하 관점에서 외재적, 전체적, 결과적이었던 기하적 대상은 거북 기하 관점에서 내재적, 국소적, 절차적인 것이 된다. 즉, 거북 기하는 거북의 순차적인 움직임으로 기하적 대상을 인식하도록 하는 새로운 관점을 제공한다.

거북 기하의 특징을 3차원 맥락으로 확장하는 연구가 시도되었으나 3차원 맥락에서 거북의 움직임을 이해하는 것이 어렵고, '반복', '가자', '돌자'와 같은 프로그래밍 언어의 형태로 학습자의 인지적 부담을 높인다는 우려의 목소리가 있어왔다(Hoyles & Noss, 2003; Kynigos & Latsi, 2007; Morgan & Alshwaikh, 2008). 이에 입체대상을 3차원 기본 모듈인 쌓기나무의 합으로 바라보고, '거북 표현(turtle expression)'을 사용하여 쌓기나무를 구성하는 연구가 이루어졌다(Cho et al, 2011; Lee et al, 2011). 즉, 거북 표현은 거북 관점에서 방향성을 나타내는 문자 s, r, l, u, d 로 구성된 실행식이다. 거북 표현 실행식의 기호와 규칙은 [표 9-1]과 같다.

[표 9-1] 거북 표현 실행식의 기호와 규칙

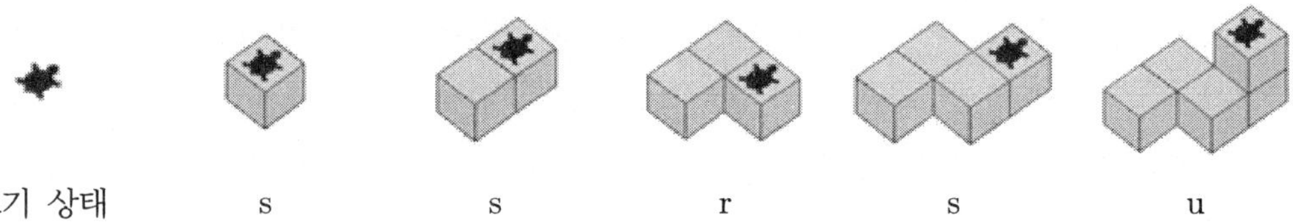

초기 상태 s s r s u

s	앞으로 전진하고 쌓기나무 만들기	r	오른쪽으로 이동하고 쌓기나무 만들기
d	한 층 내려가고 쌓기나무 만들기	l	왼쪽으로 이동하고 쌓기나무 만들기
u	한 층 올라가고 쌓기나무 만들기	숫자	다음의 문자를 숫자만큼 반복

3.2 실행식과 일차함수

쌓기나무 실행식을 기반으로 기호적 조작을 통한 일차함수 접근 환경에 대하여 살펴보자. 일차함수 $f(x)=ax+b$에서 가장 중요한 것 중 하나는 단계에 따라 일정하게 변화하는 규칙을 찾아낸 다음, 일정하게 변화하는 규칙을 상수 a, 단계를 x, 단계 변화와 관계없이 일정한 부분을 상수 b로 표현하는 것이라 할 수 있다. Cho 외(2012)는 초등학교 6학년 학생들을 대상으로 이러한 활동을 실행식의 치환 기능을 기반으로 소개하고 있는데, [그림 9-3]에서와 같이 X='ssss[uu]'로 치환하고 X를 3번 사용하면 오른쪽과 같은 모형을 만들 수 있다.

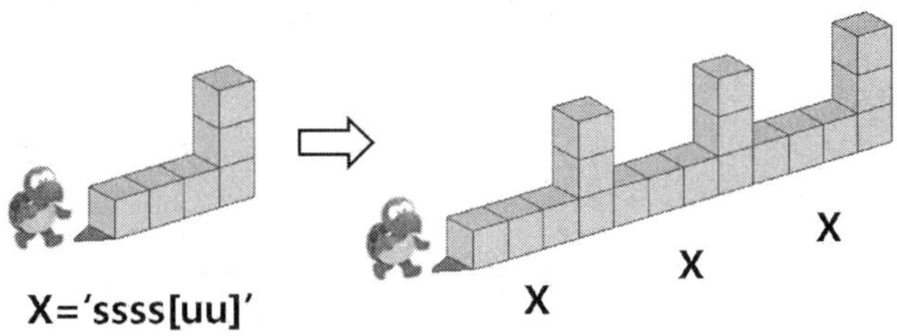

[그림 9-3] 실행식의 치환 기능

치환 문자의 사용은 대수적 사고에서 변수로서 기호를 다루는 것에 해당한다. 치환 문자의 도입은 보통 반복되는 상황을 표현하기 위한 학생의 필요에 의해서 이루어진다. [표 9-2]는 Cho 외(2012)가 과제를 수행한 학생의 패턴 분석 사례를 소개한 연구에 나타난 방법 분류이다. 학생에게 주어진 과제는 그림의 모형을 문자를 써서 가장 짧게 표현하도록 한 것이다.

[표 9-2] 주어진 모형을 가장 짧은 문자로 표현하는 활동

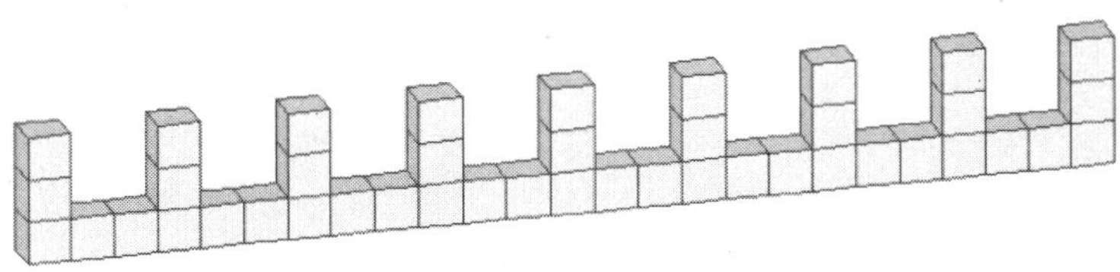

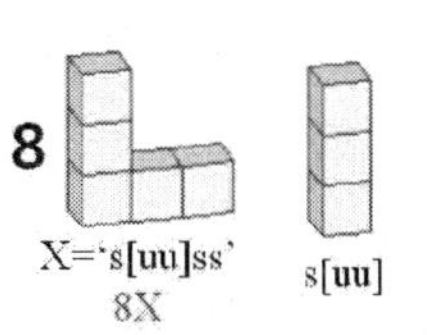 8 X='s[uu]ss' 8X s[uu]	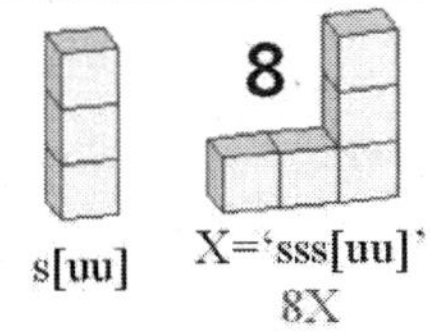 s[uu] 8 X='sss[uu]' 8X	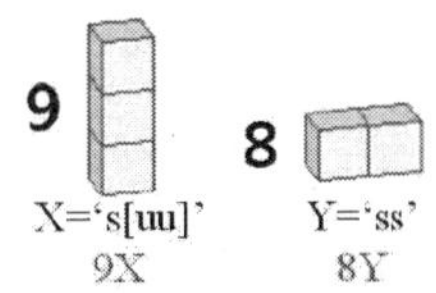 9 X='s[uu]' 9X 8 Y='ss' 8Y	X='s[2u]2ss[2u]2ss[2u]2ss[2u]2ss[2u]2ss[2u]2ss[2u]2ss[2u]2ss[2u]sss2u'
(a) 15 students	(b) 6 students	(c) 3 students	(d) 1 student

[표 9-2]에서 볼 수 있듯이 학생은 모두 4가지 유형으로 나누어져 자신의 기준에 따라 모형을 해석하고 이해하려 한다. 그리고 자유로운 기호의 사용은 자신의 생각을 표현하고, 확인하는데 도움을 주는 사고 도구의 역할을 하게 된다. 문자 치환 기능을 익히면 다음과 같은 활동이 가능해 진다. [표 9-3]은 모형(a)과 단계(3단계)가 제시되었을 때, 각 단계별 모양을 추측하는 활동이다. 이것은 주어진 모형을 동일한 모양으로 단계만큼 분해할 수 있는 조각을 찾아내는 문제와 관련이 있다. [표 9-3]의 b와 c에서 볼 수 있듯이 이 문제는 하나의 정답이 있는 것이 아니라 학생이 자신에게 의미 있는 형태로 인식할 수 있는 다양한 형태의 정답이 존재할 수 있다. 이것은 기존의 양적 추론을 통한 대수적 사고 훈련에서 수와 산술연산의 반복학습으로 학생에게 무의미한 기계적 학습이 이루어진다는 비판에 대한 대안이 될 수 있다.

[표 9-3] 단계에 따라 주어진 모형의 기본 요소 찾기

<table>
<tr><td rowspan="3">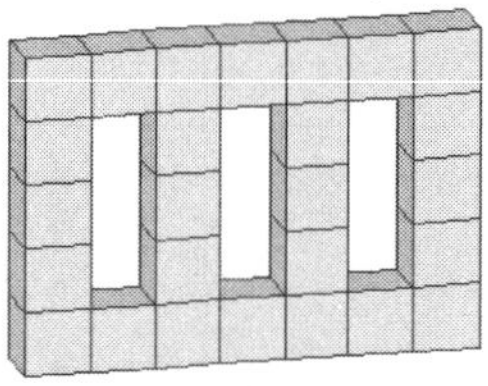
3단계</td><td></td><td></td></tr>
<tr><td>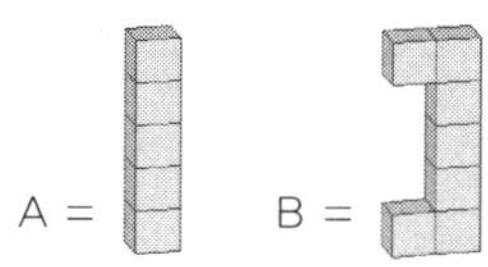</td><td>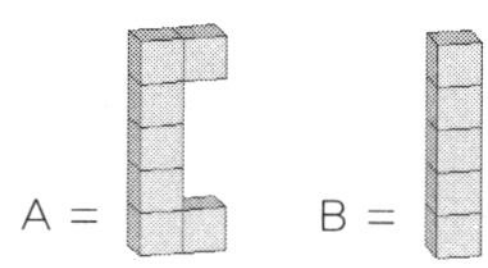</td></tr>
<tr><td>do B A A A
또는
do B 3A</td><td>do A A A B
또는
do 3A B</td></tr>
<tr><td>a</td><td>b</td><td>c</td></tr>
</table>

[표 9-3]의 c에서 표현된 것을 익숙한 수식으로 표현하면 $f(x)=Ax+B$의 일차함수 형태가 된다[2]. 일차함수에서 중요한 성질 중 하나는 정의역에 해당하는 변수의 변화량에 따라 함숫값이 일정하게 변화한다는 점이고, [표 9-3]은 '단계'라는 변수의 변화량에 따라 '전체 형태'가 일정하게 변화한다고 볼 수 있으므로 [표 9-3]은 일차함수의 성질을 잘 드러내고 있다. A와 B가 숫자가 아닌 도형이라는 점과 수학적으로 약속된 수식 ($f(x)=ax+b$)과 다른

2) 여기에서 변수 x는 단계를 의미하며 [표 9-3] a의 경우 x의 값은 3이다.

형태(do 3A B)로 표현된다는 점을 제외한다면 일차함수가 가진 의미와 일치한다고 볼 수 있다[3]. 오히려 수학적으로 엄밀하지 않은 이런 원시적 표현방식은 일차함수 표현의 발생적 접근이라는 측면에서 학습자에게 의미를 가질 수 있을 것이다. 일차함수와 관련된 수학교육이 해를 구하는 해석적 측면이 많이 강조되고 있기 때문에 자칫 놓칠 수 있는 일차함수의 성질에 대한 질적 접근 및 이해를 도울 수 있는 학습 형태라는 점에서 의미를 가진다고 할 수 있다.

3.3 실행식과 양적 추론

이와 같이 살펴본 실행식을 통한 일차함수 접근은 양적 추론의 관점에서 살펴볼 수 있다. 앞에서 살펴본 예를 통해 여러 양적 추론 중 전형옥 외(2009)에서 다루었던 양 관계 파악하기, 새로운 양 만들기, 새로운 양과의 관계 파악하기가 어떤 형태로 나타날 수 있는지 살펴보자.

[표 8-3]에서 다루었던 모형의 기본 요소 찾기에서는 어떤 기본 단위가 주어지지 않은 상태에서 양 관계 파악하기는 쉽지 않을 수 있다. 오히려 새로운 양 만들기가 먼저 이루어지고 그 이후에 새로운 양과의 관계 파악하기가 이루어진다고 생각할 수 있다. 하지만 기본적으로 주어진 모형을 분석해서 모형을 구성하기 위해서 필요한 동형의 부분을 찾는 과정에서 필연적으로 동형으로 가정하는 단위 모형과 전체 모형 사이의 관계를 비교할 수밖에 없다. 예를 들어 [표 9-3]의 b의 B와 같은 단위 유닛으로 주어진 모형을 분석하려면 주어진 모형에 단위 유닛이 세 번 들어가게 되고 하나의 막대 모형(A)이 남게 된다는 것과 같은 비교를 하게 된다. 이 과정에서 동형의 단위 모형에 대한 가정이 변화하게 되고, 변화할 때마다 전체 모형과의 비교를 지속적으로 하게 되므로 양적 추론에서 다루는 양 관계 파악하기가 연속해서 일어난다고 볼 수 있다. 또한 기존의 양적 추론에서 새로운 양 만들기는 문제에서 묻고 있는 대상을 이용하는 경우가 많아서 정형화된 문제 풀이 방법으로 다루어지는 경우가 종종 발생하지만, 위의 문제와 같은 경우에는 새로운 양을 무엇으로 정할 것인지, 즉 무엇을 문자로 치환할 것인지부터 학생의 결정을 요구하게 된다. 따라서 기계적으로 해결하기보다

3) 함수가 집합 사이의 대응 관계라는 점, 도형 집합을 정의역과 치역으로 생각할 수 있다는 점, 일렬로 나열된 문자가 순차적으로 실행되므로 + 기호가 생략된 것으로 볼 수 있다는 점 등은 실행식의 표현과 의미가 정확하게 함수의 그것과 일치함을 알 수 있다.

는 전체 모형에서 부분 동형을 찾아내는 활동이 비슷한 문제의 유형에서 끊임없이 일어나게 된다. 이러한 부분은 기계적 암기식 학습을 지양할 수 있는 기회가 될 수 있다고 생각된다. 치환한 문자를 이용해서 기존의 모형을 재구성하고 그것을 문자식으로 나타내는 과정은 대수식과 매우 유사한 측면을 가지고 있다. 즉, 실행식을 이용한 기호 조작 활동이 결국 대수적 문제 해결을 위한 기호 조작으로 자연스럽게 연결될 수 있음을 의미한다.

따라서 양적 추론 중 양 관계 파악하기는 주어진 모형을 이루는 동형의 요소를 찾는 과정으로, 학생이 인식하게 된 동형의 요소를 문자로 치환하는 과정을 새로운 양 만들기로, 주어진 모형을 치환 문자로 표현하는 과정은 새로운 양과의 관계 파악하기로 생각할 수 있다.

4 결론

대수와 관련된 내용은 주로 중등에서 많이 다루어지며, 그 중 대부분은 수식을 다루는 것이다. 최근 초기 대수(early algebra)의 관점에서 초등에서부터 대수 관련 내용이 다루어지고 있는데 이는 양적 추론의 관점에서 수와 수 사이의 관계에 대한 훈련이라고 볼 수 있다. 대수적 사고는 주로 양, 특히 수에 관해서 많이 다루어지고 있는 것이 사실이나, 기계적인 수식 처리와 수에 대한 산술 연산 등으로 인해 학생들에게 의미 없는 기호 조작 연습으로 변질될 가능성이 높은 것도 사실이다.

본 글에서는 대수적 사고, 특히 양적 추론에서 주로 나타나는 과정을 살펴보고, 그러한 과정에서 중요하게 다루어지는 사고력은 어떠한 것인지 살펴본 후, 양이 아닌 다른 대상에 대해서도 그러한 사고력이 적용될 수 있는지에 초점을 맞추고 있다. 이를 위해서 양적 추론에 관하려 살펴보고, 양적 추론에 나타나는 여러 과정들 중에서 양 관계 파악하기, 새로운 양 만들기, 새로운 양과의 관계 파악하기를 수가 아닌 다른 대상을 다루는 조작 활동에서 확인하고자 하였다. 그리고 이때 조작 활동으로 제시하는 환경으로 실행식을 예로 들고 있다. 실행식은 수학적 기호가 가지는 추상성이 주는 어려움을 탈피하고, 초기 단계의 학습자라도 자신에게 의미있는 형태로 기호를 받아들이고 사용할 수 있도록 설계된 기호 체계라고 정의

할 수 있다. 즉, 실행식은 문제 상황을 표현할 수 있는 기호와 규칙, 기호의 의미를 재현할 수 있는 구성 기능, 사고 실험이 가능한 사고 도구의 역할을 모두 수행할 수 있는 기호 체계를 의미한다. 본 글에서는 기호 s, r, l, u, d를 이용하고, 거북 행동에 따라 쌓기나무가 만들어지는 규칙을 가진 거북 표현 실행식을 예로 제시하고 있다. 거북 표현 실행식의 설계와 관련하여 기호학과 인지이론의 관점에서 기호적, 체화적 특성에 관하여 살펴보았다. 이와 같이 설계된 실행식을 바탕으로 교과서 내용을 바탕으로 실제 적용 사례를 제시하였다. 초등수학에서는 쌓기나무를 이용한 의사소통 활동을 살펴보면서 언어 사용의 필요성을 강조하였고, 중등수학에서 일차함수와 변수 같은 수학적 개념을 강조하였다. 특히 일차함수가 가지고 있는 질적 특징을 드러내는 현상을 도입함으로써 풀이가 아닌 변화에 집중할 수 있는 환경을 제시하고 예시를 들어 양적 추론에서 나타나는 사고 과정이 거북 표현 실행식에서 어떻게 나타날 수 있는지 설명하였다.

최근 강조되고 있는 스토리텔링 수학교육과 관련하여 흥미를 유발하는 이야기 속에 수학적 구조를 담으려는 연구가 많이 진행되고 있다. 실행식은 일정 수학 영역을 이루는 기본 구조 또는 공리 자체에 작은 이야기를 붙이고, 그 이야기들을 반복함으로써 전체적인 수학적 대상을 구성하는 또 하나의 스토리텔링 수학교육 교수 · 학습 방법으로 볼 수 있을 것이다.

참고문헌

이화영(2014). 양적추론과 대수적 사고 능력의 계발. 한국수학교육학회 뉴스레터, 30(6), 11-13.

전형옥, 이경화, 방정숙(2009). 초등학교 6학년 학생의 양적 추론 사례 연구. 대한수학교육학회지 수학교육학연구, 19(1), 81-98.

정은실(2013). 초등학교 수학 교과에서의 비례 추론에 대한 연구. 대한수학교육학회지 수학교육학연구, 23(4), 505-516.

조한혁, 송민호(2014). 실행식(Executable expression) 기반 SMART 스토리텔링 수학교육. 대한수학교육학회지 수학교육학연구, 24(2), 269-283.

Abelson, H. & diSessa, A. (1980). *Turtle Geometry.* Cambridge. MA: MIT Press.

Botzer, G., & Yerushalmy, M. (2008). Embodied Semiotic Activities and Their Role in the Construction of Mathematical Meaning of Motion Graphs, *International Journal of Computers for Mathematical Learning 13*, 111-134.

Bruner, J. (1996). 교육의 문화(강현석, 이자현 역). 서울: 교육과학사.

Cho H. H., Kim C. Ho., Shin D. J. & Lee J. Y. (2012). Exploring Pattern Generalization in the Logo-based Microworld. *Proceeding of The 17th Asian Technology Conference in Mathematics: Celebrating Mathematics and Technology.* Bangkok.

Cho H. H., Lee J. Y., Kim C. H., & Lee D. H. (2012). The MCY-Activities: Constructing and Sharing Three Types of Pattern. *Proceedings of Asian Technology Conference in Mathematics 2012, 8-17.* Bangkok, Thailand.

Cho H.H., Song M.H., Lee J.Y. & Kim H.K. (2011). On the Design of Logo-based Educational Microworld Environment, *Research in Mathematical Education 15(1)*, 15-30.

Dreyfus, T. (1993). Didactic Design of Computer-based Learning Environments. In Keitel, C. & Ruthven, K. (Eds.), Learning from Computers: Mathematics Education and Technology, *NATO ASI Series 121*, 101-130. Berlin: Springer-

Verlag.

Ernest, P. (2010). Mathematics and Metaphor, *An International Journal of Complexity and Education 7(1)*, 98-104

Kynigos, C. & Latsi, M. (2007). Turtle's navigation and manipulation of geometrical figures constructed by variable processes in a 3d simulated space, *Informatics in Education International Journal, 6(2)*, 359-372.

Lakoff, G., & Núñez, R. (1997). *The metaphorical structure of mathematics: Sketching out cognitive foundations for a mind-based mathematics.* In L. English (Ed.), Mathematical reasoning: Analogies, metaphors, and images. Mahwah, NJ: Lawrence Erlbaum Associates.

Lakoff, G., & Núñez, R. (2000). *Where mathematics comes from: How the embodied mind brings into being.* New York: Basic Books.

Lannin, J. K. (2005). Generalization and Justification: The Challenge of Introducing Algebraic Reasoning through Patterning Activities, *Mathematical Thinking and learning, 7(3)*, 231-258.

Lee J.Y., Cho H.H., Song M.H. & Kim H.K. (2011). Representation Systems of Building Blocks in Logo-based Microworld, *Research in Mathematical Education 15(1)*, 1-14.

Morgan, C. & Alshwaikh, J. (2008). Imag(in)ing three-dimensional movement with gesture: 'playing turtle' or pointing? *Proceedings of the British Society for Research into Learning Mathematics 28(3)*, 136-141. London, England.

Noss, R. (2001) For a Learnable Mathematics in the Digital Culture. *Educational Studies in Mathematics 48*, 21-46.

Noss, R., & Hoyles. (1996) Windows on mathematical meaning, Springer-Verlag.

Núñez, R. (2007). The cognitive science of mathe-matics: Why is it relevant for mathematics education? In: R. A. Lesh, E. Hamilton & J. Kaput (Eds.), *Foundations for the future in mathematics education.* London: Lawrence Erlbaum Associates.

Papert, S. (1980). *Mindstorms: Children, computers, and powerful ideas.* Cambridge, Massachusetts: Perseus Publishing.

Radford, L. (2000). Signs and meanings in students' emergent algebraic thinking: A semiotic analysis. *Educational Studies in Mathematics 42*, 237-268.

Radford, L., Bardini, C., Sabena, C., Diallo, P., & Simbagoye, A. (2005). On embodiment, artifacts, and signs: a semiotic-cultural perspective on mathematical thinking. In H. L. Chick & J. L. Vincent (Eds.), *Proceedings of the 29th Conference of the International Group for the PME 4*(pp. 113-120). Malbourne, Australia

Richard Noss, Celia Hoyles, Manolis Mavrikis, Eirini Geraniou, Sergio Gutierrez-Santos & Darren Pearce(2009). Broadening the sense of 'dynamic': a microworld to support students' mathematical generalisation. *ZDM Mathematics Education, 41*, 493-503.

Rivera, F. D., & Becker, J. R. (2008). Middle school children's cognitive perceptions of constructive and deconstructive generalizations involving linear figural patterns. *ZDM Mathematics Education, 40(1)*, 65-82.

Samson, D. A. (2008). Enactivism and Figural Apprehension in the Context of Pattern Generalisation. In L. Sparrow, B. Kissane, & C. Hurst (Eds.), Shaping the future of mathematics education: *Proceedings of the 33rd annual conference of the Mathematics Education Research Group of Australasia*(pp. 501-508). Fremantle, WA: MERGA.

Smith, J. P., & Thompson, P. W.(2008). *Quantative Reasoning and the Development of Algebraic Reasoning.* In Kaput, J., Carraher, D. W. & Blanton, M.(Eds.), Algebra in the early grades(pp. 95-132). New York: Lawrence Erlbaum Associates.

Stacey, K. (1989). Finding and using patterns in linear generalising problems. *Educational Studies in Mathematics 20*, 147-164.

Steinbring, H. (2006). What makes a sign a mathematical sign? An epistemological perspective on mathematical interaction. *Educational Studies in Mathematics, 61(12)*, 133-162.

Vygotsky, L. S. (1978). *Mind and society: The development of higher psychological processes.* Cambridge: Harvard University Press.

10장

CAS의 도구발생
- 고등학교 문제해결 함수단원을 중심으로

수원외국어고등학교 한세호
(hanseho@hanmail.net)

1 서론

최근 수학교육이 실생활과 연계한 문제해결을 중시하는 방향으로 변화하고 있는데 컴퓨터대수체계(CAS)는 이런 변화에 힘을 더해 줄 수 있는 대안으로 주목받고 있다. 또한 CAS를 장착한 공학도구들의 편리한 휴대 가능성은 이에 대한 전망을 더욱 밝게 하고 있는 중이다. CAS는 세계 곳곳의 산업현장에서 보편화되고 있고, 중등수학뿐 아니라 대학수준의 미적분을 포함하여 다양한 수학분야에 CAS를 적극 사용하고 있다. 또한 CAS의 수학교육적 활용에 대한 연구도 활발히 이루어지고 있다.

아울러 국내 산업현장에서도 외국처럼 CAS의 사용이 활발하며, 대학 수준 강좌에서도 점진적으로 CAS를 보편화하고 있다. 그러나 CAS의 활용은 아직 국내 수학교육에서는 낯선 풍경으로 자리 잡고 있는데, 수학교육과정에서 CAS가 활발히 사용되고 있지 않은 주요인으로 'CAS의 도구화'에 대한 개념의 부재와 도구화 사례가 충분히 학교현장에 제공되지 못하고 있기 때문으로 분석된다.

수학교육학자들은 CAS와 같은 기술공학도구의 단순한 인공물이 유용한 수학보조 도구가 되는 것은 자연스러운 현상이 아님을 이야기하면서 단순한 인공물이 유용한 도구로 변하는 과정에 주목하였다. 또한 그 변화 과정을 '도구 발생'이라 명명하면서 수학교육에 적용될 도구화된 CAS를 여러 방면으로 연구하였다. 그러나 우리 학교 현장에서는 도구발생에 대한 인식 부족뿐 아니라, 도구화된 CAS 사례에 대한 자료가 매우 부족한 실정이다. 이에 본 장에서는 CAS의 도구발생에 대한 기본 개념을 살펴보고, 함수단원을 중심으로 CAS의 도구발생 과정을 통찰하여 중등 수학교육에서 도구화된 CAS의 활용 사례를 소개하고자 한다.

2 본론

2.1 컴퓨터대수체계(CAS)

CAS의 종류는 컴퓨터 소프트웨어와 휴대용 계산기 등과 같이 다양하며, CAS가 내장된 계산기들은 더욱 기능이 풍부하고 상대적으로 비싸지 않은 핸디형을 추구하고 있다. CAS에 대한 정의를 정리해 보면 다음과 같다. 첫째, 지필로 하기에는 지루한 계산이나 인지적으로 부담이 되는 그래프 그리기를 빠르게 실행시켜주는 컴퓨터 소프트웨어의 일종이며, 그래프를 단순히 빠르게 그릴 수 있을 뿐 아니라 다양한 측면에서 조작할 수 있게 해주는 환경이다. 처음에는 컴퓨터 소프트웨어로 개발되었으며 발전을 거듭하여 최근에는 휴대폰에 내장되어 출시되고 있다. 둘째, 신속하고 정교하게 계산을 수행하며 대수적인 기호 조작 역시 신속하게 수행한다. 셋째, CAS의 장점은 표를 그래프로, 그래프를 표와 리스트로 다양한 표상 간의 연결이 가능하게 한다. 따라서 수학 개념과 이해를 바탕으로 한 수업에 적합하다. 넷째, 함수의 최댓값과 최솟값 구하기, 방정식 풀이, 함수 값을 표로 표현하기, 식 단순화 하기, 방정식의 대수적인 풀이, 인수분해와 전개, 정밀모드(정확한 값 표현)와 십진모드(근삿값 표현)를 둘 다 표현하는 기능 등을 포함한다.

2.2 도구 발생

CAS 연구자들은 수학학습에 기술공학과 같은 인공물이 훌륭한 매개 역할을 하기 위해서는 연장(tool)과 도구(instrument)의 구별이 선행되어야 하며, 단순한 인공물에서 도구로 발생되어야 한다고 주장한다. 따라서 도구 발생은 단순한 인공물이나 연장에 지나지 않던 CAS 등의 기술공학이 점차 유용한 도구로 발전되어 가는 학습 과정이라 할 수 있다.

(1) 도구 발생이 필요한 3요소

도구 발생에 필요한 3요소는 [그림 10-1]과 같이 인공적인 계산기, 수학적 과제유형, 수학 과제에 대한 사용자의 정신적 스킴 간의 관계로 표현된다. 우선 인공물이 도구로 발생되는 관점을 일반인의 단순한 망치의 쓰임새와 전문 목수가 사용하는 집짓기 용도로 쓰임 형태로 비유하기도 한다. 즉 목수와 같이 망치를 유용한 도구로 발전시킨 전문 사용자는 그것을 간편한 방식으로 사용하는 기능을 발달시키며, 어떤 환경에서 망치가 유용한지를 이해하고 있다.

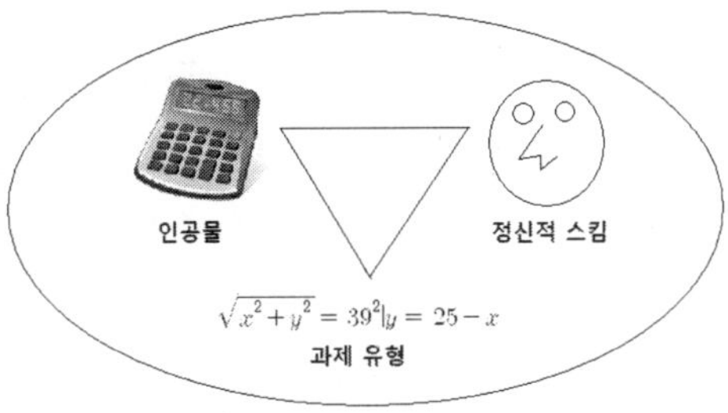

[그림 10-1] 도구: 인공물 – 정신적 스킴 – 과제의 3자 관계

또한 수학과제를 달성하기 위해 인공물을 효과적으로 사용하는 법을 알고 있는 사용자는 이에 수반하는 정신적 스킴을 가지고 있다. 정신적 스킴은 다양한 의미로 사용될 수 있으나 본 장에서는 주어진 상황에 대한 불변성을 지닌 행동 구성물로 정의한다. 스킴은 의도와 목표를 지니고 있고, 그 안에 내재되어 있는 지식을 조작적 불변성이라 하며, 이 조작적 불변성은 스킴 안에서 핵심적인 위치를 차지한다. 따라서 두 스킴은 서로 다른 조작적 불변성을 지니는 순간 서로 다른 것이 될 수 있다. 도구화된 CAS의 역할에서 소개할 ISS스킴이 그 좋은 정신적 스킴의 예라 할 수 있으며, 함수 단원에서 이와는 다른 특징을 갖는 다양한 정신적 스킴을 분석할 것이다.

(2) 도구 발생의 특징

도구 발생의 주요 특징은 다음과 같다. 첫째, 인공물인 계산기 등의 기술공학이 도구로 발생되는 것은 수많은 시간과 노력이 요구되며 그 과정 또한 저절로 이루어진다고 볼 수 없다. 둘째, 도구 발생 관점은 공학도구의 사용에 필요한 기술적 기능 숙달 측면과 CAS 환경에서 사용자의 수학적 이해와 통찰을 통한 행동 스킴 개발 모두를 포함한다. 셋째, 도구 발생은 2가지 방향성을 가진다. 인공물로 향하는 것, 나머지는 인공물에서 사용자로 향하는 것이다. 이 중에서 주어진 과제에 효과적인 반응 기법을 점진적으로 구성하도록 도구화된 행동스킴(IAS)을 개발하는 것이 바로 도구장착이 있다. 넷째, 도구화된 행동스킴(IAS)를 개발하는 과정에서 인공물 자체의 특성이 수학교육에서는 긍정적인 가능성을 보여주기도 하지만 역기능 또한 존재하여 양면성이 있다고 할 수 있다.

수학교육에서 CAS의 가능성이란, 계산기 자체가 가지고 있는 특성으로 인해 지도계열의 변화, 수학적 모델링 용이, 계산 알고리즘보다는 의미 등에 주목하는 가능성을 의미한다. 반면 CAS 장착이 학습의 억제력으로 작용할 수 있는데, CAS를 사용하기 위하여 요구되는 지식과 방법이 사용자의 기존 인식과 차이가 날 때 더 두드러지게 발생한다. 억제력은 대부분 학생들이 CAS 사용으로 예기치 않은 답을 얻게 되는 상황에서 나타난다. CAS 장착과정에서 우연히 만나게 되는 CAS의 억제력이 또 다른 수학주제에 대한 학습 기회를 제공한다는 관점에서 그 예를 소개할 것이다.

2.3 도구화된 CAS의 역할

(1) 분리-대입-풀이(ISS) 스킴

수학적 과제인 연립방정식 $\begin{cases} y+x=a \\ x^2+y^2=20 \end{cases}$를 해결하는 데 있어 정신적인 스킴을 분석하면 다음과 같다. 첫째, 미지수 상수가 포함된 방정식에서 변수 중 하나를 분리하는 기법이다. 둘째, 수식 대입 기법 즉 조건삽입기호 "❙"를 사용하여 앞 단계에서 도출된 결과를 다른 방정식에 대입할 수 있는 기법이다. 마지막으로 해를 구하는데 방정식 풀이 기법을 다시 반복 적용하는 기법이다. 도구화된 Classpad300의 조건삽입기호 "❙"를 장착한 학생들의 연립방정식 풀이 전략은 [그림 10-2]와 같다.

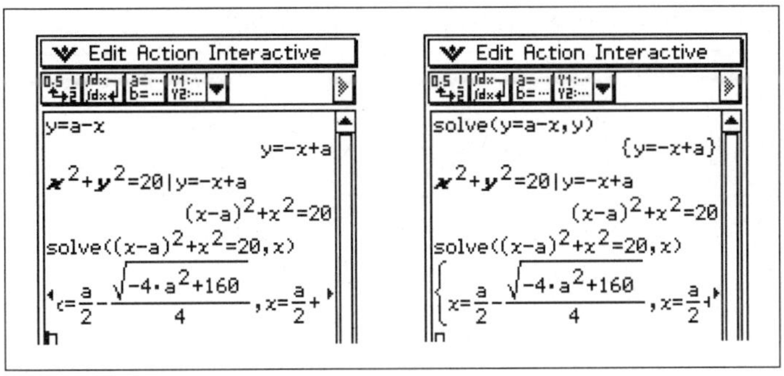

[그림 10-2] 연립방정식 과제

예를 들면 ISS스킴의 I는 '풀이(Solve)' 명령어를 이용하여 하나의 변수를 분리하는 단계이고, 첫 S는 치환 기능을 수행하는 조건삽입기호 '|'를 사용하여 기호 오른쪽 식을 왼쪽에 대입하는 단계이고, 나머지 S는 치환에 의해 구해진 방정식을 '풀이(Solve)' 명령어를 이용하여 해를 구하는 단계이다.

(2) 문제해결활동에서 도구화된 CAS의 역할

다음은 무리방정식 해 구하기 과제 활동 [그림 10-3]에서 학생들이 보여준 행동을 관찰하여 도구 발생의 관련 요소는 [표 10-1]을 분석한 자료이다.

두 점 A, C와 한 직선 l이 있다.
$\overline{AB}=1$, $\overline{CD}=3$, $\overline{BD}=4$이고, l 위에 B, D가 아닌 한 점 P를 잡아서 $\overline{AP}+\overline{CP}=6$이 되게 하려고 한다.

(a) $\overline{BP}$, $\overline{DP}$의 길이를 각각 구하시오.
(b) $\overline{BD}$ = a일 때, $\overline{BP}$, $\overline{DP}$의 길이를 구하시오.
(c) $\overline{BD}$ = a의 최댓값을 구하시오.

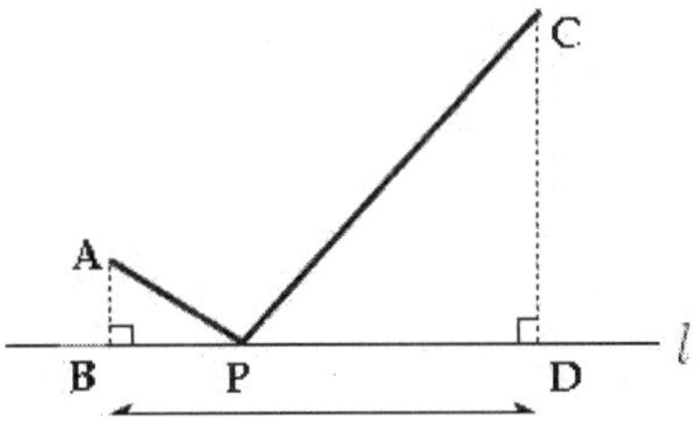

[그림 10-3] 무리 연립방정식 응용문제(한세호, 2009)

[표 10-1] 무리방정식 풀이에서 IAS 핵심 요소(한세호, 2009)

목록	문제 풀이에서 IAS 핵심 요소	목록	문제 풀이에서 IAS 핵심 요소
1	• [Setting] 확인하기, 기초적인 세팅 능력	5	• 해를 구하는 데 방정식 풀이 기법을 한 번 더 적용하기
2	• ISS전략이 문제 해결 방법이라는 것 알기 • 특히 전체적인 문제 해결의 궤도 유지하기	6	• 계산 결과 해석하기 • 특히, 해가 식일 때 미완성 상태 수용하기
3	• 미지수상수가 포함된 방정식에서 변수 중 하나를 분리하는 데 이 기법을 적용하기	7	• 문자로 표현된 해를 그래프로 그리기 • 그래프에 표현된 해를 해석할 수 있기
4	• 앞 단계에서 도출된 결과를 다른 방정식에 대입하는 데 수식 대입 기법을 적용하기		

무리방정식에서의 도구화된 행동스킴이 목록 7개로 분리되어 잘 설명되고 있다. 그러나 문자로 표현된 해를 그래프로 그리고 그래프에 표현된 해를 해석하는 단계에서 학생들의 행동을 좀 더 구체적으로 제시할 필요가 있다. 이는 함수 그래프 그리기 도구장착에 대한 더 구체적인 예가 필요한 이유이기도 하다.

3 함수에서의 도구 발생의 실제

본론에서 살펴본 ISS스킴과 무리함수 문제해결활동에서 도구화된 CAS의 역할을 바탕으로 CAS 장착과정에서 우연히 만나게 되는 CAS의 억제력이 또 다른 수학주제에 대한 학습 기회를 제공한다는 관점에서 그 예를 소개할 것이다. 따라서 단순한 연장이나 인공물에 지나지 않던 계산기가 점차 유용한 도구로 발전되어 가는 학습과정을 함수단원을 통해 알아보고자 한다.

3.1 함수의 불변성 인식하기

아래 그래프는 모두 $f(x)=x$를 나타내는 그래프이다. 지필환경에서의 그래프는 대부분 [그림 10-4]와 같이 x축과 y축의 비가 일정하게 하고 있지만 계산기에서 그래프를 그리다 보면 [그림 10-5], [그림 10-6]과 같은 그래프를 쉽게 접할 수 있게 된다.

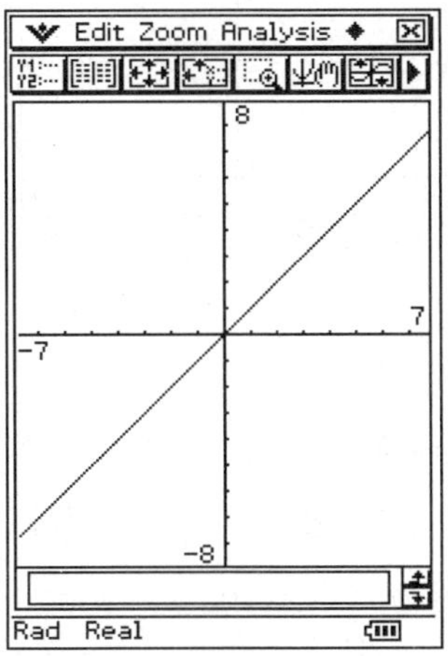

[그림 10-4]

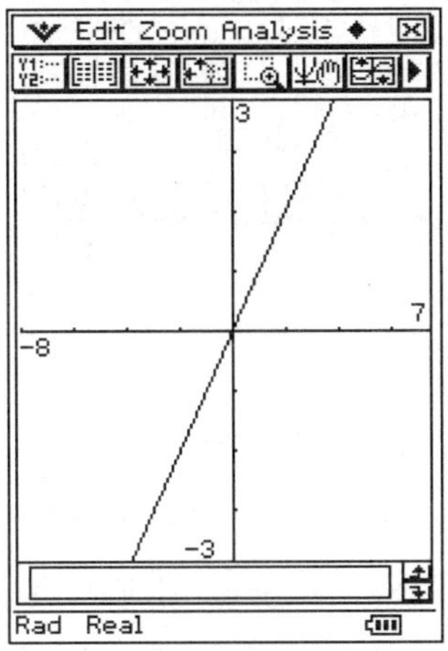

[그림 10-5]

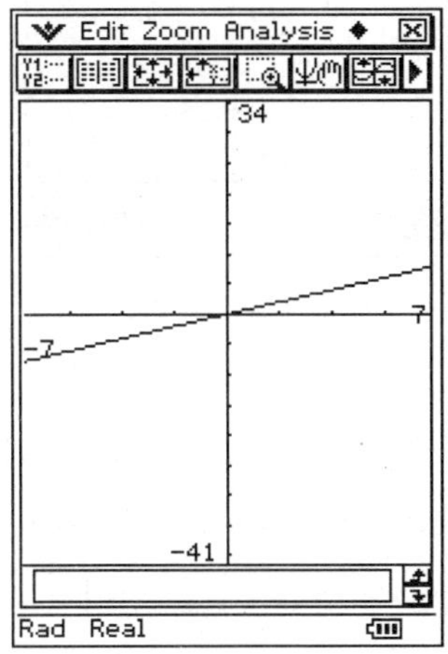

[그림 10-6]

함수 그래프 그리기 장착과정에서 우연히 만나게 되는 이와 같은 CAS의 억제력은 학습자의 행동에 혼란을 줄 수도 있다. 그러나 고차 다항함수 그래프 그리기에서 함수만의 중요한 특성을 살릴 수 있는 함수 그리기를 가능하게 할 수 있는 학습 기회를 제공한다는 관점에서 새로운 의미가 있을 수 있다.

3.2 2차 함수 그래프 그리기

다음은 2차 함수 $f(x)=x^2+200x+1$의 그래프이다. [그림 10-7]은 [그림 10-8]에서 제시된 윈도우(View Window)로 그린 그래프이다. 계산기를 이용하여 2차 함수를 그리다 보면 [그림 10-7]과 같이 2차 함수의 중요한 특성을 포함한 그래프를 그리기 어려울 때가 종종 발생한다.

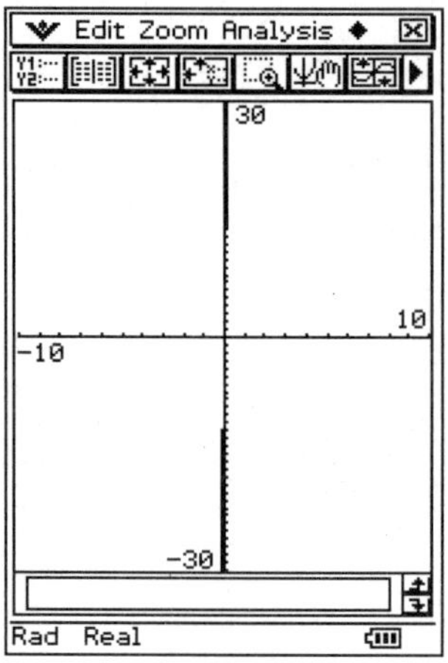

[그림 10-7]

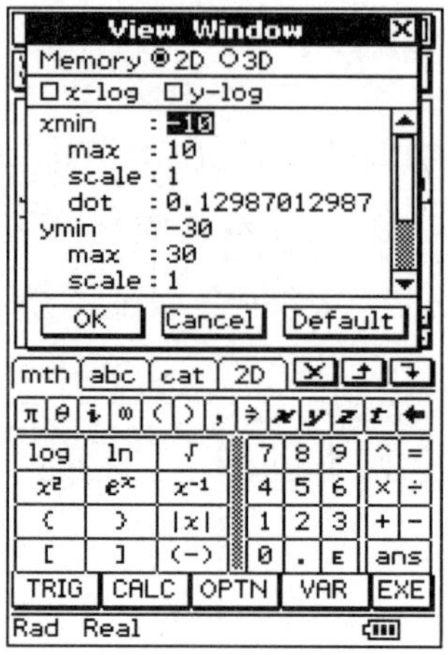

[그림 10-8]

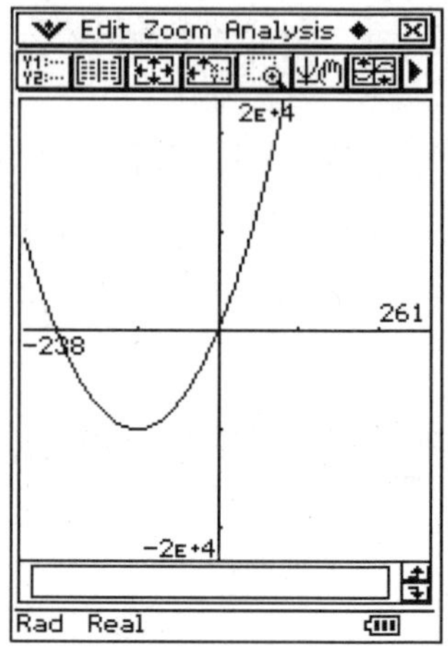

[그림 10-9]

2차 함수 그래프 그리기 장착과정에서 우연히 만나게 되는 위와 같은 CAS의 억제력은 학습자에게 2차 함수의 중요한 특성인 꼭짓점 좌표를 어림할 수 있는 새로운 학습기회를 제공할 수 있다. 우선 주어진 그래프를 완전 제곱 형태로 변형하여 $y=(x+100)^2-100^2+1$ 을 얻을 수 있다. 이를 이용하여 학생들은 계산기의 윈도우(View Window)를 조정하여 [그림 10-9]와 같은 2차 함수의 중요한 특성을 포함한 그래프를 그릴 수 있게 된다.

3.3 3차 함수 그래프 그리기

다음은 3차 함수 $f(x)=-4.10x^3+67.4x^2-121x+1170$의 그래프이다. [그림 10-12]와 같이 항상 3차 함수의 중요한 특성을 포함하여 그래프를 그리기 위해서는 3차 함수가 가지고 있는 독특한 특성을 알아야 한다. 이는 2차 함수 그래프 그리기에서 우연히 만나게 되는 상황과 유사하다고 할 수 있으며 학생들로 하여금 3차 함수의 특성을 좀 더 명확하게 파악하게 할 수 있는 새로운 기회를 제공하게 된다. 우선 기본적인 윈도우 세팅을 통하여 [그림 10-10]을 얻을 수 있다. 다음은 x값이 한없이 커(또는 작아)질 때 y값이 한없이 감소(또는 증가)하는 특성을 발견할 수 있을 때까지 [그림 10-11]처럼 x축이 범위를 조정한다. 마지막으로 다음은 x값이 한없이 작아(또는 커)질 때 y값이 한없이 증가(또는 감소)하는 특성을 발견할 수 있을 때까지 그리고 변곡점이 보일 때까지 [그림 10-12]처럼 x축과 y축의 범위를 조정한다.

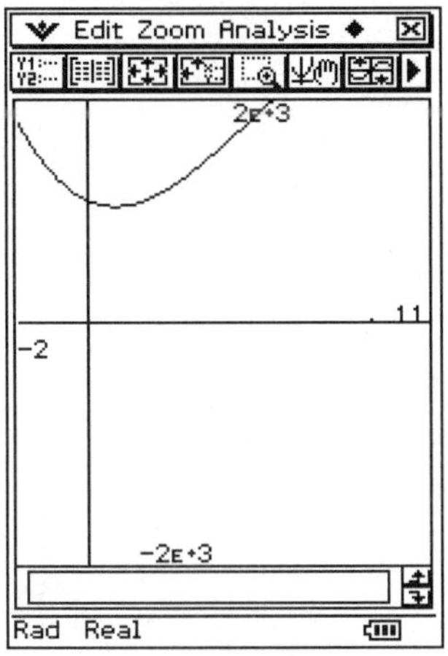

[그림 10-10]

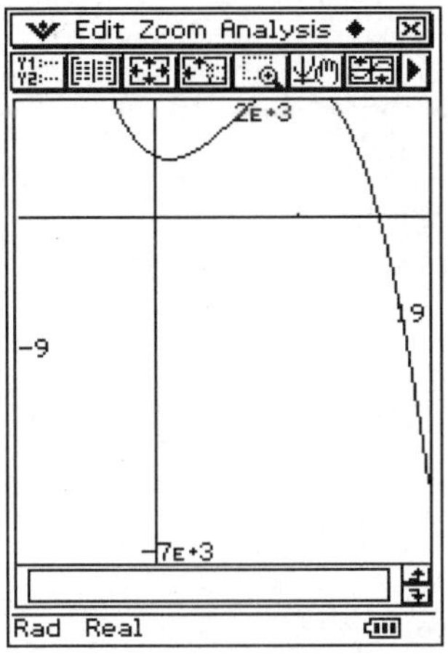

[그림 10-11]

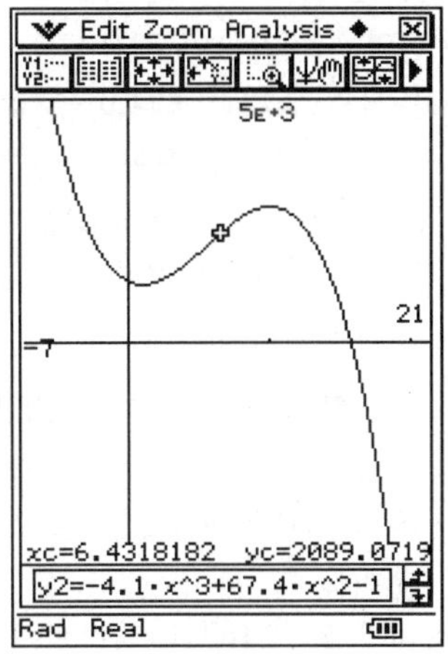

[그림 10-12]

3차 함수 그래프 그리기 장착과정에서 우연히 만나게 되는 위와 같은 CAS의 억제력은 학습자에게 3차 함수의 중요한 특성인 지속적으로 증가 또는 감소하는 성질, 변곡점의 존재 유무 등을 생각하게 하는 새로운 학습기회를 제공할 수 있다. 또한 그래프에 따라서는 주어진 그래프를 방정식으로 변환하여 Solve($-4.10x^3+67.4x^2-121x+1170=0\,,x$)와 같이 x값을 구하여 3차 함수의 중요한 특성을 포함하는 그래프를 그릴 수 있게 된다.

3.4 문제해결활동에서 도구화된 CAS의 역할

[그림 10-13]은 3차 함수를 이용하여 문제를 해결할 수 있는 활동 예제이다. 본 활동에서 학생들의 행동을 통해 수집한 도구화된 행동 스킴을 목록 7개로 분리하였다. 기존 연구에서는 3차 함수 그래프 그리기와 최댓값을 찾는 활동 과정에서 볼 수 있는 도구화된 행동스킴에 대한 구체적인 분석이 미흡하였다. 이를 보완한 IAS 핵심 요소를 [표 10-2]에 정리하였다.

한 변의 길이가 1인 정사각형 ABCD와 A점을 원점으로 하고 C(1,0)을 지나는 이차곡선 $y=x^2$이 오른쪽 그림과 같이 주어져 있다. 이차곡선 위의 임의점 P점에서 정사각형의 각 변에 내린 수선의 발을 F, G, H, I라 할 때, 다음 물음에 답하시오.

(a) 사각형 PFBG, 사각형 PHDI의 넓이를 x로 표현하시오.
(b) 사각형 PFBG을 최대로 만드는 x값을 구하시오.
(c) 사각형 PFBG과 사각형 PHDI의 넓이의 합을 최대로 만드는 x값을 구하시오.

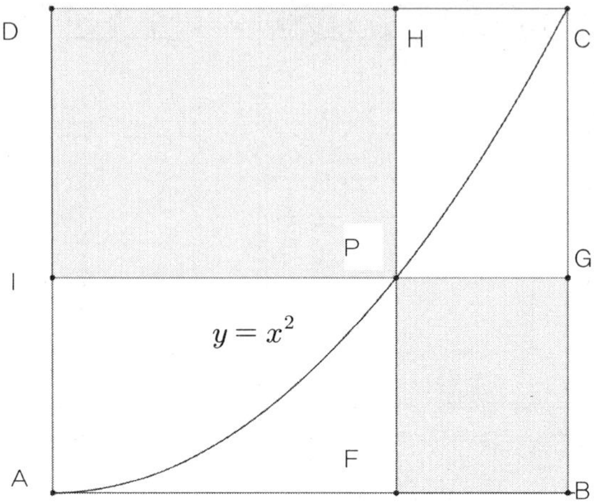

[그림 10-13] 문제해결활동 문항

[표 10-2] 문제해결활동에서 IAS 핵심 요소

목록	IAS 핵심 요소	목록	IAS 핵심 요소
1	• 기본적인 [Setting] 확인하기	5	• 그래프에 표현된 해를 해석하기
2	• 문제해결에 필요한 2개의 함수 구하기	6	• 계산 결과 해석하기
3	• 문제해결에 필요한 3차 함수 특성이 포함된 그래프 그리기	7	• 피드백하기 • 정확한 모드와 근사모드(십진모드)의 차이점을 이해하기
4	• 윈도우(view window)와 무관한 불변의 함수를 인식하고 최댓값 구하기		

목록 1, 2번은 기존 문제풀이 활동에서도 관찰 가능한 IAS이라 할 수 있다. 3, 4, 5번 IAS는 함수 그래프 그리는 활동을 좀 더 세분화 한 것으로 문제 해결에서 학생의 도구화된 CAS 수준을 파악할 수 있는 중요한 표준이 된다. [그림 10-14]는 사각형 PFBG의 최대를 구하는 그래프이고, [그림 10-15]와 [그림 10-16]은 사각형 PFBG과 사각형 PHDI의 넓이의 합을 최대로 만드는 x값을 구하는 함수식과 그래프이다.

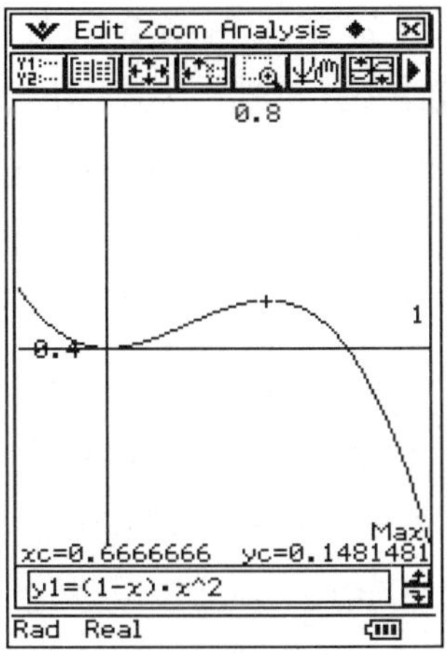

[그림 10-14]

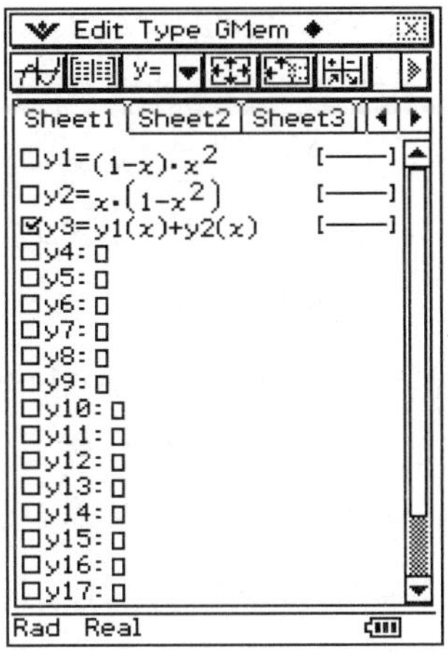

[그림 10-15]

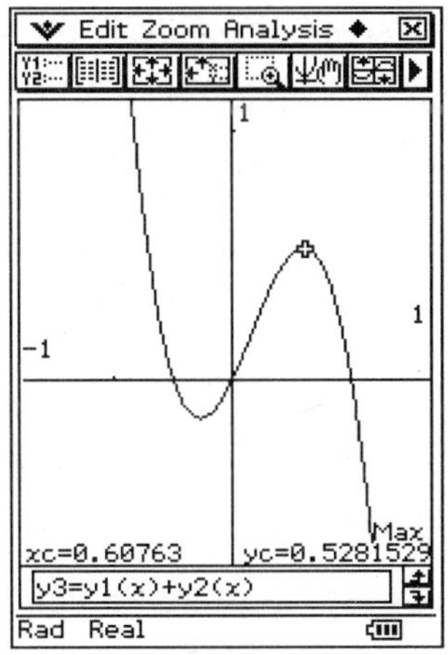

[그림 10-16]

학생들은 계산 결과를 해석하는 단계에서 학생들의 수준에 따라 x값의 정확도에 대한 의문을 가지게 된다. 정확한 모드와 근사모드에 대한 차이점을 인식하여 피드백을 하는 과정에서 이와 같은 억제력이 새로운 사고를 촉진시키는 학습기회를 제공할 수 있다.

4 결론

본 장은 함수단원에서의 CAS 도구화에 초점을 두고 기술하였다. 함수 단원에서 CAS를 활용한 개념 수업의 가능성을 모색하였으며 CAS가 수학학습에 유용한 도구가 되기 위해서는 도구 발생의 과정을 거쳐야 함을 강조한다. 도구장착은 도구화된 행동 스킴(IAS)의 개발을 의미하는데, 이 과정에서 CAS의 제약과 가능성을 만나게 된다. 처음에는 CAS 사용 문법 또는 함수의 윈도우(view window)세팅 스킴이 학생들에게 습득하기 어려운 난관으로 작용하지만 시간이 지나면서 적절한 스킴이 개발되면서 또 다른 수학학습의 가능성을 찾을 수 있었다. 예를 들어 함수의 불변성, 그리고 2차, 3차 함수의 중요한 특성을 포함한 그래프 그리기에서 처음에는 문법을 이해하고, 윈도우(view window)세팅 과정에서 어려움을 겪게 되나 문제를 해결하는 과정에서 2차, 3차 함수의 중요한 특성을 파악하는 기회가 되고, 함수의 불변성을 이해하게 된다. 특히 함수를 활용한 문제풀이 활동에서 그래프 그리기 [Window Setting] 스킴 장착의 고충은 수학적으로 의미 있으나 잘 드러나지 않던 함수의 수학적 개념을 다룰 수 있는 기회가 될 수 있음을 인식해야 한다. 또한 CAS의 억제력이 새로운 수학학습 가능성을 가지게 되는 것은 학습자에게 저절로 일어나는 현상이 아니고, 교사의 의도된 교수학적 지도가 꼭 필요함을 확인할 수 있었다. CAS를 함수 개념 이해에 보편적으로 활용하기 위해서는 계산기가 가지고 있는 여러 가지 환경들에 대한 전문적 지식이 요구된다. 교사는 CAS가 구비된 수학교실 환경에서 CAS가 가지고 있는 억제력이 CAS가 도구로 발생되는데 가능성으로 작용할 수 있도록 해 주는 방식을 숙지해야 한다. 여기에 교사교육의 중요성이 또한 강조된다.

Reference 참고문헌

고상숙 외(2013). 교구 및 공학도구를 활용한 평가 기반 조성. 연구보고서 2013-6. 서울: 한국창의재단.

장경윤(2008). 컴퓨터 대수체계(CAS) 대비 중등대수교육 기초 연구. 학교수학. 10(2), 297-317

한세호(2009). 고등학교 수학학습에서 컴퓨터대수체계의 도구발생, 건국대학교 박사학위 논문.

한세호, 장경윤(2009). 고등학교 수학 문제해결에서 CAS의 도구발생. 학교수학, 11(3), 527-546.

Drijvers, P.H.M. and Gravemeijer, K. (2005). *Computer algebra as an instrument: Examples of algebraic schemes, The Didactical Challenge of Symbolic Calculators.* New York: Springer.

part 4

기하

제11장에서는 학생들의 문제해결력 신장을 위한 지도에 공학적 도구를 활용하는 사례에 대해 다루었다. 제12장에서는 협동적 문제 해결을 중심으로 한 수학 수업을 통해서 학습자가 문제해결을 할 때 공학적 도구를 활용하여 어떻게 창의적인 해결 방법을 도출할 수 있는지를 살펴보았다. 제13장에서는 원뿔 곡선을 탐구하는 과정에 탐구형 수학 프로그램인 GSP를 활용하는 사례를 제시하였다. 제14장에서는 탐구형 소프트웨어 기반 탐구활동을 다루면서 학습 부진 학생들에게 수학에 대한 관계적 이해에 도움을 주는 지도에 대해 살펴보았다.

11장

문제 해결 관점에서의 동적 기하 프로그램 활용

전주대학교 김남희
(nhkim@jj.ac.kr)

1 서론

문제 해결은 수학교육의 이론과 실제에서 중요한 주제이다. 효과적인 문제해결 방법에 대해 연구는 Pappus, Descartes에 이어 Polya에 이르기까지 오랜 기간에 걸쳐 수행되었고, 최근 각 나라의 교육과정에서도 문제 해결에 대한 교육을 중심 주제로 다루고 있다. 우리나라 수학 교육과정도 문제해결능력과 태도의 개발을 수학교육의 궁극목표로 제시하고 있다(우정호, 1998, p. 71).

한편, 21세기 정보화 시대에 접어들면서 공학 도구의 발달과 보급으로 인하여 수학 교실에서의 공학 도구 활용은 이제 현실이 되었다. 대부분의 선진국에서 교육과정 및 교과서, 교수·학습 자료, 평가에서 계산기를 비롯한 공학도구의 도입을 적극적으로 추진해왔으며, 공학 도구로 인한 학습자의 인지적 변화에 대한 탐구가 활발히 이루어지고 있다(대한수학교육학회, 2014, p. 55).

공학적 도구의 교육적 활용에 대한 관심과 연구가 활발해진 지금, 학교수학의 교육에서 공학적 도구를 활용하는 문제에 관한 제안은 우리나라 수학과 교육과정에서도 명시적으로 다루어지고 있다(교육부, 1997; 교과부, 2007, 2011). 특히 2011 개정 교육과정에서 제안한 수학 교과 교실의 구축은 보다 적극적으로 공학적 도구를 활용한 수업 환경을 조성하려는 의도를 보여주고 있다.

본 고에서는 학교수학의 주요 목표 중 하나인 문제해결력의 신장을 위해 공학적 도구를 교육적으로 활용하는 방법에 대해 다뤄본다. 특히 탐구형 소프트웨어인 동적 기하 프로그램(Dynamic Geometry Program) GSP와 Cabri 3D를 문제 해결 교육에 접목한 사례를 탐구하고자 한다. 이를 위해 Polya가 제시하고 있는 수학적 문제해결 과정의 4단계 중에서 문제의 이해, 해결 계획의 수립, 반성단계에서 동적 기하 프로그램이 활용될 수 있는 구체적인 문제 사례를 제시해 본다. 이는 학교 현장의 수학교사들이 공학적 도구를 수학수업에 활용할 때, 문제해결력 신장의 지도를 염두에 두고 구체적인 지도방법을 탐색해 나가는 데 도움이 될 것이다.

2 문제 해결 지도와 공학적 도구

2.1 수학교육의 최신 동향

공학적 도구의 활용에 대한 연구와 실행은 1990년대 이후에 본격화되었지만, 그에 대한 관심은 수학교육 현대화 운동 이후 '기본으로 돌아가기(The Back to Basics Movement)' 운동이 촉발되었을 때부터 대두되기 시작한 것으로 보인다. '기본으로 돌아가기' 운동에서는 기본 기능이 무엇을 의미하는가에 대한 논의를 통해 기본 기능의 범위를 좁은 의미의 계산 기능에서 문제 해결을 비롯한 폭넓고 고차원적인 기능으로 확대해야 한다는 결론을 내렸다. 이 때 제시된 수학의 기본 기능 10가지에는 문제 해결과 함께 컴퓨터에 대한 소양(computer literacy)이 포함되어 있다. 1980년에 NCTM에서 발표한 '학교 수학을 위한 제안'에도 문제 해결을 포함하여 8가지 권고 사항이 제시되었는데 그중 '컴퓨터와 계산기를 이용한 수학교육'이 명시적으로 제안되었다. 또한 NCTM은 〈학교수학을 위한 원리와 규준(2000)〉에서도 현대 정보화 사회에서 수학적 소양의 중요성이 더욱 증대되었음을 지적하면서 문제 해결 능력을 강조하고, 수학 문제를 탐구하는 과정에서 계산기와 컴퓨터를 적절히 활용하도록 제안하고 있다(NCTM, 1980, 2000). NCTM의 〈학교수학을 위한 원리와 규준〉

은 공학적 도구의 활용이 보다 활성화되어야 한다는 방향성만 제시한 것이 아니라 구체적인 활용 사례도 제시하고 있다. 그러나 공학적 도구가 수학 교사를 대신하지 못하며, 수업의 만병통치약은 아니라는 한계를 명시함으로써, 적정 수준에서 공학적 도구를 활용할 것을 권장하고 있다(류희찬 외, 2007; 김남희, 박경미, 2008 p. 5에서 재인용). 우리나라의 수학 교육과정도 이러한 수학교육의 동향을 반영하여 복잡한 계산 수행, 수학의 개념, 원리, 법칙의 이해, 문제 해결력 향상 등을 위하여 공학적 도구를 활용할 것을 제안하고 있는 바, 1980년대 이후 학교수학은 문제 해결을 중심으로 이루어져야 한다는 주장 아래 현재까지도 문제 해결력 향상을 위한 공학적 도구의 활용이 광범위한 지지를 받고 있음을 알 수 있다.

우리나라 교육과정에서 공학적 도구의 활용에 대한 제안은 '교수·학습 방법', '평가,' ' 교수 - 학습 상의 유의점'에서 구체적으로 살펴볼 수 있다. 제7차 교육과정에서 2009 개정 교육과정, 2011 개정 교육과정으로의 변화 속에서 나타나는 두드러진 특징은 공학적 도구에 대한 제안이 그 이전 보다 더욱 더 강화되고 있는 추세를 보이는 것이다. 교육과정에 제시된 '교수 - 학습 방법'의 제안 사항을 살펴보면, 제7차 교육과정에서는 계산기와 컴퓨터만 언급한 것과 달리 2009 개정 교육과정에서는 교육용 소프트웨어를 명시하기 시작하였으며 더 나아가 2011 개정 교육과정에서는 공학적 도구를 '~활용할 수 있다'에서 '~확보하여 활용한다'로 보다 실제적이고 구체적인 표현을 사용하고 있다. 특히 2011 개정 교육과정에서는 이러한 제안을 보다 효과적으로 실행할 수 있도록 수학 교과 교실의 활용을 새롭게 제시하였다. 공학적 도구의 활용에 대한 제안이 암묵적이면서 소극적인 관점에서 보다 명시적이면서 구체적이고 적극적인 제안으로의 변화가 나타나고 있음을 엿볼 수 있다. 특히 2011 개정 교육과정에서는 이전 교육과정과 달리 '교수 - 학습 상의 유의점'에서도 공학적 도구의 활용을 제안하는 적극적인 표현 방식을 취하고 있다. 예를 들어 '중학교 1~3학년군'에 해당하는 '함수' 영역에서는 '공학적 도구를 활용하여 함수의 그래프를 그리고 다양한 상황을 해석할 수 있게 한다', '확률과 통계'영역에서는 '공학적 도구를 활용하여 표와 그래프를 그리고 대푯값과 산포도를 구할 수 있게 한다', 고등학교 선택 교육과정에서 '지수와 로그에 관련된 문제를 다룰 때 공학적 도구를 활용할 수 있게 한다', '수열이나 급수의 수렴 발산은 공학적 도구를 활용하여 이해할 수 있다' '확률 분포와 통계적 추정을 다룰 때에는 공학적 도구를 활용하여 실생활 자료를 처리해 보게 할 수 있다' 등 학습 내용의 이해나 활용을 위해 공학적 도구를 다양하게 활용할 것을 권장하고 있는 것이다(김남희, 2011, pp. 346-348).

2.2 수학적 문제 해결

흔히, 수학적으로 사고하는 능력에 대해 논의할 때에는 사면체 모델을 예로 하여 알고리즘, 개념, 추론, 문제해결 등 수학의 여러 측면이 강조된다(NCTM, 1989). 수학적 사고의 발달에서 알고리즘, 개념, 추론, 문제해결은 각각의 역할이 위계적인 수준에서 구분되기 보다는 상보적인 관계 속에서 유기적으로 연관을 맺으며 상호작용하고 있다. 그러나 수학과 교육과정의 목표와 관련지어 생각해보면 개념적 사고, 알고리즘, 추론도 결국은 문제를 해결하기 위한 수단에 불과하다고도 볼 수 있다. 따라서 수학적 능력의 핵심은 다른 무엇보다도 수학적으로 문제를 해결하는 능력으로 정리될 수 있다. 따라서 학교수학을 지도하는 수학교사가 학생들에게 궁극적으로 지도해야 할 것은 알고리즘의 구사와 개념적 이해와 추론 능력의 개발을 바탕으로 한 수학적인 사고능력의 개발, 문제를 해결하는 힘의 육성인 것이다(우정호, 1998, pp. 15-20).

본 고에서는 Polya의 문제 해결 교육 이론에 공학적 도구의 활용을 접목해 본다. Polya는 문제해결 4단계(문제의 이해, 해결 계획의 작성, 해결 계획의 실행, 반성)를 제시하고 각 단계에서 교사가 사용할 수 있는 발문과 권고를 제시하고 있다. Polya가 제시한 발문과 권고는 학생들을 도와 당면한 문제를 풀게 하려는 것으로서 학생의 능력을 개발하여 장래 문제를 스스로 풀게 하려는 데 목적이 있다. Polya의 문제 해결 교육 이론이 우리에게 주는 시사점은 문제는 단순한 '실행'에 의해 해결되는 것이 아니라는 것이다. 문제 해결 능력의 개발은 문제의 이해 단계와 해결 계획의 수립이 이루어지는 단계, 반성단계에서의 충실한 교수·학습으로부터 얻어질 수 있다.

본 고에서는 문제의 이해 단계와 해결 계획의 수립이 이루어지는 단계, 반성 단계에 초점을 두고 공학적 도구를 교육적으로 활용하는 구체적 사례를 다룬다.

3 동적 기하 프로그램 활용 사례

3.1 문제의 이해 단계

(1) 수학적 사실에 대한 추측(발견)에 도움

증명 문제 해결의 경우 특히, 증명이 처음 도입되는 중학교 수학에서 동적 기하 프로그램을 이용하면 도형의 성질을 발견적으로 추론하고 직관적으로 이해시키는 데 도움을 줄 수 있다. 예를 들면, 삼각형의 내각의 합, 삼각형의 중점 연결 정리, 피타고라스 정리 등의 지도에서 GSP를 이용해서 도형을 움직이는 관찰을 제공하면 학생들이 증명해야 할 사실을 발견적으로 추측하게 하는 데 도움을 준다. 발견적 추론에 기초한 직관적인 이해가 선행되면 연역적인 증명의 필요성을 드러내는 교수-학습 과정이 보다 수월해진다.

[그림 11-1]은 임의의 사각형에서 각 변의 중점을 연결한 사각형은 평행사변형이라는 사실을 동적 기하 환경에서 탐색해 보는 사례이다.

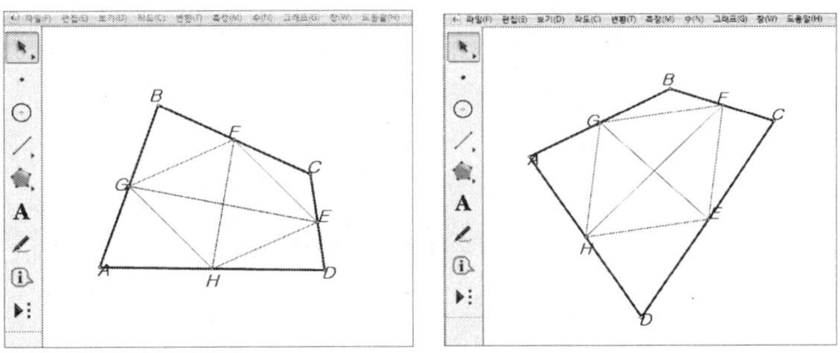

[그림 11-1] 동적 기하 프로그램(GSP)에서 도형 관찰하기

[그림 11-1]과 관련된 문제는 문제 제기를 통해 다음과 같은 새로운 문제로 발전될 수도 있다.

'공간에서 서로 다른 네 점을 잇는 사변형의 중점을 연결하면 어떤 도형이 될까?'

이런 경우에는 3차원 도형을 다룰 수 있는 동적 기하 프로그램(Cabri 3D)을 활용하여 공간에서 임의의 서로 다른 네 점을 잇는 사변형에 대한 탐색을 시행해 볼 수 있다(2절에서 다룸).

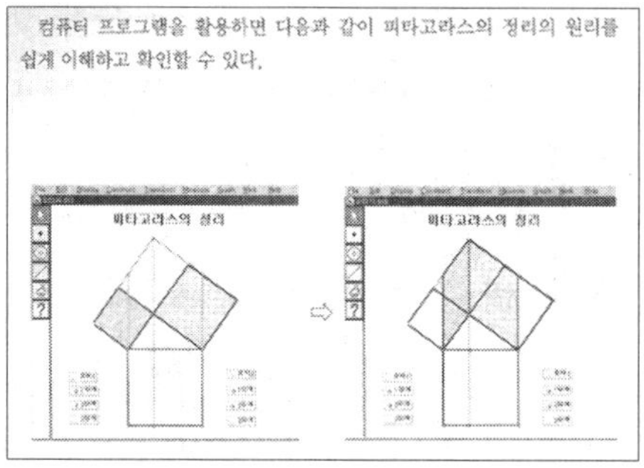

[그림 11-2] 교과서 사례

증명 지도에서 수학 프로그램을 활용하는 것은 [그림 11-2]와 같이 중학교 수학 교과서에서 구체적으로 제시되기도 한다. 여기서 교사들이 주의해야 할 것은 공학적 도구를 가지고 '동적인 시각 경험' 만을 제공하는 데 그치지 않고 '증명의 필요성 인식' 나아가 '증명과정의 완성'으로까지 수업을 끌고 나아가는 것이다. [그림 11-3]과 같이 수학 프로그램상의 시각적이고 직관적인 이해로 피타고라스의 정리를 지도하고 즉, 시각적 확인을 통해 $a^2+b^2=c^2$이라는 식을 지도하고, 그 이후에 증명을 거치지 않고 곧바로 식 $a^2+b^2=c^2$을 이용해 문제를 해결하는 과제를 부과하는 것은 바람직하지 않다.

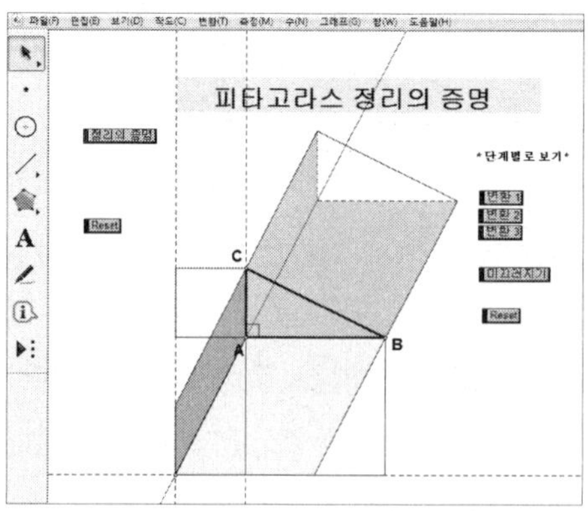

[그림 11-3] 등적변형에 의한 증명(GSP)

기하의 정리들은 아무리 정교한 자와 각도기가 존재한다 하더라도 그것을 가지고 증명을 할 수는 없다. 기하의 증명은 오직 연역적 사고에 의해서 가능할 뿐이다. 기하 탐구학습 환경에서 시각적으로 보고 직관적으로 이해한 사실은 오로지 학생의 사고에 의한 연역적 증명에 의해 정당화되는 것이다(김남희, 2002, p. 117).

역동적인 시각화에 의한 직관적 활동을 경험하는 것은 증명해야 할 사실의 이해 단계에서 매우 효과적이다. 그러나 수학교사들이 명심해야 할 것은, 이러한 과정은 '문제의 이해' 단계에서 효과적이지만 그 과정이 곧 '문제해결의 실행' 을 의미하는 것은 아니라는 사실이다. 정교하게 만들어진 파일로 증명해야 할 사실만을 보여주는 데 그치면 학생들은 컴퓨터 화면에서 시각적으로 확인하였기 때문에 증명이 불필요하다고 생각하게 되기 쉽다. 기하의 증명은 오직 연역적 사고에 의해서 가능할 뿐이다. 기하 탐구학습 환경에서 시각적으로 보고 직관적으로 이해한 사실은 사고에 의한 연역적 증명에 의해 정당화되는 것이다. 따라서 연역적 기하에서 필요한 '증명의 필요성' 인식의 문제를 수학교사가 주의깊게 다룰 수 있다는 전제하에, 위와 같이 공학적 도구를 사용하면 증명 이전의 직관적 확신을 구하는 활동으로 학생들의 문제 이해를 보다 풍부하게 해줄 수 있다(김남희, 2006, p. 354).

(2) 문제의 뜻(의미) 파악

도형과 관련된 문제 특히 공간 도형의 문제인 경우에는 문제의 뜻을 명확하게 이해하기 위해 동적 기하 프로그램을 활용하는 것이 효과적일 때가 있다. 도형과 관련된 문제의 이해 단계에서 매우 유용하게 작용하는 발문은 '그림을 그려 보아라'이다. 평면도형과 관련된 문제라면 이러한 발문을 적극적으로 사용해도 지필환경에서 그림을 그리는 것이 어렵지 않으나 공간 도형과 관련된 문제에서는 쉽지 않다. 3차원의 문제 내용을 그림으로 표현하려면 원근법과 점선을 활용한 2차원적인 그림을 종이에 그리거나 아니면 직접 실물을 제작하여야 하는 어려움이 있다. 수학교실에서도 칠판이나 노트에 3차원의 그림을 그려보게 하는 활동은 쉽게 이루어지기 어렵기 때문에 공간에 관한 문제는 그 동안 학생들 각자의 공간적 지각력과 상상력에 의존하는 경우가 대부분이었다고 할 수 있다(김남희, 2006, pp. 350-351).

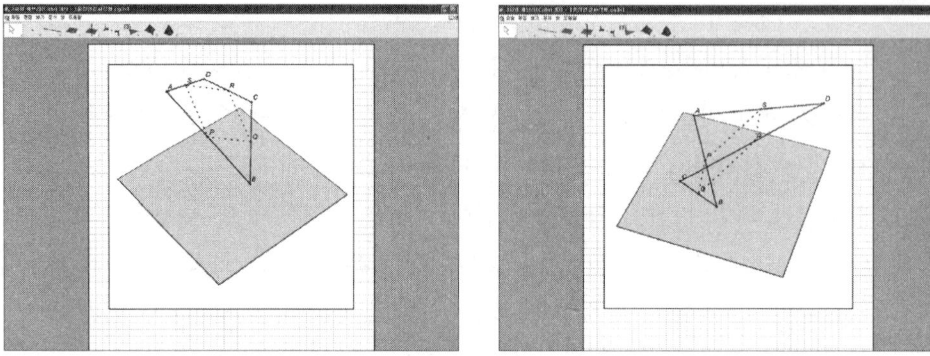

[그림 11-4] 3차원 도형을 시각화하여 회전하며 관찰(김남희, 2006, p. 354)

동적 기하 프로그램을 이용하면 공간에 관한 수학 문제의 뜻을 그림으로 구현해 보여줄 수 있어서 학생들이 문제의 의미를 직관적으로 이해하기 쉽다. 1절에서 제시된 문제 제기의 사례는 '평면에서 임의의 사각형의 네 변의 중점을 연결하면 평행사변형이 된다'는 사실을 바탕으로 '공간에서 서로 다른 네 점을 잇는 사변형의 중점을 연결하면 평행사변형이 된다'는 문제로 확장한 것이다. 제기된 문제의 뜻을 이해시키는 단계에서 교사는 '그림을 그려 보아라'라는 발문을 하고, [그림 11-4]와 같이 Cabri 3D를 활용하여 시각화와 동적인 탐구활동을 제공하는 것이 가능하다. 동적 기하 환경에서는 주어진 도형을 역동적인 변화과정 속에서 탐구할 수 있게 해 주므로 지필환경에서보다 공간 위에서의 도형 개념을 보다 의미풍부하게 학습할 수 있도록 하는 경험을 제공한다.

> 같은 평면 위에 있지 않는 $\triangle ABC$ 와 $\triangle DEF$에 있어서 꼭지점 A와 D B와 E C와 F를 연결하는 세 직선이 한 점 O에서 만난다. 이 때 변 AB와 DE BC와 EF AC와 DF 가 각각 점 P, Q, R에서 만나면 P, Q, R은 한 직선 위에 있음을 증명하여라.

[그림 11-5] 공간 도형 문제(손대원 외, 2006, p. 676)

3차원적인 시각화가 필요한 문제들은 고등학교 수학에서도 많이 찾아 볼 수 있다. 예를 들어, 현장 수학 교사는 [그림 11-5]에 제시된 문제들을 이해하기 위해서도 동적 기하 프로그램을 활용하는 것이 필요함을 말한다. 문제의 가정에서 주어진 모든 조건들을 시각화하고([그림 11-6]), 증명해야 할 결론을 시각화한 활동이 제공되면([그림 11-7]), 학생들이 문제의 뜻을 직관적으로 이해하게 하는데 도움을 줄 수 있는 것이다.

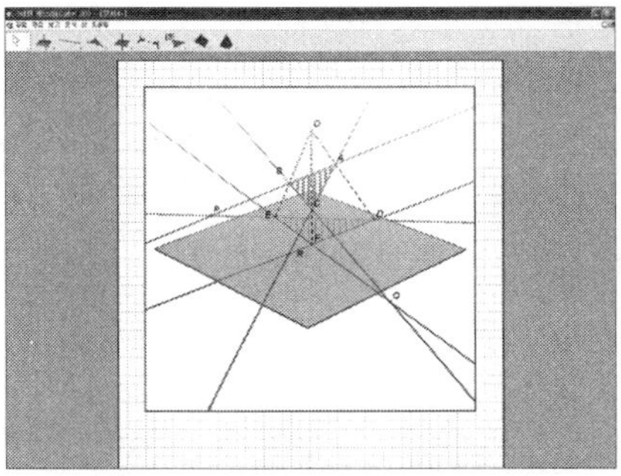

[그림 11-6] '가정'의 시각화
(김남희, 2006, p. 355)

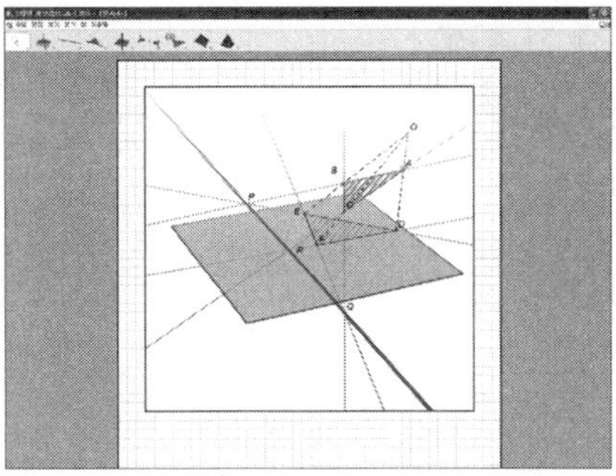

[그림 11-7] '결론'의 시각화
(김남희, 2006, p. 355)

3.2 해결 계획의 작성 단계

(1) 유추에 의한 사고의 확장

유추(analogy)란 유비추리(類比推理) 곧, 부분적인 유사성을 바탕으로 어떤 대상에 대하여 성립하는 성질이나 어떤 관계체계로부터 그와 유사한 대상의 성질이나 관계체계를 추측하는 것이다. 유추는 문제해결에서 제시된 문제를 해결할 때보다 단순한 유사한 문제의 풀이 방법이나 그 결과를 이용하여 원래의 문제를 해결할 수 있게 하는 도움을 제공한다. 이를테면 평면에서 성립하는 성질로부터 유추에 의해 공간에서 성립하는 성질을 추측할 수 있다. 학교수학에서 다루는 수학의 내용들 중에는 유추에 의한 발견을 통해 문제해결의 실마리를 얻을 수 있는 경우의 예를 쉽게 찾아볼 수 있다.

Polya는 문제 해결 계획의 작성단계에서 다음과 같은 발문을 이용해 유추적 사고를 불러일으키고 문제를 해결할 수 있도록 안내한다.

> 만일, 제기된 문제를 풀 수 없다면 먼저 어느 정도 그와 관련된 문제를 풀어 보아라.
> 보다 접근하기 쉬운 관련된 문제를 생각해 낼 수 있는가?
> 이와 유사한 문제를 생각해 볼 수 있는가?

Polya(1957)가 그의 문제 해결 이론에서 유추적 사고와 관련된 3차원 공간도형의 문제로서 예시하고 있는 '사면체의 무게중심 알아보기' 문제를 생각해 보자. 유추적 사고에 익숙한

교사라면 학생들이 사면체의 무게중심의 위치를 금방 정확하게 판단하기 어렵다는 것을 알고 자연스럽게

주어진 문제보다 단순하면서 유사한 문제를 알고 있는가?

라는 발문을 던질 수 있다. 이때

사면체는 삼각형과 유사하다.

라는 생각에 주목하면서 학생들과 삼각형의 무게중심을 통해 사면체의 무게중심을 찾아보는 과정을 실행해 볼 수 있다. 평면도형에서 일어나는 삼각형의 성질들이 사면체에서도 나타나는지를 알아보는 것은 아주 흥미로운 일이다. [그림 11-8]과 같이 사면체를 한 면에 평행하게 무한히 얇게 썰었다고 가정해보자.

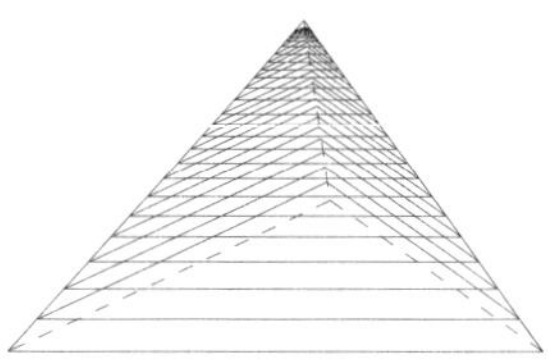

[그림 11-8]

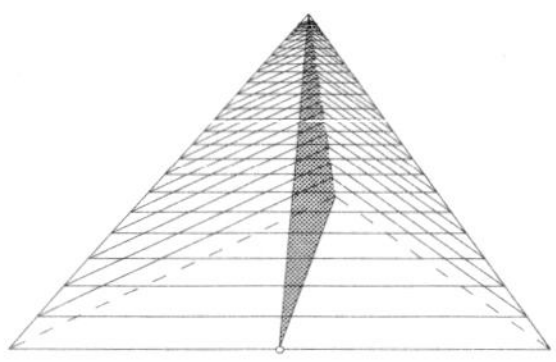

[그림 11-9]

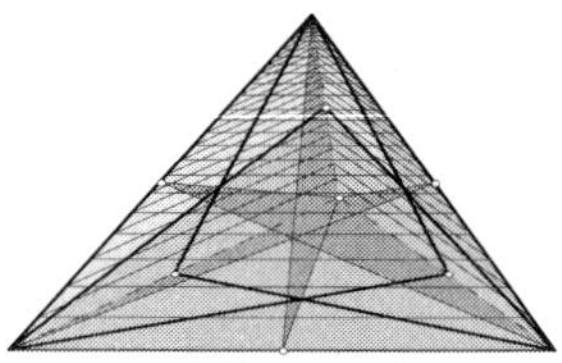

[그림 11-10]

삼각형의 무게중심은 세 중선의 교점임을 이용하면, [그림 11-8]에서 생기는 모든 삼각형의 무게중심은 한 모서리의 중점과 그와 마주보는 모서리로 이루어진 삼각형의 면 위에 있다([그림 11-9]). 사면체에서 그러한 삼각형의 면은 여섯 개 있으며 그 각각은 모두 사면체의 무게중심을 포함한다([그림 11-9]). 따라서 사면체의 무게중심은

그러한 여섯 개의 삼각형 면의 교점이 되지 않을 수 없다

는 추측을 할 수 있게 되는 것이다. Cabri 3D는 평면도형으로부터 유추한 추측에 대한 3차원 시각화를 가능하게 해 줄 수 있다. 특히, 위에서 내린 결론 즉, '한 모서리의 중점과 그와 마주보는 모서리로 이루어진 삼각형 6개는 모두 한 점에서 만난다'라는 추측에 대한 확신의

정도를 높여줄 수 있다. [그림 11-10]은 공간도형을 점선과 원근법을 활용해 2차원에 그린 것으로 고정된 한 면 만을 보게 해 주는 반면, [그림 11-11]과 같이 Cabri 3D를 이용한 탐구 활동은 사면체를 다양한 방향과 각도에서 관찰하면서, 한 모서리의 중점과 그와 마주보는 모서리로 이루어진 삼각형과 이들 6개의 삼각형의 교점에 대한 시각적 이해를 꾀할 수 있는 장점이 있다(김남희, 2006, pp. 355-357).

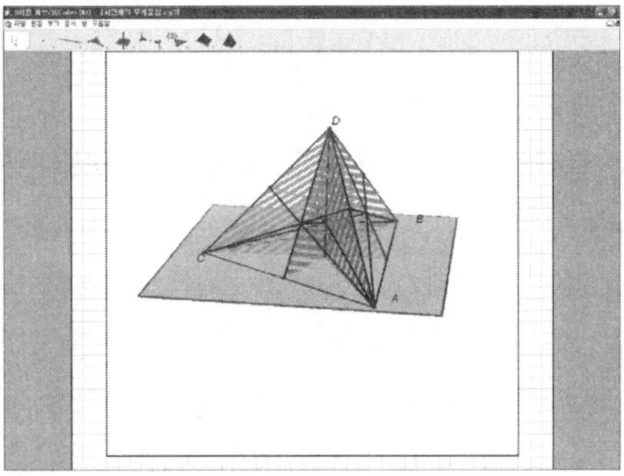

[그림 11-11] 사면체의 무게중심 시각화(김남희, 2006, p. 357)

3.3 반성 단계

완성된 풀이를 검토하고, 결과와 그 결과에 이르게 된 과정을 재검사하는 활동은 획득한 지식을 견고하게 하고 나아가 문제를 해결하는 능력을 발달시키는 데 도움을 준다. 어떤 문제라도 풀이가 된 후에 반드시 다루어야 할 무엇이 남아있기 마련이다. 즉, 충분한 연구와 통찰을 통해 어떤 풀이도 개선될 수 있으며, 어떤 경우든 우리는 그 풀이에 대한 이해도를 보다 개선할 수 있는 것이다. 문제해결의 결과나 논증을 검사할 어떤 신속하고 직관적인 절차가 있는 경우라면, 검증단계는 간과되어서는 안 된다. 따라서 Polya는 문제해결의 반성단계에서 다음과 같은 발문을 자주 사용하길 권유하고 있다.

결과를 점검할 수 있는가.
논증 과정을 점검할 수 있는가.
결과나 방법을 다른 문제에 활용할 수 있는가.

우리가 보통 두 가지 다른 감각을 통해 지각하기를 좋아하듯이, 우리는 두 가지 다른 증명법을 통해 문제해결의 결과에 대한 확신을 얻기를 바란다. 따라서 다음과 같은 발문도 유용하다.

그것을 한 눈에 알 수 있는가

위와 같은 발문이 주어졌을 때 특히, 기하문제해결의 경우 반성 단계에서 공학적 도구를 활용하는 것은 상당한 도움을 준다(김남희, 2002, p. 120).

Polya(1957)는 어떤 문제라도 문제가 해결 된 후에는 반드시 다루어야 할 무엇이 남아있기 마련이라고 했다. 그는 반성단계의 중요성에 대해 특히 강조를 하였는데, 반성단계에서의 충분한 연구와 통찰을 통해 풀이를 개선할 수도 있으며, 결과나 논증과정을 검토하면서 풀이에 대한 이해를 증진시킬 수도 있다고 하였다. 또한 문제해결의 결과를 다른 방법으로 구해보거나, 문제해결의 결과를 보다 넓은 범위나 차원으로 확장, 일반화하는 것도 가능함을 강조하였다. 여기서는 문제해결의 '반성'단계에서 결과나 방법을 다른 문제에 활용하거나, 문제해결의 결과를 다른 방법으로 점검할 때, 새로운 문제를 제기할 때 공학적 도구를 적절하게 활용할 수 있는 사례를 제시해 보고자 한다(김남희, 2006, p. 358).

(1) 새로운 관점에서 결과 점검하기

공학적 도구는 동적인 평면기하의 성질을 연속적이면서 역동적으로 관찰할 수 있게 하므로 문제 해결의 반성 단계에서 유용하게 활용가능하다. 피타고라스 정리의 경우, 증명에 앞서 공학적 도구에 의한 직관적인 이해와 추측을 유발하고 연역적인 증명과정을 실행한 후에 반성단계에서 [그림 11-12]와 같은 활동을 다룰 수 있다. 이는 피타고라스의 정리가 직각삼각형의 세 변을 이용하여 정사각형의 넓이 관계 뿐 아니라 나아가 세 변을 지름으로 하는 반원의 넓이 사이의 관계로도 설명될 수 있음을 보여준다. 여기서 나아가 반원이 아닌 다른 정다각형으로도 탐색해 볼 수 있다. 또한 피타고라스의 정리가 직각 삼각형에서 성립하는 것이라면, 직각삼각형이 아닌 경우에는 세 정사각형의 넓이 사이의 관계가 어떻게 되는지를 동적 기하 프로그램을 이용하여 탐색해 보도록 할 수도 있다. 이는 예각, 직각, 둔각인 경우에 각각 피타고라스의 정리가 어떻게 변형되는지를 추측해 볼 수 있게 하고 제2 코사인 법칙의 발견과정에 이르게 한다.

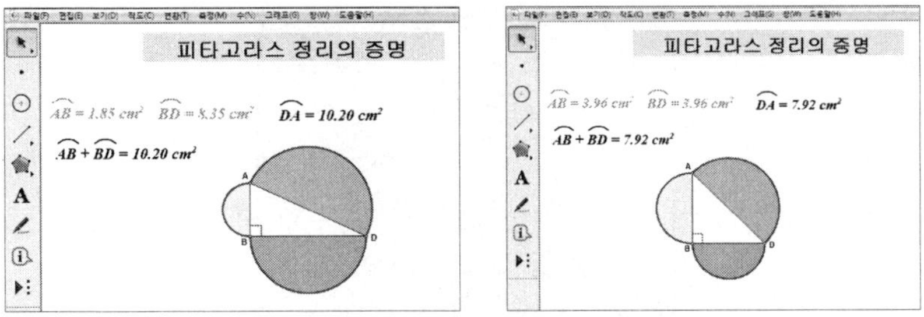

[그림 11-12] 피타고라스 정리의 탐색

삼각형의 오심에 대한 성질도 삼각형의 무게중심, 외심, 내심, 수심의 정의와 작도방법을 배우고 삼각형의 모양이 변함에 따라 각각의 위치가 어떻게 변하는지 그리고 그들 사이의 위치관계가 어떠한지를 동적 기하 프로그램에서 탐색해 볼 수 있다(김남희, 2002, pp. 122-123). 이러한 활동은 새로운 관점에서 결과를 점검해 보면서 동시에 새로운 문제를 제기[1]하는 활동과 연결될 수 있다.

(2) 결과나 방법을 다른 문제에 활용하기

3차원을 구현할 수 있는 동적 기하 프로그램(Cabri 3D)을 이용하면 삼각형의 오심뿐만 아니라 사면체에서 오심도 시각화하여 다룰 수 있다. 나아가 삼각형의 오일러 직선을 확장해서 사면체에서의 오일러 직선도 구체화해서 다룰 수 있다([그림 11-13]~[그림 11-17; 김남희, 2006, pp. 358-363).

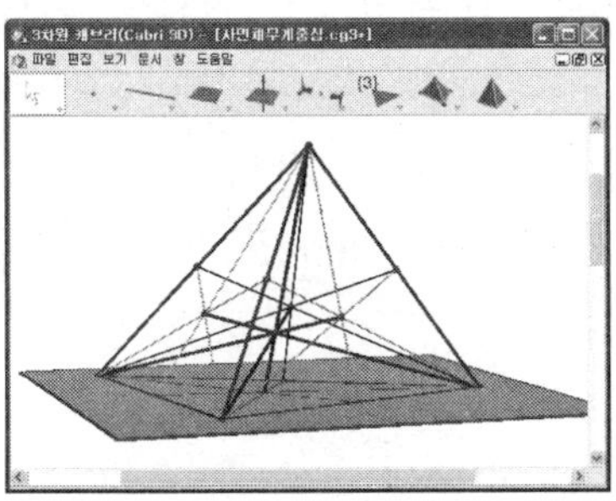

[그림 11-13] 사면체의 무게중심

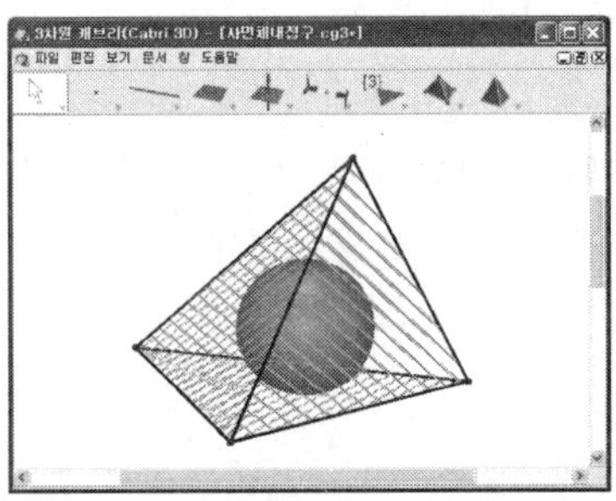

[그림 11-14] 사면체의 내심,내접구

1) 새로운 문제제기는 귀납적 사고와 유추적 사고가 중요한 역할을 한다. 귀납적 사고와 유추적 사고는 항상 참이 보장되지는 않는 개연적인 추리로서 연역추리의 보충을 필요로 하지만 지식의 창조와 개발 및 다양한 문제해결이 이를 통해 이루어지기 때문에 그 중요성에 대하여는 수학교육적으로 이미 많은 강조가 되어 왔다(우정호, 2000, pp. 337-354).

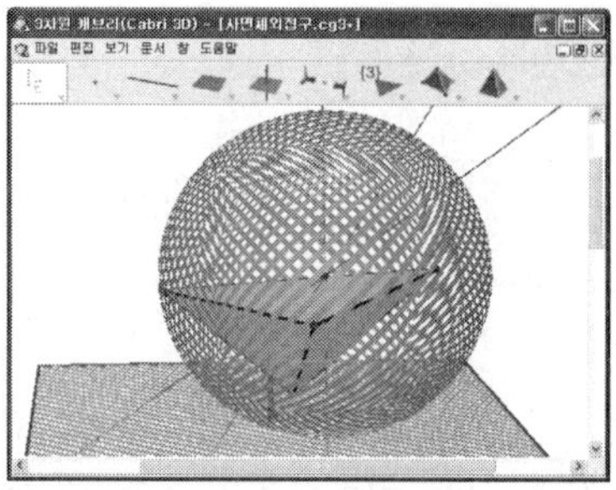

[그림 11-15] 사면체의 외심,외접구

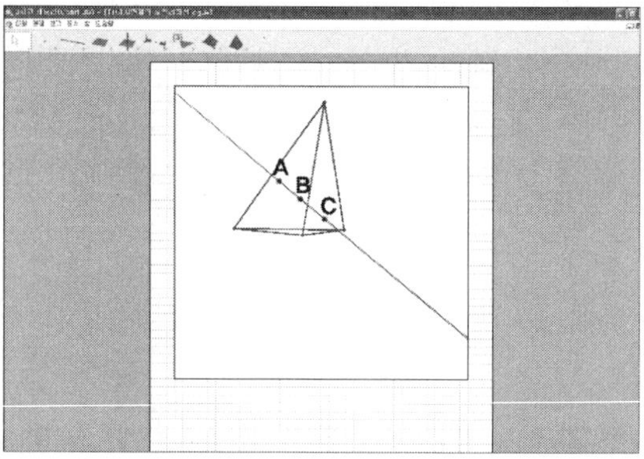

[그림 11-16] 외심(A), 무게중심(B), 수심(C)이 일직선 위에 있음

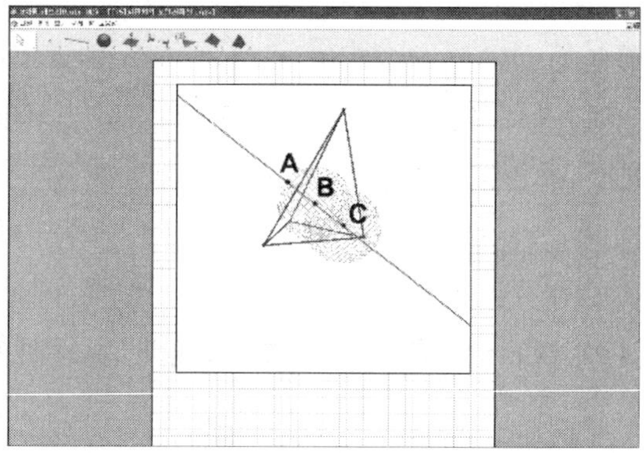

[그림 11-17] 무게중심(B)은 외심(A)과 수심(C)을 잇는 선분을 1:1로 내분

우리나라 수학교육과정에서 강조하고 있는 '문제해결력'의 육성을 생각해 볼 때, 문제해결의 반성단계에서 적절한 발문을 제시하면 학생들은 2차원의 작도과정을 3차원의 작도과정으로 자연스럽게 연결지어 생각할 수 있는 기회를 제공받을 수 있다. 이를 위해 수학교사는 Polya가 문제해결의 반성단계에서 자주 사용하길 권장하는 아래의 발문을 유용하게 활용할 수 있다.

문제의 결과나 방법을 다른 문제에 활용할 수는 없을까?

3차원의 작도와 관련하여 2차원의 작도내용을 3차원으로 확장해서 생각하는 것은 너무나 자연스러운 일이다. 우리나라 중학교 수학에서 지도되는 삼각형의 외심을 작도하는 문제는 이 후의 수학학습에서 공간도형을 배우게 될 때 사면체의 외심을 구하는 문제로 확장될 수 있다. 사면체의 외심에 관한 문제의 해결 계획을 작성하는 과정에서는 2차원에서의 삼각형의 외심을 구하는 과정을 토대로 한 유추적 사고가 유용하게 작용하게 된다. Cabri 3D는 유추적 사고에 의한 사면체의 외심에 관한 아이디어를 3차원 공간상에 시각화해주기 때문에 기존의 지필환경에서 기하적 상상력에 의존하였던 것을 구체적으로 조작하고 직관적으로 이해할 수 있는 학습의 장을 제공한다. [그림 11-18]은 Cabri 3D에서 각 모서리의 수직이등분면의 교점을 찾아 외심을 시각화한 것이다. 6개의 모서리의 수직이등분면을 모두 작도하여도 무방하지만 교점을 생성하기 위한 최소한의 개수로 수직이등분면 3개를 작도하여 외심을 찾은 화면이다. 특히 Cabri 3D에서 사면체의 외심을 작도하면 [그림 11-19], [그림 11-20]처럼 사면체의 크기와 모양을 바꿔볼 수 있으므로 외심이 사면체의 내부, 외부에 있을 조건을 탐색하기 적합하다. 이는 삼각형에서 외심이 삼각형의 내부, 외부, 삼각형 위에 있을 조건에 대한 학습내용을 그대로 3차원에서 적용한 것으로서, [그림 11-19], [그림 11-20]의 예는 개념의 비본질적인 요소를 변화시켜가면서 수학적 개념이 갖는 불변의 성질을 분석해 보는 학습 원리인 Dienes의 수학적 다양성의 원리가 잘 적용된 예로도 해석할 수도 있다(황혜정 외, 2007, p. 175; 김남희 2006, pp. 358-360).

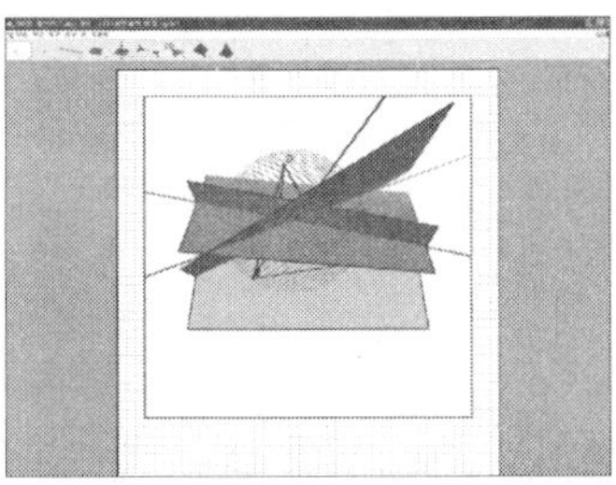

[그림 11-18] 사면체의 외심

[그림 11-19] 둔각사면체의 외심

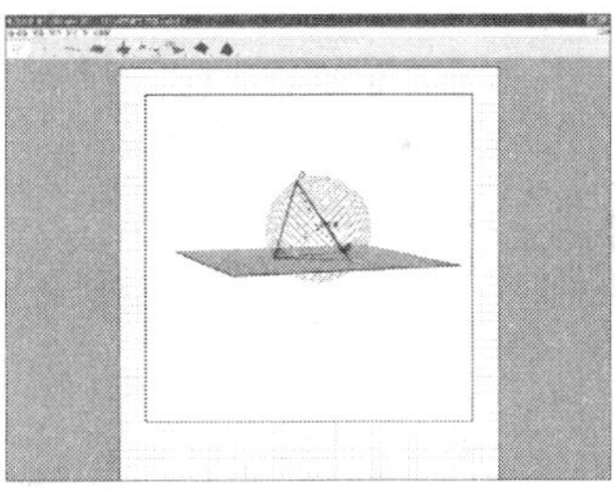

[그림 11-20] 예각사면체의 외심

(3) 일반화하여 이해하기

동적 기하 프로그램의 특성을 이용하면 구체적이고 특수한 하나의 사례로 다룬 문제를 다양하게 변화시켜 일반적으로 확장하여 탐구하는 것이 가능하다. 예를 들어 함수의 그래프의 경우, 계수의 변화에 따라 그래프가 어떻게 바뀌는지를 역동적으로 탐색하게 하는 것이 가능하다. 사인 함수 그래프의 경우라면 [그림 11-21]~[그림 11-23]처럼 a, b, c값의 변화에 따라 함수의 그래프의 모양이 어떻게 달라지는지를 탐색하여 사인함수의 그래프의 성질에 대한 일반적인 이해를 꾀할 수 있다.

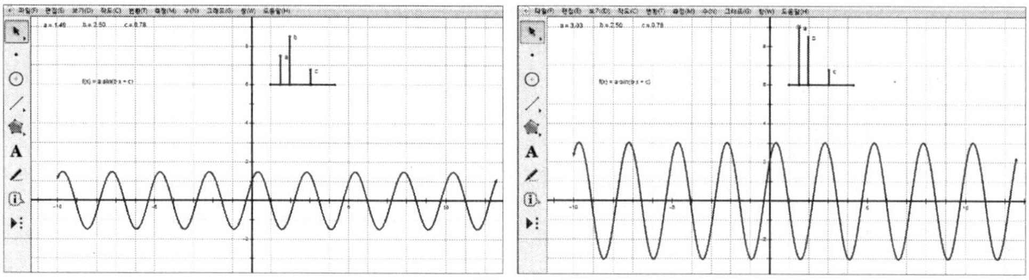

[그림 11-21] a의 변화

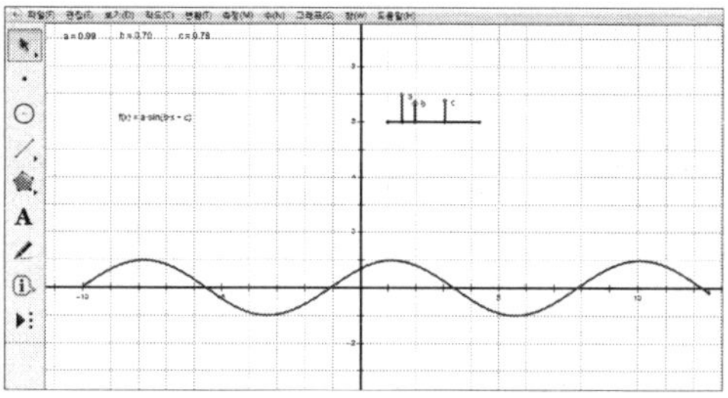

[그림 11-22] b의 변화

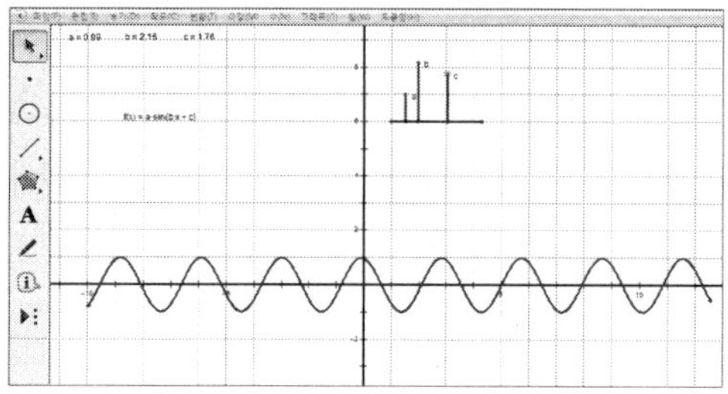

[그림 11-23] c의 변화

(4) 다른 방법으로 문제 해결하기

반성단계에서 자주 사용되는

결과를 다른 방법으로 이끌어낼 수 있는가

라는 발문에 대한 활동을 할 때에서 동적 기하 프로그램이 유용하게 활용될 수 있다. 대표적인 예로 산술평균과 기하평균의 대소관계 즉, $\sqrt{ab} \leq \frac{(a+b)}{2}$를 대수적으로 증명한 후,

결과를 다른 방법으로 이끌어낼 수 있는가
결과를 한 눈에 알 수 있는가

라는 발문을 던지고 [그림 11-24]와 같이 산술평균과 기하평균의 대소관계를 기하적으로 해석하는 기회를 제공할 수 있다(김남희, 2002, p. 123).

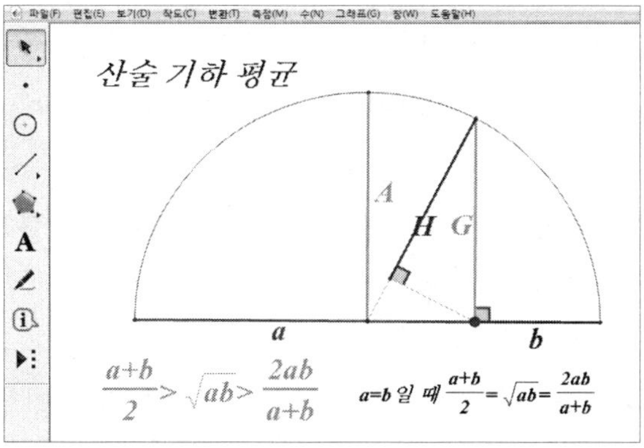

[그림 11-24] 산술평균과 기하평균의 대소관계

문제해결에서 만족스러운 풀이를 찾았다 하더라도 다른 풀이를 탐색해 보는 것은 흥미로운 일이다. 이에 대해 Polya는 다음과 같이 말한다.

> 우리는 물체를 두 가지 감각을 통해 지각하기를 원하듯이 어떤 이론적 결과의 타당성을 서로 다른 두 가지 방법으로 유도하여 확신하기를 원한다. 물건을 보고 난 후에 만져보고 싶듯이, 한 가지 방법을 알고 나면 또 다른 방법을 찾아보고 싶게 마련이다(Polya, 우정호 역, 2001, p. 93)

따라서 Polya는 문제해결의 반성단계에서 '결과를 다른 방법으로 점검하기'를 중요한 사고전략으로 강조하고 있는데, 이와 관련하여 교사가 유용하게 사용할 수 있는 발문은 아래의 두 가지이다.

> 결과를 다른 방법으로 이끌어 낼 수 있는가?
> 그것을 한 눈에 알 수 있는가?

Cabri 3D를 활용하면 공간도형과 관련된 문제의 해결을 시각화된 또 다른 방법으로 확인해 볼 수 있는 훌륭한 기회를 제공한다. 예를 들면, 앞에서 다룬 사면체의 무게중심에 관한 문제에서 Cabri 3D를 이용해 무게중심의 존재성을 시각적으로 확인하고 무게중심의 좌표를 해석기하적으로 구하는 과정을 실행한 후에도, 무게중심을 또 다른 방법으로 해석하여 확인해 보는 활동이 가능한 것이다(김남희, 2006, p. 360).

문제 3 $\triangle ABC$에서 무게중심을 G라 할 때, $\overrightarrow{GA}+\overrightarrow{GB}+\overrightarrow{GC}=\overrightarrow{0}$임을 보여라.

[그림 11-25] 삼각형의 무게중심의 성질(우정호 외, 2002, p. 275)

고등학교 수학에서 학습하는 벡터 개념을 활용하여 무게중심이 갖는 성질을 학습한 후에, 동일한 문제해결과정을 사면체의 무게중심에 관한 문제에 적용해 보는 것이 가능하다. 물론 기존의 수업환경에서도 사면체에서도 벡터의 합이 0이 됨을 대수적 조작에 의해 증명할 수 있지만, 아래의 [그림 11-26]과 같이 Cabri 3D에서 시각적으로 벡터를 합하여 네 벡터의 합이 0이 됨을 직관적으로 이해할 수 있도록 설명할 수 있다면 문제의 결과에 대한 학생들의 확신이 보다 증가될 것이다(김남희, 2006, p. 361).

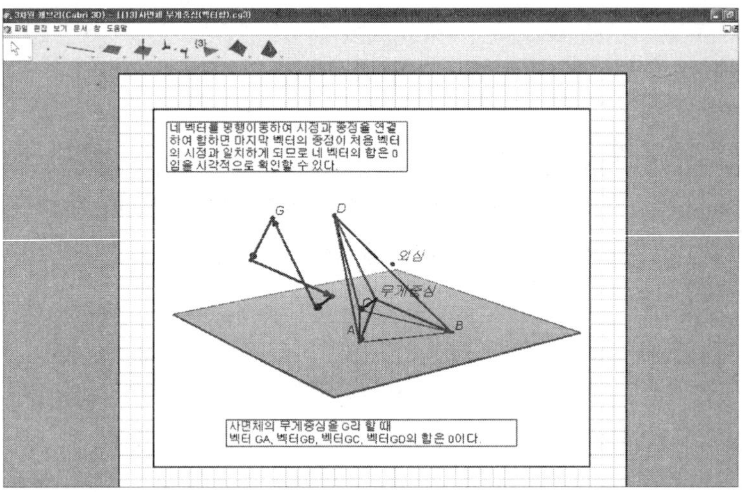

[그림 11-26] 벡터 합에 의한 무게중심 확인

3차원의 도형과 관련된 문제의 해결에서

결과를 다른 방법으로 이끌어 낼 수 있는가?
그것을 한 눈에 알 수 있는가?

라는 발문을 던졌을 때, Cabri3D에서의 활동이 기존의 지필환경에서 다루기 어려웠던 시각적이고 직관적인 방법을 제공해 준다는 점에서 그 교육적 활용이 긍정적으로 평가된다(김남희, 2006, p. 361).

Reference 참고문헌

교육부(1997). 수학과 교육과정, 교육부.

교육과학기술부(2007). 수학과 교육과정. 교육과학기술부.

교육과학기술부(2011). 수학과 교육과정. 교육과학기술부.

김남희(2002), 문제해결 관점에서의 GSP활용, 대한수학교육학회지 〈학교수학〉 제4권 제1호, pp. 111-125.

김남희(2006), 문제해결력 신장을 위한 Cabri3D의 교육적 활용, 대한수학교육학회지 〈수학교육학연구〉 제16권 제4호, pp. 345-366.

김남희(2011), 예비 수학 교사 교육에서 공학적 도구의 교육적 활용, 대한수학교육학회지 〈수학교육학연구〉 제21권 제4호, pp. 345-359.

김남희, 박경미(2008). 예비교사와 현직교사를 위한 수학교육에서의 컴퓨터 활용. 경문사.

대한수학교육학회(2014). 2014 수학교육이슈리포트. 대한수학교육학회.

류희찬 외 5인(2007). 학교수학을 위한 원리와 규준. 서울: 경문사.

손대원, 정선영, 조현재, 한송이(2006). 3D기하 소프트웨어를 이용한 수학탐구. 수학교육학논총 제29회, 대한수학교육학회, 675-707.

우정호(1998). 학교수학의 교육적 기초. 서울: 서울대학교출판부.

우정호(2000). 수학 학습 - 지도 원리와 방법. 서울대학교출판부.

우정호 외 5인(2002). 고등학교 수학Ⅱ. 서울: 대한교과서(주).

황혜정 외 5인(2007). 수학교육학신론. 문음사.

NCTM(1980). *An agenda for action: Recommendations for school mathematics of the 1980s.* Reston, VA: National Council of Teachers of Mathematics, Inc.

NCTM(1989). *Curriculum and Evaluation Standards for School Mathematics.* Reston, VA: National Council of Teachers of Mathematics, Inc. 구광조 외 2인 역(1994), 경문사

NCTM(2000). *Principles and standards for school mathematics.* Reston, VA: National Council of Teachers of Mathematics, Inc.

Polya, G.(1957), *How to solve it- A New Aspect of Mathematical Method.* 우정호 역 (2001), 어떻게 문제를 풀 것인가?, 서울: 교우사.

12장

공학적 도구를 활용한 협동적 문제해결

서울목운초등학교 김리나
(Rina98@naver.com)

1 서론

그동안 수학 교수·학습에 있어 공학적 도구의 활용은 학습자에게 가상의 수학적 세계를 제공함으로써 학습자의 수학 개념에 대한 이해를 높이는 데 중점을 두고 발전해 왔다. 이는 공학적 도구를 활용한 수학 교수·학습 방법이 창출한 가상의 수학적 세계가 학습자의 내재적 인지과정에 자극을 줄 수 있다는 가정을 바탕으로 한다(Balacheff & Kaput, 1996). 즉, 십진막대와 같은 구체물 또는 수학 개념을 형상화한 도표와 도해들은 수학적 개념 자체에 대한 학습자의 이해를 보조하는 반면, 공학적 도구를 활용한 수학 교수·학습 방법은 학습자가 수학 개념들 사이의 관계를 이해하고, 수학 개념을 실제 활용할 수 있는 가상의 세계를 창조할 수 있다는 것이다. 특히, Hoyles(1993, pp. 1-4)는 공학적 도구의 활용이 다음과 같은 요소들을 포함한 수학적 세계를 만들어냄으로써 학습자의 심도 깊은 수학적 이해를 보조할 수 있다고 주장하였다.

i) 기본적 개념들의 집합, 이러한 개념들에 대한 기초적인 연산과정, 그리고 이러한 연산과정들이 형성되고 결합될 수 있는 다양한 표현 방법들. 이러한 내용들은 수학적 의미에서 형식 체계를 구성하는 데 필요한 요소들이다.

ii) 현상 속에 숨겨져 있는 개념들과 개념들 사이의 상호작용에 대한 관계. 이러한 현상들은 사용자의 수학적 활동과 결정을 진행하는 데 필요한 피드백의 종류를 규정할 수 있다.

그러나 세계화·정보화 사회의 도래로 학습자의 전통적인 사고보다는 의사소통능력, 협동력, 비판적 사고력, 문제해결력과 같은 새로운 사고 능력들이 강조되면서(Jerald, 2009), 최근 수학 교수·학습에 있어 공학적 도구의 활용에 관한 연구 분야 역시 학습자의 수학적 의사소통능력, 협동적 문제해결능력을 어떻게 증진시킬 수 있을 것인가에 집중하고 있다.

공학적 도구를 활용한 교수·학습 방법을 포함한 그동안의 수학교육은 설명하고, 보여주고, 모델링하는 단계에서 벗어나지 못하고 있었다(Albert & Kim, 2013). 이러한 일련의 과정은 학습자의 이해가 그들이 듣거나 본 설명을 기반으로 형성된다는 가정을 바탕으로 하고 있다. 그러나 이에 대해 Albert 외(2013)는 이러한 가정이 창의적 문제해결 과정과 협동적 담화라는 수학 교육의 두 가지 중요한 측면을 간과하고 있다고 이야기한다. 특히 최근의 수학 교육의 방향이 실생활을 바탕으로 한 수학적 내용의 이해와 적용 및 발견, 그리고 이를 통한 학습자의 의미 있는 수학적 이해를 목표로 하고 있음을 감안할 때(예: National Council Teachers of Mathematics, 1991; 2000; Common Core State Standards for Mathematics, 2012; 교육부, 2014), 공학적 도구를 활용한 수학 교수·학습 활동 역시 협동적 담화를 바탕으로 한 창의적 문제해결을 포함하는 방향으로 발전해야 할 것이다. 이와 관련, 최근 공학적 도구 활용에 있어 유비쿼터스 러닝(ubiquitous-learning), 즉 u-러닝의 도입 역시 이러한 맥락에서 이해되어야 할 것이다. u-러닝은 컴퓨터, 인터넷 환경을 기반으로 학생들이 시간, 장소, 환경 등에 구애받지 않고, 일상생활 속에서 학습을 진행할 수 있는 학습자 중심의 교육 방법을 지칭하는 말로, 근래 수학교육에 있어 수학적 의사소통 능력을 기반으로 한 문제해결 중심 수업에 많이 활용되고 있으나, 아직 국내 수학교육에서의 연구는 초기 단계이다.

따라서 본 장에서는 u-러닝 기반의 공학적 도구를 활용한 협동적 문제해결을 중심으로 한 수학 수업 사례를 중심으로, 수학 수업에서 학습자가 수학적 문제를 해결할 때 어떻게 공학적 도구를 활용하여 창의적인 해결방법을 도출할 수 있는 지에 아이디어를 제공하고자 한다. 공학적 도구를 활용한 협동적 문제해결 과정을 통해 학습자는 다양한 학습에서 수학적 개념을 적용하고, 그들이 알고 있는 것을 의미 있게 재조직하는 경험을 할 수 있을 것이다.

2 u-러닝과 협동적 문제해결

2.1 u-러닝

u-러닝의 u는 유비쿼터스(ubiquious)를 지칭하며, 이는 라틴어로 '어디에나 존재한다'라는 의미를 갖고 있다. 유비쿼터스 환경에서는 기존의 유선 네트워크뿐만 아니라 휴대전화, TV, 자동차의 네비게이터 등 독립형 컴퓨터가 아닌 모든 정보화 기기가 네트워크화 되어 시·공간의 제약 없이 누구나 대용량의 통신망을 사용할 수 있고, 이를 이용해 사이버 공간에서 커뮤니케이션을 할 수 있다는 것을 뜻한다. 즉, 여러 종류의 컴퓨터 디바이스가 사람, 사물, 환경 속으로 스며들고, 이를 바탕으로 사람들이 무의식적으로 컴퓨팅을 할 수 있는 환경이 구축됨을 의미한다(김혜숙, 이영아, 이동엽, 임정훈, 2014). u-러닝은 이러한 유비쿼터스 환경을 바탕으로 기존의 공학적 도구 활용 수학 교육에 있어 인터넷을 통해 공간적 제약을 제거함으로써, 인터넷 환경 속에서 개방적 학습 자원을 학습자의 필요에 따라 선택적으로 활용하는 학습체제를 나타낸다. 이러한 u-러닝의 학습 체제와 전통적 교육 체제에 대해 Chao, Huang, Chen과 Chang(2009)은 [표 12-1]과 같이 비교하고 있다.

[표 12-1] 전통적 교육체제와 유비쿼터스 학습 체제 비교

	전통적 교육체제	유비쿼터스 학습체제
범위	• 초등교육부터 고등교육까지 형식적 학교교육	• 전 생애에 걸친 학습
내용	• 지식 내용의 습득과 반복 • 교육과정 중심형	• 지식의 창조, 습득, 활용 • 다양한 지식 원천 • 학습자의 학습 선택권 강화
전달체제	• 학습방식과 모델이 제한됨 • 공식적 교육기관 • 획일적 중앙 통제형 관리 • 공급자 주도형	• 학습상황, 모델의 다양화 • 정보통신 기술 기반형 학습 • 다양하고 유연한 분권적 관리 • 학습자 주도형

앞서 Ogata와 Yano(2003)는 u-러닝의 특징을 [표 12-2]와 같이 구체적으로 기술한 바 있다.

[표 12-2] u-러닝의 특성

영구적인 학습자원 관리 (Permanency)	학습자가 의도적으로 삭제하지 않는 이상 결코 그들의 작업 내용을 잃지 않는다. 또한 모든 학습 과정은 매일 매일 지속적으로 기록된다.
접근성 (Accessibility)	학습자는 어느 곳에서나 그들이 작성한 문서, 데이터, 비디오 자료들에 접속할 수 있다. 이를 기반으로 자기 주도적 학습을 구현할 수 있다.
즉시성 (Immediacy)	학습자는 어디에 있던지 즉각적으로 원하는 정보를 얻을 수 있어 신속하게 문제를 해결할 수 있게 된다. 또는 현장에서 생긴 의문을 기록하거나 녹음해 둘 수 있다.
상호작용성 (Interactivity)	학습자는 전문가, 교사, 또래 학생들과 동시적, 비동시적으로 언제나 상호작용을 할 수 있다. 그러므로 전문가와 지식에 보다 접근하기 쉬워진다.
학습활동의 맥락성 (Situating of Instructional Activities)	학습은 일상생활 속에 내재되며, 모든 문제나 관련 지식은 자연스럽고 실생활과 밀접히 연관된 형태로 제시된다. 이것은 학습자로 하여금 문제 상황의 특성을 알아내고 관련된 활동을 할 수 있게 도와준다.

u-러닝은 개인별 맞춤형 교육 제공이라는 공학적 도구 활용의 기본적 장점 이외에도 교육의 장소가 교실뿐 아니라, 가정과 그 밖의 야외 공간, 사이버 공간 등으로 무한대로 확장될 수 있으며, 언제 어디서나 쌍방향 정보교류로 협동적 문제해결을 가능하게 할 수 있다. 수학 교수·학습에 있어 이러한 요소를 반영하여 학습자의 여러 수학적 소양을 증진시키려는 노력은 다양하게 이루어지고 있으며(예: 김부미, 2012; Huang, Wu, Chen, Yang & Huang, 2012; Shih, Kuo & Liu, 2012), 다음 장에서 살펴볼 협동적 문제해결 역시 u-러닝 기반의 공학적 도구 활용을 통해 수학 교수·학습 환경에 더욱 적극적으로 적용될 수 있을 것으로 기대된다.

2.2 협동적 문제해결

학습자의 수학적 개념 이해를 향상시키기 위해 문제 해결 과정에 학습자를 참여시키는 방법은 그동안 수학 교육에서 꾸준히 강조되어 왔으며, 실제 여러 연구를 통해 그 교육적 효과성이 입증되었다(예: 김소희, 이광호, 구미영, 2013; Gagatisis & Shiakalli, 2004; Jonaassen, 2000). 교수학적 상황에서 문제해결 과정은 학습자의 수학 내용에 대한 이해를 증진시키며,

따라서 협동적 문제해결 과정 역시 수학 개념에 대한 학습자의 심도 깊은 이해를 가능하게 한다(Albert, et al., 2013).

협동적 문제해결 과정은 수학 교수 방법 중 하나로 학생들이 소규모 그룹 활동을 통해 공동의 목표를 성취하기 위해 노력하는 과정 안에서 서로의 수학 학습을 증진시키는 과정을 뜻한다. 비고츠키에 따르면 이러한 동료 상호작용을 통한 학습의 과정은 개념을 이해하고, 복잡한 추론 과정을 학습하는 데 있어 가장 핵심적인 부분이라 할 수 있다(Vygotsky, 1978). 사회적 상호작용을 통해 수학적 지식이 더 풍부한 학습자가 수학적 지식이 조금 더 부족한 학습자의 수학적 이해를 도와줄 수 있다. 이 때, 협동적 문제해결 과정 속에서 언어적, 비언어적 상호작용이 모두 일어날 수 있다(예: 듣기, 말하기, 쓰기 등). 협동적 문제해결과정은 단순한 '모둠 활동'과는 구분되어야 하는데, 단순한 협업을 중시하는 모둠 활동과 달리, 협동적 문제해결에서 사용하는 문제는 구조적으로 치밀하게 설계되었기 때문이다. 즉, 협동적 문제해결과정에서는 활동의 모든 과정이 학습자가 주도하는 일련의 선택 과정으로 구성되는데, 학습자의 수학적 개념 이해를 위해 학습자의 예상행동까지도 문제를 설계할 때 고려되어야 한다(Albert, et al., 2013). 이와 관련한 다음 두 문항은 협동적 문제해결 과제에 대한 예시로, Classroom Learning Project 데이터베이스에서 추출한 내용이다(Clarke, 2001).

문제 1 다음은 속도를 나타내는 여러 가지 그래프들을 보고 물음에 답하시오. 각 그래프들이 속도에 관한 어떤 정보를 제공하고 있는지 모둠의 친구들과 토의하여 보시오.

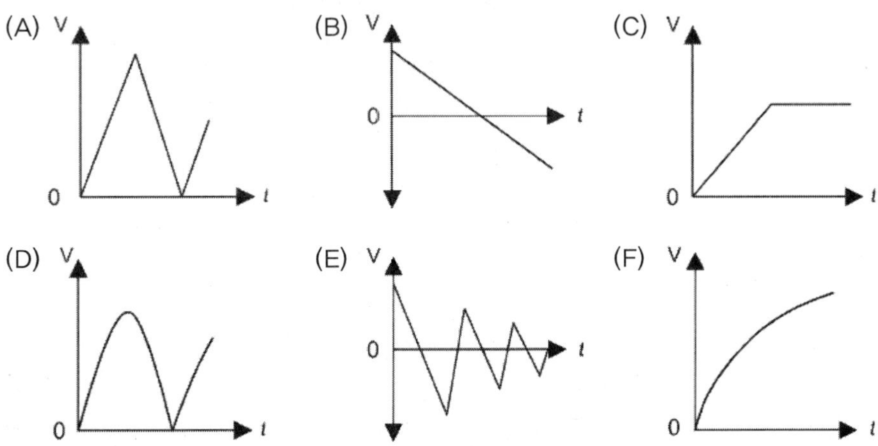

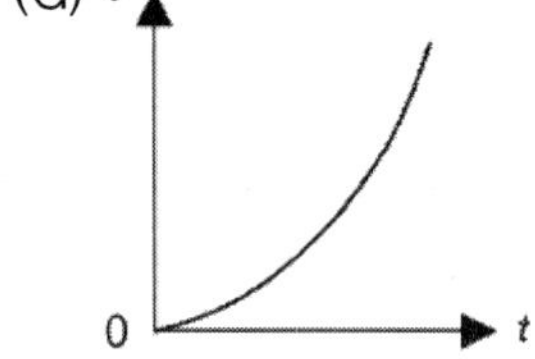

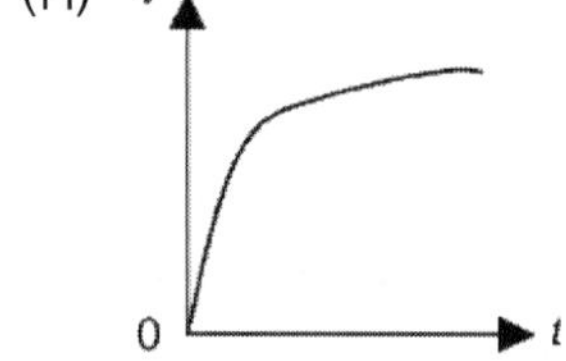

위의 그래프 중에서 공이 땅에 떨어져 튀어 오르다가 점점 멈추는 속도를 표현한 그래프는 어느 것이겠습니까? 모둠의 친구들과 의논하여 가장 적합한 그래프를 고르고, 선택한 이유를 말해보시오.

문제 2 각자 버스를 타고 학교에 오는 길을 그려보고, 버스의 속도를 그래프로 나타내어 보시오. 모둠의 친구들이 그린 버스가 학교까지 온 경로와 버스의 속도 그래프를 비교하여 보고, 버스의 움직임과 그래프 모양의 변화에 대해 토의하여 보시오. 토의 후 다음 문제를 모둠의 친구들과 협력하여 해결하여 보시오.

* 다음은 한 학생이 그린 그래프는 버스의 속도를 나타낸 그래프이다. 그래프를 보고 버스의 예상 이동 경로를 모둠 친구들과 협력하여 그림으로 나타내어 보시오.

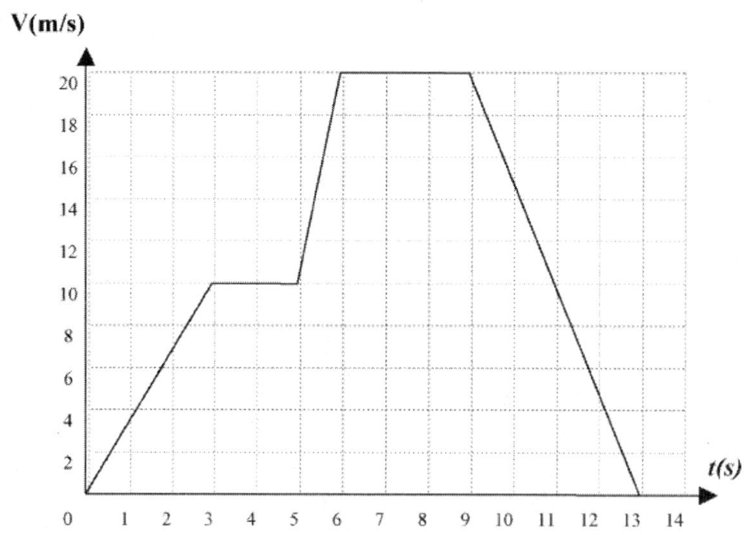

위에 제시된 문제들의 가장 핵심적인 부분은 협동적 학습 상황 속에서 학습자들이 서로 수학적 의미를 만들어나가는 과정이다. 이때, 문제가 쉽게 이해되지 않는다면 학습자들은 문제를 이해하고 해결하기 위한 다양한 상호작용을 하게 된다(Reynolds & Reeve, 2002). 이 과정에서 학습자의 수학적 이해는 순차적으로 이루어지지 않을 수도 있으나(Brown, Campione, Reeve & Ferrara, 1992; Siegler, 1996), 학습과 발달 과정에 있어 협동적 의미 생산 활동을 기반으로 한 수학 내용에 대한 이해가 일어나게 된다(Brown & Reeve, 1987).

이러한 관점을 바탕으로 많은 연구들은 교사들에게 협동적 문제 해결을 교실 수업에서 진행하는 데 있어 여러 아이디어들을 제공해왔고, 그중 가장 핵심적인 내용 중 하나는 교사가 학생들이 효율적으로 협동하기 위한 최적의 환경을 설계하는 데 있어 최선을 다해야 한다는 것이다. 이러한 환경 속에서 학습자들은 수많은 잠재적인 사회적 상호작용을 통해 수학적 내용을 이해할 수 있기 때문이다(Albert, et al., 2013).

협동적 문제해결을 위한 환경 제공의 측면에서, u-러닝의 개념을 바탕으로 한 현실세계 및 사이버 공간에서의 학습은 사회적 상호작용에 있어 시·공간의 제약을 제거하여 협동적 문제해결을 위한 사회적 상호작용의 극대화가 가능한 환경 설정을 가능하게 한다. 다음 절에서는 u-러닝 기반의 협동적 문제해결 사례를 초등 기하(도형) 수업 중심으로 살펴보고자 한다. 다음 절에서 소개될 예시 내용은 2014년도 저자의 〈Using Technology in Mathematics Classroom with U-Learning: A Story from South Korea〉의 연구 중 일부내용을 발췌·요약한 것이다.

3 u-러닝 기반의 협동적 문제해결 수업 사례

- 초등 기하(도형)를 중심으로

본 절에서 소개될 수업 사례는 u-러닝을 기반으로 협동적 문제해결 과정을 중심으로 진행되었다. 본 수업은 초등학교 5학년 학생들을 대상으로 진행되었으며, 수업의 목표는 $1km^2$, $1m^2$, 1ha, 1a를 이해하고, 학교의 넓이를 구해 적절한 넓이의 단위로 나타내는 것이다. 본 수업의 교사는 수업을 진행하기 전, 앞 절에서 살펴본 Ogata와 Yano(2003)의 u-러닝의 특징을 바탕으로 [표 12-3]과 같이 협동적 문제해결 과정을 설계하였다.

[표 12-3] 협동적 문제해결 과정 수업 계획

학습 과정	문제 이해	계획 설계	계획 실행	해결과정 반성
학습 장소	교실 안	교실 안	교실 밖	교실 안
학습 시간	40분		3일	80분
필요한 공학적 도구	데이터베이스와 연동된 게시판	데이터베이스와 연동된 게시판	데이터베이스와 연동된 게시판 온라인 채팅 프로그램	온라인 투표 프로그램

이러한 기본 계획을 바탕으로 교사는 협동적 문제해결을 위한 수학 문제를 제시하였다. 본 수업에서 u-러닝을 기반으로 한 협동적 문제해결을 위해 사용한 문제는 다음과 같다.

문제 정사각형 모양의 타일이 있습니다. 타일의 가로와 세로의 길이는 각각 50cm입니다. 우리 학교는 실내의 모든 벽과 천장과 바닥을 이 타일들로 빈틈없이 붙이려고 합니다. 이 때, 타일들은 서로 겹쳐지지 않아야 하며, 복도와 지하실은 제외합니다. 그러나 학교에서는 아직 타일을 몇 개나 주문해야 하는지를 결정하지 못했습니다. 복도와 지하실을 제외한 모든 실내 공간의 벽, 천장, 바닥을 타일로 모두 채우기 위해서는 몇 개의 타일이 필요할까요?

학생들은 모둠별로 문제를 이해하고 계획을 설계하기 위한 토론을 실시하였다. 이때, 교사는 학습자의 토의 과정을 녹화한 후, 녹화파일을 게시판에 업로드 하여, 학생들이 원하면 어느 때나 토의 과정을 다시 살펴보고, 계획 설계에 부족한 부분은 없는지 확인하도록 보조하였다. 녹화된 학생들의 토론의 일부분은 다음과 같다.

나영(모든 이름은 가명임): 내 생각에는 교실 하나를 타일로 모두 덮어보고, 한 교실을 덮는데 필요한 타일의 수를 구한 후, 이 수를 전체 교실의 수로 곱하면 될 것 같아.

재혁: 그런데 교실 크기가 다 똑같지가 않잖아. 컴퓨터 교실은 우리 반보다 크잖아. 그냥 교실 수로 모두 곱하면 안 될 것 같은데.

준호: 꼭 교실을 타일로 덮어볼 필요는 없을 것 같아. 교실이 직육면체처럼 생겼으니까, 마주보는 면의 크기가 같잖아. 그러니까 한 면의 크기만 구해서 필요한 타일을 계산하면 되지.

학생들의 토론이 끝난 후, 교사는 다음과 같이 공지하였다.

교사: 토론 중에, 여러분들이 꼭 고려해야 할 것들에 대한 이야기가 나왔습니다. 이제 토론 내용을 바탕으로 구체적으로 계획을 세우고, 앞으로 3일 동안 필요한 타일 수를 구하도록 합니다. 4일째 되는 날 실제 구한 타일의 수에 대해 친구들 앞에서 모둠별로 발표하겠습니다. 교실 인터넷 게시판에 여러분이 안전하게 이 과제를 수행하기 위해 필요한 내용들을 미리 선생님이 적어두었습니다. 여러분은 이 과제를 하면서 사진, 동영상 등을 촬영하여 여러분이 하고 있는 과정에 대해 매일 인터넷 게시판에 올려야 합니다. 그리고 선생님에게 질문이 있는 사람은 인터넷 게시판에 글을 남겨도 되고, e-mail을 사용해도 좋습니다.

이 후 3일 동안 학생들은 과제를 수행하였으며, 교사는 학생들의 과제를 온라인 게시판 등을 이용하여 모니터링 하였다. 학생들이 종종 과제 수행의 어려움을 토로하고, 문제 해결을 위해 필요한 해답에 대해 교사에게 자문을 구했지만, 교사는 직접적으로 답을 주기 보다는 여러 가지 고려할 사항들을 제시해 주었다. 4일째 되는 날, 학생들은 교실에서 과제 수행의 결과를 발표하였다. 다음 A 모둠과 B 모둠의 발표 내용은 학생들의 모둠별 발표 내용 중 가장 대표적인 예이다.

[모둠 **A**의 발표내용]

대식: 우리 학교는 지하실을 빼고 4층으로 되어 있습니다. 우리가 각 층을 모두 살펴보니 크기가 같은 45개의 일반 교실과, 크기가 같은 화장실이 각 층에 4개씩 있었습니다.

소연: 그리고 우리 학교에는 9개의 크기가 각각 다른 특별실이 있었습니다. 교장실이나 과학실처럼요.

원재: 결국 우리가 크기를 측정해야할 교실은 모두 11개였어요. 일반교실, 화장실, 그리고 9개의 특별실이요. 모둠원들이 각자 분담에서 교실 크기를 측정하기로 했습니다.

교실이 직육면체 모양이니까 바닥의 가로와 세로, 그리고 교실의 높이만 측정하면 각 면의 크기를 구할 수 있다고 생각했습니다...(중략)...모든 것을 계산해본 결과 우리는 83,780개의 타일이 필요하다는 것을 알 수 있었습니다.

[모둠 B의 발표내용]

진호: 우리 삼촌은 건축가에요. 전에 삼촌이 일하는 것을 봐서, 건물을 지을 때는 설계도가 필요하다는 것을 알고 있었어요.

유나: 그래서 우리는 실제 교실의 크기를 측정하는 것보다 설계도를 보는 것이 더 쉽고 빠르게 문제를 해결할 수 있을 거라고 생각했어요. 그래서 학교 게시판에 수업에 학교 설계도가 필요하다는 글을 남겼어요. 그랬더니 행정실 선생님에게 연락이 왔죠. 행정실 선생님에게 설계도 복사한 것을 받았는데 어떻게 읽어야 할지 몰랐어요.

종학: 그래서 우리는 이 설계도를 사진으로 찍어서 진호 삼촌에게 이메일로 보내기로 했어요. 삼촌이랑 화상통화를 하면서 삼촌이 이 설계도를 어떻게 읽어야 하는지, 설계도에서 우리가 필요한 길이가 무엇인지를 자세히 설명해 주셨어요.

현진: 나머지 방법은 다른 모둠이랑 비슷해요. 교실 각 면의 넓이를 계산한 후 타일의 넓이로 나눴어요...(후략)...

모둠의 발표가 끝난 후 교사는 온라인 투표 프로그램을 이용해서 학생들이 가장 과제를 잘 수행한 모둠을 직접 선출하도록 하였다. 대부분의 모둠들이 모둠 A와 유사한 방법으로 해결했지만, 그들은 모둠 B가 과제를 훨씬 더 우수하게 수행했다고 이야기하였다. 학생들은 전문가의 도움을 받은 덕분에 정확한 측정값을 더 쉽게 얻을 수 있었으며, 설계도를 읽는 법까지 배울 수 있었던 점이 좋았다고 발표했다. 교사 역시, 학생들의 활동 내용을 온라인 게시판을 통해 관찰할 수 있었던 점, 적절한 피드백을 활동 중에 제공할 수 있었던 점, 그리고 모든 학생이 문제해결을 위해 아이디어를 적극적으로 내고 활동에 참여한 점, 마지막으로 온라인을 통해 인적 자원을 포함한 다양한 자원들을 활용하여 문제를 해결할 수 있었던 점을 u-러닝을 활용한 문제해결 수업의 장점으로 이야기하였다.

4 결론

수학 교수·학습 과정 중에서 학생들이 협동적 문제해결을 할 수 있도록 과제를 제공해 주는 것은 중요하다. 특히, 수학 교과에서 사용하는 문제는 단순히 기능상의 협력이 아닌 공동의 사고 과정을 가능하게 해 준다는 점에서, 협동적 문제해결의 목적에 가장 부합되는 활동을 제공할 수 있다. 다양한 교수학적 방법들(교실 안, 또는 교실 밖 활동, 장기간 프로젝트 활동) 등을 통해 교사들은 교육과정에 제한점을 넘어 학생들에게 다양한 협동적 문제해결 과정을 경험하게 해 줄 수 있다. 이 때, u-러닝을 기반으로 한 공학적 도구의 활용은 시·공간의 제약을 넘어, 다양한 인적·물적 자원 및 사이버 공간의 데이터 활용을 통해 협동적 문제해결 과정을 더욱 심도 깊게 만들어 줄 것이다.

지난 수십 년간, 우리는 수학 개념들을 쉽게 설명한 다양한 소프트웨어, 학생들에게 친숙한 인터페이스로의 발전, 효율성과 수학적 연결성을 고려한 많은 시뮬레이션 등 수학교육에 있어 컴퓨터를 기반으로 한 다양한 공학적 도구의 진보를 목격했다. 앞으로 수학교육에 있어 공학적 도구의 활용은 특정 프로그램의 개발과 활용을 넘어 인터넷을 기반으로 사이버 공간 전체의 활용이 될 것이다(Balacheff & Kapput, 1996). 이러한 맥락에서, u-러닝을 기반으로 한 앞으로의 수학 교육에 있어 공학적 도구는 단순한 수학 프로그램의 활용을 넘어, 종이와 연필과 동일하게 가장 기초적인 그리고 기본적인 도구로 활용될 것이다. 현실 공간의 한계를 넘어 수학적 이해가 가능하게 도와주는 것이 그동안의 공학적 도구의 역할이었다면, 가상의 세계라는 공학적 도구의 한계를 넘어 현실과 사이버 공간을 유기적으로 연결, 각 공간의 장점만을 활용하여 학생들이 협동적으로 수학 문제를 해결할 수 있도록 최적의 환경을 만드는 것이 앞으로 공학적 도구 활용의 방향이 될 것이다.

Reference

참고문헌

교육부(2014). 1-2학년군 수학 교사용 지도서. (주) 천재교육.

김부미(2012). 우리나라의 ICT 환경 기반 수학 학습 현황 분석. 교과교육연구, 16(3), 657-687.

김소희, 이광호, 구미영(2013). 초등학교 4학년 학생들의 수학 문제해결과정에서의 시각적 표현. 한국수학교육학회, 16(3), 285-301.

김혜숙, 이영아, 이동엽, 임정훈(2014). 서책과 디지털교과서 병행을 위한 교수·학습 모형 개발. 교육과정평가연구. 44-50.

Albert, R. L., & Kim, R. (2013). Developing Creativity Through Collaborative Problem Solving. *Journal of Mathematics Education at Teacher College*, 4, 32-38.

Balacheff, N., & Kaput, J. J. (1996). Computer-based learning environments in mathematics. In *International handbook of mathematics education* (pp. 469-501). Springer, Netherlands.

Brown, A. L., Campione, J. C., Reeve, R. A., & Ferrara, R. A. (1992). Interactive learning and individual understanding: the case of reading and mathematics. In Culture, *schooling and psychological development* (pp. 124-178). Hilsdale, NJ: Erlbaum.

Brown, A. L., & Reeve, R. A. (1987). Bandwidths of competence: the role of supportive context in learning and development. In *Learning and development: conflict or congruence?* (pp. 173-216). Hilsdale, NJ: Erlbaum.

Clarke, D. (2001). *Perspectives on practice and meaning in mathematics and science classrooms.* Dordehtt: Kluwer Academic Publishers.

Common Core State Standards Initiative. (2012). *Common Core State Standards for Mathematics*: Common Core State Standards Initiative.

Gagatsis, A., & Shiakalli, M. (2004). Ability to translate from one representation of concept of function to another and mathematical problem solving. *Educational Psychology, 24*, 645-657.

Hoyles, C. (1993). Microworlds/Schoolworld: The Transformation of an Innovation. In *Computers and Exploratory Learning.* (pp. 199-219). Springer, Verlan, Berlin.

Huang, S. H., Wu, T. T., Chen, H. R., Yang, P. C., & Huang, Y. M. (2012, March), Mathematics Assisted Instruction System of M/U-Learning Environment. In *Wireless, Mobile and Ubiquitous Technology in Education (WMUTE), 2012 IEEE Seventh International Conference on IEEE*(pp. 301-305).

Jerald, C. D. (2009). *Defining a 21st century education.* Alexandria, VA: The center for Public Education of the National School Boards Association.

Jonassen, D. H. (2000). Toward a design theory of problem solving. *Educational Technology Research and Development, 48*, 63-85.

National Council of Teachers of Mathematics. (2000). *Principles and standards for school mathematics.* Reston, VA: National Council of Teachers of Mathematics.

National Council of Teachers of Mathematics. (1991). *Professional standards for teaching Mathematics.* Reston, VA: National Council of Teachers of Mathematics.

Kim, R. (2014). Using Technology in Mathematics Classroom with U-Learning: A Story from South Korea. *Asia Journal of Education and e-Learning.* 2(3), 185-189.

Ogata, H., & Yano. Y. (2003). Supporting knowledge awareness for ubiquitous CSCL. In *World Conference on E-Learning in Corporate, Government, Healthcare, and Higher Education.* (Vol. 2003, No. 1, pp. 2362-2369).

Reynolds, F. J., & Reevem R. A. (2002). Gesture in collaborative mathematics problem-solving. *Journal of Mathematical Behavior, 20*, 447-460.

Shih, S. C., Kuo, B. C., & Liu, U. L. (2012). Adaptively Ubiquitous Learning in Campus Math Path. *Educational Technology & Society*, 15(2), 298-308.

Vygotsky, L. S. (1978). *Mind in society: The development of higher psychological processes.* Cambridge, MA: Harvard University Press.

13장

GSP를 활용한 기하 탐구

인제대학교 김향숙
(mathkim@inje.ac.kr)

1 서론

수학의 교육현장에서 '문제해결'(문제의 해결과정을 중시하는 지도)은 항상 강조되어오고 있다. 이는 Dewey(1859-1952)의 '반성적 사고'를 기점으로 하여 그 기본적인 관점을 결집한 수업이기도 하다. 문제해결 수업의 전개가 강조되고 있는 이유 중의 하나는 그 문제의 해결 과정에서 새로운 지식과 기능, 시각이나 통찰력을 몸에 익힐 수 있기 때문이라 할 수 있다. 문제해결 수업의 진행으로 다음과 같은 다섯 개의 단계를 생각할 수 있다.

	교사의 지도과정	학생의 반응
Ⅰ.	문제의 제시	'정말로 그럴까?' '왜 그럴까?'
Ⅱ.	예상 세우기	'아마 그렇겠지?'
Ⅲ.	과제의 명확화	'생각해보자' '해결해보자'
Ⅳ.	과제의 해결	'정말이네' '알았다'
Ⅴ.	문제의 해결	'풀었다' '완성되었다'

위의 단계에서 두 번째의 것이 '예상'이다. 다시 말해서 '여러 가지 자료를 미루어 볼 때, 문제의 결과나 접근방법에 관해서 아마 이렇지 않겠는가?'라고 판단하는 것이다.

Polya(1887-1985)는 《How to Solve It》에서 '예상을 검토하게 하라'라는 뜻에서 다음과 같이 말하고 있다. "그것(예상)을 적당히 검토하면 본래의 진리를 거기서 얻어낼 수 있게 된다. 많은 예상에는 어딘가 서로 다른 것이 있지만. 그럼에도 불구하고 그것은 좋은 생각을 도출하는 밑거름이 된다.” 그렇다면 ‘예상’을 위한 ‘좋은 문제’란 어떠한 문제일까?

1.1 예상을 위한 좋은 문제

예상을 위한 좋은 문제를 고민하여 폴리아는 문제를 ‘결정문제’와 ‘증명문제’로 크게 두 가지로 대별하고 있다. ‘예상’을 수업에 도입하기 위해서는 ‘문제를 결정문제의 형태로 제시함’이 바람직할 것으로 생각된다.

결정문제로는 예를 들어 다음과 같은 종류의 문제를 생각할 수 있다.

- ‘~은 얼마인가?’ 등 즉, 답을 구하는 타입
- ‘~은 어느 것인가?’ 등 즉, 선택타입
- ‘~은 옳은가?’ 등 즉, 판단타입
- ‘~은 무엇을 말할 수 있겠는가?’ 등 즉, 발견타입

문제를 결정문제 형태로 주더라도, 결정문제라고 해서 그것이 ‘예상’을 위한 ‘좋은 문제’라고 반드시는 말할 수 없다. 예상을 위한 좋은 문제의 조건으로 다음과 같은 3가지를 생각할 수 있다.

(1) 누구라도 예상할 수 있는 문제

(2) 다른 예상이 생길 수 있는 문제

(3) 과제가 생길 수 있는 문제

아래와 같은 두 가지 문제를 살펴보자. 위에서 언급한 예상을 위한 좋은 문제는 어느 것일까?

문제 1 $\overline{AB}=\overline{BC}=\overline{AC}$, $\overline{AD}=\overline{DE}=\overline{AE}$ 이면 $\angle ACE=60°$ 임을 보여라.

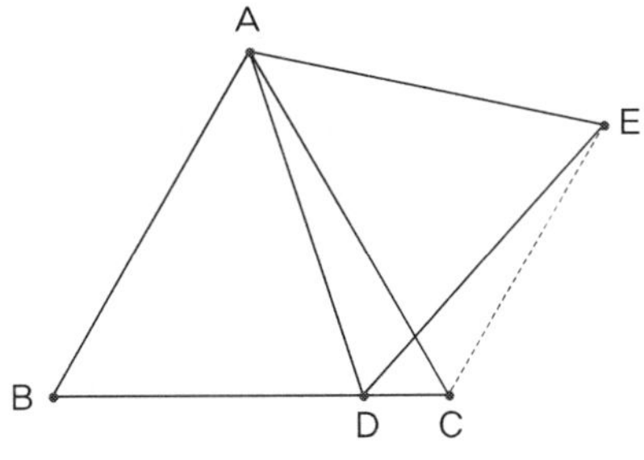

문제 2 정삼각형 ABC의 변 BC 위에 놓여있는 임의의 한 점 D를 잡는다. 또한, 변 AD를 한 변으로 하는 정삼각형 ADE를 꼭짓점 C쪽에 그린다. 이때 $\angle ACE$는 몇 도인가?

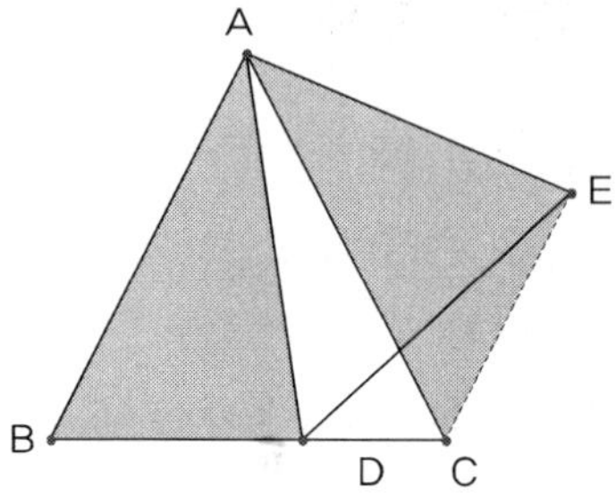

위의 '문제 1'은 증명문제이지만 '문제 2'는 결정문제이다. 위 두 문제를 해결하는 실마리가 될 그림들을 GSP로 작도한 다음의 과제들을 살펴보면 위 문제들의 조건을 변화하여 다른 종류의 문제로도 확장해 볼 수 있을 것이다.

과제 1

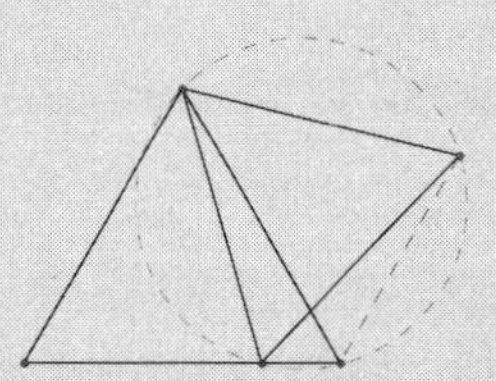

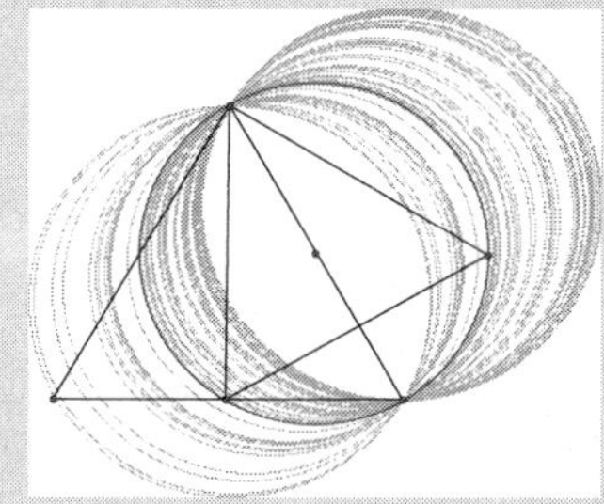

과제 2

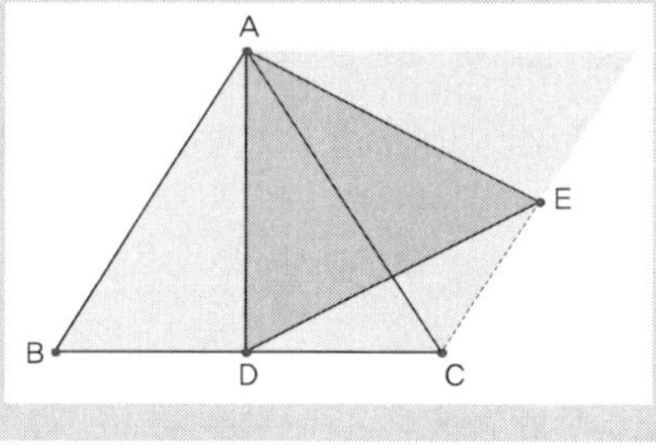

1.2 잘못 그은 보조선

200여 년 전에 이미 알려진 아래와 같은 '잘못 그은 보조선'에 관한 일화는 누구나 한 번쯤은 접했을 것으로 생각된다. 단, 이 그림에서 점 G는 $\triangle ABC$의 변 BC의 수직이등분선과 $\angle A$의 이등분선의 교점이다.

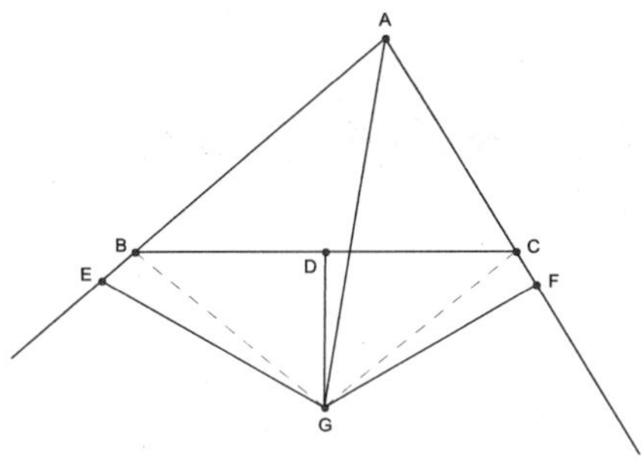

이때 점 G에서 변 AB, AC에 각각 내린 수선의 발 E, F를 그림처럼 잘못내리면 $\overline{AE}=\overline{AF}$, $\overline{BE}=\overline{CF}$를 얻을 수 있으므로 $\overline{AB}=\overline{AC}$라는 등식을 얻게 되어 '모든 삼각형은 이등분삼각형'이라는 터무니없는 결론에 도달하게 된다.

그렇다면 이 경우의 수선의 발 E, F의 실제의 위치는 어디일까? GSP를 이용하여 그려보면 아래의 그림과 같다.

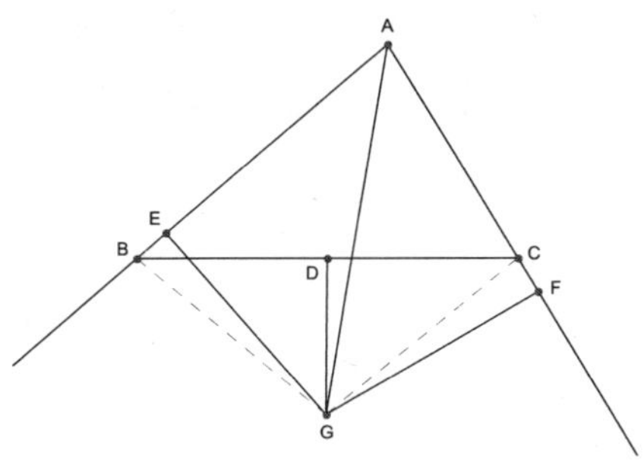

이 경우에 점 E, F의 실제의 위치가 위의 그림처럼 될 수밖에 없음을 초등기하를 이용하여 증명할 수 있지만, 여기서 강조하고 싶은 것은 이처럼 GSP를 이용하면 정확한 그림을 보일 수 있기 때문에 위와 같은 잘못을 범하지는 않는다는 것이다. 수학 문제를 해결하는 데 있어 문제의 조건들을 활용하여 정확한 그림을 그릴 수 있다면 문제의 반은 해결한 것이나

마찬가지이다. 이러한 관점에서 학교 현장에서 어떠한 문제에 어떻게 GSP를 적용할 것인지에 대한 다양한 고민이 필요한 시점이므로 수학 수업에서의 이에 대한 활발한 연구를 기대해 본다.

2 GSP로 원뿔곡선 그리기

여러 가지 기하 탐구를 GSP로 할 수 있으며, GSP를 활용한 기하 문제 탐구에 관한 다양한 예제들(김향숙, 박진석, 하형수, 2011; 김향숙, 박진석, 하형수, 2013)과 관련 책들(김향숙, 박진석, 박준형, 2013; 김향숙, 박진석, 윤삼열, 2015; 박진석, 김향숙, 2013; 박진석, 김향숙, 2014)이 이미 많이 출간되어 있으므로 참고하길 바라며, 요즈음은 학교현장에서도 GSP의 활용이 보편화되었다고 말할 수 있다. 이 장에서는 원뿔곡선을 GSP로 그려보기로 하자. 우리의 생활주변에서 자주 접하는 지극히 간단한 평면도형도 막상 내 손으로 다루려하면 뜻대로 되지 않는 이유는 최근 중등수학에서 해석기하를 경시하는 경향도 있겠지만 보다 체계적으로 내 스스로 접근해본 경험의 부족에서 오는 것이라 생각한다. 따라서 학생 수준에 맞게 스스로 자기주도 학습이 가능하게 위한 한 방법으로 도구를 활용한 체험 및 실험 수업의 활용을 권장한다. 이러한 관점에서 정의 및 용어의 개념이해가 쉽지 않은 원뿔곡선을 GSP로 작도하고 작도를 통해 얻은 개념이해를 바탕으로 몇 가지 문제를 해결해 보기로 하자.

고대그리스인들은 직선과 원만이 진정한 기하학적인 도형이라 생각하고 그것들의 연구에 힘을 쏟았지만 직선과 원만으로는 풀 수 없는 문제, 예컨대 3 대 난제[1])와 같은 것에 부딪쳤

1) B.C. 480년에 일어난 살라미스(Salamis, 그리스 동남쪽의 섬)의 해전에서 그리스 해군이 페르시아 해군을 격파한 이래 그리스는 오랜 기간 동안의 페르시아의 압박에서 벗어났으며, 특히 아테네는 그리스의 정치, 문화의 중심으로 번영했다. 그래서 아테네의 시민들은 생활에 필요한 노동은 노예한테 맡기고 자신들은 오로지 정치와 학문 연구에만 전념하게 되므로, 소피스트(sophist)라 부르는 직업적인 교사집단도 생기게 되었다. Sophia는 지(智)를 뜻하므로 소피스트는 현자(賢者)를 말하겠지만, 후에 그들은 변론술에만 주력했기 때문에 그들을 궤변가라 불렀다. 이들 궤변가들, 즉 궤변학파가 가장 열심히 생각한 3대 난문이라 부르는 다음 문제는 유명하다.
(a) 임의로 주어진 각의 3등분문제.

기 때문에 그 이외의 곡선에도 관심을 가질 수밖에 없었다. 이와 같은 관심의 일환으로 메나이크모스(Menaichmos, BC 375?-325?)는

- ✣ 꼭지각의 크기가 $\angle R$ 보다 작은 직원뿔을 그 모선에 수직인 평면으로 잘랐을 때 잘린 단면은 **타원**
- ✣ 꼭지각의 크기가 $\angle R$ 인 직원뿔을 그 모선에 수직인 평면으로 잘랐을 때 잘린 단면은 **포물선**
- ✣ 꼭지각의 크기가 $\angle R$ 보다 큰 직원뿔을 그 모선에 수직인 평면으로 잘랐을 때 잘린 단면은 **쌍곡선**

으로 각각 생각했다.

이에 반해서 아폴로니우스(Apollonius, BC 260?-200?)는 동일한 직원뿔을 여러 가지 평면으로 자름으로써 이들 곡선을 얻을 수 있음을 보였다. 보다 구체적으로 말해서 직원뿔을

- ✣ 그 꼭짓점에 대해서 동일한 쪽의 모선을 자르는, 평면으로 잘랐을 때 생기는 단면은 **타원**
- ✣ 어느 한 모선에 평행인 평면으로 잘랐을 때 생기는 단면은 **포물선**
- ✣ 그 꼭짓점에 대해서 양쪽 모선 모두를 자르는, 평면으로 잘랐을 때 생기는 단면은 **쌍곡선**

으로 각각 생각함으로써 메나이크모스의 생각을 일반화하였다. 전체 8권으로 된 아폴로니우스의 저서 《원뿔곡선론(Conics)》에는 원뿔곡선의 생성과정뿐만이 아니라 축, 초점, 접선, 점근선 등에 대해서도 언급되어 있다고 한다.

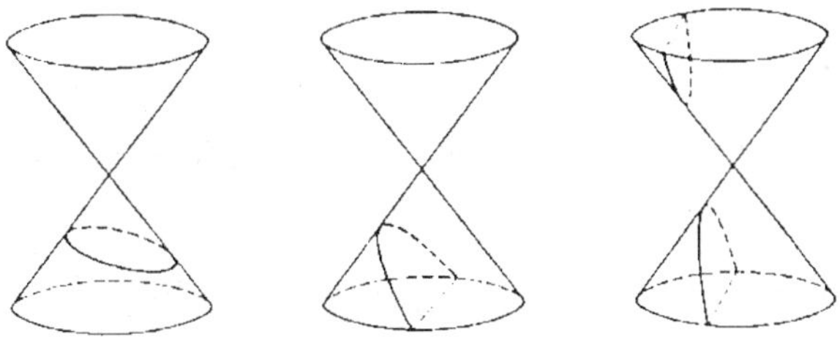

(b) 임의로 주어진 정육면체의 2배의 부피를 갖는 정육면체의 작도문제.

(c) 주어진 원과 넓이가 같은 정사각형의 작도문제.

2.1 포물선

아래의 그림처럼 직원뿔을 모선 SCD에 평행인 평면 π로 자른다. 이때 직원뿔에 접하고 평면 π에도 점 F에서 접하는 구를 만들면 이 구는 직원뿔과 원 Γ를 따라 접한다. 더욱이 원 Γ를 품고 있는 평면 α와 평면 π의 교선을 g라 하고, 평면 π로 잘라서 생기는 단면상의 임의의 점 P에서 g에 내린 수선의 발을 H라 하면,

$$\overline{PF} = \overline{PA} = \overline{DC} = \overline{PH}$$

임을 알 수 있다(아래의 문제1 참조).

따라서 포물선은 정점 F와 정직선 g에 이르는 거리가 같은 점의 자취이다. 이 경우에 점 F를 **초점**, 직선 g를 **준선**이라 각각 부른다.

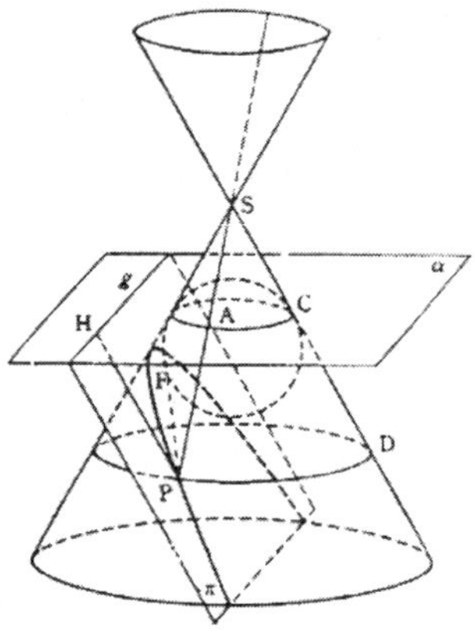

문제 1 포물선은 한 정점과 한 정직선에 이르는 거리가 같은 점의 자취임을 보여라.

풀이 $\overline{PF} = \overline{PA}$ ($\because$ 점 P를 지나는 구의 접선의 길이),

$\overline{PA} = \overline{CD}$ ($\because$ 직원뿔대의 모선의 길이),

$\overline{CD} = \overline{PH}$ ($\because$ 평면 α와 평면 PD는 평행이며, $\overline{PH} \parallel \overline{DS}$이므로 사각형 $HPDC$는 평행사변형임)

$\therefore \overline{PF} = \overline{PH}$

• GSP를 이용한 타원의 작도

① 한 점 F와 점 F를 지나지 않는 직선 l을 작도한다.

② 직선 l상에서 임의로 한 점 H를 택한다.

③ 선분 FH의 중점 M을 잡아 점 M을 지나고 선분 FH에 수직인 직선, 즉 선분 FH의 수직이등분선을 작도한다.

④ 점 H를 지나고 직선 l에 수직인 직선을 그려 선분 FH의 수직이등분선과의 교점을 택해 P라 한다.

⑤ 점 H에는 "애니메이션"을 준다. 이때 점 H는 경로 l위를 왕래할 것이다.

⑥ 점 P에는 "흔적남기기"를 부여한다.

⑦ 화면에 나타나있는 "애니메이션 제어판"을 활성화한다.

⑧ 이때 점 P의 흔적으로 나타나는 곡선은 점 F를 초점으로, 직선 l을 준선으로 각각 갖는 포물선이다.

문제 2 위의 순서에 따라 점 P의 흔적으로 나타나는 곡선은 점 F를 초점으로, 직선 l을 준선으로 각각 갖는 포물선임을 GSP로 구현하여라.

풀이

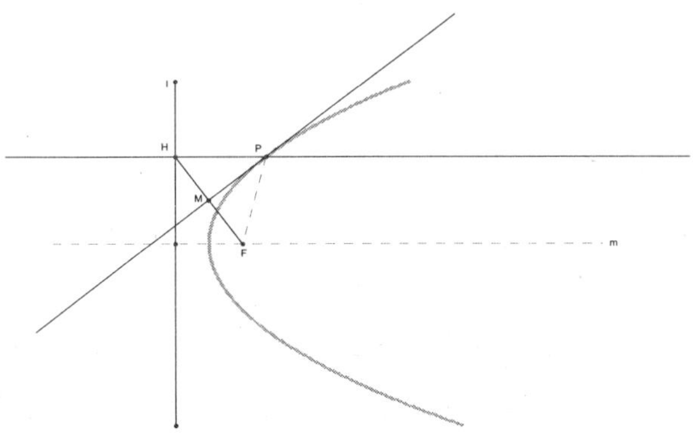

위의 그림에서 알 수 있듯이, 이 포물선은 초점 F를 지나고 준선 l에 수직인 직선 m에 관해서 대칭이다. 이와 같은 뜻에서 직선 m을 이 포물선의 **대칭축**, 또는 간단히 **축**이라 부른다.

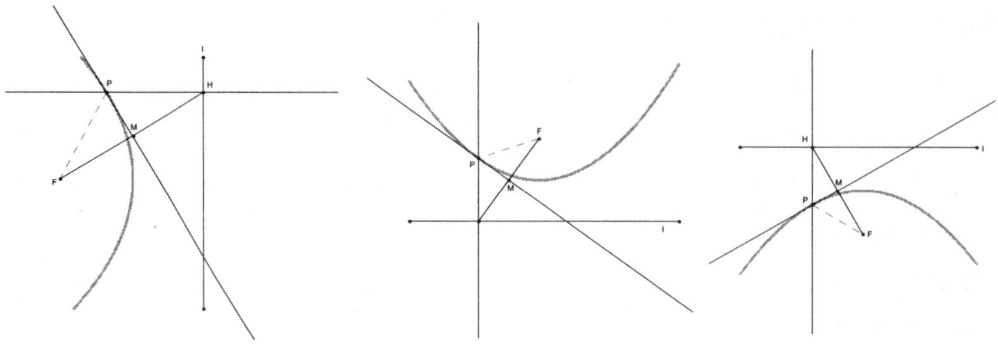

2.2 타원

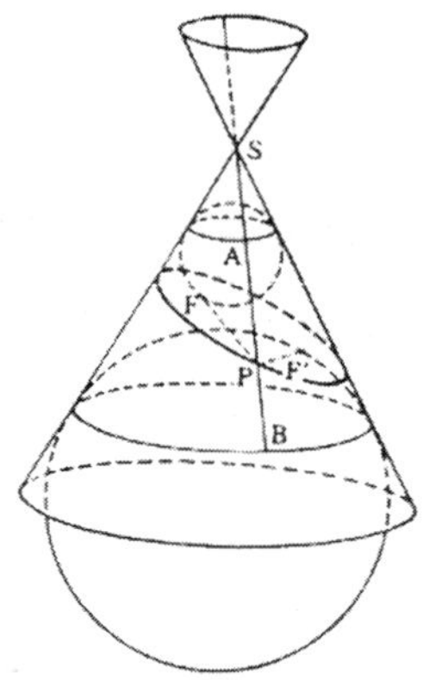

위의 그림처럼 직원뿔을 꼭짓점 S에 대해서 한쪽과 만나는 평면으로 잘라서 그 단면으로 타원을 얻었다고 하자. 이때 이 평면에 접하면서 직원뿔에도 접하는 두 개의 구를 그림처럼 생각하면, 한쪽 구는 평면과 점 F에서 접하고 직원뿔과는 한 원 Γ를 따라 접하고 있으며, 다른 한쪽 구는 이 평면과 점 F'에서 접하고 직원뿔과는 역시 한 원 Γ'을 따라 접하고 있다.

문제 3 타원상의 한 점에서 두 정점에 이르는 거리의 합은 일정함을 보여라.

풀이 타원 위에 놓여있는 임의의 점 P를 잡아, 직선 SP가 원 Γ, Γ'과 만나는 점을 각각 A, B라 하면 $\overline{PF}=\overline{PA}$, $\overline{PF'}=\overline{PB}$이다.

따라서 $\overline{PF}+\overline{PF'}=\overline{PA}+\overline{PB}=\overline{AB}$이다.

그런데 선분 AB의 길이는 점 P의 위치에 관계없는 일정한 값이다. 그러므로 이들 두 점 F와 F'을 이 타원의 초점이라 부른다.

- **GSP를 이용한 타원의 작도**

① 서로 다른 두 점 F, F'을 잡는다.

② 두 점 F, F'의 중점 O를 잡아, 점 O를 중심으로 반지름의 길이가 a인 원을 그린다. 단, a는 $\frac{1}{2}\overline{F'F}=\overline{OF}=\overline{OF'}$보다 큰 적당한 값으로 택해야 한다.

③ 원 O상에서 임의로 한 점 M을 잡아, 반직선 $F'M$ 위에 놓여있는 점으로 $\overline{F'M}=\overline{MN}$을 만족하는 점 N을 잡는다.

④ 점 M을 지나고 반직선 $F'M$에 수직인 직선과 선분 FN과의 교점을 택해 P라 한다.

⑤ 점 M에는 “애니메이션”을 준다. 이때 점 M은 경로인 원 O를 따라 회전할 것이다.

⑥ 점 P에는 “흔적남기기”를 부여한다.

⑦ 화면에 나타나있는 “애니메이션 제어판”을 활성화한다.

⑧ 이때 점 P의 흔적으로 나타나는 곡선은 점 F, F'으로부터 거리의 합이 $2a$인 타원이다.

문제 4 위의 순서에 따라 점 P의 흔적으로 나타나는 곡선은 점 F, F'으로부터 거리의 합이 $2a$인 타원임을 GSP로 구현하여라.

풀이

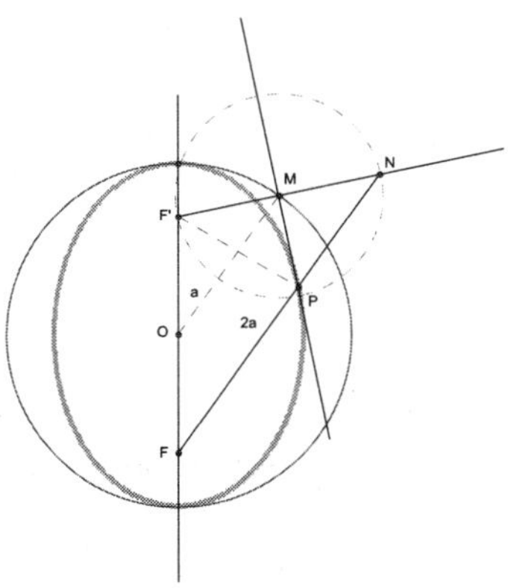

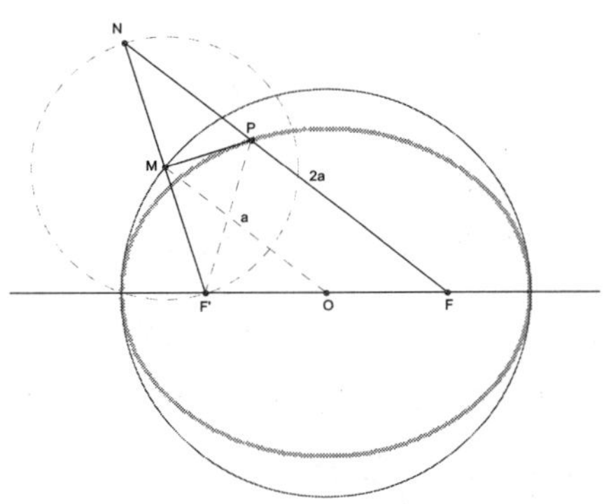

2.3 쌍곡선

아래의 그림으로부터 쌍곡선은 두 정점 F, F'에 이르는 거리의 차가 일정한 점의 자취임을 알 수 있다. 이 경우에 두 정점 F, F'을 이 쌍곡선의 **초점**이라 부른다.

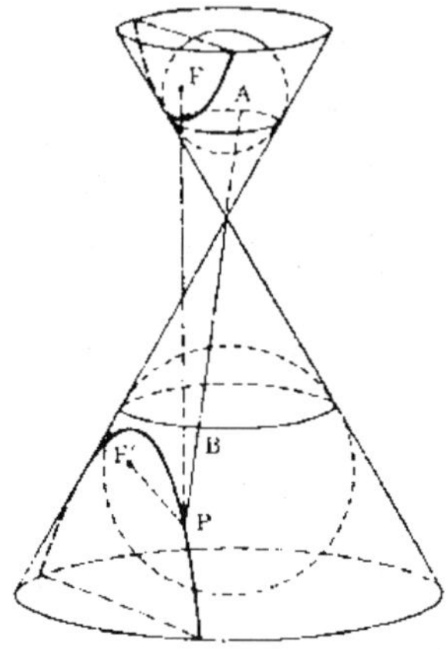

문제 5 쌍곡선은 두 정점에 이르는 거리의 차가 일정한 점의 자취임을 보여라.

풀이 그림에서 쉽게 알 수 있듯이

$$\overline{PF} = \overline{PA},\ \overline{PF'} = \overline{PB}$$

($\because$ 점 P를 지나는 구의 접선의 길이).

따라서

$$\overline{PF} \sim \overline{PF'} = \overline{PA} \sim \overline{PB} = \overline{AB}\ \ (=\text{일정})$$

• **GSP를 이용한 쌍곡선의 작도**

① 서로 다른 두 점 F, F'을 잡는다.

② 두 점 F, F'의 중점 O를 잡아, 점 O를 중심으로 반지름의 길이가 a인 원을 그린다. 다만 a는 $\frac{1}{2}\overline{F'F} = \overline{OF} = \overline{OF'}$ 보다 작은 적당한 값으로 택해야 한다.

③ 원 O상에서 임의로 한 점 M을 잡는다.

④ 점 F를 지나고 선분 OM에 평행인 직선을 그어, 점 M을 지나고 반직선 $F'M$에 수직인 직선과의 교점 P를 잡는다.

⑤ 점 M에는 "애니메이션"을 준다. 이때 점 M은 경로인 원 O를 따라 회전할 것이다.

⑥ 점 P에는 "흔적남기기"를 부여한다.

⑦ 화면에 나타나있는 "애니메이션 제어판"을 활성화한다.

⑧ 이때 점 P의 흔적으로 나타나는 곡선은 점 F, F'으로부터 거리의 차가 $2a$인 쌍곡선이다.

문제 6 위의 순서에 따라 점 P의 흔적으로 나타나는 곡선은 점 F, F'으로부터 거리의 차가 $2a$인 쌍곡선임을 GSP로 구현하여라.

풀이

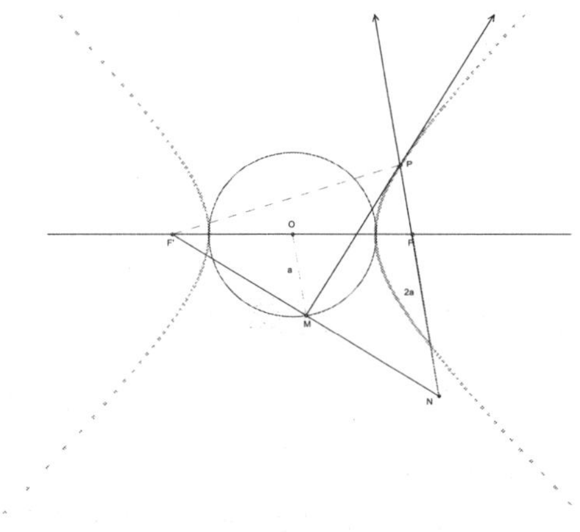

탐구 길이가 l인 막대 $F'N$(초기위치는 $F'A$)에 길이가 일정 값 a인 실을 아래의 그림처럼, 한쪽 끝은 점 N에 고정하고 다른 한쪽은 막대 $F'N$상의 한 점 F에 고정한다. 그리고 막대의 한쪽 끝점 F'을 고정한 채 막대 $F'N$을 반시계방향으로 회전시킨다. 이때 실이 막대로부터 떨어지지 않게 연필 끝(그림에서는 점 P에 해당함)으로 팽팽하게 유지하면서 따라 움직이면 점 P는 쌍곡선을 그린다.

① 왜일까?

② 이 쌍곡선을 GSP를 이용하여 작도할 수는 없을까?

③ 이 쌍곡선의 초점은 어디에 있는가?

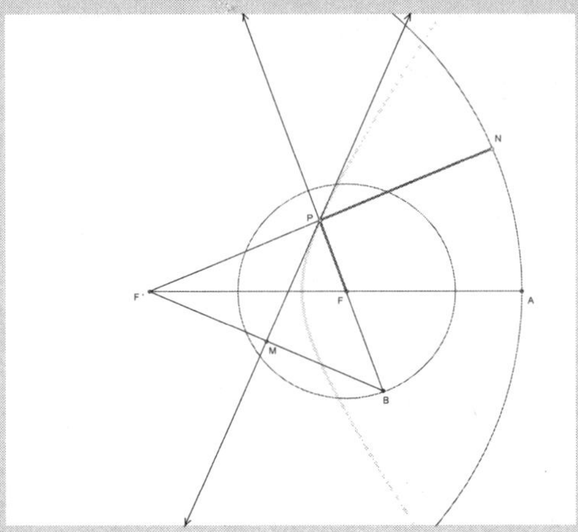

3 실험을 통해 얻은 원뿔곡선

최근 Kuroda[2] (黒田俊郎, 2000) 교수의 "소금으로 배우는 기하학"에서 보인 실험결과를 이용한 또 다른 방법이 소개되고 있다(박진석, 김향숙, 하형수, 2010). 체험을 통해 얻은 직관적인 수학적 원리나 정리를 GSP 작도를 통해 논리적으로 이해하게 하는 사례로 이 장을 구성한다.

2) 도쿄전기대학(東京電機大學) 교수

3.1 실험을 통한 쌍곡선

아래의 그림처럼 구멍의 개수를 2개로 하되 크기가 다른 통에 소금[3])을 부었을 때 생기는 능선은 어떤 곡선이겠는가?

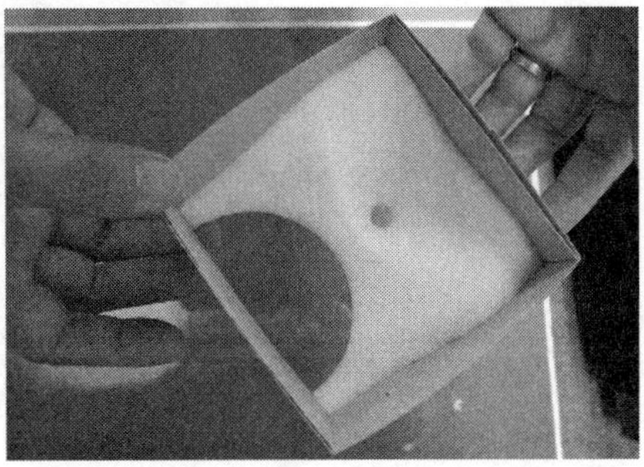

• **GSP에 의한 표현**

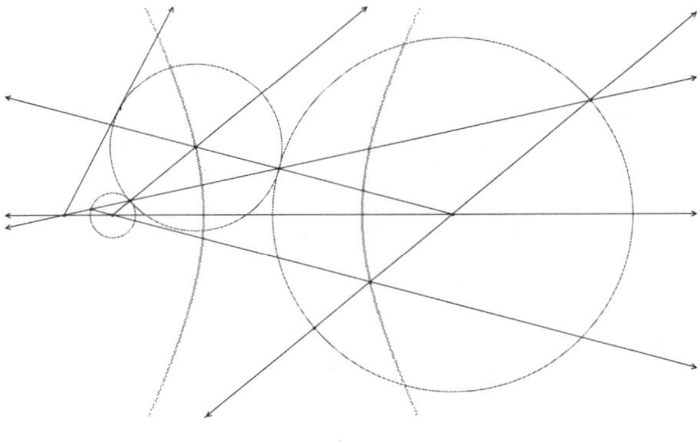

3) Kuroda교수가 처음 사용한 재료는 부드러운 모래(수경재배용)였으나 나중에는 소금으로 바뀌었다. 그는 가격 면에서의 문제점도 있었으나 분체공학(粉体工學)이나 기계공학에서 말하는 안식각(安息角)의 크기 면에서도 모래보다 소금 쪽이 더 이상적이라는 이유를 제시하고 있다. 그래서 Kuroda교수의 초기 논문에서 "모래가 가르치는…"이라는 제목으로 발표된 내용도 여기서는 "소금이 가르치는…"으로 고쳐 소개하기로 한다. 단, 여기서 말하는 안식각이란 분체(암석, 석회, 모래 등)를 쌓아 올렸을 때 저절로 붕괴됨이 없이 안정을 유지하는 경사면의 각도를 말한다.

3.2 실험을 통한 포물선

소금을 부었을 때 나타나는 능선이 포물선이 되도록 하려면 어떻게 해야 할까?

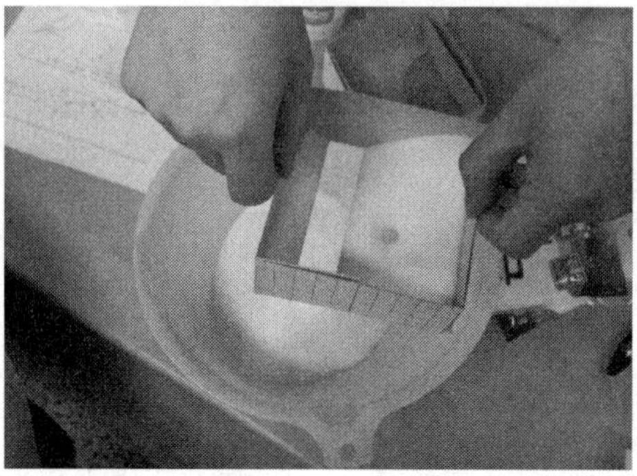

• **GSP에 의한 표현**

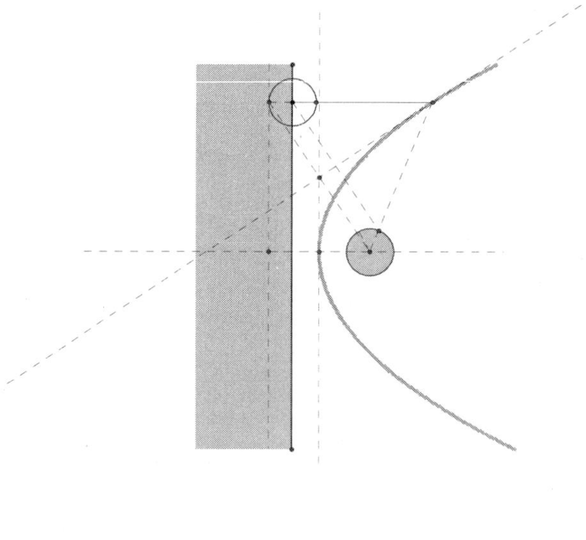

3.3 실험을 통한 타원

소금을 부었을 때 나타나는 능선이 타원이 되도록 하려면 어떻게 해야 할까?

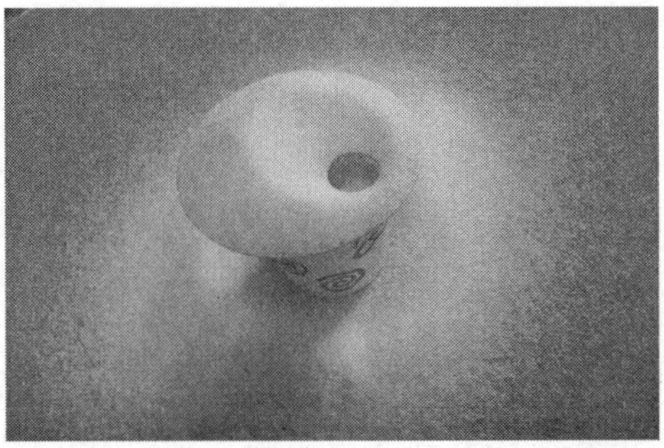

• **GSP에 의한 표현**

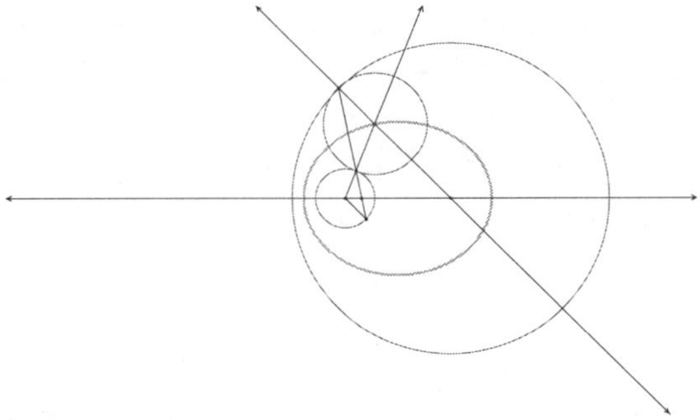

이러한 체험 및 실험 활동은 학생들에게 티끌이 모여 태산을 이루듯이 평소 학교에서 학습한 지식이나 기본 개념이 하나하나 모이고 융합하여 아주 어렵고 난해한 문제도 해결할 수 있음을 알게 하고, 나아가 단편적으로만 기억하고 있던 지식이나 공식을 잘 엮어서 큰 문제를 해결했을 때의 기쁨과 만족감을 통해 수학의 아름다움을 마음껏 누리면서 수학에 대한 자신감을 가지게 할 것이라 생각한다.

4 GSP를 활용한 수학 수업

각 학교의 설비 상황, 즉 컴퓨터를 비롯하여 여러 가지 현대적인 기자재를 얼마나 갖추고 있는지 여부에 따라 다음과 같은 세 가지 형태를 생각해 볼 수 있다. 세 가지 유형의 수업 형태에 대해 장·단점을 생각해보자.

유형 1 학생 개개인에게 컴퓨터가 제공될 수 없는 상황에서, 즉 일반 교실의 강의식 수업에서 교사 중심으로 동영상을 이용하여 흥미를 유발시키고 전체 학생의 이해를 도울 수 있는 수업

유형 2 학생들 개개인에게 컴퓨터가 주어져 있으나 학생들이 GSP 프로그램을 능숙하게 사용할 수 없는 상태에서 다루기 쉬운 기능만을 이용하여 학생들이 스스로 관찰과 탐구를 할 수 있게끔 교사가 웹을 이용하여 학습 파일 및 학습지를 만들어 제공하는 수업

유형 3 학생 개개인에게 컴퓨터가 주어져 있고 학생들이 GSP를 능숙하게 다룰 수 있다는 가정 하에 학생 주도적으로 도형을 직접 작도해 보고 관찰하며 도형의 성질을 탐구하게 하는 수업

GSP를 활용한 수학 수업에 대한 교사들의 의견을 설문에 의해 알아보고 그 결과를 좋은 점과 나쁜 점으로 정리하여 제시한다.

좋은 점	나쁜 점
• 그래프를 GSP로 작도하여 그 성질을 규명하는 것이 정적인 도형에서 이해를 요구하는 것보다 수학원리 및 개념을 훨씬 더 학생 스스로 판단하고 찾아 갈 수 있다. • GSP를 통해 추상적인 평면 도형의 모든 관계를 시각화할 수 있다. • 실험적인 수학을 할 수 있는 계기가 될 수 있고 수행평가에 적용시킬 가능성이 있다.	• 주객이 전도될 수 있다. 수학 본연의 내용보다는 컴퓨터 활용으로 기울어질 염려가 있다. • 교사 자신이 GSP 및 다른 프로그램들을 잘 알아야 지도하는 방법을 개선할 수 있다. • 단추 등을 많이 만들면 순서를 결정하는 데 어려움이 있다. • 화면의 글자가 작은 것이 많으므로 빔 프로젝트를 이용해야 한다.

위의 표에서 제시된 나쁜 점보다는 좋은 점을 잘 활용하여 실제 문제 상황을 잘 다루지 못하거나 교수·학습 활동이 진정한 현실 문제해결의 맥락과 연결되지 못하는 수학 수업 속에서, 실제로 문제를 발견할 수 있도록 하고, 복잡하고 역동적인 문제구조와 문제해결활동을 자기 주도적으로 이해하도록 하며, 지식창출이라는 새로운 화두에 부응할 수 있도록 교수활동상의 무엇이 어떻게 혁신되어야 할 것인가를 해결해 나가야 한다. 이러한 한 방법으로 수학수업에 GSP활용을 권장한다. 모든 수학적 활동은 학생들의 직관력과 상상력을 신장시킬 수 있는 것이라야 한다.

문제 1 원 위에 한 점이 있고 원 밖에 한 점이 있다. 이 때 원 위의 점을 원을 따라 끌면 중점은 어떤 도형을 만들까? 즉 선분의 중점의 자취는 어떤 도형인가?

풀이 우선 중심 O를 고정시키고 하나의 선분을 원의 반지름으로 하는 원 C1을 작도한다. 원을 선택하여 [작도－원 위의 점]을 선택하여 점 A를 잡고 원 밖에 한 점 B를 찍는다. 점 A와 점 B를 선택하여 [작도－선분]을 선택한다. 선분 AB를 선택하여 [작도－중점]을 선택하면 아래와 같은 그림을 얻을 수 있다.

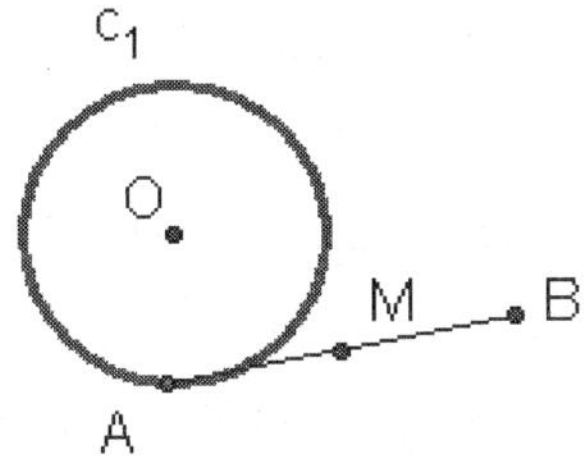

탐구

① 세 선분을 그은 다음에 그 세 선분을 삼각형의 세 변으로 하는 삼각형을 작도해 보자. 세 선분의 길이를 변화시키면 삼각형도 따라 변하는가?

② 두 변과 끼인 각이 주어져 있을 때, 삼각형을 작도해 보자. 각을 변화시키면 삼각형도 변하는가?

③ $\sqrt{2}$, $\sqrt{3}$, $\sqrt{5}$ 등의 값들을 수직선 위에 나타내어 보자.

위에 제시한 역동적인 문제와 조작이 가능한 탐구활동 외에도 학교급별 수준에 맞게 제시된 다양하고 재미있는 GSP활용 예제들은 많이 알려져 있으므로 참고할 수 있으며(김향숙, 박진석, 박준형, 2013; 김향숙, 박진석, 윤삼열, 2015), 이러한 시도들은 수학 수업에서 학생들이 자기주도 학습이 가능하도록 하여 스스로 문제를 발견하고 자기 수준에 맞게 개념을 이해한 후 이를 바탕으로 주어진 문제를 해결하는 다양한 기회를 제공할 수 있다.

5 결론

기하 탐구에서 정확한 그림을 보여주는 것은 매우 중요하며, 특히 변화하면서 나타내는 그림들의 모습에서 일반화된 수학적 사실을 직관적으로 상상하고 논리적으로 예상할 수만 있다면 21세기가 요구하는 창의적 문제해결능력을 신장시키는 데 컴퓨터 활용은 필수적이라 여겨진다. 본서에서 동적기하프로그램(GSP)을 이용한 원뿔곡선의 작도를 구체적으로 제시하였다. 지필환경만으로는 이해하기 쉽지 않은 원뿔곡선의 정의, 용어, 개념, 원리, 정리들을 소프트웨어를 활용하여 수학의 필수요소인 직관력과 논리력을 동시에 얻을 수 있는 체험 및 실습이 가능한 하나의 교수·학습 자료를 제공하였다. 여기서 강조하고 싶은 것은 실제로 동적기하프로그램으로 기본 작도, 원뿔곡선 구현, 수업에서 기하 탐구 과정에서 필요한 초등기하적인 기본성질의 중요성과 아름다움을 체험할 수 있다는 점이다. 어떤 문제해결을 위해 먼저 그 문제에 제시된 조건에 맞는 적합한 그림을 그려본다는 것은 문제해결의 접근방향의 예상·실험·발견을 가능케 한다는 것은 누구도 부인하지 않을 것이다. 또, 교육과정을 통해 습득한 도형에 관한 기본성질을 활용해서, 좌표평면상이 아니더라도, 동적기하프로그램을 통해 구현할 수 있음을 체험해 본다는 것은 수학의 유용성과 실용성을 느낄 수 있는 체험수학·실험수학의 한 장을 제공할 수 있을 것으로 본다. 수학 수업에서 도구 활용은 학생들의 사고를 자극하여 수학적으로 생각하는 힘을 길러주는 방향이어야 하며 이를 위해 수학 관계자들의 지속적이면서 다양한 연구가 많이 이루어지길 기대한다.

Reference 참고문헌

김향숙, 김영미, 박진석(2005). Apollonius의 점과 복소수, 중등교육연구, 53, 319-330.

김향숙, 박진석(2004). 체험을 통한 창의력 교육(수학)-Apollonius의 문제와 Descartes의 원의 정리-인제대학교 창의력교육센터 제1집, 195-216.

김향숙, 박진석, 박준형(2013). 창의적 수학을 위한 GSP활용[제3판], 서울: 경문사.

김향숙, 박진석, 윤삼열(2015). GSP를 이용한 기하의 이해[제3판], 서울: 경문사.

김향숙, 박진석, 하형수(2011). 이차곡선을 활용한 정칠각형에 관한 Abū Sahl의 작도법의 GSP를 통한 재조명, 수학교육, 50(2), 233-246.

김향숙, 박진석, 하형수(2013). 원뿔곡선에 관한 Apollonius의 Symptoms 재조명과 시각화, 수학교육, 52(1), 83-95.

박진석, 김향숙(2013). 해석기하학개론 제2판, 서울: 경문사.

박진석, 김향숙(2014). 수학사와 함께 떠나는 수학여행, 서울: 경문사.

박진석, 김향숙, 하형수(2010). "소금이 가르치는 기하학"의 내심, 외심 및 원뿔곡선에 대한 GSP를 활용한 재조명, 과학영재교육 2(3), 1-16.

박진석, 손원호, 이동식(2003). Apollonius의 점의 위치와 그 성질, 중등교육연구, 51(2), 457-469.

Berggren, J. L.(1986). *Episodes in the Mathematics of Medieval Islam*, Springer-Verlag, New York.

Heath, T. L.(1896.) *Apollonius of Perga : Treatise on conic sections-The conics of Apollonius*, Cambridge : at the university press.

Hitotumatu, S.(2001). An application of computer algebraic system for study and learning mathematics, Symbolic Computation; New Horizons, *Proceedings of the fourth International Mathematica Symposium(pp. 65-70).* Tokyo Denki University Press.

Knorr, W.(1989). *Textual Studies in ancient and medieval geometry*, Birkhäuser, Basel/Boston.

Paul Kunkel(2012). *Focus and Three Tangents*, Last update. January 24, whistling@whistleralley.com/conics/conic˙construction/.

Sinclair, Nathalie M.(1995). *Mathematical applications of conic sections in problem solving in ancient Greece and medieval Islam*, Simon Fraser Univ.

寺阪 英孝(1957). 初等幾何學, 數學演習講座 5, 共立出版株式會社.

寺阪 英孝(1961). 綜合初等幾何學, 基礎數學講座 5, 共立出版株式會社.

一松 信(2004). 數學セミナ, 5月号, 102-105.

矢野 健太郎(1984). 幾何の有名な定理(4th Edition), 共立出版株式會社.

黑田俊郎(2000). 塩が教える幾何學, (平成 12年 11月).

14장

탐구형 소프트웨어 기반 학습부진학생을 위한 탐구활동

경민고등학교 윤인준
(unison73@paran.com)

1 서론

최근 들어 2015 개정 수학과 교육과정 시안이 발표되고 사회적으로 수학교육에 대한 관심이 날로 증가되고 있다. 특히 수학을 포기하는 학생인 일명 '수포자' 증가에 대한 해결을 위한 문제가 사회적인 이슈가 되고 있다. 현실적으로 학생들이 수학을 학습하는 데 있어서는 많은 노력과 이해가 필요하고, 수학은 기초부터 단계적으로 개념을 습득하지 않으면 새로운 단원을 학습하기 어렵다. 또한, 수학 학습과정에서 교수방법의 부적응이 수학 교과에 흥미를 잃게 하는 등 너무나 많은 요인으로 수학을 기피하거나 어려워하게 되는 것은 수학교육의 큰 문제이다. PISA 2012 주요결과를 보면 우리나라 학생들은 수학 지필평가에서 OECD 34개국 중 1위를 기록했으나 수학 학습에 대한 정의적 특성 중 흥미도를 측정하는 두 지표인 내적 동기(재미)와 도구적 동기(유용성)에서는 각각 OECD 국가 중 27위와 32위를 차지했다(송미영 외, 2014). 또한 2014년 고등학교 2학년 수학과 국가수준 학업성취도 평가결과 여러 가지 식을 계산하는 능력과 기본 개념, 원리를 이해하여 문제를 해결할 수 있는 능력이 없는 기초학력미달에 해당하는 학생이 무려 5.37%로 2010년(4.29%)부터 조금씩 늘어나고 있는 현실이다(한국교육과정평가원, 2015).

이를 개선하고자 2009년부터 기초학력향상을 위한 여러가지 국가정책을 시행하고 있다. 교수·학습, 심리상담, 특수교육, 학습치료, 사회복지 등 각 분야별 전문가들로 구성된 학습

종합클리닉센터를 운영하여 학교 밖 맞춤형 학습지원을 하고 있고 특히 2014년부터는 기초학력 증진을 위해 단위학교 내에 시·도교육청 예산을 지원받아 두드림(Do-Dream)학교를 운영하고 있다. 하지만 여러 지표에서 알 수 있듯이 이러한 학습부진학생에 대한 정책은 그 효과성이 보장되지 않은 상태에서 시행되어 왔다고 해도 과언이 아니다. 결국 학습부진학생들은 학교 또는 국가 정책이 그 실효성을 무시한 결과이며 좀 더 구체적인 해결 방안이 현장교육에서 필요한 상황이다.

한편, 여러 수학의 영역 중 기하영역은 공간적 관계의 기술과 추론에 대한 학문으로서 논증기하, 해석기하, 변환기하 등으로 구분한다. 중학교에서는 유클리드 기하를 기반으로 하는 논증기하를 다루고, 고등학교에서는 좌표를 통한 해석기하와 변환기하를 다룬다(김남희 외, 2006).

이러한 중등 교육과정에서의 기하에 대한 교육은 기하학적 직관력 향상과 이를 바탕으로 한 논리적 추론 능력 신장이 강조되고 있다(NCTM, 1989, 2000). 직관이란 핵심적인 연결 관계를 즉각적으로 파악하는 거의 무의식적인 매우 신속한 인지과정으로, 특히 시각적인 요소와 밀접하게 관련되어 나타나는 경우가 많다(류현아, 2008). 시각적 요소는 대수적인 문제해결에서도 중요하지만 기하의 교수·학습에서도 직관과 관련되어 아주 중요한 역할을 한다. 그러므로 동적인 조작이 가능한 기하 교수·학습용 소프트웨어가 기하 교육에 많은 영향을 주는 것은 당연하다. 컴퓨터는 그래픽, 애니메이션, 시뮬레이션, 계산 속도의 신속성, 오류수정 등 다른 어떤 교육매체가 갖지 못하는 특별한 교수·학습 기능을 가지고 있다. 수학교육에서 그래픽과 애니메이션은 추상적인 수학내용을 시각화하여 지도할 수 있을 뿐만 아니라 그 시각화가 학생들의 직접적인 경험이나 통제를 통해 이루어진다는 점에서 수학학습의 어려움을 완화시켜 준다. 특히, 형식적인 증명이나 개념 학습의 전 단계에서 그래픽이나 애니메이션을 통한 직관적 탐구활동은 수학의 역동적이고 발생적인 측면을 부각시킬 수 있다(고상숙, 2005). 따라서 Excel과 GSP와 같은 탐구형 소프트웨어는 수학 개념형성과 문제해결 과정의 탐구활동에 유용한 도구로 사용될 수 있다.

위와 더불어, 수학에서의 학습이 이루어지기 위해서는 Skemp(1979)는 진정한 이해를 강조하였는데 이때의 이해와 방법을 관계적 이해와 도구적 이해로 구분하였다. 특히 '관계적 이해'를 수학의 개념을 학습함에 있어 참된 이해를 불러일으켜 줄 수 있는 중요한 이해의 관점으로 보았다.

수학을 이해하게 하는 것이 수학교육의 주된 목표이지만 대부분의 수학학습부진학생들은 수학 개념을 이해하지 못하고 암기나 기계적으로 문제를 해결하는 것이 현실이다. 이러한 현실은 입시 위주의 교육환경, 교사의 능력, 학교환경 등 여러 가지가 원인이 있겠지만 이해를 돕는 수업 도구나 교재의 부족 또한 주요 원인이라고 볼 수 있다. 따라서 수학학습부진학생들이 해석기하의 개념학습에 있어 탐구형 소프트웨어인 Excel과 GSP를 활용하여 Skemp (1976, 1980, 1982, 1987, 1989)가 말한 관계적 이해과 도구적 이해를 중심으로 수학학습의 특성을 살펴보고 이들의 학습부진을 극복할 수 있도록 하는 교수·학습 자료 개발에 목적이 있다.

2 논증기하와 해석기하의 연결성

우리나라 수학과 교육과정의 중학교 2학년에서부터 다루게 되는 유클리드 기하는 학생들이 가장 어려워하고 기피하는 분야이며 증명 능력이 낮고, 학업 성취도도 낮은 것으로 나타나고 있다(류성림, 1998). 이와 같은 사실은 2009 수학과 개정 교육과정을 개발하는 데도 영향을 미쳐서 2007 개정 수학과 교육과정에서의 중학교 기하영역은 논리적인 형식 체계를 강조하는 증명을 강조하였으나 2009 개정 수학과 교육과정에서 중학교 기하영역은 학생의 경험 지식에 바탕을 둔 이해를 강조하였다(한국과학창의재단, 2011). 이러한 예로 2007 개정 수학과 교육과정에서의 '피타고라스 정리를 이해하고 증명할 수 있다'로 명시 되어있던 성취 기준이 2009 개정 수학과 교육과정에서는 '피타고라스 정리를 이해하고 설명할 수 있다.'로 명시되었다. 2009 개정 교육과정의 방향은 교육과정의 통합성 강화에 두었다. 교과 간, 교과 내 통합과 연결을 통해서 교육과정을 재구성 하도록 명시한 것은 연결성의 강조를 의미한다. 2009 개정 수학과 교육과정 내 영역별 성취기준, 내용 영역별 성취기준에서는 각각 수학의 개념 및 절차 등을 이용하여 다양한 문제를 해결하도록 하고 있다. 이는 수학의 내적, 외적인 여러 상황과 수학의 개념 및 절차를 연결함으로써 문제를 해결하도록 하고 있다고 볼 수 있겠다. 교육과정을 반영한 교과서의 성취기준을 보면 '~을 활용하여 다양한 문제를 해결할 수 있다'고 명시하고 있는데 이것 역시 수학의 개념 및 절차 등을 활용하여 다양한 문제 상황을 연결함으로써 문제를 해결하는 능력을 학습할 수 있도록 학생들의 성취 목표를 서술한 것으로 보아야 하겠다. 2009 개정 수학과 교육과정으로 개정되었을 때 중학교 수학의 5개 영역(수와 연산, 문자와 식, 함수, 확률과 통계, 기하) 중 기하는 다른 영역에 비해 많이 변화된 영역 중 하나이다.

하지만 논증기하를 주로 다루는 중학교 기하영역과는 달리 해석기하를 다루기 시작하는 고등학교 교육과정은 전혀 변함이 없다. 이것은 개념뿐만 아니라 문제해결 방법에서도 마찬가지로 나타나고 있다(권영인, 서보억, 2007). NCTM(2000)에서 기하영역 규준을 보면 기하영역 전 학년 범위에서 좌표기하와 그래프 이론을 포함하여 여러 가지 표상체계를 선택하고 사용하도록 지도할 것을 강조하고 있다. 즉 전 학년에 걸쳐 좌표 기하와 다른 표현 체계를 사용하여 위치를 분명하게 하기와 공간적 관계성을 기술하기를 목표로 두고 있다. 또한 특이할 만한 것은 6~8학년 중학교 과정에서 다각형과 같은 기하학적 모양의 성질을 조사하기 위해 좌표기하를 사용함을 알 수 있다. 예를 들어 평행사변형을 좌표평면위에 그리고 좌표를 사용하여 특징적인 성질을 조사하고 대수적으로 그 성질을 해석할 수 있다. 이런 조사활동은 도형을 이루는 선분들의 기울기와 수직선의 기울기에 관한 중요한 관찰도 가능하다(NCTM, 2000, 2014). 이는 중학교에서 좌표평면을 이용하지 않고 논증기하 측면에서 도형(다각형)의 성질을 조사하는 우리나라 2009 개정 교육과정과 비교되는 부분이다.

NCTM뿐만 아니라 우리나라의 많은 연구에서도 대수와 기하 사이의 연결성과 그 중요성에 대해서는 수년간 언급되고 있다. 하지만 2011년 한국과학창의재단에서 연구발표 한 '2009 개정 교육과정에 따른 수학과 교육과정 연구'에서도 고등학교 수학 I 에서 다루는 기하영역인 '도형의 방정식' 단원에 대한 언급조차 없는 것을 볼 수 있다. 무엇보다 수학학습부진학생에게는 기하에서의 수학적 연결성은 꼭 필요하다. 이를 위해 탐구형 소프트웨어를 도구로 Skemp이론에 기반을 두고 해석기하의 개념이해를 위하여 논증기하와 결합을 위한 교수·학습 자료를 개발하였다.

3 목표지향적 학습자료 개발

본 교수·학습 자료의 개발은 Skemp의 이론 중 목표지향적 학습을 위한 지능 모델을 기초로 제작하였다(Skemp, 1987, p. 106). Skemp가 말하는 목표지향적 학습에서 지능 모델은 계획과 행동으로 나누어 설명할 수 있고 계획은 목표지향적인 행동에 기초가 된다. 또한 Skemp는 행동에 대한 여러 가지 설명을 하고 있지만 본 저자는 행동에서 가장 중요한 것을 스키마 구성과 문제해결이라 생각하고 [그림 14-1]과 같은 교수·학습 모형과 이를 가지고 수학학습부진학생들을 위한 탐구활동 학습지를 제작하였다.

단원명	점과 좌표 (선분의 내분점과 외분점)	반		번호		이름	
GSP을 이용한 탐구활동지							
사용법	- 삼각형의 닮음 비 삼각형 그리기 : 사용사도구 → 점도구 나 선분도구 이용 삼각형의 한변과 평행선 작도 : 선분과 점 선택 후 작도메뉴 → 평행선 길이 측정 : 측정메뉴 → 길이 비 계산 : 측정메뉴 → 계산						
탐구활동	1. 삼각형의 닮음 성질을 확인해 보자. 2. 수직선에서의 내분점과 외분점을 구하여 보자. 3. 좌표평면에서의 내분점과 외분점을 삼각형의 닮음을 이용하여 구하여 보자. 4. 삼각형의 무게중심의 좌표를 구하여 보자.						
지원문제	1. 두 점 A(−4, 3), B(6, 8)에 대하여 다음을 구하여라. (1) 선분 AB를 2 : 3으로 내분하는 점 P의 좌표 (2) 선분 AB를 2 : 1으로 외분하는 점 P의 좌표 2. 세 점 A(a, −1), B(3, 1), C(5, 6)을 꼭짓점으로 하는 삼각형 ABC의 무게중심의 좌표가 (4, b)일 때, 상수 a, b의 값을 구하여라.						

단원명		반		번호		이름	
탐구활동에 대한 반성							
(1) 이 활동지의 지원문제를 해결할 때 이용한 개념이 있다면 무엇이었는지 대략적으로 써보세요. (2) 오늘 탐구활동 중 GSP나 Excel을 사용하여 자신이 발견한 것이 있었다면 무엇이었는지 써보세요. 또한 자신이 발견한 것과 지원문제 해결하는데 이용한 기하개념과 어떤 연관이 있는지 써보세요. (3) GSP나 Excel을 이용하여 탐구한 기하에 대한 개념이 지원문제를 해결하는데 도움이 되었다고 생각하십니까? 그렇다면 어떤 면에서 도움이 되었는지 써보세요. (4) GSP나 Excel을 사용할 때 특히 어려운 점은 없었습니까?							

[그림 14-1] 해석기하개념형성을 위한 탐구형 스키마 교수·학습 모형 및 탐구활동지 예시

우선 모든 학습지에는 필수적으로 사용하게 되는 Excel과 GSP의 기본 사용법을 알려주었다. 학습부진학생들이 직접 탐구하면서 항상 참고할 수 있게 하려고 한 것이다. 하지만 논증기하개념과 해석기하개념에 대한 탐구활동은 구분하지 않았다. 그 이유는 학습부진학생들에게 두 개념이 분리된 것이 아닌 연속된 개념임을 알려 주기 위한 목적이 있기 때문이다.

본 저자가 7가지 개념으로 논증기하학적 개념요소, 해석기하학적 개념요소, 탐구형 소프트웨어를 이용하여 학습할 목표지향적 학습자료의 탐구 내용을 정리하면 아래 [표 14-1]과 같다.

[표 14-1] 목표지향적 학습자료에서 사용된 개념과 탐구할 내용

탐구 활동	논증기하개념	해석기하개념	탐구형 소프트웨어를 사용하여 탐구할 내용
1	피타고라스의 정리 삼각형의 합동	두 점 사이의 거리	직각삼각형의 작도 수직이등분선의 작도 같은 거리에 있는 점
2	삼각형의 닮음 삼각형의 무게중심	선분의 내분점과 외분점의 좌표	삼각형의 닮음비 삼각형의 무게중심
3		일차함수의 그래프	표만들기, 그래프그리기
4	삼각형의 닮음	직선의 기울기 직선의 방정식	삼각형의 닮음비를 이용한 직선의 기울기
5	삼각형의 넓이	점과 직선 사이의 거리	수직선 그리기
6	원의 정의	원의 방정식 아폴로니우스의 원	원 그리기 원의 방정식
7	원과 비례 원의 중심과 직선까지의 거리	원과 직선의 위치관계 원의 접선의 방정식	원의 성질

탐구활동 학습지에서 가장 먼저 교육과정과 교과서를 분석하였고 이를 바탕으로 학습부진학생들에게 필요한 내용을 수업모형에 맞게 제작하였다. 탐구활동 학습지를 제작한 과정은 [그림 14-2]와 같다.

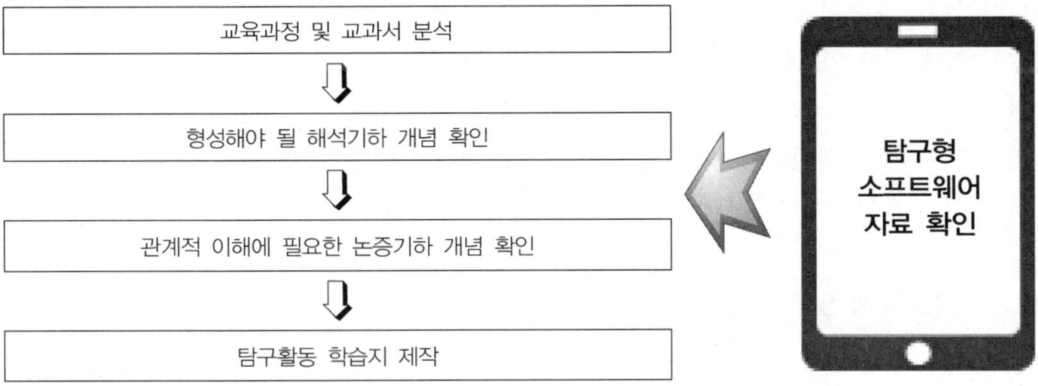

[그림 14-2] 탐구활동 학습지 제작 과정

3.1 점과 좌표 - 두 점 사이의 거리

(1) 교육과정 및 교과서 분석

고등학교 수학 I (김원경 외, 2014; 김창동 외, 2014; 신항균 외, 2014; 우정호 외, 2014; 이강섭 외, 2014; 이준열 외, 2014; 정상권 외, 2014; 황선욱 외, 2014) 기하단원인 도형의 방정식에서 두 점사이의 거리가 처음으로 제시된다. 기하개념은 중학교에서 학습하는 것과 고등학교에서 학습하는 것이 차이가 있어야 한다. 특별히 좌표평면을 사용하는 것이 효율적임을 강조하여 해석기하를 처음으로 배우는 학생들에게 좌표평면에서 도형을 다루는 것에 대해 학습할 기회가 많아야 함에도 불구하고 많은 대다수의 교과서에서는 다루고 있지 않다. 또한, 주어진 문제에 맞게 좌표를 다루는 중요성에 대한 표현이 제시된 교과서는 없었으며 도형의 성질을 증명하는 데 필요하다는 정도로 제시한 교과서만 있었다. 대다수의 교과서가 도입 도비라에서 탐구활동을 통해 문제를 제시하고 증명함으로 공식을 제시한 뒤에 예제를 통한 문제해결을 하고 있다. 특히 피타고라스의 정리는 자세한 내용이 제시되지 않은 체 두 점 사이의 거리공식을 피타고라스의 정리로 유도하고 있다.

대다수의 학생들은 정리된 개념을 공식을 암기하여 문제를 해결하기 때문에 교과서에서 전개되는 방식은 기하학적인 내용을 이해하기보단 대수적인 공식 암기에 강조를 둔 학습전개방법이라 볼 수 있다. 하지만 학습부진학생에게는 피타고라스 정리에 대한 개념을 학습한 후 두 점 사이의 거리 공식을 이해하는 교수·학습 방법이 교사나 학생에게 쉽게 다가온다.

왜냐하면 두 점 사이의 거리 공식을 학습하기 전 피타고라스 정리를 가지고 기하적인 의미 전달이 있게 되고 이러한 사전 학습 경험이 직관 및 창의적인 사고를 할 수 있게 하기 때문이다.

따라서 수학학습부진학생들에게 탐구활동을 진행하며 논증기하와 해석기하의 관계적 이해로 수학적 개념을 구조화하려는 목적으로 탐구활동지를 제작하였다.

(2) 수업모형에 맞춘 학습자료

1) 정보단계에서는 논증기하 개념을 제시하는 것으로 중학교에서 학습한 피타고라스의 정리를 확인해 본다.

2) 계획 및 탐구 단계에서는 논증기하와 해석기하 개념을 결합해 보는 것으로 GSP를 사용하여 중학교에서 학습한 피타고라스의 정리와 이 정리를 활용한 두 점 사이의 거리를 탐구해 보고 공식으로 유도해 본다. 이때 삼각형의 합동을 이용하여 선분의 수직이등분선의 기하학적 성질을 살펴볼 수 있다.

3) 스키마 구성 단계에서는 이전 단계에서 탐구해 본 것을 자기주도적으로 표현하며 정리한다. 이때 학습부진학생은 지필로 피타고라스의 정리를 증명하기 힘들어할 수 있으므로 지도교사와의 의사소통을 통해 증명할 수 있도록 한다. 수직선에서 두 점 사이의 거리에서 절댓값이 사용되는 것에 대해 설명해 준다. 또한, 좌표평면에서의 두 점 사이의 거리가 피타고라스의 정리로 나온 개념임을 논증기하를 통해 해석적으로 이해하도록 돕는다. 선분의 수직이등분선 작도는 삼각형의 합동으로 증명할 수 있도록 한다.

4) 문제해결 단계에서는 이전 단계에서 학습한 개념을 활용하여 개방형 문제를 해결함으로서 해석기하개념 형성 및 문제해결력을 강화한다. 문제를 해결하면서 학생들은 자신 스스로 문제를 해결하는 경험을 갖게 되도록 지도한다. 지필문제를 해결하면서 학생들은 무엇이 중요한지를 스스로 알게 되고 어떻게 적용할지를 깨닫는다. 이때 교사의 역할은 적합한 자료와 기하학적 문제를 제시하고, 성취감을 느끼도록 가르치며, 학생들이 문제와 답에 대해 반성할 수 있는 기회를 제공하며, 경우에 따라 문제 해결 과정과 연관된 용어나 개념을 알려준다. 또한 GSP를 이용한 탐구 자료를 제시한다.

5) 반성 단계에서는 활동지의 지필문제를 해결할 때 활용한 개념이나 탐구활동 중 GSP나 Excel을 사용하여 자신이 깨달은 것에 대해있는지 직접 작성해 봄으로써 학생들은

개념에 대한 새로운 연결을 시도하고 자신이 학습한 내용을 발전시킨다. 또한 학생들은 스스로 탐구한 것을 재검토와 요약하며 탐구 활동에 대한 개념을 형성한다. 이때 교사는 어려운 아이디어를 제공하지 않게 주의하고 학생들이 탐구한 것을 정리하도록 통합적으로 돕는다.

3.2 점과 좌표 - 선분의 내분점과 외분점

대다수의 교과서에서는 비례식으로 수직선 위에서의 선분의 내분점과 외분점을 구하는 공식을 유도하였으며 이 공식으로 좌표평면 위에서의 선분의 내분점과 외분점을 구하였다. 고등학교 수학교육과정해설서에서는 도형의 닮음을 이용하여 이해하고 구할 수 있게 하라고 제시되어 있다(2008, 교육과학기술부, p. 46). 그러나 대다수의 교과서에서는 닮음이 아닌 평행선 사이의 선분의 길이의 비로 공식을 유도하였다.

선분의 내분점과 외분점에 대한 기하학적 개념을 명확히 하고 직관적인 능력을 성장시키려면 주어진 상황에서의 추가되는 수학적 경험이 중요하다. 이러한 경험을 위해 중학교 2학년에서 배웠던 삼각형의 닮음과 그 성질에 대한 논증기하개념을 GSP를 이용하여 경험하도록 탐구활동지를 구성한다.

3.3 직선의 방정식 - 일차함수의 그래프

학습부진학생들이 직선의 방정식을 학습하기 전 먼저 변수의 개념을 이해하여야 한다. 스프레드시트인 Excel은 탐구형 소프트웨어 중에서 변수의 개념형성에 좋은 도구이다. 변수의 동적인 면은 변수의 특징을 잘 표현해주는 개념으로, Excel이 그 특성을 잘 나타내 준다. 따라서 Excel을 사용하여 한 개의 문자로 변수의 역동성을 셀 값이 변함을 가지고 그 셀과 연결된 식의 값도 변하는 것을 탐구하게 할 필요가 있다. 이것은 학생들이 셀과 관련된 식을 만들고, 셀을 변화시키는 탐구과정을 통해 변수 개념 학습이 된다. 즉, Excel을 이용한 탐구활동을 통하여 서로 관련된 셀들 사이의 변화를 관찰하고 이를 표현해 보면서 '변화'의 의미로서 변수의 역동성을 경험하게 한다(손홍찬, 2006). 결국 이것이 좌표평면에서의 그래프와 연결된다는 것이다.

직선에 대한 내용은 다음 탐구활동에서 더 자세히 살펴보도록 하고 이번 탐구활동에서는 일차함수의 그래프에 중점을 두도록 한다.

3.4 직선의 방정식 - 일차방정식, 두 직선의 위치관계

좌표평면에서의 직선에 대한 개념은 중학교 2학년 함수단원 중 일차함수의 그래프에서 도입된 후 고등학교 1학년 도형의 방정식에서 직선의 방정식을 구할 때 다시 제시된다. 하지만 현재 교과서에서 직선의 대수적 표현으로 직선의 방정식과 직선의 고유한 성질인 곧음으로서의 기울기 개념이 명확하게 나타나 있다고 보긴 어렵다. 해석기하로서 직선의 방정식은 도형으로서의 직선을 좌표평면에서 대수적으로 표현하는 과정에서 시작된다. 이 과정에서 곧음이라는 직선의 고유한 성질은 삼각형의 닮음에 의해 x값의 변화량에 대한 y값의 변화량의 비가 일정하다는 성질로 구체화되고, 이로부터 기울기의 개념이 자연스럽게 등장한다. 여기서 직선의 방정식은 일정한 비로서의 기울기가 지닌 성질을 해석기하측면에서 대수적으로 표현한 것이라 할 수 있다(도종훈, 2008).

기하영역에서 다루는 직선의 개념은 도형으로서의 직선에 중점을 두어야 하나 우리나라의 경우 중학교에서는 도형의 성질을 직관기하적으로 설명하고, 고등학교에서는 도형으로서의 직선을 해석기하적인 방정식으로 다룬다. 현재 일부 교과서에서 직선의 방정식을 유도하는 첫 부분은 기울기가 m이고 y절편이 n인 직선의 방정식이 $y=mx+n$임을 중학교에서 제시된 내용으로 대신하고 있다. 그 외의 대다수 교과서에서는 기울기가 m이고 y절편이 n인 직선의 방정식에 대하여는 언급조차 없다. 좌표평면에서 직선이 $y=mx+n$와 같은 모양의 방정식이 된다는 것은 고등학교에서 정당화되어야 한다. 중학교에서는 일차함수 $y=ax+b$의 그래프가 좌표평면에서 직선이 됨을 귀납적으로 다루고 고등학교에서는 그 역인 직선이 방정식으로 어떻게 나타나는 지가 중점인 것이다. 특별히, 좌표평면에서의 직선은 도형으로서의 직선뿐만 아니라 미지수가 2개인 일차방정식이나 일차함수의 그래프로서의 의미도 함께 지니는데, 이 두 관점이 교육과정의 서로 다른 단원에서 명료하게 구분되어 취급되고 있지 않다는 점이다. 그러므로 중학교 함수단원에서는 일차함수의 그래프가 직선임을 알게 하고 일차함수의 이해를 확장시키는 데 중점을 두고, 고등학교 도형의 방정식 단원에서는 모든 직선이 미지수가 2개인 일차방정식으로 나타낼 수 있고 그 역도 성립함을 명확하게 이해시킴으로써 도형을 대수적인 표현으로 나타내는 데에 중점을 둔다.

3.5 직선의 방정식 - 점과 직선 사이의 거리

교과서에서 직선의 방정식에 대한 내용 전체가 대수적으로 기울기와 한 점이 주어진 방정식, 두 점이 주어진 방정식으로 표현된다. 또 대수적인 식에서 두 직선의 평행, 수직조건과 여기서 다루고자 하는 점과 직선 사이의 거리를 유도하고 있다.

현재 모든 교과서에서 점과 직선까지의 거리 공식은 복잡하고 어려운 대수식으로 나온다. 하지만 본 탐구활동지는 중학교의 논증기하 개념 중 삼각형의 넓이와 닮음을 가지고 점과 직선사이의 거리를 탐구하도록 할 수 있다.

3.6 원의 방정식 - 여러 가지 원의 방정식

원의 방정식도 대다수의 교과서에서 논증기하에 대한 언급이 없이 대수적으로 유도되고 있다. 따라서 많은 학습부진학생들은 원과 원의 방정식에 대한 개념을 정확하게 구분하지 못한다. 중심이 (a, b)이고 반지름이 r인 원의 방정식 도입 전에 중학교 때 학습한 논증기하를 언급하고 있는 교과서는 없었다.

이번 탐구활동에서는 중학교의 논증기하 개념 중 '원의 성질'을 활용하여 원의 방정식을 탐구해 보려고 한다.

3.7 원의 방정식 - 원과 직선의 위치, 접선의 방정식

고등학교 수학Ⅰ 도형의 방정식 단원 중 모든 교과서에서 논증적인 요소를 가장 많이 언급한 개념이다. 원의 중심에서 직선까지의 거리와 반지름의 길이 사이의 대소 관계를 통해 원과 직선의 위치 관계를 중학교에서 학습하였다. 이를 토대로 좌표평면에서 원과 직선의 위치 관계는 원과 직선의 방정식을 연립하여 만든 이차방정식의 근의 개수와 관련이 있음을 이해하고, 이차방정식의 판별식에 의하여 원과 직선의 위치 관계를 파악할 수 있게 한다라고 수학교육과정해설서에 명시되어 있다(2008, 교육과학기술부, p. 48). 다른 대부분의 단원에서 논증기하 요소를 다루지 않았으나 유독 이 단원에서는 거의 모든 문제를 해결함에 있어 중학교에서 배운 논증적인 개념을 활용하여 문제를 해결하고 있었다.

4 탐구형 소프트웨어의 역할

본 절에서는 수학학습부진학생들을 대상으로 앞서 소개한 교수·학습 자료를 가지고 수업을 진행한 실제 사례를 통해 탐구형 소프트웨어가 해석기하개념 형성에 어떤 역할을 하게 되는지 Skemp의 이론을 중심으로 정리해 보고자 한다. Skemp는 'mathematics in the primary school'에서 LOGO라는 컴퓨터 프로그램을 본인이 제시한 스키마 구성의 6가지 양식(I_1-도구적이해와 직관적사고, I_2-도구적이해와 반영적사고, R_1-관계적이해와 직관적사고, R_2-관계적이해와 반영적사고, L_1-논리적이해와 직관적사고, L_2-논리적이해와 반영적사고)으로 간략하게 제시하였다(Skemp, 1989, p. 167). 이것은 컴퓨터를 활용한 공학적 도구 환경에서 탐구형 소프트웨어가 해석기하 개념형성에 도움이 된다는 것이다.

4.1 관계적 이해와 도구적 이해에 필요한 도구

먼저 관계적 이해가 어떻게 나타나는지를 직선의 방정식에 대한 해석기하 개념 형성과정 중 사용된 Excel과 GSP를 가지고 알아보고자 한다. 앞서 살펴본 것처럼 직선의 방정식을 다루기 전에 학습부진학생들에게 변수의 개념을 알려줄 필요가 있다. 스프레드시트인 Excel이 변수의 개념형성에 도움이 되는 도구이다(Wilson et al., 2004).

고등학교의 해석기하 개념인 직선의 방정식과 중학교의 일차함수 개념을 관계적으로 연결시키기 위해 Excel을 사용하여 변수개념, 함수의 그래프와 동점의 연결, 일차함수의 그래프에서의 기울기 등을 탐구하였다. 여기서 사용된 Excel은 해석기하의 개념 형성에 필요한 스키마형성에 도움을 준다. 수학학습부진학생에게 직선의 방정식 개념을 형성하는데 있어 변수 개념과 기울기에 대한 성질은 직선의 방정식을 이해하는 데 중요한 스키마이기에 Excel을 탐구활동 도구로 활용하게 되었다. 따라서 Excel은 해석기하개념을 형성해가는 과정에서 관계적 이해를 돕는 꼭 필요한 도구로서 탐구형 소프트웨어의 역할을 충분히 하고 있다고 할 수 있다.

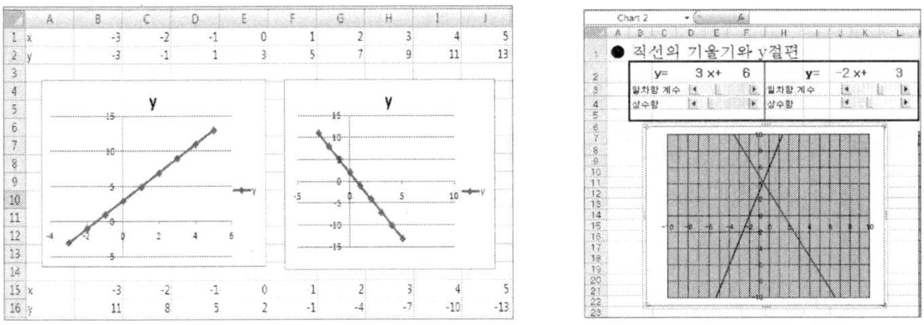

[그림 14-3] Excel을 이용한 일차함수 그래프에 대한 탐구 장면

또한 직선의 방정식에 대한 GSP의 역할은 탐구형 소프트웨어로 논증기하의 개념을 가지고 관계적 이해를 통해 해석기하의 개념을 형성하는 데 가장 큰 목적이 있다. 특히 직선의 방정식에서 GSP의 역할은 직선에서 변하지 않는 고유한 성질 곧음을 나타내는 기울기를 삼각형의 닮음비를 이용하여 탐구하는 도구로서의 역할이 가장 크다고 할 수 있다.

따라서 탐구형 소프트웨어는 수학학습부진학생들에게 탐구의 경험을 갖게 하고 자신이 탐구하고자한 것을 바로 검사하고 검증해 볼 수 있다는 장점이 있다. 더불어 탐구형 소프트웨어를 통해 교사와 학생간, 학생과 컴퓨터 간의 의사소통도 가능하게 한다. 무엇보다 탐구형 소프트웨어는 개념과 스키마를 형성하는 데 가장 큰 역할을 한다. 이는 관계적 이해와 연결된 내용이다. 그 이유는 Skemp가 관계적 이해를 일반적인 수학적 관계로부터 중요한 규칙 또는 절차를 이끌어내는 능력이라고 정의하면서 관계적 이해에서의 조작은 바로 델타-1 내에 있는 개념과 스키마라고 했기 때문이다(Skemp, 1987, p. 159). 개념과 스키마의 형성을 돕는 탐구형 소프트웨어는 관계적 이해에 꼭 필요한 도구가 된다고 할 수 있다.

Skemp는 도구적 이해를 수학 공식이나 규칙이 어떻게 적용되는지도 알지 못한 채 공식이나 규칙을 암기하여 문제해결하는 능력이라 설명하였다. 이러한 도구적 이해를 하도록 하는 장점은 이해가 쉽다는 것과 학습 결과가 즉각적이고 명백하다는 점, 많은 지식을 필요로 하지 않기 때문에 빨리 답을 구할 수 있다고 말하고 있다(Skemp, 1897, pp. 158-159). 하지만 도구적 이해를 통한 개념이나 스키마의 형성은 또 다른 도구적 이해를 가져올 수밖에 없으며 이러한 학습 상황의 반복은 결국 새로운 과제에 적응하기 힘들게 되고 오래 지속되지 않는 기억으로 유기적인 학습이 되지 않는 것을 의미한다. 즉, 장기적인 관점에서 결국 수학 학습부진학생이 생기게 된다고 볼 수 있다. 따라서 도구적 이해에서 탐구형 소프트웨어의 역할은 무엇인지를 한 가지 사례로 설명하고자 한다.

삼각형의 닮음을 활용하여 수직인 두 직선의 기울기의 곱이 -1이라는 개념을 증명하였으나 수학학습부진학생들에게 이 내용은 관계적 이해가 쉽지 않았다. 그래서 탐구형 소프트웨어인 GSP를 사용하여 수직인 직선을 작도한 후 이 두 직선의 기울기를 서로 곱하여 -1이 됨을 탐구하게 하였다. 어렵지 않은 작도이기에 학습부진학생들은 부담 없이 작도할 수 있었으며 그 결과를 예측하고 탐구하는 과정을 통해 이러한 해석기하개념을 이해하였다.

수학학습부진학생들에게 관계적 이해가 어려운 경우에는 도구적 이해로 해석기하 개념을 형성시킬 수 있다. 이러한 상황에서 탐구형 소프트웨어가 도구로 사용된다면 스키마 형성에 중요한 역할을 하는 것이다. 이는 탐구형 소프트웨어를 사용하여 예측하고 탐구로 결과를 확인해 봄으로써 스키마가 형성되는 역할을 하게 된다. 따라서 델타-2의 활동인 반영적 사고가 일어나게 됨으로써 단순한 I_1에서 멈추는 것이 아니라 반영적 사고가 있는 도구적 이해인 I_2에 해당한다고 할 수 있다. 즉 탐구형 소프트웨어는 도구적 이해에서 반영적 사고를 통해 스키마가 구성되는 중요한 역할을 한다는 것이다.

4.2 시각적 기호체계와 언어 – 대수적 기호체계를 결합하는 반영적 사고의 수단으로서의 역할

학습부진학생들은 논증기하적인 작도와 증명을 탐구형 소프트웨어인 GSP를 사용하여 증명하였다. 학생들은 GSP를 이용한 작도과정을 통해 논증기하에 대한 개념을 이해하는 데 도움이 되었으며 특히 GSP의 시각적인 효과로 학생들은 개념이미지를 형성하는 데 도움이 되었다.

학습부진학생들이 탐구한 논증기하적 개념으로 2단계에서 해석기하적 개념을 탐구하는 과정은 개념이미지 형성에 중요한 부분이다. 논증기하에서 GSP나 Excel을 이용할 때보다 해석기하 개념을 형성하기 탐구 과정으로 GSP와 Excel을 이용하고 이해하는 시간이 훨씬 많이 걸렸지만 탐구과정 안에 협동학습이 있었을 뿐만 아니라 시각적인 효과로 해석기하 개념형성이 잘되고 있었다.

2단계에서 GSP를 이용하여 해석기하 개념을 탐구한 후 3단계에서는 탐구활동 내용을 지필로 정리한다. 여기서 알 수 있는 사실은 2단계에서 논증기하에 대한 탐구가 잘된 경우엔 스키마 구성단계인 3단계에서 해석기하 개념 정리가 명확하게 됨을 볼 수 있었다.

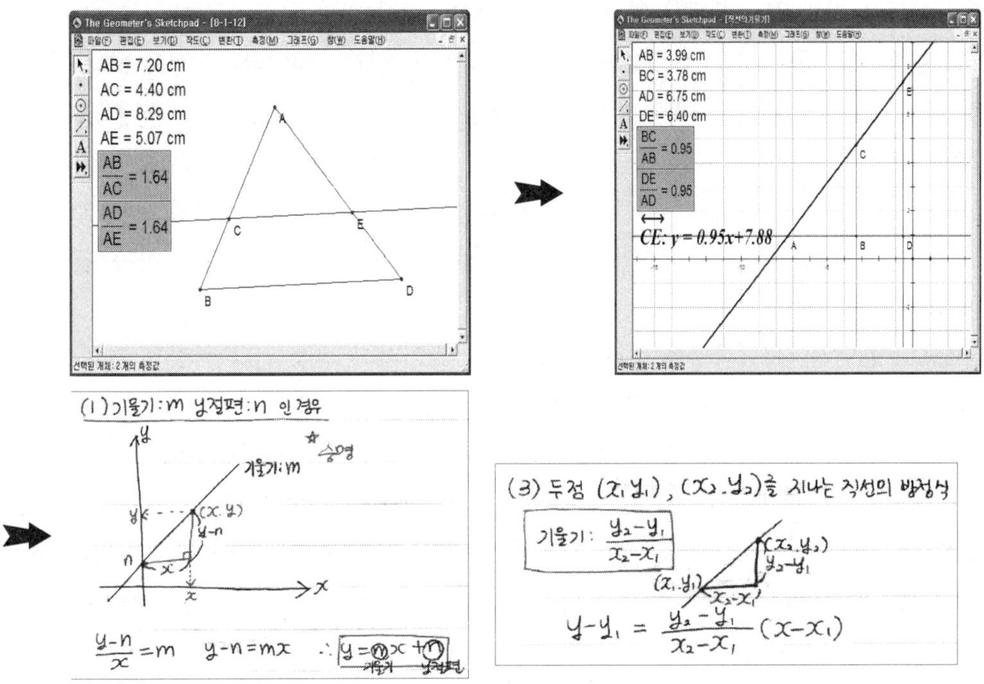

[그림 14-4] 해석기하개념 형성 과정

Skemp는 수학에서 사용되는 두 가지 기호를 시각기호와 언어기호로 나눈 후 다시 대수적 기호를 언어기호의 범주 안에 넣고 이를 언어-대수적 기호체계라 하였다(skemp, 1987, p. 66). 시각적 기호체계에서 시각화된 표상은 수학적 개념에 대한 직관적인 인지에 대한 본질적인 요소이고 또한 문제에 주어진 자료를 시각적으로 표현하여 문제를 직관적으로 이해하고 해결하는 주요한 전략이 될 수 있다. 또한 시각화된 이미지는 수학의 여러 개념이나 정리를 직관적으로 이해하는 데 기여한다. 그러나 언어-대수체계의 장점은 더 크다. 언어-대수체계는 수와 같이 공간적 형태와 무관한 성질을 추상하고 무엇보다 의사소통이 쉽다. 또한 집단적 사고를 표현하며 분석적이고 세부사항을 보여 줄 수 있을 뿐 아니라 순서적이고 논리적이다(류현아, 2008).

본 탐구활동에서 해석기하의 개념형성은 이 두 체계의 가장 적절한 결합이라 할 수 있다. 따라서 GSP와 Excel과 같은 탐구형 소프트웨어는 학습부진학생들에게 공학적 도구의 시각화 기능과 대수화 기능을 통한 수학에서의 두 가지 표상인 시각적 기호체계와 언어-대수적 기호체계의 결합을 위한 반영적 사고에 영향을 주는 역할을 한다.

반영적 지능은 직관적 수준에서 외부로부터 정보를 감각 기관이 인지하면 이 정보들을 자동적으로 분류하고 개념 구조에 의해 다른 정보들과 연결하는 것이다. 직관적 지능은 물리적 환경 내에 있는 대상을 인지하지만 반영적 지능은 의식의 대상이 델타-1 내에 있으며 의식은 델타-2 내에 집중된다. 따라서 반영적 지능은 한 수준에서 다른 수준으로 자의로 의식의 중심을 움직이는 능력이라 할 수 있다. 따라서 반영적 지능은 일반적으로 델타-2의 기능을 하게 된다. 이러한 델타-2는 스키마 구성에 있어 가장 중요한 역할을 하는 활동이다(Skemp, 1987, p. 109).

결론적으로 반영적 사고 과정을 통해 해석기하적 스키마가 형성 된다는 것은 관계적 이해나 도구적 이해에 관계없이 해석기하 개념이 유기적으로 연결되는 스키마 학습이 이루어진다는 것이다. 즉 이는 적응력을 길러주며 기억이 오래가게 되고 목표를 향한 계획을 세우는 능력이 발생하는 등의 효과가 있다는 것이다(Skemp, 1987, p. 81). 이러한 특징은 관계적 이해로 학습하는 장점과 일치한다고 할 수 있다. 따라서 반영적 사고 과정을 돕는 탐구형 소프트웨어를 활용한 수업의 학습 효과는 새로운 상황에 잘 적응하고 기억이 오래가는 그 자체만으로 학습의 목적이 된다.

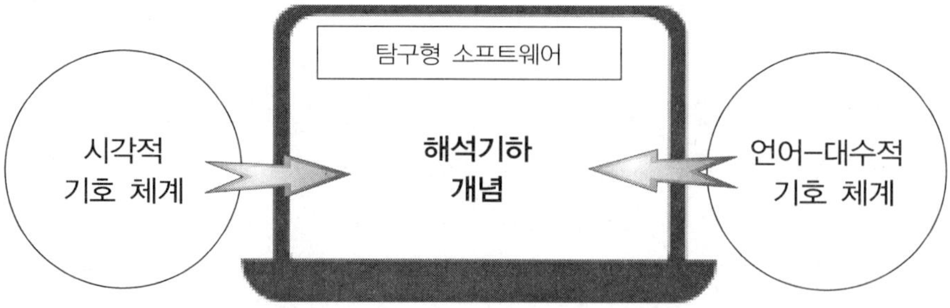

[그림 14-5] 반영적 사고의 역할을 하는 탐구형 소프트웨어

4.3 새로운 개념형성을 위한 탐구 준비

학습부진학생들은 해석기하의 개념이 형성되면서 그 과정 중 또 다른 새로운 스키마가 형성되기도 하는데 이 과정에서 탐구형 소프트웨어는 또 다른 역할을 한다. 새로운 개념에 대한 학습이 쉽지 않은 학습부진학생들에게 탐구형 소프트웨어를 활용한 탐구활동은 새로운 개념에 대해 쉽게 탐구할 수 있게 한다. 한 가지 사례로 좌표평면에서의 선분의 내분점에 대한 해석기하개념을 형성해 가는 과정 중 탐구형 소프트웨어는 학습부진학생들에게 삼각형의 무게 중심에 대한 성질을 쉽게 접근할 수 있도록 탐구를 준비하는 역할을 한다. 수학학습부진학생들은 삼각형의 무게중심에 대해 비교적 쉽게 탐구하는 것을 볼 수 있었다. 넓이를 이용하여 무게중심의 개념을 이해하는 것이 비교적 용이해 보였으며 특히 GSP를 사용하여 넓이를 직접 확인해 볼 수 있었기 때문에 더욱 효과적이었다. [그림 14-6]에서 보는 바와 같이 수학학습부진학생들은 삼각형의 무게중심에 대한 성질을 스스로 탐구할 수 있었다. 중선의 길이의 비가 2 : 1라는 무게중심의 성질을 GSP를 이용하여 측정 → 길이 및 측정 → 비율로 길이와 비를 측정하여 확인하거나 계산 기능으로 확인하고 있었다. 이와 같이 이미 형성된 선분의 내분점에 대한 개념을 이용하여 새로운 개념 형성을 위한 탐구를 쉽게 준비하고 받아들일 수 있도록 하는 탐구형 소프트웨어의 역할도 볼 수 있었다.

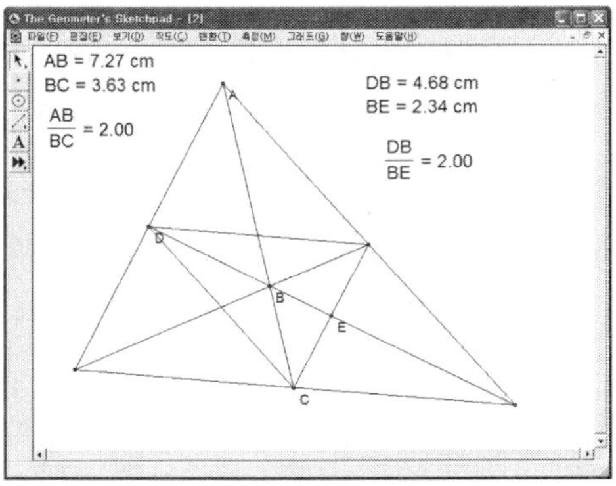

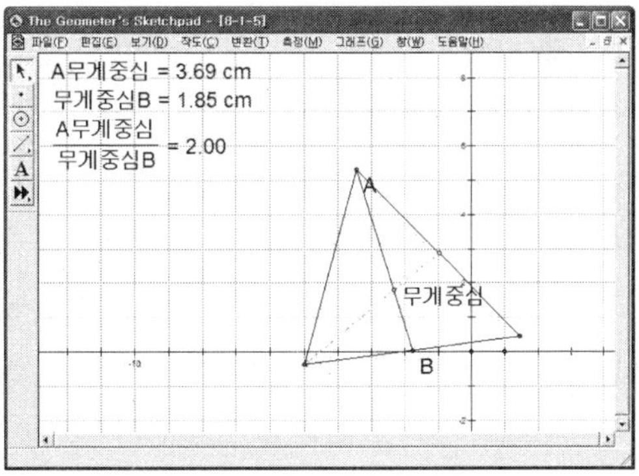

[그림 14-6] 무게중심성질을 탐구하는 장면

4.4 정의적 요인으로 쉽게 접근하는 이해

학습부진학생들에게 GSP조작을 위해 여러 도형에 대한 설명을 할 때 학생들은 쉽게 각 도형의 구성 요소와 구성 요소 사이의 관계에 의한 도형을 분석하였으며 도형의 성질에 대해 경험적으로 인지하게 되었다. 저자는 학습부진학생들에게 GSP를 사용하여 도형을 그려주기 전에 각 도형의 정의나 성질을 설명한 후 그러한 정의나 성질을 가지고 각자 작도해 보도록 하였다. 두려움을 가지고 작도를 어려워하던 학생들이 한두 개의 도형을 스스로 작도하더니 자신감을 가지고 여러 다른 도형들을 작도하였다. 수학학습부진학생들은 각 도형의 구성 요소들의 관계를 GSP로 관찰하고 작업해 가며 탐구하기 시작했다. 또한 각 도형의 요소에 맞는 적절한 단어를 생각하여 사용한 후 여러 관계나 성질로 도형을 분류해 내는 것을 볼 수 있었다. 어떤 학생의 경우에는 GSP를 사용한 작도과정 중 다양한 도형의 성질이나 규칙에 대한 언어적 표현이나 기호적인 문장이 주어진 경우 이를 시각적으로 해석하고 활용해 보는 모습을 보였다. 어떤 학생의 경우에는 도형들의 성질을 발견하고 도형들의 종류를 분류하는 모습을 보였다. 이에 대한 사례로는 많은 좌우대칭인 삼각형을 제시했을 때 좌우대칭인 삼각형의 특징을 발견하고 이를 통해 삼각형의 두 변의 길이와 두 각의 크기가 서로 같음을 정리한 후 이것이 이등변삼각형임을 말했다. 또 다른 어떤 학생의 경우는 각 도형의 정의나 그에 대한 성질을 스스로 명확하게 정리하려는 모습을 보였다.

논증기하개념 형성을 위하여 GSP를 사용하여 고등학교에서 학습해야 할 해석기하와 관련된 도형의 개념과 성질을 증명해 보는 탐구를 하였다. 학생들은 각 탐구활동에서 논증기하 내용인 수직이등분선의 성질, 삼각형의 닮음, 삼각형의 무게중심, 삼각형과 평행선의 성질, 원과 비례를 2단계에서 GSP로 탐구하였고 일차함수의 그래프는 Excel로 탐구하였다. 하지만 여기서 논증기하에 대한 성질 증명에만 중점을 둔 것은 아니다. 중학교 교과서에 제시된 것을 보면 기하수업은 증명을 위한 도구적 성격을 지닌 기하 수업인지 아니면 도형의 성질을 가르치기 위한 도구로서의 증명인지가 분명하지 않다(고호경 외, 2013). 2007 개정 교육과정과 7차 교육과정을 비교해 보면 "어려운 증명의 경우에는 증명을 하기 전에 공학적 도구나 조작 활동을 통하여 증명해야 할 성질을 직관적으로 이해하게 한다"고 기술되어 있다(교육인적자원부, 2007, p. 37). 따라서 본 탐구활동에서도 수학학습부진학생들에게 증명을 위해 논증기하적으로 어렵게 하기보다는 성질에 대하여 직관적으로 이해하고 탐구하여 이에 대한 흥미 유발과 논증기하에 대한 개념을 쉽게 학습해가는 것에 중점을 두었다.

탐구활동 중 GSP는 쉽게 작업할 수 있고 자와 컴퍼스만을 사용하여 작도하던 상황보다 더 정확하고 쉬운 편집 및 신속한 작업이 가능하기에서 수학학습부진학생들에게도 큰 변화를 주었다. 한 학습부진학생은 탐구활동을 하며 "GSP는 계산기와는 다른 점이 많은 것 같습니다. 계산기처럼 숫자 누르면 답이 구해지는 것과 다른 것 같아요. 생각을 해야 하고 이 생각이 확인되니 제가 한 정리에 믿음이 생깁니다. 이거 저하고 잘 맞는 듯해요."라고 했다. 또 다른 학생은 "직접 삼각형이나 원을 손으로 그리면서 항상 제가 그린 그림이 맘에 들지 않았어요. 그런데 이것(GSP)으로 도형을 그리니까 너무 좋아요. 내가 이렇게 잘 그릴 수 있다니 하는 만족감?"이라고 말하며 만족하였다. 또 다른 학생의 경우 지필로 잘 안 되던 정리나 생각으로 그릴 수 없던 것들이 GSP를 사용하니까 눈으로 확인할 수 있어 좋았고 이를 통해 자신이 정리한 결과를 GSP로 확인해 보며 공부하니 자신감도 생긴다고 말하였다.

이와 같이 수학학습부진학생들의 모습을 통해 탐구형 소프트웨어는 수학학습부진학생들에게 흥미를 유발시키기에 적절한 도구라 하겠다. 탐구활동 중 자주 관찰되었던 흥미를 가지고 탐구하는 모습뿐만 아니라 탐구형 소프트웨어는 관계적 이해를 통해 스키마의 확장이 이루어져 더욱 의미 있는 수학을 만드는 데 아주 적합한 도구임을 확신한다.

5 결론

마지막으로 몇 가지 결론과 논의를 내리고자 한다. 본 수학학습부진학생들을 위한 교수·학습 탐구자료 개발 및 실제를 통해 얻은 결론은 반영적 사고 과정을 통해 해석기하 개념이 관계적으로 이해된다면 수학학습부진학생들에게 가장 강력하고 효과적인 개념형성이 될 수 있다는 것이다. 이러한 관계적 이해를 통하여 얻게 되는 개념은 그 자체가 목적으로서 효과적일 수 있다(Skemp, 1987, p. 159). 이것이 바로 수학학습부진학생들에게 관계적 이해를 통한 개념형성이 필요한 이유라고 할 수 있다. 수학학습부진학생들에게 해석기하 개념의 관계적 이해라는 목표에 도달하기 위한 도구로 사용한 것이 바로 Excel과 GSP이라는 탐구형 소프트웨어이다. 본 탐구활동에서 R_2유형의 목표를 이루기 위한 탐구형 소프트웨어의 중요한 역할 두 가지를 살펴볼 수 있다. 탐구형 소프트웨어의 첫 번째 중요한 역할은 직관적 사고 과정을 거친 관계적 이해가 된 R_1유형에서 탐구형 소프트웨어를 활용한 탐구활동학습이 적절하게 사용된다면 반영적 사고가 이루어질 수 있다는 것이다. 또 다른 한 가지는 반영적 사고 과정을 통하여 일어난 도구적 이해인 I_2유형에 탐구형 소프트웨어를 활용한 탐구활동학습이 적절하게 사용된다면 관계적 이해를 통한 학습과 같은 장점이 나타남으로 동일한 학습효과를 얻는다는 것이다. 또한 이러한 과정에서 학습한 해석기하 개념은 문제해결에도 당연히 효과적일 수 있다. 더욱이 Skemp는 이러한 관계적 이해가 성취되면 아주 초보적인 단계의 논리적 이해를 가져올 수 있다고 하였다(Skemp, 1987, p. 175). 이는 수학학습부진학생들의 해석기하 개념 형성에서 탐구형 소프트웨어를 사용한 학습이 문제해결뿐만 아니라 논리적 이해를 통하여 Skemp가 제시한 양식2의 기호로 의사소통이 가능한 수준까지 도달할 수 있음을 보여주는 것이라 할 수 있다. 이에 대한 전반적인 탐구형 소프트웨어를 활용한 해석기하 개념 형성과정을 Skemp의 이해에 대한 관점으로 정리하며 결론을 내리고자 한다.

먼저 정보가 주어지면 주어진 정보를 해석하고 이것으로부터 기하표상을 생성하기 위해서는 교사의 역할이 중요하다. 이는 학습부진학생들의 수준이 정확히 파악될 필요가 있는 단계이기 때문이다. 학생들이 알고 있는 개념으로 정보를 해석하기 전에 즉각적으로 표상을 만들 수도 있지만 이것은 학습하고자 하는 논증기하의 개념 전에 존재하는 스키마로 이미 형성되어 있는 상태라 볼 수 있다. 다음으로 탐구형 소프트웨어를 이용하여 생성된 표상이 조작되어지면 수학학습부진학생들은 논증기하에 관한 개념과 성질을 형성하게 된다. 그 후 형성되어진 논증기하 개념은 한 번 더 탐구형 소프트웨어를 통하여 대수적 표상과의 관계적 이해가 되어질 수 있고 이를 통하여 해석기하에 대한 결정적인 정보를 얻을 수 있다. 그렇게 얻어진 해석기하에 대한 정보는 논리적 이해와 기호적 이해로 수학학습부진학생들에게 해석기하의 개념을 형성하게 되는 것이다. 물론 여기서 한 가지 고려해 볼 사항은 도구적 이해가 되는 경우로 도구적 이해가 일어난다 하더라도 관계적 이해를 통한 해석기하 개념 형성과 같은 동일한 장점의 학습효과를 얻을 수 있는데 이것은 탐구형 소프트웨어를 통한 반영적 사고가 학습과정 중 이루어진다면 가능할 수 있다.

수학학습부진학생에게 탐구형 소프트웨어를 통하여 어떻게 해석기하의 개념이 형성이 이루어지는지를 다음 [그림 14-7]과 같이 도식화하였다.

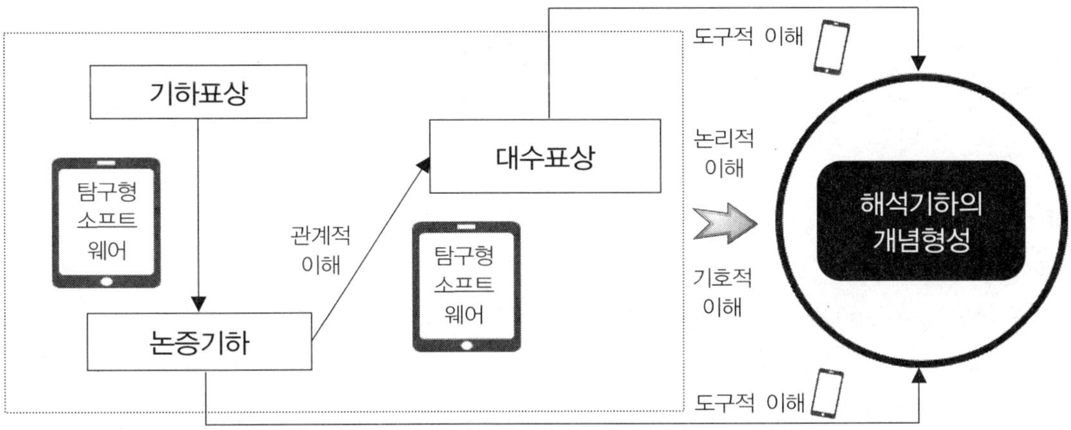

[그림 14-7] 학습부진학생들의 해석기하개념 형성과정에서의 탐구형 소프트웨어 역할

Reference

참고문헌

고상숙(2005). 수학을 하려면 엑셀을 밟아라. 서울: 경문사.

고호경 외(2013). 중학교 수학 3. ㈜교학사.

교육과학기술부(2008). 고등학교교육과정 해설서. 교육과학기술부.

교육과학기술부(2011). 2009 개정 교육과정에 따른 수학과 교육과정. 교육과학기술부.

권영인, 서보억(2007). 고등학교 도형의 방정식 단원에서 논증기하의 활용에 대한 연구. 수학교육, 21(3), 451-466.

김남희, 나귀수, 박경미, 이경화, 정영옥, 홍진곤(2006). 수학교육과정과 교재연구, 서울: 경문사.

김원경 외(2014). 고등학교 수학 I. ㈜비상교육.

김창동 외(2014). 고등학교 수학 I. ㈜교학사.

도종훈(2008). 직선의 대수적 표현과 직선성으로서의 기울기. 수학교육, 22(3), 337-347.

류성림(1998). 피아제의 균형화 모델에 의한 증명의 지도 방법 탐색. 한국교원대학교 박사학위논문.

류현아(2008). 중등 기하문제 해결에서 시각화와 추론과정. 건국대학교 박사학위논문.

박정숙(1995). Skemp의 수학 학습 이론에 대한 고찰. 서울대학교 석사학위논문.

손홍찬(2006). 스프레드시트를 활용한 수학적 모델링 활동에서의 수학적 발견과 정당화. 한국교원대학교 박사학위논문.

손홍찬(2011). GSP를 활용한 역동적 기하 환경에서 기하적 성질의 추측. 수학교육, 13(1), 107-125.

송미영, 김성숙, 구자옥, 임해미, 박혜영, 한정아, 손수경, 양서영(2014). PISA 2012 주요 결과 : 수학·읽기·과학·문제해결력. 한국교육과정평가원 PIM 2014-12.

수학사랑. (n.d.). GSP 학습자료실. 2011년 3월 11일 검색, http://www.mathlove.kr

신이섭 외(2011). 2009 개정 교육과정에 따른 수학과 교육과정 연구. 한국과학창의재단 연구보고서.

신항균 외(2014). 고등학교 수학 I. ㈜지학사.

우정호 외(2014). 고등학교 수학Ⅰ. ㈜두산동아.

윤인준, 고상숙(2012). 탐구형 소프트웨어를 활용한 해석기하에서 학습부진학생들의 개념 형성에 관한 연구 : 관계적·도구적 이해를 중심으로. 한국학교수학회 논문집, 15(4), 643-672.

이강섭 외(2014). 고등학교 수학Ⅰ. ㈜미래엔.

이준열 외(2014). 고등학교 수학Ⅰ. ㈜천재교육.

정상권 외(2014). 고등학교 수학Ⅰ. ㈜금성출판사.

조난심(2015). 2014년도 기초학력 향상 지원사업 성과 공유 워크숍. 한국교육과정평가원 ORM 2015-2.

한국교육과정평가원 (2015). 2014년 국가수준 학업성취도 평가 결과분석. 한국교육과정평가원 ORM 2015-45-3.

황선욱 외(2014). 고등학교 수학Ⅰ. ㈜좋은책 신사고.

Choi, S. S. (1996). Students' Geometric Learning Using a Computer: Three Case Studies. Unpublished doctoral dissertation. University of Georgia Athens, GA.

National Council of Teachers of Mathematics. (1989). Curriculum and Evaluation Standards for School Mathematics. Reston, VA: National Council of Teachers of Mathematics. 구광조, 오병승, 류희찬(역)(1992). 수학교육과정과 평가의 새로운 방향. 서울: 경문사.

National Council of Teachers of Mathematics. (2000). Principles and standards for school mathematics. Reston, VA: National Council of Teachers of Mathematics. 류희찬, 조완영, 이경화, 나귀수, 김남균, 방정숙(역)(2014). 학교수학을 위한 원리와 규준. 서울: 경문사.

Skemp, R. R. (1976). Relational Understanding and Instrumental Understanding. *Mathematics Teaching, 77*, 20-26.

Skemp, R. R. (1979). Goals of learning and Qualities of Understanding. *Mathematics Teaching, 88*, 44-49.

Skemp, R, R. (1980). *The Functioning of intelligence and understanding of mathematics.* paper presented at ICME Ⅳ. Berkeley, CA.

Skemp, R. R. (1982). Symbolic Understanding. *Mathematics Teaching, 99*, 59-61.

Skemp, R. R. (1987). *The psychology of learning mathematics.* Hillsdale, NJ: Lawrence Erlbaum Associates.

Skemp, R. R. (1989). *Mathematics in the primary school.* London: Routledge.

Wilson, K., Ainley, J., & Bills, L. (2004). Spreadsheet generalizing and paper and pencil generalizing, In M. J. Hines & A. B. Fuglestad (Eds.), *Proceedings of the 28th conference of the International Group for the Psychology of Mathematics Education, 4*, 441-448.

part 5

통계, 확률 및 미적분

최근 확률과 통계 그리고 미적분 교육에서 공학적 도구 활용이 큰 주목을 받고 있는데 이들 영역에서 수학적 본질을 더욱 풍요롭게 해줄 수 있는 사례들의 접근이 필요하다. 이에 제15장에서는 확률과 통계 교육에서 공학을 활용하는 목적과 난점을 연구하였고, 제16장에서는 통계적 능력들의 함양을 위한 효과적인 공학적 도구로서 스프레드시트가 가지는 장점에 대해, 그리고 제17장에서는 실생활과 접목된 의미 있는 미적분 수업의 가능성과 CAS를 활용한 수행평가의 활용 사례를 소개하였다.

15장

확률과 통계 영역에서 공학의 활용

서울대학교 이경화
(khmath@snu.ac.kr)
서울대학교대학원 구나영
(noz39@snu.ac.kr)

1 서론

확률과 통계는 사회현상, 자연현상, 그리고 일상생활에서 자료를 근거로 하는 추론방법을 정교화 하는 가운데 발달해 왔다. 천문학, 인구변화, 정치, 농업, 품질관리, 기상학, 소비자심리 등 다양한 주제에 대한 연구가 확률과 통계의 발달에 영향을 미쳤으며, 또 확률과 통계의 발달로부터 영향을 받았다. 이와 같은 학문적 특성을 반영하여 확률과 통계 교육의 목표를 정하고, 내용과 방법, 평가방안을 제시하는 연구들이 지속적으로 이루어져 왔다(Jones, 2006; Garfield & Ben-Zvi, 2008; 신보미, 이경화, 2006; 이종학, 2011).

한편에서는 확률과 통계 교육의 문제점에 대한 지적도 지속적으로 이루어져 왔다. 예를 들어, Fischbein(1975)은 확률교육의 전통적인 방식이 먼저 법칙과 알고리듬을 지도하고 그것을 인위적인 맥락에 적용하도록 하는 것인데, 그렇게 해서는 확률적 사고방법을 가르칠 수 없다고 비판하였다. 기하나 대수에서는 그와 같은 접근이 어느 정도 필요하기도 하고 유용하기도 하지만, 확률에서는 전혀 다른 방식으로 접근해야 한다고 보았다. Freudenthal (1973) 역시 확률과 통계는 “삶을 수학적으로 이해한다”(p. 595)는 의미를 명확하게 드러낼 수 있는 분야인데, 알고리듬 중심으로 지도하는 전통적인 방식의 교육을 통해서는 그렇게 하지 못한다고 지적하였다. Jones(2006), Garfield와 Ben-Zvi(2008) 등 최근의 연구들에서는 기존의 알고리듬 중심의 확률과 통계 교육이 부적절한 이유가 확률적 사고와 통계적 사고의 고유한 측면인 비결정성 때문이라고 지적하고, 비결정성을 지도하기 위한 확률과 통계 고유의 교수·학습 환경의 중요성을 강조하였다.

확률과 통계의 핵심적인 연구주제가 자료의 수집과 해석에 관련되어 있고, 확률적 사고와 통계적 사고의 고유한 측면이 비결정성이라는 점은, 확률과 통계 교육에서 공학의 활용이 선택이 아니라 필수라는 주장의 핵심적인 근거가 되어 왔다(Biehler, 1991; Ben-Zvi, 2000; Garfield & Ben-Zvi, 2008). 이하에서는 구체적인 사례를 통하여 확률과 통계 교육에서 공학 활용이 어떻게 이루어지고 있는지를 알아본다. 이를 바탕으로 확률과 통계 교육에서 공학을 활용하는 목적과 난점을 알아본다.

2 세 가지 사례

확률과 통계 지도에 공학을 활용할 필요가 있다는 주장은 90년대부터 적극적으로 제기되었지만(Biehler, 1991), 구체적인 사례는 2000년대 들어서면서 활발하게 보고되기 시작하였다. 이하에서는 그와 같은 연구들 중에서 대표적이라고 할 만한, Probability Explorer(이하 PE)를 활용한 Stohl과 Tarr(2002)의 연구, Problab(이하 PL)을 활용한 Abrahamson과 Wilensky(2005) 그리고 Abrahamson(2009)의 연구, TinkerPlots(이하 TP)를 활용한 Ben-Zvi, Gil 그리고 Apel(2007)의 연구를 살펴본다. 특히, 각 연구의 목적, 연구 문제, 연구 배경, 연구 방법, 확률과 통계의 학문적 특성을 고려하는 방식, 확률적 사고와 통계적 사고의 비결정성을 지도하는 방식 등을 알아본다.

2.1 PE를 활용한 확률적 추론의 지도

Biddlecomb(1994)는 컴퓨터를 활용하여 구축한 수학 교수·학습 환경이, 교사와 학생들로 하여금 개인적으로 그리고 공적으로 참여할 수 있게 한다는 의미에서 매우 유연하다고 주장하였다. Land와 Hannafin(1996)도 컴퓨터를 도입하면 개방적인 교수·학습 환경을 구축할 수 있으며, 그 환경에서 학생들이 관찰, 반성 그리고 실험에 의한 역동적인 과정을 거치면서 직관적으로 수학을 학습하게 된다고 주장하였다. Stohl과 Tarr(2002)가 PE를 도입하여 구축하고자 했던 교수·학습 환경도, 유연하고 개방적이며 직관적으로 확률과 통계를 학습하도록 하는 것이었다. 특히, 학생들 스스로 자료를 생성하고 기술하며 해석할 필요를 인식하고 직관적으로 그리고 역동적으로 비결정성을 다루도록 한다는 점에서 확률적 사고와 통계적 사고의 고유한 측면을 적절히 고려하고자 하였다. 이하에서 Stohl과 Tarr(2002)의 주요 내용과 결과, 시사점에 대하여 좀 더 자세히 살펴본다.

PE는 확률적 사고와 통계적 사고의 지도를 위하여 특별히 고안한 공학 도구이다. 컴퓨터에 익숙하지 않은 학생도 제어 방법을 쉽게 배울 수 있도록 설계하였으며, 목적에 맞게 자료를 정렬하거나, 파이 그래프, 막대 그래프, 표 등 다양한 방법으로 자료를 표현하여 확률적으로 그리고 통계적으로 추론하도록 하였다. 또한, 동일한 실험조건을 반복하여 복수의 자료를 얻고, 그 자료를 다양한 방식으로 표현하는 등 시뮬레이션에 의한 확률적 추론과 통계적 추론을 경험하도록 설계되어 있다. 예를 들어, PE 환경에서 동전을 던지는 실험을 하여 자료를 얻고, 다양하게 표현하면서 확률적 사고의 의미와 방법을 학습하도록 할 수 있다. 만약 동전을 25회 던진다면 [그림 15-1]과 같이 앞면과 뒷면이 각각 몇 번씩 나왔는지, 그 비율이 얼마인지, 표와 그래프로 나타내면 어떤 특성이 나타나는지를 살펴볼 수 있다.[1] 동전을 실제로 던지고 그 결과를 해석하는 물리적 시뮬레이션에 비하여, 효율적으로 확률 실험을 체험할 수 있는 것이다. 학생 스스로 시행 횟수를 바꾸어 다양하게 실험할 수 있고, 도출한 결과를 비교하기에 적합한 표현 방법도 선택할 수 있다. 탐구 결과를 종합하여 동전을 던져서 얻을 수 있는 확률을 추측하고 그 추측에 대한 근거를 적절하게 제시하는 방법도 학습할 수 있다. 이로부터 임의성, 우연, 통계적 확률, 시행 횟수에 따른 확률의 변화 등을 파악할 수 있으며, 결국 확률의 비결정성과 큰수의 법칙을 이해할 수 있다.

1) 이 절에서는 Stohl과 Tarr(2002)에서 가져온 그림은 페이지만 표시하였음.

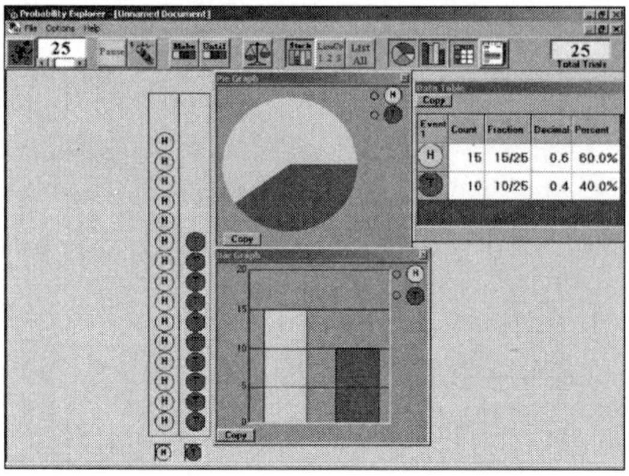

[그림 15-1] PE 환경에서 동전을 25회 던진 결과를 기술하고 해석하는 장면(p. 321)

우리나라에서는 확률의 비결정성과 큰수의 법칙을 고등학생들에게 지도하는데, Stohl과 Tarr(2002)의 연구대상은 초등학교 고학년과 중학생들이었다. 연구의 주요 목적은, PE 환경에서 '통계적 추리(statistical inference)'에 근거한 확률적 추론을 하도록 촉진할 수 있는지를 알아보는 것이었다. NCTM(2000)에서는 통계적 추리 능력의 발달을 주요 학습 목표 중 하나로 제시한 바 있다. 여기서는 통계적 추리 능력이 적절한 표본을 선택하여 자료를 수집하고 기술한 후, 표본과 모집단 사이의 관계를 파악하는 능력으로 제시하였다. Stohl과 Tarr(2002)는 PE 환경에서 이와 같은 학습 목표를 구현할 수 있을 것으로 보았으며, 앞서 제시한 예와 같이 동전을 던지는 시행을 반복하면서, 다각도로 시뮬레이션 하는 기회를 제공하는 방식으로 수업을 설계하였다. PE 환경에서 표본을 선택하여 자료를 수집하고 기술한 후, 표본과 모집단 사이의 관계를 추론하는 절차를 매우 효율적으로 수행할 수 있으므로, NCTM(2000)에서 제안한 통계적 추리 능력 함양의 기회를 제공할 수 있다고 보았다.

Stohl과 Tarr(2002)는 해석적 사례연구 방법(Graue & Walsh, 1998)에 따라 질적인 분석을 시도하였다. 학업성취 수준이 중간 정도인 23명의 6학년 학생들의 학습과정을 관찰하고, 이 중 2명의 사례를 집중적으로 분석하였다. 연구문제는 다음과 같다.

1. 학생들이 PE 환경에서 다양한 확률 과제를 해결하기 위하여 시뮬레이션하고 자료를 분석하는 방법은 무엇인가?
2. 학생들이 PE 환경에서 이론적 확률, 실험적 확률, 그리고 표본 크기 사이의 관계를 파악하는 방법은 무엇인가? 또, 학생들이 PE 환경에서 자료에 기초한 추론을 형식화하

고 정당화하는 방법은 무엇인가?

Stohl과 Tarr가 PE 환경에서 시도한 수업은 Drier의 연구들(2000a, 2000b)을 참고하여 설계한 것이었고, 3일간의 예비 실험을 거쳐 고안한 가설 학습 경로를 반영한 것이었다. 이 경로는 매 수업에서 파악한 학생들의 반응을 고려하여 수정되었다. 사례연구의 대상은 짝을 이루어 학습하였던 Manuel(히스패닉계 남학생)과 Brandon(백인 남학생)이었는데, 관찰한 수업에 참여한 학생들의 인종과 사회경제적 배경을 고려하여 선정하였다.

연구를 위한 자료는 비디오 녹화와 오디오 녹음, 컴퓨터 화면 저장에 의한 기록물, 학생들의 활동지와 과제물 등이었다. 초점 연구대상은 2명이었지만 학급전체가 참여하는 수업장면과 그 장면의 배경에 해당되는 자료도 필요에 따라 수집하고 분석하였다. Graue와 Walsh (1998) 그리고 Stake(1995)가 제안한 대로 질적인 자료를 수집하고 해석하여, 학생들이 PE 환경에서 시도한 통계적 추리의 양상, 의미 형성 과정, 사회적 상호작용, 컴퓨터와의 상호작용을 관찰하고 분석하였다.

학생들에게 해결하도록 한 과제는 다양한 상황에서 임의성을 인식하고 통계적 추리를 경험하도록 설계한 것이었다. 탐구과정은 제시된 현상을 모델링하는 일련의 단계로 이루어져 있으며, PE는 적절한 시뮬레이션과 분석, 추론을 위한 효율적인 환경이자 도구가 되도록 하였다. 이하에서는 연구에 활용된 6개의 과제 중 3개에 대한 학생들의 주요 반응을 살펴본다.

(1) 가방 속 구슬의 분포에 대한 추리 과제

이 과제는 가방 속 구슬에 대하여 추측하는 활동으로 이루어졌다. 주어진 조건은 가방 속에 10개의 구슬이 들어 있으며, 구슬의 크기는 같고 빨간색, 노란색, 파란색, 초록색, 검은색, 흰색의 구슬이 있다는 것이다. 가방에서 공을 하나씩 꺼내보고 다시 넣는 실험을 되풀이하여 어떤 색의 공이 얼마나 들어있는지를 추리해야 한다. 초점 연구대상인 두 학생, Brandon과 Manuel은 PE의 기능 중 복원추출을 활용하여 가방 속 구슬에 대한 다양한 추리를 시도하였다. 두 학생은 14회에서 84회에 걸쳐 복원추출을 하였는데, 이때 흰색, 초록색, 검은색의 구슬이 나오지 않았으므로 가방 속에 이러한 색의 구슬은 없다고 추리하였다. 가방 속에 적어도 1개 이상의 초록색 구슬이 있는데도 76회의 복원추출에서 초록색 구슬이 나오지 않을 확률은 약 0.000333(1/3000)이다. 그러므로 두 학생은 매우 수학적인 추리를 하였다고 할 수 있다. 두 학생이 사용한 추리 전략은 먼저 소규모로, 가령, 14회 또는 17회 복원추출한 후 일차 가설을 만들고, 50회 또는 76회와 같이 충분히 큰 규모로 복원추출하여 확실하다고 결론짓는 것이었다.

다음 날 수업에서는 Brandon이 가방에 빨간색, 검은색, 파란색 구슬을 각각 4개씩 넣고, Manuel에게는 이 조건을 말하지 않는 가운데 시뮬레이션을 하여 추리하도록 하였다. Manuel은 500회의 시행을 한 결과를 분석하여, 흰색, 초록색, 노란색의 구슬이 없고 빨간색, 검은색, 파란색의 구슬만 있다는 것을 추리하였다. 이어서 Manuel은 12회 복원추출하는 것을 한 단위로 하는 실험을 8회 진행한 후, 관찰된 구슬의 도수 평균을 구하여, 빨간색 4개, 검은색 6개, 파란색 2개로 추리하였다. 시뮬레이션 과정의 일부는 다음 [그림 15-2]에서 확인할 수 있다.

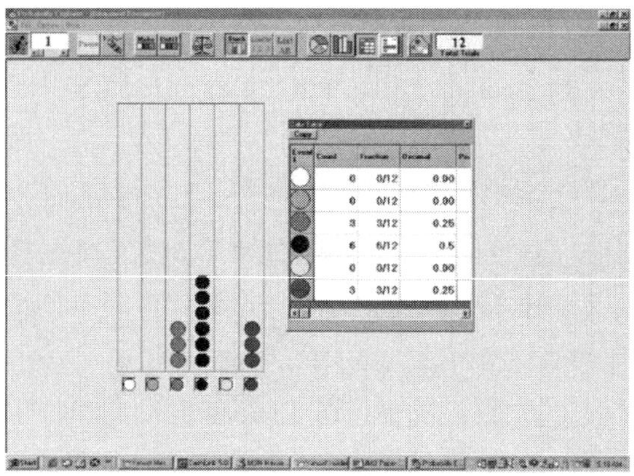

[그림 15-2] 시뮬레이션에 의한 구슬 개수의 추리(p. 329)

이번에 Manuel이 추리를 위하여 활용한 전략은 전날의 것과는 정반대였다. 전날에는 먼저 소규모 시행을 통하여 일차 가설을 세우고, 대규모 시행을 통하여 그 가설을 확인하는 것이었다. 그런데 이번에는 먼저 대규모 시행에 의하여 어떤 색의 구슬이 들어있는지, 어떤 색의 구슬은 들어있지 않은지를 파악하고, 소규모 시행인 12회 복원추출을 하여 구슬의 분포를 추리하였다. 12회 복원추출의 결과를 이용하여 분포를 추리하는 것은 백분율을 적용하는 데에 불편한 점이 있고, 추리 결과를 신뢰하기도 어렵다. 이는 Manuel이 복원추출의 역할, 더 나아가서는 시뮬레이션의 의미와 역할을 이해하지 못하고 있음을 시사한다. 달리 말하면, 통계적 추리를 위하여 충분히 큰 규모의 자료를 수집하고 분석해야 하는 이유를 파악하지 못하고 있다는 것을 뜻한다.

(2) 회전판의 분할에 대한 추리 과제

8일과 9일차 수업에서는 세 가지 색으로 분할되어 있는 회전판을 제시하고, 학생들이 시뮬레이션에 의하여 각각의 부분이 차지하는 비율을 추리하도록 하는 과제를 제시하였다. Brandon과 Manuel은 먼저 회전판의 부분들이 어떤 색으로 되어있는지를 알아보고, 그 결과를 파이 그래프로 표현하였다. 이어서 각 부분을 소수와 백분율로 나타내었다. 주목할 만한 것은 이제 두 학생이 충분한 횟수의 시행을 해야 한다는 것을 인식하고 있다는 점이다. 두 학생은 소규모로 시행하지 않고, 100회나 그 이상의 시행을 하고 그 결과를 기초로 추리하였다.

여러 번의 시행을 거친 후 Brandon과 Manuel은, 회전판의 세 부분이 4 : 2 : 4로 분할되어 있다고 추리하였다. 두 학생의 추리는 정확하였다. 다음으로 제시한 질문은 만약 회전판의 무게가 50이라면 이 비율이 어떻게 달라지겠는가 하는 것이었다. Manuel은 가중치를 부여하는 Weight 기능을 활용하여 이 질문에 답하려고 하였다. 그는 4 : 2 : 4 대신 20 : 10 : 20으로 Weight를 바꾸면 될 것이라고 생각했는데, Brandon은 왜 이렇게 하는지를 이해하지 못하였다. Brandon은 [그림 15-3]과 같이 50회와 100회의 시행을 반복한 후 그 결과에 대한 파이 그래프와 백분율 표현을 비교하였다. 이렇게 실험한 결과를 바탕으로 Manuel의 추리가 옳다는 것을 받아들였다.

Original spinner used for visual comparison

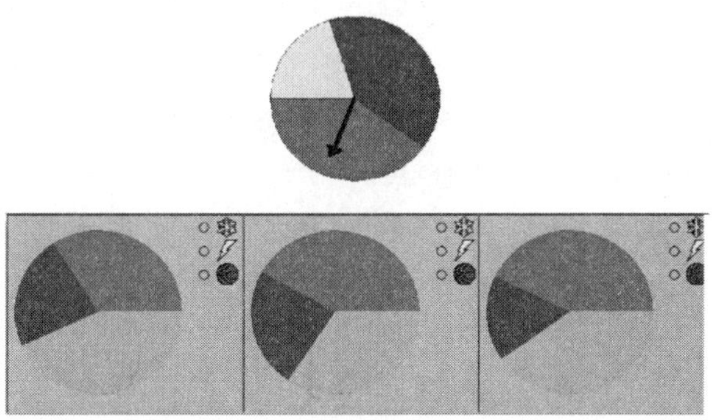

100 trials (34%:23%:43%)	50 trials (42%:24%:34%)	100 trials (43%:17%:40%)
"ok that's right"	"ah-oh, ah-oh, ah-oh…well that is pretty close….well he's right cause I see the pie graph, I agree with him."	"dang, that is soooo exact"

[그림 15-3] 시뮬레이션 결과를 파이 그래프와 백분율로 나타내어 비교하는 장면(p. 331)

마지막으로 다른 비율로 분할된 회전판을 제시하고 분할 비율을 추리하도록 하였다. 두 학생은 시행 횟수를, 가령, 770회와 같이 매우 큰 규모로 잡은 후, 이론적 비율에 매우 근접한다는 것을 확인하였다. 이는 두 학생이 자료에 기초하여 추리한다는 의미를 알고, 특히, 큰 수의 법칙에 대한 직관까지 획득하였다는 것을 시사한다.

(3) 주사위의 각 눈이 나올 가능성이 같은지에 대한 추리 과제

앞서 회전판 분할 비율에 관한 학생들의 추리 전략은 먼저 소규모로 자료를 수집하여 일차적인 가설을 만들고, 대규모 시행에 의하여 그것을 확인하는 것이었다. 이하에서는 두 학생이 이와 같은 추리 전략을 새로운 과제를 해결하기 위하여 어떻게 적용하는지를 살펴본다. 제시하는 활동은 10차시와 11차시 수업에서 관찰된 것이다. 두 학생에게 제공한 과제는 'schoolopoly'라는 제목이 붙은 것으로, 주어진 주사위가 제대로 만들어져 있는지, 곧, 여섯 개의 면이 나올 확률이 동일한지를 추리하는 것이었다. 10차시에 Brandon과 Manuel은 앞서의 수업과 마찬가지로 먼저 50회의 소규모 시뮬레이션을 실행하였고, 그 결과를 바탕으로 여섯 개의 면이 나올 확률이 동일하다는 일차 가설을 만들었다. 11차시 수업에서 Brandon은 300회의 대규모 시행을 시도하였고 그 가설이 성립되지 않는다는 추리를 하게 되었다. Manuel은 Brandon이 제시한 추리에 동의하지 않았다. 이에 Brandon은 600회, 650회, 1300회, 1500회로 시행 규모를 증가시키면서 그 결과를 백분율과 확률로 표현하였다. Manuel은 이 과정을 관찰하고 상호작용하면서 Brandon이 제시한 추리가 옳다는 것을 깨달았다. 실험 결과를 즉각적으로 확인할 수 있었던 것이 관찰과 상호작용에 매우 큰 도움을 주었다. 예를 들어, 다음 [그림 15-4]는 1500회 시행 결과를 나타낸 것인데, 여섯 면이 나올 가능성이 동일하지 않음을 한눈에 확인할 수 있다.

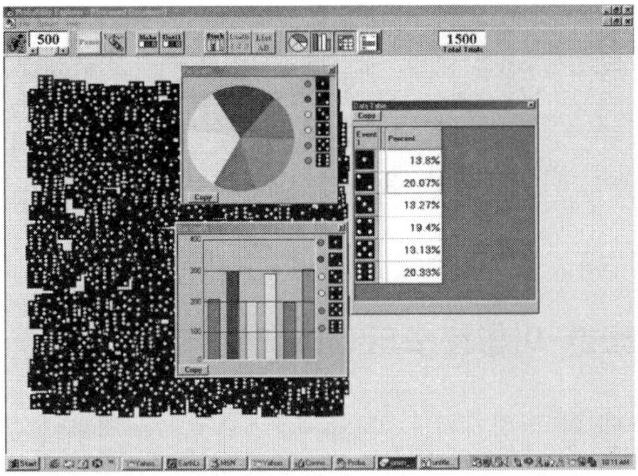

[그림 15-4] 주사위를 1500회 던져 얻은 결과(p. 333)

이번 과제를 해결하면서 두 학생은 파이 그래프, 표, 막대 그래프를 두루 그려보고, 각 면이 나올 확률을 비교하였다. 그리고는 여섯 면이 나올 확률을 모두 비교하지 않고, 5가 나올 확률과 6이 나올 확률만 비교해도 주어진 과제를 해결할 수 있음을 알게 되었다. 이 때 비교를 위한 시행 횟수는 1500회로 충분히 크게 잡았다. 두 학생은 충분히 큰 규모의 자료를 수집해야 건전한 추리와 정당화가 가능하다는 것을 분명히 인식하게 되었다.

연구 결과를 종합할 때, PE는 학생들에게 일차 가설을 세우고 대규모 자료를 수집하여 그것을 정당화하도록 유도하였음을 알 수 있다. 학생들은 PE에서 자연스럽게 다양한 횟수의 시행을 하고 그 결과를 비교할 수 있게 됨으로써, 통계적 추리에 근거한 확률적 추론의 핵심에 자료가 들어있음을 인식할 수 있었다. 뿐만 아니라, 대규모의 자료가 판단에 매우 중요한 근거로 작용한다는 것을 학습하였다. 두 학생이 PE의 여러 기능을 활용하여 추리하면서 적극적으로 상호작용 하였는데, 이를 통하여 실험적 확률과 이론적 확률 사이의 관계를 충분히 파악할 수 있었다. 결론적으로 PE는 다양한 확률 문제 상황을 탐구하고, 충분한 규모의 자료를 다양한 표현 방법에 의하여 기술하여 분석함에 있어 매우 유익한 기회를 제공하였다. 연구에 참여한 학생들이 불과 초등학교 6학년이었고, 학업 성취도가 중 수준이었다는 점을 감안하면, PE의 활용이 고난도의 통계적 추리에 근거한 확률적 추론의 지도에 얼마나 도움이 되는지를 알 수 있다. 그러나 적절한 교사의 중재 없이 PE 자체만으로 모든 학생들에게 확률과 통계 내용을 지도할 수 있는 것은 아니라는 점에 주목해야 한다. 교사는 PE가 통계적 추리에 근거한 확률적 추론의 본질을 인식하고 탐구하는 데에 어떤 점에서 그리고 어떤 단계에 적절한지를 알고 있어야 하며, 그 때에만 학생들에게 자료에 기초한 추론의 의미와 역할을 지도할 수 있다. 가령, 대규모 시행 결과를 분석한 후에 다시 소규모 시행에 의존하여 정당화를 시도한 사례에 대해서는 그 배경과 적절성에 대한 교사의 안내가 반드시 이루어져야 학습의 의미를 살릴 수 있다.

2.2 PL을 활용한 이항분포의 지도

PL은 앞서 살펴본 PE와 마찬가지로 학생들이 주도적으로 자료를 생성하고 분석하는 기회를 제공하는 공학 도구이다. PL 개발에 참여했던 Wilensky(1999)에 의하면, PL은 이론적 확률과 실험적 확률 사이의 관계를 파악하는 데에 효과적으로 활용될 수 있다. Abrahamson과 Wilensky(2005, 2007) 그리고 Abrahamson(2009)은 PL 환경에서의 학습과정과 결과의 특성을 담고 있다. 이하에서는 Abrahamson(2009)을 중심으로 PL이 확률과 통계 학습에 어떻게 활용될 수 있는지를 구체적으로 살펴본다.

Abrahamson(2009)은 학부생 또는 대학원생에게 이항분포를 지도하면서 관찰하게 되는 학생들의 추론을 기호학적인 관점에서 해석하는 데에 연구의 목표를 두었다. 또한, 설계-기반 연구(design-based research)의 방법론을 개선하는 것도 시도하였다. 설계-기반 연구는 실행-분석-수정의 과정을 반복하는 연구이다. 살펴보고자 하는 연구 역시 이 과정을 반복하는 가운데 수행된 것으로, 학부생과 대학원생 25명을 대상으로 한 것이었다. 연구를 위하여 수집한 자료는 70분 정도에 걸쳐 진행된 개별면담을 녹화한 것이었다. 학생들은 PL 환경에서 확률 실험을 하여 이항분포에 관련된 추론을 진행하고, 연구진은 그 과정을 관찰하면서 필요에 따라 질문을 하였다. Abrahamson(2009)은 Mary라는 학생을 포함하여 세 명의 사례에 주목하였다.

학생들에게 제시한 첫 번째 활동은, 수백 개의 초록색 구슬과 파란색 구슬이 같은 비율로 들어있는 상자에서 네 개를 임의 추출한 결과를 예측하고 분석하는 것이었다. 다시 말하여, [그림 15-5] a와 같은 형태의 용기로 구슬 네 개를 선택할 때 나오는 결과를 모델링하는 것이었다.[2] [그림 15-5] b는 2×2 격자 정사각형에 초록색과 파란색 구슬이 나올 수 있는 경우를 표현한 후, 그 분포를 나타낸 것이다.[3] 이는 이론적 확률에 의하여 분포를 구한 것이

2) 이 절에서는 이하 Abrahamson(2009)에서 가져온 그림은 페이지만 표시하였음.

다. 이제 PL 환경에서의 시뮬레이션을 활용하여 실험적 확률을 구하도록 한다. 그 결과를 [그림 15-5] c와 같이 히스토그램으로 표현할 수 있다. 여기까지 해결한 학생들에게 제시한 두 번째 활동은, 초록색 구슬을 뽑을 확률이 0.5보다 클 때의 분포를 예측하고 분석하도록 한 것이었다.

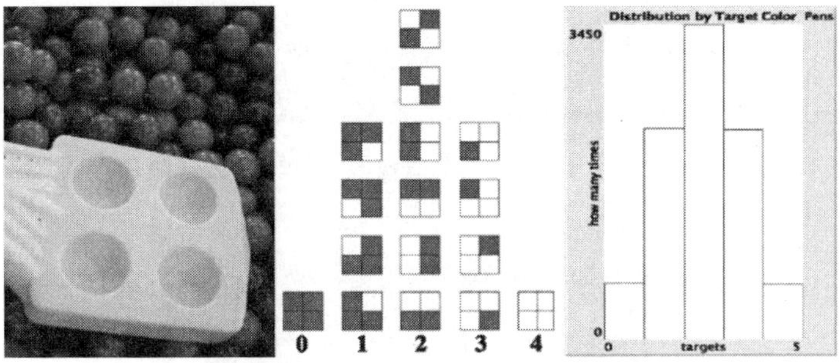

a. b. c.

[그림 15-5] 실험 도구와 실험 결과의 표현 방법(p. 32)

통계학을 전공하는 학부 4학년 학생인 Mary는 두 구슬의 비율이 같다는 것을 $p = 0.5$로 나타내어 시뮬레이션 하였고, 시행 횟수가 증가할수록 [그림 15-5] c와 같이 1 : 4 : 6 : 4 : 1의 비율로 수렴하는 분포라고 설명하였다. 이어서 $p = 0.5$보다 큰 경우에 어떤 분포가 될 것인지를 탐구한 과정이 이 연구에서 핵심적인 분석 대상이었다. Mary는 "만약 초록색이 나올 확률이 더 높다면, 히스토그램이 비대칭이 되겠지요. (히스토그램의 왼쪽 부분들을 가리키며) 여기가 작아지고, (히스토그램의 오른쪽 부분들을 가리키며) 여기는 더 커지겠죠."(p. 38)라고 예측하는 것으로 시작하였다. Mary는 [그림 15-6]과 같이 히스토그램의 오른쪽으로 손을 움직였다. 이 설명만으로는 부족하다는 것을 알아채고, 이번에는 책상 위에 있는 2×2 격자 정사각형들을 살펴보기 시작하였다. 그런 다음, [그림 15-7]과 같이 왼쪽에 있던 카드들을 오른쪽 카드 위로 옮겼다. 오른쪽 위에 있는 카드는 왼쪽으로 옮겼다. 그러나 이렇게 하고도 원하는 바를 표현할 수 없었다.

3) 논문에서는 이것을 'Combinations tower'로 명명하였는데, 이를 그대로 번역하면 의미가 잘 드러나지 않아서 '2×2 격자 정사각형'으로 풀어씀.

[그림 15-6] Mary가 손으로 히스토그램의 변화를 표현하는 장면(p. 39)

[그림 15-7] 2×2 격자 정사각형을 옮기는 모습(p. 39)

Mary가 이론적 확률에 따른 2×2 격자 정사각형으로 표현한 분포를 실험적 확률에 따른 히스토그램으로 변환한 것은 매우 자연스럽게 보였다. $p=0.5$일 때 2×2 격자 정사각형으로 표현한 분포는 이론적 확률에 따른 것이면서 동시에 실험적 확률에 따른 히스토그램과 적절히 연결되어, 이론적-실험적 확률로 통합되는 도구가 되었다. 그러나 $p=0.5$가 아닐 때에는 2×2 격자 정사각형으로 표현한 분포와 PL에서의 시뮬레이션에 의한 분포가 자연스럽게 연결되지 않으므로 이러한 통합이 불가능하다. $p=0.5$가 아닌 경우에도 학습자가 이론적 확률과 실험적 확률을 통합하도록 촉진하는 새로운 도구가 필요함을 알 수 있다. Abrahamson(2009)은 Wilensky와 2005년에 발표한 연구에서 소개한 Sample Stalagmite 모델을 수정하여 바로 이와 같은 필요를 충족시킬 수 있는 Histo-block 모델을 설계하였다. [그림 15-8]에서 알 수 있듯이, Histo-Block 모델에서는 p값을 조절하는 슬라이더, 격자 이미지 분포, 히스토그램, 결과 제시 화면을 제공한다. 이때, 구슬을 담을 수 있는 용기는 활동적 표현, 2×2 격자 정사각형으로 나타낸 분포는 영상적 표현, 히스토그램은 지시적 표현, 이항분포는 기호적 표현이고, Histo-Block 모델은 이들 표현이 각각 활용되는 동시에 통합적으로 활용될 수 있도록 한다. 기호적 표현인 $P(X=x)={}_{n}C_{x}p^{x}(1-p)^{n-x}$에 담긴 의미는 슬라이드에서 정한 p값과 격자 분포 이미지에 포함된 p값이 연동되어 표기되는 가운데 조작을 통하여 파악할 수 있도록 한다.

Abrahamson(2009)은 확률과 통계적 추론이 공간, 시간, 그리고 참여자들 사이에 존재하는 기호학적 수단을 포함하는 여러 복합적인 자원들을 어떻게 활용하고 조율하는가에 따라 다르게 수행될 수 있다는 것을 결론으로 제시하였다. 이 연구에서의 공학 활용은 자료를 생성하고 분석하는 기회를 적극적으로 제공하였다는 점에서도 의의가 있지만, 활동적 표현, 영상적 표현, 지시적 표현을 적극적으로 활용하여, 난해하고 추상적인 기호적 표현을 이해하고 의미를 형성할 수 있도록 학습 환경을 구성하였다는 점에서 확률과 통계 교육에 기여하는 바가 크다. 이 연구는 학부생을 대상으로 한 것이었지만, 우리나라의 교육과정을 고려하면 고등학생들에게 충분히 적용 가능한 접근이라고 할 수 있다.

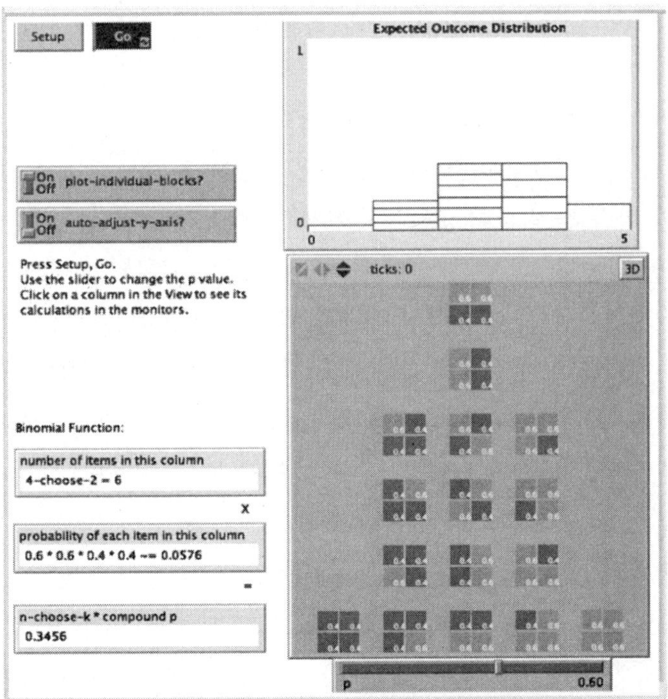

[그림 15-8] Histo-Block 모델(p. 41)

2.3 TP를 활용한 비형식적 추리의 지도

TP도 앞서 살펴본 두 공학 도구인 PE 그리고 PL과 마찬가지로, 자료를 표현하는 다양한 방법과 풍부한 확률적 추론과 통계적 추론의 기회를 제공하는 프로그램이다(Konold & Miller, 2005). 미국과 그 외의 몇몇 국가에서 초등학교 4~8학년들에게 TP를 활용하도록 하였을 때, 확률과 통계의 학습에 긍정적인 영향을 미친다는 것을 확인하였다(Chance et al., 2007). 이하에서는 Ben-Zvi, Gil 그리고 Apel(2007)의 연구를 중심으로 TP를 활용한 확률과 통계 교육에 대하여 살펴본다.

Ben-Zvi 외(2007)의 연구는 2005년부터 2007년까지 3년간 진행된 종단연구 과제 중 마지막 해에 진행한 것을 주요 내용으로 하고 있다. 처음 연구에 참여할 때 4학년이던 학생들은 이 연구에서 6학년이 되었고, 주요 학습 내용은 표집과 모집단 추정에 대한 비형식적 논증이었다. 연구 방법은 이른바, '개발 연구'였으며, 비형식적 추리 능력을 향상시키기 위한 과제와 수업을 개발하고 적용하는 것에 목표를 두었다. 수업을 진행하기 전에 4개월 동안 과제와 수업을 설계하였다. 실제 수업은 5주 동안 주 2회에서 4회에 걸쳐 진행하였다. 연구를 위한 주요 자료는 수업을 녹화한 것이었으며, 녹화한 수업을 보면서 회고적 분석을 시도하였다.

연구를 통하여 알아보고자 했던 질문들은 다음과 같다. TP를 활용한 학습 환경에서 6학년 학생들은 어떻게 비형식적 추리를 시작하는가? 비형식적 추리 능력을 개발하고 지원함에 있어 TP를 활용한 학습 환경의 특징은 무엇인가? 비형식적 추리 능력을 개발하는 데에 도움이 되는 논증적인 활동의 특징은 무엇인가? 어떤 종류의 담론이 비형식적 추리 능력의 개발에 효과적인가? 비형식적 추리 능력의 개발과 학급의 논증적인 담론 중재에 있어 교사의 역할은 무엇인가? 이 질문들에 답하기 위하여 수업 일화를 분석하였으며, 비형식적 추리 능력에 대한 사전-사후 검사도 실시하였다. 이하에서는 수업에 참여한 25명의 학생들 중 한 조를 이루어 활동한 4명의 학생들인, Oded, Gal, Asaf, 그리고 Elad의 참여사례를 살펴본다.

(1) 임의표집의 의미 탐구

표집에 대한 기본적인 학습은 임의표집의 필요성과 의미를 이해하는 것으로 시작된다. Ben-Zvi 외(2007)의 연구에서는 Shaughnessy와 Chance(2005)에서 활용했던 과제를 도입하여 임의표집의 이해를 촉진하였다. 이 과제는 가방 속에 2cm부터 35cm까지 길이가 다양

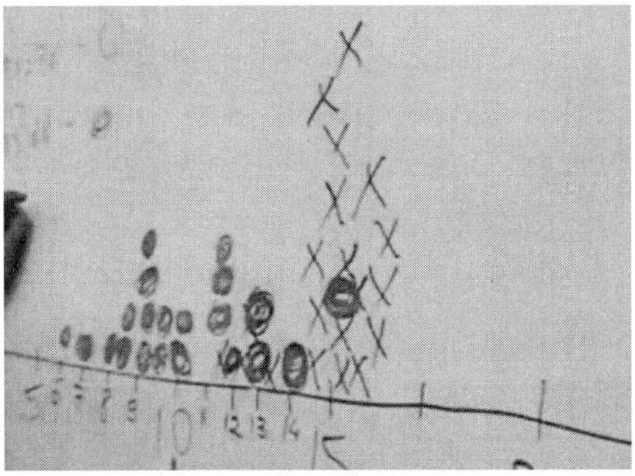

[그림 15-9] 학생들이 칠판에 그린 표집분포(p. 13)

한 25개의 끈을 넣고, 이 중 10개를 복원추출 하여 표본평균을 구한 후 이를 바탕으로 모평균을 추정하도록 하는 것이었다. 문제는 길이가 짧은 끈보다 긴 끈을 꺼낼 가능성이 높다는 것이었다. 그러므로 복원추출 결과를 이용하여 구한 평균값이 모평균보다 클 가능성이 높다. 모평균을 적절하게 추정하기 어려운 것이다. 이 상황에서 더 나은 표집 방법을 고안하는 것이 추가로 주어진 과제였다.

학생들은 길이가 다양한 끈 때문에 문제가 생겼음을 인식하고, 실제로 길이가 다양한 끈을 집어넣는 대신, 다양한 끈의 길이가 적힌 동일한 크기의 종이를 모자에 넣고 표집하는 것으로 바꾸었다. 학생들은 모평균의 추정을 위해서는 적절한 방법으로 임의표집을 해야 한다는 것을 인식하였으며, 그 방법도 아주 간단하게 찾아낸 것이다. 다음 [그림 15-9]와 같이, 길이가 다양한 끈을 사용했을 때 주로 길이가 긴 끈을 뽑게 된다는 것, 동일한 크기의 종이에 길이를 기록하여 표집하면 적절한 분포를 얻을 수 있다는 것을 표현하기도 하였다.[4)]

임의표집은 모평균을 추정함에 있어 전제되어야 하는 기본 조건이다. 임의표집을 하지 않는다면 그것을 바탕으로 한 모평균의 추정이 의미를 가질 수 없는 것이다. 위의 과제는 임의표집의 중요성과 필요성을 자연스럽게 인식하도록 하는 매우 효과적인 것으로 보인다. 앞으로 진행하는 TP 환경에서의 비형식적 추리 활동과 적절하게 연결된다는 점에서도 매우 좋은 과제이다.

4) 그림에서 X를 사용하여 표현한 것은 길이가 다양한 끈을 사용했을 때의 분포이며, ○는 동일한 크기의 종이에 길이를 기록했을 때의 분포를 나타낸다. 이 절에서 이하 Ben-Zvi 외(2007)에서 가져온 그림은 페이지만 표시하였음

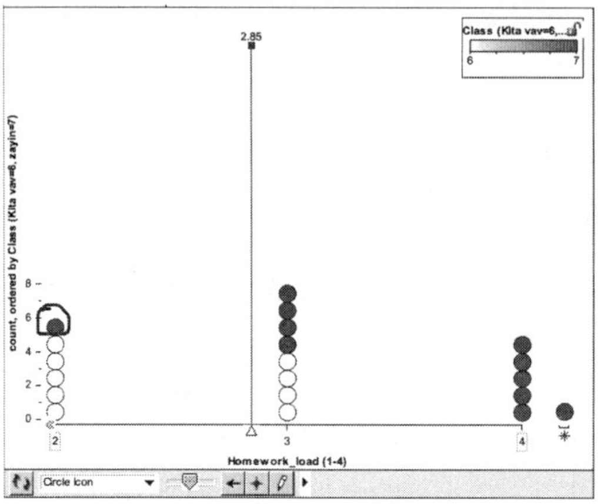

[그림 15-10] 숙제에 대한 부담감을 추정하기 위하여 학년별로 10명씩 표집한 첫 번째 시뮬레이션의 결과($n=20$)(p. 14)

(2) 숙제에 대한 부담감 관련 추리

이어서 본격적으로 TP 환경에서의 학습이 시작되었고, 학습 내용은 임의표집 결과를 바탕으로 모집단에 대하여 추론하는 것이었다. 자료는 학생들에게 친숙한 주제, 가령, 숙제에 대한 부담감, 멀리뛰기 기록, 좋아하는 운동 등을 연구에 참여한 학생들을 포함한 6학년생 88명 그리고 7학년생 118명에게 조사하여 얻은 것이었다. 사전에 조사를 실시하여 학생들이 활용할 TP 프로그램에 미리 넣어 놓고 수업 중에 활용하도록 하였다. 수업 중에 학생들은 시뮬레이션을 통하여 표집을 실행하고, 모집단에 대하여 추론하였다. 예를 들어, Oded, Elad, 그리고 Asaf는 숙제에 대한 부담감을 알아보기 위한 시뮬레이션을 다음과 같이 진행하였다. 먼저 학년별로 10명씩, 총 20명을 표집하는 시뮬레이션을 실행하고, 그 결과를 [그림 15-10]과 같이 나타내었다. 그림에서 6학년 학생들의 자료는 흰색으로 그리고 7학년 학생들의 자료는 회색(원래 그림에서는 분홍색)으로 표시되어 있다. 학생들은 6학년 학생들보다 7학년 학생들이 숙제에 대한 부담감을 더 많이 느낀다고 분석하였다. 이어서 표본의 크기를 30으로 하여 다시 시뮬레이션 한 결과를 [그림 15-11]과 같이 나타내었다. 자료는 바뀌었지만 대체로 마찬가지 결론을 낼 수 있었다.

학생들이 모집단에 대하여 결론을 내렸을 때, 그것을 얼마나 믿을 수 있는지 그리고 시뮬레이션 하여 얻은 표본이 얼마나 모집단을 대표한다고 생각하는지를 질문해 보았다. 이에 Asaf는 "이 표본은 모집단을 대표하는 것 같아요. 그런데 표본에 상관없이 6학년보다 7학년

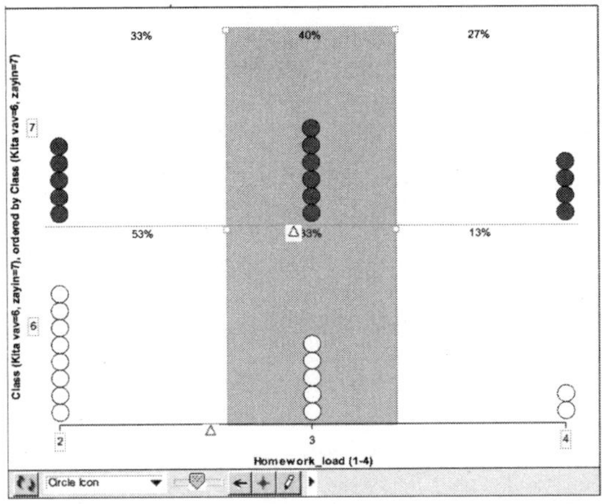

[그림 15-11] 학년별로 15명씩 표집한 두 번째 시뮬레이션의 결과($n=30$)를 학년별로 구분하여 나타낸 모습(p. 15)

이 숙제에 대하여 더 부담을 느낀다고 생각하는 것이 합리적으로 보입니다."(p. 15)라고 답하였다. 표본을 추출하여 모집단에 대하여 추론하기보다는 상식적으로 생각하는 단계에 머물러 있는 것이다. 만약 추론한 것이 맞지 않는다면 왜 그렇겠느냐고 질문하자, Asaf는 표본을 잘못 선택해서 그럴 것이라고 답하였다. Elad는 전체 학생들을 대상으로 조사한 결과를 직접 보면 된다고 말하는 등 질문의 요지를 파악하지 못하는 모습을 보였다. 임의로 표집하기만 하면 무방하다고 주장하기도 하였고, 단지 학년당 20명쯤으로 표본의 크기를 키우면 될 것이라고 답하기도 하였다. 표본을 계속 합해나가면 될 것이라는 주장도 제기되었다. [그림 15-11]과 같이 학년을 구분해서 파악하면 된다는 주장도 있었다. 학생들이 아직 표본을 조사하고 모집단에 대하여 추론을 한다는 의미를 정확히 파악하지는 못하고 있음을 알 수 있다.

(3) 멀리뛰기 기록과 관련된 추리

이번에는 Oded, Elad, 그리고 Asaf가 멀리뛰기 기록을 시뮬레이션에 의하여 추정하는 과정을 살펴본다. 앞서 살펴본 탐구에서 얻어낸 결론, 곧, 6학년 학생들보다 7학년 학생들이 숙제에 대하여 더 많은 부담감을 가지고 있다는 것이 너무 자명했기 때문에, 더 도전적이고 흥미로운 주제를 탐구하기로 하였다. Asaf는 멀리뛰기 기록을 살펴보자고 제안하였고, Elad는 좋아하는 운동도 함께 살펴보자고 하였다. 두 종류의 자료 사이의 관계를 살펴본다는 것은 추론 수준이 한 단계 상승한 것으로 볼 수 있다. 더욱이 학생이 자발적으로 이런 제안에 도달하였다는 점이 인상적이다. 세 학생 중 Oded는 적극적으로 동의하지 않았지만 탐구는 이어졌다. 먼저 20명의 표본을 택한 결과를 [그림 15-12]와 같이 두 자료를 구분하여 나타내었다.[5] 다음은 이 그래프를 보고 나누는 학생들의 대화 일부이다.

12 Elad: [그래프를 보며] 여기서 알 수 있는 것이 무엇이지?

13 Asaf: 잠깐만, 잠깐만, 재밌는 것을 발견했어. 6학년 기록이 비교하면 더 낮아.

14 Elad: 왜?

15 Asaf: 더 가운데에 몰려 있잖아...

16 Elad: 평균적으로 높잖아. 평균 표시를 해보자. [그래프에 평균을 표시한다.]

17 Oded: 6학년 평균이 7학년 평균보다 더 높아.

18 Asaf: 어떻게 그럴 수가 있어? 말이 안 되잖아.

19 Asaf: 여학생들을 많이 선택해서 그런가보다...

20 Asaf: 성별로 나눠서, 남학생과 여학생 수를 구해 보자. (p. 17)

결국 성별로 구분하여 [그림 15-13]과 같이 나타내어보니 6학년 학생의 경우, 7명 중 여학생은 1명뿐이었다. 7학년의 경우, 9명 중 여학생은 4명이었는데, 여학생들의 기록이 대부분 평균 이하라는 것을 확인할 수 있다.[6] 멀리뛰기 기록과 같은 운동의 경우, 남녀의 차이가 난다는 것을 인식하고 표본추출에 주의가 필요하다는 점을 알아낸 것이다. 학생들은 이 문제를 해결하려면 단지 임의표집이 아니라 표본의 크기가 충분히 커야 한다는 점을 인식하였다.

5) 그림에서 운동 종류를 색으로, 가령, 야구는 파란색, 춤은 보라색으로 구분하여 표시하였다. 색 구분을 바탕으로 자료를 좀 더 이해하려면 원 논문을 참고하기 바란다.

6) 그림에서 여학생은 보라색, 남학생은 노란색으로 구분하여 표시하였다. 색 구분을 바탕으로 자료를 좀 더 이해하려면 원 논문을 참고하기 바란다.

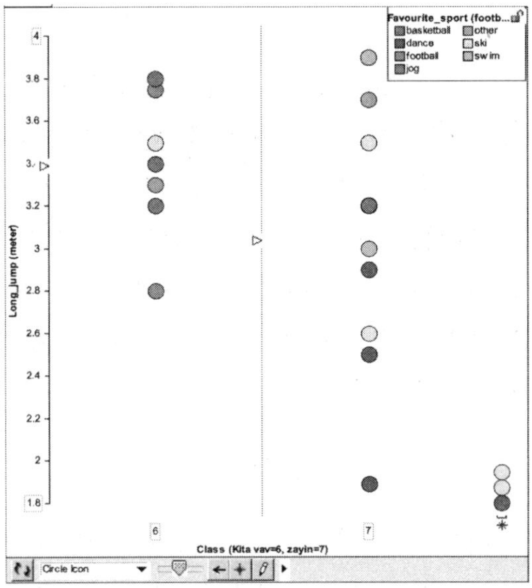

[그림 15-12] 멀리뛰기 기록과 좋아하는 운동을 나타낸 그래프($n=20$)(p. 19)

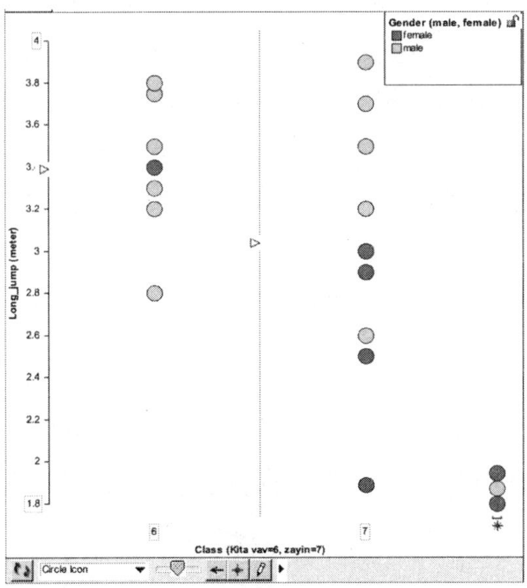

[그림 15-13] 자료를 성별로 나타낸 그래프(p. 20)

(4) 반성적 토론

이 연구에서는 학생들이 조별로 활동하고 그 결과를 종합하여 발표하도록 하고 있는데, 이 때 반성적 사고의 기회가 제공된다. 시뮬레이션에 의하여 표본추출을 하고 그 결과에 근거하여 모집단에 대하여 추론한다는 것이 어떤 의미인가에 대하여 심층적인 토론이 이루어졌다. Oded, Elad, 그리고 Asaf는 계속해서 상식적으로 생각하면 6학년보다 7학년 학생들이 멀리뛰기를 더 잘할 것 같은데, 시뮬레이션 결과가 반대로 나오는 것에 의문을 품었다. 그리하여 점프를 하게 되는 운동, 가령, 농구와 체조를 좋아하는 것과 멀리뛰기 기록이 서로 관련이 있을 것으로 예측하고 시뮬레이션으로 확인해 보기도 하였다. 이로부터 6학년 학생들의 신체 조건이 7학년 학생보다 좋기 때문에 또는 6학년 학생들이 멀리뛰기에 도움이 되는 운동을 즐겨하기 때문에 등, 나름의 근거를 찾아 제시하였다. 최종적으로 실제 모집단에 대한 전수조사 자료를 확인하여 자신들의 추리가 정당했는지를 확인하였다. 전수조사 자료는 [그림 15-14]와 같이 나타낼 수 있으며, 실제로 6학년 학생들이 7학년 학생들보다 멀리뛰기 기록이 좋다는 것을 알 수 있다. 학생들은 두 학년 학생들의 멀리뛰기 기록 평균의 차이가 미미하기 때문에 표본이 어떻게 선택되는가에 따라 다른 결과가 나올 수도 있음을 알 수 있었다. 남학생과 여학생의 수를 동일하게 맞추어 표집하는 것이 적절하다는 점도 확인하였다. 시뮬레이션에 의하여 결과를 확인하는 것으로 끝나지 않고 모집단에 대한 전수조사 자료까지 확인하여 시뮬레이션의 적절성과 개선점에 대하여 논의한 것은 학생들의 확률적 사고와 통계적 사고의 함양에 매우 큰 영향을 미친 것으로 보인다.

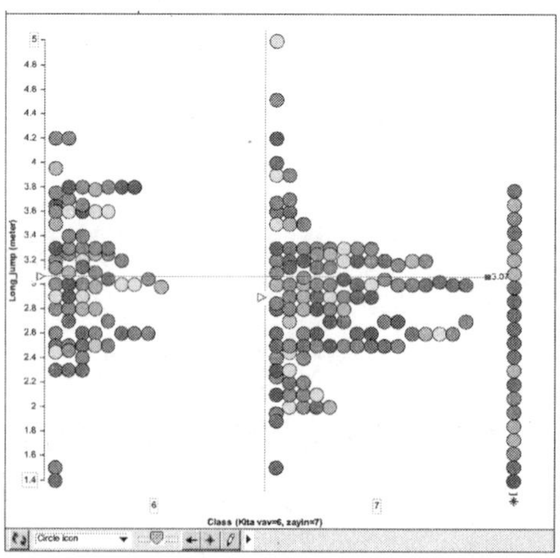

[그림 15-14] 모집단의 멀리뛰기 기록(p. 23)

이 연구에서는 확률과 통계 교육에서 공학을 적절히 활용할 때 비형식적인 추리 능력이 매우 자연스럽게 함양될 수 있음을 보여준다. 교사의 중재는 주요 개념이나 절차의 학습은 물론이고 학생들 사이의 활발한 토론을 위해서 핵심적이었다. 자유로운 탐구와 토론이 바탕이 되는 학습 환경에서, 학생들은 상식에 의한 예측과 시뮬레이션에 의한 예측을 끊임없이 시도하고 비교하며 그 이면에 작용하는 원리와 구조를 탐구할 수 있었다. 우리나라에서는 고등학교에서 이 내용을 다루므로 적절하게 설계된 공학을 활용함으로써, 이 연구에 참여한 초등학생들보다 더 높은 수준과 깊이의 통계적 추리를 지도하는 방안을 연구할 필요가 있다.

3 결론: 공학 활용의 목적과 난점

지금까지 확률과 통계 지도를 위하여 공학을 활용한 세 가지 사례, 곧, PE에 의한 확률적 추론의 지도, PL을 사용한 이항분포의 지도, TP를 사용한 비형식적 추리의 지도에 대하여 간략하게 살펴보았다. 세 가지 사례에서 확률과 통계의 지도를 위하여 공학을 활용하는 배경과 과정을 알 수 있었으며, 다음과 같은 공학 활용의 목적과 난점을 도출할 수 있었다.

세 가지 사례에서 확률과 통계를 지도함에 있어 공학을 활용하는 목적 중 첫 번째는, 교수와 학습의 초점을 추론에 두기 위한 것이었다. 그 동안 많은 연구자들이 지적해 왔듯이, 확률과 통계 교육은 종종 공식과 알고리듬의 암기와 기계적인 적용에 지나치게 의존하였다(Fischbein, 1975; Freudenthal, 1973; Jones, 2006; Garfield & Ben-Zvi, 2008). 공학을 활용함으로써 이 문제를 해결하고자 하는 것이 세 가지 사례에 공통으로 담겨 있다. 먼저 Stohl과 Tarr(2002)에서는 PE 환경을 도입함으로써, 학생들로 하여금 확률을 계산하는 공식을 암기하고 연습하는 대신 풍부한 확률적 추론을 경험하도록 하였다. 특히, 큰 수의 법칙을 형식적인 언어로 학습하기 이전에, 학생 스스로 확률 실험을 실행하는 과정에서 그 의미와 중요성을 파악하는 기회를 제공하였다. 이는 일찍이 확률과 통계 교육에서 공학 활용의 필요성을 강력하게 주장했던 Biehler(1991)의 제안이 구현된 것으로 볼 수 있다. 마찬가지로, Abrahamson(2009)에서는 PL 환경을 도입하여 이항분포에 관련된 고정된 지식을 배우는 대신 활동적 표현, 영상적 표현, 지시적 표현, 기호적 표현 등을 활용하면서 추론하는 풍부한 기회를 제공하였다. Ben-Zvi, Gil 그리고 Apel(2007)에서는 TP 환경을 구축하여 확률과 통계 지식이 매우 부족한 초등학생들이 표본추출을 설계하고 실행하여 모집단에 대하여 추정하면서 통계적 추리 능력을 함양할 수 있었다. 이와 같이 추론의 지도에 초점을 두기 위하여 공학을 활용하는 것은, 학교수학의 모든 영역에서 공학을 활용하는 공통적인 목적이다(류희찬, 2004; 나귀수, 2000; 고상숙, 2003; 권성룡 외, 2012; NCTM, 2008; Drijvers et al., 2010).

확률과 통계 영역에서 공학을 활용하는 두 번째 목적은, 자료의 생성, 기술 또는 표현, 분석의 용이성과 효율성, 다양성을 지원하는 것이다. 이는 확률과 통계 영역 고유의 특성이 반영된 목적이다. 확률과 통계가 학문으로 발전하는 동안에 자료는 중심적인 역할을 하였기 때문에, 교육의 맥락에서도 자료는 중요하게 고려해야 할 대상이다. 그러나 자료를 수집하거나 표현하고 분석하는 과정은 매우 복잡하거나 번거롭기 때문에, 공학을 활용하지 않으면 수행할 수 없거나 약화하여 다루게 된다. 전통적인 확률과 통계 교육의 문제는 이렇게 자료 관련 논의를 약화한 것에 기인하는 면이 있다. 앞서 살펴본 세 가지 사례에서는, 학생 스스로 어떤 자료를 왜 그리고 어떻게 얻을 것인지를 고민하고 선택하며, 자료를 얻은 이후에는 예측한 바와 비교하여 일련의 과정을 반성적으로 분석하게 하고 있다. 더욱이 자료 생성 결과를 다양한 방식으로 쉽게 표현하고 다양한 표현으로 다시 변형하는 기회도 제공하고 있다. 이로부터 학생은 낱낱의 자료가 아니라 집단적인 자료의 경향과 속성으로 관심을 옮길 수 있으며, 자료의 이면에 감추어진 패턴과 구조를 인식하는 데에 주목할 수 있고, 결국 확률적 사고와 통계적 사고 고유의 특성인 비결정성을 이해하는 기회를 얻게 된다(Bakker, 2004; 이종학, 김원경, 2011). PE, PL, 그리고 TP 모두 이러한 목적을 구현하는 데에 적합한 것으로 보이며, 복잡한 명령어와 프로그래밍을 요구하지 않기 때문에 활용의 용이성 면에서도 매우 적절하였다.

확률과 통계 영역에서 공학을 활용하는 세 번째 목적은, 학생 참여의 활성화와 다양화를 추구하기 위함이다. 학생 참여의 활성화와 다양화를 위해서는 다양한 학업성취와 성향, 배경을 가지고 있는 학생들이 각자의 수준과 위치에서 접근할 수 있는 기회를 제공해야 한다. 고도의 계산력이나 선행지식을 바탕으로 해야만 다룰 수 있는 과제라면 대부분의 학생들이 참여하기 어려울 것이다. 정해진 방법에 의해서만 해결할 수 있는 과제를 제시한다면 다양한 탐구를 촉진하지 않을 것이다. 공학을 활용한다면 계산력이나 선행지식을 가지고 있지 않은 학생들도 참여하도록 할 수 있다는 것을 Stohl과 Tarr(2002)에서 확인한 바 있다. 만약 가방 속에 들어있는 10개의 구슬들, 회전판의 분할 비율에 대한 추리를 PE 환경이 아니라 지필 환경에서 해야 했다면 매우 제한된 학생들만 참여했을 것이다. Abrahamson(2009)에서는 이항분포를 활동적, 영상적, 기호적 표현으로 나타내어 다룰 수 있도록 Histo-block 모델까지 PL 환경에 포함시켜 제공하였다. 학생들은 이 모델 덕분에 이항분포의 활동적 표현과 기호적 표현 사이를 중재하는 적절한 이미지를 형성하여 활용할 수 있었다. Ben-Zvi 외(2007)에서는 공학 활용이 얼마나 학생들 사이의 활발한 토론을 자극하고 유의미한 논거를 도출하도록 하였는지를 확인하였다. 예를 들어, 6학년 학생들보다 7학년 학생들의 멀리뛰기 기록이 좋을 것이라는 상식적인 예측이 들어맞지 않아서 당황스러워하는 장면이 있었다. 공학을 활용할 수 없었다면 이 장면에서 적절한 해결책을 찾아내기 어려웠을 것이다. 연구에 참여한 학생들은 좋아하는 운동과의 관계 또는 표본을 추출할 때 남녀 구분을 해야 하는지 여부 등으로 논의를 확장하면서, 적극적으로 탐구하여 결국 통계적인 추리를 완성할 수 있었다. 이는 수학 학습을 위하여 공학을 '도구화'할 수 있는 능력으로, 확률과 통계 영역에서 학습자 중심 수업 또는 자기주도적 학습을 구현함에 있어 중대한 토대이다(Drijvers et al., 2010; Hoyles & Lagrange, 2010; Chance et al., 2007; Biehler et al., 2013).

확률과 통계 영역에서 공학을 활용할 때 부딪히는 난점으로는 첫째, 의도 또는 의미를 모르는 채로 공학 도구만 이리 저리 사용하는 학생에게 별도의 조치가 필요한데, 이 조치의 성격과 내용, 방법을 결정하기가 어렵다는 것을 들 수 있다. 예를 들어, 앞서 살펴본 사례 중 Stohl과 Tarr(2002)에서 Brandon이 가방에 빨간색, 검은색, 파란색 구슬을 각각 4개씩 넣고, 자신의 짝인 Manuel에게는 이 조건을 말하지 않고 공학 도구를 활용하여 추리하도록 하였다. Manuel은 500회의 시행을 하여 가방 안에 빨간색, 검은색, 파란색의 구슬만 있다는 것을 추리하였다. 이것은 충분한 시행에 근거한 추리이므로 적절하다. 그런데 막상 세 종류의 구슬이 각각 몇 개씩 들어있는지를 알아보기 위한 시뮬레이션을 하면서부터는, 충분한 횟수의 시행을 하지도 않았고 결과를 적절히 해석해내지도 못하였다. 이때, 횟수를 늘리라고 말하거나 결과 해석의 직접적인 관점을 제시해준다면 적절한 중재라고 볼 수 없다. 공학을 활용할 때에는 이와 같은 일이 수시로 그리고 동시다발적으로 다양한 학생에게서 나타나는데, 워낙 빠르게 상황이 전개되기 때문에 교사 혼자 감당하기에는 벅찬 면이 있다.

두 번째로 생각할 수 있는 난점은, 지필환경 또는 공학을 활용하지 않는 환경에서의 학습과 공학환경에서의 학습이 조화를 이루도록 해야 하는데, 실제로 그 균형점을 찾거나 적절한 연결방식을 찾는 데에 어려움이 있다는 것이다. 앞서 살펴본 Ben-Zvi 외(2007)에서는 이 난점을 극복한 매우 좋은 사례를 보여주었다. 연구자들은 TP 환경을 도입하기 이전에 임의표집의 필요성과 의미를 파악하는 다음 활동을 하도록 하였다. 가방 속에 2cm부터 35cm까지 길이가 다양한 25개의 끈을 넣고, 이 중 10개를 복원추출 하여 표본평균을 구한 후 이를 바탕으로 모평균을 추정하도록 하는 것이었다. 학생들은 이 상황에서 길이가 짧은 끈보다 긴 끈을 꺼낼 가능성이 높고, 결국 복원추출로 모평균을 적절하게 추정하기 어렵다는 것을 쉽게 파악할 수 있었다. 공학을 활용하면 이런 문제는 발생하지 않는다. 공학 자체가 이런 문제를 모두 고려하여 설계된 것이기 때문이다. 만약 공학을 활용하는 것으로 곧바로 진행한다면, 임의표집의 의미에 대하여 얼마나 주목하고 이해할 수 있을지 의문이다. 연구진에서는 임의표집의 의미를 진지하게 다룬 후에, 그 의미를 적절히 고려한 환경으로서 TP를 경험하도록 하고 있다. 다시 말하여, 학생들은 시뮬레이션을 시행하여 확률적 사고 그리고 통계적 사고를 하는 바탕에 임의표집이라는 전제조건이 들어있다는 것을 인식하는 기회를 얻고 있다. 이처럼 공학은 단지 계산과 표현의 편리성 때문이 아니라 기본적으로 전제되는 중요한 개념과 조건들을 고려하는 환경으로서 인식될 수 있어야 적절한 추론의 도구가 될 수 있다. 무조건 공학을 활용한 환경이 최선은 아니며, 필요에 따라 공학을 활용하지 않은 환경에서의 학습과 적절하게 연결해야 하는 이유가 바로 이것이다.

세 번째 난점은, 공학을 활용하여 확률과 통계를 학습하는 것에서 공학 자체를 학습하는 것으로 초점이 이동될 수 있다는 것이다(Biehler et al., 2013). 앞서 살펴본 세 가지 사례에서는 학생들이 공학 자체를 배우는 것에서 벗어나 확률과 통계의 학습에 치중하는 모습을 보여주었다. 이는 PE, PL, TP가 학생-친화적인 성격을 띠고 있기 때문에 가능했던 것으로 보인다. 다시 말하여, 확률적 추론과 통계적 추론에 필요한 자료를 수집하거나 표현하고 분석하는 데 필요한 다양한 기능을 매우 쉽게 익혀 사용하도록 설계되어 있기 때문이다. 어떤 의도에서 어떤 시뮬레이션을 하려는 것인지를 결정하고 실행에 옮기는 과정이 효율적으로 구성되어 있다는 것이다. 확률과 통계 교육을 위한 소프트웨어를 개발하고 그 적용 효과를 분석하는 연구가 국내에서는 거의 이루어지지 않고 있다는 점은 우리나라의 확률과 통계 교육의 전망을 어둡게 하는 요인 중의 하나이다. 외국에서 개발된 소프트웨어는 우리나라의 교육과정과 언어, 사회문화적 배경에 비추어볼 때 다소간 적절하지 않은 면이 있기 때문이다.

이 글에서는 지면의 한계 때문에 세 가지 사례만으로 확률과 통계 지도를 위하여 공학을 활용하는 연구의 동향을 알아보았다. 그러나 이 글에 제시하지 않은 매우 많은 연구들이 있으며, 그 동안 지적되어 온 확률과 통계 교육의 많은 문제들에 대한 활발한 논의가 이루어지고 있다. 이들을 심층적으로 분석함으로써 국내 연구의 수준을 한 단계 끌어올릴 필요가 있다. 무엇보다 국외연구에서 드러난 공학 활용에서의 난점을 극복하고 우리나라 실정에 적합한 공학 활용 환경, 모델, 과제, 그리고 수업 관련 연구가 활성화되기를 기대한다.

참고문헌

고상숙(2003). 수학적 탐구력 신장을 위한 테크놀로지의 활용의 효과. 수학교육 42(5), 647-672.

권성룡, 김남균, 류성림, 박성선(2012). 테크놀로지와 함께하는 수학교육. 서울: 경문사.

나귀수(2000). 수학교육에서 컴퓨터 활용에 대한 소고. 학교수학 2(1), 97-110.

류희찬(2004). 수학교육에서 탐구형 소프트웨어의 활용과 의미. 청람수학교육, 14, 1-15.

신보미, 이경화(2006). 컴퓨터 시뮬레이션을 통한 통계적 확률 지도에 대한 연구. 수학교육학연구, 16(2), 139-156.

이종학, 김원경(2011). 스프레드시트를 활용한 수업이 통계적 사고 및 태도에 미치는 효과. A-수학교육, 50(2), 185-212.

이종학(2011). 고등학교 확률·통계 영역에서 스프레드시트 활용에 대한 연구. 학교수학, 13(3), 363-384.

Abrahamson, D. (2009). Embodied design: constructing means for constructing meaning. *Educational Studies in Mathematics, 70(1)*, 27-47.

Abrahamson, D., & Wilensky, U. (2005). ProbLab goes to school: Design, teaching, and learning of probability with multi-agent interactive computer models. In *Proceedings of the fourth congress of the European Society for Research in Mathematics Education*(pp. 570-579).

Abrahamson, D., & Wilensky, U. (2007). Learning axes and bridging tools in a technology-based design for statistics. *International Journal of Computers for Mathematical Learning, 12(1)*, 23-55.

Bakker, A. (2004). *Design research in statistics education: On symbolizing and computer tools.* Utrecht, The Netherlands: CD-Beta Press.

Bakker, A., & Gravemeijer, K. P. (2004). Learning to reason about distribution. In *The challenge of developing statistical literacy, reasoning and thinking*(pp. 147-168). Springer Netherlands.

Ben-Zvi, D. (2000). Toward understanding the role of technological tools in statistical learning. *Mathematical thinking and learning, 2(1-2)*, 127-155.

Ben-Zvi, D. (2006, July). Scaffolding students' informal inference and argumentation. In *Proceedings of the Seventh International Conference on Teaching Statistics.*

Ben-Zvi, D., Gil, E., & Apel, N. (2007). What is hidden beyond the data? Young students reason and argue about some wider universe. In *Proceedings of the Fifth International Forum for Research on Statistical Reasoning,* Thinking and Literacy. Warwick, UK: University of Warwick.

Biddlecomb, B. D. (1994). Theory-based development of computer microworlds. *Journal of Research in Childhood Education, 8(2)*, 87-98.

Biehler, R. (1991). Computers in Probability Education, In Kapadia. R, & Borovcnik. M., *Chance Encounters: Probability in Education*(pp. 169-211), Kluer Academic Publishers.

Biehler, R., Ben-Zvi, D., Bakker, A., & Makar, K. (2013). Technology for enhancing statistical reasoning at the school level. In *Third international handbook of mathematics education*(pp. 643-689). Springer New York.

Chance, B., Ben-Zvi, D., Garfield, J., & Medina, E. (2007). The role of technology in improving student learning of statistics. Technology Innovations in *Statistics Education, 1(1).*

Drier, H. S. (2000a). *Children's probabilistic reasoning with a computer microworld* (Doctoral dissertation, The College of William and Mary).

Drier, H. (2000b). Children's meaning-making activity with dynamic multiple representations in a probability microworld. In *Proceedings of the 22nd annual meeting of the North American Chapter of the International Group for Psychology of Mathematics Education*(Vol. 2, pp. 691-696).

Drijvers, P., Kieran, C., Mariotti, M. A., Ainley, J., Andresen, M., Chan, Y. C., Dana-Picard, T., Gueudet, G., Kidron, I., Leung, A., & Meagher, M. (2010). Integrating technology into mathematics education: Theoretical perspectives. In C. Hoyles & J. B. Lagrange (Eds.), *Mathematics education and technology-*

Rethinking the terrain(pp. 89-132). New York: Springer.

Fischbein, E. (1975). *The Intuitive Sources of Probabilistic Thinking in Children*, Dordrecht: Reidel.

Freudenthal, H. (1973). *Mathematics as an educational task.* Springer Science & Business Media.

Garfield, J., & Ben-Zvi, D. (2008). *Developing Students' Statistical Reasoning: Connecting Research and Teaching Practice.* Dordrecht, The Netherlands: Springer.

Gil, E., & Ben-Zvi, D. (2011). Explanations and context in the emergence of students' informal inferential reasoning. *Mathematical Thinking and Learning, 13(1-2)*, 87-108.

Graue, M. E., & Walsh, D. J. (1998). *Studying children in context: Theories, methods, and ethics.* Sage Publications.

Hoyles, C., & Lagrange, J. B. (2010). (Eds.), *Mathematics education and technology-Rethinking the terrain.* New York: Springer.

Jones, G. A. (2006). *Exploring probability in school: Challenges for teaching and learning.* New York: Springer.

Konold, C., & Miller, C. D. (2005). *TinkerPlots: Dynamic data exploration. Computer software Emeryville*, CA: Key Curriculum Press.

Land, S. M., & Hannafin, M. J. (1996). A conceptual framework for the development of theories-in-action with open-ended learning environments. *Educational Technology Research and Development, 44(3)*, 37-53.

Makar, K., Bakker, A., & Ben-Zvi, D. (2011). The reasoning behind informal statistical inference. *Mathematical Thinking and Learning, 13(1-2)*, 152-173.

NCTM(2007). 학교수학을 위한 원리와 규준. 류희찬, 조완영, 이경화, 나귀수, 김남균, 방정숙(역). 서울: 경문사. (영어 원작은 2000년 출판).

NCTM(2008). The role of technology in the teaching and learning of mathematics. *NCTM News Blletin, 44(9)*, 1-12.

Noll, J., & Hancock, S. (2015). Proper and paradigmatic metonymy as a lens for characterizing student conceptions of distributions and sampling. *Educational Studies in Mathematics, 88(3)*, 361-383.

Prodromou, T. (2014). Developing a Modelling Approach to Probability Using Computer-Based Simulations. In *Probabilistic Thinking*(pp. 417-439). Springer Netherlands.

Shaughnessy, M., Chance, B. L., & Cobb, G. (2005). *Statistical questions from the classroom.* National Council of Teachers of Mathematics.

Stake, R. E. (1995). *The art of case study research.* Sage.

Stohl, H., & Tarr, J. E. (2002). Developing notions of inference using probability simulation tools. *The Journal of Mathematical Behavior, 21(3)*, 319-337.

Wild, C. (2006). The concept of distribution. *Statistics Education Research Journal, 5(2)*, 10-26.

Wilensky, U. (1999).NetLogo. Northwestern University, Evanston, *IL: The Center for Connected Learning and Computer-Based Modeling.* Retrieved Jan. 1, 2008, fromhttp://ccl.northwestern.edu/netlogo/.

16장

통계적 사고 및 태도의 향상을 위한 스프레드시트 활용 통계 수업

대구교육대학교 이종학
(mathro@hanmail.net)

1 통계 교육에서 공학적 도구의 활용

통계학은 불확실한 자연 및 사회 현상에서 추출한 자료를 실제적으로 정리하고 처리하여 합리적인 의사결정을 내리는 학문으로, 우리가 살고 있는 세상을 이해하는 열쇠라고 불리기에 충분할 만큼 실생활뿐만 아니라 여타 학문 분야에서도 많이 활용되고 있다. 그렇지만 자료의 정리와 처리를 고유한 영역으로 하는 통계학에서 취급하는 자료는 단순한 수가 아니라 변이성과 문맥을 가진 값이기 때문에 통계학은 수학과는 다른 형태의 통계적 능력의 함양을 필요로 하고 또한 요구하며, 따라서 학교에서 이루어지는 통계 교육은 학생들에게 수학적 능력과는 다른 모습을 지닌 통계적 태도와 사고를 함양하는 데 중점을 두는 방향으로 변화되어야 한다.

NCTM(2000)은 모든 학생들이 교양을 갖춘 시민과 지혜로운 소비자가 되기 위해서는 자료를 수집하여 조직하고, 표나 그래프로 나타내어 분석하고, 자료에 근거한 추론과 예측을 하고, 평가를 할 수 있도록 일상적인 경험과 연결되는 학습 기회를 제공해야 한다고 말하고, Cobb와 Moore(1997)는 학교의 통계 교육이 수학적 이론보다는 자료에 주목하는 방향으로, 더불어 자료 분석을 위한 학습 활동과 시뮬레이션 활동을 강조하는 방향으로 변화되어야 한다고 주장한다. 그러나 우리의 통계 교육은 문제 해결이나 실세계를 이해하기 위한 도구로

이 장은 이종학, 김원경(2011)과 이종학(2011a, 2011b)을 수정·정리한 내용임.

서 통계를 가르치는 것이 아니라 인위적인 자료를 기계적으로 처리하거나, 자료를 직접 다루는 경험보다는 공식과 계산 법칙에 치중하기 때문에 학생들은 학교에서 배운 통계 지식을 실생활에 제대로 활용하지 못하는 현상이 반복되고 있다는 주장이 있다. 이와 관련하여 우정호(2000)는 우리나라 통계 교육의 문제점을 다음과 같이 직접적으로 언급하고 있다.

> 지금까지 통계 지도는 대체로 주어진 자료를 소재로 통계적 지식과 통계 기법 전달 중심의 지도가 되었으며 구체적인 문제 상황을 통한 지도가 이뤄지지 못함으로써 통계적 사고의 힘과 본질을 보여주지 못했다.

우정호(2000)의 주장과 같이 통계적 지식과 통계 기법 전달 중심의 통계 지도는 학생들에게 수집한 자료의 옳고 그름을 판단하는 능력, 수집하고 정리한 자료를 바탕으로 하여 귀납적이고 연역적으로 추론하는 능력, 추론한 결과에 따라 상황을 논리적으로 판단하고 합리적으로 의사결정 및 소통하는 능력 등을 길러 주는 데 한계가 있을 것이다.

Kutzler(2003)는 학습에서 학생들이 당황하는 이유는 실제로 해볼 수 있는 실험 활동이 부족한 것과 관련이 있다고 진단하면서, 수학 교실에서 폭넓고 다양한 실험 활동을 실제로 수행해야 한다고 말한다. 이와 관련하여 NCTM(2000)은 확률·통계 영역에서 학생들이 다양한 실험 활동을 할 수 있는 기반을 제공하기 위해서는 컴퓨터를 활용한 확률·통계 교육이 요구된다고 하였다. 컴퓨터를 활용한 실험 활동은 수학이 지닌 연역적이고 형식적인 형태를 경험적이고 귀납적인 형태로 바꾸고, 역동적이고 발견적인 수학의 한 측면을 부각시킬 수 있다는 점 때문에 수학 교육에서 적극적으로 권장되고 있다. 특히, 확률·통계를 학습할 때, 학생들이 통계적 지식을 발견하고 추측하며 탐구하고 정당화할 수 있기 위해서는 다양한 형태의 표, 차트, 그래프와 함께 복잡한 계산을 필요로 하는데, 이와 같은 기능을 제공하는 적절한 교수학적 도구 중의 하나가 스프레드시트이다.

스프레드시트는 반복적이고 재귀적인 계산을 자동화할 수 있고, 계산의 결과를 시각화하여 전체적인 맥락을 쉽게 파악할 수 있으며, 표와 그래프를 통해 자료의 세세한 변화 여부를 효과적으로 탐구할 수 있는 공학적 도구이다. 학생들은 스프레드시트를 활용하면서 복잡한 계산에 얽매이지 않으면서 수학적 활동을 수행하고 수학화를 경험할 수 있기 때문에 확률·통계의 교수·학습 상황에서 좀 더 외연을 확장한 다양한 형태의 교수·학습 과정을 수행할 수 있고(Maxara & Biehler, 2006), 기존의 지필 환경보다 교수학적 상황이 내재된 확률·통계적 개념과 지식을 깊게 이해하고 폭넓게 탐구할 수 있기 때문에 학생들의 통계적 사고와 태도의 향상을 도모할 수 있다(문소영, 2005; 손홍찬, 2006).

이에 본 장에서는 통계 교육에서 추구하는 통계적 능력의 일환으로 통계적 사고 및 통계적 추론, 그리고 통계적 태도에 대해서 간단하게 살펴보고, 이러한 통계적 능력들의 함양을 위한 효과적인 공학 도구로서 스프레드시트가 가지는 장점에 대해서 논해 보고자 한다.

2 통계적 사고와 통계적 추론, 통계적 태도

2.1 통계적 사고와 통계적 추론

통계 교육은 통계적 사고의 핵심을 이해하고 함양시키는 방향으로 이루어져야 하며, 통계적 사고를 신장하기 위해서는 학생들이 우리 주변의 상황에는 변이성이 항상 존재함을 이해하고 적절한 통계적 도구를 통해 변이성을 측정하고 고려하여 합리적인 결론을 이끌어낼 수 있도록 지도되어야 한다. 이와 관련하여 Hogg(1992)는 학교에서 이루어지는 통계 교육의 목표를 다음과 같이 제시하고 있다.

첫째, 학교 통계 교육에서는 통계적 사고를 이루는 요소들을 강조해야 한다. 또한, 학교 통계 교육에서 강조해야 할 통계적 사고의 요소로는 자료의 필요성, 자료 산출의 중요성, 변이성의 편재, 변이성의 측정과 모델링 등이 있다.

둘째, 학교 통계 교육에서는 실제 자료를 사용하되 복잡한 계산은 주로 컴퓨터를 활용하고, 공식의 유도보다는 통계적 개념을 습득하도록 하여야 한다. 통계 교육에서 사용하는 인위적인 예는 패턴과 문맥 사이의 상호작용을 제공하지 못하기 때문에 효과가 없다.

셋째, 학교 통계 교육에서는 활동을 통한 학습이 수행되어야 한다. 학습 과정은 학생들이 문제를 해결하고 토의를 할 수 있도록 개인 또는 집단 별로 프로젝트를 수행하는 방향으로 이루어져야 한다.

그렇다면 통계 교육의 주요한 목표인 통계적 사고란 무엇인가와 관련하여 Ben-Zvi와 Garfield(2004)는 통계적 사고를 다음과 같이 정의하고 있다.

> 통계적 사고는 통계 조사가 수행되는 이유와 방법을 알고, 조사 과정에서 나타나는 변이성의 편재, 자료에 대한 요약, 시각적인 표현과 같은 자료 분석 과정을 이해하는 것이다. 또 표본 추출을 어떻게 하는지, 그로부터 어떻게 추론하는지, 인과 관계를 설명하기 위해 실험 설계가 왜 필요한지를 이해하는 것을 포함한다. 즉, 통계적 사고는 조사를 계획하여 결론을 내고, 자료 수집에서 문제를 제기하고, 가설을 검정하여 해석하는 일련의 과정을 이해하는 것을 포함한다.

또한, Pfannkuch와 Wild(2004)는 통계적 사고의 기본이 되는 사고 유형을 '자료의 필요성 인식하기', '표현의 변형', '변이성 고려하기', '통계적 추론하기', '통계적 상황과 맥락적인 상황을 통합하기'의 5가지로 나누었다.

첫 번째, 자료의 필요성 인식하기와 관련하여 자료가 왜 필요한지 인식하지 못하면 통계 조사 자체가 의미가 없어지고 결국엔 통계적 사고를 경험하지 못하게 된다. 따라서, 통계 교육에서는 기본적으로 자료의 필요성을 인식하여 실제 상황에서 적절한 자료를 수집하여 분석하는 것이 요구된다.

두 번째, 표현의 변형은 실제 상황의 속성이나 특징을 나타내는 수단을 발견하고, 수집된 원 자료를 정리한 후 그 특성을 시각적으로 나타내는 것이다. 따라서, 표현의 변형은 실제 상황의 관점에서 다루어져야 본연의 의미가 잘 전달될 수 있다.

세 번째, 변이성 고려하기와 관련하여 자료의 변이성을 인식하지 못하면 자료가 어떤 특성을 가지고 있는지 파악하지 못하고 적절한 예측을 할 수 없게 된다. 따라서, 수집된 자료에서 논리적인 판단을 이끌어 내기 위해서는 자료의 처리 과정에서 어떤 변이가 생기고, 설명되지 않는 변이에 의하여 불확실성이 어떻게 나타나는지에 대한 이해가 선행되어야 한다. 또한, 변이성의 특성을 파악하고 패턴을 찾은 다음, 이 패턴을 상황과 관련하여 이해하도록 해야 한다.

네 번째, 통계적 추론하기와 관련하여 자료와 통계 모델 사이에는 상호작용이 필요하다. 즉, 통계 모델을 통하여 모집단 분포와 표본분포 사이의 관련성을 파악하고 표본평균, 표본분산, 신뢰구간 등을 읽고 해석하며 추론할 수 있어야 한다.

다섯 번째, 통계적 상황과 맥락적인 상황을 통합하기와 관련하여 통계적 지식과 실제 지식을 통합하는 일은 통계적 사고에 기본이 되는 요소이다. 실생활에 대한 정보는 통계적 요약값에 담겨져 있기 때문에 통계적 지식과 상황적 지식의 통합은 자료로부터 실세계에 관하여 무엇을 얻을 수 있을지에 초점을 맞추어야 한다.

반면에 Mooney(1999)는 통계적 사고를 '자료 수집', '자료 정리 및 요약', '자료 표현', '자료 서술', '자료 분석'의 5가지 과정에서 나타나는 능력이라고 말한다. Mooney(1999)의 주장에서 '자료 수집' 과정은 통계 분석 과정에서 핵심이 되는 요소이다. 실험, 관찰, 측정하여 얻어지는 자료가 모집단을 대표하지 못하면 그 이후의 분석 과정은 아무런 의미가 없다. 자료 수집 과정에서는 비수학적인 이슈들이 많이 포함되지만, 학생들은 이들을 분별하고 고려하는 활동을 통하여 통계적 사고를 경험할 수 있다.

'자료 정리 및 요약' 과정은 수집한 자료를 일차적으로 정리하고 통계값으로 요약하는 것을 말한다. 자료 요약은 평균, 최빈값, 중앙값 등의 대푯값과 범위, 표준편차 같은 산포도를 측정하는 것으로 서로 다른 자료를 비교할 수 있게 해준다.

'자료 표현' 과정은 자료를 차트, 표, 그래프로 나타내는 것을 말한다. 시각적인 표현을 통해 자료의 특성을 통찰을 할 수 있다는 점에서 중요한 분석 과정이다.

'자료 서술' 과정은 표현된 자료로부터 정보를 발견하는 것, 그래프를 읽는 것, 원 자료와 표현된 자료를 연결하는 것을 말한다. 이 과정은 자료 분석의 본질적인 과정으로 학생들은 이후에 이루어질 자료 분석을 위해서 자료를 서술할 수 있어야 한다.

'자료 분석' 과정은 서술된 자료로부터 추론이나 예측을 하고, 상황을 해석하는 것을 말한다. 이 과정은 위에서 진술한 4가지 과정에 비해 가장 복잡한 통계적 사고 과정으로 합리적인 결론을 이끌어내는 과정이다.

또한, Mooney(2002)는 후속 연구에서 통계적 사고 과정을 자료를 기술하는 과정, 자료를 정리·요약하는 과정, 자료를 표현하는 과정, 자료를 해석·분석하는 과정의 네 과정으로 요약하고, 각 과정마다 사고 발달 모형의 전 구조적 단계인 주관적 수준(제1수준), 단일구조적 단계인 과도기적 수준(제2수준), 다중구조적 단계인 수량적 수준(제3수준), 관계구조적 단계인 분석적 수준(제4수준)의 4개 수준으로 구분하여 총 16개의 틀로 통계적 사고를 정의하였다. Mooney(2002)의 통계적 사고 네 과정을 각 과정에서의 사고의 구성 요소를 내용·개념적 측면과 방법·절차적 측면을 통합하여 간단히 제시한다면 다음 [표 16-1]과 같다.

[표 16-1] 통계적 사고의 구성 요소(Mooney, 2002)

과정	구성 요소
자료의 기술	• 자료에 바탕을 두고 통계적 과정을 인지하는 사고 • 표본자료 수집에서 임의추출을 이해하는 능력 • 표, 차트, 그래프에서 자료를 파악하는 능력 • 표현 도구와 자료의 관계를 이해하는 능력
자료의 정리·요약	• 자료를 그룹화·범주화·요약하는 사고 • 자료의 분포의 상태·특징을 이해하는 사고 • 요약값을 사용하여 자료를 수치로 나타내는 능력
자료의 표현	• 표, 차트, 그래프를 사용하여 자료를 표현하는 능력 • 자료를 표현하는 최적의 표현 도구를 선택하는 능력
자료의 해석·분석	• 자료의 신뢰성을 검토하려는 사고 • 표본에서 모집단의 특성을 파악하려는 사고 • 크기가 큰 자료를 추출함으로써 패턴이 안정됨을 이해하는 능력 • 모집단의 분포를 추론하는 능력 • 결과에 대해 비평하고 평가할 수 있는 능력 • 경향을 파악하고, 추론이나 예측을 하는 능력

Demas와 Garfield, 그리고 Chance(1999)는 통계적 추론을 자료를 요약하고, 자료를 표현하고, 자료에 근거하여 해석하는 과정에서 통계적 아이디어와 통계적 도구를 사용하여 추론하는 방법으로 정의하면서 통계적 추론을 구성하는 요소를 [표 16-2]와 같이 자료와 관련된 추론, 자료의 표현과 관련된 추론, 통계적 측정과 관련된 추론, 불확실성과 관련된 추론, 표본과 관련된 추론으로 제시한다. 그리고 통계적 추론의 각 구성 요소를 자료, 표, 차트, 그래프, 대푯값, 산포, 분포, 위치, 변동, 임의성, 표본추출, 모집단 등과 같은 통계 개념에 기반을 두고 구체적으로 설명하고 있다.

통계적 사고와 통계적 추론의 차이에 대하여 Ben-Zvi와 Garfield(2004)는 통계적 사고는 언제 어떻게 통계적 지식과 절차를 적용하는지를 이해하는 것이고, 통계적 추론은 왜 그런 결과가 나왔고 왜 결론이 타당한지를 아는 것이라고 하였다. 그러나 통계적 추론능력의 구성 요소와 내용을 통계적 사고의 구성 요소와 비교해 볼 때, 불확실성과 관련된 추론(확률적 추론) 이외에는 표현의 차이만 있을 뿐 실제적 차이는 거의 없다. 따라서 통계적 추론은 확률적 추론을 제외하면 통계적 사고와 거의 동일한 사고 능력으로 볼 수 있다.

[표 16-2] 통계적 추론의 구성 요소(Demas, Garfield, Chance, 1999)

구성	내용
자료와 관련된 추론	자료를 양적 또는 질적인 것으로, 이산적 또는 양적인 것으로서 인식하거나 분류할 수 있고, 자료의 형태를 표, 차트, 그래프, 수치 자료로 변형시키는 것과 관련되는 추론
자료의 표현과 관련된 추론	표, 차트, 그래프, 수치 자료를 통해 자료를 표현하는 방법을 이해, 그래프를 읽고 해석하는 방법을 이해, 자료를 보다 잘 표현하기 위해 그래프를 변형하는 것과 관련되는 추론
통계적 측정과 관련된 추론	자료에서 대푯값, 산포 등의 통계량이 의미하는 바를 아는 것, 통계적 예측을 위해서는 소규모 표본보다는 대규모 표본이 더 정확하다는 사실을 인지하는 것, 자료를 비교할 때에 대푯값과 산포가 유용하다는 사실을 아는 것과 관련되는 추론
불확실성과 관련된 추론	우연 사건에 대한 판단을 내리기 위해 확률을 활용하는 것, 통계 조사의 모든 결과가 똑같은 경향을 나타내는 것은 아님을 아는 것, 다양한 사건들의 가능성을 추정하는 법을 아는 것과 관련되는 추론
표본과 관련된 추론	표본과 모집단의 관계를 이해하고 표본에서 추정할 수 있는 것이 무엇인지를 아는 것, 모집단을 대표하지 못하는 표본추출이 있다는 것을 아는 것과 관련되는 추론

반면에 내용·개념적 측면과 방법·절차적 측면으로 수학적 사고를 정의하는 방식과 유사한 방법으로 통계적 사고를 정의한 김상룡(2009)은 통계적 사고와 수학적 사고를 [표 16-3]과 같이 비교하면서 통계적 사고에서 주로 사용되는 통계적 추론은 자료 의존적이고 상황에 근거하여 사례로부터 경험적·확률적 판단을 통해 결론을 이끌어 내는 귀납적 추론이면서, 요약, 예견, 자료에서 결과를 이끌기 위해 통계적 개념을 이용하는 사고 형태라고 주장하고 있다.

[표 16-3] 통계적 사고와 수학적 사고(김상룡, 2009)

	통계적 사고	수학적 사고
사고 방법 및 특성	• 자료의 필요성, 맥락적 지식의 중요성, 변이성, 귀납적 추론	• 추상화, 일반화, 특수화 • 알고리즘의 발명 및 적용
사용하는 추론	• 자료 의존적, 상황에 근거한 추론 • 요약, 예견, 자료에서 결과를 이끌기 위해 통계적 개념을 이용	• 형식 논리의 시스템 • 실세계 상황과 독립되어 존재하는 수학적 대상에 대한 이해

또한, 김영일과 장대홍, 이태림, 강명희(2008)는 통계적 추론을 다음 [표 16-4]와 같이 정리하고 있다.

[표 16-4] 통계적 추론(김영일 외, 2008)

<table>
<tr><th>구분</th><th colspan="2">통계적 추론</th></tr>
<tr><td>세부 능력</td><td>• 통계에서 판단하는 방법을 이해하는 능력
• 통계 개념을 자료/확률과 결합하는 능력
• 통계 처리 과정을 이해하고 설명하는 능력</td><td>• 통계 정보를 채택하는 능력
• 통계 개념들을 서로 연결하는 능력
• 통계 결과를 해석하는 능력</td></tr>
<tr><td>관련 용어</td><td>• '왜'에 대해 설명하기</td><td>• '어떻게'에 대해 설명하기</td></tr>
<tr><td>예</td><td>다음은 어느 고등학교 학생 10명이 3분 동안 팔굽혀펴기를 한 횟수를 측정하여 나타낸 줄기와 잎 그림이다(단위: 회). 계산기를 이용하지 않고, 평균값이 중앙값보다 클지, 작을지, 같은지를 추론하고 그 이유를 말할 수 있는가?</td><td><table><tr><th>줄기</th><th>잎</th></tr><tr><td>1</td><td>5 9</td></tr><tr><td>2</td><td>3 7 8</td></tr><tr><td>3</td><td>2 6 6</td></tr><tr><td>4</td><td>1 5</td></tr></table></td></tr>
</table>

마지막으로 Garfield(2000)는 통계적 추론을 자료를 요약하고, 자료를 표현하고, 자료에 근거하여 해석하는 과정에서 통계적 아이디어와 통계적 도구를 사용하여 추론하는 방법으로 정의하면서 통계적 추론의 발달 단계를 주관적 추론, 언어적 추론, 과도기적 추론, 절차적 추론, 통합적 과정 추론의 다섯 수준으로 분류하고 있다.

Garfield(2000)가 제시한 통계적 추론의 발달에서 첫 번째 단계인 주관적 추론(idiosyncratic reasoning)수준에 있는 학생들은 문제와 관련이 없는 통계적 정보를 수집하고 채택한다. 이 단계의 학생들은 몇몇 통계 개념과 기호들을 사용하거나, 때로는 옳지 않은 방법으로 개념과 기호들을 사용하는데, 예를 들어 평균, 중앙값, 표준편차 등과 같은 통계 개념과 기호들을 학습했지만 분포의 표준편차를 비교하지 못하거나 대푯값을 사용하지 못한다.

언어적 추론(verbal reasoning)수준의 학생들은 통계 개념과 기호들을 언어적인 수준에서 이해하지만 개념을 정확히 적용하지는 못하는 단계이다. 다시 말해 통계 개념에 대한 올바른 정의를 선택하거나 말할 수 있지만 정확히 이해하고 있지는 못한 수준이다. 예를 들어 대푯값의 종류를 알고는 있지만 자료에 따라 적절한 대푯값을 사용하지 못한다.

과도기적 추론(transitional reasoning)수준의 학생들은 통계 조사가 하고자 하는 목적에 맞는 완벽한 결론을 유도할 수는 없지만 추출한 자료나 측정값을 통해 통계 조사의 목적과 통계적 과정을 이해할 수 있다. 예를 들어 이 단계의 학생들은 추출한 표집 분포에서 표본이 커지면 분포의 모양이 정규분포에 가까워지는 통계적 과정을 이해하거나 오차가 줄어든다는 통계적 사실을 알고 있다.

절차적 추론(procedural reasoning)수준의 학생들은 통계적 과정을 완벽하게 이해하지는 못하지만 자료 수집의 목적에 맞도록 추출한 자료나 측정값을 통해 결론을 유도하거나 하나의 수치로 나타낼 수 있다. 예를 들어 표본평균의 분포를 통해 모평균을 추정할 수는 있지만 추정의 과정에 대한 설명을 못할 뿐더러 예측값에 대한 신뢰도 갖지 못한다.

통합적 과정 추론(integrate process reasoning)수준의 학생들은 통계적 개념과 규칙들을 완벽하게 이해하고 통계 과정에 적용할 수 있다. 예를 들어 95% 신뢰구간이라는 통계적 용어가 의미하는 것은 모집단에서의 반복추출 과정이라고 설명할 수 있으며 통계적 근거가 타당한 정확한 예측을 할 수 있다.

2.2 통계적 태도

Ben-Zvi와 Garfield(2004)는 통계적 정보 또는 통계연구의 결과를 이해하는 데 필요한 기본적이고 중요한 지식이면서 통계적 정보나 결과에 대해서 해석하고, 비판적으로 평가하고, 의사소통을 할 수 있는 정의적 능력으로 통계적 소양을 정의하면서 [표 16-5]와 같이 지식 요소와 성향 요소의 두 가지로 통계적 소양의 구성 요소를 분류하였다.

[표 16-5] 통계적 소양의 구성 요소(Ben-Zvi, Garfield, 2004)

구분	요인	능력
지식 요소	읽고 쓰는 기술	• 확률적 현상이나 다양한 통계 자료 등을 해석하고 비판적으로 평가하는 능력
	통계적 지식	
	수학적 지식	
	맥락 지식	
	비판적 질문	
성향 요소	신념과 태도	• 통계 정보를 이해하고, 반응하며, 의사소통하는 능력
	비판적 자세	

그리고, Ben-Zvi와 Garfield(2004)는 통계적 소양과 관련된 기본적인 통계적 지식과 능력을 다음과 같이 제시하고 있다.

첫째, 자료를 정리하고 표를 구성할 수 있다.

둘째, 표, 차트, 그래프와 같은 다양한 표현을 사용할 수 있다.

셋째, 통계적 개념과 지식에 대해서 이해할 수 있다.

넷째, 불확실성에 대한 측도로써 확률에 대해서 이해할 수 있다.

다섯째, 통계 자료를 이해하고 해석할 수 있다.

여섯째, 통계 정보와 관련된 논의를 비판적으로 평가할 수 있다.

일곱째, 일상 상황에서 통계 정보를 사용할 수 있다.

따라서 Ben-Zvi와 Garfield(2004)에 의하면 통계적 소양은 최소의 형식적인 지식의 구성과 함께 통계적 신념과 태도와 같은 정의적 영역을 포함하면서 통계의 가치를 이해하고 통계를 행하는 능력에 대해서 자신감을 갖고 통계적으로 의사소통할 수 있는 것이다. 이 통계적 소양을 함양하기 위해서 학생들은 통계적 활동의 중요성을 이해하고 통계적으로 생각하는 습관을 기르며 일상에서 통계의 역할을 이해하고 음미할 수 있는 다양하면서도 수준 높은 통계적 탐구를 할 수 있는 기회를 가질 수 있어야 한다. 그렇지만 수준 높은 통계적 탐구를 수행하며 통계 결과들을 분석하고 비판적으로 평가하기 위해서는 통계 정보를 이해하고 해석하는 것만큼이나 필수적인 요소가 있는데, 이는 통계적 상황에 대해서 적극적으로 의사소통을 하고 통계적 문제에 대해서 비판적인 질문과 자세를 갖는 것이다. 그리고 이와 같은 통계적 활동과 자세들은 확고한 통계적 신념과 통계를 대하는 긍정적인 태도에 의해 증진되고 유지될 수 있다.

긍정적인 통계적 태도의 유용성에 대해서 Tempelaar(2004)는 통계에 대한 긍정적인 태도를 함양하는 것이 통계 교육의 목표라고 하면서, 통계 교육은 학생들이 문제 해결과정에서 통계에 대한 자신감을 형성하고, 실생활에서 확률·통계의 역할과 가치에 대해 이해하는 긍정적인 태도를 가지게 하는 것이 필요하다고 주장한다. 또한 이현숙과 전수현(2009)은 통계적 태도를 형성하는데 영향을 미치는 요인으로 학생의 학습 능력, 수학적 능력, 통계적 수준, 통계 경험, 정서 수준을 제시한다.

통계를 학습한 학생들은 일상의 문제 상황을 이해하는 데 통계적인 능력을 사용할 수 있어야 하고, 통계적으로 사고하는 것에 대해서 자발적이고 긍정적인 태도를 가져야 한다. 그리고 이러한 자발적이고 긍정적인 통계적 태도는 통계를 학습하는 과정에서 발생할 수 있는 어떤 형태의 어려움도 감수하고자 하는 심리적 상태의 기초가 된다. 따라서 통계 교육은 학생들이 일상에서 통계에 대한 자신감을 형성하고 통계의 가치를 알 수 있도록 촉진제의 역할을 하는 통계에 대한 긍정적인 태도를 가지게 하는 것이 필요하다.

3 통계 교육에서 스프레드시트의 활용

3.1 통계 교육에서 스프레드시트의 활용

컴퓨터의 발달과 다양한 탐구형 소프트웨어들의 출현은 수학교육 분야에서도 교수·학습의 변화를 가져오는 계기가 되었다. NCTM(2000)은 컴퓨터와 계산기를 강력한 문제해결 도구로 인식하면서 신속한 계산 기능, 그래프 표현 기능, 변인 간의 관계 파악 기능은 학생들이 수학을 수행하는 데 있어서 큰 도움을 주기 때문에 모든 학생은 계산기와 컴퓨터를 활용할 수 있어야 한다고 하면서 수학교육에서 공학의 역할을 강조하였다. 또한, 우리나라에서도 2009 개정 수학과 교육과정에서 복잡한 계산, 수학적 개념·원리·법칙의 이해, 문제해결력의 향상 등을 위하여 계산기와 컴퓨터의 활용을 강조하고 있다(교육과학기술부, 2009).

수학 교과에서 주로 사용하는 탐구형 소프트웨어 중에서 교실 현장에 접근성이 가장 용이한 탐구형 소프트웨어는 윈도우를 기반으로 학교 현장에 대부분 보급되어 있는 스프레드시트 프로그램인 Microsoft Excel이다. 계산, 통계, 데이터 관리 업무를 효율적으로 수행할 수 있도록 고안된 수식 계산 프로그램인 Excel은 접근성, 다양한 기능, 사용의 편리성 등으로 인하여 수학의 여러 분야에서 그 필요성이 인정되었고, 수학교육 분야에서도 Excel의 긍정적인 효과에 대해서 폭넓은 논의가 있어 왔다. 류희찬(2004)은 스프레드시트의 교육적 의의를 다음과 같이 제시하고 있다.

첫째, 스프레드시트는 'What if?'라는 가정하에 자료, 변인 등을 바꾸고 이에 따른 효과를 검토할 수 있다.

둘째, 스프레드시트를 활용함으로써 학생들은 복잡하고 지루한 계산보다는 원리와 개념의 이해에 보다 많은 학습 시간을 사용할 수 있다.

셋째, 계산 과정을 시각화함으로써 오류 수정이 쉽고, 계산 결과를 한 눈에 파악할 수 있으며, 교실에서 표현하기 어려운 그래프를 그려서 문제의 뜻을 좀 더 의미 있게 파악할 수 있다.

넷째, 규칙을 찾고 입력하는 과정에서 알고리즘이나 모델링에 대한 직관력을 기를 수 있고, 이를 통해 귀납적 추론 능력을 배양할 수 있다.

다섯째, 스프레드시트는 수를 계산하거나 조작하는 데 방해를 받지 않음으로써 수학 문제 해결에 초점을 더욱 맞출 수 있다.

교수학적 도구로서의 스프레드가 가지는 가장 큰 특징은 자동화와 시각화이다. 스프레드시트에서의 자동화 기능은 복잡한 계산이나, 표, 그래프를 간단하게 처리할 수 있는 기능으로 복잡한 계산이 필요한 현실적인 상황에서 특히 유용하게 사용될 수 있다. 또한 스프레드시트에서 시각화 기능은 수학적 대상, 수학적 사실, 탐구의 과정을 그래프 또는 수치적인 결과로 나타내는 것으로 문제에서 대상의 패턴, 구조, 규칙성을 파악해야 할 때 매우 필요한 기능이다. 한편 스프레드시트의 또 다른 기능으로 셀 참조 기능이 있다. 이 기능은 셀에 입력된 값이 변하면 참조한 셀의 값이 변하고, 그에 따라 만든 표와 그래프를 동시에 변하게 한다.

이와 같은 스프레드시트의 시각화, 자동화, 셀 참조 기능은 스프레드시트를 활용한 수학 실험에서 학생들이 지루한 숫자 계산에서 벗어나 수학적 문제 자체에 집중할 수 있게 도와주고, 다양하고 역동적인 기능을 통해 의미 있는 수학의 본질을 탐색하도록 도와줄 수 있다.

그러나 스프레드시트를 활용한 수업은 여러 가지 장점에도 불구하고 죠르단 효과와 메타인지적 이동이라는 부정적인 측면도 있다.

죠르단 효과는 스프레드시트를 통해 수학적 사실을 공부할 때, 학생의 평범한 행동이나 대답이 사실은 교사의 직접적인 유도나 힌트에 의해 야기된 것임에도 불구하고 학생 스스로가 수학적 사실을 발견한 것으로 받아들이는 것을 말한다. 교수·학습 상황에서 죠르단 효과를 예방할 수 있는 교사의 역할은 학생들에게 도입 부분에서 스프레드시트 자료를 활용하는 방향을 설정해 주고, 수학적 상황에 대한 정보를 제공하는 안내자로서의 역할을 해야 하며, 보다 원활하게 교수·학습 상황에 적응할 수 있도록 동기를 부여하는 객관적인 보조자로서의 역할을 수행하는 것이다. 교사는 학생들이 탐구하고 있는 수학적 내용과 그에 따른 수학적 사고의 전개를 직접적인 유도나 단서에 의해 통제해서는 안 되고, 안내자로서 학생 스스로가 올바른 방향을 찾을 수 있을 때까지 기다릴 수 있어야 한다. 따라서 스프레드시트를 활용하는 수업에서 교사는 지식의 일방적 전수자가 아니라 학생의 지식 구성을 돕는 공동학습자와 공동탐구자로서의 역할과 함께 교실 상황에서 발생할 수 있는 여러 가지 교수 현상의 문제를 해결하는 조정자의 역할을 수행해야 한다. 또한 스프레드시트를 활용하는 교수·학습 상황에서 교사는 지도하고자 하는 수학적 내용과 수학적 사고를 명확히 해야 한다.

메타인지적 이동은 교수학적 초점이 수학적 내용에서 도구인 스프레드시트로 바뀌는 것을 말한다. 컴퓨터를 도구로 하는 교수·학습 상황에서 이와 같은 메타인지적 이동은 학생들이 수학을 추론하고 탐구하는 교실의 모습이 아니라 컴퓨터의 재미에 빠지는 모습으로 변할 수 있다. 메타인지적 이동의 또 다른 형태는 스프레드시트를 통해 수학적 지식을 추론하고 탐구하는데 초점을 맞추기보다는 스프레드시트를 사용하는 방법에 대한 관심으로 탐구의 이동이 일어날 수 있다는 것이다. 이와 같은 메타인지적 이동을 극복하기 위해 교사는 여러 가지 교수 현상의 문제를 해결하는 조정자의 역할과 함께 학생들에게 흥미가 있으면서 수학적 내용을 포함한 스프레드시트 자료를 제시하며, 이를 통해 학생들의 탐구심을 유발하고 학생들이 수학적 지식을 형식화할 수 있도록 지도해야 한다.

이와 같이 학교 수학 수업에서 스프레드시트의 활용은 부정적 측면이 있음에도 불구하고, 기존의 수학 교실과 지필 환경에서는 다루기 힘들었던 수학적 개념들을 보다 다양하고 깊게 탐구할 수 있도록 해줄 수 있다는 긍정적인 효과가 더 크다고 할 수 있다. 특히 확률과 통계 영역에서 Demas와 Garfield, Chance(1999)는 스프레드시트를 활용한 실험 활동이 표본 분포와 추정·검정에서 그 원리나 절차를 이해하고 탐구하는 경험을 제공할 수 있어 유용하다고 하였고, Maxara와 Biehler(2006)는 확률·통계 영역의 학습에서 스프레드시트를 활용한 확률·통계 활동은 학생들에게 학습하는 동기와 흥미를 부여할 뿐만 아니라 수학적 상황과 상호 작용하여 의미 있는 역할을 한다고 주장하고 있다.

3.2 확률·통계 교육에서 스프레드시트 활용의 실제

확률·통계 영역은 자료를 이용하여 다양한 상황을 통계적으로 분석하고, 이를 통해 관심 주제에 대하여 체계적으로 추론을 하는 통계적 방법을 학습하는 분야이다. 먼저 이광주(2009)에 의하면 Gal과 Garfield는 확률·통계 영역의 특징을 다음과 같이 제시하고 있다.

첫째, 확률·통계에서 불확실하고 흩어져 있는 자료는 문맥을 지닌 수이며, 문맥은 확률·통계의 과정에 동기를 부여하고 결과 해석을 위한 기초가 된다.

둘째, 수학적 개념과 절차들은 통계적 문제를 다루거나 해결하기 위한 도구로 이용될 수 있다. 이 과정에서 통계적 계산 및 절차의 수행을 위해 소프트웨어 및 기술적 장치의 사용이 요구되고 있다.

셋째, 확률·통계 문제는 본질적으로 하나의 해법을 지니고 있지는 않다. 확률·통계 문제에 대한 실제적인 판단과 추론들은 옳거나 그른 것으로 특징지을 수 없고, 판단에 사용된 추론의 질과 채택된 방법의 적합성, 그리고 수집한 자료 및 증거의 특성과 같은 측면에서 평가된다.

살펴본 바와 같이 확률·통계 영역은 계산 및 절차의 수행을 위해 공학적 도구의 사용이 요구되는 영역으로, 확률·통계 수업에서 공학의 일종인 스프레드시트를 활용한 자료 탐색적 활동과 실험 활동은 학생들에게 확률·통계의 원리나 절차를 이해하고 탐구하는 경험을 제공할 수 있다. 특히 Garfield(2000)는 표본 분포와 추측 통계에서 스프레드시트를 활용한 실험 활동이 교수 방법적인 측면이나 개념 발달의 측면에서의 유용함에 대해서 언급하고 있다. 또한 김용균(1999)은 확률·통계에서 스프레드시트를 활용한 수업이 필요한 내용으로 평균, 표준편차, 분산, 이항분포, 정규분포, 큰수의 법칙, 중심극한 정리 등을 제시하면서 확률·통계 영역에서 스프레드시트의 긍정적인 장점을 다음과 같이 정리하고 있다.

첫째, 반복적이고 순환적이며, 개념 체계를 표로 나타낼 수 있는 문제를 쉽게 다룰 수 있고 초기 값, 변수를 쉽게 변화시킬 수 있어 탐구 학습이 가능하다.

둘째, 규칙을 찾고 입력하는 과정에서 일반적인 규칙을 기호화할 수 있고 알고리즘이나 모델링을 창출하는 데 따른 직관력을 기를 수 있으며, 이를 통해 귀납적 추론능력을 배양할 수 있다.

셋째, 복잡한 계산을 대신해 주므로 남는 시간 동안 문제해결 과정에 깊은 탐구를 가능하게 한다.

넷째, 계산 과정을 화면 위에 시각화함으로써 오류 수정이 가능하고 계산결과를 한눈에 파악할 수 있다.

다섯째, 교실의 칠판 수업에서 나타내기 어려운 그래프도 쉽게 볼 수 있고 문제의 뜻을 정확히 파악하여 의미 있는 시각화 수업을 할 수 있다.

복잡한 계산을 자동화하고 귀납적 추론능력을 함양하는 탐구 학습과 의미 있는 시각화 수업을 가능하게 하는 스프레드시트의 장점에 따라 확률·통계 교육에서 스프레드시트를 활용하는 구체적인 예는 다음과 같다.

(1) 스프레드시트는 확률·통계 수업에서 인위적으로 고안된 자료에 한정하지 않고 실제적으로 수집된 자료를 다룰 수 있게 함으로써 교수·학습 상황을 좀 더 실제와 가깝게 만들 수 있다. 또한 스프레드시트의 계산 기능은 학생들에게 복잡한 계산보다는 확률·통계의 본질을 탐구할 수 있는 기회를 제공할 수 있으며, 스프레드시트의 자료를 정리하는 기능과 함께 자료를 그래프로 표현하는 차트 기능은 여러 가지 관점에 맞추어 그래프를 조작하고, 그래프의 수정을 용이하게 하여 역동적이고 다양한 자료 표현과 탐색의 도구가 될 수 있다. 스프레드시트의 장점 중에서 하나는 차트 기능을 통해 그려진 그래프를 역동적으로 관찰하고 탐구할 수 있다는 것이다. 이와 함께 스프레드시트는 다양한 식, 그에 따른 표, 그리고 셀 참조 기능을 통해 그래프를 통합적으로 표현할 수 있다. 스프레드시트가 제공하는 식, 표, 그래프는 [그림 16-1]과 같이 자료의 패턴, 구조, 규칙성을 확인하며 관찰하는 수업을 하고, 자료의 해석에서 특별한 영향을 주는 극단적인 자료를 직관적으로 확인할 수 있는 활동을 가능하게 할 수 있다.

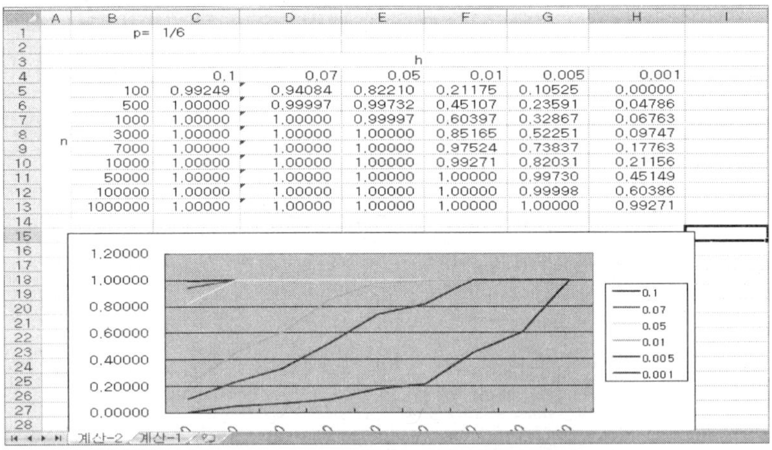
p= 1/6

		h					
		0.1	0.07	0.05	0.01	0.005	0.001
n	100	0.99249	0.94084	0.82210	0.21175	0.10525	0.00000
	500	1.00000	0.99997	0.99732	0.45107	0.23591	0.04786
	1000	1.00000	1.00000	0.99997	0.60397	0.32867	0.06763
	3000	1.00000	1.00000	1.00000	0.85165	0.52251	0.09747
	7000	1.00000	1.00000	1.00000	0.97524	0.73837	0.17763
	10000	1.00000	1.00000	1.00000	0.99271	0.82031	0.21156
	50000	1.00000	1.00000	1.00000	1.00000	0.99730	0.45149
	100000	1.00000	1.00000	1.00000	1.00000	0.99998	0.60386
	1000000	1.00000	1.00000	1.00000	1.00000	1.00000	0.99271

[그림 16-1] 스프레드시트의 표와 그래프

(2) 확률의 곱셈법칙을 활용하는 n 명 중에 생일이 같은 사람이 있을 확률을 구하는 문제에서 [그림 16-2]와 같이 n 이 큰 값일 때의 지필 계산은 많은 노력과 시간을 필요로 한다. 그러나 스프레드시트를 이용하면 계산을 자동화하여 표와 그래프로 처리할 수

있다. 그리고 학생들은 표와 그래프를 통해 사람 수와 일수의 변화에 따라 자료로서의 확률이 변화하는 정도를 통해 예측을 하고 경향을 파악하는 통계적 사고를 경험할 수 있다.

A	B	C
일수	365	
사람수	1-P(A)	P(A)
1	1.000	0.000
2	0.997	0.003
3	0.992	0.008
4	0.984	0.016
5	0.973	0.027
6	0.960	0.040
7	0.944	0.056
8	0.926	0.074
9	0.905	0.095
10	0.883	0.117
11	0.859	0.141
12	0.833	0.167

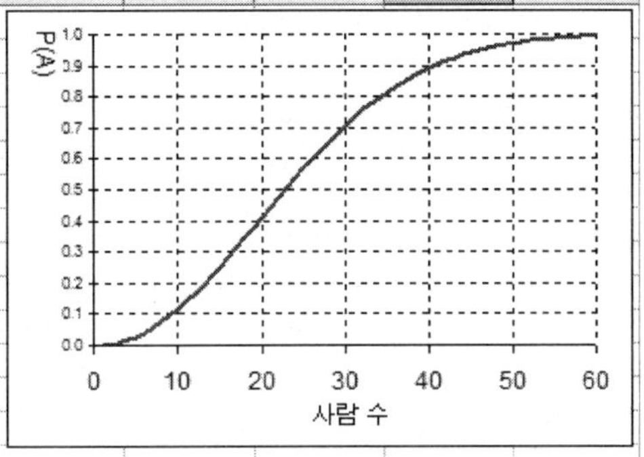

[그림 16-2] 스프레드시트의 자동계산

(3) 확률·통계 영역은 자료의 관찰이라는 귀납적 특성을 가지고 있기 때문에 수학적 추론보다는 실제 상황에서 학생들이 그 의미를 이해하도록 하는 것이 필요하다. 스프레드시트는 [그림 16-3]과 같이 평균, 표준편차 등의 대푯값과 산포의 계산뿐만 아니라 입력된 자료를 관찰하고 분석하여 그 결과를 탐구할 수 있으며, 자료를 바꾸면서 분포를 예측하는 학습도 쉽게 할 수 있다.

중·고등학교 수준에서의 확률·통계 내용을 지원할 수 있는 스프레드시트의 데이터 관리 기능, 자동 계산 기능, 함수 기능, 차트 기능들은 확률·통계 교육에서 다양한 수학적 표현이 가능하게 하고, [그림 16-3]과 같이 자료의 분포에 대한 다양한 예측에 즉각적인 피드백을 제공함으로써 통계적인 추론을 도울 수 있으며, 이를 통해 확률·통계 영역의 지식과 개념을 탐구하도록 할 수 있다. 또한 스프레드시트는 우연 현상이 반복되어 얻어지는 무작위성과 표본분포에 대한 직관적 이해를 도울 수 있고, 수학적 계산으로 접근이 어려운 큰수의 법칙과 중심극한 정리 등에 대한 이해를 용이하게 할 수 있다.

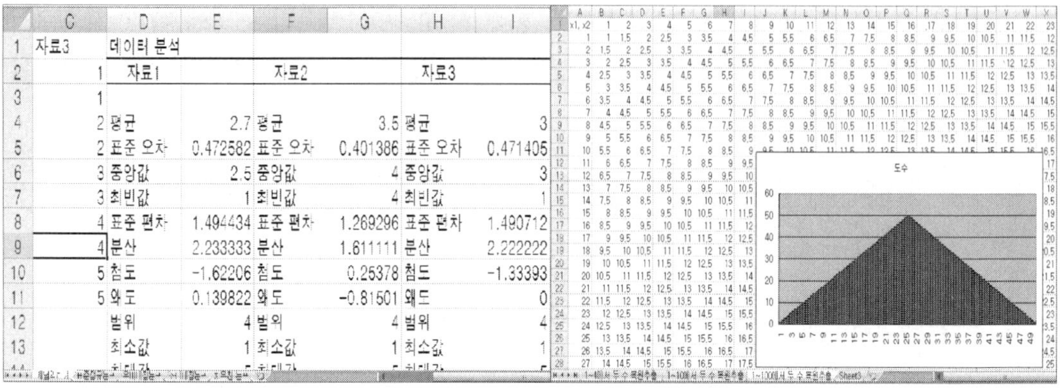

[그림 16-3] 스프레드시트의 자료 탐색적 기능과 자료 표현

(4) 스프레드시트를 교수·학습에 도입할 때 우려되는 문제점 중의 하나는 스프레드시트가 학생들에게 연산 과정에 대한 아무런 통찰도 제공하지 않으면서 입력한 결과만을 그대로 출력하는 것이다. 그러나 스프레드시트를 활용할 때, 문제 해결의 각 단계들이 알 수 없는 방식에 의해 계산이 수행되더라도 각 단계를 투명하고 자세하게 보여주거나 표에 의해 보여줄 수 있도록 만들 수 있는 그래프 등은 스프레드시트의 순기능이라고 할 수 있다. 다음은 확률·통계 영역의 스프레드시트활동을 통해 학생들이 통계적인 도구를 활용하여 논리적인 추론을 수행할 수 있음을 보여주는 예이다.

> 주식과 채권에 투자한 사람들이 거둔 수익률을 각각 X_1, X_2라 할 때, $X_1 \sim N(12.4\,,\ 20.6^2)$, $X_2 \sim N(5.2\,,\ 8.6^2)$이다. 주식과 채권에 투자한 사람들의 수익과 손해 가능성을 추론하시오.

[그림 16-4]의 왼쪽 표는 주식과 채권의 수익률에 대한 정규분포표이고, 오른쪽 그림은 자료에 대한 함수와 누적함수의 그래프이다. 주식과 채권의 수익률을 표와 그래프를 통해 비교했을 때, -30%의 수익률을 기준으로 보면 주식은 대략 20%의 투자자가 존재하고, 채권은 거의 존재하지 않음을 알 수 있다. 반면에 30%의 수익률을 기준으로 볼 때는 주식은 대략 2%의 투자자가 존재하고, 채권은 거의 존재하지 않는다. 이런 해석을 바탕으로 학생들은 주식 투자자의 경우는 수익을 얻을 수 있는 가능성이 크지만 손해를 볼 가능성도 크다는 것과 반면에 채권의 경우는 많은 수익을 얻을 가

능성과 손해를 볼 가능성이 거의 없고, 따라서 주식의 수익률보다 채권이 수익률이 보다 더 안정적임을 통계적으로 이해하고 추론할 수 있다. 이 활동을 통해 학생들은 통계량을 기준으로 결과에 대해 분석하고 평가할 수 있는 능력을 구성할 수 있다.

주식의 수익률 정규분포				채권의 수익률 정규분포		
평균=	12.4표준편차=	20.6		평균=	5.2	표준편차=
	x	P(x)	Sum P(x)		P(x)	Sum P(x)
	-40	0.0007621	0.00548443		4.65615E-08	7.36856E-08
	-39	0.0008613	0.006295272		8.52131E-08	1.3771E-07
	-38	0.000971	0.0072105		1.53856E-07	2.54014E-07
	-37	0.0010922	0.008241122		2.74062E-07	4.62455E-07
	-36	0.0012256	0.009398954		4.81628E-07	8.31012E-07
	-35	0.001372	0.010696639		8.35032E-07	1.47394E-06
	-34	0.0015324	0.012147645		1.42831E-06	2.58044E-06
	-33	0.0017074	0.013766269		2.41029E-06	4.45922E-06
	-32	0.001898	0.015567627		4.01277E-06	7.6065E-06
	-31	0.0021048	0.017567628		6.59095E-06	1.2808E-05
	-30	0.0023287	0.019782954		1.06802E-05	2.12892E-05
	-29	0.0025704	0.022231012		1.70741E-05	3.49326E-05
	-28	0.0028305	0.024929886		2.69293E-05	5.65857E-05
	-27	0.0031095	0.027898272		4.19025E-05	9.04898E-05
	-26	0.003408	0.031155399		6.43254E-05	0.000142864
	-25	0.0037264	0.034720944		9.74213E-05	0.000222686
	-24	0.0040649	0.038614927		0.000145564	0.000342706
	-23	0.0044238	0.042857593		0.000214575	0.000520749
	-22	0.004803	0.047469287		0.000312057	0.000781323
	-21	0.0052024	0.05247031		0.000447731	0.001157568
	-20	0.0056218	0.057880769		0.000633765	0.001693542

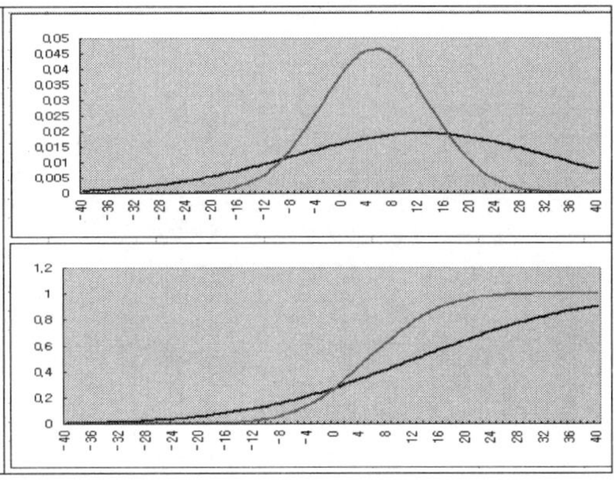

[그림 16-4] 주식과 채권의 수익률 비교

(5) 스프레드시트는 확률·통계 영역의 내용을 제시하는 표현 방법을 변화시키면서 학생들에게 다양한 경험을 제공하는 것을 가능하게 해 줄 수 있다. 스프레드시트의 차트 기능과 같이 어떤 단순한 정보의 전달이나 통계 자료 분석의 결과를 시각화하는 그래프는 그림이라는 수단을 통해서 통계적 정보들 사이의 관계나 경향을 간단한 시각적 형태로 표현하는 데 필수적인 통계적 정보 전달의 강력한 도구라고 할 수 있다. 따라서 학생이 스프레드시트를 활용하면서 구성한 그래프가 제시하고자 하는 정확한 정보를 파악하면서 좋은 그래프를 그릴 수 있는 능력은 이후에서도 그래프나 표를 통해 제시된 자료에서 추출하고 이해할 수 있는 정보의 양과 질을 증가시킬 수 있다.

그렇지만 스프레드시트의 차트 기능으로 화면상에 나타나는 그래프는 학생이 구성한 확률·통계적 개념에 대한 완전한 반영이 아니라 컴퓨터가 그려주는 하나의 대상이다. 따라서 화면에 나타난 그래프를 다시 재해석해야 하는 경우가 있을 수 있다. 예로 [그림 16-5]와 같이 스프레드시트의 차트 기능으로 정규분포를 표현할 때 평균과 표준편차가 바뀌어도 스프레드시트로 그린 정규분포의 그래프의 모양은 변하지 않는다. 이것은 정규분포의 그래프에서 학생들이 알고 있는 평균이 커지면 그래프가 오른쪽에 위치하고 표준편차가 커지면 그래프의 모양이 넓게 퍼진다는 인식과는 다른 것으로 스프레드시트는 차트의 범위를 바꾸면서 그래프의 모양을 바꾸기 때문에 생기는 현상이다. 학생들이 스프레드시트 활동 중에 이러한 현상을 탐구할 수 있고 스프레드시트를 조작하는 자신의 통계적 사고에 대한 반성의 과정이 이루어진다면 스프레드시트는 학생들에게 긍정적인 영향을 주는 교수학적 도구가 될 수 있다.

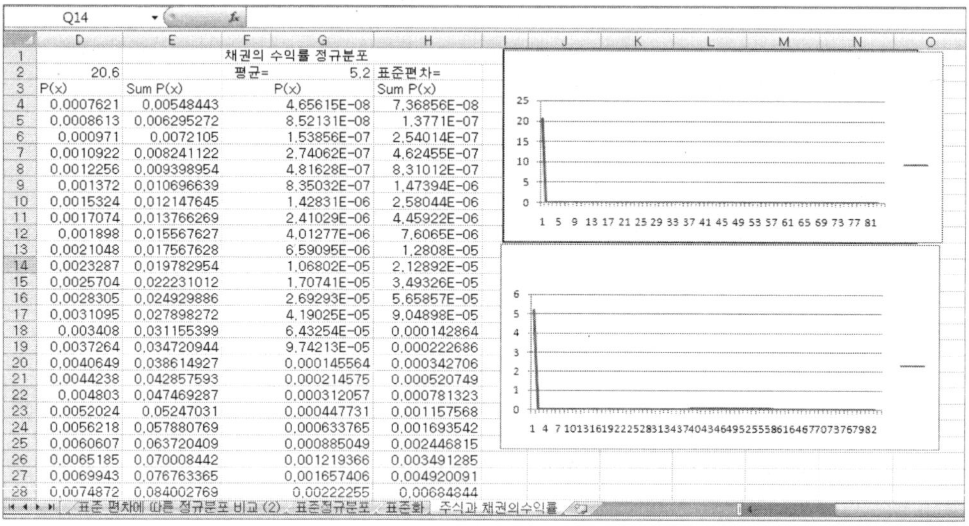

	D	E	F	G	H
1			채권의 수익률 정규분포		
2	20,6		평균=	5,2	표준편차=
3	P(x)	Sum P(x)		P(x)	Sum P(x)
4	0,0007621	0,00548443		4,65615E-08	7,36856E-08
5	0,0008613	0,006295272		8,52131E-08	1,3771E-07
6	0,000971	0,0072105		1,53856E-07	2,54014E-07
7	0,0010922	0,008241122		2,74062E-07	4,62455E-07
8	0,0012256	0,009398954		4,81628E-07	8,31012E-07
9	0,001372	0,010696639		8,35032E-07	1,47394E-06
10	0,0015324	0,012147645		1,42831E-06	2,58044E-06
11	0,0017074	0,013766269		2,41029E-06	4,45922E-06
12	0,001898	0,015567627		4,01277E-06	7,6065E-06
13	0,0021048	0,017567628		6,59095E-06	1,2808E-05
14	0,0023287	0,019782954		1,06802E-05	2,12892E-05
15	0,0025704	0,022231012		1,70741E-05	3,49326E-05
16	0,0028305	0,024929886		2,69293E-05	5,65857E-05
17	0,0031095	0,027898272		4,19025E-05	9,04898E-05
18	0,003408	0,031155399		6,43254E-05	0,000142864
19	0,0037264	0,034720944		9,74213E-05	0,000222686
20	0,0040649	0,038614927		0,000145564	0,000342706
21	0,0044238	0,042857593		0,000214575	0,000520749
22	0,004803	0,047469287		0,000312057	0,000781323
23	0,0052024	0,05247031		0,000447731	0,001157568
24	0,0056218	0,057880769		0,000633765	0,001693542
25	0,0060607	0,063720409		0,000885049	0,002446815
26	0,0065185	0,070008442		0,001219366	0,003491285
27	0,0069943	0,076763365		0,001657406	0,004920091
28	0,0074872	0,084002769		0,00222255	0,00684844

[그림 16-5] 스프레드시트에서 그래프의 모양과 범위

(6) 표본을 추출하는 가장 간단한 방법은 모집단의 각 대상이 뽑힐 확률이 같도록 임의로 표본을 추출하는 것이다. 그러나 모집단의 크기가 매우 큰 경우에 단순 임의추출법은 이론적으로는 간단하지만 실제적으로는 모든 조사 대상 리스트를 만들어야 하고, 난수를 생성해야 하는 등의 어려움이 따른다. 따라서 표본조사와 임의추출이라는 용어는 중요한 통계적 개념임에도 불구하고 학교 교육과정에서 자세하게 다루지 않는 내용들이다. 그렇지만 [그림 16-6]과 같은 스프레드시트 활동은 학생들이 임의추출이 필요한 이유를 이해하고 임의추출 하는 방법을 파악할 수 있는 교육적 도구가 될 수 있다.

문소영(2005)은 확률·통계 단원에서 학생들이 이해하기 어려워하는 주된 내용은 모집단과 표본평균의 관계, 통계적 추정 등이라고 한다. 이 내용들은 모집단과 표본평균의 평균과 표준편차와의 관계를 지필 환경에서 몇 가지 대표적인 유형을 들어서 설명하기 어렵고, 정규분포에서 모평균을 추정하는 공식이 유도되는 논리적인 과정을 연역적으로 증명하는 것도 어렵기 때문이다.

모집단과 표본평균의 관계에 대한 교수·학습에서 활용할 수 있는 스프레드시트 자료인 [그림 16-6]은 엑셀을 이용해 표본의 개수를 달리하면서 단순 임의추출한 표본의 표본평균과 모집단의 평균과 표준편차를 비교한 것이다. 이 스프레드시트 자료를 통해 학생들은 모집단과 표본에서 평균과 표준편차의 관계를 좀 더 쉽고 명확하게 파악할 수 있으며 통계적 추정에서 모집단과 표본평균의 관계가 쓰이는 통계적 이유와 유용성을 탐색할 수 있다.

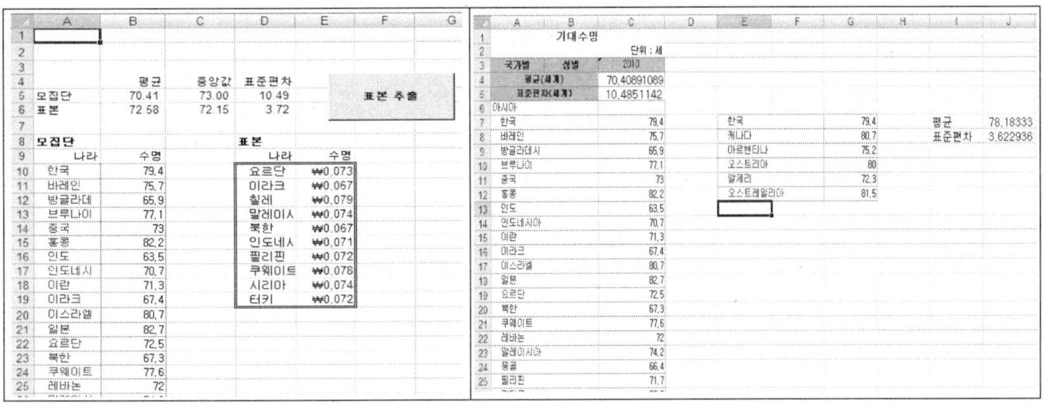

[그림 16-6] 스프레드시트를 이용한 표본추출

확률·통계 영역에서의 교수·학습은 다양한 스프레드시트 자료에 대한 이해와 분석을 바탕으로 가르치고자 하는 확률·통계 개념의 의미를 학생들이 발견하고 이해하면서 통계적 태도와 사고를 향상할 수 있도록 구성해야 한다. 다시 말해 확률·통계 교육에서는 기술통계적인 자료의 정리, 순열·조합의 경우의 수를 이용한 확률의 계산, 확률분포 등과 같은 전통적인 개념 위주의 학습과 함께 스프레드시트를 통해 자료를 기술하고 조직하며, 상황에 알맞은 그래프로 자료를 표현하고 이를 통해 자료의 변이성을 파악하며, 자료를 분석하고 결과를 해석하는 확률·통계적 태도와 사고를 이끌 수 있는 방법론적인 측면이 고려되어야 한다. 방법론적인 측면에서 스프레드시트를 활용한 교수·학습 활동은 학생이 컴퓨터를 조작하면서 화면상에 나타나는 결과에 대해 상호작용하고 학습을 전개하는 활동주의 교수법이라고 할 수 있다. Maxara와 Biehler(2006)는 확률·통계의 학습에서 스프레드시트 활동이 의미 있는 역할을 한다고 하였고, 신보미(2007)는 구체물을 사용한 조작 활동이 수학적 개념을 더 잘 이해하게 하며 일반적인 문제를 해결하는 학습을 도울 수 있다고 하였다. 따라서 스프레드시트를 활용한 교수·학습 활동은 컴퓨터를 활용한 조작 활동이나 실제적인 실험 활동을 통해 학생들에게 학습하는 동기와 흥미를 부여할 뿐만 아니라 통계적 대상의 여러 측면을 실제적인 상황에서 경험할 수 있게 도와줌으로써 학생들이 수학적 상황과 상호 작용하고, 통계적 개념과 원리를 탐구할 수 있다.

스프레드시트를 활용한 교수·학습 상황에서 학생들이 통계적 사고를 구성할 수 있기 위한 전제 조건은 실제로 수업을 진행하는 교사가 스프레드시트와 관련된 지식을 갖추고 있는가와 함께 스프레드시트를 활용한 교수·학습 상황에서 교사의 역할을 이해하고 있는가의 문제이다. 따라서 스프레드시트를 활용하여 확률·통계를 지도할 때 스프레드시트 상황과 확률·통계적 상황을 유연하게 연결할 수 있는 교수학적인 노력이 요구되는 바이다.

참고문헌

교육과학기술부(2009). 수학과 교육과정, 서울: 대한교과서주식회사.

김상룡(2009). 통계적 사고와 그 함양에 관한 연구. 초등수학교육, 12(1), 31-38.

김영일, 장대흥, 이태림, 강명희(2008). 통계마인드. 대전: 통계교육원.

김원경, 이종학(2011). 스프레드시트를 활용한 수업이 통계적 사고 및 태도에 미치는 효과. 수학교육, 50(2), 185-221.

류희찬(2004). 수학교육에서 탐구형 소프트웨어의 활용방안, 한국교원대 수학 교육연구소 제 14회 수학교육세미나.

문소영(2005). 7차 고등학교 수학과 교육과정에서 확률과 통계단원에 대한 인식 및 학습 실태분석, 한국교원대학교 석사학위 논문.

손홍찬(2006). 스프레드시트를 활용한 수학적 모델링 활동에서의 수학적 발견과 정당화, 한국교원대학교 박사학위 논문.

우정호(2000). 통계교육의 개선방향 탐색. 학교수학, 2(1). 1-27.

이광주(2009). 실제적 자료를 강조하는 고등학교 통계단원의 교수·학습에 관한 연구. 단국대학교 박사학위논문.

이종학(2011a). 스프레드시트를 활용한 수업이 통계적 사고 및 태도에 미치는 효과. 한국교원대학교 박사학위논문.

이종학(2011b). 고등학교 확률·통계 영역에서 스프레드시트 활용에 대한 연구. 학교수학, 13(3), 363-384.

이현숙, 전수현(2009). 한국판 통계에 대한 태도검사(K-SATS) 타당화, 응용통계연구, 22(5), 1115-1129.

Ben-Zvi, D., & Garfield, J. (2004). Research on Statistical literacy, reasoning, and thinking: Issuess, challenges, and implication, In D. Ben-Zvi & J. Garfield (Ed.), *The Challenge of Developing Statistical Literacy*, Reasoning and Thinking, 397-409, Dordrecht: Kluwer Academic Publisher.

Cobb, G. W., & Moore, D. S. (1997). Mathematics, statistics, and teaching. *The*

American Mathematical Monthly, 104(9). 801-823

DeMas, R., Garfield, J., & Chance, B. (1999). A model of classroom research in action: Developing simulation activities to improve students' statistical reasoning, *Journal of Statistics Education, 7(3)*, On-line.

Garfield, J. (1998). The statistical reasoning assessment: Development and validation of a research tool, *Proceedings of the 5th International Conference on Teaching Statistics*, 781-786, On-line.

Hogg, R. V. (1992). Toward Lean and Lively Courses in statistics, Florence Gordon & Sheldon Gordon(Ed.), Statistics for the Twenty First Century, *Issues in Statistical Education*, The Mathematical Association of America.

Kutzler, B. (2003). CAS as pedagogical tools for teaching and learning mathematics, In J. T. Fey, A. Cuoco, C. Kieran, L. McMullin, & R.M. Zbeik(Ed.), *Computer Algebra Systems in Secondary School Mathematics Education*, 53-71. Reston, VA: NCTM.

Maxara, C., & Biehler, R. (2006). Students' probabilistic simulation and modeling competence after a computer intensive elementary course in statistics and probability. In A. Rossman & B. Chance(Ed.), *Proceedings of the 7th International Conference on Teaching Statistics*, 1-6, On-line.

Mooney, E. S. (1999). *Development of middle school statistical thinking framework.* Unpublished Doctoral Dissertation, Illinois state University.

Mooney, E. S. (2002). A framework for characterizing middle school students' statistical thinking, *Mathematical Thinking and Learning, 2(4)*, 23-64.

NCTM (2000). *Principles and standards for school mathematics*, Reston, VA: NCTM.

Pfannkuch, M., & Wild, C. J. (2004). Towards an understanding of statistical thinking. In D. Ben-Zvi & J. Garfield(Ed.), *The Challenge of Developing Statistical Literacy*, Reasoning and Thinking, 17-46. Dordrecht: Kluwer Academic Publisher.

Tempelaar, D. (2004). *Statistical reasoning assessment: an analysis of the SRA instrument*, Conference on assessment in statistics, Lawrence University.

17장

미적분 최적화 문제에서의 CAS의 도구화

수원외국어고등학교 한세호
(hanseho@hanmail.net)

1 서론

최근 수학교육과정에서 과도한 학생들의 학습 부담을 줄이고자 학습내용 축소가 활발히 진행되고 있고, 사회는 수학교육과정을 축소해서 줄어든 교육과정 분량만큼 교사가 수학적 사고력을 키우고 실생활과 접목된 의미 있는 수업을 기대하고 있다. 따라서 이에 상응하는 혁신적인 교과서의 개발과 그에 걸 맞는 평가 그리고 교사의 역량강화는 매우 중요한 과제라 할 수 있다.

이에 최근 지필계산에 대한 인지적 부담을 줄여주고, 그래프를 빠르게 그릴 수 있을 뿐 아니라 다양한 표상을 제공하며 여러 측면에서 조작할 수 있게 해주는 CAS가 교육과정을 어떻게 변화 시킬 수 있는지 대한 관심이 고조되고 있다. 또한 '미적분 최적화 문제에서의 CAS의 도구화'를 통한 교육과정의 변화 시도는 실생활과 접목된 의미 있는 수업을 가능하게 한다는 측면에서 그 가능성을 보이고 있다. 그러나 중등 수학교육에서 CAS의 도구화가 교육과정 내용제시 순서에 어떠한 영향을 줄 수 있는지에 대한 풍부한 사례가 부족하고, 수행평가와 연관된 점수 산정 및 기준안 정립이 아직은 요원한 상태이다. 이에 본 장에서는 CAS의 도구화에 필요한 용어 개념을 다시 정립하고, 학습량을 축소하면서 사고력을 키우고 실생활과 접목된 의미 있는 미적분 최적화 문제의 수업 가능성과 CAS를 활용한 수행평가의 현장 적합성을 심층적으로 모색하고자 한다.

2 본론

복잡한 계산을 쉽게 하여 문제해결에 있어서 다양성을 추구할 수 있는 CAS와 같은 기술공학 도구들은 수학 지도 내용과 계열이 의미 있게 재구성 되어야 수학적 개념과 이해를 확장하는데 도구로서 역할을 수행할 수 있다. 먼저 기존연구인 미적분학을 학습하지 않은 고등학생들의 CAS 활용 최적화 문제 해결 활동의 특징을 살펴보고, 공학도구인 CAS를 활용한 수행 평가 가능성을 살펴본다.

2.1 최적화 문항의 기존 연구 분석

(1) 최적화 문항

기존 연구(한세호 외, 2009)에서 분석한 삼차방정식, 무리방정식 개념, 미분 개념은 학생들이 아직 학습하지 않은 내용이었고 미적분 지식은 모든 문항에 포함되어 있다. 활동지의 주요문항은 다음과 같다([그림 17-1], [그림 17-2], [그림 17-3] 참고).

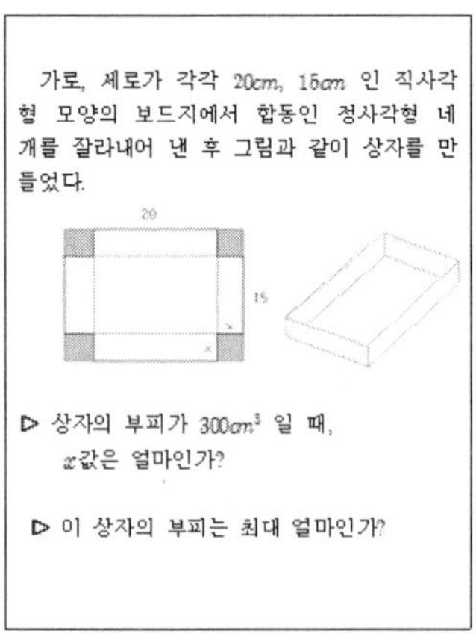
가로, 세로가 각각 20cm, 15cm 인 직사각형 모양의 보드지에서 합동인 정사각형 네 개를 잘라내어 낸 후 그림과 같이 상자를 만들었다.

▷ 상자의 부피가 300cm^3 일 때, x값은 얼마인가?

▷ 이 상자의 부피는 최대 얼마인가?

[그림 17-1]

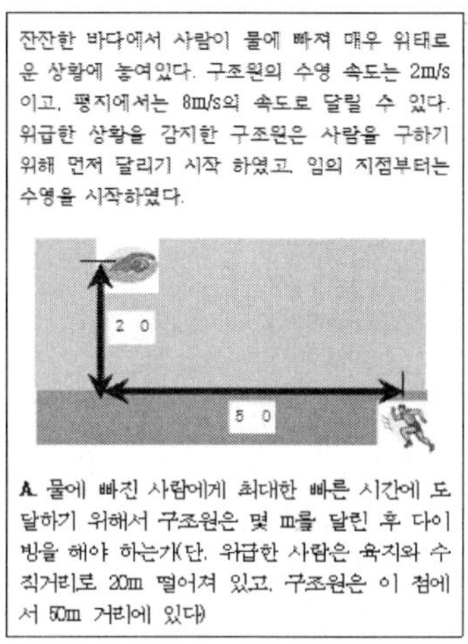
잔잔한 바다에서 사람이 물에 빠져 매우 위태로운 상황에 놓여있다. 구조원의 수영 속도는 2m/s 이고, 평지에서는 8m/s의 속도로 달릴 수 있다. 위급한 상황을 감지한 구조원은 사람을 구하기 위해 먼저 달리기 시작 하였고, 임의 지점부터는 수영을 시작하였다.

A. 물에 빠진 사람에게 최대한 빠른 시간에 도달하기 위해서 구조원은 몇 m를 달린 후 다이빙을 해야 하는가?(단, 위급한 사람은 육지와 수직거리로 20m 떨어져 있고, 구조원은 이 점에서 50m 거리에 있다)

[그림 17-2]

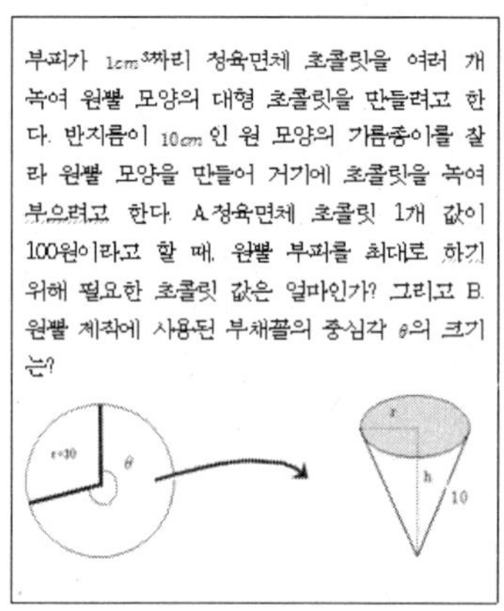
부피가 1cm^3짜리 정육면체 초콜릿을 여러 개 녹여 원뿔 모양의 대형 초콜릿을 만들려고 한다. 반지름이 10cm 인 원 모양의 기름종이를 잘라 원뿔 모양을 만들어 거기에 초콜릿을 녹여 부으려고 한다. A.정육면체 초콜릿 1개 값이 100원이라고 할 때, 원뿔 부피를 최대로 하기 위해 필요한 초콜릿 값은 얼마인가? 그리고 B. 원뿔 제작에 사용된 부채꼴의 중심각 θ의 크기는?

[그림 17-3]

활동지는 최적화 문제에는 상자부피를 최대로 만드는 문제, 물에 빠진 응급상황 문제, 초콜릿 문제 등 총 3문항과 각각 2~4개의 세부문항으로 구성되어 있다.

(2) 최적화 문항의 교육과정 분석

기존연구에서 제시된 최적화 문제의 교육과정 분석은 [표 17-1]과 같다.

[표 17-1] 교육과정 분석

활동지	학습에 필요한 교육과정 내용		시수
	학습한 내용	미학습한 내용	
최적화1	• 다항식의 연산과 인수분해 • 3차 방정식의 해법 • 유리수와 유리식 • 무리수와 무리식	• 3차 방정식의 일반 해법 • 3차 함수의 그래프 • 무리함수 그래프 • 미분	3
최적화2	• 피타고라스 정리 • 무리식	• 무리함수 그래프 • 미분	3
최적화3	• 호도법 • 삼각비의 정의 • 무리식	• 무리함수 그래프 • 미분	3

연구에 참여한 학생들은 아직 미분개념, 삼차방정식, 무리방정식과 같은 교육과정을 경험하지 못한 학생들로 구성되었다. 도구화된 CAS의 도움을 받아 무리 없이 학생들은 최적화 문항을 해결 할 수 있었으나 최적화 문항의 해답을 수학적으로 정당화 시키는 과정에서 학생들은 미적분학 지식을 갈망하고 있었다. 이는 최적화 문제를 해결하는 활동이 미적분학과 밀접하게 관련됨을 이야기 하고 있으며, CAS를 활용한 최적화문제 해결은 미적분과 연관하여 학습을 구성할 필요를 느끼게 된다.

(3) 최적화 문항의 도구발생 관련 요소 분석

학생들의 활동지와 면담을 기초로 최적화1-(A) 도구발생 관련요소를 분석한 결과는 [표 17-2]와 같다.

[표 17-2] 최적화1 도구발생 관련요소

목록	최적화 문제1-(A) 도구발생 핵심요소	IAS	사용스킴
1	• [Setting] 확인하기 (복소모드, 실수모드) (표준모드, 십진모드)	○	○
2	• 3차방정식 해 구하기와 3차 함수 그래프 그리기가 문제 해결 방법이라는 것 알기	○	
3	• 도출한 3차방정식의 해를 구하는데 CAS명령어 사용하기	○	
4	• 3차 함수 그래프 그리기 위해 계산기의 메뉴 선택하기 • 그래프 [window setting]) 확인하기	○	○
5	• x값의 결과 해석하기	○	

연구결과에 의하면 학생들의 그래프 그리기 스킴은 다양한 방법으로 도구화 되어있음을 발견하였다. 또한 삼차함수 그래프 그리기 스킴 또한 최적화2의 무리함수 그래프, 최적화3의 호도법 개념이 포함된 삼차함수 그래프 그리기 스킴과 동일하게 수업이 지속되면서 개선되고 통합되는 양상을 확인할 수 있다. 특히 목록 5의 x값 결과 해석하기에서 학생들은 정확한 값에 대한 의문을 제시하게 된다. 따라서 CAS의 도구화 관점에서 최적화 문항은 미적분과 연관을 지어 학습을 발전시킬 필요가 있다.

2.2 CAS를 활용한 과정평가

최근 연구(고상숙 외, 2013)에 의하면 평가가 결과중심에 치우쳐 학생의 사고 과정을 무시하고 정답만을 추구함으로써 학생들에게 문제에 대한 사고하고 반성하는 기회를 빼앗고 과정중심영역인 문제해결, 추론, 의사소통의 과정을 제대로 평가하지 못함을 지적하였다. 이에 대한 개선 방안으로 과정중심의 평가라는 용어를 도입하여 그동안 수학교육에서 소홀히 다루어왔던 부분에 대한 관심을 고조시키고 있다.

교구 및 공학도구를 활용한 과정중심 평가에서는 주요한 수학적 아이디어에 초점을 두어 좀 더 넓은 수학적 아이디어와 과정을 평가할 수 있는 '수학의 원리', 교사는 다양한 방식으로 다양한 상황 아래에서 학생들이 과제를 수행하는 것을 면밀히 관찰할 수 있도록 다각적인 평가 기회를 만들어 학생들의 학습에 적절한 피드백을 주고 학생들의 학습을 더욱 발전시킬 수 있는 평가 방안을 모색해야 한다는 '학습의 원리', 공학 도구를 사용함으로써 수준이 낮은 학생에게는 시각화에 의한 직관적 또는 조작적 접근을 강화시킨 문항을 제시할 수 있고 수준이 높은 학생에게는 심화되고 확장된 지식으로 접근이 용이한 점을 강조하는 '공평성의 원리', 평가가 교육과정 및 수업과 일관성이 있어야함을 의미하는 것으로 평가 도구의 선택 및 개발, 평가 자료의 사용에 있어 이뤄지는 '일관성의 원리', 공학도구를 활용한 평가는 언어와 수학적 기호로 이루어지는 지필평가에 익숙하지 않은 학생의 수학 평가에도 기여하리라는 기대를 담고 있는 '역동성의 원리'를 강조하고 있다. 결국 과정중심 평가는 수학, 학습, 일관성을 포함하고 나아가 교구 및 공학도구의 활용으로 더욱 강화될 수 있는 공평성과 역동성의 원리를 포함하고 있다. 그러나 미적분에서 공학도구를 활용한 과정중심평가의 현장 모델은 아직까지 미흡하다고 볼 수 있다. 이에 본장에서는 공학도구의 공평성과 역동성이 잘 반영될 수 있는 수행평가에서 그 가능성을 모색하고자 한다.

3 최적화 문제의 CAS의 도구화

중등 수학교육에서 CAS의 도구화는 교육과정 내용제시 순서에 많은 영향을 줄 수 있다. 그러나 학습량을 축소하면서 사고력을 키우고 실생활과 접목된 의미 있는 수업 가능성을 논하기에는 좀 더 풍부한 자료와 교육과정에 대한 구체적이고, 심층적인 탐구가 요구된다.

따라서 학습량을 축소하면서 사고력을 키우고 실생활과 접목된 의미 있는 미적분 최적화 문제의 수업 가능성과 CAS를 활용한 수행평가의 현장 적합성을 심층적으로 모색할 수 있는 예제를 제시하고자 한다.

3.1 미적분 최적화 문제

공평성과 역동성의 원리를 반영하여 미분개념이 아직 형성되지 않은 학생들도 CAS의 도움으로 최적화 문제를 해결할 수 있는 문항을 기존 연구를 바탕으로 다음과 같이 개발하였다. 활동지의 주요문항은 [그림 17-4]와 같다.

<table>
<tr><td colspan="3">[과제1] 한 변의 길이가 $l=6$인 정삼각형, 정사각형, 정오각형 모양의 종이의 세 귀퉁이에서 그림과 같이 모서리 한 변의 길이가 x인 같은 크기의 사각형을 잘라 내고, 나머지 부분을 접어서 뚜껑이 없는 다각기둥 모양의 상자를 만들 때, 부피를 최대로 하는 x의 값을 구하시오.</td></tr>
<tr><td>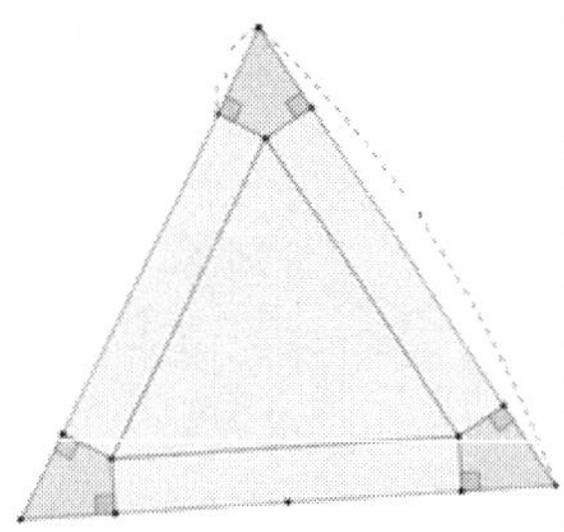</td><td>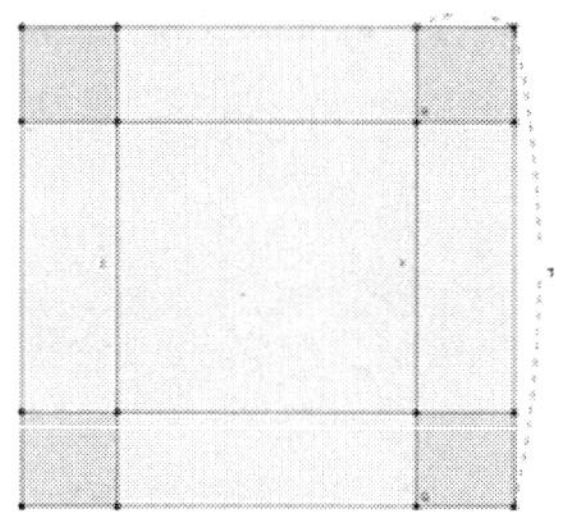</td><td>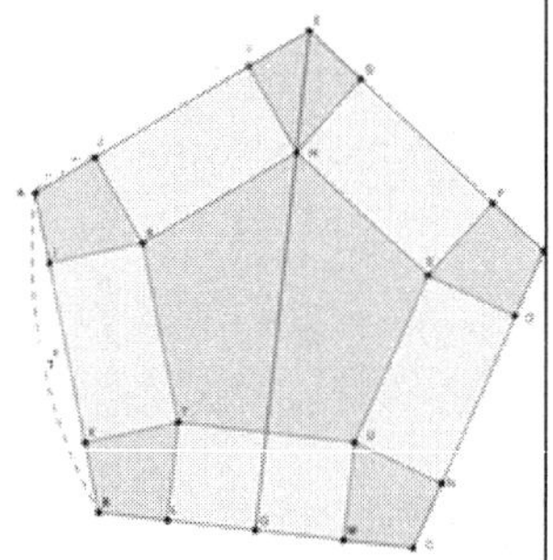</td></tr>
<tr><td>정삼각형</td><td>정사각형</td><td>정오각형</td></tr>
</table>

[그림 17-4]

[과제2]는 임의 다각형 과제 1을 확장하여 추론하는 문제로 구성된다. 따라서 최적화 문제 활동지는 [그림 17-5] 삼각기둥 만들기 문항을 다각형까지 확장한 문제로 최종 구성되어 있다.

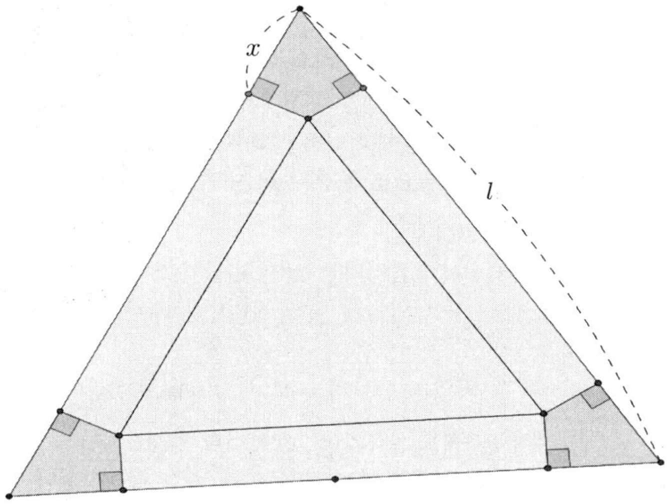

[그림 17-5] 삼각기둥 상자 만들기

3.2 평가개요 및 수업 흐름도

위 최적화 문제 활동에 필요한 평가개요, 단원학습흐름도, 본 수업학습 흐름도를 다음과 같이 구성하였다.

(1) 평가개요

<table>
<tr><td>주제</td><td colspan="6">부피를 최대로 하는 정다각형 상자를 만들 수 있다.</td></tr>
<tr><td>대상 학년</td><td colspan="2">고등학교</td><td colspan="2">관련
영역/단원</td><td colspan="2">미적분I
(2009년 교육과정 수학II)</td></tr>
<tr><td>구성 요소</td><td colspan="6">삼차함수를 이해하고, 3차함수의 극대 극소 그리고 주어진 범위에서의 최대 최솟값을 구할 수 있다.
미분을 활용하여 최적화 문제를 해결할 수 있다.</td></tr>
<tr><td rowspan="2">관련 교육과정
성취기준</td><td>인성</td><td colspan="2">지적</td><td colspan="2">사회적</td><td></td></tr>
<tr><td>개인적,
사회적 책무성,
의사소통능력</td><td colspan="2">문제해결력,
탐구능력,
창의적 사고</td><td colspan="2"></td><td></td></tr>
</table>

출제의도 및 평가내용	이 문항은 다각형을 이용하여 상자를 제작하고, 최적화 문제를 해결하는 활동으로 CAS를 이용하여 미분개념이 없어도 주어진 구간에서 정의된 3차함수의 최댓값과 최솟값을 구하는 활동이다. 개인별 또는 조별 활동으로 수집된 데이터를 그래프로 표현하고 이를 이용하여 x값을 규칙을 찾는 활동으로 자료 분석 및 추론능력을 향상시키는데 목적이 있다. [평가 내용] **과제1**(수학): 삼각기둥 상자 만들기 • 삼각기둥을 만들기 위해 잘라내는 모서리의 사각형 모양을 추측할 수 있다. • 뚜껑이 없는 삼각기둥 모양 상자를 구상한다. **과제2**(수학): 삼각기둥 상자 부피 측정 • CAS를 이용하여 상자 부피를 측정 할 수 있다. **과제3**(수학): 최대의 부피를 만들 수 있는 x값 구하기 • 과제2 방식을 이용하여 최대 부피를 갖는 x값을 구한다. **과제4, 5**(수학): 분석하기 • 정삼각형 한 변의 길이와 상자부피를 최대로 만드는 x값의 관계를 분석한다. **과제6**(수학): 정당화 하기 • 5번에서 발견된 곡선을 분석한다.
평가 소요 시간	총 2차시
비고	평가표에 제시된 성취수준은 각 항목에서 수준을 구분한 것으로 항목의 비중에 따라 배점에 차등을 둘 수 있다.

(2) 단원 학습 흐름도

차 시	주요 학습 내용 및 활동
1-2차시	• 곡선의 극댓값, 극솟값 구하기
↓	↓
3차시	• 함수 그래프의 최대 최소 구하기
↓	↓
4-5차시	• 삼각기둥 부피 구하기 (4차시- 과제해결) • 자료 분석과 일반적 다각기둥으로 최적화 문제 정당화하기 (5차시-과제해결(발표))

(3) 본 수업 학습 흐름도

(가) 주어진 다각기둥 부피 구하기

단계	주요 학습 내용 및 활동
수업도입	• 삼각기둥 상자 만들기 평가 문항 소개 • 삼각기둥 상자 만들기 방법 소개 • CAS가 내장된 계산기 환경
↓	↓
수업전개	• CAS를 활용한 상자 부피 구하기
↓	↓
수업정리	• 최대의 부피를 갖는 상자를 찾았는지 확인 • 다음 차시 안내 및 휴식

(나) 자료 분석과 최적화 문제 정당화하기

단계	주요 학습 내용 및 활동
수업도입	• 조별 자료 수집(칠판에 기록) • 과제 안내
↓	↓
수업전개	• 주어진 조건에 맞는 그래프 그리기 • 그래프에서 유도된 함수 찾기 • 찾아진 결론에 대해 정당화하기
↓	↓
수업정리	• 최종 확인된 정당화 내용 확인 • 다음 차시 안내

3.3 수행평가 적용 시 평가 기준안

(1) 평가도구에 대한 개요

미적분 최적화 문제를 수행평가에 반영할 때 평가 도구에 대한 개요는 [표 17-3]과 같다.

[표 17-3] 평가도구에 대한 개요

수학적 과정	관련 학년 영역/단원명	활용 도구	평가 요소	평가 유형 (주)	평가 유형 (보조)	채점 기준 (지필)
문제해결	고2 미적분I	CAS가 내장된 계산기	문제해결에서 적절한 전략을 활용하여 문제를 해결하는 능력	수행평가	활동지/관찰	분석적
추론	고2 미적분I	CAS가 내장된 계산기	수학적 추론에 근거하여 정당화(직, 간접증명법 포함)하는 능력	수행평가	활동지/관찰	분석적
의사소통	고2 미적분I	CAS가 내장된 계산기	다른 사람의 수학적 아이디어에 대한 설명을 이해하거나 평가하여 표현하는 능력	수행평가	관찰 평가	총체적

(2) 교사 관찰 리스트

미적분 최적화 문제를 수행평가에 반영할 때 교사 관찰리스트는 다음과 같다.

교사 관찰체크리스트

<table>
<tr><td colspan="2">단원명</td><td colspan="3">미적분 I</td><td>학급</td><td colspan="2">2학년</td></tr>
<tr><td colspan="2">평가영역</td><td colspan="3">정의적 측면</td><td colspan="2">인지적 측면</td><td rowspan="2">교사의견/면담내용</td></tr>
<tr><td colspan="2">세부영역</td><td>과제집착력</td><td>창의성</td><td>공유심</td><td>문제해결</td><td>의사소통</td></tr>
<tr><td colspan="2">내용</td><td>문제를 끝까지 해결하였는가?</td><td>다양한 방법으로 문제를 해결하려고 노력하는가?</td><td>수업에 적극적으로 참여하였는가?</td><td>합리적 선택을 했으며 선택에 대한 근거를 수학적으로 설명하고 있는가?</td><td>수학적으로 유의미한 소통이 이뤄지고 있는가?</td><td></td></tr>
<tr><td>1</td><td>홍길동</td><td></td><td></td><td></td><td></td><td></td><td></td></tr>
<tr><td>2</td><td></td><td></td><td></td><td></td><td></td><td></td><td></td></tr>
<tr><td>3</td><td></td><td></td><td></td><td></td><td></td><td></td><td></td></tr>
<tr><td></td><td></td><td></td><td></td><td></td><td></td><td></td><td></td></tr>
</table>

각 범주의 세부사항 도달 여부를 확인하여 부족한 학생은 X, 중간 정도의 학생은 △, 잘 된 학생은 ○로 표시한다.

(3) 세부 채점 기준

미적분 최적화 문제를 수행평가에 반영할 때 채점 기준은 [표 17-4]와 같다.

[표 17-4] 채점기준

	평가요소	배점*	4	3	2	1
문제해결	부피를 최대로 만드는 x값 구하기		주어진 모든 다각형의 부피를 최대로 만드는 x값을 구하였음.	주어진 1개 다각형의 부피를 최대로 만드는 x값을 구하였음.	주어진 다각형의 부피구하는 식을 유도하였으나 수학적으로 모순이 있음.	주어진 문제를 이해하는 데 어려움이 있음.
의사소통	자신의 수학적 사고에 대한 의사소통하기(말하기)		자신의 수학적 사고를 수학적 언어를 통해 다른 학생과 의사소통할 수 있음.	자신의 수학적 사고를 다른 학생과 의사소통하고 있으나 수학적 언어를 사용하는데 어려움이 있음.	자신의 수학적 사고를 다른 학생과 의사소통하는데 다소 어려움이 있음.	수학적으로 사고하는데 어려움을 겪으며 다른 학생과 의사소통이 없음.
추론	일반적인 다각형의 x값 구하기		일반적인 다각형의 부피를 최대로 만드는 x값을 추론하였음.	주어진 다각형의 부피를 최대로 만드는 x값을 정확히 구하였으나 일반적인 다각형은 추론이 어려움.	주어진 추론 문제를 이해하고 추론하는데 다소 어려움이 있음.	주어진 문제를 이해하는 데 어려움이 있음.

* 배점은 평가문항을 활용하는 교사가 자율적으로 결정할 수 있도록 공란으로 비워둠

(4) 세부 채점 기준

CAS를 활용하여 미적분 최적화 문제 해결하고 있는 과정은 [그림 17-6]과 같다.

<table>
<tr><td colspan="3">[과제1] 한 변의 길이가 $l=6$인 정삼각형, 정사각형, 정오각형 모양의 종이의 세 귀퉁이에서 그림과 같이 모서리 한 변의 길이가 x인 같은 크기의 사각형을 잘라 내고, 나머지 부분을 접어서 뚜껑이 없는 다각기둥 모양의 상자를 만들 때, 부피를 최대로 하는 x의 값을 구하시오.</td></tr>
<tr><td>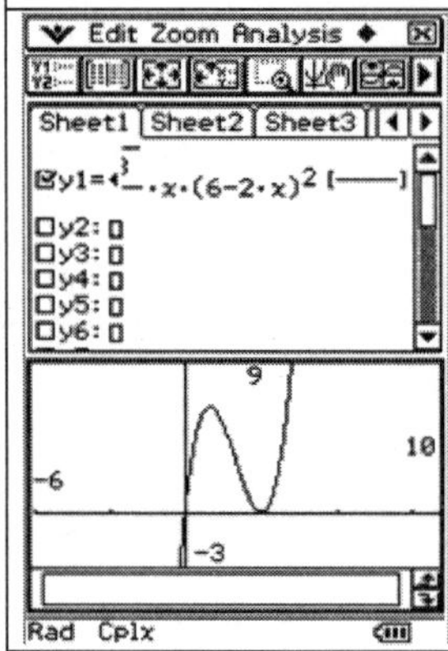
</td><td>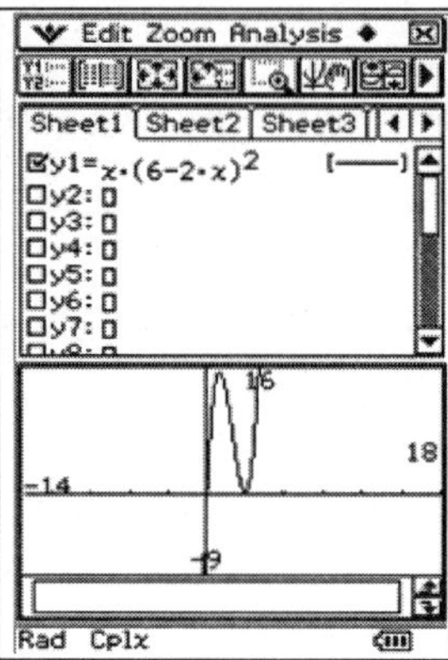
</td><td>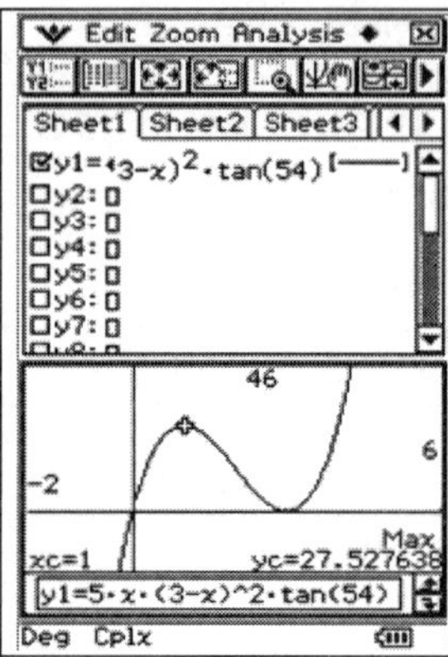
</td></tr>
<tr><td>정삼각형</td><td>정사각형</td><td>정오각형</td></tr>
</table>

[그림 17-6] 그래프를 이용한 최적화 문제 해결

(5) 미적분 최적화 도구발생 관련요소

예상되는 학생들의 도구화된 CAS의 도구 발생 관련요소를 분석하면 [표 17-5]와 같다.

[표 17-5] 미적분 최적화 문제 도구발생 관련요소

목록	최적화 문제1-(A) 도구발생 핵심요소	IAS	사용스킴
1	• [Setting] 확인하기 (복소모드, 실수모드) (표준모드, 십진모드)	○	○
2	• 3차방정식 해 구하기와 3차 함수 그래프 그리기가 문제 해결 방법이라는 것 알기	○	
3	• 도출한 3차방정식의 해를 구하는 데 CAS명령어 사용하기	○	
4	• 3차 함수 그래프 그리기 위해 계산기의 메뉴 선택하기 • 그래프 [window setting]) 확인하기	○	○
5	• 주어진 다각형에서 x값의 결과 해석하기	○	
6	• x값의 결과 해석 후 임의·다각형 추론하기	○	

본 과제는 미적분 지식 없는 학생들도 CAS를 이용한 그래프 그리기 기능을 통해 문제를 해결할 수 있는 수행평가 모델이다. 그러나 일반 다각형으로 문제를 확장할 때, 학생들은 그 타당성을 증명하는 데 미분의 지식을 자연스럽게 필요하게 된다. 따라서 본 과제는 상/중/하 수준에 있는 모든 학생들이 활동에 참여할 수 있는 공평성과 CAS와 같은 기술공학 도구의 역동성을 과정평가에 반영할 수 있도록 고안되었다고 볼 수 있다.

4 결론

본 장에서는 CAS의 도구화에 필요한 용어 개념을 다시 정립하고, 학습량을 축소하면서 사고력을 키우고 실생활과 접목된 의미 있는 미적분 최적화 문제의 수업 가능성과 CAS를 활용한 수행평가의 현장 적합성을 심층적으로 모색하고자 하였다. 이에 국내에서 개발된 최적화 문제를 CAS의 도구화 관점에서 분석하였는데, 최적화 문제를 해결하는 활동이 미적분학과 밀접하게 관련됨을 확인 할 수 있었다. 따라서 CAS를 활용한 최적화문제 해결은 추론과정에서 문제해결의 정당화를 위해서도 미적분과 연관하여 학습을 구성할 필요가 있다. 또한 미적분 지식 없는 학생들도 CAS를 이용한 그래프 그리기 기능을 통해 문제를 해결할 수 있는 수행평가 모델을 제시하였다. 일반 다각형으로 문제를 확장할 때, 학생들은 그 타당성을 증명하는 데 미분의 지식을 자연스럽게 필요하게 된다. 따라서 본 과제는 상/중/하 수준에 있는 모든 학생들이 활동에 참여할 수 있는 공평성과 CAS와 같은 기술공학 도구의 역동성을 과정평가에 반영할 수 있도록 하였다.

우리는 CAS가 수학교육에 도입되면 수학교육의 초점과 교육과정의 내용 제시 순서를 바꿀 수 있음을 개방적으로 받아들이고, 또한 학생들로 하여금 아직 미적분을 학습하지 않은 최적화 문제 풀이를 그래프로 구하고, 구한 해의 의미를 이해할 수 있는 환경에 대해 더 깊은 고민이 필요하다. 도구화된 CAS에 기반한 최적화문제해결활동은 CAS가 교육과정의 제시순서에 영향을 줄 수 있으며, 식을 세울 수 있으면 해를 구할 수 있는 일반적인 방식을 제공함으로써 방정식 풀이 기법에서 식 세우기로 수학활동의 초점이 변하는 사례와 수행평가를 역동적으로 구성할 수 있는 사례가 될 수 있다.

마지막으로 우리는 CAS를 활용한 최적화 문제해결의 교수학적 의의를 생각해 볼 수 있다. 우선 교육과정 내용을 줄일 수 있는 여건을 조성할 수 있다는 점이다. CAS를 활용한 미적분학 교육은 학생들의 지루한 계산을 덜어주고 좀 더 고차원적인 교육내용을 교수할 수 있는 여건을 조성할 수 있다는 점에서 시사하는 바가 크다. 다음으로 수학적 개념 원리의 응용과 모델링을 중시하는 수학교육의 최근 경향을 반영할 수 있다는 점이다. 개념먼저 응용나중이라는 전통적인 패러다임에서 문제→실험→추론(그리고 증명)의 발견적 접근이 가능한 수업계열의 변화에 기여하는 바가 크다고 할 수 있다.

Reference 참고문헌

고상숙 외(2013). 교구 및 공학도구를 활용한 평가 기반 조성. 연구보고서 2013-6. 서울: 한국창의재단.

________(2015). 학생 성장을 위한 평가시스템 개선 및 평가모델 개발연구. 연구보고서 SBJ000012387. 서울: 한국창의재단

김화경(2006). 컴퓨터와 수학교육 학습-지도 환경에 관한 연구. 서울대학교 박사학위 논문.

류희찬(2005). CAS를 활용한 대수교육의 의미와 방법. 제 18회 수학교육과 세미나, 한국교원대학교 수학교육과.

장경윤(2005). CAS와 수학교육. 제 18회 수학교육과 세미나(p10), 한국교원대학교 수학교육과.

______(2007). ICT 시대의 대수교육의 방향과 과제. 학교수학. 9(3), 409-410.

한세호(2001). 그래픽 계산기를 활용한 개방형 문제 풀이 활동에 관한 연구, 한국교원대학교 석사학위논문.

______(2009). 고등학교 수학학습에서 컴퓨터 대수체계(CAS)의 도구발생, 건국대학교 박사학위 논문.

한세호, 장경윤(2009). 고등학교 수학 문제해결에서 CAS의 도구발생. 학교수학, 11(3), 527-546.

Atigue, M. (2001). Learning Mathematics in a CAS environment: The genesis of a reflection about instrumentation and the dialectics between technical and conceptual work. *CAME Symposium 2001:* Theme 1 Presentation.

Drijvers, P.H.M. and Gravemeijer, K. (2005). Computer algebra as an instrument: Examples of algebraic schemes, In D. Guin, K. Ruthven & L. Trouche (Eds.), *The Didactical Challenge of Symbolic Calculators.* New York: Springer.

Kieran, C. & Drijvers, P. (2006). The co-emergence of machine techniques, paper-and-pencil techniques, and theoretical reflection: *A Study of CAS use in secondary school algebra.* New york: Springer.

part 6

컴퓨팅 사고력

모든 사람이 배워서 사용해야 하는 보편적 사고 방법이자 기술로 컴퓨팅 사고력(CT)이 새롭게 강조되고 있다. 컴퓨팅 사고력(CT)과 관련하여 제18장에서는 LOGO 기반의 마이크로월드에서, 제19장에서는 Sage 환경에서 '수학교육'과 '컴퓨팅 사고력(CT)'을 연결할 수 있는 방안을 모색해 보았다.

18장

거북 마이크로월드와 컴퓨팅 사고력

상명대학교 김화경
(indices@smu.ac.kr)

1 서론

Tayler(1980)는 교육에서 컴퓨터의 역할을 '개인교사형(tutor)', '보조도구형(tool)', '학습자주도형(tutee)'의 세 가지 형태로 나누었다. 여기서 '개인교사형'나 '보조도구형' 관점은 학습자의 학습을 위해 컴퓨터가 도움을 줄 수 있다는 관점으로, 학습자의 컴퓨터 활용 능력이 중요한 것은 아니다. 이에 비해 '학습자주도형' 관점은 학습자가 컴퓨터에게 명령을 통해 의사소통을 해야 한다. 즉, 학습자는 프로그래밍, 코딩을 해야 하므로 학습자는 컴퓨터에 익숙해야 하며, 이는 최근 강조되고 있는 코딩 교육과 연결하여 생각해 볼 수 있다.

Wing(2006)은 컴퓨팅 사고력(computational thinking)은 컴퓨터 과학자뿐만 아니라 누구나 배워서 활용할 수 있는 보편적인 사고이자 기술이어야 한다고 말한다. 인쇄술이 읽기, 쓰기, 셈하기의 3R을 기본적으로 요구했듯이, 발전하는 컴퓨터 기술을 모든 사람에게 컴퓨팅 사고력을 요구하고 있다는 것이다. 사실 '컴퓨팅 사고력'이라는 표현을 가장 먼저 사용한 사람은 1980년 Papert이다.

수학자이자 수학교육자였던 Papert는 학습자주도형 관점의 컴퓨터의 역할을 강조하며, 컴퓨팅 사고력을 강조하였다. 그렇게 만들어진 프로그램이 LOGO(Papert, 1980)이다. Papert (1980)는 어린 아이들이 좋아하는 그림 그리기를 컴퓨터에게 가르치는 방식을 통해 수학교육, 컴퓨터 소양 교육을 목표하였다. 즉, 평면 기하 운동 현상을 FORWARD(가자), ROTATE(돌자) 두 가지 기본 명령 조합으로 파악하고, 학생들이 컴퓨터 화면에 그림을 그리도록 명령하는 과정에서 수학을 사용하고 학습이 일어나기를 기대하는 컴퓨터 환경으로 LOGO를 설계·구현하였다. 학습자는 LOGO에서 '거북이(turtle)'를 움직이고 거북 행동의 결과를 자취로 나타내어 자신이 그리고자 하는 그림을 그린다. 즉, 학습자는 거북이 등 위에 올라타서 행동의 방향과 크기를 거북이에게 명령으로 알려주어야 한다. LOGO의 기본 명령(가자/돌자)은 쉽고 직관적이어서 어린 학습자에게 쉬웠으며, 학습자가 원하는 그림을 그리면서 수학을 사용하고 학습한다는 철학을 가지고 있다.

Papert는 미분기하를 전공한 수학자로, Piaget와의 만남을 계기로 학습에 관심을 갖게 되었다. 그리고 자신의 이론이 Piaget로부터 시작되는 구성주의에 기반하고 있음을 말하고 있다. 구성주의자들에게 지식은 한쪽에서 다른 쪽으로 일방적으로 전달되는 상품과 같은 것이 아니라 학습자에 의해 적극적으로 재구성되는 경험이다. Ackermann(2004)은 이런 구성주의자들의 관점을 다시 Piaget, Papert 그리고 Vygotsky식으로 구별하고 있다. 먼저 Piaget는 합리주의자로 인간의 인지 발달 과정을 규명하려고 노력하면서 가르치는 행위는 반드시 간접적이며, 지식과 정보는 다르며, 아동의 심리적 저항을 무시하는 교육이론은 실패한다고 주장하였다. 이러한 그의 주장은 구성주의자들의 기본 가정이 되었다. 그러나 서로 다른 발달 단계 아동들의 공통적 특징을 설명하려던 Piaget는 개인적 선호도나 문맥, 도구의 역할에 크게 주목하지 않았다. 이에 비해 실제적인 지식 구성을 강조한 직관주의자인 Papert는 지식의 구성에서 '도구(media)'의 역할을 중요시 여겼으며, 사회-문화주의자인 Vygotsky는 개인을 포함하는 '사회(others)'의 역할을 중요하게 생각했다(Ackermann, 2004). 특히 지식의 구성에서 도구의 역할을 강조하여 '물리적 구성을 통한 정신적 구성'을 주장한 Papert 이론을 구성주의(constructivism)와 구별하여 constructionism이라고 한다.[1] Papert는 물리적 구성을 강조하고 실제 물리적 구성이 일어날 수 있는 바람직한 환경을 설계하고 이를 통해 지식이라는 정신적 구성을 실현하려고 노력했다. 이런 점에서 constructionism은 Piaget식의 구성주의의 실천적 방법론으로 볼 수 있다.

> constructionism은 학습이론이면서 교육을 위한 전략이다. 지식은 단순히 교사에서 학습자로 전달되는 것이 아니라 학습자의 마음속에서 활발하게 다시 구성되는 것이라는 Piaget식 구성주의자(constructivist)의 관점을 취하고 있다. 아동들은 아이디어를 얻는 것이 아니라 만드는 것이다. 나아가, constructionism은 학습

1) Papert는 교수주의(instructionism)에 대비되는 용어로 constructionism이란 용어를 사용한다. 이 글에서 구성주의는 constructionism을 말한다.

> 자들이 외부의 인공물들(로봇, 시, 모래성, 컴퓨터 프로그램)을 활발하게 만들 때, 새로운 아이디어를 얻을 수 있을 것이라고 말하고 있다. 그래서 constructionism 은 개인적으로 의미 있는 인공물을 구성하는 상황 속에서 지식 구성이라는 두 종류의 구성이 관계된다(Kafai & Resnick, 1996, p. 1).

Constructionism 관점에서 수학교육을 위한 컴퓨터 환경을 설계하고 구현하는 연구 분야가 '컴퓨터와 수학교육'(조한혁, 2003; 김화경, 2006)이다. 이는 교수(teaching)보다는 학습(learning)을 강조하는 구성주의자의 입장에서 물리적 구성을 강조하는 constructionism 관점을 더해 도구, 컴퓨터와 함께 수학 학습을 추구한다. 이때, 물리적 구성을 컴퓨터에게 명령하는 과정에서 '컴퓨팅 사고력'을 경험할 수 있다는 것이 Papert와 그 이후의 연구자들의 주장이다. 이 글은 constructionism 관점에서 설계된 LOGO 환경에서 곡선 만들기를 통한 컴퓨팅 사고력 함양 교육의 예를 생각해 보고자 한다(김화경, 송민호, 2010).

2 거북 마이크로월드에서 곡선 만들기

2.1 원 이해하기

LOGO에서 그려지는 그림을 수학적 곡선[2)]으로 이해할 수도 있다. 곡선은 조건을 만족하는 '1차원 집합'이라는 정적인 의미와 함께 시각에 따라 변하는 점이라는 동적인 의미를 함께 가진다(김홍종, 2004). 정적인 의미에서 곡선은 일정한 관계를 만족시키는 점들의 집합이며 동적인 의미에서는 시각에 따른 행동의 자취이다. 정적인 의미에서 같은 곡선이라 하더라도 시간의 흐름을 달리하면 동적인 의미에서는 다른 순서의 행동일 수 있다. 이때, 시간에 따른 행동은 곡선 구성 방법이고, 점들 집합으로의 곡선은 곡선 분석 방법이다.

LOGO에서 원을 그리는 거북 행동 명령은 시간에 따른 절차가 있는 곡선의 동적 표현이

2) 곡선은 1차원 공간에서 2차원 공간으로의 연속 사상을 말한다(Insall, Matt and Weisstein, Eric W. "Curve." From MathWorld--A Wolfram Web Resource. http://mathworld.wolfram.com/Curve.html).

다. 이에 비해 학교수학에 나오는 곡선은 대부분 정적으로 표현되어 있다. 이와 같이 학교수학에서 정적 표현만 제시되는 것은 수학적·역사적 결과이다. 역사적으로 동적, 기하적 의미를 가지던 곡선에 관한 연구는 수학적 확실성을 도모하는 과정에서 정적, 대수적 표현으로 발전하게 되었고 그 결과가 학교수학에 반영된 것이다. 한편 종이와 연필 환경에서는 곡선을 동적으로 표현하는 데에 한계가 있기 때문에 정적 표현만이 제시되어 있기도 할 것이다. 그러나 변화하는 세상에 살고 있는 우리는 동적인 상황에 처해있으며 곡선을 현실과 연결시키기 위해서는 동적인 표현이 필요하다. 즉, 곡선을 두 가지 방식으로 모두 표현할 수 있어야 곡선에 대한 진정한 이해를 기대할 수 있을 것이다. 여러 동적 상황의 결과로 정적 관계식이 도입될 때 곡선의 의미가 보다 풍부해질 수 있을 것이다. 거북 행동으로 곡선을 동적으로 표현할 수 있다면 곡선에 관한 이해를 넓히는 기회가 될 것이다.

곡선의 동적 표현이란 매개 변수를 이용한 곡선의 표현과 관련된다. 예를 들어 원을 매개변수를 도입하여 보다 동적으로 나타낼 수 있다.

$$\begin{cases} x = r\cos t \\ y = r\sin t \end{cases} \quad (0 \le t < 2\pi)$$

이 식에서 r은 반지름의 길이이고, t는 중심각의 크기 또는 시간이다. 시간을 매개 변수로 사용한다는 면에서 곡선의 매개 변수 표현을 시간에 따른 곡선의 동적 표현이라고 할 수 있다(Anton et al., 1980). 이때, 만약 시간의 변화를 $t = 0, 1, 2, \cdots$ 와 같이 이산적으로 고려한다면 곡선의 동적 표현은 시간에 따른 패턴이다.

이와 같이 곡선을 패턴으로 이해하는 것은 현대수학에서 패턴을 강조하는 입장과 맞아 떨어진다. Steen(1988)은 컴퓨터와 응용 수학이 발전하는 요즈음 더 이상 수학적 탐구 대상은 수와 도형에만 한정되는 것이 아니라 패턴에 대한 연구로 그 영역을 확장하는 과학이라는 맥락에서 수학을 '패턴의 과학(science of patterns)'으로 불렀다. 여기서 수학은 패턴을 관찰하고 실험하여 그 규칙성을 탐구하는 학문이 된다. 그리고 기존의 수학적 탐구 소재들을 새로이 패턴의 관점에서 이해해야 한다는 뜻이기도 하다. 마찬가지로 Cuoco와 Goldenberg (1996)는 마음의 습관(habit of mind)을 갖도록 하는 것이 수학교육의 목표이며 가장 중요한 마음의 습관은 '패턴 탐구자'라고 하였다. 김화경(2006)은 이런 관점에서 컴퓨터 환경에서 기하 패턴을 만들고 탐구하는 학습-지도 환경에 관해 연구하였다. 문자 되쓰기 규칙을 갖는 기하 패턴을 만들고, 각 항 사이의 규칙을 재귀적으로 탐구하는 환경의 설계에 관한 것이다.

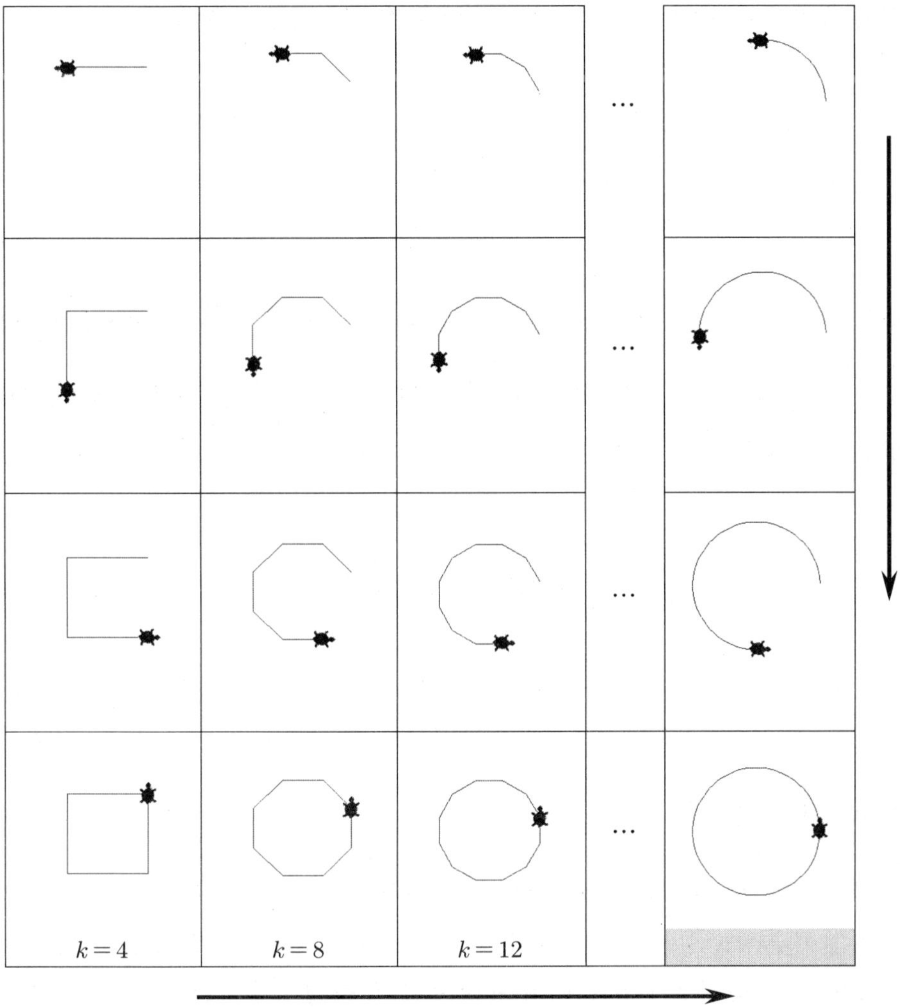

[그림 18-1] 원을 패턴으로 인식하기

[그림 18-1]은 거북 마이크로월드[3]에서 원이라는 곡선을 패턴으로 이해하여 만든 그림이다. 여기에는 두 가지 중요한 패턴이 동시에 존재한다는 것이다. 그중 하나는 시간의 변화에 따른 거북이의 절차적 행동을 나타내는 패턴으로 [그림 18-1]에서는 세로 방향의 패턴이고, 다른 하나는 절차의 횟수에 관계되는 패턴으로 [그림 18-1]에서는 가로 방향의 패턴이다. 정다각형 패턴으로 원을 인식하는 것은 가로 방향의 패턴으로 같은 절차 횟수와 관련된 패턴

3) 거북 마이크로월드란 LOGO의 설계 관점을 유지한 다양한 컴퓨터 환경을 통칭하는 표현이다.

이다. 이후를 위해 이 행동을 만드는 거북 명령을 적으면 다음과 같다.

for $x=1$ to k

돌자 $\frac{360}{k}$; 가자 1

next

이 명령은 k각형을 만드는 명령으로 만약 명령을 각각 $\frac{k}{4}$, $\frac{k}{2}$, $\frac{3k}{4}$까지만 실행한다면 k각형의 $\frac{1}{4}$, $\frac{1}{2}$, $\frac{3}{4}$ 만큼을 그리게 되어 가로 방향의 패턴을 얻을 수 있다. 명령어 'move'를 이용한 명령으로 번역하면 다음과 같다.4)

for $x=1$ to k

move $-\sin\frac{360}{k}\cdot x,\ \cos\frac{360}{k}\cdot x$

next

2.2 두 원의 합성

1970년대에 스파이로 그래프(spirograph)라는 재미있는 교구가 많이 사용되었다. 스파이로 그래프는 안쪽과 바깥쪽에 톱니를 가지고 있는 링으로 이루어져 있어서 두 톱니를 맞물리고 움직이며 그 원의 내부의 한 점에 연필을 꽂아서, 톱니가 움직일 때의 그 점의 자취를 연필 흔적으로 나타내는 도구다. 바깥쪽에서 맞물려 움직일 때 epicycloid라고 하고 안쪽에서 맞물려 움직일 때 hypocycloid라고 한다. 만약 고정된 원의 반지름이 아주 크다면 이는 평면 위를 굴러가는 원 위의 한 점의 자취는 cycloid가 된다. 또한 두 원을 이용해서 만들기는 하지만 도는 원의 내부와 외부가 모두 가능하다고 할 때 그런 곡선들을 epitrochoid와 hypotrochoid라고 한다.

역사적으로 이런 종류의 곡선에 대한 연구는 그리스 시대부터 시작되었다. 천동설을 믿던 그리스인 프톨레미는 별을 관찰하다가 역행하는 별을 발견하였다. 천동설이라는 믿음을 유

4) 명령 "move 10, 20"은 현재 위치의 거북이를 벡터 (10, 20) 방향으로 움직이는 명령이다.

지하면서 그 별의 움직임을 과학적으로 설명하기 위해 프톨레미는 행성이 지구를 중심으로 공전하면서 자전한다는 생각을 했다. 즉, 큰 원 운동(deferent)을 하면서 다시 작은 원(epicycle) 위를 움직인다고 생각하였다(Stillwell, 2001). 프톨레미는 행성은 epitrochoid 곡선을 따라 운동한다고 설명하였다. 이후 좀 더 정확하게 행성의 운동을 설명하기 위해 원들을 추가하여 여러 개의 epicycle들을 만들기도 하였다. 코페르니쿠스의 지동설이 등장하기까지 별의 움직임을 설명하기 위해 deferent/epicycle 모델은 계속 사용되었다. 천동설이라는 잘못된 믿음을 유지하기 위해 계속적 잘못된 설명을 덧붙인 것이다. 이런 역사적 배경에서 deferent/epicycle란 용어는 잘못된 과학을 비유하는 말로 사용되기도 한다.

나아가 epicycloid를 그리는 도구에 대한 연구는 중세에도 계속되었다. 컴퓨터나 그래픽 계산기가 등장하기 전까지 곡선을 그리기 위해 사용된 중세의 기계들을 계속 만들어졌다(Maor, 1998). 원하는 곡선이 그려지는 것은 기계를 고안한 사람들에게는 큰 기쁨이었다.

> 이런 기어들이 천천히 움직이면서 원하던 곡선을 그려나가는 것을 본다는 것은 그들에게 큰 기쁨이기도 했다(Maor, 1998, p. 106).

우리는 그러한 기쁨을 거북 마이크로월드에서 학생들이 다시 느낄 수 있고 그것이 바람직하다고 생각한다. 천천히 곡선을 그리는 기계들과 마찬가지로 거북이가 원하는 곡선을 그릴 때의 기쁨이 있을 것이라 생각한다. 이와 관련하여 Armon(1999)은 내재적 식을 이용하여 곡선을 거북 명령으로 그리는 방법에 관해 연구하였다. 우리는 여기에 'move'라는 새로운 명령을 중간 매개로 이용하고, 다각형 패턴의 관점을 도입해 보자.

먼저 epicycloid와 hypocycloid를 그리기 위해 먼저 원을 그리는 명령을 좀 더 자세히 분석하자. 원을 거북 마이크로월드에서 그리는 것은 원을 360각형으로 간주하여 360개의 아래의 벡터를 연결하는 것과 같다.

$$(-\sin 1°,\ \cos 1°) + (-\sin 2°,\ \cos 2°) + \cdots + (-\sin 360°,\ \cos 360°)$$

만약 이때 각 크기의 변화를 달리한다면 얻어지는 원의 크기도 달라진다. 예를 들어, 각의 변화를 $m\,(>0)$ 배하면 원은 $1/m$ 배가 되고 거북 운동은 m 회전하게 된다. 만약 $m<0$ 이면 회전의 방향이 반대가 된다. $m=3$ 일 때 [그림 18-2]와 같이 1/3만큼 작은 원을 3바퀴 돌게 되는 것이다. [그림 18-2]는 360개의 벡터를 줄여서 나타낸 명령과 그 결과의 시각적 표현이다.

```
for x=1 to 360
 move -sinmx, cosmx
next
```

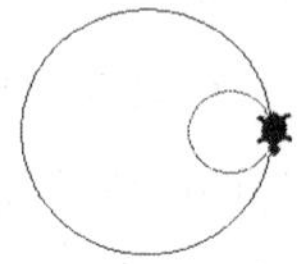

[그림 18-2] 크기가 다른 원

이제 epicycloid가 얻어지는 두 원이 맞물려 돌아가는 상황을 '움직이는 원 중심의 회전운동'과 '움직이는 원 자체의 회전운동'으로 분리하여 본다면 epicycloid는 이 두 원 운동 벡터의 합성으로 이해할 수 있다[5]. 즉, 각각의 원 운동을 360개의 벡터로 나타내면 epicycloid는 서로 합성한 벡터 360개를 연결해서 얻어지는 것이다. 이때, 모양은 두 원의 반지름의 비에 따라 달라진다. 또한 epicycloid는 두 운동이 같은 방향으로 일어나지만, hypocycloid의 경우는 움직이는 원의 중심 운동과 원 운동의 방향이 반대이다.

이제 벡터의 합성을 이용하여 구하는 epicycloid나 hypocycloid를 거북 명령으로 나타내 보자. 먼저 운동 회전의 비가 $m:n$ 인 두 원 운동을 생각하자. 이 때, m, n은 정수로 가정하자. 이제 움직이는 두 점의 원 운동에서 하나씩의 벡터를 뽑아 합성하자. 이때, 벡터의 합성과 함께 삼각함수의 공식을 이용한다.

$$\begin{aligned}
&(-\sin mx,\ \cos mx)+(-\sin nx,\ \cos nx)\\
&=(-\sin mx-\sin nx,\ \cos mx+\cos nx)\\
&=\left(-2\cdot\sin\frac{m+n}{2}x\cdot\cos\frac{m-n}{2}x,\ 2\cdot\cos\frac{m+n}{2}x\cdot\cos\frac{m-n}{2}x\right)\\
&=2\cos\frac{m-n}{2}x\left(-\sin\frac{m+n}{2}x,\quad \cos\frac{m+n}{2}x\right)
\end{aligned}$$

즉,

for x=1 to 360

move $2\cos\frac{m-n}{2}x\left(-\sin\frac{m+n}{2}x,\quad \cos\frac{m+n}{2}x\right)$

next

5) 행성과 위성의 운동으로 생각해본다면 전자를 공전, 후자를 자전 운동으로 생각할 수 있다.

이고, 이를 가자/돌자 명령으로 나타내면 다음과 같다.

for $x=1$ to 360

돌자 $\frac{m+n}{2}$; 가자 $2\cos\frac{m-n}{2}x$;

next

이제 곡선을 다시 다각형 패턴으로 만들어 보자. 먼저 도는 각의 크기를 수정하자. 만약 각각의 원 운동을 정다각형 운동이었다고 생각하면 쉽게 그 명령을 찾을 수 있다. 정360각형을 그릴 때는 한 번에 도는 각이 1°고, 만약 정k각형운동을 생각한다면 한 번에 도는 각의 크기는 $a=360/k$ 이다. 이는 정다각형의 외각의 합이 360°라는 사실에서 쉽게 얻을 수 있다. 그리고 'move' 명령에서 각의 변화가 ma, na 만큼씩 이루어진다. 이에 앞선 벡터의 합성 과정을 그대로 따라가게 된다면 다음과 같이 다각형 패턴을 만드는 명령을 얻을 수 있다.

for $x=1$ to k

돌자 $\frac{m+n}{2}a$; 가자 $2\cos\frac{m-n}{2}ax$;

next

위의 명령을 좀 더 자세히 살펴보면 x에 따라 회전하는 각도($\Delta\theta$)는 $\frac{m+n}{2}a$로 일정하고 움직이는 거리(Δs)는 $2\cos\frac{m-n}{2}ax$로 변화한다는 것을 알 수 있다. 즉, 조금 돌고, 조금 가는 행동을 반복해서 원을 그릴 수 있는 것과 마찬가지로 조금 일정하게 돌고, 얼마 가는 행동을 계속하여 원하는 곡선인 epicycloid와 hypocycloid, cycloid를 얻을 수 있게 되는 것이다. 여기서 돌자와 가자의 거북 명령은 각각 $\Delta\theta$, Δs 이고, 'move'는 Δx, Δy의 표현이다.

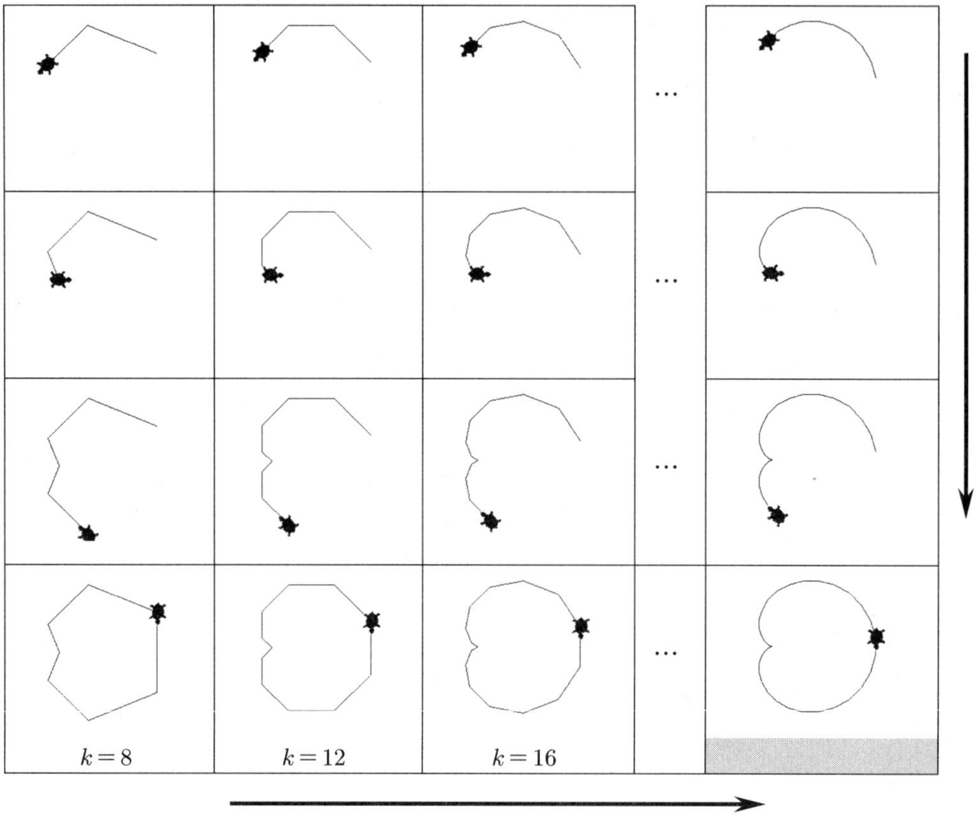

[그림 18-3] cardioid 패턴으로 인식하기

이제 $m=1$, $n=2$인 경우 k값을 여러 가지로 바꿔가면서 거북 행동을 나타내면 [그림 18-3]과 같은 패턴을 얻을 수 있다. $m=1$, $n=2$이라는 것은 크기가 같은 두 원이 맞물려서 돌고 있는 상황으로 이때 만들어지는 곡선은 cardioid이다.

원하는 곡선 패턴을 얻기 위해서는 벡터의 합성이나 삼각함수의 성질과 같은 '수학'을 사용해야 한다. 이는 마치 LOGO에서 별을 그리기 위해 초등학생이 자신의 행동을 반성하고 수학을 사용하는 것과 마찬가지이다. 원하는 것을 만들기 위해 수학을 사용하고, 이를 통해 수학교육을 이루려는 것이 '컴퓨터와 수학교육'의 목표이다.

[그림 18-3]과 같은 곡선 패턴을 얻기 위해, 그 곡선 패턴을 만드는 명령, 코딩을 하기 위해 학습자는 곡선을 이해해야 하고, 수학을 사용해야 하고, 기본 명령을 이해해야 한다. '컴

퓨팅 사고'는 추상화(abstraction), 알고리즘(algorithm design), 분해(decomposition), 패턴 찾기(pattern recognition) 등의 정신적 과정이 수반을 한 문제해결 과정이라고 볼 때, 이 글에서 살펴본 곡선 패턴 만들기 과정은 곡선을 패턴으로 인식하고, 복잡한 곡선을 두 원으로 분해하고, 이를 기본 명령으로 구현하고, 보다 일반적 합성으로 이해하는 추상화 과정은 '컴퓨팅 사고'를 통한 문제해결의 전형이다.

3 결론

Armon(1999)은 LOGO에서 곡선을 그리는 활동의 교육적 의미를 번역의 관점에서 살펴보면서, 그 첫 번째로 곡선의 식에서 곡선을 그리는 절차 사이의 번역, 두 번째로 외재적, 전체적 표현의 내재적, 국소적 체계로의 번역, 마지막 세 번째로 미분기하라는 연속수학을 이산수학으로의 번역이라고 말하고 있다.

거북 명령으로 표현한다는 것은 두 번째의 번역에 자연스럽게 해당하는 것으로 우리는 첫 번째 번역과 세 번째 번역을 패턴이라는 관점에서 이해하고 곡선을 절차적 패턴과 다각형 패턴으로 접근하는 방법에 대해 살펴보았다. 이를 통해 곡선을 다각형 패턴으로 이해하고, 곡선을 시간에 따른 운동으로 이해할 수 있기를 기대한다. 또한 곡선을 만지고 조작하는 기회 제공을 위해 환경을 개선하는 방법에 대해 살펴보았다.

수학적 대상을 컴퓨터에게 설명하기 위해 우리는 수학을 사용하는 예로 LOGO에서 곡선을 그리는 활동을 살펴보았다. 특별히 새로운 '기본 명령(move)'을 추가하여 얼마나 넓은 확장성을 가질 수 있는지 확인하였다. 이렇듯 컴퓨터에게 수학 언어를 가르쳐주면 우리가 할 수 없는 것을 보여줄 수 있다. 여기서 컴퓨팅 사고력은 곡선을 패턴으로 그리는 문제 상황을 수학 언어로 컴퓨터에게 설명하는 과정이며, 이를 통해 학습자는 곡선을 다각형 패턴으로 인식하는 새로운 통찰을 기대할 수 있다.

Reference

참고문헌

김홍종(2004). 미적분학 1. 서울: 서울대학교 출판부.

김화경(2006). '컴퓨터와 수학교육' 학습-지도 환경에 관한 연구. 서울대학교 대학원 교육학 박사학위 논문.

김화경, 송민호(2010). LOGO와 함께 곡선 만들기 - 다각형 패턴의 관점에서. East Asian Mathematical Journal. 26(4) 447-461.

조한혁(2003). 컴퓨터와 수학교육. 수학교육 42(2), 177-192, 서울: 한국수학교육학회.

Ackerman, E. K. (2004). Constructing knowledge and transforming the world. In M. Tokoro & L. Steels(Eds.), *A learning zone of one's own: Sharing representations and flow in collaborative learning environments(pp. 15-36).* Amsterdam: IOS Press.

Anton, H., Bivens, I., & Davis, S. (2005). *Calculus(8th edition).* Wiley.

Armon, U. (1999). An algorithm that translates intrinsic equations of curves into intrinsic procedures of these. *International Journal of Mathematical Education in Science and Technology 30*(6), 833-854.

Cuoco, A. & Goldenberg, E. P. (1996). Habits of mind: an organizing principle for mathematics curricula. *Journal of Mathematical Behavior 15*, 375-402.

Kafai, Y. & Resnick, M. (1996). *Constructionism in practice.* NJ: Lawrence Erlbaum Associates, Publishers.

Maor, E. (1998). *Trigonometric Delights.* Princeton University Press.

Papert, S. (1980). *Mindstorms: children, computers, and powerful ideas.* Cambridge, Massachusetts: Perseus Publishing.

Steen, L. A. (1988). *The science of patterns.* Science 240, 611-616.

Stillwell, J. (2001). *Mathematics and its history.* NY: Springer.

Taylor, R. (1980). *The computer in the school: tutor, tool, tutee.* NY: Teachers College Press.

Wing, M. J. (2006). Computational thinking. *Communications of the ACM 49*(3), 33-35.

19장

수학과 컴퓨팅 사고력(CT)

성균관대학교 이상구
(sglee@skku.edu)

1 서론

21세기는 어떤 분야를 막론하고 수학적 감각의 중요성이 커지는 시대이며, 사회의 전 분야에서 논리적·합리적 사고와 창의력은 물론 정보처리 능력과 분석 능력이 요구되고 있다. 현재 대학입시에서 수학은 수능과 논술고사가 주를 이루고 있으며 둘 다 지나치게 많은 범위의 문제 풀이로 상대평가하기 때문에 수학의 본질이 아닌 단순한 문제 풀이 경쟁에 시간과 에너지를 낭비하고 있다. 논리적이고 창의적인 사고력을 키워주지 못하고 대부분의 수학 시간을 문제 풀이에 보내는 현실이 변하지 않고는 수학의 필요성을 가르치기 어렵다[1]. 이러한 시대적 변화와 교육적 현실 사이의 간격을 메워주면서 사회가 원하는 창의적 사고력과 정보처리 능력 또는 코딩 능력 등을 신장시키기 위해 다년간 '컴퓨팅 사고력(Computational thinking, CT)'의 필요성을 논하는 연구와 관련 결과물이 산출되어왔다.

최근 주요 산업 분야에서는 우리의 수학교육 현실과 다르게 인간 사고와 컴퓨터 능력의 통합을 의미하는 '컴퓨팅 사고력(CT)'에 대한 요구가 급격히 증가하고 있다. '컴퓨팅 사고력(CT)'은 수학을 통해 그리고 수학교사를 통해 전달되어야 하는 학생들의 필수 사고력 중의 하나이다. 그러나 우리나라 2009 개정 교육과정에 따른 수학과 교육과정에서는 '컴퓨팅 사고력(CT)' 신장 및 활용과 직접적으로 관련이 있는 '알고리즘과 순서도' 단원을 학습자 부담 경감이라는 이유로 삭제하면서 전 세계적으로 강조하고 있는 '컴퓨팅 사고력(CT)'의 신

1) http://m.news.naver.com/memoRankingRead.nhn?oid=277&aid=0003454185&sid1=102&date=20150315&ntype=MEMORANKING

장과 엇박자를 보이고 있다.

지난 20여년간 수학교과의 수학적 추론, 수학적 문제 해결, 수학적 의사소통의 과정에서 활용되는 '컴퓨팅 사고력(CT)'이란 CAS(Computation Algebra System)와 같은 컴퓨터 활용을 통한 수학문제해결로 연결 지어졌다. 그 결과 수학이라는 과목을 통해 신장되고 그 활용의 가능성이 부각되는 '컴퓨팅 사고력(CT)'의 교수·학습과 연구가 대부분 '컴퓨터'를 전공한 분야나 학과에서 이루어져야 하는 것으로 인식되고 있다. 그러나 '컴퓨팅 사고력(CT)'은 수학적 내용이 논리적으로 전개되는 과정, 수학문제가 해결되는 알고리즘 과정 그리고 수학 내용을 더 넓고 다양하게 적용하고 응용하는 발견술적 과정 등 수학과 관련된 모두에서 필요하기 때문에, '컴퓨팅 사고력(CT)'은 수학을 교수·학습하는 과정에서 반드시 신장되어야 한다.

우리나라 수학교육에서 '컴퓨팅 사고력(CT)'의 중요성은 최근 들어 크게 부각되었다. 예를 들어, 2009 개정 교육과정에 따른 수학과 교육과정 교과서들이 다양한 CAS 도구에 대한 활용을 담아 '컴퓨팅 사고력(CT)'의 향상에 발을 맞추는가 하면, 미래창조과학부(2013년 5월)의 '창조경제의 개념 및 창조경제 실현'에서 강조한 방향 중의 하나는 미래사회의 주요 산업 분야에서 요구가 증가하고 있는 인간 사고와 컴퓨터 능력의 통합을 의미하는 '컴퓨팅 사고력(CT)'과 연결된다. 더불어 교육부는 2015년 3월 15일 '제2차 수학교육 종합 계획'을 발표하면서[2] 수업 중 불필요한 계산에서 벗어나도록 계산기, 소프트웨어(SW) 등 공학적 도구의 활용 방안을 명시하여 '컴퓨팅 사고력(CT)'의 실제적인 가능성을 활짝 열어주었다. 따라서 수학교육에 관심이 있는 누가라도 '컴퓨팅 사고력(CT)'이 무엇이며 이를 신장시키는 것의 중요성과 의의를 깊이 고민해보아야 할 시점에 온 것이다. 그리고 현재 '컴퓨팅 사고력(CT)'과 관련하여 어떠한 연구가 진행 중이며 활용 가치가 얼마나 되는지를 직접 경험해보는 환경을 조성해야 한다. 예를 들어, '컴퓨팅 사고력(CT)' 향상에 도움이 되는 CAS 도구 특히 PC 및 모바일 기기를 이용하여 언제 어디서나 무료로 사용할 수 있는 파이썬(python) 기반의 무료 Sage 도구를 이용한 수학교육 및 수학 교과목 구성에 대한 이상구, 박경은(2014)이나, 수학과 예술을 3D 프린팅으로 연결하는 접근을 통하여 21세기가 필요로 하는 융합인재를 양성할 수 있다는 가능성을 제시한 이상구 외(2014) 등을 통해 '컴퓨팅 사고력

2) http://m.mediapen.com/news/articleView.html?idxno=68338
http://news.naver.com/main/read.nhn?mode=LSD&mid=sec&oid=001&aid=0007464923&sid1=001
http://m.heraldbiz.com/view.php?ud=20150315000156

(CT)' 향상을 위하여 제시된 구체적인 대안을 제시한 연구 결과들을 확인할 수 있다. 본 원고에서는 최근 국내 학술지 "수학교육 논문집"에 게재한 두 개의 논문, "컴퓨팅 사고력(CT) 향상과 Sage 도구를 이용한 수학교육(이상구, 박경은, 2014)"과 "Sage를 활용한 수학 3D 프린팅 웹 도구 개발(이상구 외, 2014)"의 내용을 중심으로 '컴퓨팅 사고력(CT)'이란 무엇이며 어떠한 특징이 있는지를 설명하고, '컴퓨팅 사고력(CT)'을 신장시키기 위한 구체적인 수학교육의 모델과 사례를 소개한다. 본 보고서가 '컴퓨팅 사고력(CT)' 기반의 효과적인 수학교육모델이 대학 및 중등학교 수학교육 현장에 확산되는 데 도움이 되어, 향후 한국 수학교육, 특히 대학수학교육에서 그간 수학교육을 통한 '컴퓨팅 사고력(CT)' 향상에 관한 다양한 논의에 대한 하나의 답으로 한국의 교육현장이 가졌던 장애를 극복하는 과정에 현실적인 답이 되기를 기대한다.

2 수학교과에서의 CT 교육에 대한 연구 현황

2.1 '컴퓨팅 사고력(CT)'의 정의와 특징

'컴퓨팅 사고력(CT)'이란 인간의 사고와 디지털 기술을 통합하여 문제를 해결하려는 접근법으로, 추상화를 통해 문제의 핵심요소를 추출하고 컴퓨팅 기기를 통해 해법을 자동화하는 능력을 말한다[3]. 예를 들어, CT의 주요 기능으로는 데이터 수집·분석·표현, 문제 분해·추상화·모델링, 자동화·병렬화·시뮬레이션 등이며, 주로 유비쿼터스 컴퓨팅(컴퓨터 분야), 로봇 및 사용자 인터페이스/음성 인식(인공지능 응용 분야), 유전자 치료 및 게놈 스캐닝(바이오 의약 분야) 등에 응용되고 있다.

'컴퓨팅 사고력(CT)' 학습은 MIT 교수인 Papert의 구성주의 교육 이론에 따라 '교사보다 학습자에게' 더 큰 자율성을 부여하기 위한 수단으로 컴퓨터를 활용하는 교육이다. 수학박사인 Papert는 MIT 인공지능 연구소 응용수학 교수와 교육학과 수학교육 교수로 활동하

3) 월간 과학창의, 2014년 2월호, Vol.197, (공)저 한국과학창의재단.

면서 지난 20년간 한국에서 사용되어온 Logo 언어[4])를 처음 개발하기도 하였다. Peppler (2013)는 이에 대해 마치 레고(Lego) 게임을 하듯이 학습 현장에서 학생이 자신의 의도에 따라 다양한 지식을 쌓아올릴 수 있도록 폭 넓은 지원이 이루어지고 있다고 하였다. 즉, 수학·언어·과학 등 기존 과목을 가르치면서 컴퓨터를 적극적으로 활용하고 있는 것이다.

'컴퓨팅 사고력(CT)'의 개념 정립 및 발전에 큰 공헌을 한 Wing은 다음과 같이 '컴퓨팅 사고력(CT)'이 6가지 특성을 지닌다고 서술하였다(Wing, 2006).

- ○ '컴퓨팅 사고력(CT)'은 단순한 프로그래밍이 아닌 개념적인 해석이다.
- ○ '컴퓨팅 사고력(CT)'은 기계적인 기술(skill)이 아닌 기본원리 분석이다.
- ○ '컴퓨팅 사고력(CT)'은 컴퓨터로서가 아닌 인간으로서 생각하는 방법이다.
- ○ '컴퓨팅 사고력(CT)'은 수학적·공학적 사고의 보완 및 결합이다.
- ○ '컴퓨팅 사고력(CT)'은 인위적인 것이 아닌 자연스러운 생각(idea)이다.
- ○ '컴퓨팅 사고력(CT)'은 우리 모두를 위한 방법이다(for everyone, everywhere).

창의적인 인재 양성이라는 목표를 달성하기 위하여 Wing이 서술한 6가지 특성이 수학에서 가능하려면, '컴퓨팅 사고력(CT)' 기반의 미래형 교육은 (교재와 강의록, 문제집과 해답집, 질문하면 답을 얻고, 궁금하면 찾아가며, 동영상 설명을 통해 교과내용을 이해하는 것은 물론이며) 클라우드 컴퓨팅이 가능한 테크놀로지를 이용하여 여러 측면의 수학 내용을 시각적으로 경험하고 추측하며 직접 계산해보고 시뮬레이션을 하면서 구체적인 답을 구한 후 그 답의 의미를 설명하면서 이해하고, 이를 통하여 자신의 추측이 맞는지 확인해 볼 수 있는 것이어야 한다. 즉, 배운 내용을 알고리즘과 코딩 그리고 컴퓨팅 기기를 활용한 시각화를 통하여 직관적으로 이해하고 (명령어를 추가로 학습하는 긴 과정 없이) 즉시 실습한 후 제공된 알고리즘을 파악하여 주어진 함수 또는 조건에 해당하는 부분을 고쳐가면서 시뮬레이션 해보며, 자신의 문제를 해결해 나가는 데 사용할 수 있어야 한다.

2.2 수학교과에서의 CT 교육에 대한 연구 현황

'컴퓨팅 사고력(CT)' 기반 중·고등학교 교과목 구성 방안 관련의 국내·외 연구 동향 및

4) 서울대 조한혁 교수가 개발한 MAL 프로그램도 Papert의 Logo 언어를 사용한다.

현황은 다음과 같다. 미국과 영국, 호주, 캐나다 등 주요 국가들은 창의적인 인재 양성을 위해 시대의 변화(메가트렌드)와 테크놀로지를 반영한 미래형 교육을 갖추기 위하여, CT 기반의 초·중·고 소프트웨어(SW) 교육을 강화하며 의무화하고 있다. 그리고 오바마 대통령은 2013년 12월 '컴퓨터 과학 교육주간'을 기념한 연설에서 "코딩을 배우는 것이 미국의 미래를 위해 중요하다"며 코딩 교육을 강조하였다. 이에 따라 '컴퓨터 과학(Computer Science)' 표준커리큘럼을 초·중등학교에 보급하고, 청소년에게 코딩을 가르치는 'Hour of Code(코딩하는 시간)' 캠페인을 추진하고 있다. 또한 영국의 경우, 카메론 수상은 "국가의 번영을 위해 교육과정 혁신이 필수적이다"라고 선언한 후 초·중등 정보과목을 기존의 활용 중심에서 코딩 중심으로 개편하는 신교육과정을 발표하고 지난 2013년 7월에 '컴퓨팅 사고력(CT)' 교육을 정규 과목으로 채택하였으며, 2014년 9월부터 각 급 학교에 신교육과정을 적용하고 있다[5].

이러한 시대적인 분위기를 반영하여 한국과학창의재단 주최로 2013년 12월 6일 'Computational Thinking 국제 세미나'에서는 CT 기반의 교육이 선진국에서 활발하게 이루어지고 있으며, 중등학교 정규 교과과정은 물론 유치원, 초등학교 등으로 점차 확대되는 추세라고 언급했다[6]. 그리고 기존의 컴퓨터 학습과 스크래치(scratch) 프로그래밍 사이의 차이점을 설명하고 이를 통해 어린 학생들이 컴퓨터의 본질을 쉽게 이해할 수 있었던 사례들을 소개하며 '컴퓨팅 교육'의 중요성을 강조했다. 여기서 스크래치 도구란 미국 MIT 대학 미디어랩에서 개발한 교육용 프로그래밍 언어로 아이들이 마음대로 상상(imagine)하고 그 아이디어를 구현(program)하고 그 결과물을 공유(share)할 수 있으며 현재 우리나라 중학교 1~3학년 정보교과서에 포함되었을 뿐만 아니라 미국 대학에서는 스크래치로 프로그래밍 개념을 가르치기도 한다. 또한 2012년 이후 수행된 대표적인 수학과 교육 내용 관련 연구로는 〈미래 사회 국가 수준 교육과정 방향 탐색〉(한국교육과정평가원, 2013b), 〈행복교육, 창의인재 양성을 위한 교육과정, 교수·학습, 교육평가 패러다임 전환〉(한국교육과정평가원, 2013a), 〈초·중등 단계 Computational Thinking 도입을 위한 기초연구〉(한국과학창의재단, 2013)를 들 수 있다. 특히 2013년 10월 개시~2014년 3월 종료된 연구과제 〈초·중등 단계 Computational Thinking 도입을 위한 기초연구〉(한국과학창의재단)를 통해 창의성과 열정을 갖춘 창의인재 양성을 목표로 '컴퓨팅 사고력(CT)'를 초·중등 단계에서부터 체계적으로

---

5) 월간 과학창의, 2014년 2월호, Vol.197, p. 5, (공)저 한국과학창의재단.

6) http://www.youtube.com/watch?v=f35zYy˙E8KU

도입하기 위한 이론적인 개념 정립 및 학령별·과목별 적용방안 도출하기 위한 연구를 진행하였다. 이때, '컴퓨팅 사고력(CT)'에 대한 특성들을 다음과 같이 정리하였다.

> 문제해결에 컴퓨터나 다른 도구를 사용할 수 있도록 문제 구성하기, 논리적으로 데이터를 조직하고 분석하기, 모델링이나 시뮬레이션 등의 추상화를 통해 데이터를 표현하기, 알고리즘적 사고를 통해 해결책을 자동화하기, 가장 효율적이고 효과적인 단계와 자원의 조합으로 목표를 달성하기 위한 해결책을 식별하고 분석하며 적용하기, 이러한 문제 해결과정을 다양한 문제들로 일반화하고 전환하기가 포함된다.

'컴퓨팅 사고력(CT)' 기반 교육적 활용에 대한 연구는 최근 활달히 이루어지고 있는 추세인데, 이은경(2013)은 최근 계산적 사고(Computational Thinking)[7]의 중요성에 관한 인식이 확산됨에 따라 초·중등학생들을 대상으로 계산적 사고 능력 향상을 위한 교육 연구가 활발히 이루어지고 있다고 보고하였다. 이 연구에서는 스크래치를 활용한 창의적 프로그래밍 학습을 설계하고 해당 학습 활동이 중학교 1학년 학생들의 창의성 잠재력 및 계산적 사고 능력 발달에 미치는 영향을 확인하였다. 연구 결과, 학습자들의 창의성 잠재력은 유의하게 증진되었으며, 계산적 사고 능력의 토대가 되는 프로그래밍의 기본 개념과 원리를 습득하였음을 확인하였다. 계산적 사고의 경우 프로그래밍의 기본 개념인 순차, 반복, 조건, 이벤트 처리 및 연산자에 대한 개념 이해 수준이 높게 나타났다. 계산적 사고를 기반으로 한 교과교육 연구 중, 김지현, 김태경(2014)은 계산적 사고를 기반으로 수학, 과학, 음악 분야의 내용을 IT와 융합하여 영재교육을 하는 내용으로 구성하였다. 즉, 실생활 중심의 융합 가능한 주제인 피보나치수열을 주제로 선정하고 계산적 사고 기반 IT 융합형 학습개념도의 흐름에 맞추어 계산적 사고와 관련된 학습요소를 단계별로 적용하여 내용을 구성한 결과, 학생들이 문제 상황을 분석하고 해결해가는 계산적 사고의 과정을 통해 창의적 문제해결력을 기를 수 있음을 확인하였다. 이상구, 박경은(2014)은 '컴퓨팅 사고력(CT)'에 대한 요구가 급격히 증가하는 교육환경의 변화를 수학교육에 반영하는 효과적인 방법으로 CAS 도구, 특히 파이썬 기반의 무료 Sage 도구를 이용한 수학교육을 통하여 컴퓨팅 사고력을 향상시키는 'CT 기반의 수학교육 프로그램' 모델을 개발하여 제시하였다. 즉, 오픈 소스 프로그램으로 언제 어디

---

7) 컴퓨터 관련 연구 논문 및 문서(이은경, 2013; 김지현, 김태경, 2014)에는 CT를 '계산적 사고'로 번역하였으나, 본 연구에서는 2014년 9월 교육부에서 발표한 문·이과 통합형 교육과정 발표문을 참조하고, 클라우드 컴퓨팅이 가능한 테크놀로지의 활용을 중점적으로 다루므로 Computational Thinking을 '컴퓨팅 사고력'으로 번역하였다.

서든 무료로 활용할 수 있는 우리말 Sage 도구를 이용하여 다양한 수학 내용을 시각적으로 경험하고 추측하며 직접 확인해보고 시뮬레이션을 하면서 구체적인 답을 구한 후 그 답의 의미를 설명하면서 이해하고 이를 통하여 자신의 추측이 맞는지 확인해 보는 과정을 통해 '컴퓨팅 사고력(CT)'이 신장된다고 강조하였다.

미래의 교육은 선생님이 특정 지식을 전달하는 것이 아니라 학생 스스로 자신의 문제를 해결하는 데 필요한 정보를 구하고, 얻은 정보 중에서 신뢰할 수 있는 정보를 골라내고, 그 정보를 활용하여 새로운 지식을 생산하는 능력을 체득할 수 있도록 해야 한다. 이를 위해서 인간의 생각과 디지털 기술을 통합하여 문제를 해결하려는 접근법, 즉 추상화를 통해 문제의 핵심요소를 추출하고 컴퓨팅 기기를 통해 해법을 자동화하는 능력인 '컴퓨팅 사고력(CT)'을 기반으로, 학습자 스스로 문제 해결에 필요한 자료를 추출하고 이를 해결하기 위해 테크놀로지를 활용하는 능력을 갖추는 창의적인 인재 양성 과정이 반드시 필요하다[8].

3 Sage를 활용한 수학교과에서의 CT 교육

3.1 Sage를 활용한 수학교과에서의 CT 교육

'컴퓨팅 사고력(CT)'에 대한 요구와 '컴퓨팅 사고력(CT)'을 향상시키려는 노력은 꾸준히 CAS(Computer Algebra System) 도구의 적용이라는 형태로 구체적이고 다양한 형태로 구현되어왔다. 예를 들어, Mathematica, Maple, MATLAB 그리고 Graphic 계산기 등의 활용이 그러하다. 그러나 Mathematica, Maple 등의 프로그램은 가격이 높고 새로운 버전이 출시될 때마다 다시 구입하거나 설치해야 한다는 어려움 때문에, 대부분이 저렴하기에 경제적으로 부담이 덜 가는 Graphic 계산기에 명령어 코드를 입력하고 그 결과를 확인하는 방법이 중심이었다.

그러나 현재는 클라우드 컴퓨팅을 이용한 울프램 알파(Wolfram alpha)나 웹워크(WebWork),

8) http://www.youtube.com/watch?v=lHZxmcP-CHI

스마트폰 어플을 이용하는 형식 등이 혁신적으로 발전하면서 오픈소스 기반의 클라우드 컴퓨팅 서버를 활용하여 와이파이(wifi) 등을 통하여 인터넷만 연결하면 언제 어디서나 사용이 가능한 Sage 도구에 관심이 모이고 있다. 더불어 Sage 도구를 이용한 수학교육은 '컴퓨팅 사고력(CT)'를 향상시키는 이상적인 도구임이 지속적으로 확인되고 있다.

2005년 발표된 수학도구 Sage[9]는 서버(Server)용 무료 공개 소프트웨어로 자신의 PC에 설치하여 사용가능함은 물론 설치과정 없이도 모든 기기에서 Sage가 설치된 다양한 서버의 웹주소에 인터넷으로 연결만 하면 언제 어디서나 무료로 사용이 가능하다.

또한 Sage를 이용하여 워크시트(worksheet)[10]를 제작하고, 그 워크시트에서 수학연산에 적합한 파이썬 언어에 기반을 둔 Sage명령어들을 직접 실행해볼 수 있다[11]. 특히 Sage의 수많은 명령어 및 새롭게 개발된 함수들은 구글(Google)과 같은 웹 검색 사이트를 이용하여 손쉽게 검색이 가능하며, 검색한 명령어들을 단순히 복사하여, 다음 [표 19-1]에서 소개된 서버를 포함하는 검증된 그리고 무료로 공개된 다양한 Sage 연산 서버에 붙여 넣는 방식만으로도 새로운 수학연산을 할 수 있다. Sage에 대한 관심으로 2012년도 대한수학회 봄 연구발표회에서 국내·외 Sage 사용자들이 모여 제37회 Sage Day[12] 연구발표회가 운영되기도 하였다. [표 19-1]은 국내외 Sage 서버 목록의 일부로 누구나 자유롭게 무료로 Sage를 활용할 수 있다.

[표 19-1] 국내외 Sage 서버 목록

위치	서버명	주 소
한국방송통신 대학교	방송통신대학교 Sage 노트북 서버	http://sage.knou.ac.kr
	방송통신대학교 Sage Cell 서버	http://mathlab.knou.ac.kr:8080
성균관 대학교	성균관대학교 수학과 Sage 노트북 서버	http://math1.skku.ac.kr
	http://math3.skku.ac.kr/	http://math3.skku.ac.kr/
	성균관대학교 Sage Cell A 서버	http://sage.skku.edu

---

9) 무료 오픈소스 수학소프트웨어 System for Algebra and Geometry Experimentation http://www.sagemath.org

10) 크롬 브라우저에서 Sage를 이용해 수학연산을 실행할 수 있는 각 문서.

11) Sage 사용법: https://www.youtube.com/watch?v=BCv8jPDsQ6k

12) http://wiki.sagemath.org/days37

sagemath.com	Official Sage 노트북 서버	http://www.sagenb.org
	Official Sage Cell 서버	http://sagecell.sagemath.org
	Sage-Math Cloud 서버	https://cloud.sagemath.com

이를 통한 사용법 및 코드의 공유와 활용은 다음과 같은 의의를 지니며, 결국 '컴퓨팅 사고력(CT)' 신장에 가장 쉽고 편리한 주도적인 도구로 세계적으로 사용자를 넓혀가고 있다.

(1) 수학개념의 시각화

시각화는 학생들이 그 개념을 직접 눈으로 확인할 수 있도록 하여 이론 전개를 직관적으로 이해하고 보다 흥미롭게 학습하는 교육환경을 제공한다. 더구나 애니메이션 기능 등이 접목된 동적인 시각화는 수학적 개념의 전개과정을 이해하고 예측하는 데 많은 도움을 줄 수 있다. 따라서 시각화는 앞서 서술한 '컴퓨팅 사고력(CT)'의 6가지 특성 중 개념적 해석을 갖게 하는 데 중요한 역할을 한다. 아래 [그림 19-1]은 Sage 그래퍼(http://matrix.skku.ac.kr/grapher-html/sage-grapher.html)를 이용하여, 면적으로 구하는 구분구적법, 근을 구하는 뉴턴의 해법, 매개변수 함수를 이용하여 심장을 그리는 과정을 동영상으로 보여준다.

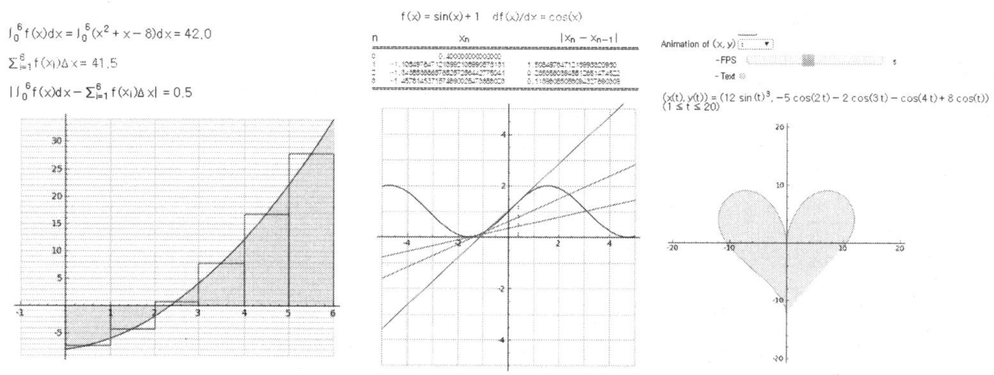

[그림 19-1] Sage Grapher를 이용한 함수의 시각화(Kim, Lee, Sun, 2013)

(2) 시뮬레이션

수학적 개념을 보고 느끼는 데 그치지 않고 웹상의 수학 실습실에서 마우스와 키보드를 이용하여 자신의 수학 문제와 관련한 직접적인 조작이나 입력을 통하여 시뮬레이션 해 봄으로써 주어진 문제에 대한 깊은 이해와 예측이 가능하도록 한다. 이를 통하여 의사결정에 결정적인 근거 제시가 가능한 인재를 양성할 수 있다(이상구, 장지은, 김경원, 2013). 따라서 시뮬레이션의 특성은, 앞서 서술한 '컴퓨팅 사고력(CT)'의 6가지 특성 중 수학적·공학적 사고의 보완 및 결합을 만족한다. 한 예로, 매개변수 함수 $x(t)=a+\frac{1}{b}\tan(b\sin ct)\cos t$, $y(t)=a+\frac{1}{b}\tan(b\sin ct)\sin t$을 크롬브라우저에서 Sage 그래퍼를 이용하여 그리면 아래와 같은 톱니바퀴(Gear)가 얻어진다[13]. 그리고 변수 a, b, c의 값에 따른 애니메이션 변화를 통해 각 변수가 톱니바퀴 모양을 어떻게 결정하는지 알 수 있다. 예를 들어 a의 값에 따라 크기가 변화되고, b의 값에 따라 톱니의 굴곡이 결정되며, c의 값에 따라 톱니의 수가 바뀐다([그림 19-2]). 이렇게 a, b, c 각각의 변수를 조절함으로써 각 물체의 구성 요소 및 모양을 결정하는 것들을 알 수 있다. 주석의 주소에 들어가 'Animation'을 변수 a, b, c, t별로 선택하여 값을 변화시키면 변수에 따른 변화와 그려지는 과정을 확인할 수 있다.

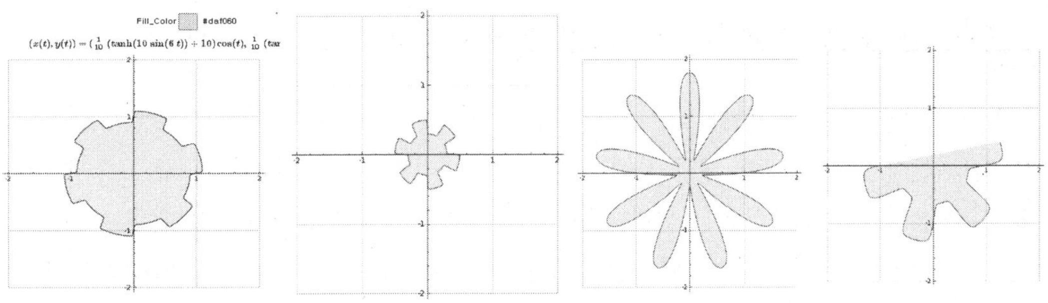

[그림 19-2] Sage Grapher를 이용하여 다양한 톱니바퀴를 디자인하는 모습

이런 과정을 통하여 교과 시간에 배운 수학적 지식에 코딩 능력을 보태주면, 실제 사회에서 필요한 '컴퓨팅 사고력(CT)' 기반의 창의적 인재를 배출하는 것이 가능해진다. 즉, 수학적 지식에 코딩실력과 상상력을 보태 공작기계 및 예술적 상품의 디자인과 생산이 가능한 인재가 양성된다는 것이다.

더불어 대학 수학교육뿐 아니라 중등 수학교육에서도 형식적이고 추상적인 수학결과물을 학생들이 직접 실행하고 확인해보는 시뮬레이션이 가능하다.

---

13) 톱니바퀴: http://matrix.skku.ac.kr/cal-lab/sage-grapher-Gear-Curve.html

(3) 복잡한 계산 수행

반복되는 복잡한 계산을 컴퓨팅 기기가 대신하여 해법을 자동화하므로 문제를 이해하고 추상화하여 문제 해결에 대한 아이디어에 집중할 수 있도록 한다. 단순한 문제에서부터 실제 현실에서 만나는 복잡한 함수의 계산까지 두려움 없이 해결할 수 있다[14]. 따라서 복잡한 계산 수행을 '컴퓨팅 사고력(CT)'을 이용하여 수행하는 것은 앞서 서술한 '컴퓨팅 사고력(CT)'의 6가지 특성 중 자연스러운 생각(idea)을 이끌어내는 특성을 만족한다. 따라서 '컴퓨팅 사고력(CT)' 기반 수학교육은 학습자에게 수학적 시각화를 제공하고 복잡한 계산 대신 핵심 아이디어에 집중하도록 함으로써, 수학개념의 이해도 향상에 기여할 수 있을 뿐 아니라 스스로 문제해결을 위한 시뮬레이션을 해볼 수 있도록 함으로써 자기주도적 학습을 지원해 줄 수 있을 것이다.

3.2 Sage를 활용한 CT 기반 강의[15] 모델 설계 예시

이상구, 신준국, 김경원(2014)이 소개한 '스토리텔링 수학 교과서에서 공학적 도구의 활용과 미분적분학 단원에 관한 개발 사례'[16]는 Sage가 '컴퓨팅 사고력(CT)' 기반 교육에 적극적으로 활용될 수 있음을 보여주었다. 다음은 Sage를 활용하여 함수의 적분 관련 문제를 '컴퓨팅 사고력(CT)' 기반으로 해결한 것이다. 아래 주소[17]를 크롬 브라우저에서 클릭하면 실습이 시작되며, 아래 주어진 코드에서 함수나 조건을 바꾸어 주면 새로운 코드가 완성되고 클릭하면 그 결과를 직접 확인할 수 있다. 이를 통하여 자연스럽게 '컴퓨팅 사고력(CT)' 교육의 한 분야인 코딩교육이 이루어지게 된다.

1) **부정적분**: 복잡한 함수도 명령어 'integral(f(x))'로 부정적분의 결과를 빠르게 얻을 수 있다.

---

14) 수학 모델링과 함수: http://matrix.skku.ac.kr/2014-Calculus-0/knou-cal-w1.htm

15) http://matrix.skku.ac.kr/Cal-Book/index.html

16) [CT 기반의 스토리텔링] 미적분학 개념 강의: http://matrix.skku.ac.kr/Calculus-Story/index.htm

17) http://matrix.skku.ac.kr/CT/CT-Math-Sage-Lab.htm

[문제] $f(x)=(x+1)^{10}$일 때 $\int f(x)dx$ 를 구하여라.

```
f(x)=(x+1)^10
integral(f(x))
```

답 1/11*(x + 1)^11 (즉, $\frac{1}{11}(x+1)^{11}$이 얻어진다.)

더불어 10제곱인 함수를 다양하게 바꾸면서 부정적분이 결과가 어떠한 규칙을 통해 변하는지를 관찰하고 일반화할 수도 있다. 또한 자신의 지필에 의한 결과를 즉시 확인하고 오류나 실수에 대한 수학적 반성이 활발히 이루어질 수 있다.

2) 정적분: 지정된 범위를 추가한 명령어 'integral(g(x), 1, 3)'로 정적분의 결과를 빠르게 얻을 수 있다.

[문제] $\int_1^3 x^3\sqrt{x^2-1}\,dx$ 를 구하여라.

```
g(x)=x^3*sqrt(x^2-1)
integral(g(x), 1, 3)
```

답 29/15*(16*sqrt(2)) (즉, $\frac{29}{15}(16\sqrt{2})=\frac{464}{15}\sqrt{2}$ 이 얻어진다.)

3) 곡선 사이의 넓이: 정적분할 변수를 y로 정하기 위해 명령어 'var('y')'를 추가하여 y에 대해 정적분 한다.

[문제] 곡선 $\ln x$ 와 원점에서 이 곡선에 그은 접선 및 x 축으로 둘러싸인 도형의 넓이를 구하여라.

```
var('y')
integral(exp(y)-exp(1)*y, 0, 1)
```

답 1/2*e - 1 (즉, $\frac{1}{2}e-1$ 이 얻어진다.)

이는 $\int_0^1 (e^y - ey)dy$ 를 구한 것이다.

4) 회전체의 부피: 회전체의 부피를 구하기 전에 명령어 'plot(x^3, (x, 0, 2))'를 이용해 주어진 함수를 그래프로 확인할 수 있다.

[문제] $y = x^3$ 과 $x = 2$, x축으로 둘러싸인 도형을 x축 둘레로 회전시켜서 생긴 회전체의 부피 V를 구하여라.

```
s=plot(x^3, (x, 0, 2))
s+=line([(2, 0), (2, 8)])
s.show()
```

```
pi*integral(x^6, 0, 2)
```

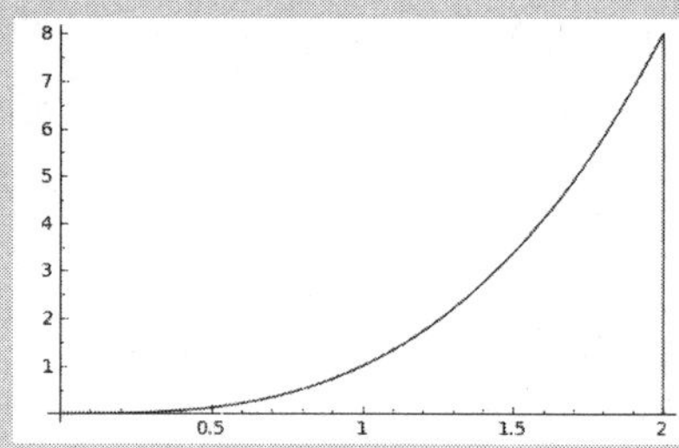

답 128/7*pi (즉, $\frac{128}{7}\pi$ 이 얻어진다.)

5) 함수 $y = f(x)$ 에서 n 의 값에 따른 구분구적법에 의한 부분합 값의 변화를 알 수 있다. 예를 들어, 함수 $f(x) = ax^2 + bx + c$ 에서 a, b, c를 각각 1, 2, 1로 정하고 n의 값을 달리하면 (아래의 예는 $n = 40$ 이다) 그래프와 구분구적법이 수렴하는 과정과 극한값 모두를 시각적으로 직접 확인할 수 있다[18].

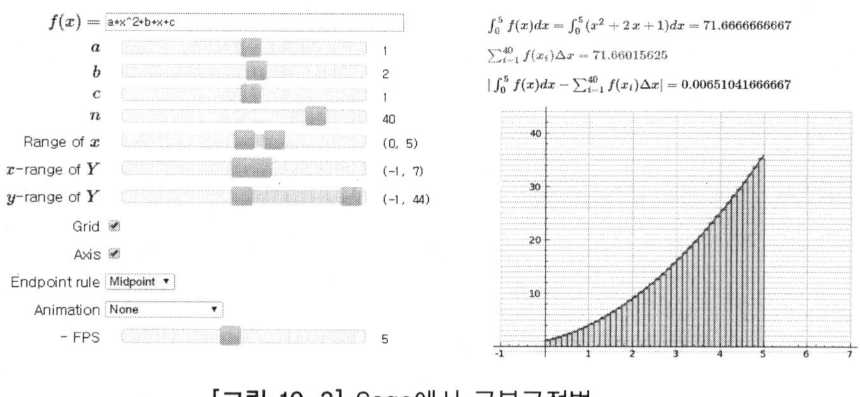

[그림 19-3] Sage에서 구분구적법

18) http://matrix.skku.ac.kr/grapher-html/sage-grapher-riemann`sum.html

지금까지 다항함수의 정적분에 대한 Sage를 활용한 '컴퓨팅 사고력(CT)' 기반 수학교육의 내용 일부를 확인하였다. 즉 이러한 지도 내용과 과정에서 학생들은 수학개념을 시각화하면서 개념적 해석을 하고, 시뮬레이션을 통해 수학적·공학적 사고를 보완하며, 복잡한 계산을 컴퓨팅 기기가 대신 수행함으로써 자신의 아이디어를 더욱 자연스럽게 이끌어 내는 등의 기회를 통해 '컴퓨팅 사고력(CT)'의 신장이 가능했다. 그리고 Sage를 활용한 수업에서 학생들은 명령어를 추가로 학습하는 과정 없이 배운 내용을 알고리즘과 코딩 그리고 컴퓨팅 기기를 활용하여 즉시 실습한 후 제공된 알고리즘을 파악하여 주어진 함수 또는 조건에 해당하는 부분을 고쳐가면서 시뮬레이션 해보고 원하는 자신의 문제를 해결해 나가는 과정에서 교과 지식에 대한 이해를 높이며 동시에 코딩 실력을 쉽게 신장시킬 수 있었다. 나아가 교과서를 활용한 수업에서 구현하기 어려운 입체도형에 대해서도 '컴퓨팅 사고력(CT)' 기반의 수학 수업에서는 컴퓨터를 활용해 입체도형을 구현하면서 다양한 각도에서 입체도형의 모습을 보여 줄 수 있어 공간 지각 능력이 부족한 학생도 쉽게 이해시킬 수 있다.

예를 들어 대부분의 교과서에는 입체도형의 부피를 계산하는 예시가 원뿔, 정사각뿔 등으로 제한적이나 '컴퓨팅 사고력(CT)' 기반의 수학 수업에서는 구분구적법을 활용하여 다양한 입체도형의 부피를 계산할 수 있고 구분구적법을 활용한 입체도형의 부피를 구하는 수학적 본질의 의미를 학생들에게 정확하고 다양하며 쉽게 전달할 수 있다[19]. 앞서 확인한 모든 '컴퓨팅 사고력(CT)' 관련 도구는 PC 뿐만이 아니라 모바일 기기에서도 사용가능하다는 것이 또 하나의 큰 특징이다. 즉, 여러 웹페이지의 예에서 보았듯이 Sage는 모바일 기기(스마트폰, 아이패드, 탭 등)에 프로그램을 따로 설치할 필요 없이 오픈소스 기반의 클라우드 컴퓨팅 서버를 활용하여 인터넷만 연결되면 어디서나 접속하여 미적분, 선형대수, 공학수학 등을 학습하고 3D 프린팅을 할 수 있어, 모바일이 대중화되고 있는 시기에 '컴퓨팅 사고력(CT)'을 향상시키기에 효과적인 도구임을 확인하였다(Lang, Lee, Lee, 2014).

19) http://matrix.skku.ac.kr/Lab-Book/Sage-Lab-Manual-1.htm

4 결론

'컴퓨팅 사고력(CT)'은 새로운 교수법과 연구 과정에 의해 신장되어야 하는 지금의 우리에게 아주 생소한 사고력이 아닌, 아주 오래전부터 수학을 공부하면서 동시에 길러졌던 과정적, 알고리즘적, 발견술적 능력이며 최근 지속적으로 강조되는 코딩 능력 등을 모두 포함하는 수학과에서 전적으로 강조되어야 할 사고력이다. 따라서 학교 현장에서 수학을 가르치는 교사와 앞으로 교사가 되려고 준비하는 예비교사는 '컴퓨팅 사고력(CT)'이 무엇이며 그 필요성에 대해 구체적이고 실제적인 경험이 지속적으로 주어져야 한다.

다행히 본 연구에서 소개한 '컴퓨팅 사고력(CT)' 기반의 수학교육 프로그램의 예시들은 2012년과 2013년 대학 수학교육 현장에서 실제 적용되었고 적지 않은 성과를 보여준다. 한 예로 앞서 시뮬레이션을 위한 Sage 활용에서 소개한 [CT 기반 방송통신대 수학실습실 사이트]는 현재 방송통신대 프라임 칼리지 수학실습실로 이용되고 있다. 특히 '컴퓨팅 사고력(CT)' 기반의 수학교육은 학생들이 이미 학습한 수학적 지식을 주어진 코드를 이용하여 시각화하고 계산을 확인하며 함수와 조건을 바꾸는 과정에서 상호반응을 하면서 수학을 깊이 이해하도록 그리고 21세기의 컴퓨터 언어인 파이선 언어를 통한 코드 교육이 가능하며 더불어 알고리즘 이해와 함께 활용 능력이 향상되는 '컴퓨팅 사고력(CT)' 교육의 목적을 달성하는 것이 가능함을 보여 준다.

'컴퓨팅 사고력(CT)' 기반의 수학교육은 모바일 환경이 대중화되고 있는 시점에서 클라우드 컴퓨팅이 가능한 테크놀로지(특히 Sage 도구)를 적절히 사용하여 수학적 개념을 시각화하고 시뮬레이션을 통하여 변화 상황을 예측하며 복잡한 계산을 대신 수행하므로 학습자가 문제의 핵심요소를 추출하여 다양한 각도에서 문제를 해결하도록 도와 줄 수 있다. 더불어 3D 프린팅으로 컴퓨터에서만 경험한 결과물을 자신의 손위로 옮기면서 촉감과 시각 등까지 자극하는 환경으로부터 창의적이고 발산적인 사고력도 함께 신장하게 된다. 그리고 이런 교육의 경험은 수학을 실제로 적용하는 수학적 소양을 갖춘 인재들을 배출하는 시작점으로 향후 미래 산업 분야, 특히 ICT 분야에 필요한 수학적 역량을 갖춘 융합형 인재를 양성하는데 가장 효과적인 방법 중 하나로 긍정적인 역할을 할 것을 기대한다.

Reference 참고문헌

김지현, 김태영(2014). CT 기반 초등 영재를 위한 융합형 교육내용 구성 방안, 한국컴퓨터교육학회 학술발표대회 논문집, 18(1), 53-57.

이상구, 박경은(2014). 컴퓨팅 사고력(CT) 향상과 Sage 도구를 이용한 수학교육, 수학교육 논문집 29(1), 19-33.

이상구, 신준국, 김경원(2014). 스토리텔링 수학 교과서에서 공학적 도구의 활용과 미분적분학 단원에 관한 개발 사례, 한국수학교육학회지 시리즈 E [수학교육 논문집], 28(1), 65-79.

이상구, 장지은, 김경원(2013). Sage와 GeoGebra를 이용한 선형대수학 개념의 Visual - Dynamic 자료 개발과 활용, 한국수학교육학회지 시리즈 E [수학교육논문집], 27(1), 113-123.

이상구, 이재윤, 임영준, 박경은(2014). Sage를 활용한 수학 3D 프린팅 웹 도구 개발—대학 수학교육을 중심으로, 한국수학교육학회지 시리즈 E [수학교육논문집], 28(3), 353-366.

이은경(2013). 계산적 사고향상을 위한 창의적 스크래치 프로그래밍 학습, 컴퓨터교육학회 논문지, 16(1), 1-9.

한국과학창의재단(2013). 초·중등 단계 Computational Thinking 도입을 위한 기초연구, 공고 제2013-087호.

한국교육과정평가원(2013a). '행복교육, 창의인재 양성을 위한 교육과정, 교수·학습, 교육평가 패러다임 전환', 경제 인문사회연구회 미래사회협동연구총서 "창조경제 구현방안 연구", 일련번호: 13-01-22.

한국교육과정평가원(2013b). '미래 사회 대비 국가 수준 교육과정 방향 탐색 - 수학 (교육부 정책과제)', 교육부.

Kim, K. W., Lee, S.-G. & Sun, S. (2013). Modeling of Mobile Sage and Graphing Calculator, *Journal of Modern Education Review, 3*(12), 918-925.

Lang, V., Lee, S.-G. & Lee, J.-Y. (2014). A Mobile, Open-Source 2D and 3D

Printing Graphic Greation CAS Tool of Mathematics Courses, *Journal of US-China Education Review A, 4*(8), 569-580.

Peppler, K. (2013). STEAM-Powered Computing Education: Using E-Textiles to Integrate the Arts and STEM, *IEEE Computer, 46*(9), 38-43.

Wing, J. M. (2006). Computational Thinking, *Communications of the ACM, 49*(3), 33-35.

part 7

평가 및 교사교육

수학교육에서 테크놀로지의 역할이 늘어나면서 테크놀로지 기반의 평가가 확대되고 있다. 이에 따라 수학교사가 테크놀로지 활용 교수 지식을 갖추어야 할 필요성도 증가하고 있다. 제20장에서는 국제 수준, 국가 수준의 대규모 컴퓨터 기반 수학 평가의 특징에 대해서, 제21장에서는 기술공학 기반의 과정 중심 평가 실제를 탐색하였고, 제22장에서는 수학 예비교사교육에서 공학적 도구의 활용 지식을 어떻게 가르칠 것인지에 대해 살펴보았다.

20장

대규모 평가에서의 컴퓨터 기반 수학 평가

한국교육과정평가원 임해미
(rimhm@kice.re.kr)

1 서론

학교교육에서의 평가는 학생이 교육과정의 목표에 어느 정도 도달했는지에 대한 성취 정도를 파악하기 위한 것으로, 평가 결과는 학생 개인의 성장을 돕고 교사의 수업 개선에 활용된다. 특히 국제 학업성취도 평가와 국가수준 학업성취도 평가와 같은 대규모 평가는 학교 나아가 국가 교육의 질을 점검하기 위한 목적을 갖는다. 최근 대규모 평가는 지필평가에서 컴퓨터 기반 평가 방식으로 변화하고 있는데, 이 장에서는 지식 정보화 사회에서의 요구되는 지식과 역량을 평가하기 위한 대규모 컴퓨터 기반 수학 평가의 현황에 대해 살펴보고자 한다.

최근 세계 각국의 교육과정의 목표는 학생의 지식뿐만 아니라 교과 학습을 통해 가져야 할 역량을 포괄하게 되면서 평가 방법이 다양화되고 있다. 경제협력개발기구인 OECD의 DeSeCo 프로젝트(OECD, 2005)를 필두로 학생들에게 필수적인 역량을 규명하기 위한 연구가 활발히 이루어지고 있으며, ATC21S 컨소시엄에서는 역량을 가르치고 평가하기 위한 국제 프로젝트를 진행하면서 21세기 학생들에게 요구되는 역량으로 창의력, 비판적 사고, 문제해결 능력, 의사결정 능력, 메타인지, 의사소통, 협력, ICT 소양 등을 제시하였다(Binkley et al., 2012). 우리나라도 2009 개정 교육과정에서 핵심역량을 강조하였으며(교육과학기술부, 2011), 2015 개정 수학과 교육과정에서는 수학 교과의 핵심역량으로 문제해결, 추론, 창의·융합, 의사소통, 정보 처리, 태도 및 실천을 제시하였다(교육부, 2015).

컴퓨터 기반 평가는 지필평가와는 달리 복잡한 과제를 해결하는 데 적합한 환경을 제공하며, 학생들의 사고와 풀이 과정을 유도할 수 있고, 어떻게 문제를 해결했는지를 기록 파일로 저장하여 수행결과를 다각도로 해석할 수 있기 때문에(박지현, 2013), 최근 강조되는 역량을 평가하는데 적합하다. 또한 학생의 평가 수행을 비롯한 평가 관리의 전 과정이 컴퓨터 시스템을 통해 이루어지며, 즉각적인 피드백, 과정 평가의 가능성, 실제적인 문제 상황 제시, 정보 검색 기능 등이 가능하다는 장점을 갖는다(김명화 외, 2011).

OECD 주관의 국제 학업성취도 평가 PISA에서는 PISA 2006부터 과학 영역의 컴퓨터 기반 평가를 도입하였으며, PISA 2012에는 수학과 문제해결력에 대한 컴퓨터 기반 평가를 시행하고, PISA 2015부터는 협력적 문제해결력 평가를 포함하여 전 영역에 대해 컴퓨터 기반 평가를 시행하였다. 미국의 국가수준 학업성취도 평가인 Assessment 2.0에서는 수학 내용 지식과 더불어 수학적 실천 역량을 평가하기 위해 컴퓨터 기반 평가 방식으로 2015년에 본검사를 시행하였으며, 우리나라도 국가수준 학업성취도 평가의 컴퓨터 기반 평가 시행을 위한 기초 연구를 수행하고 있다.

한편, 컴퓨터 기반 평가에서 컴퓨터가 평가의 외형이나 수단이라면, 평가를 통해 측정하려는 바를 신뢰롭고 타당하게 측정하려면 평가를 어떻게 설계할 것인지, 어떤 과제를 개발하고 채점해야 하는지 등의 평가의 구조를 세우고 내면을 채우는 것은 교과 전공자의 몫일 것이다. 이 장에서는 컴퓨터 기반 평가에 대해 간략히 살펴본 후, 국제 수준 평가로는 수학 소양을 평가하기 위해 설계된 PISA 2012 컴퓨터 기반 문제해결력 평가, 협력적 문제해결력을 평가하는 PISA 2015 협력적 문제해결력 평가, 국가 수준 평가로는 증거기반이론을 토대로 설계된 미국의 PARCC와 Smarter Balanced Assessment에 대해 수학교육적 측면에서 살펴보고자 한다.

2 컴퓨터 기반 평가의 개요

21세기에는 수학에 대한 지식과 더불어 컴퓨터를 활용하는 작업 환경에서 문제해결의 도구로 컴퓨터를 능숙하게 활용할 수 있는 수학 소양이 요구되므로, 새롭게 요구되는 수학 역량을 평가하기 위해서는 이에 적합한 컴퓨터 기반 평가 환경이 마련되어야 한다. 이때, 컴퓨터 기반 평가란 문항 제작, 성적 처리, 성적 보고와 같은 관리적인 측면뿐만 아니라 단말기의 모니터를 통해 평가 문항을 읽고, 모니터, 마우스, 키보드, 전자펜으로 정답을 입력하며, 결과 산출 및 피드백도 컴퓨터 기반으로 이루어지는 평가 방식을 말한다(김명화 외, 2011; 정한호, 2010).

초기의 컴퓨터 기반 평가가 지필평가와 동일한 문항을 컴퓨터 기반으로 평가하는 방식으로 이루어졌다면, 최근에는 단순 선다형 문항을 넘어서서 모델링, 동영상, 자료 처리, 자동 제어 시스템 등의 컴퓨터 도구를 포함한 컴퓨터 기반 평가로 변화하고 있다. [그림 20-1]에서 제3사분면은 전통적인 지필평가를 나타내는데, 대부분의 학교의 평가가 여기에 해당한다. 이때 제3사분면에서 제4사분면으로 이동하는 것은 지필평가에서 스크린 기반 환경으로 옮겨가는 것을 의미하는데, 평가 전달 방식이 보다 효율적으로 변화되었지만 질적인 면에서 변화는 없다. 반면 제1사분면으로의 이동은 컴퓨터 기반 평가가 교육과정 설계와 학습에도 혁신적인 변화를 주는 것을 의미한다(Binkley et al., 2012).

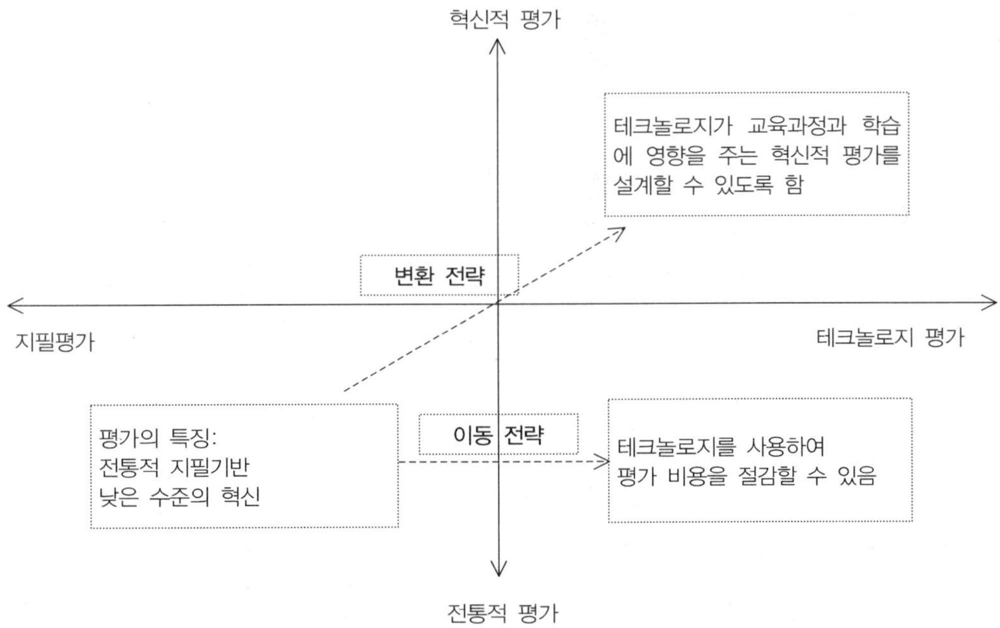

[그림 20-1] 전통적인 지필평가와 혁신적인 컴퓨터 기반 평가로의 변화(Binkley et al., 2012; 27)

지필평가와 비교하여 컴퓨터 기반 평가의 장점은 다음과 같다. 첫째, 평가의 시행 및 관리가 용이하다. 컴퓨터 기반 평가는 문항을 제작하고 성적을 처리하며 결과를 통보하는 과정을 효율적으로 관리할 수 있으며, 특히 대규모 평가에서는 평가지 인쇄, 운반 등과 관련된 예산을 절감할 수 있다. 둘째, 다양한 평가 문항을 구현하여 역량 평가의 가능성을 높일 수 있다. 컴퓨터 기반 평가에서는 [그림 20-2]와 같이 지필평가에서 구현할 수 없는 동영상, 시뮬레이션 등 복잡하고 역동적인 자료와 실제적인 문제 상황을 제시할 수 있다(김명화 외, 2011). 셋째, 컴퓨터 기반 평가는 평가 중 학생들이 문제 해결을 위해 어떤 버튼을 어떤 순서로 클릭했는지 등의 문제해결 과정을 추적하여 과정 평가를 가능하게 해준다. 넷째, 수학적 도구를 학생이 직접 준비하지 않더라도 필요한 문항에 적절히 제시할 수 있다. 예를 들어 복잡한 계산이 요구되는 경우, 문항과 더불어 제공된 공학 계산기를 사용하여 문제 자체에 집중할 수 있도록 할 수 있다.

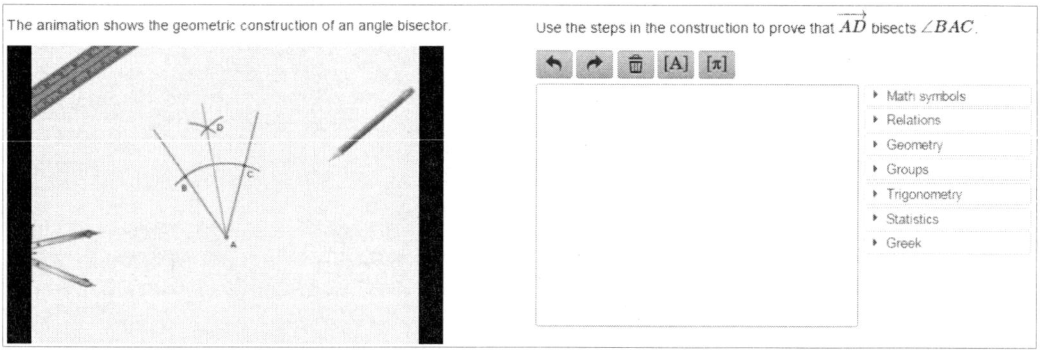

[그림 20-2] 미국의 차세대평가 PARCC의 수학 문항에 제시된 작도 동영상
(출처: http://parcc.pearson.com/sample-items/)

한편, 컴퓨터 기반 평가는 다음과 같은 단점을 갖는다(김명화 외, 2011). 첫째, 평가 시행과 관련하여 프로그램 설치 등의 복잡한 준비 과정, 접속의 어려움, 답안 에러, 채점 오류 등의 시스템 문제가 발생할 수 있다. 둘째, 검사지로 풀이하는 것이 익숙한 학생들은 모니터를 통해 문제를 풀이하는 데 어려움이 발생할 수 있다. 특히 수학 과목의 경우에는 문제 풀이용 종이가 별도로 필요할 수 있으며, 검사장의 모니터 사양의 차이가 평가 결과에 영향을 줄 수도 있다. 셋째, 시스템 설계 및 개발을 위한 비용과 유지 및 보수, 보안을 위한 추가 비용이 요구된다.

컴퓨터 기반 평가는 인터넷을 활용하는지에 따라 CBT(Computer Based Test)와 WBT(Web Based Test)로 구분되며, 수험자의 반응에 따라 자동적으로 평가 문항의 난이도가 조절되는 평가 시스템을 사용하는지에 따라 전통적인 CBT와 CAT(Computer Adaptive Test)로 구분할 수 있다(정한호, 2010). 전통적인 CBT는 출제자가 개발한 평가문항이 고정된 순서대로 제시되지만 CAT에서는 수험자의 문항 반응 및 정답률에 따라 문항 제시 알고리즘에 변화를 주어 수험자 수준에 적합한 문항이 자동적으로 제시되는데(한국교육과정평가원, 2011), 이후 살펴볼 PARCC는 CBT, Smarter Balanced 평가는 CAT에 해당한다.

3 국제 수준의 컴퓨터 기반 수학 평가

PISA는 경제협력개발기구인 OECD 주관의 국제 학업성취도 평가로, 만 15세 학생들을 대상으로 읽기, 수학, 과학 소양과 문제해결력 등을 평가한다. 수학 소양에 대한 평가는 지필평가로 시행되다가 PISA 2012에 지필평가와 더불어 컴퓨터 환경에서의 수학 소양을 평가하는 컴퓨터 기반 수학 평가(Computer Based Assessment of Mathematics; CBAM)가 도입되었다.

한편, PISA 2015에는 협력적 문제해결력(Collaborative Problem Solving) 평가가 시행되었는데, 이 평가에서는 가상의 대상(computer agent)과 대화하고, 의사를 결정하는 과정에서 학생의 역량을 포착한다. 협력적 문제해결력 평가의 평가 방식은 PISA 2018의 글로벌 역량 평가에도 사용될 예정이고, 이후 컴퓨터 기반의 역량 평가 및 과정 평가에 지속적으로 활용될 수 있기 때문에 이 절에서 간략히 소개하고자 한다.

3.1 PISA 2012 컴퓨터 기반 수학 평가

PISA는 학생들이 학교에서 배운 수학 지식을 실생활에서 사용할 수 있는 수학 소양, 특히 다양한 맥락에서 수학을 형식화하고, 이용하고, 해석하는 개인적인 능력을 평가한다. 수학 소양에는 현상을 기술하고 설명하며 예측하기 위해 수학적 추론과 수학적 개념, 절차, 사실, 도구를 사용할 수 있는 역량이 포함되는데, 이때의 '도구'란 21세기의 작업 환경에서 일반적으로 사용되는 디지털 장비, 소프트웨어, 계산 도구 등의 수학적 도구를 의미한다(조지민 외, 2011; OECD, 2013a).

PISA 2012에는 적절한 테크놀로지 기반이 갖추어진 국가에 한하여 컴퓨터 기반 수학 평가에 선택적으로 참여하도록 했는데, 컴퓨터 기반 수학 평가를 도입한 두 가지 이유는 다음과 같다(조지민 외, 2011; OECD, 2013a). 첫째, 컴퓨터는 직장 생활에서 보편적으로 사용되고 있으며, 일상생활에서도 컴퓨터 사용을 포함하는 수학 소양을 요구하고 있기 때문에 컴퓨터 환경에서의 수학 소양을 점검할 필요에 의한 것이다. 컴퓨터는 한 개인이 살아가면서 마주하게 되는 개인적, 사회적, 직업적, 과학적 상황과 밀접하게 관련되어 있으며, 이때 컴퓨터는 수학적 대상, 현상, 과정과 관련된 연산, 표현, 시각화, 수정, 탐구, 실험 등의 도구를 제공한다. 둘째, 컴퓨터 기반 평가는 상호작용적이고 실제적이며 참여적인 문항을 사용할 수 있기 때문에 지필평가에서 포착할 수 없는 수학 소양을 평가할 수 있도록 해준다. 컴퓨터 기반 평가에서는 문제 상황이 동적으로 구현되며, 통계 소프트웨어, 기하 작도, 시각화 도구, 가상 측정 도구 등을 이용하여 삼차원 입체를 회전시켜가면서 관찰할 수도 있고, 학생들이 주어진 자료를 선택, 정리하여 문제를 해결할 수 있는 환경을 제공한다.

한편, PISA 평가 문항은 수학 소양 평가를 위한 평가틀을 토대로 개발된다. 수학 평가틀은 맥락, 수학적 내용, 수학적 과정의 세 가지 차원을 갖는데, 우선 '맥락'은 문제의 배경이 무엇인지에 따라 개인적, 과학적, 사회적, 직업적 맥락으로 구분된다. '수학적 내용'은 문제를 해결하는데 요구되는 수학 내용 지식으로, 공간과 모양, 변화와 관계, 불확실성과 자료, 양의 네 가지로 구분된다. '수학적 과정'은 문제가 발생한 상황을 수학과 연결하여 해결하기 위해 요구되는 능력으로, 맥락상의 문제를 수학적으로 해결할 수 있는 형태로 변형하는 '형식화하기', 수학적 지식과 절차를 이용하여 문제의 해를 구하는 '이용하기', 수학적 해를 맥락에 적용하여 해석하고 평가하는 '해석하기'로 구분된다(조지민 외, 2011; OECD, 2013a). PISA 2012 컴퓨터 기반 수학 평가의 예시 문항은 다음과 같다.

문제 1 PISA 2012 컴퓨터 기반 수학 평가 예시 문항: '울타리' 1)

PISA 2012 컴퓨터 기반 수학 문항은 화면 상단의 문제 상황 지시문을 읽고 하단의 하위문항을 풀도록 구성된다(조지민 외, 2012). '울타리' 문항은 도형 특히 원과 직사각형의 둘레와 넓이 사이의 관계에 대한 이해를 묻는 문항으로, 조건에 맞게 울타리를 만드는 '직업적' 맥락을 기반으로 하며, 수학적 내용으로는 '공간과 모양', 수학적 과정으로는 수학 지식을 '이용'하는 능력을 평가한다. 기존의 지필평가에서는 고정된 크기의 도형을 제시할 수밖에 없지만 이 문항은 컴퓨터상에 직사각형과 원 모양의 화단을 드래그 하여 직사각형의 가로, 세로, 둘레, 넓이를, 원은 지름, 둘레, 넓이의 변화를 관찰할 수 있다. 학생들은 실제로 계산을 하지 않더라도 변화하는 값을 관찰하여 직관적으로 명제의 참 거짓을 판단할 수 있으며, 실제와 유사한 문제 상황에 수학 지식을 적용하는 경험을 할 수 있다.

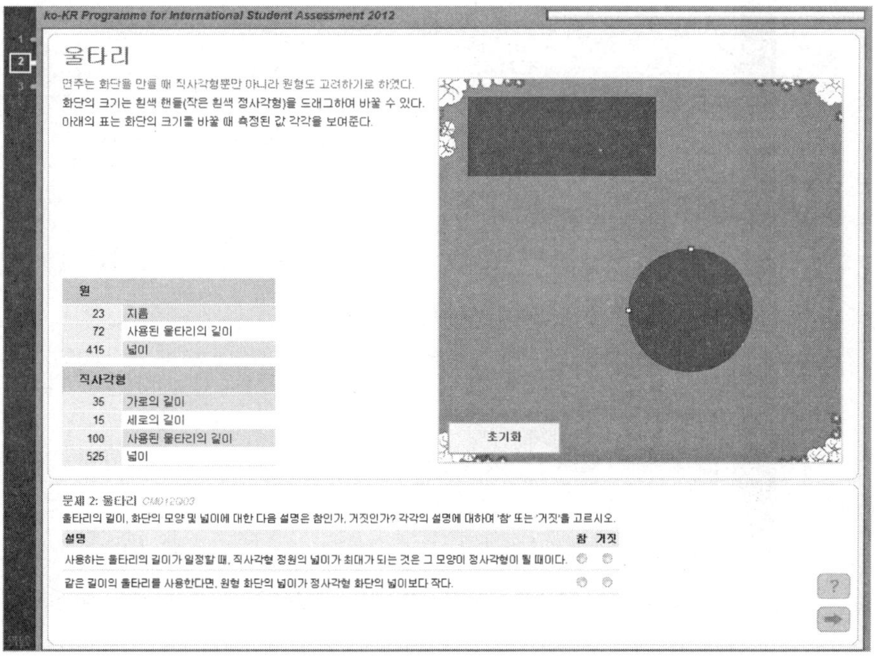

[그림 20-3] PISA 2012 컴퓨터 기반 수학 평가 예시 문항: '울타리'

---

1) PISA 공개문항은 http://erasq.acer.edu.au에 탑재되어 있으며, Firefox 웹브라우저에 최적화됨

문제 2 PISA 2012 컴퓨터 기반 수학 평가 예시 문항: 'CD 제작'

'CD 제작' 문항은 업무와 관련된 '직업적' 맥락을 기반으로 하며, 수학적 내용은 '변화와 관계', 수학적 과정으로는 '형식화'하는 능력을 평가한다. 이 문항은 CD를 제작하는 제드테크라는 회사를 배경으로, CD를 복제, 복사하는 비용을 비교할 수 있는지를 묻고 있다(송미영 외, 2014). 컴퓨터 기반 평가 문항의 특성을 반영하여 가격 계산기가 제공되며, 학생이 입력한 결과는 그래프로 표현된다. 학생은 일차함수의 절편과 기울기에 대한 지식을 토대로 가격계산기와 그래프를 활용하여 문제를 풀게 되며, 일상생활 속에서 접하는 문제 상황을 수학적 도구를 사용하여 해결할 수 있음을 인식할 수 있다.

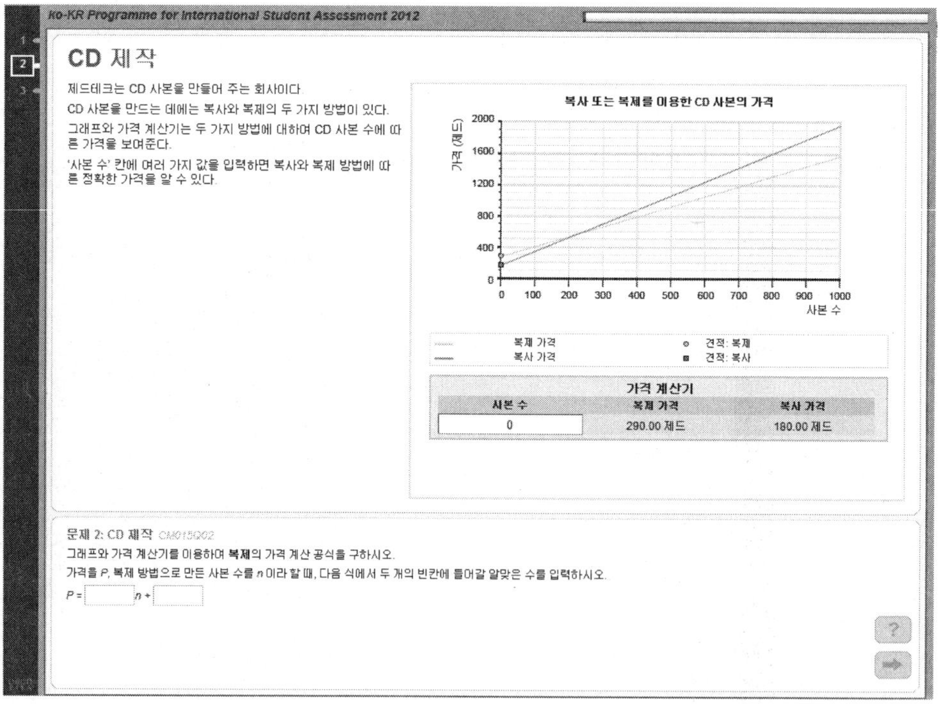

[그림 20-4] PISA 2012 컴퓨터 기반 수학 평가 예시 문항: 'CD 제작'

3.2 PISA 2015 협력적 문제해결력 평가

PISA의 특정 주기에는 읽기, 수학, 과학 영역과 더불어 문제해결력 평가를 시행했으며, 특히 PISA 2015에는 협력적 문제해결력 평가를 시행하였다. '협력적 문제해결력'이란 둘 이상의 가상 인물들이 문제를 해결하기 위해 그들의 지식, 기술, 노력을 끌어내고 이해와 노력을 공유하는 과정에 효과적으로 참여하는 한 개인의 능력을 말한다(박혜영, 임해미, 2014; OECD, 2013b). 즉, 협력적 문제해결력 평가에서의 문제란 단순하고 직관적인 해법이 존재하는 것이 아니며, 문제 해결자가 문제를 능동적으로 해결하고자 하는 의지가 있을 때 여러 단계의 사고 과정 및 협의를 통해 해결 가능한 복잡성이 요구된다(송미영 외, 2013; OECD, 2013b).

PISA 2015 협력적 문제해결력 평가는 대규모 평가로 시행되는 특성상 다음과 같은 특징을 갖는다(박혜영, 임해미, 2014). 첫째, 문제 상황에서 나타나는 협력적 문제해결 역량을 평가하기 위해 컴퓨터 기반 평가를 시행한다. 컴퓨터는 학생이 선택한 모든 대화, 행동을 저장하여 즉각적으로 평가하기 때문에 학생의 역량을 면밀히 평가할 수 있다. 이는 교사가 수업 중 학생의 행동 중 일부만을 포착하여 평가할 수 있는 것과 비교할 때 컴퓨터 기반 평가의 큰 장점으로 볼 수 있다. 둘째, 대규모 평가의 특성상 여러 학생들이 실제 협력하는 상황을 제공하는데 어려움이 있으므로, PISA에서는 컴퓨터상의 가상 인물을 제시하는 방식을 택하고 있다. 셋째, 평가 참여 학생(task taker)이 가상 인물과 의사소통한 결과가 남을 수 있도록 메신저나 이메일 등을 이용한 대화 기반 방식으로 평가가 진행된다. 학생들은 대화 선택지 중 가장 적합한 대화문을 선택하여 가상 인물과 대화를 진행하며, 필요한 경우 스크롤바를 이용하여 대화창에서 나눈 대화를 확인할 수도 있다. 학생이 선택한 대화에 따라 가상 인물의 응답이 달라지기 때문에 문항 내에서 다양한 경로의 진행이 가능하지만, 학생이 경로를 벗어나는 경우, 가상의 인물이 도움을 주는 등의 방식으로 시나리오 내에서 평가가 진행되도록 설계되어 있다.

PISA 2015 협력적 문제해결력 평가는 [표 20-1]과 같이 세 가지 협력적 문제해결력(1~3)을 4단계의 문제해결과정(A~D)에 따라 12개의 협력적 문제해결기술(A1~D3)로 세분화한 평가틀을 토대로 문항을 개발하고 평가하며(송미영 외, 2013; OECD, 2013b), 예시 문항은 다음과 같다.

[표 20-1] PISA 2015 협력적 문제해결 기술 분류표(박혜영, 임해미, 2014, p. 444; OECD, 2013b, p. 11)

문제해결과정과 협력적 문제해결력	(1) 공유된 이해를 수립하고 유지하기	(2) 문제해결을 위해 적절하게 행동하기	(3) 팀 조직을 수립하고 유지하기
(A) 탐색과 이해	(A1) 팀원의 관점과 능력 발견하기	(A2) 목표에 부합된 문제해결을 위한 협력적 상호작용 유형 발견하기	(A3) 문제해결을 위한 역할 이해하기
(B) 표현과 형식화	(B1) 공유된 표현 구축 및 문제의 의미에 대해 협의하기 (공동의 합의 기반 마련)	(B2) 완성해야 할 과제를 구체화하여 나타내기	(B3) 역할과 팀 조직을 구체화하기 (참여 규칙에 대한 의사소통)
(C) 계획 수립과 실행	(C1) 수행 역할에 대한 팀원간 의사소통하기	(C2) 계획 실행하기	(C3) 참여 규칙 따르기 (과제를 수행할 다른 팀원을 독려하기)
(D) 점검과 반성	(D1) 공유된 이해에 대해 점검 및 반성하기	(D2) 행동 결과를 점검하고 문제 해결 성과 평가하기	(D3) 점검, 피드백 제공, 팀 조직과 역할에 적응하기

문제 1 PISA 2015 협력적 문제해결력 평가 예시 문항: '방문' 과제(1)

'방문' 문항은 PISA 2015 예비검사에 사용되었던 문항으로, 시험을 보는 학생을 포함한 가상의 팀원들이 학교를 방문하는 국제 학생들을 대상으로 하는 견학하는 프로그램을 계획하고, 견학 가이드를 하며, 예기치 못한 상황에 대응하는 상황에서 협력적으로 문제를 해결할 수 있는지를 평가한다. 협력적 문제해결력 평가 문항의 왼쪽은 대화 공간, 오른쪽은 과제 공간으로 구성되는데, 대화 공간에서는 학생이 가상 인물과 대화를 하며, 과제 공간은 학생이 대화를 통해 결정한 행동을 실행하거나 가상 인물이 메모장 등에 과제 진행 과정을 기록하는데 사용된다(OECD, 2015).

'방문'의 첫 번째 과제에서 팀원들은 견학을 고려 중인 세 장소 즉, 박물관, 시장, 공장의 위치와 개장 시간, 특징을 파악하고 의논하여 견학이 가능한 장소를 결정해야 한다. 제시된 문제 상황에서 평가 참여 학생은 팀 리더로 정해져 있으며, 가상 인물과의 대화와 과제 공간에 제시된 정보를 종합하고 판단하여 팀원들에게 최종 견학 장소를 이메일로 알리는 역할을 수행해야 한다. 이때 평가 요소는 평가틀의 '(C2) 계획 실행하기'와 '(C3) 참여규칙 따르기'에 해당한다.

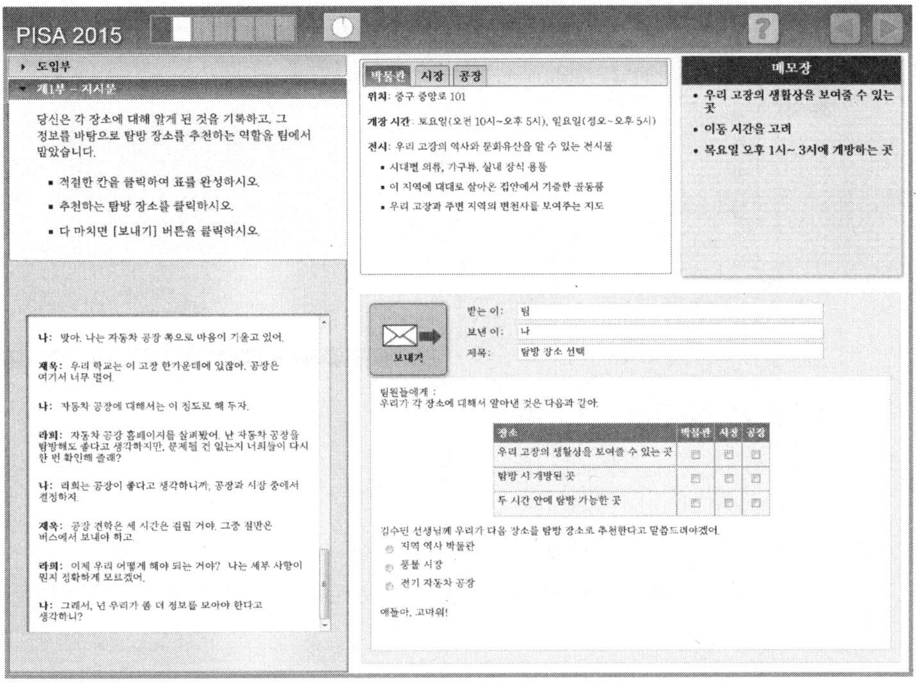

[그림 20-5] PISA 2015 협력적 문제해결력 평가 예시 문항: '방문' 과제(1)

문제 2 PISA 2015 협력적 문제해결력 평가 예시 문항: '방문' 과제(2)

'방문'의 두 번째 과제에서 평가 참여 학생은 팀의 리더로서 세 명의 팀원인 재욱, 라희, 범수가 가진 외국어 능력과 주어진 상황을 고려하여 팀원에게 학교를 방문하는 학생들을 배정하는 역할을 수행해야 한다. 협력적 문제해결력 평가에서는 크게 '의사소통'과 '행동'을 평가하는데, 대화 공간에서는 '의사소통' 능력을 평가하며, 과제 공간에서는 의사소통의 결과를 종합하여 적합한 의사 결정을 하고 이를 '행동'할 수 있는지를 평가한다. 이 과제의 경우, 과제 공간의 하단에 놓인 방문 학생의 이름, 취미, 언어가 적힌 상자를 팀원에게 적합하게 배정하는 '행동'을 평가한다. 이때 평가 요소는 '(D2)행동 결과를 점검하고 문제 해결 성과 평가하기'와 관련된다.

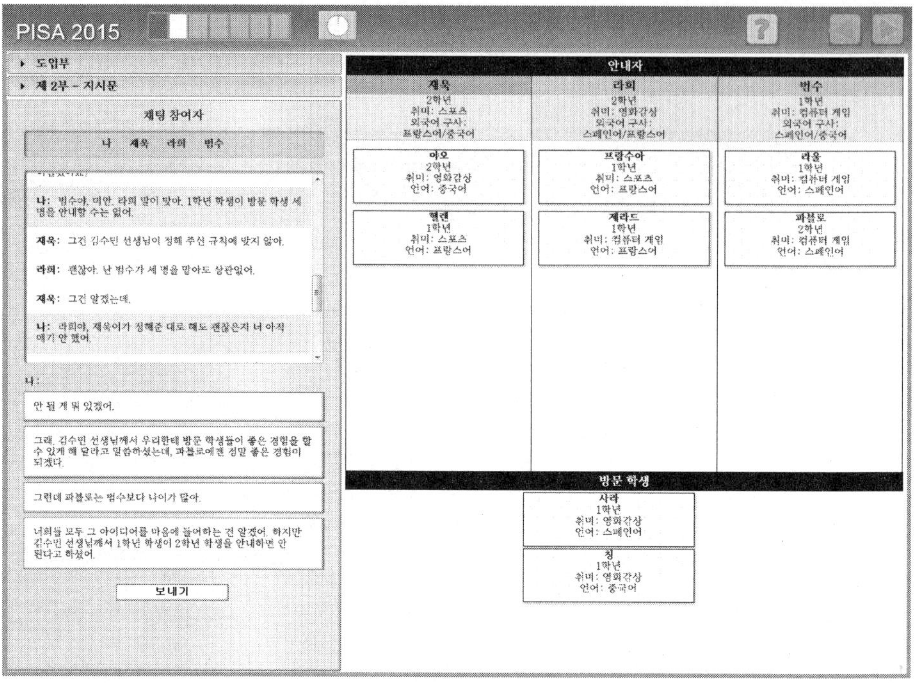

[그림 20-6] PISA 2015 협력적 문제해결력 평가 예시 문항: '방문' 과제(2)

4 국가 수준의 컴퓨터 기반 수학 평가[2)]

국가수준의 학업성취도 평가는 학교 수업을 통해 국가 교육과정이 목표한 바가 잘 도달되고 있는지를 평가하여 교육의 질을 제고하기 위한 책무성을 기반으로 한다. 현재 국내에서 개발, 시행되고 있는 대규모 컴퓨터 기반 평가로는 컴퓨터 기반 문제해결능력 평가, 기초학력 향상도 평가, 온라인 3R's 기초학력 진단평가 등이 있으며, 국외에서는 미국의 GMAT, 네덜란드의 MATHCAT 등이 있다. 미국의 GMAT은 1997년 지필평가에서 컴퓨터 기반 평

2) 이 절의 내용은 김성숙, 임해미(2015)의 연구를 토대로 작성함.

가로 전환하면서 양질의 문제은행을 만들고 지속적으로 규모를 성장시켰다(김경희 외, 2013).

이 절에서는 미국의 차세대 평가 Assessment 2.0의 대표적 평가인 PARCC와 Smarter Balanced Assessment에 대해 살펴보고자 한다. 두 평가는 공통핵심성취기준(Common Core State Standards)을 기반으로, 진학과 진로에 대한 준비도를 점검하고 신장시키는 것을 목표로 하며, 컴퓨터 기반으로 시행한다는 공통점을 갖는다. 또한 두 평가 모두 증거기반 설계(Evidence Centered Design; ECD) 이론에 터하여 치밀하게 평가를 설계하고 다양한 유형의 문항을 개발하고 있다.

4.1 PARCC

PARCC(Partnership for Assessment of Readiness for College and Careers)는 공통핵심성취기준을 학생들이 어느 정도 이해하고 있는지를 점검하기 위해 여러 주가 연합하여 구성한 컨소시엄이다. PARCC 수학 평가는 학기 중 선택적으로 시행할 수 있는 진단평가, 수행평가, 학년 말에 총합평가로 시행할 수 있는 수행평가, 학년말 평가로 구성되며, CBT 방식의 컴퓨터 기반 평가로 시행된다. CBT는 다양한 문항 형태를 표현하고 지필검사로는 불가능한 다양한 고등정신능력과 실생활 능력을 평가할 수 있으며, 검사 결과를 실시간으로 분석하여 피드백 할 수 있는 장점이 있다(김성숙, 임해미, 2015).

PARCC 수학 평가는 CCSSM의 수학적 내용뿐만 아니라 수학적 실천[3])도 고르게 평가하기 위해 수학 평가틀을 개발하였다. PARCC는 '수학과 관련한 진학과 취업에 대한 준비'라는 목표를 중심으로 하는 네 개의 보조 요구목표를 갖는데, 보조 요구목표는 수학적 실천을 주요 내용 성취기준과 연계할 수 있는지, 부가·보조 내용 성취기준과 연계할 수 있는지에 따라 요구목표 A, B로 구분되며, 수학적 실천 중 MP3, MP6와 내용 성취기준의 연계는 요

3) 수학과 공통핵심성취기준(Common Core State Standards of Mathematics; 이하 CCSSM)은 학년별로 수학적 내용을 제시한 수학적 내용 기준과 전 학년에 걸쳐 학생들이 갖춰야 할 수학적 능력을 제시한 8가지 수학적 실천 기준으로 구성됨(CCSSI, 2010; 장혜원, 2012). CCSSM의 8가지 수학적 실천은 수학적으로 유능한 학생에게 기대되는 행동 요소를 서술한 것으로 다음과 같이 코드화됨 : 문제를 이해하고 끈기 있게 풀기(MP1), 추상적으로, 정량적으로 추론하기(MP2), 실행 가능한 주장을 구성하고 다른 사람의 추론을 비판하기(MP3), 수학적으로 모델링하기(MP4), 적절한 도구를 전략적으로 사용하기(MP5), 정확성에 주의를 기울이기(MP6), 구조를 찾고 사용하기(MP7), 반복된 추론에서 규칙성을 찾고 나타내기(MP8)

구목표 C, MP4와의 연계는 요구목표 D로 구분된다(PARCC, 2015b). PARCC 수학 평가는 요구목표를 세분화하여 교육과정에 기반한 수학적 내용 지식을 고르게 평가하고자 했으며, 특히 추론과 모델링 역량을 강조하였다(김성숙, 임해미, 2015).

[표 20-2] PARCC 요구목표

보조 요구목표 A	보조 요구목표 B	보조 요구목표 C	보조 요구목표 D
수학적 실천과 주요 내용 성취기준을 연계하기	수학적 실천과 부가/보조 내용 성취기준을 연계하기	수학적 실천 중 MP3(추론), MP6와 수학적 내용을 연계하기	수학적 실천 중 MP4(모델링)와 수학적 내용을 연계하기

PARCC에서는 수학적 내용과 수학적 실천을 다양하게 평가하기 위해 요구목표의 유형(A~D)에 따라 세 가지 형태의 문항을 개발하였다. 우선 유형Ⅰ은 개념적 이해, 유창성 등을 평가하며, 보조 요구목표 A, B를 평가하는 문항이다. 유형Ⅱ는 수학적 추론을 중심으로 보조 요구목표 C를 평가하며, 유형Ⅲ은 모델링 및 응용을 중심으로 보조요구목표 D를 평가한다. 이때 [표 20-3]과 같이 학년말 평가는 유형Ⅰ의 문항만 사용하며, 수행평가는 유형Ⅰ~유형Ⅲ의 문항을 사용한다(PARCC, 2015a, 2015b). 다음은 PARCC 총합평가의 예시문항이다.

[표 20-3] PARCC 총합평가의 문항 유형(김성숙, 임해미, 2015, p. 779)

문항/과제	설명	요구목표	수학적 실천	채점 방법	총합평가
유형Ⅰ	개념적 이해, 유창성, 응용	요구목표 A, B	MP1~8	컴퓨터 채점	학년말평가 수행평가
유형Ⅱ	주장 진술, 정당화, 추론에 대한 비판, 수학적 명제에 대한 정확성	요구목표 C	MP3 MP6	컴퓨터 채점 전문가 채점	수행평가
유형Ⅲ	실세계 맥락이나 시나리오에서의 모델링 및 응용	요구목표 D	MP4	컴퓨터 채점 전문가 채점	수행평가

문제 1 PARCC 예시 문항 : '분수 모델' 4)

'분수 모델'은 PARCC의 문항 유형Ⅲ에 해당하는 수행평가 문항으로, 수학적 내용은 5학년 '수와 연산-분수', '측정과 자료', '기하'와 관련되지만 이 내용들이 통합되어 6학년에 적합한 난이도를 갖는다. 수학적 실천과 관련하여 달 탐사 구획에 대한 모델을 만들고(MP4), 여러 단계의 문제를 푸는 과정에서 추상적·정량적으로 추론할 수 있는지(MP2)를 평가한다. 이 문항의 Part A는 그래프에 직접 좌표를 클릭하여 답하도록 하고 있는데, 이 형태의 문항이 지필 평가에서 시행된다면 채점 시 많은 시간과 노력이 요구될 수 있지만, 컴퓨터 기반 평가에서는 자동 채점이 가능하다는 장점이 있다.

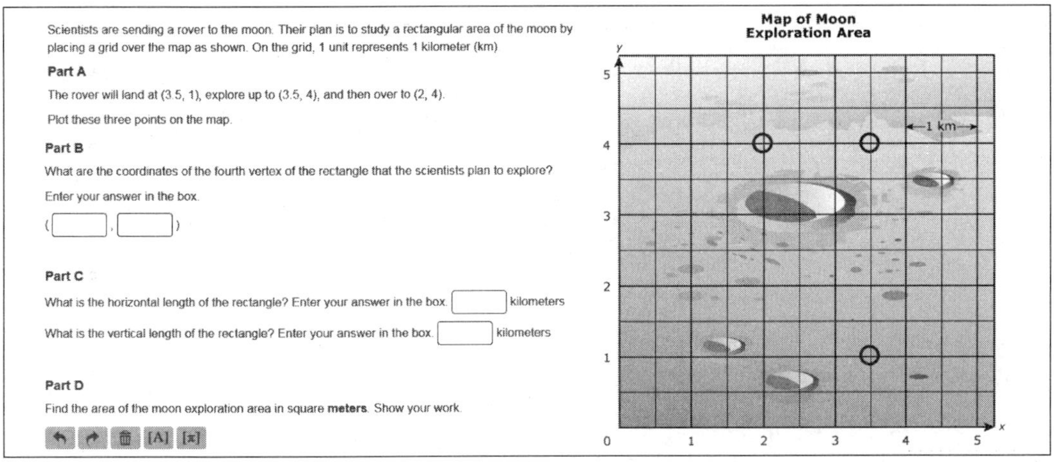

[그림 20-7] PARCC 유형Ⅲ 예시 문항: '분수 모델'

4.2 Smarter Balanced Assessment

Smarter Balanced Assessment Consortium은 공통핵심성취기준에 기초한 평가 체제 개발 및 시행을 위해 미국 교육부로부터 지원을 받는 컨소시엄이다. Smarter Balanced Assessment의 가장 두드러진 특징 중의 하나는 평가가 응시자가 문항에 응답하는 수준에 따라 적합한 난이도의 문항이 제시되는 CAT 방식으로 시행된다는 점이다.

4) PARCC 예시문항 http://parcc.pearson.com/sample-items/

Smarter Balanced Assessment는 다음과 같은 특징을 갖는다(SBAC, 2015b). 첫째, 평가는 성취기준 기반의 교육과정을 평가하기 위해 세심하게 설계되었으며, 성취기준, 교육과정, 평가, 수업, 교사 능력 개발의 통합적 시스템의 한 부분으로 관리된다. 둘째, 평가는 21세기 학습에서 요구되는 핵심 역량을 평가하기 위한 과제에 대한 학생 성취의 증거를 포착하고자 하였다. 셋째, 평가는 교사가 평가 개발과 채점에 적극적으로 참여할 수 있도록 도와준다. 컴퓨터 기반 평가를 통해 효과적으로 효율적으로 채점이 되어 교사에게 제공되므로, 교사는 자신이 가르쳐야 할 성취기준을 심도 있게 이해하고 가르치기 위해 중간평가, 형성평가, 총합평가에 참여해야 한다. 넷째, 평가는 지속적인 교수·학습의 개선을 위해 설계되었다. 교사는 평가 결과를 토대로 학생을 이해하고 자신의 수업을 개선할 수 있으며, 학생의 성취 수준을 정확하게 제시되기 때문에 교사와 학생은 수준에 대한 이해를 토대로 진보를 위한 노력을 할 수 있다. 다섯째, 평가, 성적 통지, 책무성 시스템은 다각적이고 유용한 정보를 제공한다.

Smarter Balanced Assessment는 수학 평가틀을 토대로 증거기반설계(ECD)에 의거하여 개발했는데, 그 절차는 [그림 20-8]과 같다. 첫째, CCSSM에서 평가할 내용 영역과 요구목표를 결정한다. 둘째, 어떤 지식, 기술, 능력을 평가할 것인지 평가 목표와 학생들로부터 도출할 수 있는 증거를 결정한다. 셋째, 과제 모델을 개발하고 이를 토대로 과제를 개발한다(김성숙, 임해미, 2015; SBAC, 2015a).

1 요구목표(claim)
학생들은 수학 개념을 설명하고 적용할 수 있어야 하며, 수학적 절차를 유창하고 정확하게 수행할 수 있어야 한다.

2 평가 목표(target)
분수에 대한 이해를 높일 수 있다.

3 증거(evidence)
학생은 $\frac{1}{2}$부터 $\frac{4}{5}$의 범위에 있는 분수를 시각적으로 표현할 수 있다.

4 과제 모델(task model)
주어진 사각형을 최대 20등분할 수 있고, 등분을 이용하여 주어진 분수를 음영으로 표현할 수 있는 도구

5 과제(task)
세로 선 버튼을 이용하여 직사각형을 6등분하시오. 그리고 전체 사각형의 $\frac{2}{3}$에 해당하는 부분을 음영 표시하시오.

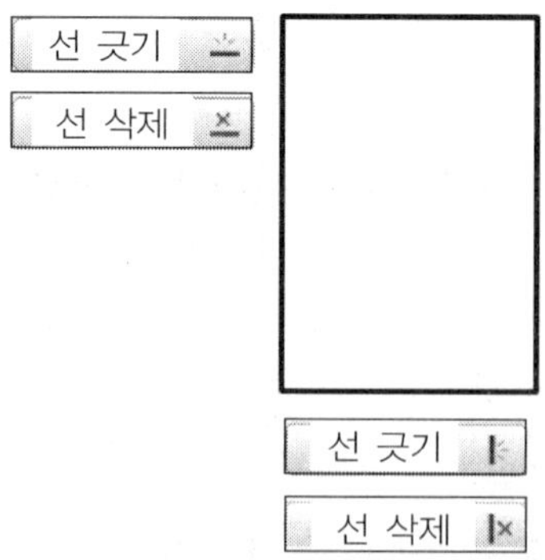

[그림 20-8] 증거기반설계에 따른 Smarter Balanced 평가 문항(김성숙, 임해미, 2015, p.786)

한편, Smarter Balanced Assessment는 CAT 방식으로 시행하면서 학생의 수준에 따라 문항이 제시될 수 있도록 개별 문항을 Webb 외(2005)의 분석틀에 근거한 네 가지 지식의 깊이(Depth of Knowledge; DOK) 수준과 Bloom의 신 교육목표분류의 교차표에 근거하여 코드화하고 문제은행에 저장하였다. 이때 두 요소의 교차표는 [표 20-4]와 같다(SBAC, 2012a, 2012b).

[표 20-4] 지식의 깊이와 사고 유형 교차표(SBAC, 2012b, pp. 58-59)

지식의 깊이와 사고 유형	DOK 1 회상과 재생	DOK 2 기본 기술과 개념	DOK 3 전략적 사고와 추론	DOK 4 확산적 사고
기억	- 용어, 사실을 떠올려 회상하기			
이해	- 식을 평가하기 - 모눈, 수직선 위에 점을 나타내기 - 1단계 문제 풀기 - 글, 그림, 기호에서의 수학적 관계 표현하기	- 관계를 구체화하고 설명하기 - 자료와 관찰로부터 기초적인 추론과 논리적 추측하기 - 개념을 설명하기 위해 모델/그림 사용하기 - 어림하고 설명하기	- 비정형적 문제를 풀기 위해 개념 사용하기 - 추측을 정당화하고, 사고를 일반화하거나 연결하기 위해 이를 지지하는 증거를 사용하기 - 하나 이상의 해를 갖는 경우를 추론하여 설명하기 - 개념 용어로 현상 설명하기	- 다른 영역 또는 교과의 개념과 수학 개념을 연계하기 - 전략을 사용하여 얻은 결과를 일반화하고 새로운 문제 상황에 적용하기
적용	- 간단한 절차 따르기 계산, 측정, 규칙 적용하기 - 알고리즘과 공식을 적용하기 - 일차 방정식 풀기 - 식 바꾸기	- 절차를 선택하고 수행하기 - 여러 가지 개념을 적용하여 정형화된 문제 풀기 - 문제해결을 위해 정보 찾기 - 표현 간 변환하기	- 구체적 목적 또는 연구 문제를 위해 연구 설계하기 - 추론하기, 계획 수립하기, 증거를 뒷받침하기 - 문제와 기호 표현 간 변환하기	- 문제를 구체화하고 해를 구하는 경로를 찾고 문제를 해결하고 결과를 보고하는 프로젝트를 고안, 설계, 수행하기
분석	- 질문에 답하기 위해 표와 그래프의 정보 찾기 - 규칙성과 경향 찾기	- 자료, 그림을 유형화하기 - 자료를 조직하고 순서화하기 - 적합한 그래프를 선택하고 자료 나타내기 - 단순한 그래프로부터 자료 해석하기 - 규칙성 확장하기	- 자료와 텍스트 내/간 정보 비교하기 - 자료, 인용된 증거를 분석하고 결론 도출하기 - 규칙성을 일반화하기 - 복잡한 그래프로부터 자료 해석하기	- 다양한 증거와 자료를 분석하기

평가			-증거를 인용하고 논리적 명제 만들기 -해법을 비교하고 대조하기	-새로운 방법에 대한 이해를 적용하고, 논증하고, 새로운 적용을 정당화하기
창안	-주제 또는 개념과 관련된 사고, 개념, 문제, 관점에 대한 브레인스토밍	-관찰 또는 사전 지식과 경험에 기초하여 추측이나 가설 세우기	- 대안적 해결 방법 찾기 - 자료 간 정보 종합하기	-다양한 자료로부터의 정보를 종합하기 -실제적, 추상적 상황을 도입하고 해결하기 위한 모델을 설계하기

문제 1 SBAC 예시문항: '물 탱크' [5]

다음은 8학년 기하와 고등학교 대수의 방정식과 부등식에 대한 내용과 관련하여 '학생들은 지식과 문제해결 전략을 생산적으로 사용하여 순수수학과 응용수학의 복잡한 문제를 풀 수 있는지'를 평가하는 문항이다. 이 문항은 단순히 한 입체도형에서 덜어낸 액체의 부피가 얼마인지를 묻는 것을 넘어서서, 덜어낸 액체를 다른 모양의 입체도형에 넣었을 때의 높이를 보고 밑면의 반지름을 유추할 수 있는지를 묻고 있다. 이 문항은 문제해결과 관련하여 순수 수학 또는 일상생활, 사회, 직장에서 일어나며 유일한 정답이 존재하는 문제를 해결하기 위해 수학을 활용하고, 적절한 도구를 전략적으로 선택하여 사용할 수 있는지를 평가하며, DOK 2 수준에 해당한다(SBAC, 2015b, p. 46).

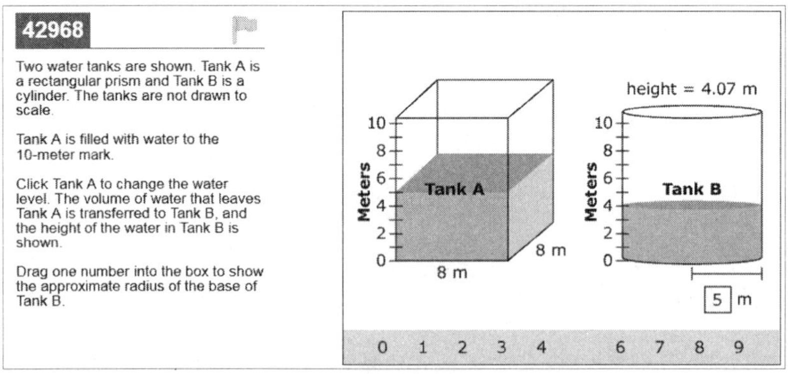

[그림 20-9] SBAC 예시문항: '물 탱크'

5) http://sampleitems.smarterbalanced.org/itempreview/ModernShell.aspx?config=SBAC\Content\WaterTank.json

5 결론

우리나라의 2009 개정 수학과 교육과정에서는 수학 교수·학습 및 평가에서 계산기, 컴퓨터 등의 공학적 도구 사용을 강조하고 있다. 특히 수학적 과정의 중요성이 높아지면서 수학적 과정을 평가하는 도구로서 공학적 도구의 역할이 부각되고 있다(고상숙 외, 2013). 컴퓨터 기반 평가는 기존의 지식에 대한 결과 중심의 평가로부터 지식과 교과 역량을 동시에 평가할 수 있는 가능성을 확대시켰다. 특히 국제 수준과 국가 수준 대규모 평가에서의 컴퓨터 기반 평가는 과정 중심의 평가 가능성과 더불어 평가 시행 및 관리하기 용이하다는 점에서 장점을 갖는다.

앞에서 살펴본 PISA의 사례는 컴퓨터 기반 평가가 수학적 도구를 활용한 문제해결 및 태도를 포괄하는 역량 평가에 효과적으로 사용될 수 있음을 보여준다. PISA의 컴퓨터 기반 수학 평가는 컴퓨터 기반의 문제 해결에 수학적 도구를 사용하는 문제 상황을 제시하여 지필평가에서 측정하기 불가능한 부분의 수학 소양을 평가할 수 있었다. 그리고 협력적 문제해결력 평가 문항은 제시된 시나리오 상에서 학생들이 어떻게 대화를 진행하고 의사 결정하는지를 평가하는데, 이러한 평가 방식은 지필평가에서 포착하기 어려운 태도 및 실천 역량 등의 정의적 영역에 대한 평가에 효과적으로 사용될 수 있을 것으로 보인다.

또한 PARCC와 Smarter Balanced Assessment는 교육과정에서 요구하는 지식과 역량을 평가하기 위한 평가 설계와 평가 목적에 부합하도록 개발된 다양한 컴퓨터 기반 평가 문항 사례를 보여주고 있다. 우리나라 학생들이 21세기 지식 정보화 사회에 적합한 수학 역량을 갖출 수 있도록 국내외 컴퓨터 기반 평가 연구 및 사례를 검토하고 이를 우리나라의 수학교육에 적합한 형태로 도입하기 위한 적극적인 노력을 기울여야 할 것이다.

참고문헌

고상숙, 박만구, 한혜숙, 홍예윤, 유기종, 이순용, 주홍연, 이창연, 채은숙, 이강숙(2013). 교구 및 공학 도구를 활용한 평가 기반 조성. 한국과학창의재단 연구보고서 2013-6.

교육과학기술부(2011). 수학과 교육과정. 교육과학기술부 고시 제 2011-361호 [별책 8].

교육부(2015). 2015 개정 수학과 교육과정 시안 개발 정책 연구 공청회 자료집.

김경희, 김완수, 김종훈, 최인봉, 박인용, 신진아, 송미영, 김희경, 김동영, 김미경, 신동광, 이인호, 최인선, 한경택, 한정아(2013). 컴퓨터 기반 국가수준 학업성취도 평가 도입 방안. 한국교육과정평가원 CRE 2013-5.

김명화, 박은아, 최혁준, 김경성(2011). 컴퓨터 기반 문제해결능력 평가 모형 개발. 한국교육과정평가원 연구보고 RRE 2011-5.

김성숙, 임해미(2015). 미국의 차세대 평가 PARCC와 Smarter Balanced 평가 비교 분석을 통한 평가 개선 방안 - 6학년 수학을 중심으로-. 학습자중심교과교육학회지 15(7), 771-794.

박지현(2013). 컴퓨터 기반 수학 평가 문항 설계 원리 연구. 서울대학교 박사학위논문.

박혜영, 임해미(2014). 협력적 문제해결력 교수·학습 및 평가를 위한PISA와 ATC21S의 특징 비교 분석. 학습자중심교과교육학회지 14(9), 439-462.

송미영, 최혁준, 임해미, 박혜영, 손수경(2013). OECD 국제 학업성취도 평가 연구: PISA 2015 예비검사 시행 기반 구축. 한국교육과정평가원 RRE 2013-6-2.

송미영, 김성숙, 구자옥, 임해미, 박혜영, 한정아, 손수경(2014). OECD 국제 학업성취도 평가 연구: PISA 2012 컴퓨터 기반 평가 결과 분석. 한국교육과정평가원 RRE 2014-4-2.

장혜원(2012). 미국의 수학교육과정 규준 CCSSM의 수학적 실천에 대한 고찰. 대한수학교육학회지 수학교육학연구, 22(4), 557-580.

정한호(2010). 컴퓨터 기반 평가와 지필 기반 평가 간 점수 비교: 성별과 학습능력에 따른 차이 분석을 중심으로. 교육공학연구, 26(3), 81-104.

조지민, 김수진, 이상하, 김미영, 옥현진, 임해미, 박연복, 이민희, 한희진, 손수경(2011).

OECD 국제 학업성취도 비교 연구 - PISA 2012 예비검사 시행보고서-. 한국교육과정평가원 RRE 2011-4-2.

조지민, 동효관, 옥현진, 임해미, 정혜경, 손수경, 배제성(2012). PISA 공개 문항에 대한 우리나라 학생들의 답지 반응 분석 및 읽기 성취수준별 특성 비교. 한국교육과정평가원 RRE 2012-3-2.

한국교육과정평가원(2011). 컴퓨터 기반 문제해결능력 평가 모형 세미나. 한국교육과정평가원 연구자료 ORM 2011-60.

Binkley, M., Erstad, O., Herman, J., Raizen, S., Ripley, M., Miller-Ricci, M., & Rumble, M. (2012). Defining twenty-first century skills. In *Assessment and teaching of 21st century skills (pp. 17-66).* Springer Netherlands.

Common Core State Standards Initiative (2010). *Common Core State Standards for Mathematics.* Retrieved June 15, 2015 from Common Core State Standards Web site: http://www.corestandards.org/

OECD(2005). *The definition and selection of key competencies: executive Summary.* Retrieved from http://www.oecd.org/pisa/35070367.pdf

OECD(2013a). *PISA 2012 Assessment and Analytic Framework: Mathematics, Reading, Science, Problem Solving and Financial Literacy.* OECD Publishing. http://dx.doi.org/10.1787/9789264190511-en

OECD(2013b). *PISA 2015 Draft collaborative problem solving framework, March 2013.* OECD: Paris.

OECD(2015). *PISA 2015 PISA 2015 Released Field Trial Cognitive Items.* OECD: Paris. Retrieved from http://www.oecd.org/pisa/pisaproducts/PISA2015-Released-FT-Cognitive-Items.pdf

Partnership for Assessment of Readiness for College and Careers (2015a). *Grade 6 Evidence Statements: Evidence Statement Key.*

Partnership for Assessment of Readiness for College and Careers (2015b). *Informational Guide to Grade 6 Math Summative Assessments.*

Smarter Balanced Assessment Consortium (2012a). *General Item Specifications.*

Smarter Balanced Assessment Consortium (2012b). *General Item Specifications Grade 6-8.*

Smarter Balanced Assessment Consortium (2015a). *Introduction to Evidence-Centered Design.* Modern approach to designing items and tasks.

Smarter Balanced Assessment Consortium (2015b). *Content Specifications for the Summative Assessment of the Common Core State Standards for Mathematics.* Revised Draft, July 2015.

21장

기술공학 기반 평가의 실제

단국대학교 고상숙
(sangch@dankook.ac.kr)

1 서론

최근 국제 학업성취도 평가인 TIMSS(The Trends in International Mathematics and Science Study)와 PISA(Programme for International Student Assessment) 평가에서 계산기 활용 평가를 포함하였다. 자세하게는 TIMSS의 경우에는 TIMSS 2003의 8학년 평가에서 계산기 사용이 도입되어 계산기가 없이도 문제해결이 가능한 중립형 문항에 대해서 계산기 사용을 원하는 국가에 국한하여 계산기 사용을 허용하였고, TIMSS 2007, 2011에서도 계산기의 활용을 지속적으로 허용하고 있다(홍예윤, 고상숙, 2012). PISA의 경우에는 PISA 2012 이전부터 계산기의 활용이 허용되었고, 계산기의 사용 여부가 문제해결에 직접적인 영향을 주지 않는 중립형 문제가 출제되어 왔으나, PISA 2012 지필평가에서는 계산기의 사용이 문제풀이에 영향을 줄 수 있는 문항이 출제되었다(조지민 외, 2012). 이렇듯 국내외적으로 수학과 평가에서 공학적 도구의 활용이 확대되고 있으므로, 공학적 도구 활용의 목적과 그 효과를 높이기 위해서는 공학적 도구를 활용한 평가 문항, 평가 방법, 평가 절차 등에 대한 연구가 선행되어서 현장의 평가를 안내할 수 있어야 한다.

그러나 국내에서 이루어진 공학적 도구를 활용한 평가 방안에 관한 선행연구들을 살펴보면, 평가에서 공학적 도구의 활용에 대한 강조는 많이 대두되고 있지만 구체적인 평가 방안을 제시한 연구는 여전히 매우 미흡한 실정이다(고상숙 외, 2014). 비록 몇몇 연구자들(김명화 외, 2011; 박인혜, 2013; 하미란, 2013; 홍예윤, 고상숙, 2012; 고상숙 외, 2012, 2013)이 컴퓨터나 그래핑 계산기를 기반으로 한 평가도구 개발에 대한 연구를 수행하기도 하였지만 수학과가 아닌 타교과 교육에서 이루어졌거나(예를 들면, 김명화 외, 2011) 수학교육에서는 고등학교를 포함한 중등교육에서 활용할 수 있는 평가문항의 개발에 대한 연구(예를 들면, 박인혜, 2013; 하미란, 2013; 홍예윤, 고상숙, 2012)가 초등교육 내용에 비해 많이 이루어졌음을 알 수 있다. 이는 공학적 도구 활용의 목적 중 하나가 지필환경에서는 불가능했던 추상적 개념의 시각화를 이용한 경우가 많기 때문에 중등교육 영역에서 더 용이하게 이루어진 것으로 보이며 이는 교사교육 측면과도 관련이 깊다. 즉 초등교사 양성기관인 교육대학교에서 수학교육 내 관련 교육과정이 거의 개설되지 않았음을 반영한 것이기도 하다.

Kissane과 그의 동료들(1996)은 과거 3년 동안 그래핑 계산기의 활용 범위를 확장하면서 대학생들의 그래핑 계산기 활용에 대한 인식의 변화를 조사하였다[1]. 1994년 집단에는 그래핑 계산기를 수업 시간과 1회의 평가에 활용하였고, 1995와 1996년 집단에서는 수업, 과제, 기말고사를 포함한 모든 과정에서 그래핑 계산기의 활용을 확장하였다. 배점은 1점에서 4점까지이며 큰 숫자일수록 더 긍정적인 태도를 보인 것이다. 수학 교수·학습과 평가 과정에서 해가 갈수록 그래핑 계산기의 활용 범위가 넓어졌기 때문에 그에 따라 그래핑 계산기를 활용한 평가에 대한 학생들의 인식도 긍정적으로 변화되는 것을 볼 수 있다. 이들(총 8문항) 중 특히 '기말고사에서 공학적 도구 사용에 대한 인식변화'가 가장 낮은 점수(2.71)에서 가장 높은 점수(3.53)로 변화되었다는 것은 특이할만하다. 따라서 교사양성기관에서 교육과정으로 개설하여 경험을 제공하는 것은 그들의 관점을 긍정적으로 변화시키는 데 매우 중요한 것임을 알 수 있다.

[표 21-1] 그래핑 계산기 활용에 대한 학생들의 인식변화

조사내용	1994년	1995년	1996년
전반적으로 나는 계산기 사용을 즐긴다.	2.83	3.03	3.30
평가에서 그래핑 계산기를 사용할 수 있다는 것은 좋은 아이디어다.	3.01	3.22	3.39
기말고사에도 그래핑 계산기 사용이 허용되어야한다고 생각한다.	2.71	3.35	3.53
숙제로 제시되는 몇몇의 질문들은 그래핑 계산기 사용을 필요로 한다.	2.76	3.13	3.23

1) 여기에 제시한 설문문항 외에 여러 수학영역(4개)에서 학생의 견해를 묻는 문항들로 모두 8개 문항만이 제시되었다. 저자는 여러 문항 중 이 8문항만을 포함하였다고 밝히고 있어 원래 설문에는 더 많은 문항이 포함되었음을 시사한다. 본 장에는 평가와 관련된 문항 위주로 제시하였다.

반면에 우리나라 중학생 99명에 대하여 수학시간에 기술공학 활용2)에 대한 인식은 5점 척도('전혀 아니다=1점', '아니다=2점', '보통이다=3점', '그렇다=4점', '매우 그렇다=5점') 유형을 사용하여 고상숙 외(2013) 연구에서 다음과 같이 조사되었다.

[표 21-2] 공학적 도구 활용에 대한 학생설문결과

문항	전혀 아니다	아니다	보통이다	그렇다	매우 그렇다	전체	평균 (표준편차)
1. 공학적 도구를 사용하면 수학 문제를 푸는 것이 더욱 흥미로움	7 (7.1)	8 (8.1)	32 (32.3)	28 (28.3)	24 (24.2)	99명 (100%)	3.55 (1.154)
2. 공학적 도구를 사용하면 수학 문제를 이해하는데 도움	9 (9.1)	13 (13.1)	37 (37.4)	21 (21.2)	19 (19.2)	99명 (100%)	3.28 (1.187)
3. 공학적 도구를 사용하면 문제를 푸는 아이디어나 방법을 다양하게 생각할 수 있음	11 (11.1)	8 (8.1)	41 (41.4)	18 (18.2)	21 (21.2)	99명 (100%)	3.30 (1.216)
4. 공학적 도구를 사용하면 문제 풀이 과정을 검토하는 데 도움	8 (8.1)	14 (14.1)	28 (28.3)	25 (25.3)	24 (24.2)	99명 (100%)	3.43 (1.230)
5. 공학적 도구를 사용하면 좀 더 어려운 문제도 풀 수 있음	4 (4.0)	10 (10.1)	27 (27.3)	27 (27.3)	31 (31.3)	99명 (100%)	3.72 (1.134)
6. 공학적 도구를 사용하면 문제 풀이 과정을 쓰거나 설명하기가 더 쉬움	7 (7.1)	18 (18.2)	37 (37.4)	23 (23.2)	14 (14.1)	99명 (100%)	3.19 (1.113)

2) 기술공학은 공학적 도구란 용어와 자주 혼용되어 사용되는데 이는 영어 technology를 번역한 것으로 교육적 의미이외 매우 광범위한 의미로도 사용된다. 본 장에서는 컴퓨터와 계산기를 의미하며 여기서 계산기는 그래핑 계산기를 뜻한다. 다른 문헌에서 그래픽 계산기로 자체 계산기의 모델명에 따라 명명되어 사용되기도 하지만 엄밀하게 말하면 그래프를 그려주는 계산기를 뜻해야 하므로 그래핑 계산기가 더 적절한 표현이다. 그러나 언어는 다른 언어로 번역이 될 때 의도된 번역이 가능하므로 혼용되어 사용되는 것도 무난하다.

위 학생들의 응답 중 가장 높은 평균을 보인 문항 5에 대한 학생들의 응답 평균은 3.72로 학생들은 공학적 도구의 사용이 어려운 문제를 해결하는데 도움을 준다고 생각하고 있는 것으로 나타났다. 반면에 가장 낮은 평균을 보인 문항 6에서는 평균은 3.19로 의사소통의 측면에서 공학적 도구의 사용에 대해서 전체 응답자의 37.3%인 37명은 긍정적인 응답을 준 반면 전체 응답자의 25.3%인 25명이 부정적인 응답을 주어 학생들은 중립적인 입장을 보여주었다. 즉 기술공학을 사용하면 더 어려운 수학문제를 해결할 수 있으나 그것으로 풀이과정을 쓰거나 설명하기에는 얼마간의 효과가 있는 것으로 보고 있다. 아쉽게도 이들 문항에는 '평가에서 기술공학 활용'에 대한 문항이 포함되어 있지 않음을 상기할 필요가 있다.

Kemp와 그의 동료들(1996)에 따르면 학생들이 문제를 해결할 때 그래핑 계산기를 사용하는 것이 오히려 비효율적이거나, 상징적 기호를 사용하여 답을 쉽게 구할 수 있을 때 계산기를 사용하지 않는다고 한다. 또한 자신의 추론에 대한 설명을 쓰거나, 상황 제시로부터 수학을 이끌어내고, 제시된 표상을 해석하여 일반화를 이끌어내는 문항의 경우에는 그래핑 계산기가 활용되지 않았다. 그러므로 교사는 기술공학을 교수·학습에 사용하고자 하는 목적과 역할을 뚜렷이 알고 있어야 한다. 기술공학의 효과에 대해 인지하고, 적극적 사용과 소극적 사용의 범위를 정하며, 도구화 수준을 평가에 반영할 것인지 등을 결정하여야 한다. 따라서 학생의 문제해결력 강화에 초점이 있다면 중립형 문항은 그 의미가 희석될 수밖에 없다.

본 장에서는 우리나라 수학교육에서 기술공학을 활용한 평가모델 또는 평가도구개발이 아직 미미한 시점에 현재까지 이뤄진 수학교육에서 활용할 수 있는 그래핑 계산기 또는 컴퓨터를 활용한 평가모델 또는 평가도구 등의 특징을 조사해보고 앞으로 이뤄져야 하는 후속 연구와 앞으로 나아가야 하는 수학교육의 방향을 파악해보고자 한다.

2 기술공학 기반 과정중심 평가란?

2.1 기술공학 기반 평가에서 원리

[표 21-3] 선행연구에서 평가의 원리

NAS(1993)	NCTM(1995)	신준식 외(2011)	정상권 외(2012)	고상숙 외(2013)
내용의 원리, 학습의 원리, 공평성의 원리	수학의 원리, 학습의 원리, 일관성의 원리, 추론의 원리, 개방성의 원리, 공평성의 원리	학습의 원리	진정성의 원리, 배경화의 원리, 구성의 원리, 기본의 원리	수학의 원리, 학습의 원리, 일관성의 원리, 공평성의 원리, 역동성의 원리

[표 21-3]에서 평가의 원리들은 시대의 변화와 문항개발의 성격에 따라 달라짐을 알 수 있는데 이들은 평가문항, 도구, 틀을 마련하는 데 이론적 근거를 제공하는 골격의 역할을 한다. 이들 중 고상숙 외(2013) 연구만이 공학적 도구를 활용한 평가모델인데 여기에 필요한 평가 원리로써 평가에서 교구활용이나 매개체의 활용이 있을 때 주목하게 되는 역동성의 원리가 기존의 다른 연구들과 다르게 포함되었음을 알 수 있고, 또한 공평성의 원리도 학습자의 외적인 요소 예를 들어 인종, 또는 문화적인 배경뿐만 아니라 공학적 도구의 익숙정도, 허용정도 등과 같은 요소에 의한 불평등적 요소를 고려하여야 한다는 것을 내포하므로 공학적 도구를 활용하는 평가에 새로운 해석이 더 부가되어야 함을 알 수 있다.

여기서 기존의 전통적인 지필평가(Paper Based Test, PBT)에 비해 컴퓨터 기반 평가(Computer Based Test, CBT)의 장, 단점(도전)을 인지하는 것은 의미가 있다(표 21-4 참고).

[표 21-4] 컴퓨터 기반 평가의 장점과 도전(김명화 외, 2011, p. 32)

	장점	도전
종이 없는 시험 배부와 데이터 수집	• 테스트 시행 이전 문항 수정의 용이성 • 인터넷 전달을 통한 테스트 비용 절감 및 회수의 용이성 • 문항 노출에 대한 안전성 확보 • 즉시 채점 가능 • 다른 종류의 데이터 수집 가능(예: 한 문항 해결 실제 소요시간, 정답을 맞힐 때까지 답한 내용 등)	• 리부팅 또는 배터리 문제 등으로 인한 시간 지체 • hardware issue(모니터화면의 표준화, 키보딩 스킬 차이, 컴퓨터 친숙도, 컴퓨터 type)에 따라 결과 달라질 수 있음
평가 관리자의 표준화	• 컴퓨터가 평가 시간을 정확하게 관리 • 문항에 대한 반응 시간 기록	• 난이도에 따라 반응하므로 시간제한의 의미는 크지 않은 경우도 있음(CATs)
학생 동기 모니터	• 컴퓨터를 통해 학생의 반응태도 관찰(real-time monitoring) 가능하므로 불성실 학생 확인 가능하고 처리과정에서 이를 배제하여 평가 타당도 높일 수 있음	• 프라이버시 문제 발생 가능 • 공지한 경우 걱정의 수준이 높아져 수행 결과에 영향을 미칠 수 있음
쓰기와 말하기에 대한 기계 채점 가능 반응 획득	• 컴퓨터 자동 채점 (computerized natural language processing tools)	• 타당도의 문제(에세이의 경우 논쟁의 질 평가는 하지 못함)
피험자를 위한 추가적 도구	• 계산기(문항에 따라 on/off), 사전 등 제공 가능	• 사용하던 것과 다를 수 있기 때문에 공정성의 문제 제기 가능하므로 사전 연습 필요
상호작용적 문항 형태	• on-line 상에서 수행, 데이터 구성 질문에 답변	• 효과적 채점 전략 마련의 어려움 (open-ended question)

2.2 수학적 과정중심 평가

PISA에서는 학교 교육과정에 근거한 지식보다 학생들이 학습한 지식을 상황과 목적에 맞게 활용할 수 있는 '소양'을 강조하면서(조지민 외, 2012), 수학 평가틀의 하나의 축을 수학적 과정으로 설정하고 이 영역에 해당하는 문항을 꾸준히 출제하고 있다(고상숙 외, 2012). PISA에서는 수학적 과정을 문제가 발생한 상황을 수학과 연결하고 문제 해결을 위해 요구되는 능력에 관한 것으로 보았으며, PISA 2012의 수학 평가틀에서 수학적 과정의 하위 요소로서 '형식화하기(formulating)', '이용하기(employing)', '해석하기(interpreting)'의 3가지를 제시하였다(조지민 외, 2011). PISA 2003, 2006 검사 결과에 의하면, 우리나라 학생들은 전반적으로 높은 학업 성취를 보이는 반면 자신들의 문제해결 과정을 합리적으로 의사소통하고, 수학적으로 옳은 추론의 과정을 요구하는 문항에 대해서 미흡함을 나타냈다(박혜숙 외, 2009). 따라서 학생들의 이러한 측면을 개선하기 위해서 2009 개정에 따른 수학과 교육과정에서는 수학적 문제해결, 추론, 의사소통을 수학적 과정의 하위 요소로 하여 학생들의 수학적 과정능력의 향상을 더욱 강조하고 있다.

여기서 PISA의 관점과 동일하게 김도한 외(2009)는 수학적 과정을 "다양한 현상을 수학과 연결하고 다양한 상황에서 발생하는 문제를 해결할 때 활성화되어야 하는 수학적 능력을 의미하며 수학적 문제해결, 수학적 추론, 수학적 의사소통 등을 구성 요소로 포함하는 개념"으로 정의하였다. 수학적 과정에 대한 중요성이 부각됨에 따라 최근에 수학적 과정의 평가 방안에 대한 연구들도 활발하게 수행되고 있다. 신준식 외(2011)는 수학적 사고력 측정을 위한 평가도구 개발에 관한 연구를 수행하여 초등학생들의 수학적 추론, 문제해결, 의사소통능력을 측정할 수 있는 대표적인 평가문항을 개발하였다. 다음 [표 21-5]는 기술공학 기반 평가모델을 개발한 고상숙 외(2013) 연구에서 수학적 과정중심의 영역별 하위능력을 분류한 것이다.

좀 더 최근에는 2015 개정 수학과 교육과정(교육부, 2015)에서 수학적 소양에 대해 수학적 과정영역을 포함하여 핵심역량으로써 재조명하여 더욱 강조될 전망이다. 이는 NCTM(1989, 2000)에서 핵심영역을 제시한 이래 우리나라의 2015 개정 교육과정에서도 각 교과별 핵심역량을 규명하여 더 구체적으로 접근할 수 있도록 제시하려는 것이다.

[표 21-5] 수학적 과정중심의 영역별 하위능력(고상숙 외, 2013)

수학적 영역	수학적 과정의 평가 요소	약어
문제해결	상황에서 수학적 문제를 구성하는 능력	P1
	문제를 수학적 기호, 그림을 사용하여 다시 표현하는 능력	P2
	문제해결에 필요한 조건의 확인 또는 보완 능력	P3
	문제해결에 적절한 형태로 표현을 변환하는 능력	P4
	문제해결에서 사용되는 개념들 간의 연결성을 태도하고 활용하는 능력	P5
	문제해결을 위한 다양한 전략 또는 방법을 찾는 능력	P6
	문제해결에서 적절한 전략을 활용하여 문제를 해결하는 능력	P7
	상황에서 주어진 문제를 해결하는 능력	P8
	문제해결 과정과 결과의 타당성을 수학적인 방법으로 점검하는 능력	P9
	문제해결 전략 또는 결과를 새로운 문제에 적용하는 능력	P10

추론	수학적 관계를 파악하는 능력	R1
	수학적으로 추측하는 능력	R2
	수학적 관계를 찾아 표현하는 능력	R3
	수학적 추론 과정을 분석·점검하는 능력	R4
	수학적 추론에 근거한 정당화 능력	R5
	추론 과정과 결과를 해석하거나 평가하는 능력	R6
	추론 과정과 결과를 변환하거나 확장하는 능력	R7
의사소통	수학적 표현을 읽고 이해하는 능력	C1
	풀이 과정을 수학적 언어로 표현하는 능력	C2
	풀이 과정을 논리적으로 설명하는 능력	C3
	풀이 과정을 반성적으로 점검하여 표현하는 능력	C4
	다른 사람의 풀이 과정에 대한 설명을 해석하거나 평가하여 표현하는 능력	C5
	풀이 과정의 표현을 다른 방식으로 변환하는 능력	C6
	풀이 과정의 표현을 확장 또는 일반화하는 능력	C7

[표 21-5]와 병행하여 문제해결능력에 대한 평가에서 분석적, 총체적 채점기준표는 다음과 같이 구성할 수 있다. 물론 각 배점이나 평가요소를 축소하거나 확대하는 것은 학교현장여건에 따라 담당교사가 (교사협의회를 통해) 결정할 수 있다. 또한 다음 채점기준표 기본 틀에 따라 각 문항에서 요구하는 구체적인 해답 요소(예: 문제에서 요구하는 수식)를 포함한 세부적인 채점기준표를 작성할 필요가 있다.

[표 21-6] 분석적 채점기준표

평가 요소	채점 영역	채점기준	점수화
P1,2,3	문제 이해	· 문제에 제시된 정보들 중에서 문제해결을 위해 필요한 정보를 선택하여 문제를 완전히 이해함	2
		· 문제를 잘못 이해한 부분이 있음	1
		· 이해를 했다는 증거가 거의 없음	0
P4,5,6	전략 수립	· (도구를 활용해서) 해답을 이끌어낼 수 있는 올바른 전략을 선택함	2
		· (도구를 활용해서) 해답을 이끌어내기에 부분적으로 오류가 있는 전략을 선택함	1
		· (도구를 활용해서) 해답을 이끌어내기에 적절치 않은 전략을 선택하거나 전략수립을 하지 못함	0

P7,8,9	실행 및 답구하기	· 전략에 따라 올바르게 수행하여 답이 옳음	2
		· 전략 수행에 있어서 실수가 있으나 답이 옳음 · 전략 수행이 적절하였으나 답이 틀림	1
		· 전략 수행이 적절하지 않아서 답이 틀림 · 전략을 수행하지 않아서 답이 없음	0
점수			6

[표 21-7] 총체적 채점기준표

평가 요소	채점기준	점수화
P1,2, 3,4,5, 6,7,9	· 문제를 완전히 이해하여 풀이 과정(전략과 수행)과 답이 옳음	6
	· 문제를 완전히 이해하여 풀이 과정이 옳지만, 계산상의 오류나 옮겨 쓰기 과정상의 오류로 답이 정확하지 않음 · 문제를 완전히 이해하여 풀이 과정이 옳지만, 답이 단위 등의 오류로 부정확함 · 문제를 완전히 이해하여 풀이 과정이 옳지만, 문제 요구 조건과 맞지 않는 답을 구함	4
	· 문제를 잘못 이해한 부분이 있어서 풀이과정의 일부만 옳고, 답이 틀림 · 문제를 이해하였으나 풀이과정에 중대한 실수를 범하여 답이 틀림 · 정답을 제시하였지만 풀이과정이 불명확함	2
	· 백지 · 오답 이외에 아무것도 없음 · 풀이 과정과 답이 모두 틀림	0
점수		6

이에 앞서 고상숙 외(2012)는 대학교재로서 수학교육평가론을 발간하였는데 과정중심 문항들을 초, 중, 고 학교급별로 개발하고 이를 실제 학생들과 수행한 결과물을 수록하였으며 또한 같은 저서에서 기술공학 기반 평가문항에 대해서도 한 챕터를 할애하여 여러 사례들과 함께 과정중심 문항에 대한 평가방법을 소개하였다.

종합적으로 이들 선행연구에서 과정중심 문항개발의 접근에 있어서는 두 가지 형태를 볼 수 있는데 한 가지 형태는 수학적 과정의 하위 요소를 독립적으로 평가하기보다는 하나의 문항을 통해서 여러 하위 요소를 동시에 평가할 수 있는 평가문항을 개발하기도 하고(예를 들면 정상권 외, 2012), 다른 하나는 수학적 과정의 하위 요소를 반영한 문항의 특성을 보다 구체화하기 위하여 하위 요소별 독립적으로 평가할 수 있는 문항을 개발하였다(예를 들면, 신준식 외, 2011; 고상숙 외, 2012; 2013). 첫째 접근 방법에 대해서는 문항개발에서 단순화에 의한 편의성, 시간절약 측면의 장점이 있겠지만 각 하위요소의 특성을 제대로 반영하기에는 어려움이 있고 반대로 두 번째 방법에는 그 반대적 측면이 적용된다. 정상권 외(2011)의 중학교 문항처럼 질문형식을 하나로 구성한 경우를 통합형이라고 한다(그림 21-1과 21-2 참고[3]).

A1. 다음 그림의 피라미드는 밑면이 한 변의 길이가 $230m$인 정사각형이고, 옆면이 모두 합동인 이등변삼각형으로 이루어진 사각뿔이다. 이 피라미드 옆에 길이가 $80cm$인 막대를 지면에 수직으로 세웠다. 피라미드의 그림자가 이등변삼각형 $\triangle CHG$가 되었을 때, 점 C에서 $\overline{HG}$에 내린 수선의 길이가 $250m$이고, 막대의 그림자의 길이가 $200cm$이다. 이때, 피라미드의 높이를 구하고 풀이과정을 상세히 설명하여라(단, 지표면에서 태양빛의 입사각은 같다고 가정한다).

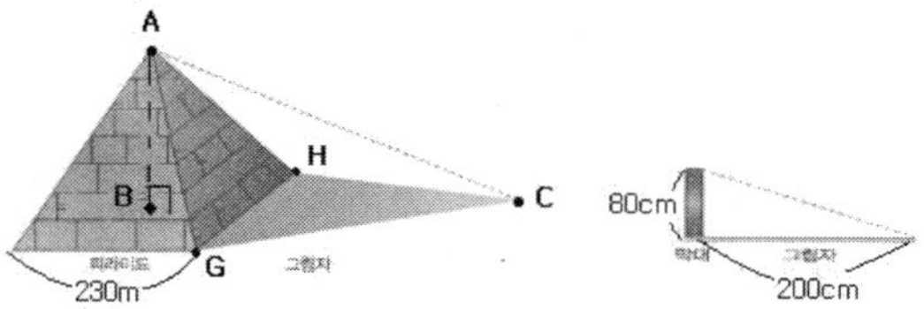

[그림 21-1] 중학교 문항(정상권 외, 2011, 85)

<table>
<tr><th colspan="2">해결과정</th><th>하위요소</th></tr>
<tr><td rowspan="2">두 삼각형 ΔABC, $\Delta AB'C'$의 닮음 관계 파악하고 정당화하기</td><td>두 삼각형을 그림 또는 기호로 표현하기</td><td>P3,4,5,6,12, C5</td></tr>
<tr><td>대응각이 같음을 파악하고 닮음임을 정당화하기</td><td>R1,2,4, C5</td></tr>
<tr><td colspan="2">$\overline{BC}$의 길이 구하기</td><td>P4,7</td></tr>
<tr><td colspan="2">두 삼각형의 닮음비를 적용한 비례식 세우기</td><td>P5,7</td></tr>
<tr><td colspan="2">비례식을 풀어서 피라미드의 높이 구하기</td><td>P7,12, C5</td></tr>
</table>

[그림 21-2] 위 문항의 하위요소에 관한 정보(정상권 외, 2011, 87)

3) 이를 다시 세분화하여 문항을 하위질문들로 단계적으로 구성한 경우를 단계형이라고 한다. 과정중심 평가문항은 통합형보다는 단계형의 질문구성이 더 적절하게 보인다. 하지만 평가실제에서는 교실여건에 따라 교사가 주도적으로 결정할 수 있다.

위 그림에서 하위요소는 수학적 사고력을 구성하는 과정중심 요소를 A1이라는 문항에서 측정할 수 있다고 제안한 것이다.

- 문제를 수학적 기호, 그림을 사용하여 다시 표현하는 능력(P3)
- 문제해결에 필요한 조건의 확인 또는 보완능력(P4)
- 문제해결에 적절한 형태로 표현을 변환하는 능력(P5)
- 문제해결에서 사용되는 개념들 간의 연결성을 인식하고 활용하는 능력(P6)
- 문제해결에서 적절한 전략을 활용하려 문제를 해결하는 능력(P7)
- 실세계 상황에서 주어진 문제를 해결하는 능력(P12)
- 수학적 관계를 파악하는 능력(R1)
- 수학적 관계를 찾아 표현하는 능력(R2)
- 수학적 추론에 근거한 정당화 능력(R4)
- 문제해결 또는 추론과정을 수학적인 언어로 표현하는 능력(C5)

고상숙 외(2013) 연구에서 수학적 과정중심 요소별로 즉 문제해결력, 추론능력, 의사소통력 각각에 대해 해당 문항을 개발한 것이다. 다음 [그림 21-3]의 문항은 평가하위요소로써 추론능력을 평가하고자 한 것이다. [그림 21-5]는 [표 21-3]에서 추론능력의 평가요소에 따라 문항(그림 21-3)에 맞게 채점기준표를 마련한 것이다.

문항번호	관련 학년 – 단원명	활용한 도구	수학적 과정	평가요소
M공Rb	중2 – Ⅲ.함수 일차함수와 그 그래프	그래핑 계산기 (TI-84 plus)	추론	R1,R2,R3

• 그래핑 계산기를 사용하여 일차함수 $y=ax+b$ (단,$a \neq 0$)의 b가 그래프에서 어떤 역할을 하는지 예를 들어 확인해보고, 물음에 대해서 자세히 답하시오.

다음 절차에 따라 [Apps] 기능을 이용하여 그래프의 변화를 확인하시오.

1. [Apps]를 누르고, 'Transfrm'을 실행시킨다.
2. [Y=]을 누르고, '$\mathrm{Y}_1=\mathrm{AX}+\mathrm{B}$'를 입력한다.
3. [WINDOW]을 누르고 'SETTINGS'에서 '[>>]'를 활성화시킨 후, 'A=2', 'B=-2', 'Step=1', 'Max=2'를 입력한다.
4. [GRAPH]를 누르시오.

위의 절차를 활용하여, $y=3.14x+b$에서 b값이 -2, -1, 0, 1, 2로 변함에 따라 그래프가 어떻게 변화되는지 확인하여 아래 좌표평면상에 나타내보고, $y=3.14x+b$의 그래프가 b값에 변화 따라 어떻게 변하는지 그 특징을 자세히 쓰시오. 그리고 일차함수식 $y=ax+b$에서 b는 어떤 역할을 하는지 자세히 쓰시오.

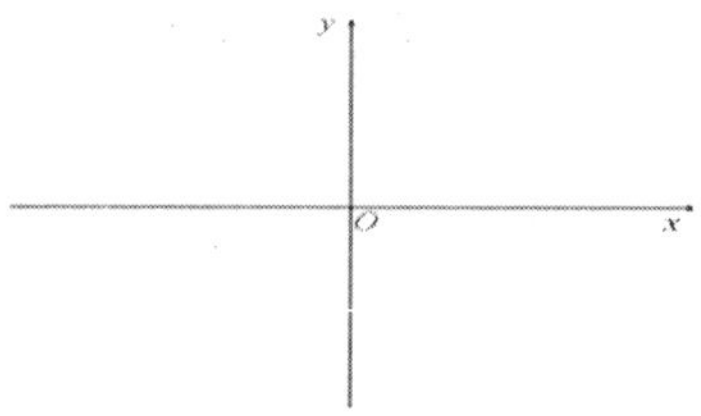

[그림 21-3] 추론능력 평가

평가영역 (평가요소)	모범답안
R1 (자료수집)	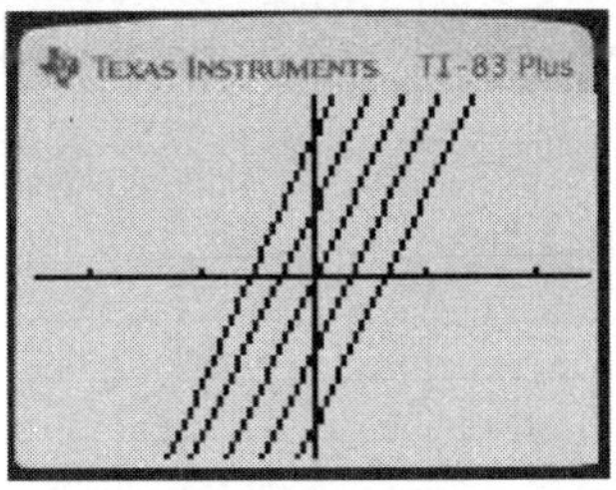
R2, R3 (규칙발견과 확인)	$y=ax+b$에서 $a=3.14$이고, b는 $-2, -1, 0, 1, 2$로 변하므로 $y=3.14x-2$, $y=3.14x-1$, $y=3.14x$, $y=3.14x+1$, $y=3.14x+2$ 그래프가 화면에 나타난다(그래프에 표시할 수도 있음). $y=3.14x-2$의 그래프를 기준으로 b의 값이 $-2, -1, 0, 1, 2$ 로 변하면서 그래프는 y축 방향으로 $+1$만큼 평행이동한다.
R3 (일반화)	일차함수 $y=ax+b$의 그래프는 b의 값에 따라 $y=ax$의 그래프를 기준으로 y축 방향으로 b만큼 평행이동한다(b는 y절편을 결정한다).

[그림 21-4] 추론능력평가 예시답안

평가요소 (채점영역)	(분석적) 채점기준	점수화
R1 (자료수집)	• 주어진 절차에 따라 그래프의 변화를 올바르게 확인하고 좌표평면상에 서로 평행인 5개의 그래프를 정확히 나타냄.	2
	• 주어진 절차에 따라 그래프의 변화를 올바르게 확인하였으나 좌표평면상에 5개의 그래프를 나타내는데 오류 또는 부분적인 누락이 있음.	1
	• 주어진 절차에 따라 그래프의 변화를 확인하지 못하였거나 좌표평면상에 그래프를 전혀 나타내지 못함.	0
R2, R3 (규칙발견과 확인)	• $y=3.14x+b$의 그래프에서 b가 $-2, -1, 0, 1, 2$로 변하면서 그래프가 y축 방향으로 평행이동함을 확인하고 이를 정확히 서술함.	2
	• $y=3.14x+b$의 그래프에서 b가 $-2, -1, 0, 1, 2$로 변하면서 그래프가 y축 방향으로 평행이동함을 확인하고 이를 서술하였으나 논리적 오류 또는 부분적인 누락이 있음.	1
	• $y=3.14x+b$의 그래프에서 b가 $-2, -1, 0, 1, 2$로 변하면서 그래프가 y축 방향으로 평행이동함을 확인하였으나 이를 전혀 서술하지 못하였거나 또는 관련 없는 내용을 서술함.	0
R3 (일반화)	• Graphing Transformation을 통해 그래프의 변화를 확인하여 $y=ax+b$의 그래프가 b값의 변화 따라 어떤 특징을 가지고 있는지 바르게 서술함.	2
	• $y=ax+b$의 그래프가 b값의 변화 따라 어떤 특징을 있는지 서술하면서 논리적 오류 또는 누락이 있음.	1
	• $y=ax+b$의 그래프가 b값의 변화 따라 어떤 특징을 있는지 전혀 서술하지 못했거나 또는 관련 없는 내용을 서술함.	0
점 수		6

[그림 21-5] 추론능력문항에 대한 채점기준표

문제 다음은 $f(x)=x^3$에서 h가 0으로 가까이 갈 때, $\frac{f(1+h)-f(1)}{h}$의 값의 변화를 조사한 것이다. 공학적 도구를 이용하여 다음 문제를 해결하시오. (단, A열은 h의 값이며, B열은 $\frac{f(1+h)-f(1)}{h}$이다.)

활동 ❶ 다음 표의 빈칸을 채우시오. [5점]

	A	B
1		
2		
3		
4		
5		
6		
7		
8		
9		
10		

활동 ❷ 위 표로부터 h가 0으로 가까이 갈 때, $\frac{f(1+h)-f(1)}{h}$의 값을 추정하시오. [5점]

활동 ❸ 공학적 도구를 이용하여 $f(x)=x^3$을 그리고 $x=1$에서의 미분계수를 구하시오. [5점]

활동 ❹ 순간 변화율의 정의에 의하여 $f'(1)$을 구하시오. [5점]

[그림 21-6] 과정중심 문항 구성

최근 선행연구를 살펴보면 기술공학 활용에서 도구화에 대한 연구가 관심을 모우고 있다(예를 들면, 한세호, 2009; 임현정, 2015). 도구화(instrumentalization)란 사용자가 도구를 마치 자신의 신체의 일부처럼 사용할 수 있는 정도를 의미한다. 누구나 새로운 기기에 대한 서투름이나 두려움이 있다. 훈련시간을 통해 어느 정도 익숙하여져서 두려움이 없이 사용할 수 있을 때 사용자는 도구화가 된 것이다. 여기에는 도구가 가지고 있는 가능성과 제한성을 사용자가 염두에 둘 필요가 있다. 사용자는 도구사용에 대한 목적을 명확히 인지하고 이 목적에 맞는 도구를 선택하여야 한다. 이처럼 도구가 사용자에게 영향을 미치는 정도를 도구기제(insturmentation)라고 한다. 도구화와 도구기제는 서로 상호적으로 작용하여 사용자가 학습을 이루어 가는 데 영향을 미치는데 이런 상호작용을 거쳐 학습을 이루어가는 과정을 도구발생이라고 부르는 것이다. 다시 말해 인지적인 행동스킴을 형성해가는 것이다. 예를 들면 학습자가 GSP를 활용하여 포물선을 작도하였을 때 학습자가 포물선의 성질을 구체적으로 이해하고 여러 다양한 포물선의 그래프뿐만 아니라 함수식이나 표 등으로 포물선을 표현 가능할 수 있게 된다. 따라서 교수자는 반드시 학습자가 도구발생을 가져올 수 있는 충분한 시간을 미리 할애하여야 한다. 그래핑 계산기의 활용을 중심으로 고상숙 외(2012)에서 제시된 공학적 도구를 잘 활용한 경우와 그렇지 못한 경우를 관찰해봄으로써(그림 21-6~8 참고) 기술공학 기반 평가에서 학생들을 지도할 때 어떻게 접근해야 하는지를 알 수 있다.

<table>
<tr><th>문항</th><th>평가기준</th><th>점수화</th></tr>
<tr><td>1</td><td>
<table>
<tr><th></th><th>A</th><th>B</th></tr>
<tr><td>1</td><td>1</td><td>7</td></tr>
<tr><td>2</td><td>0.1</td><td>3.31</td></tr>
<tr><td>3</td><td>0.01</td><td>3.0301</td></tr>
<tr><td>4</td><td>0.001</td><td>3.003001</td></tr>
<tr><td>5</td><td>0.0001</td><td>3.00030001</td></tr>
<tr><td>6</td><td>-1</td><td>1</td></tr>
<tr><td>7</td><td>-0.1</td><td>2.71</td></tr>
<tr><td>8</td><td>-0.01</td><td>2.9701</td></tr>
<tr><td>9</td><td>-0.001</td><td>2.997001</td></tr>
<tr><td>10</td><td>-0.0001</td><td>2.99970001</td></tr>
</table>
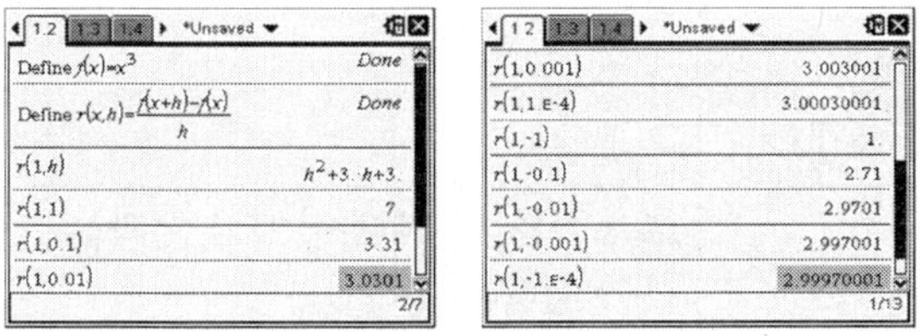

</td><td>빈 칸의 값을 각각 0.5점씩 한다.(부분점수 없음)
그래핑 계산기를 이용하여, 함수 $f(x)=x^3$, 평균변화율을 $r(x, h)$라고 정의하면 주어진 표를 완성할 수 있다. 5점</td></tr>
<tr><td>2</td><td>A가 양의 값을 가지면서 0에 가까이 갈 때, 3에 가까워지고, A가 음의 값을 가지면서 0에 가까이 갈 때, 3에 가까워지므로 $\frac{f(1+h)-f(1)}{h}$의 값은 h가 0에 가까워질 때, 3에 가까워진다는 것을 알 수 있다.
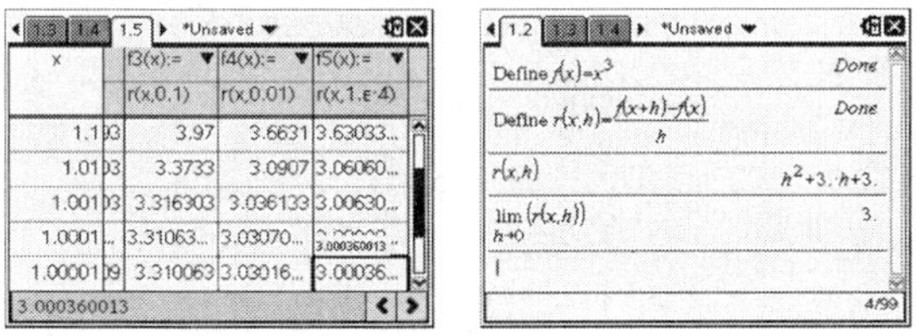

그래핑 계산기의 표를 이용하면, 극한의 의미를 나타낼 수 있고, 대수화면에서 극한값을 구해보면 그 값이 3임을 알 수 있다.</td><td>가까워진다는 극한의 의미가 포함되면 2점.
$\lim_{h\to 0}\frac{f(1+h)-f(1)}{h}=3$
을 구하면 3점.</td></tr>
<tr><td>3</td><td>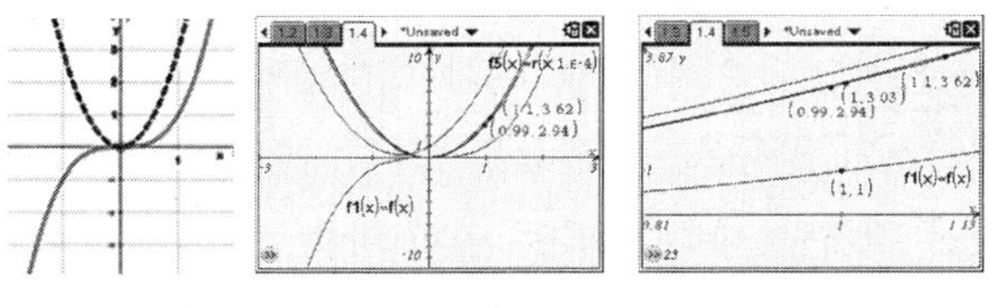</td><td>$f(x)=x^3$의 그래프를 정확하게 그리면 2점.
$x=1$에서의 미분계수를 나타내고 도함수를 그래프로 정확하게 그리면 3점.</td></tr>
</table>

4	$f'(x)=\lim\limits_{h\to0}\dfrac{f(x+h)-f(x)}{h}=\lim\limits_{h\to0}(3x^2+3xh+h^2)$ $=3x^2$ $\therefore f'(1)=3$	순간변화율의 정의가 포함되면 3점. $f'(1)=3$을 구하면 2점.

[그림 21-7] 도구화가 잘 사용된 경우

문항	학생의 답안지	평가기준	점수화
1	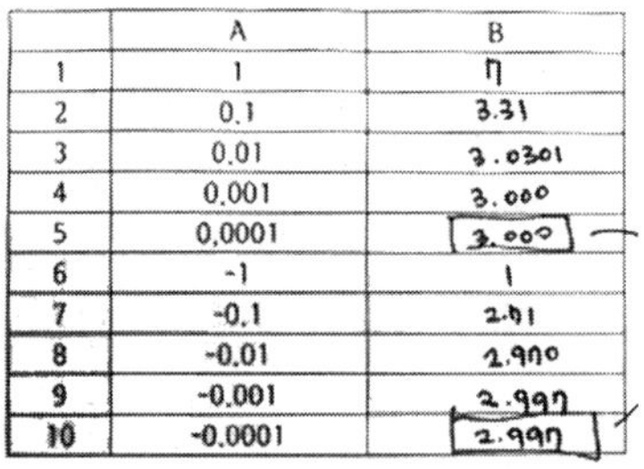 A / B 1: 1 / 7 2: 0.1 / 3.31 3: 0.01 / 3.0301 4: 0.001 / 3.000 5: 0.0001 / 3.000 6: -1 / 1 7: -0.1 / 2.71 8: -0.01 / 2.970 9: -0.001 / 2.997 10: -0.0001 / 2.997	표의 각 값을 모두 올바르게 완성하였다.	5점
2	0으로 가까워진다.	[활동 1]의 문제에서 표의 결과값과 연결하지 못하였고 [활동 2]의 문제를 제대로 이해하지 못하였다.	0점
3	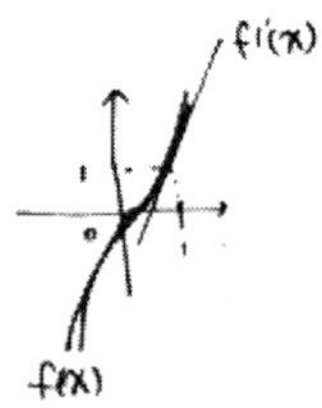	$f(x)=x^3$의 그래프를 정확하게 그리고, $x=1$에서의 미분계수를 나타내었지만 도함수를 그래프로 나타내지 못하였다.	3점
4	$\lim\limits_{h\to0}\dfrac{f(1+h)-f(1)}{h}=\lim\limits_{h\to0}\dfrac{1+3h^2+3h+h^3-1}{h}=3$	순간변화율의 정의가 포함되었고, $f'(1)=3$을 구하였다.	5점

[그림 21-8] 도구화가 잘 이루어지지 못한 경우

위의 학생은 그래핑 계산기를 사용함으로써 쉽게 [활동 1]에서의 표를 완성할 수 있었지만, [활동 2]의 답변으로 보아 표를 완성한 것이 무엇을 의미한 것인지 이해를 못했다고 볼 수 있으며 위의 학생에 있어서 계산기의 활용은 단지 값을 구하는 데에 활용된 것임을 알 수 있다. [활용 3]의 결과에서 나타난 것처럼 함수 $f(x)$는 이미 아는 지식으로 쉽게 그렸고, $x=1$에서의 미분계수의 의미까지는 지식으로 알고 있었던 것처럼 보이지만, 도함수의 개념으로 연결하여 이해하지는 못하였다. [활동 4]의 결과를 보면, $x=1$에서의 순간변화율의 정의를 이용하여, 풀이를 명확하게 보여주었다고 볼 수 있다. 따라서 위의 학생의 경우에는 그래핑 계산기의 사용이 개념적인 활용에 적용되기보다는 단순한 계산에 국한되어 활용되었다고 결론지을 수 있다. 이런 경우 학생이 수학적 개념을 아직 어려워하는지 아님 기술공학 기기사용에 어려움은 없는지를 교사는 파악하여 학생에게 피드백을 제공하여야 한다. 이럴 경우 학생의 도구발생과정에서 행동스킴을 분석해볼 필요가 있다.

3 결론

우리나라는 세계가 인정하는 기술공학 강국이다. 수학 관련 국제평가에서도 기술공학의 사용이 점차 활성화되어가고 있다. 이런 추세에도 국내의 수학교실에는 공학적 도구 사용이 활성화되어 있지 않은데 이런 문제점에 이제 정부가 나설 준비를 하고 있는 것 같다. 새로운 교육과정에 기술공학 사용을 주요변화로 명시하고 정부지원 연구 과제를 공시하여 연구가 진행되고 있다.

지지부진하게 변화가 더딘 주된 이유는 현장의 수학교실에 필요한 하드웨어가 제공되지 않았기 때문이다. 미국과 같은 경우 대부분의 수학교실에는 학생들이 직접 사용할 수 있게 애플 컴퓨터와 TI 그래핑 계산기가 비치되어 있다. 적어도 교사는 학생들과 함께 이들 기기를 사용해야만 한다. 그리고 이와 병행하여 교사교육이 제공되어야 한다. 이런 대대적인 교육적 투자가 없는 한 변화는 이루어지기 어렵다. 이런 공학적 환경 속에서 비로소 학생의 도구화가 가능하기 때문이다.

고상숙 외(2014) 연구에서는 학생의 도구화 수준이 학습 성취에 직접적으로 영향을 미치는 것으로 나타났다. 도구화 수준이 낮은 학생들의 경우 문제해결을 시도조차 못할 가능성이 큰 것으로 예측되었다. 즉 학생들의 수학적 능력에 대한 평가에 공학적 도구의 활용 능력이 부정적인 영향을 미치는 것을 방지하기 위해서 사전에 공학적 도구에 대한 사용 방법을 익힐 수 있는 충분한 시간이 마련되어야 하며 공학적 도구를 활용해서 문제를 해결해 보는 경험이 수업에서 이루어지고 평가로 이어지게 도와야 한다. 또한 문항이 그래핑 계산기나 컴퓨터의 어플리케이션 기능의 사용을 요구하고, 그 과정과 절차가 학생들에게 다소 길고 복잡하다면 교사들은 어플리케이션 기능에 대한 참고 자료를 평가 문항과 함께 제공하길 제안한다.

기술공학 기반 평가에서 또 하나 고려해야할 것은 학생들이 기술공학이 제공하는 시각적 표상에 대한 성급한 판단 또는 맹신을 한다는 것이다. 이런 부정적인 효과에 대해 토파즈, 죠르단, 메타인지이동 등으로 분류하여 구체적으로 규명해보기도 하지만 인터넷 세대로서 기술공학으로 삶을 꾸려가는 학생들은 수학적 결과를 정확하게 파악하려고 시도하기 보다는 눈에 보이는 대략적인 결과를 통해서 문제를 해결하는 모습을 보였다(고상숙 외, 2014). 학생들의 이런 오류는 공학적 도구를 활용하여 문제를 해결할 때 공학적 도구를 활용하는 과정에서 발생할 수 있는 자신의 조작적 실수에 대해 학생 스스로 반성할 수 있는 기회를 갖기 어렵고, 과제를 해결하기 위해 학생들이 심사숙고하기보다는 답을 쉽게 추측할 수 있도록 하는 공학적 도구의 시각적 표상을 맹신하는 학생들의 태도에 의한 결과로 볼 수 있다. 따라서 평소 공학적 도구를 사용하여 문제를 해결할 때 교사는 학생들에게 자신의 문제해결 과정에 대한 반성의 기회를 가질 수 있게 자가 평가를 거치게 하는 등의 부가적인 과정을 통해 반성적 사고의 습관을 길들일 필요가 있다. 부가적인 과정이긴 하지만 기술공학은 이 과정을 쉽게 거치게 도울 수 있을 것이다.

최근에는 중립형 문항보다는 적극적인 기술공학 활용을 요구하는 문항을 개발하는 추세이다. 이러한 문항에서는 기기가 복잡한 절차의 계산을 위한 도구뿐 아니라 문제해결을 위한 탐구의 도구로도 활용되어야 하므로 기술공학 기반 평가문항이 전통적인 평가문항보다는 단계형 문항구성도 용이해서 조금 더 복잡하고, 난이도 또한 높아질 수 있다. 이럴 경우 평가 자체가 학생들에게는 또 다른 학습 부담으로도 연결될 수 있다. 학생이 도달해야 하는 수준을 교사가 미리 심사숙고할 필요가 있고 심화교육과정이 필요할 때도 있으므로 교육과정의 운영에서 유연성이 요구된다. 따라서 교사는 기술공학을 활용한 평가도구를 개발하는 과정에서 공학적 도구가 학생들의 수학적 능력에 대한 평가에서 어떤 역할을 하는지에 대해서 면밀히 검토하고 수준을 결정하여 소기의 목적을 달성할 수 있도록 연구하고 이런 경험을 더욱 축적하여 능동적인 교수설계자로서 역할을 완수해갈 수 있길 기대한다.

Reference 참고문헌

고상숙, 고호경, 박만구, 한혜숙, 홍예윤(2012). 수학교육평가론. 서울: 경문사.

고상숙, 박만구, 한혜숙, 홍예윤, 유기종, 이순용, 주홍연, 이창연, 채은숙, 이강숙(2013). 교구 및 공학적 도구를 활용한 평가 기반 조성. 연구보고서 2013-6. 서울: 한국과학창의재단.

고상숙, 주홍연, 한혜숙(2014). 계산기를 활용한 수학적 과정의 평가도구 개발에 관한 연구: 중학교 수학을 중심으로. 수학교육, 53(2), 163-184.

교육부(2015). 2015 개정 수학과 교육과정 시안개발 정책연구 공개토론회. 서울: 한국과학창의재단.

김도한 외(2009). 2009년 창의중심의 미래형 수학과 교육과정 모형 연구. 서울: 한국과학창의재단.

김명화, 박은아, 최혁준, 김경성(2011). 컴퓨터 기반 문제해결능력 평가 모형 개발. 연구보고서 RRE 2011-5. 서울: 한국교육과정평가원.

박인혜(2013). CAS형 그래핑 계산기 활용 환경에서 고등학교 수학교과서 평가문항. 석사학위논문, 건국대학교.

박혜숙, 이재학, 김홍종, 백석윤, 박경미, 송용진 외(2009). 창의 중심의 미래형 수학과 교육과정 모형 연구, 서울: 한국과학창의재단.

신준식, 고정화, 박문환, 박성선, 서동엽(2011). 수학적 사고력 측정을 위한 수학 평가 도구의 개발, 한국초등수학교육학회지 15(3), 619-640.

임현정(2015). Geogebra를 활용한 교수·학습 환경에서 van Hiele 기하적 사고에 관한 사례 연구: 중학교 사각형을 중심으로. 석사학위논문, 단국대학교.

정상권, 이경화, 유연주, 신보미, 김구연(2012). 2011년 과정중심의 수학교과 평가방안 연구, 서울: 한국과학창의재단.

조지민, 동효관, 옥현진, 임해미, 정혜경, 손수경, 배제성(2012). OECD 국제 학업성취도 평가 연구: PISA 2012 본 검사 시행 보고서(RRE 2012-3-1). 한국교육과정평가원.

하미란(2013). 그래핑 계산기를 활용한 서술형 평가문항개발에 관한 연구-중학교 9-나 단계 통계 단원을 중심으로. 석사학위논문. 부산대학교.

한세호(2009). 고등학교 수학학습에서 컴퓨터대수체계(CAS)의 도구발생. 건국대학교 교육대학원 수학교육학과 박사학위 논문.

홍예윤, 고상숙(2012). 그래핑 계산기를 활용한 평가방안: 미적분관련 문제를 중심으로. 교과교육학연구, 16(4). 1045-1069.

Kemp, M., Kissane, B., & Bradley, J. (1995). Graphics calculators and assessment. In A. Richards (Ed.), *FLAIR: Forging links and integrating resources* (pp 235-241). Darwin: Australian Association of Mathematics Teachers.

Kissane, B., Kemp, M. And Bradley, J. (1996) *Graphics calculators and assessment.* In the Electronic Proceedings of Topic Group 18, Roles of calculators in the classroom of the 8th International Congress on Mathematics Education. Seville, Spain.

National Academy of Science (1993). *Measuring What counts: A Conceptual Guide for Mathematics Assessment.* Washington, DC: National Academy Press.

National Council of Teachers of Mathematics (1989). Curriculum and Evaluation Standards for School Mathematics. Reston, VA: National Council of Teachers of Mathematics.

National Council of Teachers of Mathematics. (1995). *Assessment Standards for School Mathematics.* Reston, VA: National Council of Teachers of Mathematics.

National Council of Teachers of Mathematics (1999). *Mathematics Assessment: A Practical Handbook for Grades 9-12.* Reston, VA: National Council of Teachers of Mathematics.

National Council of Teachers of Mathematics (2000). *Principles and standards for school mathematics.* Reston, VA: National Council of Teachers of Mathematics.

22장

수학 예비교사교육에서의 공학적 도구 활용

아주대학교 고호경
(kohoh@ajou.ac.kr)
노스캐롤라이나대학교 채정림
(jlimchae@gmail.com)

1 서론

교육을 통한 인재양성은 이제 전 세계적인 관심사이며, 국가와 사회 발전의 핵심적 동력으로서의 역할과 경쟁력 강화를 위한 다양한 교육개혁이 시도되고 있다. 최근에는 교육에서 21세기 사회에서 필요로 하는 핵심 역량(key competencies)을 기르기 위한 학교교육이 적극 추진되고 있다(Griffin et al., 2012; 이근호, 2012). 역량은 지식이나 기술을 응용하는데 필요한 전략이나 습관뿐만 아니라 이에 필요한 정서나 신념, 가치체계 및 태도까지 포함한다(소경희, 2007). 이에 따라 핵심역량 교육은 교육의 주된 초점을 학생 개인이 살아갈 미래사회와 현재의 삶에 의미 있고 적극적으로 참여하는 데 필요한 핵심 역량의 함양에 두고 있다.

21세기 들어 컴퓨터나 스마트폰 등 각종 공학적 도구가 발달하면서 공학적 도구를 활용하는 능력은 21세기를 살아가는 모든 사람에게 기본적으로 필요한 기술이라 여기고 있다. 예를 들면, 컴퓨터를 활용하여 해결하고자 하는 문제를 효과적이고 효율적으로 해결할 수 있는 사고 능력 등이 주요한 역량이라는 것이다(예, 이영준 외, 2014). 공학적 도구의 활용은 21세기 수학 학습을 위한 필수적인 도구이며, 교사는 학생의 수학에 대한 이해와 흥미를 높이기 위하여 공학적 도구의 활용을 강화해야 한다(NCTM, 2008).

따라서 이를 위한 교사의 역량 개발은 더욱 더 중요시되고, 예비 교사의 양성과정에서 역시 중요한 역량 개발 내용 중 하나가 교육공학의 활용이라 할 수 있다. 실제로 교사들 역시 미래 사회에 필요한 요소나 미래 수학 교실의 모습 중 하나가 수학 교구 및 공학적 도구에 대한 적극적 활용이라고 인식하고 있다고 한다(김선희, 2012; 김부미, 이종희, 2012). 그러나 박경미(2001)는 TIMSS 등과 같은 수학 검사에서 최상위권의 성취 수준 이면에 드리워진 부정적인 측면을 조망하여 우리나라 학생들이 공학적 도구의 이용에 대한 소극성을 지적한 바 있으며, 현장의 초임교사들은 수학 수업에서 공학적 도구를 활용하는 지식이 충분치도 못하고 또한 자주 활용하지 못하다고 인식되고 있다고 한다(심상길, 2013). 따라서 아직까지 학교 교육에서 가장 널리 사용되는 도구가 여전히 칠판과 교과서이면서 공학이 교육 분야에서 제대로 활용되지 못하고 있다는 점(신창우, 김갑수, 2007)으로 미루어 아직까지 예비교사 양성과정에서 공학적 도구 활용에 대한 교육이 충분히 이루어지고 있다고 보기는 어려울 것이다.

공학적 도구 활용에 관한 지식을 배우는 것은 주어진 공학적 도구를 사용하는 방법을 배우는 것과 어떻게 수학 교수·학습의 목적에 따라 어떻게 사용하는 것이 좋은지를 배우는 것은 다른 것이라 할 수 있다(손홍찬, 2011; Brown & McIntyre, 1993). 결국, 예비교사 스스로가 공학적 도구를 통해 수학을 체험하고 학습하는 경험도 중요하고(조한혁, 송민호, 2010), 또한 공학적 도구의 교육적 활용에 대한 기본 지식을 갖추고 수학을 더 의미 있게 지도하는 과정에 그것을 적절히 활용할 수 있는 능력도 갖추어야 한다는 것이다(손홍찬, 2011). 예비 수학 교사를 위한 수학 교육공학 활용 교육과정은 수학 프로그램의 기능과 사용법을 익히는 수준의 과정이 아니라 중등 수학 교과서와 연계된 수학 프로그램 활용 사례 탐구가 되어야 하며, 그 과정에서 가르치고 배우는 것을 가르치고 배울 수 있는 메타 교육(meta-education)적인 접근이 시도되어야 한다(김남희, 2011). 이는 핵심역량 기반 교육에서는 학생과 교사를 모두 적극적인 의미 구성자로 보고, 학습자는 단순히 제공된 지식을 재생산하는 것이 아니라 삶 속에서 다양한 경험을 통해 지식을 구성하고 발전시켜 가는 존재이며, 교사는 학습자의 발달을 촉진해 나가야 하기 때문에 보다 적극적으로 다양한 경험을 탐색하고 구성해 보는 경험이 필요하다는(소경희, 2012) 맥락으로 볼 수 있을 것이다.

본 장은 학교 현장에서 수학 교육을 담당하는 교사에게는 공학적 도구를 활용하여 학생을 지도하는 방향에 대한 구체적인 안내가 될 수 있으며, 예비교사를 지도하는 대학에서는 예비교사들이 공학적 도구를 활용한 교육 실습을 하는 데 있어서 어떤 부분을 중점적으로 지도해야 하며, 교육과정을 조직하는 데 반영할 수 있을 것이다. 또한 예비교사는 교사로서 학생들이 공학적 도구를 효율적으로 사용할 수 있도록 하기 위하여서는 공학적 도구에 대한 지식 외에 갖추어야 하는 역량을 이해는 데 도움이 되는 자료가 되기를 기대한다.

2 수학 교사교육에서 공학적 도구 활용 연구

수학교육에서 공학적 도구를 활용하는 연구가 활발히 진행되면서 수학 교육공학의 연구 영역이 점차 확대되고, 이에 따라 연구 내용이나 방법, 다루어지는 공학적 도구 등도 다양화되고 있고 있으며, 특히 이 중에서 공학적 도구의 활용 용도와 관련해서는 학습 지도 방법과 학생들의 반응 및 효과 등을 다룬 연구가 가장 많은 추세라고 한다(이수진 외, 2013).

유영만(2003)은 성찰적 교육공학이라는 용어를 써서 교육공학이 자체의 효율성과 효과성을 달성하기 위한 학문적 활용 및 실천적 적용 노력의 범주와 수준을 넘어서서 생산된 산물의 사회적 속성 분석은 물론 실천 현장을 매개로 적용되는 과정에 대한 사회학적 분석을 중시한다. 즉 사회적 의미를 보다 중시여기고 이를 분석하는 데 초점을 두고 실천하는 데 의의를 두고자 하는 것으로 해석할 수 있다.

수학 교사교육에서 교육공학의 사용 역시 공학적 도구의 사용법 및 자료개발의 연수 및 연구의 연구(조한혁, 송민호, 2010; 류현아 외, 2013) 못지않게 학생들에게 어떠한 영향으로 나타나고, 이에 대한 교실 사회 현상에 초점을 둔 공학적 도구 활용에 관한 연구들이 전개되어오고 있다(예, 고상숙, 고호경, 2002; 김은하, 조정수, 2011; Joubert, 2013).

이러한 연구들 중 공학적 도구를 활용한 교사교육이 학생들의 수학적 능력과 산출물과 연관 지어 통합적인 이해와 교사로서의 상호작용에 기여할 수 있는 역량을 함양할 수 있도록 기여하고자 하는 연구들의 예시를 들어보면, 먼저 김남희(2011)는 예비 수학 교사교육의 현장에서 공학적 도구를 교육적으로 활용하는 방법에 초점을 두고 수학 프로그램 탐구 과제 수행을 계획하고 실행함으로써 수학 프로그램에 대한 기초 지식을 습득하고 조별 탐구와 실습의 과정을 통해 수학 프로그램에 대한 탐구 역량이 강화될 수 있도록 예비수학교사 프로그램을 적용하였다고 한다. 이를 통해 예비수학교사들이 공학적 도구를 활용하여 교수·학습을 경험해 보는 활동은 예비교사들이 학교수학의 내용을 통합적으로 이해할 수 있도록 하는 계기가 될 뿐 아니라 토론과 반성 등을 경험해 볼 수 있는 기회를 제공해 줄 수 있다고 하였다.

또한 홍예윤, 임연욱(2012)은 공학적 도구를 사용하는 교사의 태도와 같은 내적 요인과 학교 관계자, 또는 동료교사의 지원 등과 같은 외적 요인들에 의해 영향을 받는다고 하였는데. 교육적 기술 지식(Pedagogical Technology Knowledge, PTK)이 교사의 테크놀로지를 사용하는데 있어서 확신을 결정짓는 중요한 요인이라 주장하였다. 다시 말하면, 공학적 도구에 대한 교사 개인의 태도와 확신이 아주 강하다면 부정적인 잠재적 제약(constraints)과 방해요인(obstacles)은 크게 영향을 미치지 않는다는 것으로 나타났고, 특히 교사의 배우고자 하는 확고한 의지와 더불어 수학 학습에 있어서 테크놀로지의 가치에 대한 강한 확신은 테크놀로지의 효율적 활용에 결정적인 요소라고 하였다. 교육적인 기술 지식(PTK)은 공학적 도구 사용 지식 외에 수학을 지도하는 필요한 기술과 원칙을 이해하는 것을 의미한다(홍예윤, 임연욱, 2012), 이에 따르면, PTK의 발전은 직접적인 기능적 활용, 수학 지식의 확립과 같은 수학 지도에 있어서 기술적 도구로 사용되어지는 질적으로 다양한 방법의 세분화를 말한다고 하였다. 이들은 교사교육에서 효율적인 학습지도를 위하여 공학적 도구를 활용하여 수학 내용의 의미를 수치적, 그래프적, 기호적인 다중 표현적 접근을 경험해 보면서 공학적 도구에 대한 신념과 자기주도적인 태도로의 전환의 중요성을 강조하였다.

이와 같이 공학적 도구가 수학 교수·학습에 있어 중요한 역할을 수행하고 있고, 이에 따라 학교 현장에서 공학적 도구의 활용을 강조하고 있지만, 실제로 어떠한 관점과 요소를 과제에 포함시키면서 활용해야 할까에 대한 고민은 여전히 남아 있다.

이에 대한 실마리를 Schön(1983)의 '반성적 실천가(reflective practitioner)'에서 가져 올 수 있다. 목적과 수단, 연구와 실천, 앎과 행함 사이를 이분(二分)화 하지 않고, 사고와 행위의 상호작용을 강조하고 행위에 대한 사고로서 반성을 강조하였던 Schön의 주장처럼, 행한 것에 대하여 다시 생각해 보고, 우리의 행위 중 앎이 기대하지 않은 결과에 대해 어떻게 대처했는지를 반성하는 것(Schön, 1983)으로 기제를 잡을 수 있다. 따라서 이를 공학적 도구를 활용하는 교사교육에서 생각해보면, 교사가 공학적 도구를 이용하여 학생들을 잘 지도하기 위한 실천가(practitioner)로서의 역할을 수행하기 위하여서는 예비교사교육 단계에서 본인의 지식을 공학적 도구를 활용하여 경험하면서 교수학적으로 스스로 발전시켜 볼 수 있는 기회가 제공되어야 할 것이다.

이와 같이 교사교육에서 공학적 도구를 체계적이고 효율적으로 활용하고자 하는 시도로서 어떠한 내용과 요소들이 포함되어야 하는가에 보다 적극적으로 관심을 기울일 필요가 있다.

이에 대한 연구로 먼저, Pierce와 Ball(2009)은 공학적 도구에 대한 교사들의 태도(attitude)는 전반적으로 긍정적이나, 이를 이용한 교수방법에는 여전히 장벽이 있음을 조사하고 '계획적 행동 이론(theory of planned behavior)'을 적용한 교사교육을 주장한 바 있다.

또한 김유정 외(2014)의 연구에서는 공학적 도구를 활용한 교사교육을 위한 과제의 분류를 시도하였다. 여기에는 인지적 과정의 차원으로 '기억하기', '이해하기', '적용하기', '분석, 평가하기', '창안하기', '성찰하기'의 요목이 포함되어야 함을 논하였다.

또한 Ruthven과 Hennessy(2002)의 연구에서는 공학적 도구를 활용한 실천가 모형(practitioner medel) 6가지를 제안한 바 있다. Ruthven 외(2009)에서는 이를 보다 구체화해서 공학적 도구가 수업에 공헌할 수 있는 혹은 공헌하고자 할 때의 요소를 다음과 같이 제시한다;

- 효율적인 학습 과정과 산출물 발전시키기(Effecting working process and improving production): 학습 과정을 신속하고 효율적으로 진행하고 산출물을 정확하게 표현함으로써 수업의 속도와 생산성에 기여할 수 있다.
- 확인, 시도 및 정제의 과정을 지지하기(Supporting processes of checking, trialling and refinement): 학습 과정을 확인·수정하며, 문제해결 전략과 해답을 확인하고 개선할 수 있다.
- 학생의 어려움을 극복하고 확실성 구축하기(Overcoming pupil difficulties and building assurance): 손으로 쓰고 그릴 때 경험하는 어려움을 피하고 오류를 쉽게 수정함으로써 학생의 자신감을 강화할 수 있다.
- 전반적인 주제를 파악하며 주요한 특징 강조하기(Focusing on overarching issues and accentuating important features): 중요한 사안에 주의를 기우릴 수 있는 과제를 효율적으로 수행하고, 자료를 조직하고 발표하는 것을 도울 수 있다.
- 학습활동의 다양성과 흥미 증진하기(Enhancing the variety and appeal of classroom activity): 수업의 형태를 다양하게하고 재미와 흥미적인 요소를 도입하고 지루한 작업을 줄임으로써 학습의 분위기를 바꿀 수 있다.
- 자기 주도적 학습 및 동료 교류 조성하기(Fostering pupil independence and peer exchange): 학생들이 자율성과 책임감을 발휘하고, 지식을 공유하고 서로 지원하는 기회를 제공한다.

3 공학적 도구를 활용한 예비교사교육의 방향

공학적 도구 활용에 관한 지식 중 주어진 공학적 도구를 사용하는 방법을 배우는 것과 어떻게 사용하는 것이 좋은지를 배우는 것은 다른 양상이라 할 수 있다(손홍찬, 2011). 본 장에서는 공학적 도구를 활용한 예비교사교육에 들어가야 할 PTK 요소를 Ruthven 외(2009)의 실천가 모형에서 제시한 내용을 토대로, 수학적 모델링 범주를 추가하여 공학적 도구를 활용한 예시와 함께 기술하고자 한다.[1)]

3.1 효율적인 학습 과정과 산출물 발전시키기

공학적 도구를 활용한 수업 모형은 학생들의 학습과정을 보다 신속하고 효율적으로 진행하는 방향으로 구성할 수 있다. 이는 얻고자 하는 수학적 산출물을 보다 빠르고 정확하게 표현함으로써 수업의 속도와 생산성에 기여할 수 있다.

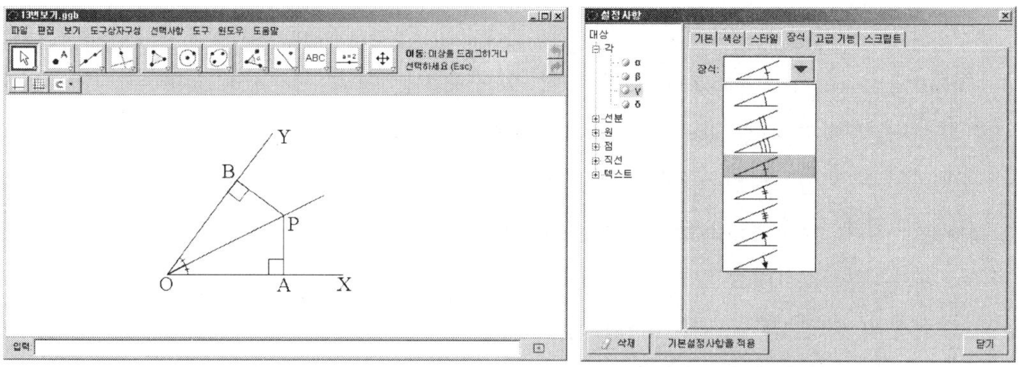

[그림 22-1] 수학 교수·학습에서 필요한 그림을 지오지브라를 활용하여 그린 예시 1

1) 우리나라 학교수학의 교수·학습에서 가장 많이 사용되고 있는 공학적 도구들로는 스프레드시트인 엑셀, 역동적 기하 소프트웨어인 GSP, Cabri, Geogbra 그리고 CAS 등이 있으나, 각각의 특징에 따른 예시를 논하는 것이 아니라 공학적 도구 활용에 대한 전반적인 지원을 논하고자 한다.

예를 들어, 학교 현장에서 수학교사의 가장 큰 어려움 중 하나는 수학 그림을 정확하게 그려서 학생의 혼돈을 없애는 것이다. 공학적 도구를 활용하면 그동안 그리기 어려웠던 수학도형도 쉽게 그릴 수 있다. 예를 들면 이등변 삼각형 표시하는 것이나, 각을 표시하는 것에 있어서 클릭 몇 번이면 원하는 그림을 얻을 수 있다.

또한 학교 현장에서는 기하를 활용한 문항을 만드는 데 있어서 보다 명확하고 세련된 그림을 가지고 문제를 출제할 수도 있다. 이는 예비교사들이 공학도를 활용할 줄 알아야 하는 가장 현실적인 이유도 될 것이다.

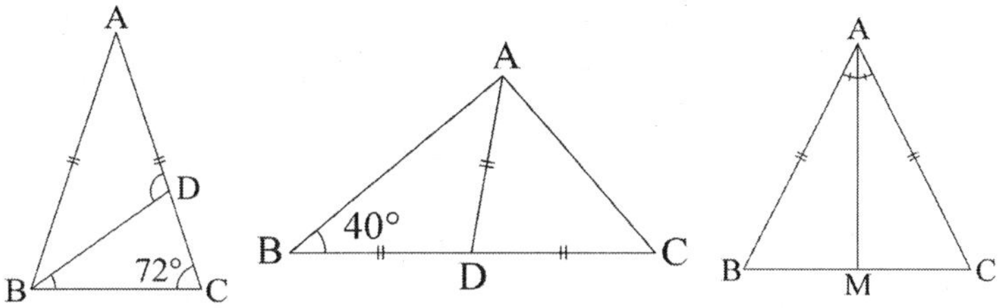

[그림 22-2] 수학 교수·학습에서 필요한 그림을 지오지브라를 활용하여 그린 예시 2

우리는 계산기나 컴퓨터를 이용함으로써 함수의 그래프를 정확하고 신속하게 그려낼 수 있음은 익히 알고 있다. 학생들은 정확한 그래프를 보면서 그래프를 시각적으로 인식할 수 있을 뿐 아니라, 그래프를 이용한 탐구문제에 보다 많은 시간을 할애할 수 있게 됨으로써 그래프에 담긴 정보를 해석하는 능력을 키울 수 있다. 예를 들어, 정확하게 그려진 포물선을 봄으로써, 학생들은 포물선의 대칭성을 쉽게 인식할 수 있다. 또 다른 예로써, 액셀로 패턴 생성해 나가면서 극한의 아이디어를 직관적으로 보여준다거나, 그래프 도구를 써서 그래프를 정확하고 빠르게 그려나가면서 그래프의 특성을 파악해 나갈 수 있다. 여기에 덧붙여서 적절한 발문, 이를테면 아래로 볼록한 포물선을 그려본 뒤 "위로 볼록한 그래프는 어떻게 그릴 수 있을까?"와 같은 질문을 한다면, 학생들은 이차식의 계수를 변화시켜 보면서 이차계수와 포물선의 방향의 관계에 대한 추측도 해 보면서 그래프 이해에 대한 학습을 효율적으로 진행할 수 있다.

또한 공학적 도구는 학생의 산출물을 발전시켜 나가는 데 활용될 수 있다. 다음은 '삼각형의 무게중심'을 배운 후 이와 관련된 수학 산출물을 공학적 도구를 활용하여 발달시켜나갈 수 있는 예시 중 하나이다.

탐구 내용 임의의 삼각형의 각 변에 그 길이를 한 변의 길이로 하는 정삼각형 세 개를 바깥쪽으로 (혹은 안쪽으로) 그리면, 각 정삼각형의 무게중심을 이은 삼각형은 어떤 삼각형인지 알아보자
(참고: 나폴레옹이 발견했다고 알려진 기하학 사실로, 이것은 나폴레옹의 이름을 따서 '나폴레옹 정리'라고 부른다.)

탐구 과정 다음 그림 (1), (2)와 같이 그려진 삼각형 GHI를 '나폴레옹 삼각형'이라고 부른다.

(1) 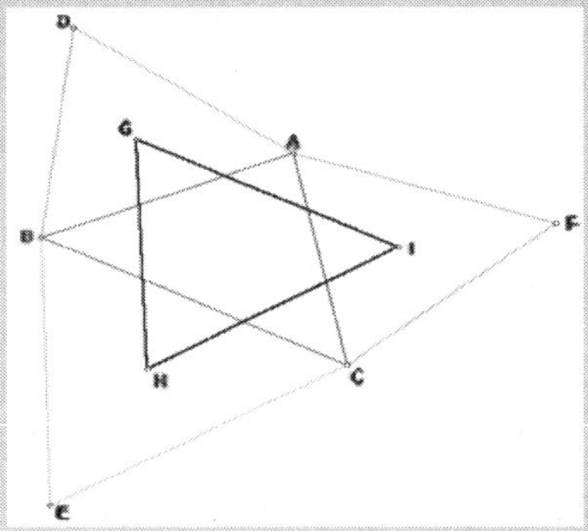

(2) 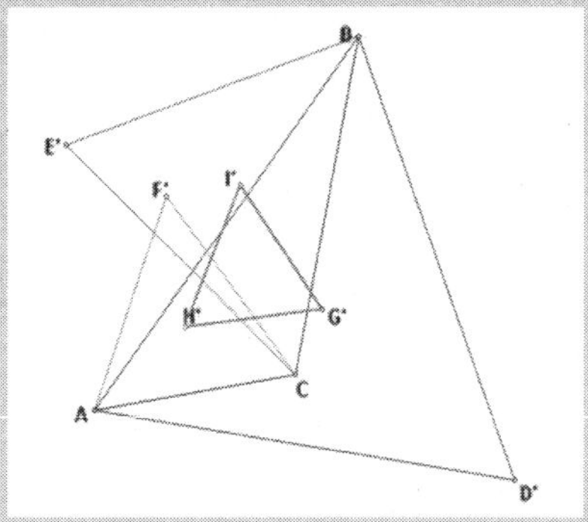

위의 두 그림 중, (1)과 같이 삼각형 바깥쪽에 정삼각형을 그려 얻어진 삼각형 GHI는 '바깥쪽 나폴레옹의 삼각형', (2)와 같이 삼각형 안쪽에 정삼각형을 그려 얻어진 삼각형 $G'H'I'$는 '안쪽 나폴레옹의 삼각형'이라 부른다.

질문 1 바깥쪽과 안쪽 나폴레옹의 삼각형 넓이의 차는 어떠한가?

질문 2 두 나폴레옹의 삼각형과 원래의 삼각형의 무게 중심을 찾고 그 특징을 말해보자.

질문 3 삼각형 ABC의 바깥쪽 나폴레옹의 삼각형과 안쪽 나폴레옹의 삼각형을 각각 작도해보자.

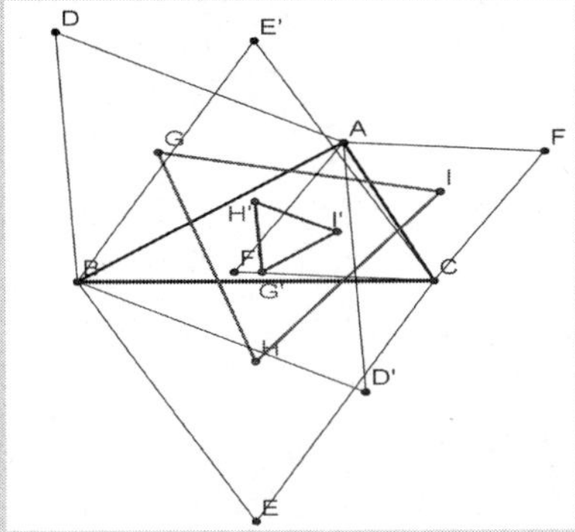

$\triangle$GHI : 바깥쪽 나폴레옹 삼각형

$\triangle$G′H′I′ : 안쪽 나폴레옹 삼각형

(신항균 외, 2015)

위의 예시와 같이 무게중심을 배운 학생들이 이와 연관된 활동을 통해 새로운 삼각형의 성질들을 찾아보는 활동을 해 나갈 수 있도록 예비교사들도 산출물을 완성해 보는 과정을 직접 경험해 보는 것도 의미 있을 것이다.

3.2 확인, 시도 및 정제의 과정을 지지하기

학생들은 자신의 학습과정을 공학적 도구를 활용하여 확인·수정하며, 문제해결 전략과 해답을 확인하고 개선할 수 있다. 예를 들어, 이차식의 그래프에서 주어진 정보를 이용하여 이차식 찾기, 대수적으로 문제를 풀고 그래프로 답을 확인하는 경우, 계수를 조정하여 그래프를 새로이 그려서 답을 구하기 등의 활동이 그러할 수 있다.

또한, 각종 인수분해, 방정식의 근 구하기 외에도 수학의 다양한 영역에서의 계산을 수행할 수 있는 공학적 도구를 활용하여 자신이 구한 답을 확인하고 조정해 볼 수 있다. [그림 22-3]은 지오지브라의 CAS 창을 활용하여 대수연산의 근사값이 아닌 정확한 유리수, 무리수 값을 계산한 장면이다. 학생들은 공학적 도구의 이러한 기능을 활용하여 자신의 풀이나 답을 점검하고 개선하는 활동을 수행할 수 있다.

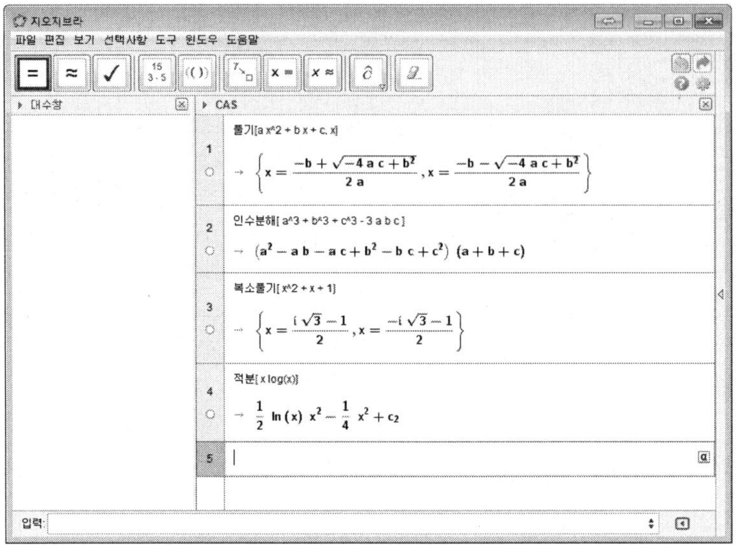

[그림 22-3] 지오지브라의 CAS 창을 이용하여 대수연산의 근사값이 아닌 정확한 유리수, 무리수 값을 계산한 예시

또 다른 한 예로, 학생들은 자신이 그리고자 하는 그래프(예를 들어, $y=2x^2+2x+3$)의 개형, 축, y절편을 확인하고자 공학적 도구를 활용하여 자신의 추측에 대한 확신을 얻을 수 있을 것이다.

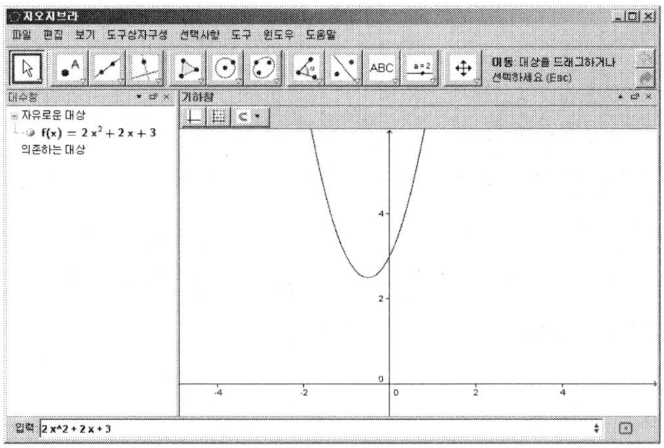

[그림 22-4] 입력창에 수식을 입력하여 그래프를 그린 모습

학생들은 지필환경으로 그래프를 그린 후에 자신의 답을 점검하기 위하여 공학적 도구를 활용하여 그래프를 그려볼 수 있다. 또는 지필환경에서 그래프를 그릴 수 없거나 그래프의 특징을 파악하는 활동에서 먼저 공학적 도구를 활용하여 그래프를 그려보고 나타난 특징들을 통해 그 성질이나 패턴을 유추해 보는 활동을 시도해 볼 수 있다.

$y=2^x$의 그래프 개형을 활용하여 다음과 같은 그래프의 개형을 그려보아라.

$y=2^{x+1}$, $y=(\frac{1}{2})^x+2$, $y=(\frac{1}{2})^{x-2}y=-2^x+1$

각각의 그래프의 특징을 찾아보고 이야기 해보자.

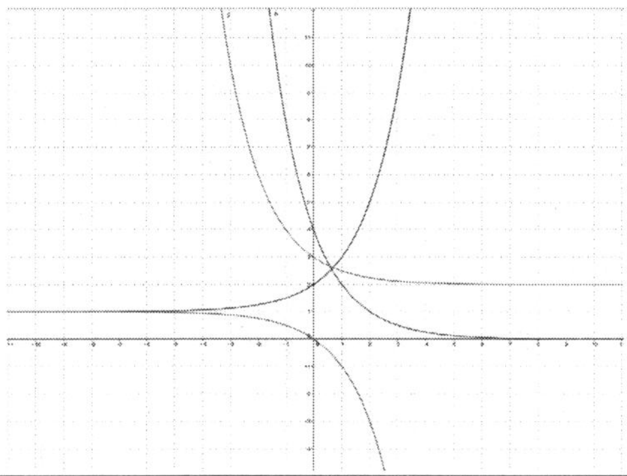

따라서 예비교사들은 그래프의 대칭 등을 활용해서 대수적으로 가르치는 활동 외에 다양한 그래프를 공학적 도구를 활용해서 그려보고, 그 특징과 규칙을 찾게 해 보는 활동을 직접 경험해보면서 이에 대한 수학적 사고의 가치를 느낄 필요가 있다.

3.3 학생의 어려움을 극복하고 확실성 구축하기

공학적 도구는 수학 교수·학습에서 손으로 쓰고 그릴 때 경험하는 어려움을 피하고 오류를 쉽게 수정함으로써 학생의 자신감을 강화할 수 있다.

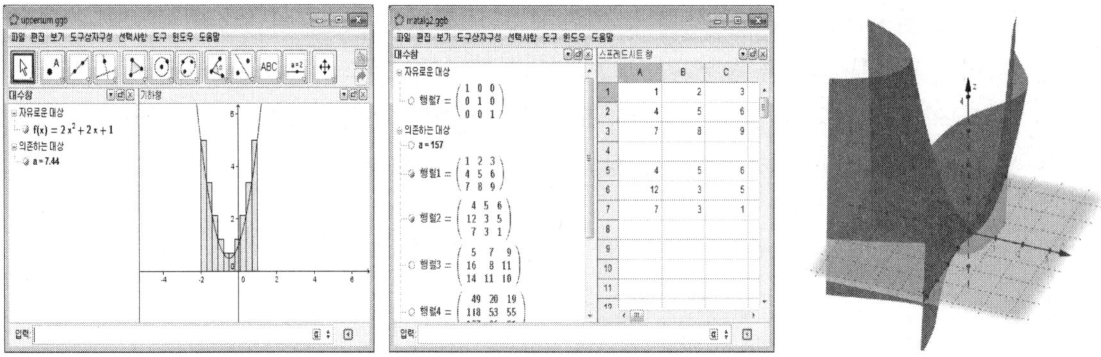

[그림 22-5] 구분구적법의 상합, 행렬연산, 3차원 곡면 그래프 예시

교실 수업에서 공간에 관한 문제는 많이 다루지 못하는게 현실인데, 그 이유는 3차원의 문제내용을 그림으로 표현하려면 원근법과 점선을 활용한 2차원적인 그림을 종이에 그리거나 아니면 직접 실물을 제작하여야 하는 어려움이 있기 때문이며, 수학교실에서도 칠판이나 노트에 3차원의 그림을 그려보게 하는 활동은 쉽게 이루어지기 어렵기 때문에 공간에 관한 문제는 그동안 학생들 각자의 공간적 지각력과 상상력에 의존하는 경우가 많았다(김남희, 2006).

그러나 공학적 도구를 활용하면 이러한 학생들의 어려움을 극복시키는 데 도움이 될 수 있다.

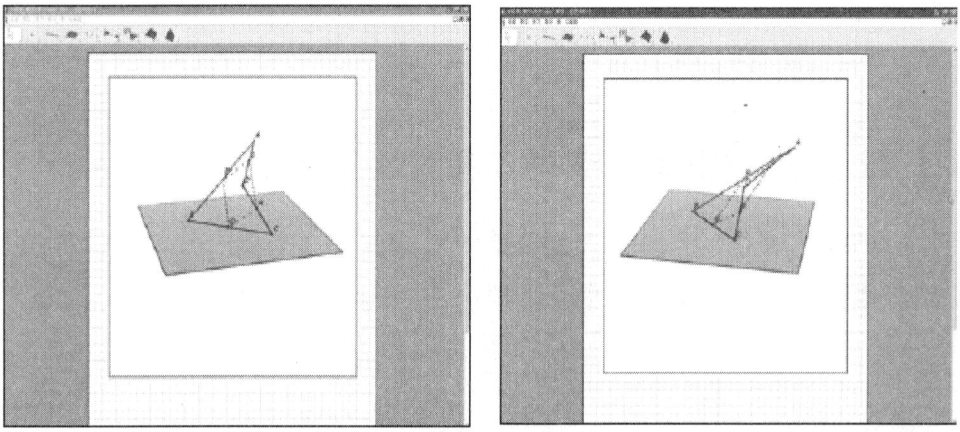

[그림 22-6] 공간 위에서의 도형 개념을 보다 풍부하게 학습하기 위하여 Cabri 3D를 활용하여 회전하며 관찰하는 예시(김남희, 2006, p. 351)

3.4 전반적인 주제를 파악하며 주요한 특징 강조하기

공학적 도구는 수업에서의 중요한 사안에 주의를 기우릴 수 있도록 함으로써, 과제를 효율적으로 수행하고, 자료를 조직하고 발표하는 것을 도울 수 있다. 예를 들면, 이차식의 그래프에서 계수와 그래프와의 관계(특히, 이차계수의 역할)을 단계적으로 상세히 설명하는 것이 용이하다.

또한 다음 [그림 22-7]의 예시에서와 같이 통계에서 자료 정리 방법으로 많이 사용하는 히스토그램, 도수분포표, 도수분포다각형을 선택하여 보면서 주어진 자료에 더 적합한 정리방법을 선택하거나 각각의 자료 정리 방법의 특징들을 살펴볼 수 있다.

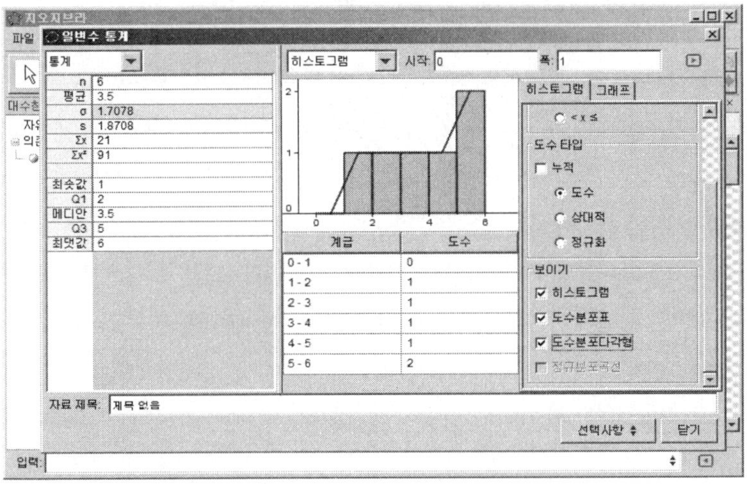

[그림 22-7] 공학적 도구를 활용한 통계학습 지원 예시

3.5 학습 활동의 다양성과 흥미 증진하기

공학적 도구는 수업의 형태를 재미와 흥미적 요소를 도입하고 지루한 작업을 줄임으로써 학습의 분위기를 바꿀 수 있다.

예를 들어, 학생들은 평행이동, 회전이동, 선대칭이동과 같은 변환 개념을 통해서 단순도형, 만화경, 돼지, 물고기, 사람 얼굴, 박쥐 등 다양한 모양의 소재들을 학생들이 자신의 흥미와 수준에 맞게 선택하여 만들어가는 활동을 해 나갈 수도 있다.

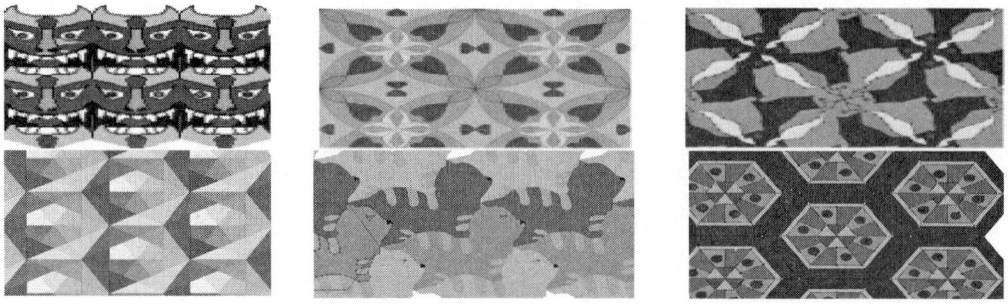

[그림 22-8] GSP를 이용한 학생들의 작품 활동 예시(고상숙, 고호경, 2006, p. 544)

3.6 자기 주도적 학습 및 동료 교류 조성하기

스프레드시트나 동적기하 소프트웨어와 같은 공학적 도구를 활용한 교수·학습활동에서는 상호작용이 활발하게 일어날 가능성을 가지고 있다(Hershkowitz et al., 2002; 손홍찬, 2011, 재인용). 학생들이 공학적 도구를 활용한 다양한 활동을 수행하는 동안 교사는 학생들이 자율성과 책임감을 발휘하고, 지식을 공유하고 서로 지원하는 기회를 함께 제공해야 한다. 시각적으로 인식할 수 있는 정보도 교사가 학습에서 토론과 같은 교수 기법을 통해 확인해 줄 필요는 있다. 더 나아가 정확한 그래프를 이용한 탐구문제나 토론주제를 제시함으로써 학생들의 학습을 심화할 수 있다.

예비교사교육에서도 이를 확인할 수 있는데, 다음은 예비교사들이 차수 0과 1인 테일러 다항함수의 그래프를 관찰하면서 수렴에 대한 논의를 했던 예시이다(김진환, 2014).

예비교사: n이 커지면서 테일러다항함수의 그래프가 점점 더 함수에 가까워지고, 차를 나타내는 함수의 그래프가 x축과 포개지는 범위가 넓어지는데요.

예비교사: $\sin x$때는 (범위가) 자꾸 커지는 것 같고, $\frac{1}{1-x}$때는 커지는데 조금씩 커지는데...

예비교사: 빨간 그래프(나머지항의 절댓값으로 정의된 함수의 그래프를 의미)가 x축과 포개지는 부분이 수렴구간이 되어요. (p. 328)

이는 공학적 도구를 활용하여 예비교사들 사이에서 자신의 지식을 기반으로 관찰한 그래프에 대한 서로의 추측을 비교하면서 의견을 모아 나가는 등의 동료 간의 상호작용에 기여함을 나타내고 있는 것이다.

3.7 수학적 모델링 시도하기

어떤 현상으로부터 수학적 모델을 만들고, 수학적 모델에서 얻은 결과를 주어진 현상에 맞게 해석하는 과정 전체를 수학적 모델링(modeling)이라 한다(황선욱 외, 2014). 수학적 모델링에는 수학적 표현이나 구조(수학적 모델)을 활용하여 실생활 속 현상의 특징을 나타내기 위한 활동이 요구되며, 수학적 모델을 만들기 위해서는 현상에 대한 이해 및 탐구 과정을 통해 현상을 단순화하여 수학적 상황으로 만들고, 이러한 상황에 적합한 모델을 만들어 형식화·추상화하는 과정이 필요하다.

이러한 수학적 모델링의 과정에서 실세계 현상을 관찰, 해석, 공식화하여 수학적 모델을 만드는 과정이나 수학적 모델을 분석하여 수학적 결론을 얻는 과정 모두에서 공학적 도구를 매우 유용하고 적절하게 활용될 수 있음을 예비교사는 경험할 필요가 있다.

예를 들어, 다음 예시와 같은 실생활 문제에서 학생들은 그래프 계산기나 컴퓨터 프로그램을 활용하여 그래프를 그려보고 적당한 함수를 찾는 활동을 경험해 볼 수 있다.

상황 효모의 어원은 그리스어로 '끓는다.'인데, 이것은 발효 중에 이산화탄소가 생겨 거품이 많이 생기는 것에서 유래한다. 효모는 대부분 꽃의 꿀샘이나 과일의 표면과 같이 당 농도가 높은 곳에 많이 생육하고 있다. 시간에 따른 효모량의 변화를 알아보려고, n 시간의 효모량을 P_nmL라고 할 때 다음과 같이 측정되었다.

이제 용량이 665mL인 밀폐 용기 안에 들어 있는 효모의 증식을 예측할 수 있는 수학적 모델을 구하고 이를 이용하여 10시간, 20시간 후를 예측해 보자.

(단위: mL)

n	효모량 P_n	효모 변화량 $P_n - P_{n-1}$
0	9.6	
1	18.3	
2	29.0	
3	47.2	
4	71.1	
5	119.1	
6	174.6	

해결 시간의 변화에 따른 효모량과 효모변화량의 그래프가 원점을 지나는 직선에 가까우므로 $P_n - P_{n-1} = kP_n$의 관계로 파악한다. 여기서 k의 값은 적당한 점을 선택하여 구하도록 한다.

시간(n)	효모량(p_n)	$p_n - p_{n-1}$
0	9.6	×
1	18.3	8.7
2	29.0	10.7
3	47.2	18.2
4	71.1	23.9
5	119.1	48.0
6	174.6	55.5
7	257.3	82.7
8	350.7	93.4
9	441.0	90.3
10	513.3	72.3
11	559.7	46.4
12	594.8	35.1
13	629.4	34.6
14	640.8	11.4
15	651.1	10.3
16	655.9	4.8
17	659.6	3.7

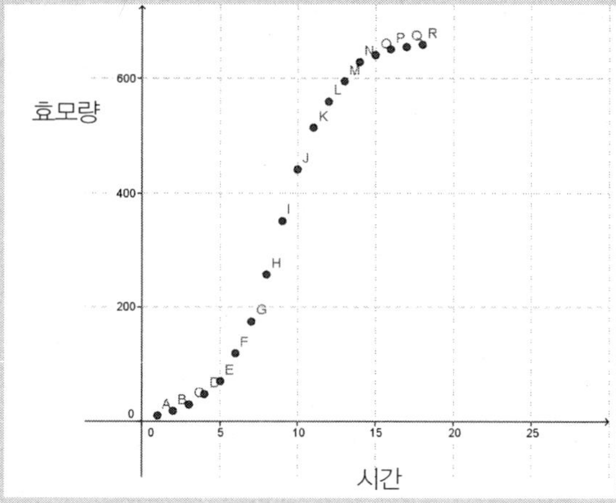

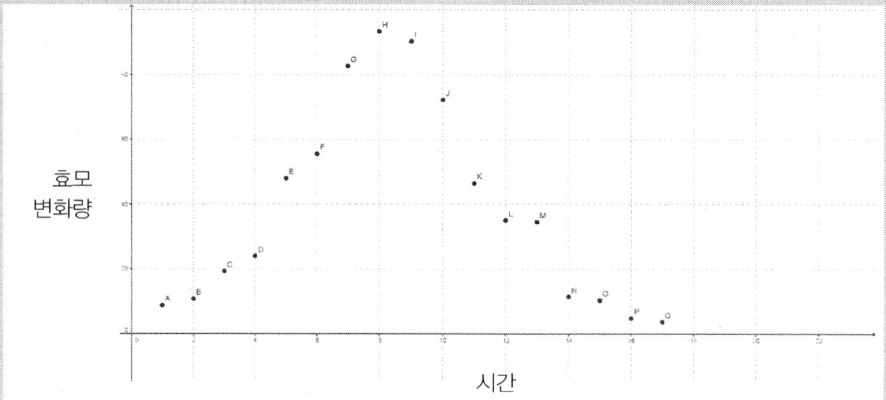

20시간 후에 용기의 용량인 655mL에 도달하거나 가까워진다고 예측할 수 있다.

(황선욱 외, 2014)

4 결론

2009 개정에 따른 수학과 교육과정에서는 계산기, 컴퓨터, 교육용 소프트웨어 등의 공학적 도구와 다양한 교구를 활용할 것을 권장하고 있으며(교육과학기술부, 2011), 그러한 추세는 2015 개정 교육과정에서 더욱 강화되고 있다(한국과학창의재단, 2015).

공학적 도구를 활용할 경우 교사들은 연구보고서, 프로젝트, 토론법 등의 다양한 대안 평가 방법을 보다 적극적으로 활용할 것이며, 이를 통해 수학적 과정중심 평가를 실시함으로써 학생들의 상태를 보다 정확하고 종합적으로 파악하여 수업 방법과 교수 활동의 개선에 기여할 수 있을 뿐 아니라(고상숙 외, 2013), 공학적 도구의 활용이 예비교사들의 지식의 강화뿐 아니라 취약하기 쉬운 지식을 보완하는 데 효과적일 수 있다(김진환, 2014).

그러나 공학적 도구를 활용하면 학생들의 경험과 형식적인 수학을 연결할 수 있고 활용 과정에서 발생하는 오류를 수정하는 활동을 통해 새로운 통찰을 이끌어 낼 수 있도록 교과서가 구성되었음에도 불구하고, 현실적으로 현장에서의 공학적 도구 활용 빈도는 낮고, 내용 구성이 실질적이지 못할 뿐만 아니라 수학 전용 프로그램에 대한 구체적인 조작 방법에 대한 어려움을 현장 교사들은 겪고 있다고 한다(조은애, 권혁진, 2008).

이은숙과 조정수(2015) 역시, 예비교사들은 학생들이 공학적 도구를 활용하면 수학 개념 및 다양한 표상을 학습하는 데 도움을 주는 인지적 측면과 학생들의 흥미를 유발하는 정의적 측면의 장점이 있다고 생각하지만, 예비교사 프로그램에서 공학을 활용한 수업에 대한 지원 부족 등으로 인해 공학적 도구에 대한 지식의 학습, 학생 수준과 학습을 고려하여 공학을 활용한 수업설계 등에 대한 어려움을 겪고 있다고 밝힌 바 있다.

따라서 이에 대한 개선방안으로서는 우선적으로 예비교사교육에서 여러 학기에 걸쳐 단계적으로 심화하면서 경험해 볼 기회를 제공하고 선발 과정에서도 공학적 도구 활용에 대한 평가 기회가 주어져야 한다는 주장도 나오고 있다(조은애, 권혁진, 2008).

그러나 이 모든 어려움을 극복하기 위한 방안 마련 중에 무엇보다도 우선시되어야 하는 것은, 공학적 도구의 효율적 활용에 결정적인 요소가 공학적 도구에 대한 신념과 가치에 대한 확신으로서(홍예윤, 임연욱, 2012), 예비교사들은 공학적 도구 활용 가치에 대한 강한 확신을 갖는 것이 필요할 것이다.

본 장에서는 실천가 모형에서 제시한 내용을 토대로 공학적 도구를 활용해야 하는 요소를 구분지어 제시하였다. 그러나 여기서 제시한 각각의 요소를 구분지어 예비교사교육에 적용하기 보다는 궁극적으로는 예비교사들이 공학적 도구를 활용하여 중·고등학생들이 학습해야 할 수학을 시각적으로 경험하고, 의사소통하고, 핵심 아이디어를 정련하는 경험을 하면서 교수·학습 측면에서 종합적으로 접근해야 할 것이다.

Reference 참고문헌

고상숙, 고호경(2002). The Development of the Checklists for Students' Interaction with Others in Learning Mathematics = 수학 학습에서 학생의 상호작용 분석을 위한 도구 개발. 수학교육학연구, 12(4), 443-455.

고상숙, 고호경(2006). 컴퓨터를 이용한 기하 변환학습에서 남녀성차에 따른 연구, 한국학교수학회논문집, 9(4), 539-556.

고상숙, 박만구, 한혜숙(2013). 교구 및 공학도수를 활용한 수학적 과정중심 평가에 관한 교사들의 인식. 한국학교수학회논문집, 16(4), 675-694.

교육과학기술부(2011). 수학과 교육과정. 교육과학기술부 고시 제 2011-361호 [별책 8]

김남희(2006). 문제해결력 신장을 위한 Cabri3D의 교육적 활용. 수학교육학연구, 16(4), 345-366.

김남희(2011). 예비 수학 교사교육에서 공학적 도구의 교육적 활용. 수학교육학연구, 21(4), 345-359.

김부미, 이종희(2012). 미래 수학 교실 기준과 수업 모형의 개발. 한국학교수학회논문집, 15(4), 673-698.

김선희(2012). 미래 수학 교실에 대한 전망과 교사들의 인식 조사. 교과교육학연구, 16(1), 285-324.

김유정, 권오남, 오혜미(2014). 수학 교사의 테크놀로지 교육을 위한 과제 분류기준표 개발. 교육공학연구, 30(1), 105-131.

김은하, 조정수(2011). CAS와 도구발생(instrumental genesis)의 이론적 고찰. 수학교육학술지, 2011(2), 201-208.

김진환(2014). 테일러급수 수렴에 대한 예비중등교사의 이해실태와 GeoGebra를 활용한 교수방안 탐색. 학교수학, 16(2), 317-334.

류현아, 한세호, 신용대(2013). 류현아 그래픽 계산기를 활용한 중등 수학 활동-함수, 통계, 미적분-. 수학교육학술지, 2013(2), 405-408.

박경미(2001). The Findings and Implications from the TIMSS and TIMSS-R

Korean data = TIMSS와 TIMSS-R 수학성취도 결과로부터의 시사점. 수학교육학연구, 11(1), 123-136.

소경희(2007). 학교교육의 맥락에서 본 '역량(competency)'의 의미와 교육과정적 함의. 교육과정연구, 25(3), 1-21.

소경희(2012). 역량중심 교육을 위한 교육과정 설계방안으로서 '과정-탐구' 모형 활용의 가능성과 의미 탐색. 교육과정연구, 30(1), 59-79.

손홍찬(2011). 우리나라 수학교육에서 공학 활용의 역사와 현황. 학교수학, 13(3), 525-542.

신창우, 김갑수(2007). 저작도구를 이용한 수학 학습시스템 개발. 정보교육학회논문지, 11(2), 221-230

신항균, 황혜정, 고호경(2015). 나도 수학자가 될 수 있을까? 서울: 경문사

심상길(2013). 교사의 지식에 대한 중등 초임수학교사들의 인식 분석. 학교수학, 15(2), 443-457.

유영만(2003) 사회학적 교육공학을 통한 교육공학의 인식지평의 확대, 교육공학연구, 19(4), 3-30.

이근호, 곽영순, 이승미, 최정순(2012). 미래 사회 대비 핵심 역량 함양을 위한 국가 교육과정 구상. 교육과정평가원 연구보고 RRC 2012-4.

이수진, 이종학, 김원경(2013). 수학교육공학 연구 동향의 비교, 분석. 교사교육연구, 52(2), 253-266

이영준, 백성혜, 신재홍, 유헌창, 정인기, 안상진, 최정원, 전성균(2014). 초중등 단계 Computational Thinking 도입을 위한 기초연구. 서울: 한국과학창의재단.

이은숙, 조정수(2015). 공학 사용의 경험에 근거한 수학교사의 신념 연구: 포커스그룹 인터뷰. 수학교육, 54(2), 99-117.

조은애, 권혁진(2008). 수학교육에 공학적 도구의 활용에 대한 교사들의 인식과 활성화 방안. 교과교육연구, 1(1), 1-29.

조한혁, 송민호(2010). 교육공학 관련 교직과목과 교과교육 과목의 연계를 위한 도구. 수학교육 논문집, 24(4), 843-864.

한국과학창의재단(2015). 2015 개정 수학과 교육과정 시안 개발 정책 연구 공청회 자료집.

홍예윤, 임연욱(2012). 테크놀로지를 활용한 교사의 확신(self-confidence)에 영향을 미치

는 요인 탐색. 디지털정책연구, 10(11), 565-577.

황선욱, 박혜숙, 이광연, 고호경, 이종규, 한준희, 박문환, 박상의(2014). 주제중심의 고등학교 수학 교과서 모형 개발에 관한 연구. 서울: 한국과학창의재단

Brown, S., & McIntyre, D. (1993). *Making sence of teaching.* Buckingham: Open University Press.

Griffin, P., Mcgaw, B., & Care, E. (2012). *Assessment and teaching of 21st century skills.* Springer.

Hershkowitz, R., Dreyfus, T., Ben-Zvi, D., & Friedlander, A. (2002). Hadas, N., Resnick, T. & Tabach, M., Mathematics curriculum development for computerized environments: A designer-researcher-teacher-learner activity. In L. English (Ed.), *Handbook of International Research in Mathematics Education*, pp. 657-694. Mahwah, NJ: Lawrence Erlbaum.

Joubert, M. (2013). Using digital technologies in mathematics teaching: developing an understanding of the landscape using three "grand challenge" themes. *Educational Studies in Mathematics, 82(3)*, 341-359.

NCTM(2008). http://www.nctm.org/uploadedFiles/About˙NCTM/Position˙Statements/Technology%20final.pdf. The Role of Technology in the *Teaching and Learning of Mathematics.* 2015.01.31.

Pierce, R. & Ball, L. (2009). Perceptions That May Affect Teachers' Intention to Use Technology in Secondary Mathematics Classes. Educational Studies in *Mathematics, 71(3)*, 299-317.

Ruthven, K., Deaney, R., & Hennessy, S. (2009). Using graphing software to teach about algebraic forms: A study of technology-supported practice in secondary-school mathematics. *Educational Studies in Mathematics*, 71(3), 279-297.

Ruthven, K., & Hennessy, S. (2002). A Practitioner Model of the Use of Computer-Bcased Tools and Resources to Support Mathematics Teaching and Learning. *Educational Studies in Mathematics, 49(1)*, 47-88.

Schön, D. A.(1983). *The reflective practitioner: how professionals think in action.* New York: Basic Books.

■ **집필진**

고상숙 단국대학교, sangch@dankook.ac.kr
고호경 아주대학교, kohoh@ajou.ac.kr
구나영 서울대학교대학원, noz39@snu.ac.kr
김남희 전주대학교, nhkim@jj.ac.kr
김리나 서울목운초등학교, rina98@naver.com
김향숙 인제대학교, mathkim@inje.ac.kr
김화경 상명대학교, indices@smu.ac.kr
류희찬 한국교원대학교, hclew@knue.ac.kr
박만구 서울교육대학교, mpark29@snue.ac.kr
손홍찬 전북대학교, hcson@jbnu.ac.kr
송민호 한국교육과정평가원, minos@kice.re.kr
윤인준 경민고등학교, unison73@paran.com
이경화 서울대학교, khmath@snu.ac.kr
이상구 성균관대학교, sglee@skku.edu
이종학 대구교육대학교, mathro@hanmail.net
이중권 동국대학교, joonglee@dongguk.edu
임해미 한국교육과정평가원, rimhm@kice.re.kr
장경윤 건국대학교, kchang@konkuk.ac.kr
전영국 순천대학교, ycjun@sunchon.ac.kr
조정수 영남대학교, chocs@ynu.ac.kr
채정림 노스캐롤라이나대학교, jlimchae@gmail.com
최경식 한국교원대학교대학원, kyeong@knue.ac.kr
한세호 수원외국어고등학교, hanseho@hanmail.net

대한수학교육학회 2015 연보(Yearbook)

수학교육에서 공학적 도구

지은이 고상숙 · 고호경 · 구나영 · 김남희 · 김리나 · 김향숙
김화경 · 류희찬 · 박만구 · 손홍찬 · 송민호 · 윤인준
이경화 · 이상구 · 이종학 · 이중권 · 임해미 · 장경윤
전영국 · 조정수 · 채정림 · 최경식 · 한세호
펴낸이 조경희
펴낸곳 경문사
펴낸날 2015년 11월 10일 1판 1쇄
등 록 1979년 11월 9일 제 313-1979-23호
주 소 121-818, 서울특별시 마포구 와우산로 174
전 화 (02)332-2004 팩스 (02)336-5193
이메일 kyungmoon@kyungmoon.com

값 30,000원

ISBN 978-89-6105-950-3

★ 경문사 홈페이지에 오시면 즐거운 일이 생깁니다.
http://www.kyungmoon.com